Armoured Trains: An Illustrated Encyclopedia 1825–2016

ARMOURED
TRAINS

世界装甲列车

图 / 解 / 百 / 科

1825—2016 年

[法] 保罗·马尔马萨里 (Paul Malmassari) 著　姚军 译

民主与建设出版社
·北京·

U0658276

图书在版编目（CIP）数据

世界装甲列车图解百科：1825—2016 年 /（法）保罗·马尔马萨里著；姚军译 . — 北京：民主与建设出版社，2021.11
书名原文：Armoured Trains: An Illustrated Encyclopedia 1825–2016
ISBN 978-7-5139-3726-9

Ⅰ . ①世… Ⅱ . ①保… ②姚… Ⅲ . ①装甲车 – 列车 – 世界 – 1825–2016 – 图解 Ⅳ . ① E923.1–64

中国版本图书馆 CIP 数据核字 (2021) 第 221131 号

版权登记合同 – 图字：01-2021-4201 号

世界装甲列车图解百科：1825—2016年

SHIJIE ZHUANGJIA LIECHE TUJIE BAIKE 1825–2016 NIAN

著　　者　[法] 保罗·马尔马萨里（Paul Malmassari）
译　　者　姚　军
责任编辑　彭　现
封面设计　王　涛
出版发行　民主与建设出版社有限责任公司
电　　话　（010）59417747　59419778
社　　址　北京市海淀区西三环中路 10 号望海楼 E 座 7 层
邮　　编　100142
印　　刷　重庆市国丰印务有限责任公司
版　　次　2022 年 3 月第 1 版
印　　次　2022 年 3 月第 1 次印刷
开　　本　889 毫米 × 1194 毫米　1/16
印　　张　38
字　　数　552 千字
书　　号　ISBN 978-7-5139-3726-9
定　　价　299.80 元

注：如有印、装质量问题，请与出版社联系。

目录 CONTENT

目录 CONTENT

目录 CONTENT

目录 CONTENT

序

在我的老家法国，对我们生于互联网时代和柏林墙倒塌的这一代而言，许多人是在勒内·克莱门特的经典电影《铁路战斗队》[1]（1946 年）中首次看到装甲列车的。那列著名的德国装甲列车通过光影的魔术向我们走来，如果不是后来在游击队的火把攻击中被粉碎，它将成为装甲列车的标志。

十多年以后，我们在伯特·兰卡斯特的电影《战斗列车》[2]（1964 年）中目睹了另一辆德国装甲列车的毁灭。但是，《日瓦戈医生》中斯特列尼科夫的装甲列车铭刻在了无数人的印象当中——它鸣响汽笛，从我们面前屏幕上林立的红旗中疾驰而过——它已远不仅仅是军队装备，更是一种纯粹力量的投射。[3]

装甲列车——我们在这里使用该术语的一般意义，仅在特殊情况下表示"轨道车"和"机动有轨车"等意义——既不像其他的装甲车辆，也不像其他的列车。它有些不伦不类，在军事科技中难以被分类，后来失宠也许正是这一问题导致的结果。铁路爱好者往往会贬低装甲列车，他们更倾向于（以圣西门学派的风格）强调铁路的社会效益。就连著名的法国作家司汤达也曾希望"铁路将使战争不可能发生"。[4]直到最近，军事历史学家才对装甲列车有了足够的重视。传统上，他们认为装甲列车只是坦克的"穷亲戚"，无法自由调动，不适合被用于执行攻击任务，只适合被用来维持治安。总而言之，在西方文化中，装甲列车似乎没有资格被加入任何重要武器系统的行列。

不过，即便是只对在各个地区、不同历史时期和武装冲突中服役的装甲列车做个简短的研究，我们也能发现它们几乎无所不在，从独特的轻型装甲轨道车，到成组甚至以"车队"形式运行的重型列车，不一而足。显然，它们的使用方法取决于所涉国家和历史时期。尽管装甲列车的应用很普遍（特别是自 19 世纪末以来），但直到 1974 年，一位意大利作家才写出第一本简明的相关著作[5]，随后是 1981 年的一本英文专著。[6]1989 年，我们也出版了一本内容详尽的研究作品，并向各大洲的所有国家开放。[7]从那以后，我们从地理和时代的角度确定了主题的范围，并决定对全世界的装甲列车使用情况开展新的研究，时间范围从铁路诞生时起到最近的武装冲突，并且在现有资料允许的情况下提供尽可能多的细节。

从参考文献（我们在每个国家所属章节的"资料来源"中引用的）中可以看出，近年来对单独国家的装甲列车的研究著作已经出版了不少。但是，很少有作者尝试将其放在装甲列车的总体背景下，或者与其他部队及其使用方式做比较。一方面，不同时代间的很多联系被遗漏了，另一方面，针对不同地理位置，关于装甲列车的使用方法差异的介绍也较为稀缺。此外，各博物馆和档案馆中的相关历史资料及技术资料都非常分散，没有标准的参考依据，或者极其稀少。因此，我们决定在这本"百科全书"中遵循每个国家的逻辑发展，而不是试图编写详尽的国家历史，后者只有精通该国语言的历史学家才有资格编著。同样，如果存在该国的相关著作，我们将不会重复使用那些文本资料，而是仅限于对相关装甲列车进行图解。

为什么研究装甲列车的历史？

主要原因有三。

首先，当代对这种装备的应用（如最近几年在前南斯拉夫、车臣……）唤醒了我们的好奇心，使我们

1　译者注：法文名 La Bataille du Rail。

2　译者注：法文名 The Train。

3　这种典型风格在俄罗斯当代电影《最后的铁甲列车》（*The Last Armored Train*，2006）中得以延续，这部电影的真正主角就是一辆装甲列车，它获得了最后的胜利。

4　见于 1837 年出版的《游者杂记》（*Mémoires d'un touriste*）。数十年后，铁路网络迅速调动和集中部队的能力让他的希望化为了泡影。

5　即 Pierangelo Caiti, *Atlante mondiale delle artiglierie: artiglierie ferroviaire e treni blindati*（Parma: Ermanno Albertelli Editore, 1974）。D. 毕晓普和 K. 戴维斯所著《铁路与战争》[D Bishop and K Davis, *Railways and War* (London: Blandford Press Ltd, 1972 and 1974)]一书的前两卷也介绍了一些装甲列车。

6　George Balfour, *The Armoured Train, its development and usage* (London: B T Batsford Ltd, 1981).

7　Paul Malmassari, *Les Trains Blindés 1826–1989* (Bayeux: Editions Heimdal, 1989).

希望将这些事件与历史上的先例联系起来。

其次，装甲列车是一个悖论的受害者，这个悖论可以总结如下：在一般人看来，要打败一辆装甲列车，只要切断铁轨就足够了，可为什么从铁路被发明以来，装甲列车能被持续不断地广泛使用，并取得不同程度的成功？根据每个使用国的心态和地理环境，以及装甲列车用来对付的各种威胁，这个问题有多种答案。

最后，装甲列车是有关国家铁路和军事遗产不可分割的一部分。同样，列车可以为了军事之外的用途而配备装甲，例如作为官员的交通工具，或者现金与铸币的运输工具。根据历史时期和安装的武器，不同用途和数量的此类列车应运而生。再者，装甲列车的设计反映了对应国家的工业能力和使用思路：后者根据影响的地理位置、后来的殖民经验、加入的不同联盟以及对潜在对手实力的评估而有所不同。

装甲列车使用概述

在研究各国的装甲列车之前，我们认为展示一下装甲列车的发展全貌是明智的做法。显然，这种全景式的介绍能帮助我们将科技发展与应用于装甲列车的发明联系起来，特别是通过观察敌方的同类装备、战场救援与维修，以及对敌方的战斗能力进行分析而发现装甲列车的创新趋势的情况。我们可以据此确定三个主要的时期（每个时期的原始资料多少各不相同）：

1765—1917 年：铁路的出现以及为军事需要而做的改装

铁路首现于西欧。蒸汽机的诞生和在工业上的应用催生了许多项目（包括屈尼奥的蒸汽动力车辆），而铁轨的完善创造了一种均质的人工道路，最终创造了一种新的交通方式。因此，对 1825 年前的时期做一个简短的研究是很有必要的。

1765—1825 年：机动车辆前史

1765 年，詹姆斯·瓦特发明了蒸汽机。1769 年，屈尼奥制造和试验了第一种蒸汽动力汽车。在这一时期，除了火炮牵引车之外，其他发明和军用汽车应用几乎毫不相干。不过，保存下来的资料表明，知识界对真正意义上的"坦克"或"装甲车辆"的概念越来越感兴趣。

1825—1871 年：铁路首次改装为军用，装甲列车出现

在这一时期内所被构想的许多项目都受到了美国内战（南北战争）的影响，无论从提议的使用方法还是实际的构造细节都是如此。欧洲装甲列车首次出现于普法战争，各方对其效能的认识也不尽相同。当时法国和英国提出的多个相关项目都意在海岸防御。

1871—1917 年：殖民地使用和对未来装甲列车的系统研究

对普法战争的研究，导致各主要大国于世纪之交都建造了装甲列车或装甲车厢。殖民帝国的扩张也存在于这一时期——装甲列车在殖民地中被用于维持国内治安，于 1914 年被用于征服非洲南部的德国殖民地。英国率先大规模试验和使用装甲列车，特别是在第二次布尔战争期间。此外，虽然如今已经很难评估推动德国发展的重要思想[8]，但将 1917 年作为装甲列车史第一阶段的结束似乎很恰当，因为俄国将要爆发内战，同时 1917 年也是第一代坦克服役的时间。

1917—1945 年："黄金时代"，装甲列车在多条战线上作战

俄国内战是相对现代化的军队第一次在如此广阔、连续的空间（从德国、波兰直到西伯利亚）里对抗，这种战斗超出了同时代装甲车辆的能力范围——那些车辆主要是为在公路上使用而设计的。此外，布尔什维克革命和随后的中国革命，都产生了对机动炮兵的新需求。

这一时期，由于奥匈帝国的解体，以及原属俄国的各省独立，许多新国家诞生了。装甲列车的使用重心也随着局势向东转移——波罗的海诸国和波兰的炮兵火力主要围绕装甲列车，而捷克斯洛伐克、奥地利、匈牙利和南斯拉夫则分享了原奥匈帝国的装备。最终，在十月革命鼓舞下的革命分子都开始建造新的装甲列车。

1917—1922 年：装甲列车作战任务的标准化

年轻的国家继续发展它们的列车，各国的作战特

8　大部分的德国档案都毁于 1945 年盟军针对波茨坦的轰炸，以及布雷斯劳所遭到的破坏。

性越来越明显，尤其是波罗的海国家。1918年协约国取得一战胜利之后，以装甲列车为主要武器系统成为作战中的规范，从俄罗斯内战的各次战役，到苏波战争、德国革命与波罗的海自由军团、西里西亚、匈牙利和乌克兰起义，以及中国的解放战争，概莫如是。

1922—1941年：装甲列车在各国陆军中的配属与现代化

始于20世纪20年代的这些努力在中东欧各国产生了效果。在盟国间停战委员会下令销毁德国装甲列车之后，德国制造了新一代产品，目标是维持国内治安。而在亚洲，中日之间的冲突都发生在战略意义重大的铁路线周围，双方都需要使用装甲列车。西班牙内战中的共和军也使用了这种装备，1939年9月1日凌晨，二战在欧洲爆发，其开端便是但泽走廊两侧装甲列车与轨道车的协同攻击。

1941—1945年：普遍爆发的游击战所引发的技术与思想发展高潮

随着德军对苏联发动进攻，接下来的四年中，装甲列车的重要性达到了史无前例的高度。一方面，苏联的专有技术影响了德国人的设计。另一方面，苏联、巴尔干半岛、法国和波兰轴心国占领区普遍爆发的游击战所带来的不稳定，只有装甲列车能够压制。装甲列车既是一种"先进的"政治武器，也是法西斯镇压的象征。

1945—2016年：衰落和经常地重现

1945年是铁路网络根本重要性终结的一年。铁路重炮（ALVF）[9]从军队中消失，被代之以各种导弹。虽然装甲列车在某些社会主义国家中仍是重要的武器，但却主要被用于反游击战。尽管装甲列车在某些冲突中也会走上前台，并在宣传上取得很大的成功，却再也没有起到过以前那样的主导作用。

1945—1962年：革命斗争中的装甲列车

尽管存在空中优势一说，以及导弹的出现部分替代了常规炮兵，但装甲列车并没有完全消失。它们仍然在苏联被使用，直到20世纪70年代，中国可能也使用了这种装备。而且在无数危机、冲突和内战及反殖民

战争的前线，它们仍然发挥着最具决定性和最杰出的作用：马来西亚紧急状态时，以及在朝鲜、古巴、印度支那（中南半岛）、阿尔及利亚、荷属东印度（印度尼西亚）和越南的战争时期，所有铁路网都无一例外地使用了装甲列车。法国从未真正相信装甲列车的效能，但它们却在中南半岛 [这些车辆都被错误地称为"阵风"号（Rafales）] 成了传奇，同时在阿尔及利亚自始至终确保了铁路网的安全。

1962—2016年：铁路网抵御核战争的屏障，频繁因政治而重现

核战争的直接影响令人印象深刻。对于必须利用初期攻击打开突破口的部队来说，有害辐射是真正的敌人。为了对抗这种物理效应，各国尝试改装装甲车，但都没有取得任何真正意义上的成功。[10]乘车穿越核污染地区实际上仍不可能。在1970年左右，苏联开发了特种装甲列车，其中三辆最后在高加索地区服役。朝鲜领导人前往苏联的一次旅程和欧元纸币的运输都成了大量媒体报道的主题，使装甲列车留在了公众的视野之中，而所谓"波兰某地发现装满黄金的纳粹装甲列车"这一有待证明的传闻，更是引发了人们的热议。

最后，想要完全覆盖我们的主题，就必须考虑装甲列车在公众心目中的形象。我们将展示它们通过小说、诗歌、漫画、电影和歌曲，对大众文化造成冲击的几个例子。

装甲列车的设计与建造技术

装甲列车结合车组人员的各种职能，将所涉国家的不同兵种结合在一起，展现出诸兵种合成特征。这种特征从一开始就存在：大型装甲板的制造和组装能力，旋转炮塔的使用能力，最后重炮的熟练操作——选择经过重炮使用训练的人员，也就是让海军水兵在这些"陆地战列舰"上服役。[11]在1871年巴黎围攻战期间以及

---

9 法语 Artillerie Lourde sur Voie Ferrée 的缩写。

10 例如苏联的"279工程"原型坦克，采用四组履带系统，以及为防止核武器冲击波导致倾覆而专门设计的波形装甲车身。

11 英国为第一代坦克的研发赋予"海军"内涵也是出于相同的原因：该项目由海军部负责，第一批坦克被描述为"陆地战列舰"，它们的战术使用最初也复制了海军的交战规则。

英国的多次对外（包括 1882 年的埃及、1914 年的喀麦隆和安特卫普，以及俄国军械库）干涉行动中，情况都是如此……作为多项提议的主题，岸防装甲列车本应由海军负责。但是，在地面战场上的大量使用使其成为陆战的关键武器，因为在许多冲突中，它们都代替了坦克和其他装甲车辆。

从飞机被用于军事目的的那一刻起，"防空"能力就开始变得不可或缺了，不管是以特制装甲或无装甲防空列车的形式，还是在现有装甲列车上安装固定高射炮的形式，都是如此。正如地面高射炮部队一样，列车上的这些武器在大部分情况下都由空军人员操纵（例如，在 1942 年之前的德国装甲列车和 1940—1944 年的英国装甲列车上）。肯尼亚的茅茅党起义期间，英国皇家空军临时建造和使用的装甲列车则是这方面的特例。[12]

装甲列车各不相同的外观是它们的主要特性之一，即便几个世纪以来，各国都试图将这些车辆的总体设计特征规范化，但它们最后常常都以一种随意的方式被组装。我们可以从两个层面上发现这种差异：整列列车和单独车厢。从整列列车的角度看，原始配置可能随着车厢的损坏而变化，损坏的车厢也许能够得到补充，来源是维修或改进的车厢、其他列车的车厢（可能是敌方列车，也可能是友军列车），也有可能根本得不到补充。至于单独车厢，重要的是能够获得哪些武器，而不是能否获得用于装甲化改造的平台。苏联装甲列车（内战和二战中的都是如此）的案例说明，在车厢设计中，尽管明显有官方项目强制的固定指标，但不同的工厂在这方面有所差异，最后常常无法被归入任何一种标准型号。与此类似，德国"BP 42"和"BP 44"装甲列车的设计特征以同样的方式应用到 LHW 和前线附近工厂制造的列车上，即便武器是标准化的，但车厢的外形也有差异。

装甲列车的角色、任务和分类

从根本上说，在列车车厢上安装武器可以为后者提供机动性，由于缺乏合适的动力，只有这么做才能在地面战场满足上述基本需求。而由于炮手的防护不可少，车厢上又配备了装甲，因此，第一代装甲列车与铁道炮可以被归为同一类。

当战争双方都开始破坏铁路线以阻止对手使用时，装甲列车的主要作用就变成了保护铁路网。这种防御通过随机出现在铁路线上的任何一点来实现，在压制敌方轻重火力的同时，列车上还携载部队和车辆以增强战斗力。随着地面交火的强度增加，尤其是二战将要结束之时，装甲列车和防空列车的防护都被大大加强，能够参与类似坦克战的近距离作战。在这方面，它们的战术是从美国内战起不断发展而来的，所有参战国都构思、测试和开发了特种车辆。

在全球范围内，根据具体的时期，可以定义装甲列车的如下职能，这些职能并不相互排斥，因为每一列装甲列车都必须是自主的：

- 破袭（特别是在城镇或者要塞）
- 侦察
- 炮火支援（配备野战炮和高射炮，轻型或重型）
- 内卫/镇暴
- 指挥
- 补给（宿营、后勤）
- 备件运输
- 部队训练

为了匹配上述职能，每辆列车应该是自主的，因此车上或者邻近区域应该有专用装备和人员：

- 指挥人员
- 驾驶人员
- 通信分队
- 野战炮/迫击炮（间瞄火力）
- 反坦克炮（直瞄火力）
- 防空武器
- 火焰发射器
- 突击队（步兵，也用于近距防御）
- 机动装甲部队（随车运载坦克或装甲车）
- 技术维修部队（工兵）
- 搜索分队（轨道车或者徒步步兵）
- 侦察部队（轨道车）
- 支援部队（宿营、炊事、医疗等）

12 George Balfour, *The Armoured Train, its Development and Usage* (London: B T Batsford Ltd, 1981).

装甲列车分类

因缺乏国际标准，我们必须提出一种装甲铁路车辆的分类方法，作为描述它们的共同基础。我们认为，装甲列车是如下因素的组合：

－ 预期用途
－ 携带的攻防武器
－ 列车的构成（车厢与动力单元的排列顺序）
－ 车厢的特性（专用类型，防护水平等）
－ 推进装置（蒸汽、柴油—电力、电力、畜力等）

根据预期任务、部署区域和每个国家的战术，装甲列车可分为轻型、中型、重型和特种。一般来说，携带重型武器、用于远程火力投送的列车在防护上弱于配备野战炮或反坦克炮的型号。后者因携带的武器用于近距离交战，更容易暴露且需要配备更厚的装甲。装甲列车所携火炮的重量和威力往往决定了作为装甲车厢基础的轨道车辆：

－ 平板车和转架平板车（安全车厢、指挥车厢、高射炮平台）
－ 高边转架车（配备坦克炮塔的车厢）
－ 转架棚车（配备坦克炮塔的车厢、机枪车厢、突击队运输车厢、厨房车厢、医疗车厢、指挥车厢等）
－ 四轮棚车和守车（司闸车，由于车厢较短，往往用于分隔两个主要单元或运载轻武器）
－ 客车车厢（用于运送军官或官员，以及需要较长的装甲单元时）

这种类型的划分并不全面，不适用于在工厂或者设备精良的车间制造的车型。此外，对于较新的列车（BP 42 和 BP 44），德国国防军决定只使用四轮或六轮的轨道车辆。因为战时的经验已经说明，转架车一旦脱轨，就很难被抬升放回轨道上。

铁道战

在描述每个国家的装甲列车和轨道车之前，我们将回顾铁道战的某些共同特点，先从装甲列车存在的理由（对敌方的铁道线进行破坏）开始。

地雷可以简单地用压力或者通过齿条齿轮延迟装置引爆。装有延迟装置的地雷可以被设置为在承受一定数量的车轴通过压力后引爆，例如先让安全车厢通过，然后在机车下爆炸。

当一方打算使用铁轨运行自己的列车时，那么对铁轨进行真正的物理破坏是不可取的（最明显的就是向敌方领地推进期间）。当然，己方不使用列车的游击战不在此列。20 世纪 30 年代，苏联陆军完善了一种"铁路鱼雷"，该武器能够摧毁敌方列车，或者至少使其脱轨。因此，列车前部的安全车厢很有存在的必要。

被去掉固定螺栓、留在原地的俄罗斯铁轨一例。从远处看，这种铁轨似乎很安全，但在列车通过的重压下，铁轨很可能被扭曲。而即便是重新固定时出现的无法用肉眼看出的轻微偏移，也足以使列车的轮子卡在枕木上。（保罗·马尔马萨里的收藏）

俄罗斯（苏联），工兵正排除埋在铁轨下方的地雷。这位显得不太高兴的工兵似乎是一位苏联战俘。（保罗·马尔马萨里的收藏）

损坏的道岔组远比铁轨更难更换。照片摄于苏联。（保罗·马尔马萨里的收藏）

去掉螺栓并重新固定导轨连接板后放置障碍（图中的障碍物是一个轮辋）。照片摄于苏联。（保罗·马尔马萨里的收藏）

在一段铁轨的中央使用少量炸药就足以将其炸断，不过这种损坏比较容易维修。照片摄于苏联。（保罗·马尔马萨里的收藏）

1957 年，阿尔及利亚发生了类似的破坏事件。袭击目标是卢瓦索少尉所指挥的装甲列车。（多米尼克·卢瓦索提供照片）

"阿拉伯的劳伦斯"指挥的游击队对汉志铁路的破坏：用很小的爆炸物使铁路弯曲成标志性的"郁金香"形状。（N.V. 索尔特提供照片）

在印度支那（中南半岛），越南独立同盟会用附近村庄的牲畜，将一段铁轨推到一边（其惯性效应将导致数百米的轨道翻转，甚至把整段的铁路拖入丛林中）。照片远处是正在倒车的列车，它已做好运用其火力保护维修队的准备。（BORDAS 提供照片）

逆转上述翻转过程可以重置铁轨，但这项艰苦的工作一般由士兵来完成。（BORDAS 提供照片）

苏联 ZhDT-3 铁路鱼雷，于 1938 年由波多利斯克工厂设计。这种简单、廉价的"发射后不管"装置内有 100 千克（220 磅）的炸药，其发射速度为每小时 50 千米（每小时 30 英里），射程为 10 千米（6 英里），可造成严重的破坏。虽然 1941 年时每辆装甲列车都配备了五套这种装置，但是否将其用于实战则不得而知。铁路鱼雷的主要战术缺点是，无法对抗德军在"巴巴罗萨"行动中用坦克发动的攻击，而其最大的用处是打击使用俄式宽轨的铁路车辆。（照片：马克西姆·科洛米茨的收藏）

发现或者预防破坏的主要手段是在铁路线上随机地巡逻。由于装甲列车太过沉重，因此只有轨道车能够遂行这种搜索与侦察工作。这些车辆的型号各异，有原来的铁道巡查车，也有为铁道使用改装的公路车辆。从第一次世界大战时起，将机动侦察有轨车与装甲列车搭配就是引人注目的发展：正因为有了奥地利的"朔贝尔上尉"装甲列车和西伯利亚捷克军团的"奥尔利克"装甲列车，苏联内务人民委员会（NKVD）才在 1941 年将列车与机动有轨车搭配使用。

本文段右侧的列表涵盖了轨道车辆主要的分类。各种类型的有轨车辆和重型、中型与轻型车辆之间的差异取决于车辆的规模和各国的偏好，最后列出的是衍生出军用版本的民用车辆名称。

- 侦察轨道车（无装甲）
- 轻型装甲轨道车（有炮塔或无炮塔）
- 重型装甲轨道车（有炮塔或无炮塔）
- 装甲机动有轨车（有炮塔）
- 多炮塔机动有轨车（一至三个炮塔，某个苏联型号甚至有四个炮塔）
- 追击机动有轨车（反坦克炮塔）
- 机动车厢
- 公路铁路两用装甲车（组合车辆，带有一体化轨道转换系统或者替换车轮，可选择携带地面作战部队的补给品）
- 铁路坦克
- 公路铁路两用设计
- 一次性遥控车辆

完整的捷克"奥尔利克"装甲列车，机车后是两节火炮车厢，前部是一辆机动有轨车（原俄国造"外阿穆尔人"号），可以独立巡逻，在它之前是一节安全平板车厢。（照片：保罗·马尔马萨里的收藏）

一战期间芬兰的无装甲侦察轨道车，适用于低强度战区。（照片：保罗·马尔马萨里的收藏）

摆拍的宣传照片，但展示了这些轨道车的预期用途——更多的是掩护工作队，而不是进行攻势侦察。（照片：保罗·马尔马萨里的收藏）

公路铁路两用车辆一体化轨道转换系统的一个出色范例，其使用条件是车辆在公路上的轮距与铁路轨距相同。照片中的是被加挂到 PZ 3 上的 SdKfz 231（六轮）装甲车。（照片：保罗·马尔马萨里的收藏）

完全不同的处理方式：1938 年，英国在巴勒斯坦改装了这些国王私属皇家团的福特汽车，专门用于铁路行驶。照片中的情景说明了许多轨道车车组人员的命运，他们为确保列车安全通过而做出了牺牲。（照片：保罗·马尔马萨里的收藏）

阿尔及利亚铁路公司（CFA）的 060DY 电传动内燃机车，驾驶室配备了装甲护盾。注意侧面车窗上的垂直拉门。（照片：保罗·马尔马萨里的收藏）

在克拉皮纳（萨格勒布以北约 40 千米处），这辆 202 号重型装甲列车说明各国应对铁道战的战术在逐步发展，机动式单元既可以组成完整的装甲列车，也可以作为单独的作战单位。（照片：保罗·马尔马萨里的收藏）

在全球范围内，苏联是率先推出机动有轨车（供内务人民委员会使用）的国家，然后是德国，德国国防军在之后采用了从 1944 年起便开始广泛使用的轻型（PZ le.sp）和重型（PZ s.Sp）装甲列车。到第二次世界大战结束时，由能够独立行动的轨道车组成的侦察部队，以小组或者完整列车的形式组合在一起，已经成了规范。

安全性：预测、判断、装甲和适应性

　　和所有装甲作战车辆的情况一样，装甲也不是轨道车辆的生存能力的唯一保证，它始终要与其他功能及性能结合起来才能发挥更好的效用。为简单起见，我们可以这么认为，书中介绍的这些轨道车辆可能有武器，可能配备装甲，也可能兼具武器与装甲。下面的几个例子将说明各种不同的解决方案。

苏联境内的一列德国列车，两节高边车厢拥有粗糙的装甲防护——在配备了射孔的车厢内固定钢板，高出车厢 50 厘米。（照片：保罗·马尔马萨里的收藏）

使用枕木保护车队前部的 Flak 38 20 毫米高射炮炮手，由一辆三号坦克提供掩护。防护的高度被有意放低，使车上的火炮能够打击地面目标。（照片：保罗·马尔马萨里的收藏）

根据过去的作战经验，1940 年操纵英国装甲列车的波兰军人坚持要从车厢地板进出。（照片：IWM）

简单必要性的一个例子：2001 年 12 月 1 日，金边的 231501 号 4-6-2 机车，只有驾驶室使用了装甲。越南和柬埔寨的铁路的强度从来不足以承受完全装甲化的机车。（照片：热拉尔·普耶）

柬埔寨停车场中的 BB 1005 号柴油内燃机车，其驾驶室配备装甲。注意装甲板与驾驶室之间留有的空隙，它们能使炮弹碎裂，从而增强防护。（照片：弗洛里安·格鲁普）

在俄罗斯的一片森林中，有两条相互垂直的路线：铁路上有一列车正在燃烧，另一条则是林间小径。隐藏装甲列车是徒劳的，但至少可以延迟其被清晰辨认的时间。（照片：保罗·马尔马萨里的收藏）

伪装的重要性

伪装可通过改变外观或使目标隐蔽于环境中的方式，来欺骗敌方观察员的眼睛。应该注意的是，想让伪装发挥最大效能需要车辆保持静止，且不能冒烟或发光。一旦车辆开始移动，任何伪装手段都无法将其隐藏起来，只能寄希望于地面观察员难以确定其准确位置和所属势力。此外，人们必须考虑心理因素：军用列车不可能不上漆（金属会生锈，木头会腐烂），既然油漆必不可少，那就可以使用为其他军用车辆设计的伪装漆。车组人员觉得，在使用伪装漆之后，车辆更不容易被敌人发现。

"巴巴罗萨"行动期间，这辆装甲列车（PZ 26-31）运行于苏联铁轨上，蒸汽机车冒出的黑烟会泄露其准确位置。注意安全车厢正面的栏杆所构成的防护装甲，它们使该车厢成为一个观察平台。（照片：保罗·马尔马萨里的收藏）

波兰"勇敢"号装甲列车（PP Smialy）使用的原奥匈帝国蒸汽机车上的折烟器。这个没有装甲的部件遭到了来自炮弹、炸弹破片或者机枪子弹的伤害。（照片：瓦夫日尼亚克·马尔科夫斯基的收藏）

虽然远隔千里，原则却完全相同：这是 20 世纪 30 年代中国奉系军阀的装甲列车上配备的折烟器。烟可以从机车下方或者列车侧面排出。（照片：版权所有）

这些芬兰装甲车厢的顶部被漆上了铁轨和枕木的图案，明显呈两种不同的颜色。（照片：芬兰战时照片档案馆）

苏联第 12 装甲列车营的 47 号装甲列车上有趣的伪装图案。（照片：保罗·马尔马萨里的收藏）

车辆上虚假的铁轨和枕木图案最先用于西班牙，并持续到印度支那（中南半岛）的战争结束时，这似乎是一种鼓舞士气的手段，而不是有效的伪装技术。（照片：保罗·马尔马萨里的收藏）

1941 年，于基辅附近被缴获的一列苏联装甲列车的部分伪装。以植物为基础的伪装很难被固定在移动的车辆上，更糟糕的是，枯叶在附近的植被中非常显眼。（照片：保罗·马尔马萨里的收藏）

二战末期，盟军的空中优势迫使德军对列车进行大规模伪装。光看照片看很难辨认出，这其实是 1945 年向美军投降的一列由重型轨道车组成的列车。（照片：保罗·马尔马萨里的收藏）

装甲列车于静止状态下的完美伪装。照片中的是 1914 年的一列装备 95 毫米炮的法国列车，人们只能认出炮手左侧的一个轮子。（照片：保罗·马尔马萨里的收藏）

1943 年 6 月的"布吕歇尔"号轨道保护列车（SSZ Blücher）前段再利用了一辆固定的一号坦克（装备两挺 7.92 毫米 MG 13 机枪，在远端的车厢里）和一辆包裹外部装甲防护的二号坦克（装备一门 20 毫米 KwK30 或 KwK38 火炮），用于反游击战任务。（照片：保罗·马尔马萨里的收藏）

攻击能力

铁路武器自诞生之日起，其价值体现就是能够运送火炮。装甲列车经过发展，在结合了防空火炮、间瞄火力（轻型枪械、重型枪械、榴弹炮、迫击炮和火箭炮）和直瞄火力（最重要的是反坦克炮）后，更是拥有了攻击能力。

这些火炮的组合既可能会出现在专用于单一类型火炮的车厢上，也可能会出现在专门的火炮车厢上，

不论是哪一种情况，近防武器都会遍布整列列车。列车携带的武器既可被安装在向前方或向后方射击的炮台上，也可被安装在旋转炮塔上——采用独立炮塔的形式，或利用完整的坦克的炮塔。而坦克除了仅炮塔可正常运作的固定型外，还有完整状态的可移动型——它们既可在列车上作战，也可离开列车，这大大扩展了列车的作战半径。下面是几个例子，同样的，它们仅是许多变种中的一小部分。

军方利用一辆拆除了发动机的 BT-7 坦克来增强车厢的防护能力。该坦克配备了 45 毫米 M32 火炮和 7.62 毫米高射机枪。（照片：保罗·马尔马萨里的收藏）

BP 42（或 BP 44）正在装备两辆 38（t）型坦克。我们可以从图中看到有一辆坦克面向前方（在正常情况下，为实现迅速部署，坦克应面向坡道）——除提供火力支援之外，这辆坦克还充当了临时指挥所和前沿观察哨。请注意抽烟斗的车组人员携带的苏联"波波沙"冲锋枪。（照片：保罗·马尔马萨里的收藏）

更先进的设计概念之一：波兰的"R"型轨道车（R 代表雷诺）。它可以遂行两种任务：既能在没有停靠设施的情况下执行轨道搜索任务，也能在离列车一定距离的旷野上作战。它们被缴获后，似乎影响了 PZ BP 42/44 坦克运载车的设计。（照片：约恩查的收藏）

法国陆军在阿尔及利亚也使用了老旧的坦克。我们可以从图中看到，在遭到民族解放战线（FLN）部队的伏击之后，列车的其他部分都已倾覆，而坦克车厢奇迹般地几乎未受影响。（照片：居伊·沙博）

引入反坦克装备的初级阶段：一门75 毫米 41 倍径火炮替代了 PZ 3 转动角度有限的炮台。（照片：保罗·马尔马萨里的收藏）

装甲列车反坦克装备的终极阶段：一个装备 KwK 40（43 倍径或 45 倍径）75 毫米炮的 4 号坦克炮塔（图中的炮塔于 1944 年 7 月到 10 月之间被安装到了 PZ 3 上）。此前的一个阶段，德军和苏军都曾以类似的方式使用了 T-34 的旋转炮塔。（照片：保罗·马尔马萨里的收藏）

防空

　　装甲列车（以及所有军用列车）在现代战争中的生存能力还依赖于成体系的防空能力。在许多国家（波兰、波罗的海国家、西班牙）的装甲列车中，列车本身的防御由安装在车厢上或者煤水车上的机枪提供。苏联装甲列车有不少加入了专用的防空车厢。相反，德国国防军的装甲列车、1943 年起到 20 世纪 70 年代的苏联装甲列车以及加拿大的一号装甲列车，则为某些车厢配备了高射炮，这些火炮也能打击地面目标。

苏联蒸汽机车的煤水车和机动有轨上的旋转炮塔一般会安装两挺马克沁 SPM 7.62 毫米机枪（也有四联装的型号，但较少见）。图中是由缴获的 NKVD D-2 机动有轨车组成的列车。注意，高射机枪完全没有防护，甚至没有任何阻止其击中所在列车的安全护栏。（照片：保罗·马尔马萨里的收藏）

PZ 32（用于 1946 年拍摄的电影《铁路战斗队》中的德国装甲列车）上的防空阵位有一门 FlaK 36 37 毫米高射炮。PZ BP 42 和 BP 44 的标准装备是 Flakvierling 38 四联装 20 毫米高射炮。（照片：保罗·马尔马萨里的收藏）

芬兰防空车厢上的双联装 7.62 毫米 ItKk 31 VKT[13] 机枪，机枪手可以自由活动。（照片：保罗·马尔马萨里的收藏）

在西班牙内战期间，7 号或 8 号内燃装甲列车安装高射机枪的方式与众不同——更注重的是机枪手的防护，而不是发现和跟踪目标的能力。图中的民兵正在固定施奈德 1908 式 70 毫米炮炮口上的防护罩。（照片：由哈辛托·M.阿雷瓦洛·莫利纳提供）

最初的防空列车的设计目的是为战略要地（如城镇、铁路中心、炼油厂、工业区等）提供灵活的防御，这些防空列车只配有轻装甲，甚至没有装甲。随着时间的推移，由于防空部队越来越靠近前线，游击队的行动越来越大胆，开始破坏这些列车使用的铁路线，防空列车的设计也随之发生了演变。这些发展是不是苏联和德国方面的特定计划所致，需要进一步的研究。

火炮车厢的必备特征之一是照片中的测距仪。注意车厢内部的粗糙特性。（照片：保罗·马尔马萨里的收藏）

苏联防空列车，只有侧面可以防御炸弹和炮弹的破片。这些缴获的车厢已经换装了88毫米炮。（照片：保罗·马尔马萨里的收藏）

这列缴获的苏联列车装备了1939式85毫米高射炮，这是最有效的苏联高射炮之一。（照片：保罗·马尔马萨里的收藏）

炮管卡在后坐位置上，说明车组人员在放弃列车之前已使火炮失去作用。（照片：保罗·马尔马萨里的收藏）

通过照片我们可以辨认出这节德国防空车厢的来源：以苏联转架车为基础，用双层木板加高了车厢的折叠侧板，其安装的火炮是 Flak M31 76.2 毫米或者 FlaK M31（r）76.2/88 毫米高射炮。（照片：DGEG- 马尔马萨里的收藏）

装甲列车射击时的姿态。炮座底部的车厢宽度较前图而言增大了一倍。（照片：DGEG- 马尔马萨里的收藏）

更成熟的版本之一是图中配备 88
毫米 Flak 36 高射炮的车厢。在行
进状态下，侧面的短舱已经抬高，
此时的车厢符合装载限界。（照片：
DGEG- 马尔马萨里的收藏）

上张照片中看到的车厢，这是其建
造的最后阶段。作为基础的 50 吨
容量转架平板车厢来源于苏联，其
设计图纸如下。（照片：DGEG- 马
尔马萨里的收藏）

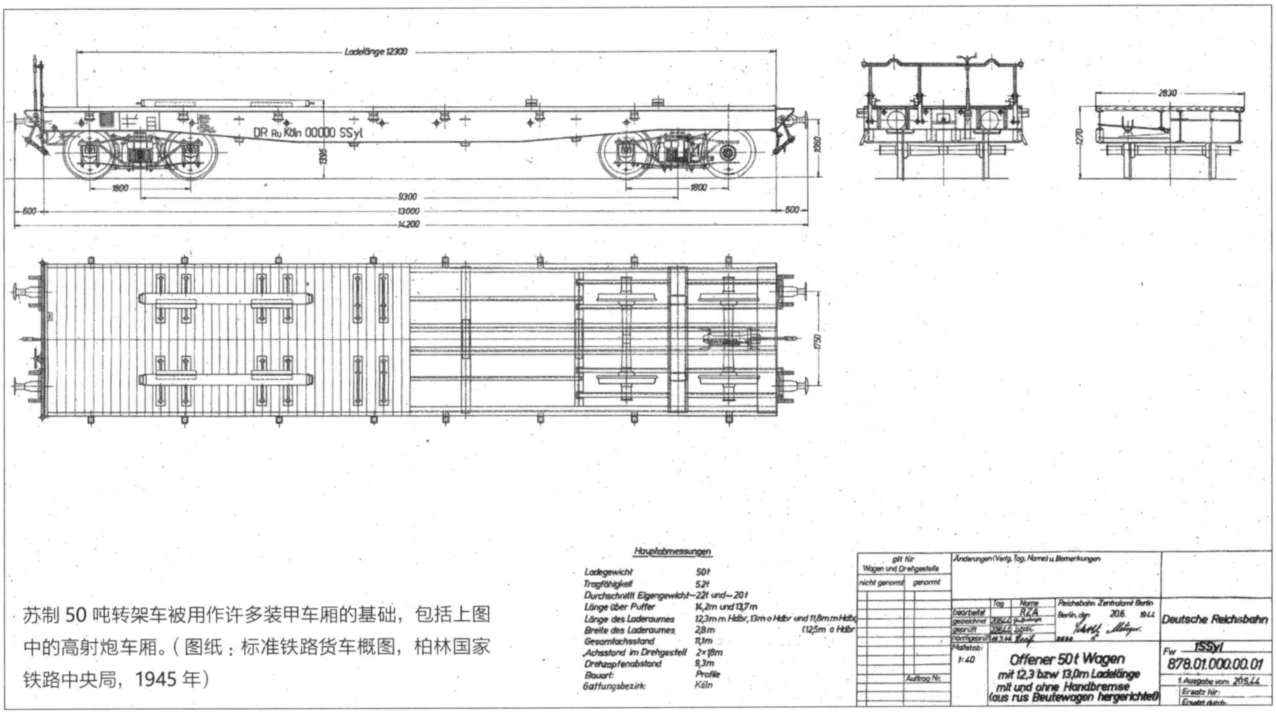

苏制 50 吨转架车被用作许多装甲车厢的基础，包括上图
中的高射炮车厢。（图纸：标准铁路货车概图，柏林国家
铁路中央局，1945 年）

建造中的车厢的一端特写，说明它
与 PZ BP 42 和 BP 44 有相似之处。
（照片：DGEG- 马尔马萨里的收藏）

　　贯穿本书始终的共同特征是铁路车辆（特别是装甲列车）的耐久性和可重用性。观察和跟踪各次武装冲突中的某些车厢与机动有轨车，能为与其他装甲车辆的比较增加了一个新的维度。因此，我们在本书中追寻了许多装甲车厢的历程：奥匈帝国（1914—1945 年），波兰和捷克（1938—1945 年），苏俄（从 1916 年到中国解放战争，以及从 20 世纪 70 年代至今），法国（1950 年到 1975 年的中南半岛）。

　　这种持续的重建很大程度上归功于基础平台的稳定性，但也因列车关键部分很少遭到打击，最终还归因于前线车间的创造性。装甲列车从心理层面延伸到政治层面，也是其吸引力的部分来源。

　　作为一种作战平台，装甲车厢一直以来都携载着各种武器。因此，人们可以参考一般性的著作，来了解特定时期的特定武器的细节。同样，为了装甲化而建造的车厢或机动有轨车很少，绝大多数装甲轨道车辆都是通过在标准轨道车辆上固定覆盖装甲板的某种框架建成

的。参考不同国家的动力及轨道车辆资料，我们可以找到更多也更详细的细节。

结论

　　我们编写这本"百科全书"，目的不在于追溯装甲列车的发展史，也不是为了描述涉及装甲列车的每次交锋，或者致使其创新的对抗。我们的目的是研究每个国家是如何发明、试验、利用，以及（在某些情况下）放弃这种军用武器系统的。我们认为，军事发展的趋势是在越来越远的距离上消灭对手，并为己方士兵提供越来越好的防护。如果这种看法是正确的，那么装甲列车在军事技术史上就有举足轻重的地位，特别是它促进了坦克的出现。

　　与此同时，装甲列车（以及由其衍生出来的装甲机动有轨车及轨道车）是一种常见的非典型武器。它们能长期成功，首先是因为这种车辆能够代替许多国家无力设计或购得的坦克与装甲车辆。其次是因为它们有能

尽管经过了持续的研究和分析，关于装甲列车仍然有许多待解谜团：许多型号仍然没有被研究，可能是因为虽有档案，但没有披露任何照片或图纸，或者相反的情况。例如照片中这种身份不明的轨道车，几乎肯定是苏俄制造的。（照片：保罗·马尔马萨里的收藏）

极罕见的装甲高射炮车厢照片，这种外形似乎是为了使火炮能在很低的仰角上向车厢两侧射击。（照片：DGEG- 马尔马萨里的收藏）

力消除，或者至少最大限度地减少针对铁路网络的威胁，二战和去殖民化战争中的各国军队后勤都仰赖这一网络。最后，它们有能力通过维修、革新和利用缴获的单元"再生"。研究和展示装甲列车以及它们参与的战场，也就阐述了一个国家的工业史和经济、社会、文化与政治等各个方面。

　　总而言之，我们认为，不管是为了揭开这种迷人的军用机器的神秘面纱，还是为了鼓励继续设计和建造装甲列车，人们对装甲列车的兴趣仍然很浓厚。这种武器的使用一直没有停止——只要铁路运输依然是一种高效的现代运输手段，并因此成为破坏和阻塞的目标，那么装甲列车的使用就将永远不会停止。

资料来源

期刊文章

- Caiti, Pierangelo, *Atlante mondiale delle artiglierie: artiglierie ferroviarie e treni blindati* (Parma: Ermanno Albertelli Editore, 1974).
- Dupuy, R Ernest, and Dupuy, N Trevor, *The Harper Encyclopaedia of Military History* (New York: HarperCollins Publishers, 1993).
- Heigl, Fritz, *Taschenbuch der Tanks*, 4 vols (Munich: J F Lehmanns Verlag, 1935 [re-edited in 1970]).
- Malmassari, Paul, *Les Trains blindés 1826-1989* (Bayeux: Editions Heimdal, 1989).
- Westwood, John, *Railways at War* (San Diego: Howell-North Books, 1980).
- Zaloga, Steven J, *Armored Trains* (Oxford, Osprey Publishing Ltd, 2008).

书籍

- Aiby, Lieutenant André, 'L'emploi des trains blindés', *La Revue d'Infanterie Vol 83* (November 1933).
- 'Du *XIXe* au *XXe* siècle l'histoire des trains blindés', Champs de *Bataille thématique* No 43 (November 2015).
- Ferrenz, Tirell J, 'Armored Trains and Their Field of Use', *The Military Engineer Vol XXIV*, No 137 (Sept–Oct 1932).
- Gallacher, Ian, 'Armoured Trains', *Military Illustrated No 191* (July 2004).
- 'Les Trains blindés', *La Nature No 2150* (12th December 1914).
- M., Capitaine, 'Les Trains blindés', *La France militaire No 11795* (23 May 1924).
- Malmassari, Lieutenant-Colonel Paul, '1914: Quand la voie ferrée annonce le char', 14-18, *le magazine de la Grande Guerre No 20* (2004), PP.22–7.
- Mayer, Major Franz, 'Introduction à l'histoire des trains blindés', *Militär-Wissenschaft und technische Mitteilungen* (Nov–Dec 1929).
- Purdon, Charles J, 'Fortress on steel wheels', *Trains Vol 41, No*

11 (September 1988), PP.30–1.
- Urbański, Hauptmann August, 'Über die Verwendung von Panzerzügen im Feldkriege', *Mitteilungen über Gegenstände des Artillerie- und Genie-Wesens* (1900), PP.402–12.
- Van Volxum, Major, 'Le rôle des trains blindés dans les operations de guerre', *La Science et la Vie No 25*, (March 1916), PP.305–12.

大学研究论文

- Malmassari, Paul, *Etude comparée des trains blindés européens (1826-2000)*, DEA en Histoire militaire, défense et sécurité, Université Paul Valéry, MontpellierIII, under the guidance of Professor Jean-Charles Jauffret, 2004.

会议

- Malmassari, Lieutenant-Colonel Paul, *Les Trains blindés et la fortification au XIX°* siècle, communication au colloque de l'artillerie, Draguignan, 9 April 2005.

关于资料来源与参考文献的说明

- 任何一位作者都不可能全部掌握各种外国语言的出版物。因此，虽然书中的引用很多都是法语资料，其中相当一部分都已经由我们的通讯员翻译过，在此衷心感谢他们的辛苦。我们尽了很大的努力，在本书中加入过去未发表或者来自私人收藏的照片。即便该照片出自档案馆或者博物馆馆藏，我们也优先使用不为人熟知的那些。我们必须强调，互联网给全球带来了很大的帮助，包括提供便利的通信方式、网上购物和搜索引擎中识别文档的功能。

- 我们在这一项目上得到的支持极其广泛：能够研究大多数国家的相关资料，要归功于档案中心或者热心的通讯员、历史学家、目击者和有见识的业余爱好者提供的文件（以及作者在超过 30 年的时间里耐心收集的资料）。有时候，因为缺乏某些装备的原始资料，我们不得不使用他们所属国家在同时期的军事对手未经编辑的照片作为证据。正因为如此，参考资料的缺乏，给我们留下了严重的历史空白。

- 同样，我们所能提供的资料的详细程度因国家不同而有所不同。例如，在一本书里不可能罗列出不同列车的所有指挥官（除了极少数情况），也不可能罗列出我们介绍的主要使用国的每一列装甲列车、装甲机动有轨车和轨道车。因此，我们对所做的选择承担全部责任，我们接受读者在本书中找出的错误。所有错误都是作者的责任，与提供帮助的人无关。

- 我们想借此机会，欢迎任何积极的批评，这将帮助我们在研究中取得更大的进步。

关于设计图的说明

- 除非另做说明，本书中的设计图比例均为 1∶87（HO 比例），这是全世界铁路模型中最为流行的比例。某些设计图此前在我们的 *Les Trains Blindés 1826-1989* 中发表过。另外，我们加入了之后绘制的新图纸，来替代之前发现的那些错误过多的图纸。M. 弗雷德里克·卡尔邦爽快地同意制作多张新发现文件中的车辆图纸。M. 弗朗西斯科·克鲁萨多·阿尔韦特则大方地授权我们发表多张西班牙装甲列车的图纸。当然，只要有可能，那么即便是在接受一些清晰度的损失的前提下，我们也更愿意使用原始的技术图纸。

安哥拉

装甲轨道车

独立战争 [1] 的结束标志着内战的开始，后者一直延续到1991年。多辆原属葡萄牙军队的威克姆42型装甲轨道车（参见葡萄牙的章节）继续服役，尤其是在南方铁路网本格拉铁路（Caminho de Ferro de Benguela）。它们的任务是抵抗支持安盟 [2] 的南非军队可能发动的入侵。

一辆威克姆42型装甲轨道车，1987年1月摄于万博铁路工厂外。（照片：DuSewrer）

1 1975年11月11日，安哥拉宣布脱离葡萄牙的统治进行独立。
2 争取安哥拉彻底独立全国联盟（União Nacional para a Independência Total de Angola），简称"安盟"。

资料来源

- *Defensa No 33.*

阿根廷

帕加多尔 PE-1 装甲机动有轨车

1941 年，南方铁路公司（Ferrocarril del Sud）的一种装甲机动有轨车服役。该车是布宜诺斯艾利斯的巴克斯顿有限公司在奥斯汀卡车底盘基础上建造的，设计用于在铁路网上运送现金，其最大时速为 50 千米，重

量为 7.52 吨。持轻武器的乘员可以通过车上的狭缝进行射击，而当时少见的自动门也增强了车辆的安全性。2001 年 9 月到 2007 年 9 月之间，阿根廷铁路公司修复了这辆车。

PE-1 机动有轨车正视图。它的轴距为 4 米（13 英尺 1.5 英寸）、总长 6.78 米（22 英尺 3 英寸），宽度为 1.88 米（6 英尺 2 英寸）。

尽管看起来几乎对称，但 PE-1 只有一个驾驶位（图中左侧），必须用图中木块顶部的转车台来转弯。（照片：阿根廷铁路公司）

亚美尼亚

亚美尼亚第一民主共和国——装甲列车（1918—1920 年）

在一战即将结束之际，沙皇俄国及其高加索驻军的崩溃使亚美尼亚暴露在奥斯曼帝国的攻击之下。短命的外高加索联邦分裂之后，亚美尼亚第一民主共和国于 1918 年 5 月 28 日宣布成立。《凡尔赛和约》没有解决新亚美尼亚国家的边境问题，该国与邻国因复杂的种族和宗教问题而时常发生冲突。

在这些冲突过程中（包括 1920 年 9—11 月的土耳其—亚美尼亚战争，以及后续布尔什维克军队对亚美尼亚的入侵和接管），多种装甲列车被投入了使用。虽然它们无疑是来源于俄国内战，但由于缺乏独立资料来源，我们无法重现这些列车及其所参与行动的准确历史记录。

"苏维埃亚美尼亚"号

二战期间，一列名为"苏维埃亚美尼亚"（Soviet Armenia）的装甲列车，让人想起这个名义自治的共和国（1936—1991年）的地位。

OB-3型装甲列车"苏维埃亚美尼亚"号的两张照片。（照片：保罗·马尔马萨里的收藏）

炮塔中装有27/32型76.2毫米炮，与T-35坦克的主炮相同，此外还有一个四联装7.62毫米机枪支座。（照片：保罗·马尔马萨里的收藏）

奥地利

在考证奥地利装甲列车的历史之前，我们有必要首先详细介绍承袭帝国的各个国家，以及从中分裂出来的国家。后者的装甲列车可在本书对应国家的章节中找到。

奥地利帝国存续至 1867 年。当年，弗朗兹·约瑟夫一世皇帝加冕匈牙利国王，建立新的帝国（即奥匈帝国，又名双元帝国），直至 1918 年。奥匈帝国联合了奥地利帝国（奥地利、波西米亚和加利西亚）和匈牙利王国（匈牙利和克罗地亚—斯洛文尼亚），1908 年，波斯尼亚—黑塞哥维那也正式加入奥匈帝国。1918 年后，根据《圣日耳曼条约》，奥匈帝国解体为五个单一民族国家：奥地利、匈牙利、捷克斯洛伐克、波兰和塞尔维亚王国（包括克罗地亚和斯洛文尼亚领土）。原奥匈帝国领土的一部分还遭到罗马尼亚和意大利的兼并。《圣日耳曼条约》（1919 年 9 月 10 日）和《特里亚农条约》（1920 年 6 月 4 日）确立了奥地利和匈牙利的新边境。奥地利第一共和国存续到 1938 年 3 月 12 日被德意志帝国吞并为止。

关于奥地利帝国的第一批装甲列车，法国军事期刊于 1851 年发表的一篇文章称，奥地利"多年来已经制造了一些车厢，可以让步兵排在必要时发挥其武器的作用。"这可能指的就是为镇压 1848 年革命而建造的列车。

1918 年 11 月之后，奥地利第一共和国受到奥匈帝国战败引发的各种问题影响，此后又受到了 1929 年华尔街崩盘的打击。1918—1919 年发生的示威游行，促使该国于 1919 年 1 月在菲拉赫（Villach）的国家铁路工厂建造了一列装甲列车。该列车被定名为 PZ XIII（按照奥匈帝国装甲列车的数字序列号命名），后在卡林西亚州行动时失去了机车（Class 29 C-n2 系列）。它的 1 号和 2 号车厢分别由 G 和 O 型车厢改装而成，采用了临时道砟防护，装备重机枪。1919 年 5 月 31 日出轨后，PZ XIII 的 2 号车厢被重建了，这一次除了使用增强的装甲防护和观察塔外，还安装了一门意大利制造的 M15 37 毫米炮。1919 年 6 月 6 日奥地利与南斯拉夫停止敌对行动后，这列列车被解除了武装。

1919 年 1 月的 PZ XIII 原始形式。注意机车驾驶舱的木质防护。道砟防护的厚度可以从 8 毫米施瓦茨洛泽机枪的开口估算出。（照片：版权所有）

奥地利军队订购的六列 M33 型装甲列车之一，1934 年 2 月 13 日摄于维也纳东站。在 73 级 kkStB 2-6-2 机车（驾驶室门上半部分有装甲防护）前后的是两节 O 型车厢，内部有装甲防护。壕沟护盾用于保护步枪兵，而车厢的中间是一挺安放在独特护盾之后的施瓦茨洛泽 M1907/12 型机枪。（照片：保罗•马尔马萨里的收藏）

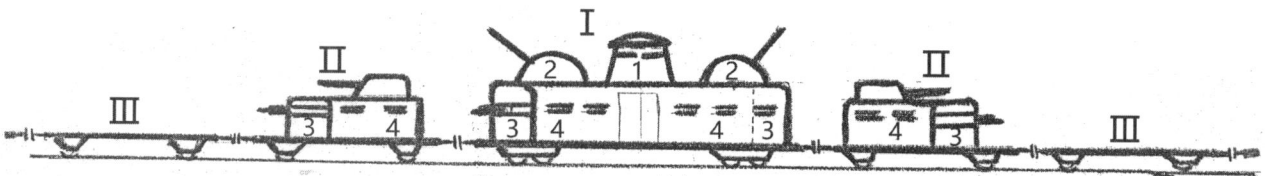

Ⅰ. 机动轨道车

Ⅱ. 火炮车厢

Ⅲ. 平板安全车与铁路材料运输车

1. 观察塔

2. 炮塔

3. 机枪射击阵位

4. 机枪与步枪射孔

　　1934 年 2 月内战爆发，政府支持者与社会主义者和革命者对抗。当时的列车都配备了装甲，以确保交通线的安全。1938 年 1 月 27 日，PV 营[1] 设计了电力推进的现代化装甲列车——M39 型，草图如上。与光学设备及武器相比，当时装甲防护尚未完成。

　　1938 年的草图展示了计划中的列车总体布局。位于中部的机动轨道车安装 40 毫米 M36 高射炮（博福斯授权制造）和四挺 M7/12 重机枪。每个炮兵车厢配备一个 100 毫米 M14 或 M38 榴弹炮塔和两挺重机枪。最后，

轨道车车组由 13 名士兵组成，另有一个突击小组分配到两个车厢上。随着德奥合并，该项目的工作被终止。

资料来源

- 'Des Chemins de Fer considérés au point de vue militaire', *Le Spectateur Militaire Vol 50*（June 1851），P.306.

1　工程与交通技术（Pionier und Verkehrstechnik）营。

奥匈帝国

装甲列车与机动有轨车

奥匈帝国于 1867 年 5 月 29 日正式成立，1918 年 10 月 31 日解体。[1] 当帝国于 1914 年在两条战线上参战时，陆军最开始没有配备装甲列车。战争的前几个月，面对人数上有三倍优势的俄军，奥匈帝国陆军被迫节节后退，而且因塞尔维亚陆军最初取得的成功，他们也无法从第二条战线上抽调足够的兵力。鉴于这种危急的局面，前线指挥官们组织了临时拼凑的装甲列车，例如第 15 铁道连连长朔贝尔上尉所组建的列车。这些临时拼凑的列车作为一系列试验的基础，最终促成了 1914 年至 1915 年冬季量产型号的诞生。

这八列标准化的装甲列车由匈牙利国家铁路公司（MÁV）在布达佩斯北方工厂建造。在 1992 年发表的研究论文中[2]，沃尔夫冈·萨多夫尼教授表明，针对装甲列车，从来都没有出现过什么官方的分类方式。笔者此前曾接受了 20 世纪 80 年代常见的一种错误分类方法。为了改正这种情况，我们现在使用萨多夫尼教授的分类体系，以描述三种装甲列车的构成（由前到后）：

—步兵车厢 / 机车 / 步兵车厢——A 型，原型是 PZ Ⅱ。

—装有旋转炮塔的车厢 / 机车 / 步兵车厢 / 第二节机车 / 装有旋转炮塔的车厢——B 型。

—火炮车厢 / 步兵车厢 / 机车 / 步兵车厢——Ae 或 Ae★（根据步兵车厢型号）。

10 辆标准化装甲机车都是 MÁV 的 377 型（全长 8.105 米），萨多夫尼教授将步兵车厢分为三类：

—1 型：使用 140 型车厢，配有手刹、装在车身下方的装备柜和一个观察塔（共建造了六节）。

—2 型：使用 148—150 型车厢，没有手刹，水箱在中部，有供应额外煤炭的柜子（建造了七节）。

—3 型：使用 150 型车厢，靠近前导机车一端有水箱，两端有机枪射击阵位（制造了两节，仅用于 PZ Ⅶ 和 Ⅷ）。

前五列装甲列车（A 型）被分配给德布勒森铁道指挥部（Eisenbahn-Linienkommando Debreczen，三列）和米什科尔茨的军事运输指挥部（Feldtranportleitung，两列），实施侦察任务和掩护部队撤退。前两列列车于 1914 年 11 月 10 日抵达前线，其他三列显然加入了第 6 节车厢，在 11 月 20 日之前相继抵达。B 型列车 PZ Ⅶ 和 Ⅷ 于 1915 年 3 月入役。这两列装甲列车包含了装有一个旋转炮塔（水平射界约 270 度）的装甲车厢，炮塔上装有一门 70 毫米 L/30 火炮（这些火炮是为鱼雷艇设计的，实际口径为 66 毫米）。该型车厢共被建造了五节，其中一节加入 PZ Ⅴ，PZ Ⅰ 和 PZ Ⅱ 各接收了 1915 年以煤水车底盘为基础建造的一节火炮车厢。

1915 年 5 月 23 日意大利参战之后，奥匈帝国于卡林西亚州菲拉赫建造了两列装甲列车。最初的编号为 Ⅰ 和 Ⅱ，为了避免混淆，1915 年 10 月被重新编号为 PZ Ⅸ 和 Ⅹ。

由第 15 铁道连连长朔贝尔上尉设计的首列装甲列车，照片于 1914 年摄于加利西亚。其设计意图明显是为在装甲机车上的列车指挥员提供一个比低矮的步兵车厢（其射击位置不太理想）更高的位置，使其能够看到列车的两端。（照片：保罗·马尔马萨里的收藏）

---

1   这一日期后的奥地利及匈牙利装甲列车在单独的章节中介绍。

2   Sawodny, 'Die Panzerzüge Österreich-Ungarn und ihre Verblieb', P.26.

这张照片展示了刚刚出厂的 PZ Ⅱ 原型列车，但没有包含 1915 年才建造的火炮车厢，也没有观察塔。注意，领头的 140.914 号车厢上的机枪射击孔以一定的角度嵌在顶部，而后来的 PZ Ⅱ 照片显示，这部分设计被改良了，即与侧面装甲平齐。（照片：保罗・马尔马萨里的收藏）

朔贝尔上尉首型装甲列车的 59 级机车，匆忙加配的装甲只覆盖了最关键的部分。（照片：保罗・马尔马萨里的收藏）

1915 年春季，新松奇的工厂开始建造朔贝尔上尉设计的第二种装甲列车。该型号最初由一辆 59 级机车和两节六轮车厢组成。1915 年 5 月 1 日，列车准备就绪，在经过多次测试后，59 级机车被全装甲的 97.247 号机车代替，并搭配 76.177 号煤水车。该型号还加入了一种新型的六轮机动车厢，配备一个旋转炮塔，装有一门 70 毫米 L/30 速射（QF）炮。这种车厢由一台柴电发动机驱动中央车轴，在脱离机车执行侦

察任务时可以达到每小时 40 千米（25 英里）的最高时速。整列列车有 65 名官兵，除了主炮外还装备八挺机枪。经过改良，它于 1915 年 7 月返回现役，最初以其设计者的姓氏命名为"朔贝尔装甲列车"，于 1916 年春季改名 PZ XI。

以数字编号的系列还包含另一列列车 PZ XII，它在官方档案中没有留下任何痕迹。这种装甲列车由 229 级机车驱动，似乎有两节以 O 系列原型为基础建

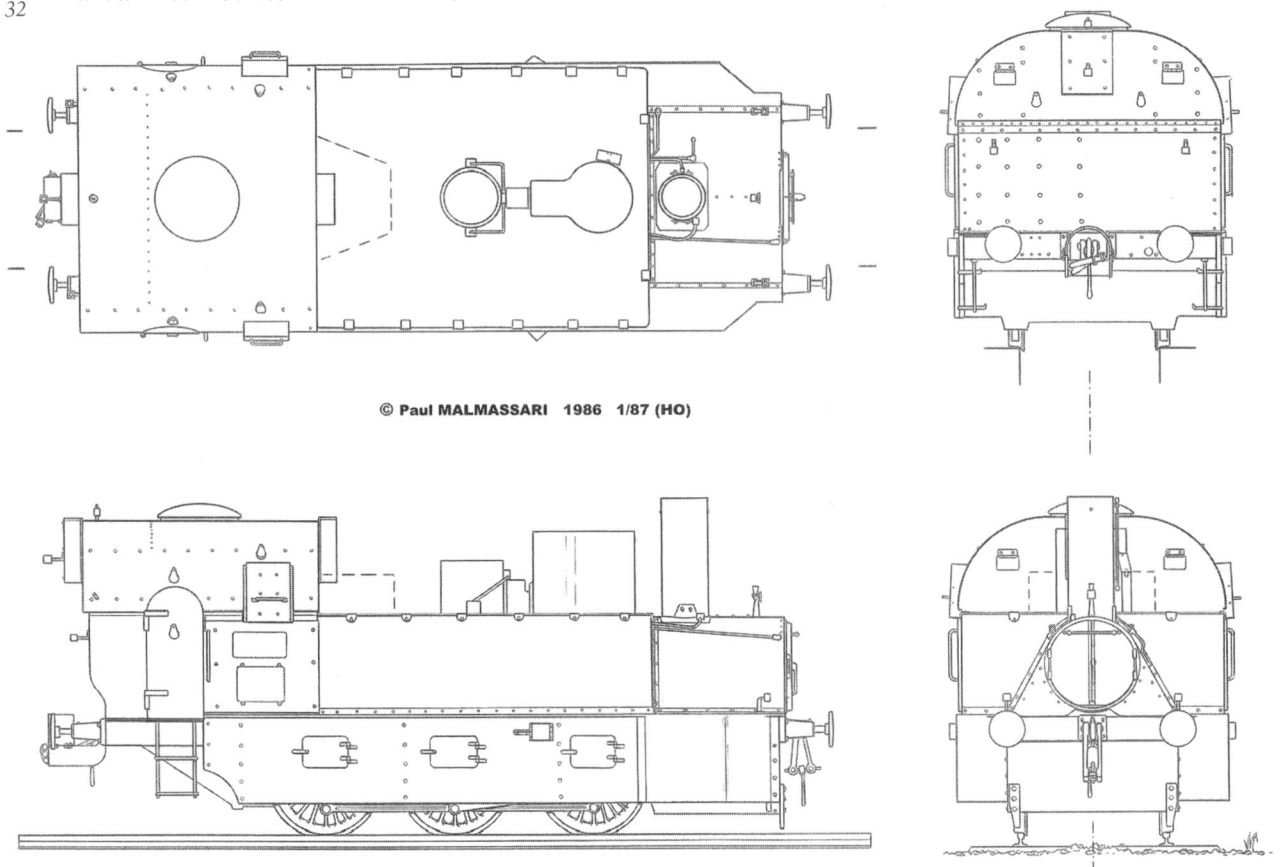

© Paul MALMASSARI 1986 1/87 (HO)

MáV 377 级机车图纸（保罗·马尔马萨里）

PZ Ⅱ 进行机枪射孔改造之前的后车厢（S 150.003 号）。注意远离机车方向的门上机枪附件的布置，以及连接的铁轨，那无疑是固定到一个安全车厢上的。PZ Ⅰ、Ⅱ和Ⅲ的步兵车厢上没有配备机车排障器和除石机。（照片：保罗·马尔马萨里的收藏）

造的装甲车厢，设计很类似朔贝尔上尉的第一种装甲列车。

　　在进行标准装甲列车设计之外，官方还进行了多项试验，如在 PZ VII 上增加一节高边转架车，用铁轨防护，并配备一门 80 毫米炮，或者在 PZ V 加挂的车厢上再安装一门 100 毫米海军炮。此外，为满足局部需求，也建造了临时拼凑的装甲列车：1915 年春季在克拉科夫，以 229.85 号装甲机车和两节配备机枪的车厢为基础建造了一列装甲列车。罗马尼亚于 1916 年 8 月 28 日参战时，布科维纳（Bucovina）的铁道指挥部命令建造一列列车，

PZ Ⅰ服役时只有两节车厢和机车，但于 1915 年时增加了这个火炮车厢。注意前方的女全半板车。（照片：保罗·马尔马萨里的收藏）

罕见的步兵车厢内部照片，侧面的机枪带有护盾。外部装甲厚度为 12 毫米，固定在 40 毫米厚的一层木板上，内部还有一层装甲。（照片：保罗·马尔马萨里的收藏）

图中的 PZ Ⅰ明显成了另一辆装甲列车的前部。（照片：保罗·马尔马萨里的收藏）

以保护拉克贝尼 - 多纳维尔吉（Jakobeny-Dorna Völgy）铁路线。

最后，至少有一列窄轨装甲列车投入波斯尼亚的米轨铁路网服役。

从战术上说，正如第 5 铁道连连长科索维茨（Kossowicz）所提出的，装甲列车应该成对行动、相互支援。苏联红军也采用了相同的部署。

各条战线相对稳定之后，装甲列车的需求减弱，1917 年 9 月，奥匈军队决定退役六列列车：PZ Ⅰ、Ⅲ、Ⅵ、Ⅹ、Ⅺ 和 Ⅻ 被闲置，只有 PZ Ⅱ、Ⅳ、Ⅴ、Ⅶ 和 Ⅷ

留在现役（PZ IX 已在前一个月被摧毁）。剩余的列车以新的方式组织，即火炮车厢领头，然后是机车，再是步兵车厢。第二节步兵车厢将被留在支援列车上作为预备队。现存的轨道车辆重新分配，使后来的列车很难从照片上被辨认出。1918 年春季，一些装甲列车的轮距是按照俄国宽轨的轨距建造的，以便在俄国作战时投入战场，但到本书编著时，作者都没有找到关于它们部署相关与最终命运的任何踪迹。

战争结束时，幸存的列车（PZ I—VII 和 PZ XI）由如下国家分享（后续的使用参见对应国家的章节）：

-PZ IV、VII（1917 年编号）、XI（除去机车），以及 PZ I、VI 和 VIII 的一部分归属匈牙利。

-PZ III，以及 PZ VIII 的一部分归属波兰。

-PZ II，以及 PZ VI 和 VII 的一部分归属捷克斯洛伐克。

-PZ V，以及 PZ I 的一部分归属南斯拉夫。

这些列车被持续使用到 1945 年，其间常遇到的恶劣条件，都侧面证明了它们出色的基础设计、进一步发展的潜力和耐用性。

图中的 PZ II 加装了以煤水车底盘为基础建造的头部车厢，配备 70 毫米 L/30 车首炮。（照片：保罗·马尔马萨里的收藏）

图中步兵车厢侧面的机枪射击口明显是竖直布置的，与侧面装甲平齐。第一个车厢两侧各有一门 47 毫米炮，加上 70 毫米车首炮，这类装甲列车拥有强悍的火力。（照片：保罗·马尔马萨里的收藏）

在这两张照片中,是正检阅 PZ II(编号漆在机车上)的卡尔大公,也就是后来于 1916 年 11 月 21 日即位的卡尔一世皇帝。注意尚无装甲防护的驾驶室窗户。(照片:保罗·马尔马萨里的收藏)

Kaiser Karl I. inspiziert einen Panzerzug

照片左侧是 PZ Ⅱ 的尾部，该处有一节高边转架车，似乎携带了一门野战炮。MáV 377.116 机车后面是 S 150.003 号车厢，前面是 140.914 号车厢。(照片: 保罗•马尔马萨里的收藏)

PZ Ⅱ 首部车厢中侧装 47 毫米 I.F.K. 火炮的一张高质量照片。(照片 : 保罗•马尔马萨里的收藏)

3　可能是为了纪念 1716 年在彼德罗瓦拉丁之战中击败奥斯曼帝国。

1915 年 8 月 5 日拍摄的 PZ Ⅱ，为了公众庆祝活动而使用了传统装饰。[3] 奥地利国旗在左侧车厢前飘扬，车厢后部面向机车的柱状物是手刹。还要注意，机车驾驶室上覆盖着矩形装甲板。(照片 : 保罗•马尔马萨里的收藏)

可能是做了伪装的 PZ V 的 S 148.105 车厢，配备了 PZ IV、V 和 VI 上使用的排障器。（照片：保罗·马尔马萨里的收藏）

B 型装甲列车的全景图。旋转炮台四周的装甲裙板上有四个钩子，用于在行动中固定炮塔。（照片：保罗·马尔马萨里的收藏）

奥匈帝国在 PZ VII 上进行的一次不错的伪装尝试。不过，我们仍能很容易地通过炮塔上的圆形鼓风机通风帽，辨认出该车的型号。（照片：保罗·马尔马萨里的收藏）

装有 70 毫米旋转炮塔的火炮车厢是 B 型装甲列车的特征之一。这节车厢携带了枕木和铁轨，车厢上面喷涂的 "Oberleutnant Becker"（贝克中尉）可能是列车指挥官的名字。（照片：保罗·马尔马萨里的收藏）

这张俯拍照片很有趣，因为它使我们能够看到机车顶部的水平装甲。有时，我们能从细节上的差异辨认 MáV 377 级机车和其他型号。比如某些装甲板的色调较浅，说明是新近增加的。这列列车是 PZ Ⅱ，前景中的火炮车厢是 141.172 号，其旋转炮塔上配备了尖角通风帽。（照片：保罗·马尔马萨里的收藏）

这节装甲车厢安装了一门 100 毫米 L/50 海军炮。这张照片是摄影师于 1916 年夏季在蒙特法尔科内（Montfalcone）隧道出口拍摄的，当时这节车厢被临时加挂到了 PZ V 上。（照片：保罗·马尔马萨里的收藏）

这张 PZ VII 的照片让我们看到了 141.963 号车厢旋转炮塔背面的形状，其后的机车可能是 MáV 377.455 或 77.118。在两辆机车之间的是 S 150.271 号车厢。（照片：保罗·马尔马萨里的收藏）

通过 140.963 号车厢的圆形装甲通风帽，我们可以立刻辨认出照片中的是 PZ VII。列车另一端的车厢使用的是尖角通风帽。（照片：保罗·马尔马萨里的收藏）

1915 年的某个时间，这节高边转架车（MáV Ikn 169.011）用两排连接到 PZ VII 的铁轨充当装甲防护。车首炮是一门 M05 型 80 毫米野战炮 [4]。这节车厢因阻挡了后方车厢的射界，于 1915 年 12 月被拆离。（照片：保罗·马尔马萨里的收藏）

一张来自意大利或俄国前线的照片。照片上有一门斯柯达 1911 型 305 毫米榴弹炮 [4]，一名 B 型装甲列车的车组人员正忧郁地看着它。（照片：保罗·马尔马萨里的收藏）

红十字会的明信片，展现了对俄国军队（哥萨克骑兵）的一次攻击，有一定的艺术想象。（明信片：保罗·马尔马萨里的收藏）

4　实际口径为 76.5 毫米。

照片摄于 1915 年 10 月 1 日。这辆卡林西亚州的 PZ I 后来改名为 PZ IX，其侧面漆有原来的编号 "I"。射孔的设计使车上人员可以用两挺俄国机枪和 30 件单兵武器射击。机车可能是 97 级。（照片：保罗·马尔马萨里的收藏）

几个月以后，"I" 旁边被增加了一个 "X"，组成了罗马数字 IX。每列卡林西亚装甲列车的车组包括两名军官和 33 名士兵。PZ IX 于 1916 年 8 月 29 日毁于罗马尼亚军队的炮火。（照片：保罗·马尔马萨里的收藏）

第三列卡林西亚装甲列车，机车编号为 63.07，在编号体系修订后被定名为 PZ X。装甲车厢编号为 Ke 65.370（右侧）和 K 802.163（左侧）。照片摄于塔尔维斯。（照片：HGM）

第 19 铁道连于 1916 年夏季临时建造的装甲列车机车，可能是布科维纳铁路公司的 94 级机车。（照片：保罗·马尔马萨里的收藏）

列车全貌（照片：保罗·马尔马萨里的收藏）

这列临时拼凑的装甲列车于1916—1917年用于布科维纳的拉科贝尼地区，于1917年5月被摧毁。（照片：保罗·马尔马萨里的收藏）

第一个车厢上有"19 E.K."的铭文，得自建造它的第19铁道连。（照片：保罗·马尔马萨里的收藏）

"朔贝尔"装甲列车的初始配置，使用一部 59 级机车，与朔贝尔上尉设计的原型装甲列车完全相同。两个车厢的编号为 314.706 和 334.457。（照片：保罗·马尔马萨里的收藏）

"朔贝尔"装甲列车的改进版本于 1915 年春季建造，于 1916 年被重新编号为 PZ XI。新机车（下方的装甲防护尚未到位）是 97.247 号，与 76.177 号煤水车搭配。图中的列车尚未配备车厢顶部的天线。（照片：保罗·马尔马萨里的收藏）

这张整列列车的全景照片使我们可以对比机动装甲车厢的两侧，注意后文图纸中展示的天线杆，它最终被移除。而且，在这个配置中，机动车厢挂在列车的后部。（照片：保罗·马尔马萨里的收藏）

车厢前端可以通过仅有的三个射孔（后端有五个）和散热器格栅来辨认。我们从照片中可以清楚地看到探照灯，以及可以在任何旋转角度下从外壳或者炮塔为其传输电力的电源线。（照片：保罗·马尔马萨里的收藏）

303.343 号机动车厢（德语 Motorkanonenwagen）后视图。它的重量为 45 吨，全长 9.86 米（32 英尺 4 英寸）。旋转炮塔上方的圆筒中有一个可转动探照灯。（照片：Fortepan）

在上面这张拍摄日期为 1916 年 3 月的照片中，车厢射孔中安装了多挺机枪，每个尾轮前配备了除石机，奥匈帝国的旗帜悬挂在车厢一侧。列车的三个车厢都可以从顶部舱门进入，从每个角落的扶手和台阶可以抵达顶部。（照片：保罗·马尔马萨里的收藏）

左边的照片拍摄于 1917 年 2 月，泰申大公弗里德里希视察喀尔巴阡山前线。几天之后，他就被皇帝免去了奥匈帝国陆军总司令的职务。（照片：保罗·马尔马萨里的收藏）

K.K.österr. Staatsbahnen.

Werkstätte Neu-Sandez.

Lastenschema Panzerzug Hauptmann Schober für Gefechtsfahrt.

Infanteriewagen 3.　Panzerlokomotive u. Tender.　Infanteriewagen 2　Kanonenwagen.

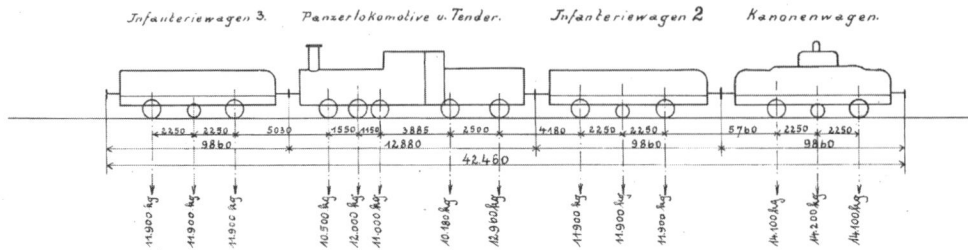

Neu-Sandez, im Juli 1915.

Der Werkstätten-Vorstand.

"朔贝尔"装甲列车理论布局。机动车厢的正常位置在列车后部，也许是为了使其在列车瘫痪时能独立移动。（设计图：私人收藏）

这张此前未公开的照片来自玻璃板底片，它记录下了面向煤水车的低矮步兵车厢的平面。两个步兵车厢这一侧的中部都有一个机枪射孔。在设计草图中，首部车厢运行时这个平面向前，因此这个位置会变成车首炮。（照片：保罗·马尔马萨里的收藏）

这也许是 PZ XI 残骸的唯一照片，从地面的情况判断，它可能是被炮轰所摧毁。PZ XI 于 1917 年 9 月退出现役。（玻璃板底片，日期和拍摄地点不详：保罗·马尔马萨里的收藏）

PZ XI 的 97.247 号机车和全装甲煤水车，摄于罗韦雷托（Roveretto）。帆布覆盖的是 303.343 号机动有轨车。（照片：HGM）

机动车厢图纸。在仔细研究后，我们发现旋转炮塔上的观察孔并不对称，其间隔也不均匀。（设计图：私人收藏）

两个完全相同的步兵车厢之一的图纸，明确标示了由几段铁轨组成的装甲防护。（设计图：私人收藏）

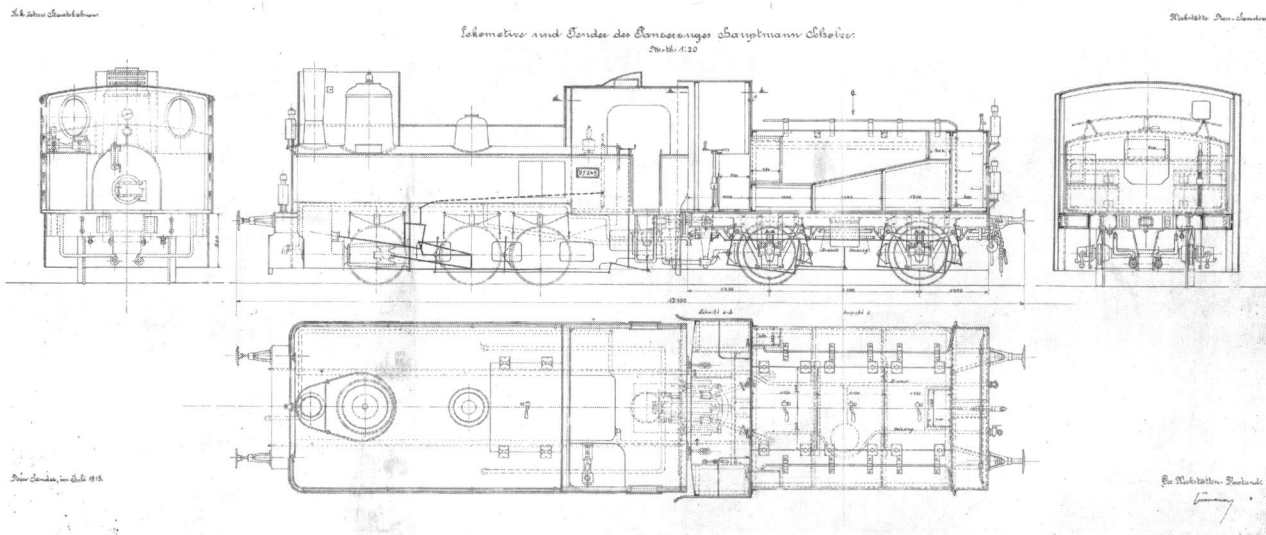

上面这张是 97.247 号机车与其 76.177 号煤水车的图纸。（设计图：私人收藏）

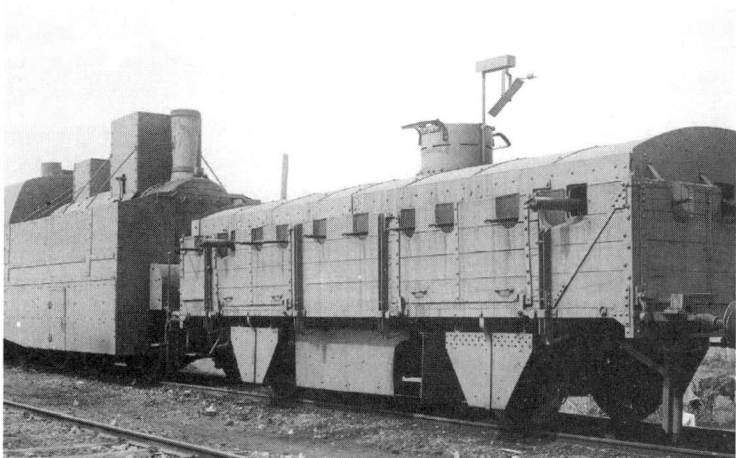

左边这张照片拍摄于 1916 年，后编号为 PZ XII 的列车配属第 25 军，由一部 229 级 2-6-2 蒸汽机车驱动，加挂一辆辅助装甲煤水车。装甲车厢的外观与本章开始图解的朔贝尔上尉首列列车很相似。（照片：匈牙利历史服务）

PZ IV（1917 年的新编号）与来自 PZ VII 的单元合并。照片清楚地记录下了移动时固定旋转炮塔的钩子。（照片：保罗·马尔马萨里的收藏）

未确定身份的一列装甲列车，我们认为是产自加利西亚的奥匈帝国车型，可能是该国 1915 年从俄国撤退后研发的型号。在该装甲列车旁边的建筑物大门上有西里尔字母的铭文。（照片：保罗·马尔马萨里的收藏）

上图是 1916 年奥匈帝国为纪念"前线上的圣诞节"而颁发的非正式徽章。（徽章：保罗·马尔马萨里的收藏）

右图是奥匈帝国为 1914—1916 年的匈牙利装甲列车车组人员制作的非正式徽章。（徽章：保罗·马尔马萨里的收藏）

ÖSTERREICH 65

奥匈帝国建造了两列 B 型装甲列车。在这张照片中，我们看到的是重新研发的型号，或者是战争结束时合并的车辆。注意左侧机车上的折烟器。（照片·保罗•马尔马萨里的收藏）

2003 年，奥地利发行了这张邮票，用以纪念该国的装甲列车。图案上的火炮车厢可能是这些列车中最具标志性的形象了。（照片：保罗•马尔马萨里的收藏）

捷克人组建的一列装甲列车：机车可能是 PZ Ⅵ 的 377.362 号（可以通过驾驶室顶部的指挥塔辨认），它被挂接于在布拉格缴获的 PZ Ⅱ 车厢之间。最靠近镜头的是 140.914 号车厢，往后是 150.003 号机车。列车旁边的捷克士兵身着意大利军服。（照片：保罗•马尔马萨里的收藏）

资料来源

书籍

- Hauptner, R, and Jung, P, *Stahl und Eisen im Feuer* (Vienna: Verlagsbuchshandlung Stöhr, 2003).
- Scopani, Paolo, *L'Ultima guerra dell'impero austro-ungarico, Storia fotografica delle operazioni militari sul fronte russo, serbo-albanese ed italiano 1914–1918* (Novale-Valdagno: Gino Rossato Editore, 2002).

期刊文章：

- Lankovits, J., 'Panzerzüge in Österreich und Ungarn', Eisenbahn (Austria) (1986), No 8, PP.142–6; No 9, PP.164–7; No 10 PP.184–6.
- Sawodny, Wolfgang, 'Die Panzerzüge Österreich-Ungarn und ihre Verbleib', *Eisenbahn* (Austria) (1992), No 2, PP.26–8; No 3, PP.44–6; No 4, PP.64–6; No 6, PP.105–8.

网站：

- http://www.heeresgeschichten.at/.

比利时

装甲列车（1914—1915 年）

比利时是夹在"一战"两大交战国之间的小国。1835 年，也即是赢得独立仅仅五年之后，该国就开始大规模构建铁路网。到 1914 年，这个铁路网已有 4400 千米（2700 英里）长的干线，以及约 4000 千米（2500 英里）的长支线。1914 年 8 月 4 日，比利时领土遭到入侵，不管从心理层面还是军事影响上，装甲列车（主要是为了安特卫普的防务而建造）在战争中都起到了重要的作用，如果将其数量及行动范围与比利时的国土面积大小作比较就更明显了。铁道部队组建于 1913 年，是陆军工程兵部队不可缺少的一个部分，但"装甲列车"的概念早在 1871 年就出现了，这也一直是比利时军事学院的课程之一。[1]

人们认为，这场铁道战首要的是防御性，包括摧毁或阻塞许多隧道，切断受到敌军攻击威胁的各省内的桥梁，同时尽可能避免阻碍己方部队的调动。"幽灵"（或者"撞击"）列车将被派去撞击敌方列车或基础设施的关键部分（如转车台），以阻碍敌军自由调动。

安特卫普围攻战

1914 年 9 月，比利时决定用一条单轨环线将安特卫普周围的各个要塞连接起来。这条铁路线的修建从 9 月 7 日持续到 10 月 1 日。值得一提的是，它在围攻战的最后几天中使装甲列车得以转移。

陆军最高司令部订购了四列轻型装甲列车，用于巡逻和保护任务。在工程兵铁道连（CFG[2]）帮助下，这些列车在安特卫普北方工厂里使用原为船舶制造准备的金属板建成。随后是三列重型装甲列车，作为要塞防线之前的移动炮台，它们配备了由英国提供的海军炮。第一列轻型装甲列车在 10 天内完工，第二列用时 8 天，第三列则只用时 6 天，尚未完工的第四列随安特卫普的沦陷而落入德军之手。

首列装甲列车（1 号轻型装甲列车，由米歇尔中尉指挥，他受伤后由古蒂埃少尉指挥）于 9 月 5 日形成战斗力，持续作战[3]到 10 月 8 日。1914 年 9 月 25 日和 26 日，被投放向恩吉昂（Enghien）和哈尔（Hal）方向的"幽灵列车"，支援了阻断布鲁塞尔—图尔努瓦（Tournoi）铁路线的行动。这一行动于 10 月 7 日和 8 日再次进行，目标为迪弗尔（Duffel）。除了常规的 12000 发步枪子弹、240 发榴霰弹和 120 发 57 毫米高爆弹之外，这列装甲列车还携带了 25 千克（55 磅）炸药，以炸毁关键设施。

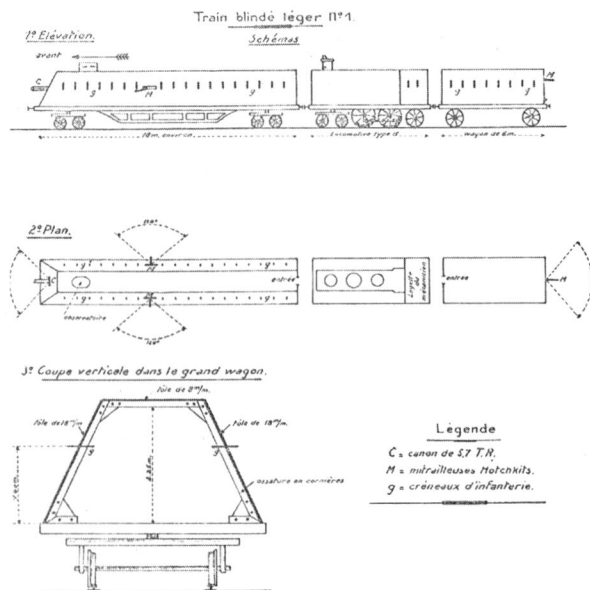

唯一为人所知的比利时轻型装甲列车设计图。虽然只是概图，但也很好地展示了该装甲列车一侧的总体尺寸，以及武器的布置（一门打击正前方目标的 57 毫米车首炮和三挺机枪——其中一挺可朝后射击）。我们从未发现四轮车厢的照片。（图纸：《比利时军事科学公报》，1932 年 7 月）

---

1 Wauermans, Major H, Fortification et travaux du Génie aux armées (Brussels: Merzbach & Falk, 1875).

2 CFG，工程铁路公司（Compagnie de Chemins de Fer du Génie）的缩写。

3 1914 年 9 月 5 日在布姆和蒂瑟尔特地区；7 日在皮尔斯；8 日在贝弗伦一瓦斯和洛克伦；9 日在泽勒和特尔蒙德；11—14 日（与 2 号装甲列车一起）摧毁了登德勒夫和阿尔斯特的登德尔河桥梁；25—26 日在甘德、格拉蒙特、莱西讷地区；27 日，从穆伊岑向勒芬投放幽灵列车；10 月 2 日和 3 日，保护摧毁迪弗尔铁路桥的工兵。

16 级装甲机车。这些 4-4-2 蒸汽机车是当时最现代化的型号之一。(照片 : 保罗·马尔马萨里的收藏)

2 号装甲列车（由德勒瓦尔中尉指挥）于 9 月 11—14 日首次随同 1 号装甲列车作战。此后，它多次在阿尔斯特(Alost)、勒奈(Renaix)、奥德纳尔德（ Audenaerde ）、埃内（ Eine ）、津海姆（ Zingem ）、蒂尔特（ Tielt ）和多尔（ Deurle ）等地区作战。10 月 8 日，车组人员从莫策尔（ Mortsel ）向利埃尔（ Lierre ）方向投放了"幽灵列车"。

用于比利时装甲列车的另一种机车——32 级"埃塔"，这是一种 0-6-0 煤水机车，曾被用于法国铁路。(照片 : 保罗·马尔马萨里的收藏)

1 号装甲列车装甲转架车近景，照片摄于该列车被德军缴获后。注意转向架和缓冲梁（此时没有任何缓冲作用）的装甲防护——这一改良是比利时人还是德国人所为尚不明确。此外，该列车上可水平滑动的装甲百叶窗已被拆除，被改成了一个尺寸大得多的炮眼。（照片：保罗·马尔马萨里的收藏）

打击德国铁路运输的"幽灵列车"取得的战果之一。工程兵铁道连驾驶员和锅炉工在撞击之前跳车逃生，只受了轻伤。他们后来都获得了阿尔贝国王颁发的勋章。（照片：版权所有）

比利时轻型装甲列车的装甲车厢。车首的 57 毫米 QF 型火炮，被装在一个射界严重受限的炮塔上，炮眼可用百叶窗遮盖。在列车上的三挺机枪中，有一挺可从列车尾部的车厢向后射击。每个车厢携带六条 6 米（19 英尺 8 英寸）长的铁轨、10 对鱼尾板和相关维修设备。（照片：保罗·马尔马萨里的收藏）

一列比利时轻型装甲列车，照片摄于该列车在布姆附近被德军缴获之后。如左边的明信片所示，德军后来使用了一段时间。（照片：保罗·马尔马萨里的收藏）

这张明信片实际上是德国发行的，展示了 1 号装甲列车。左侧的装甲车厢是上一张照片中的第二节，说明德国人重新安排了列车单元的顺序，此时机车在后面。（明信片：保罗·马尔马萨里的收藏）

从较大的射孔中可以辨认出，图中左侧是火炮车厢的后部。（照片：保罗·马尔马萨里的收藏）

尽管采取了这些行动，德军的推进仍迫使比利时军队后撤。比军盘踞在安特卫普的筑垒要塞之中，装甲列车也从那里参加了突击，特别是 9 月 9 日到 13 日向维尔福德（Vilvorde）、勒芬（Louvain）和阿尔斯霍特（Aarschot）方向投放的。10 月 7 日和 8 日，德军猛烈炮击要塞，但它坚不可摧，大量库存物品和几乎所有部队都得以撤出。10 月 9 日，最后一批比利时和英国部队撤离，向西退却。当天，未完工的 4 号装甲列车被遗弃在安特卫普，被德军缴获。布姆铁路桥被炸毁，切断了 1 号轻型装甲列车的撤退路线，其车组人员将其破坏后乘坐 2 号装甲列车撤退，于 9 日晚上抵达奥斯滕德（Ostend）后，组成了前一天已撤往该城的 3 号装甲列车车组。两列幸存的装甲列车于 1914 年 10 月 13 日被送往敦刻尔克。19 日，2 号装甲列车返回迪克斯迈德（Dixmude）。此后，该车车组被派往维修铁路线，特别是 10 月 21 日和 22 日，他们为重建卡斯凯尔克—尼厄波尔（Caeskerke-Nieuport）铁路线作出了贡献。

德军在安特卫普缴获的 32 级机车。（照片：保罗·马尔马萨里的收藏）

被缴获的另一部 32 级机车。注意，它的装甲板比服役的另一部机车长得多。（照片：保罗·马尔马萨里的收藏）

比利时轻型装甲列车的任务于 1914 年 10 月下旬终结。两列列车被送回加莱拆除装甲防护，只有一部用于牵引英国重型铁道炮的 32 级机车和两部分配给法国"秘鲁" 200 毫米炮炮兵连的装甲列车[4]除外。还有一列特殊的列车，装备了原先安装于布劳加仑堡垒的 210 毫米臼炮，由两部装甲机车推动，参加了伊瑟河战役。

重型装甲列车

1914 年 9 月 8 日起，安特卫普的三列列车的建造工作被委托给了 A. 斯科特·利特尔约翰斯少校（A. Scott Littlejohns）[5]，他当时是安特卫普军事长官德吉兹（Deguise）将军的随员。这一合作让这些列车常常被称为"英比装甲列车"——尤其是在当时的报纸上。一段时间之前，英国同意将多门海军炮移交给比利时陆军，这是唯一能够反击德国炮兵的火力。

4　梅赫伦 - 泰尔纳普公司的 17 号 MT（0-6-0），以及比利时 32 级"埃塔" 3479 号。

5　原文为 Lieutenant-Commander——这是英国海军军衔，相当于陆军少校（法语 Commandant）。

计划建造的三列列车[6]中，两列在霍博肯（Hoboken）工厂建造（由英国工程公司承建），第三列则在北安特卫普工厂建造。前两列配备三门120毫米（4.7英寸）舰炮，从一开始就有装甲防护。每列列车由三部32级或32S"埃塔"机车（其中一部可以脱离列车进行轨道巡查）、三节18米（59英尺）长的40吨平板火炮车厢，以及三节"比卡"型车厢组成。跨国车组包括一名英国皇家海军军官和六名资深炮手、来自比利时要塞的70名军士和炮手，以及一些来自工程兵铁道连的铁路人员。第三列列车的武备包括两门更重的152毫米（6英寸）海军炮（无炮盾），它们最初被简单地固定在无装甲的平板车上（其中一节使用了纵梁底盘）。

第一节装甲车厢于9月15日完工[7]，同天成功地进行了射击试验。接下来的10天用于固定防护装甲、训练车组人员和勘察铁路线及比军阵地。23日，第一列列车挂接一节装甲车厢于11时离开安特卫普，运送重型装甲车总指挥利特约翰斯少校、塞尔韦上尉，和一些法国与比利时军官，以及英国驻比利时武官。本应由一架观测飞机对德军炮兵阵地（据信在埃普盖姆）上的炮弹落点进行修正，但迷雾干扰了观察。不过，这次射击还是根据对战俘和难民的盘问进行了。

9月24日到27日之间，前两列列车在观测飞机与气球的配合下，从安特卫普的基地进入马林（Malines，即梅赫伦）参战。其中一列列车甚至靠近到德军战线1800米距离之内。28日和29日，由于瓦勒姆（Waelhem）和瓦夫尔—圣卡特琳（Wavre-Sainte-Catherine）要塞的火炮射程达不到德军炮兵阵地，它们只能开到要塞之前作战。有一次，德军的"德拉亨"气球跟踪到了其中一列列车的行动并引导火炮向其开火，一发420毫米炮弹[8]险些击中列车。尽管这些列车冒着敌军的榴霰弹炮火前进，但幸运的是炮弹的炸点位置太高了，随后盟军以有效的炮火迫使德军后退。

10月4日，德国炮兵向这些装甲列车开火，枪炮军士T.波特用一门120毫米炮击落了一枚德军的气球。列车冒着炮火撤退时，当时的英国海军大臣温斯顿·丘吉尔[9]在海军上将贺拉斯·胡德（Horace Hood）和H.F.奥利弗（H F Oliver）陪同下视察了它们。10月5日和6日，这些装甲列车在两列法国装甲列车支援下，参加了克莱因—米尔（Kleine-Miel）周围的行动，但6日晚上，

由于比什乌特（Buchout）附近的一段铁路线被炮火切断，其中一列列车首部的火炮车厢出轨。出轨的车厢被从列车上卸下，留在原地，直至几个小时之后铁路得以修复。同时，两列列车上剩余的五门火炮与德军阵地交火，消灭了三个炮位。7日，在铁路线被切断之前，这些列车成功地由缩编的车组撤往圣尼古拉斯。

重型装甲列车上一门火炮的护盾被直接命中，这可能发生在10月21日，中弹的是罗宾逊上尉的列车。（照片：《镜报》，1914年11月1日）

安装在比利时平板车上的一门152毫米（6英寸）炮，1914年10月9日摄于奥斯滕德。（照片：IWM）

6　11月9日起，它们定名如下：英王陛下的装甲列车（HMAT）"德吉兹"号（取名自安特卫普要塞军事长官德吉兹中将，由比利时军队的塞尔韦上尉指挥）、"杰利科"号（由皇家海的莱昂内尔·罗宾逊上尉指挥）和"丘吉尔"号（由皇家海军的里德尔上尉指挥）列车的名字也漆在车厢上。注意，在这些列车上服役的比利时官兵身着英军制服。

7　前两列装甲列车在9月25日前完工。

8　明显是从"贝尔莎大炮"上射出的。

9　丘吉尔10月3日下午到6日晚上身在安特卫普。

这张照片摄于 1914 年 11 月 13 日，带有数字 "23" 的方框不是漆在列车上的，而是一个千米标记。（照片：来自《我见过》，1914 年 12 月 13 日）

罕见的一张明信片，展示了重型装甲列车上一个车厢的装甲。垂直装甲有 15 毫米厚，水平装甲厚度则为 10 毫米。不过请注意，它的底盘加固系统不同于其他重型和轻型车厢。这是两门英制 152 毫米（6 英寸）炮之一。（照片：保罗·马尔马萨里的收藏）

从 10 月 12 日起，装甲列车在奥斯滕德掩护部队从甘德撤退。15 日，一列装甲列车居首，其他殿后，保护在鲁瑟拉勒 [法国称鲁莱斯（Roulers）] 和伊普尔（Ypres）之间铁轨两侧行军的英国部队。进入伊普尔之后，机车上的警戒哨位向六名德国骑兵组成的侦察队开火，并击毙一名军官和一名士兵。10 月 19—31 日，这些列车交给罗林森（Rowlinson）将军使用。3 号装甲列车（罗宾逊上尉）于 19 日参加了对梅嫩（Menin）的进攻，于 20 日参加了帕斯尚尔（Passchendale）方向的作战行动。21 日，这列列车参加了伊普尔—鲁瑟拉勒铁路线的战斗，德军的炮火未能穿透其装甲，但成功使其无法继续前进。26—31 日，多列装甲列车在各地作战，支援比利时第 3 师和第 4 师在迪克斯梅德（Dixmude）以东和艾泽河弯以西的战斗。

10 月 7 日，在安特卫普时安装于转架平板车上的火炮撤往奥斯滕德，并于 10 月底接收了完整的装甲防护。它们组成了一列新的列车，由皇家海军的里德尔少校指挥，在伊普尔区与另外两列列车会合。11 月 1—7 日，这三列列车参加了对德军战线的攻击，最著名的是 3 日对一个观测气球的袭击。德国战俘甚至说，6 日从列车上射出的炮弹炸死了壕沟里的 87 名士兵。此后，"德吉兹" 号前往布伦维修。当它于 11 日抵达奥斯特凯尔克（Oosterkerke）时，德军炮兵的两轮齐射落在距离列车仅 15 米处，迫使它退到站后 500 米处。但是在 13 日，这列停在卡斯凯尔克铁道线 23 千米处的列车，被一发炮弹命中第二部机车，驾驶员身亡。15 日起，"杰利科" 号归入第 1 军序列，每天都参加位于伊普尔以东的作战行动。它在 17 日也成了德国炮兵的目标，一名士兵受伤。同时疏散伤员的铁路流量大增，这列列车无法快速机动到敌军射程以外。18 日，一发德国炮弹炸毁了一辆机车和一门 152 毫米（6 英寸）炮。列车撤回了伊普尔车站，但德军炮兵继续跟踪它，向车站也发射了炮弹。19 日，德军继续炮击，不过铁轨没有受到损坏。

"丘吉尔" 号于 12 月参加了奥斯特凯尔克周围地区的行动，打击迪克斯梅德以南的德军炮兵阵地。12 月 18 日，一发炮弹炸伤了利特尔约翰斯中校的副手。12 月底到 1915 年 3 月，三列装甲列车持续作战，有时候支援突击（1 月 10 日，"杰利科" 号在拉巴塞），但更重要的是压制敌方炮兵或者炮击任务，以及消灭堑壕防线的行动 ["杰利科" 号于 1 月 20—24 日在伯夫利（Beuvry），"丘吉尔" 号于 1 月 28 日和 29 日在奥斯特凯尔克，于 2 月 11 日攻击埃讷提尔（Ennetières）的一个观察哨，于 3 月 3 日攻击了弗勒庄园（Fleur d' Ecosse）的一个炮兵阵地，"德吉兹" 号于 15 日在伯夫利向一个铁路交叉口开火。] 这些列车上的火炮极其高效，尤其是打击部队集结点时：2 月 18 日，"德吉兹" 号向拉巴塞西南方的德军部队射出了七发炮弹。这些行动使列车进入了德国炮兵的射程范围内。德军的炮弹击中了它们，但列车的装甲防护和敏捷的机动能力通常能够保护车组人员，唯一的例外是在 1 月 25 日，"杰利科" 号被击中，两名士兵受伤，比利时籍机车驾驶员身亡。3 月 10—13 日，三列列车支援了新沙佩勒（Neuve Chapelle）的行动。在那个场合下，陆军元帅约翰·弗伦奇（John French）爵士出人意料地访问了利特尔约翰斯中校的指挥车 "丘吉尔" 号。

从这张火炮车厢的侧视图可以明显看出列车中使用的转架平板车厢最大长度（18 米）。注意，侧面装甲板上漆有名字"LEMAN"（勒曼）。（照片：保罗·马尔马萨里的收藏）

一张著名的重型装甲列车照片。突出的步枪枪管使列车的外观平添了几分威胁性，甚至对于地面部队来说也是如此。（照片：保罗·马尔马萨里的收藏）

这张明信片展示了 152 毫米（6 英寸）炮和纵梁底盘，此处似乎有一个侧门不见了。（明信片：保罗·马尔马萨里的收藏）

这张明信片显示了机车和火炮车厢之间的装甲车厢，在它们之后是第二部机车。（明信片：保罗·马尔马萨里的收藏）

重型装甲列车上 120 毫米（4.7 英寸）火炮后膛打开时的特写。[照片：《1914—1918 年的战争》（*La Guerre de 1914–1918*）]

这张照片也来自《1914—1918 年的战争》，有趣的是，从照片上可以看出，尽管炮手们受到了装甲的保护，但火炮车厢的舒适性相对较差。

图中可以看到，组成"X"形状的钢梁支撑着炮架。（照片：《1914—1918 年的战争》）

关于 1915 年 3 月之后的装甲列车，我们缺乏信息。不过，1915 年 5 月 8 日，《前线》（Sur le Front）杂志的第 18 期发表了一篇图文并茂的文章。文章中使用的照片展示了轻型装甲列车，这使我们想到，当时重型装甲列车已不再使用（否则应该能从照片上看到），可能是因为前线战事已经陷入僵局。最终，这些装甲列车于 1915 年 9 月正式退役。

在利特约翰斯中校报告中关于列车上所安装无线电设备的段落中，他提到了三列装甲列车的名称："辛克莱尔"（Sinclair）号于 1914 年 12 月 26 日在布伦入役，经过 1915 年 1 月 7 日之前的成功试验，利特约翰斯又于 1 月 15 日推出了"辛格"（Singer）号，1 月 23 日推出"休特"（Sueter）号。除了电台之外，它们还配备了 8 米（26 英尺 3 英寸）高、可在三分钟内架设的天线杆，以及 15 米（49 英尺）长的架空电缆。这一装置使无线电接收范围在白天可达 50 千米（30 英里），在夜间可达 70 千米（40 英里）。这些列车的防御由车顶安装的一挺机枪提供。最后，我们必须说明，车辆编号前的"HMAT"只是为了报告方便而使用的，并不与真正的装甲列车对应。

一门高射炮被安装在原120毫米
（4.7英寸）炮（有护盾）的位置上。
没有书面证据表明这一改造是何时
完成的。（照片：版权所有）

装甲列车上使用的观察梯
与气球和工厂烟囱、钟楼
等制高点的观察相互补充，
它也是双方炮手优先打击
的目标。（照片：版权所有）

德国出版物上的一幅插图，根据尤利乌斯·恺撒时代起就为人熟知的原则——通过展示敌方的威胁或力量，激励出己方的勇气。（插图：保罗·马尔马萨里的收藏）

这张明信片似乎给许多改型和衍生型号的设计提供了灵感，比利时、其他盟国以及它们的敌人概莫能外。（明信片：保罗·马尔马萨里的收藏）

实际上是同一个景象，出现在一张表现安特卫普行动的美国明信片上。（明信片：保罗·马尔马萨里的收藏）

这列比利时装甲列车首部的机车与众不同。但是，某些资料确实表明，每列装甲列车都有一辆可用于侦察的机车。（明信片：保罗·马尔马萨里的收藏）

这张德国明信片正确地将该列车归属比利时陆军，地点在迪克斯梅德前线。另一张则将列车归属德国陆军，可在附录中的彩色图片中看到。(明信片：保罗·马尔马萨里的收藏)

资料来源

档案

- SHD, carton 9 N 464 SUP

书籍

- Littlejohns, Commander A Scott, RN, *Royal Naval Air Service: Armoured Trains, Report on Operations Sept. 1914 to March 1915*, Air Department, June 1915 (MRA B.1.178.4).
- Ministère des Chemins de Fer, Marine, Postes et Télégraphes: *Compte-rendu des opérations 04/08/1914 - 04/08/1917.*
- Scarniet, Vincent, *D'Anvers à l'Yser. La Compagnie de Chemin de fer du génie et les trains blindés* (Jambes: ASBL Musée du Génie, 2014).
- Wauwermans Major H., *Fortification et travaux du Génie aux armées* (Brussels: Merzbach & Falk, 1875).

期刊文章

- Harlepin, J., 'Les Trains Blindés', *Newsletter of the Centre liégeois d'histoire et d'archéologie militaires* Volume IV, No 7 (July– September 1990), PP.45–66.
- _____, 'Les Trains Blindés', *Militaria Belgica* (1998), PP.69–88. 'Trains blindés et "trains fantômes" pendant l'investissement d'Anvers', *Belgian Bulletin of Military Sciences* Volume II, No 1 (July 1932),PP.1–14.

网站

- http://pages14-18.mesdiscussions.net/pages1418/forum-pageshistoire/autre/trains-blindes-sujet_12036_1.htm.

波斯尼亚和黑塞哥维那

1991 年南斯拉夫内战爆发时，长期以来的紧张局势最终致使这个国家分裂。在新成立的波斯尼亚和黑塞哥维那领土上，三个族群——塞尔维亚人、波斯尼亚人和克罗地亚人——都企图建立自己的影响力区域，终极目标就是实现自治。在这期间，除了其他临时建造的装甲车辆之外，装甲列车也起到了重要的作用。

塞族（斯普斯卡）共和国 [1]

格拉达查茨（Gradačac）位于斯拉沃尼亚布罗德（Slavonski-Brod）和萨瓦河（作为界河）东南方 45 千米、布尔奇科（Brčko）以西 30 千米处，是一个重要的铁路枢纽站，它保留有 1992 年 10 月波黑塞族武装企图占领该镇时用作"特洛伊木马"的装甲列车。当时穆斯林守军截停了这列列车，挫败了进攻，并将其保留下来作为这次战斗的纪念物。注意本书第 66 页第二张照片中车厢左侧的迷彩图案，这能够确认该车厢与前两张照片相同。下图中的侧面装甲完好无损，说明在这列博物馆列车上造成明显破坏的爆炸是后来发生的——可能是为了阻止这列列车被原来的主人重新投入现役，或者为了宣传。我们经过调查，还于 1995 年在布尔奇科发现了另一列装甲列车——它可能属于塞尔维亚族武装。

---

1   一块自封的飞地，涵盖了波斯尼亚和黑塞哥维那一半的领土，1995 年的《代顿协定》承认其在波黑共和国内享有自治权。

迷彩图案是浅绿色背景上的红褐色和深灰色不规则色块。（照片：米夏埃尔·汉松）

内战期间，布尔奇科位于波斯尼亚的两个塞族地区之间，是从克罗地亚经克拉伊纳共和国前往那里的入口。经过六天的战斗，塞族的武装力量于1992年

5月夺取了该镇。因此，在那里所拍摄到的装甲列车，有很大可能就是用于保护多个塞族飞地之间的补给线的。

被缴获时停在格拉达查茨的列车。（照片：版权所有，伊夫·德拜提供）

布尔奇科的列车。淡蓝色背景上的天蓝色迷彩图案连续且重复，明显是通过贴上墙纸类的整卷材料实现的。（照片：版权所有）

1995 年在布尔奇科的列车。
装甲柴油机车前端可见塞尔
维亚的旗帜。（照片：版权
所有）

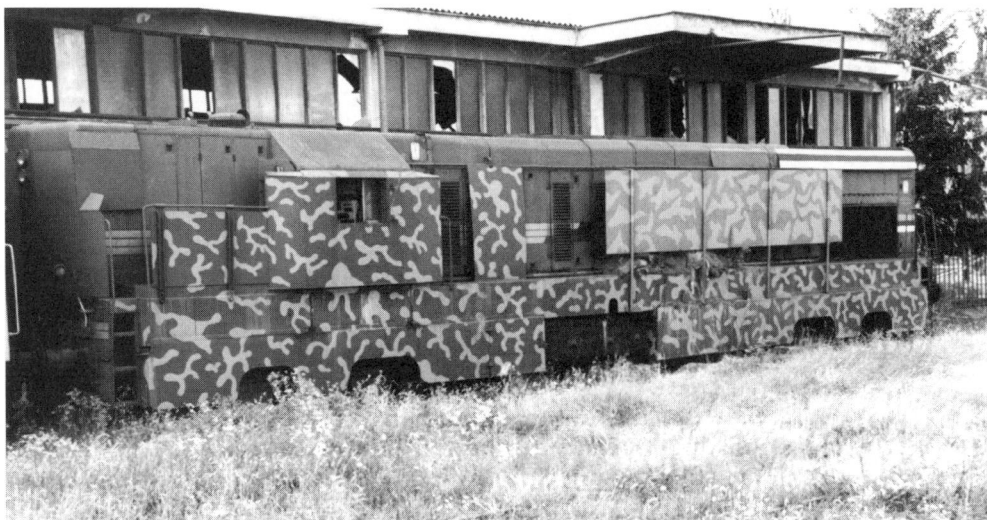

格拉达查茨的一节装甲车厢，
可以看到装甲板因为爆炸而
变形。（照片:米夏埃尔·汉松）

穆斯林—克罗地亚联邦轨
道车的正面和右侧视图，考
虑到车钩装在中线上，很
清楚地说明防护是不对称
的。首字母缩写 HVO 意为
"Hrvatsko Vijeće Obrane"
（克罗地亚国防委员会），该
委员会于 1995 年 11 月正式
解散。（照片：ECPA-D）

轨道车的左侧,增加了面向敌方（穆斯林）的橡胶片和轮胎防护。（照片：ECPA-D）

轨道车内的法国和克罗地亚士兵。可以看到内部的胶木片衬层,远端的驾驶室与其他地方描述的"孔恰尔"轨道车完全相同。右侧顶部似乎有一个舱门,可能用于观察。（照片：ECPA-D）

穆斯林—克罗地亚联邦

除了曾在 1996 年间用于波斯尼亚—克罗地亚一侧铁路线的莫斯塔（Mostar）使用之外,我们没有发现这种装甲轨道车的任何细节。当时,法国第 3 工兵团（沙勒维尔—梅济耶尔）使用它在高危区域中调动部队。

资料来源

- https://www.youtube.com/watch?v=TY3ODhgFtMc.

巴西

1932 年立宪主义革命[1]的装甲列车

由于 1929 年的财政崩溃导致巴西经济衰退，1930 年 10 月，瓦加斯推翻了声名狼藉的前任总统，建立了临时政府。但他越来越专制的风格使其与人民疏离，特别是圣保罗州的居民，他们向联邦政府要求自治。包含多名高级军官的"统一阵线"（Frente Única）发动了一场对抗联邦军队的武装暴动。除了空军和海军之外，铁路工厂和技术学院还为"保罗主义"军队建造了临时的装甲车辆和装甲列车，其中由技术学院监制了六列装甲列车。原则上，每列列车由机车前后的各一节装甲车厢，以及最前方的一节安全车组成，两节车厢各有 15 名乘员。据我们所知，2 号列车和 3 号列车在圣保罗州西部的索罗卡巴（Sorocaba）服役，4 号列车和 5 号列车在该州北部的摩吉亚纳（Mogiana）周围服役，但我们没有找到任何关于 1 号列车和 6 号列车最先被用于何处的信息。

索罗卡巴地区的 1 号装甲列车，它在改良后成为 3 号装甲列车，命名为"南方幽灵"。该列车使用"天皇"（Mikado）型 2-8-2 机车，编号为 216。（照片：巴西联邦国防军 / 国防部期刊处）

3 号装甲列车的车厢及方形炮塔中的 7 毫米机枪。伪装方式受到了同时代法军的启发，使用了橄榄绿、深绿、灰、茶色的配色方案。（照片：巴西联邦国防军 / 国防部期刊处）

3号装甲列车，可以看到前导安全车上的排障器。（照片：雷吉纳尔多·巴基）

3号装甲列车车厢的另一张图片。（照片：巴西联邦国防军／国防部期刊处）

4号装甲列车的730号"鲍德温"2-8-0装甲机车，在圣保罗州坎皮纳斯的保利斯塔铁路公司工厂中建造。这列列车由摩吉亚纳铁路公司运营，被视为最好的装甲列车设计。（照片：巴西联邦国防军／国防部期刊处）

4 号装甲列车有着这些装甲列车典型的对称布局——装甲机枪车厢在机车前后，最前方是一节领航车厢。左侧车厢后部的炮塔是方形的。（照片：雷吉纳尔多·巴基）

3—5 号装甲列车之一的"鲍德温"2-8-0 机车左视图。（照片：雷吉纳尔多·巴基）

这张照片尽管质量较差，但仍然很好地展现了 3—5 号装甲列车之一的机枪车厢，该车厢的方形机枪塔中装有两挺 7 毫米"霍奇基斯"机枪。（照片：雷吉纳尔多·巴基）

摩吉亚纳公司的 5 号装甲列车，使用 732 号"鲍德温"2-8-0 机车。（照片：巴西联邦国防军 / 国防部期刊处）

6 号装甲列车"死神幽灵"在平达莫尼扬加巴的巴西中央公司工厂里建造。它的两个显著特点是：装甲车厢顶部向两端倾斜，先导车厢装有型号不详的前向火炮。（照片：圣保罗警察军队博物馆，由巴西联邦国防军／国防部提供）

6 号装甲列车的装甲机车。我们可以从照片上看到煤水车有全面的装甲防护（侧面留有一个射孔）。这种型号的列车由在巴西生活的法国工程师克莱门特·德·包雅诺（Clément de Baujaneau，）设计。（照片：雷吉纳尔多·巴基）

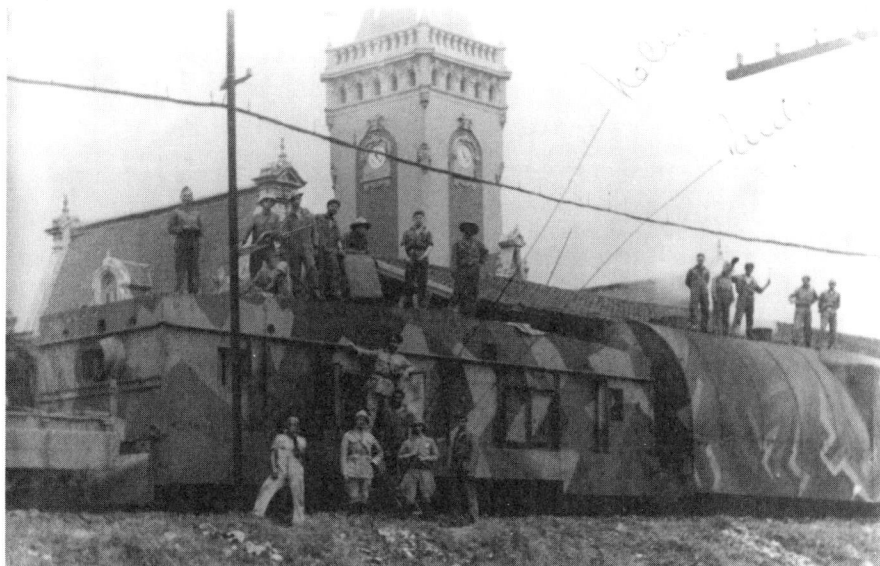

从另一侧看同一列车，可以看到其采用了对称设计。在下一张照片中，我们可以清楚地看到前方的克虏伯 75 毫米炮。（照片：雷吉纳尔多·巴基）

6 号装甲列车的克虏伯 75 毫米炮近景。带灯的排障器位置出奇地低，说明前一张照片中的双层木板安全车并不总是加挂——除非这张照片是从列车尾部拍摄的。（照片：巴西联邦国防军／国防部期刊处）

资料来源

- Bastos, Expedito Carlos Stephani, *Blindados no Brasil – Um Longo e Árduo Aprendizado, 1921/2011,* Vol I (Bauru e Juiz de For a: Taller Editoria e UFJF/Defesa, 2011).
- Duarte, Paulo, *Palmares pelo avêsso* (Sao Paulo: Instituto Progresso Editorial, S.A., 1947).
- Walsh, Paul V, *The 1932 Paulista War : An Example of Conventional Warfare in Latin America during the Inter-War Period*, 2001 年在卡尔加里大学军事史学会年会上的演讲。

网站

- http://netleland.net/hsampa/epopeia1932/blindados1932.html.

保加利亚

装甲列车计划

保加利亚似乎曾启动过一个计划，至少建造了一列装甲列车。1936 年，总参谋部向瓦尔纳工厂订购了一列使用钢筋混凝土材料作为防护的列车，后者包括六节车厢，共配备四门 75 毫米炮和八挺高射机枪。该列车当时计划于 1937 年交付，但是否真正建造不得而知。

资料来源

- SHD, 7 N 2751.

缅甸 [1]

1824—1886 年的三次战争之后，缅甸被大英帝国吞并，于 1937 年成为一个直辖殖民地。五年之后，日本入侵缅甸，到 1945 年 7 月才被驱逐出去。1948 年 1 月 4 日，缅甸重获独立，但由于持续的民族与宗教冲突，其局势一直不稳定。1962 年，奈温将军在政变中上台。

[1] 1989 年，缅甸政府通过决议，将原国名 Burma 改为 Myanmar，并得到联合国承认（美国和英国除外）。Myanmar 是古代国名 Burmah 的变体。

于 1995 年 2 月拍摄的两辆威克姆装甲轨道车，可能是马来西亚提供的。（照片：奥拉夫·居特勒和弗洛里安·格鲁普）

直到 1994 年，铁路网的安全局势仍然要求列车由一节安全车先导（照片中的排障器十分醒目）。机车为阿尔斯通 DF[2] 内燃机车。（照片：奥拉夫·居特勒）

2　D 代表柴油，F 代表六轴。本机车于 1987 年交付。

柬埔寨

装甲列车

在法国的"保护"下，柬埔寨铁路网由装甲列车和轨道车（参见法国的章节）防御。1967—1975 年，红色高棉起义期间可能也采用了类似措施。越南军队介入并推翻波尔布特政权之后，红色高棉于 1989 年对该国的基础设施实施了系统性破坏，包括对铁路网的骚扰性袭击。因此，每列民用列车都加入了匆忙建造的装甲车厢。

铁路日常生活一幕，乘客挤在先导的平板车上，这节车原本是作为引爆爆炸装置的安全车。这张照片并没有表明该地进入了稍微和平的时期，危险一直存在，但搭乘安全车是免费的，似乎是这一点打动了乘客。（照片：奥拉夫·居特勒）

于 1991 年 10 月 23 日签订的《巴黎和平协议》批准派遣联合国驻柬埔寨先遣团（MIPRENUC，而后是UNAMIC），尽管该国境内布设了数十万枚地雷且一直存在阻力，这仍预示着柬埔寨将回归正常状态。不过，因列车一直是袭击的目标，所以机车加装了临时装甲，包括法国时代留下的"太平洋"[1]机车。

1　由阿尔萨斯机械制造公司在米卢斯和比利时埃讷—圣皮埃尔建造。

"太平洋" 231-501 号列车的驾驶室有装甲防护，实际上与中南半岛战争期间使用的型号完全相同。（照片：奥拉夫·居特勒）

1966 年，柬埔寨铁路部门从阿尔斯通公司接收了 13 辆 BB 柴电干线机车和 8 辆支线机车。干线机车只有两端驾驶室的正面及侧面有装甲，其观察孔有多种不同的变形。（照片：奥拉夫·居特勒）

2013 年，图中的 BB 1055 号机车在金边的工厂重新建造。（照片摄于 1991 年，奥拉夫·居特勒）

右侧是在金边以北的一个枢纽站上的 BB 1055 号装甲机车。左侧的 BB 1005 号支线机车只有一个驾驶室有装甲防护。（照片：奥拉夫·居特勒）

资料来源

- Chlastacz, Michel, '*Les 50 ans de malheur du rail cambodgien*' ('*50 troubled years of the Cambodian railways*'), *La vie du rail* No 2237 (22–28 March 1990), PP.16–17.
- Roussel, Daniel, '*Cambodge, les trains de la guerre*' ('*Cambodia, the trains at war*'), *La vie du rail* No 2237 (22–28 March 1990), PP. 11–15.

1991 年 7 月在金边附近拍摄的装甲车厢近景，可以清楚地看到其内部装甲板。（照片：奥拉夫·居特勒）

加拿大

加拿大的首个装甲列车项目可以追溯到 1867 年 4 月 18 日[1]，当时大西部铁路公司提议建造一节装甲车厢，并在其前端安装一个 2.5 米（8 英尺 4 英寸）高的旋转炮塔，后部建造一个为乘员提供射孔的碉堡。开展这一

项目的用意是抵御基地在美国的爱尔兰共和派组织"芬尼亚人"入侵，该组织曾多次入侵加拿大领土（当时由一系列殖民地组成，1867 年 7 月 1 日才合并为一个英国自治领）。不过，这种装甲车厢一直停留在规划阶段。

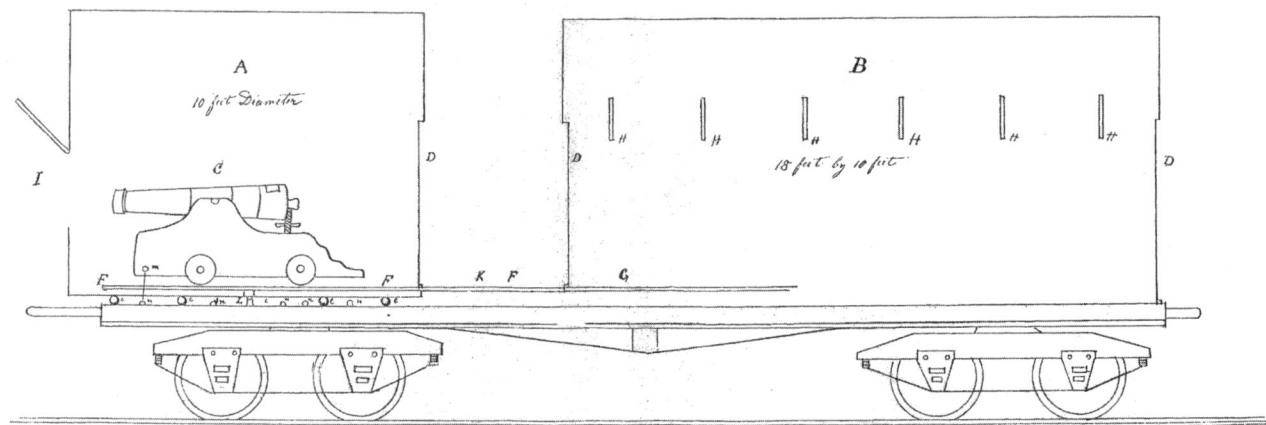

加拿大军队在第二次布尔战争中乘坐英国装甲列车，但是他们参加这场战争纯属偶然。不到 20 年时间，加拿大部队被派往苏俄[2]，在北部的摩尔曼斯克和阿尔汉格尔斯克[3]以及东面的西伯利亚[4]与布尔什维克军队交战。北线的加拿大军队在重要的铁路枢纽沃洛格达(Vologda)附近地区部署了一列装甲列车，车上有一门 18 磅野战炮和两门海军炮。

加拿大 1 号装甲列车

二战期间，首列加拿大装甲列车的建造动力来自对日军在太平洋海岸登陆（可以得到传统捕鱼范围远及斯

基纳河口的日本渔民引导或帮助）的恐惧。最初的计划是建造可供两个步兵连巡逻用的轻型轨道车，但 1942 年 3 月底，政府同意建造一列装甲列车，由加拿大国家

这列装甲列车的乘员（3 名军官和 26 名士兵）来自第 16 炮兵旅下属的第 68 野战炮连，他们组成了沃洛格达地区（阿尔汉格尔斯克以南 170 千米）的铁路分队。装甲指挥塔旁边车顶上放置的东西乍看是一挺使用三脚架的机枪，但更有可能是一个便携测距仪。（照片：保罗·马尔马萨里的收藏）

1　加拿大公共档案馆（渥太华），RG9, IC8, Vol 18。
2　第一支加拿大特遣部队于 1918 年 10 月 11 日离开维多利亚，26 日抵达符拉迪沃斯托克（海参崴）。最后一批加拿大官兵于 1919 年 6 月 5 日离开苏俄。
3　加拿大北俄远征军。
4　加拿大西伯利亚远征军。

列车另一端的排障车厢。注意，底座附近完全没有装甲防护（除了很小的炮盾）。车上的武器是美制 17 型 75 毫米炮（衍生自英国 18 磅野战炮，炮膛经过改装，可使用法国造 75 毫米炮弹），安装在 Mk I 炮座上。（照片：加拿大公共档案馆——PAC）

铁路公司负责设计与建造。这项工作由温尼伯（Wenipeg）附近的特兰斯科纳（Transcona）工厂实施。

该型列车采用了以机车单元为中心的对称设计，包括四节转架火炮车厢（两节携带野战炮，两节携带高射炮）和两节步兵车厢，此外还有一节食堂车厢。由于装甲板、枪炮及其支座等物资，以及所使用的机车供应困难，该计划被多次推迟。1942 年 7 月 29 日，第一次巡逻正式开始[5]，此时已是订单下达后的大约第四个月，而服务车厢及其无线电设备直到 8 月 7 日才加入。1944 年 7 月 31 日，这列列车退出现役，各组成部分归还给国家铁路公司。

5　使用 CN 1426 号 4-6-0 蒸汽机车。

6　1942 年起由奥蒂斯—芬松公司在汉密尔顿制造。

加拿大制造的四门 40 毫米"博福斯"火炮。[6] 在这张新型列车的照片中，它们似乎直接安装在车厢的外板上。1942 年 9—11 月，它们的底座被固定在更高的位置上，可以打击地面目标。（照片：PAC）

服务车厢的厨房。另一端是无线电舱室、
列车指挥官办公室及急救站。（照片：
PAC）

转架车长 5 米（49 英尺 2.5 英寸），宽 2.85 米（9 英尺 4.25 英寸），侧
板高度 1.05 米（3 英尺 5.25 英寸）。所有车厢转向架的防护装甲厚度都
为 8 毫米。（照片：PAC）

拆除了民用设施的车厢。车窗下的内部装甲最大高度为 0.95 米（3 英尺 1.5 英寸），车窗之间为 2 米（6 英尺 6.25 英寸）。长条座椅于 1942 年 11 月前被重新安装。（照片：PAC）

两张全视图，分别从两端拍摄，但没有展示机车或者服务车厢。整列列车（内部和外部）都被漆成了亚光的卡其绿色。（照片：PAC）

最后一节车厢（位于照片顶部）上装有 90 厘米（3 英尺）MK Ⅲ探照灯（整列列车共有两部），由一部利兰—威斯汀豪斯公司的汽油发电机供电，于1942 年 11 月换成了 1.2 米（4 英尺）直径的探照灯。（照片：PAC）

列车另一端的高射炮车厢。没有计划使用更高的装甲防护，图中的管状物是安全护栏，它们限制了"博福斯"炮的射击角度。（照片：PAC）

步兵车厢的防空阵位（AA .303 MG Mk Ⅱ枪座，为装有 100 发弹鼓的布伦机枪所设。（照片：PAC）

SUB CLASS	DATE BUILT	BUILDER		PRESENT ROAD Nº	CANADIAN NATIONAL RAILWAYS
V·1·a	1928-29			9000	MECHANICAL DEPARTMENT MONTREAL
					TYPE OIL ELECTRIC CLASS V·1

FUEL TANK CAPACITY · 720 IMP. GALS
BOILER WATER TANK · 820
EVAPORATING CAP'Y 1000ᵗ STEAM PER HOUR
WATER RADIATORS · 16 SECTIONS, MODINE
STANDARD E'T BRAKE EQUIPMENT

LUBRICATOR OIL CAPACITY · 180 IMP.GALS [INTERCOOLER & SUMP]
ENGINE COOLING WATER · 220 IMP.GALS [SUMMER OPERATION] [IN INTERCOOLER]
· 225 · WINTER
TRAIN HEATING · VAPOR CLARKSON STEAM BOILER TYPE DC.110-510G
ENGINE TYPE 16-567 AP · 16 CYL'S V · 2 CYCLE · 1440 B.H.P. · BORE 8½ DIA. STROKE 10'.

GENERATOR BUILDER · CAN. WESTINGHOUSE Cº TYPE # 478 · 1170 K.W.
1500 AMPS, 800 R.P.M. VOLTAGE · 900 VOLTS D.C.
AUX. GENERATOR · TYPE Y.G.B 600 AMPS, 112 VOLTS. WEIGHT OF
MAIN GENERATOR + AUX. GENERATOR 18,600 LBS
MOTOR BUILDER · CAN. WESTINGHOUSE Cº TYPE # 359
4 PER CAB. 2 PERMANENT IN SERIES, PARALLEL GEAR RATIO 22·69
WEIGHT EACH 9,600 LBS DIA. OF WHEELS 51"
BATTERIES. MVA. 21 EXIDE IRON CLAD · 56 CELLS · 112 VOLT
AIR COMPRESSOR BUILDER · CAN. WESTINGHOUSE Cº TYPE C 75.
75 CU.FT. PER MINUTE @ 220 R.P.M.
ENGINE BUILDER · ELECTRO·MOTIVE CORPORATION
SPEED · VARIABLE IDLING 315 R.P.M. · MAX 800 R.P.M

BUILT 1928-29 REBUILT 1944
BUILDER · CAN.LOCO.Cº & CAN. WESTINGHOUSE Cº
REBUILT BY · C.N.R.
RIGID WHEEL BASE 17'4" · TOTAL WHEEL BASE 37'6"
WIDTH OF CAB OVER OUTSIDE SHEETS · 10'·6"
LENGTH · · 44·11½
HEIGHT FROM RAIL TO ROOF · 14'·10½" TO TOP OF RADIATORS 15'6"
WEIGHT IN WORKING ORDER
DRIVING AXLES · 74
HANLON SANDER TYPE A-103

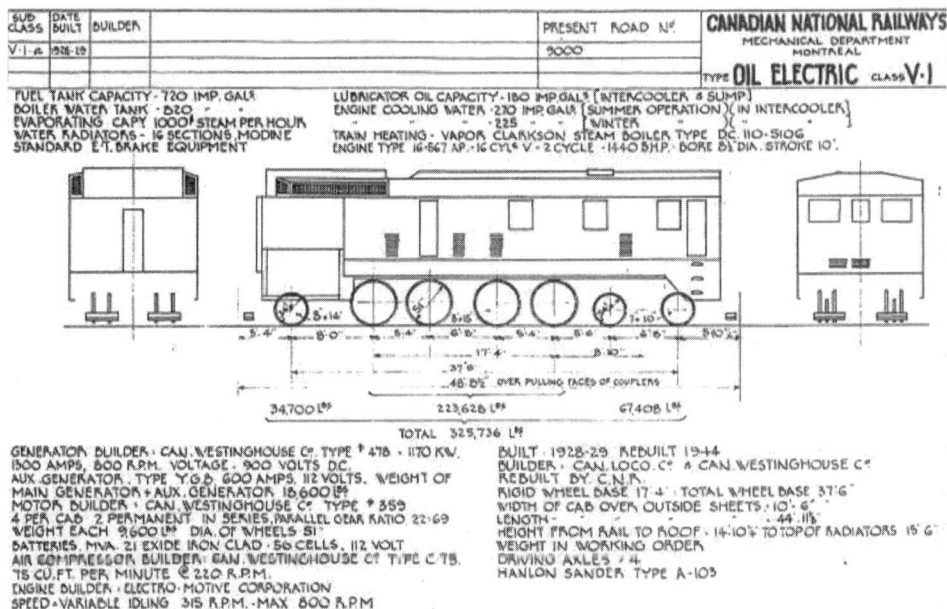

CN-9000 装甲柴电机车[7]，最初是为圣达菲铁路公司制造的，到 1943 年 8 月尚未完工，一直没有随列车入役。1943 年 4 月，它配置了一部新电机和装甲防护，因业内对列车未来的讨论而被搁置。后来它被保存在特兰斯康纳工厂里。（照片：PAC）

[7] 1928 年，金斯顿的加拿大机车公司制造了编号为 9001 的加拿大首部柴电机车，但后者于 1939 年 10 月被拆卸了。

北美列车上典型的中央自动车钩，由铰接的装甲板加以保护。（照片：PAC）

资料来源

书籍

- Lucy, Roger V, *The Armoured Train in Canadian Service* (Ottawa: Service Publications, 2005).
- Stevens, G R, *History of the Canadian National Railways* (New York: The Macmillan Company, and London: Collier-Macmillan Co.,1973).

期刊文章

- Anonymous note (untitled), *Canadian Rail No 291* (April 1976), PP.126–7.
- Anonymous, 'Canada's Armoured Train', *Canadian Rail No 297* (October 1976), PP.300–4.
- Grimshaw, Major Louis E, 'No.1 Armoured Train', *Canadian Defence Quarterly* Vol 21, No 2 (October 1991), PP.40–4.
- Purdon, Charles J, 'Fortress on steel wheels', *Trains* Vol 48, No 11 (September 1988), PP.30–1.
- _____, 'Canada's Armoured Train No.1', *Canadian Journal of Arms Collecting* Vol XⅧ, No 1 (1979), PP.14–18.

网站

- http://laughton.ca/documents/ww1/pub7.pdf.

智利

1891 年的装甲列车

1891 年 1 月，"立宪派"或"议会派"（革命者，实际上是国会的支持者）与"巴尔马塞达派"[保守派，这个名称源于曼努埃尔·巴尔马塞达（Manuel Balmaceda）总统，他支持强力政权] 之间爆发了一场革命战争。议会派的主力是海军部队，而总统一方广泛地使用铁路网络调动地面部队。2 月 15 日，支持总统的部队用机车突破了议会派军队的防线，集结于瓦拉（Huara）。罗夫莱斯（Robles）上校在那里取得了胜利。

在北部港口的争夺战中，议会派使用了一部武装机车和一列携载两挺机枪的装甲列车。3 月 7 日的波索阿尔蒙特（Pozo Almonte）战役之前，这些车辆执行了侦察任务，随后参加了战役，见证了罗夫莱斯上校所率总统派部队的溃败以及他本人的阵亡。内战于 1891 年 8 月 28 日结束，叛乱者赢得了胜利。

应该注意的是，一节用于运送炸药的装甲车厢现在保存于阿塔卡玛省的科皮亚波博物馆，但没有证据表明这节列车参加了内战。

中国

1920—1951 年的装甲列车

中国的首列装甲列车出现于 20 世纪 20 年代初的直皖战争中。[1] 一位美国武官于 1930 年 3 月描述了他当时在京汉铁路上看到的一列装甲列车：常规的平板车得到了两块厚实软钢板的防护。中国装甲列车的高速发展直到白俄雇佣军来到时才开始，尤其是军阀张宗昌一方。

白俄装甲列车

1922 年 10 月，苏联红军将符拉迪沃斯托克（海森崴）夷为平地，大批白俄官兵携带武器逃往中国 [据信，著名的"外阿穆尔人 / 奥尔利克"（Zaamurietz/Orlik）号装甲列车就是在这一时期进入中国境内的]，

并作为雇佣兵加入张作霖及他的下属之一张宗昌的部队。1922 年 9 月 15 日，张宗昌曾被派往符拉迪沃斯托克购买军火。他的联系人之一是尼古拉·梅尔库洛夫（Nikolai Merkulov）[2]，此人移居中国，成了第一位白俄装甲列车指挥官。

最早的白俄装甲列车是临时拼凑的，主要是用沙包加固的转架车。第二次直奉战争[3]临近结束时，1924 年

1　这场战争发生于 1920 年 7 月，为期一周，交战双方是对立派系的军阀，以其领导人所在省份得名（直隶在今天的河北），目的是控制北京政府：直系军阀成了胜利者。

2　尼古拉·梅尔库洛夫是名商人，他和兄弟斯皮里东·迪奥尼索维奇（Spiridon Dionisovich）领导短命的普利亚穆尔政府（1921 年 5 月—1922 年 10 月），那是白军在西伯利亚的最后一块飞地。

3　因冯玉祥将军在北京发动政变而引发的冲突。

10 月，张宗昌的部队（奉系军阀一部）奇袭了董政国率领的直系部队，夺取了重要的铁路枢纽滦州。他们阻塞滦河上的桥梁，迫使大批直系官兵投降并夺得许多装备。吸收这些人员使张宗昌部的下属兵员在几天之内增加到 6 万人。俄国工程师立即回收缴获的铁路车辆，临时改造成第一批装甲列车（白俄摄影师拍摄的电影将其永久保存了下来[4]）。

凭借在北京发生的政变，段祺瑞暂时取得政权。为了强化其盟友卢永祥在中国东南部的地位，同时压制直系军阀齐燮元，段派遣张宗昌向南进攻。1924 年 11 月 14 日，张宗昌的部队抵达浦口。因浦口和南京之间的长江上没有任何渡轮线路[5]，他的士兵在驳船上安装铁轨，于夜间使他们的装甲列车渡过了江。他们在江苏遇到的抵抗很微弱，有了装甲列车的支援，张宗昌的部队于 1925 年 1 月 28 日抵达上海。值得一提的是，列车上的俄国士兵引起了很多注意，当时著名的俄国艺术家萨帕乔（Sapajou）为《华北日报》画了一幅装甲列车的素描。

固镇战役（安徽省西北部）

张宗昌于 1925 年年初就任山东督军[6]后，他与梅尔库洛夫讨论了在山东省会济南的津浦铁路工厂中建造经典装甲列车的可能性。

白俄装甲列车参加的最著名战役就发生在这一时期，它们遭受了巨大的损失。1925 年 9 月，临时执政的段祺瑞决定，由两位奉系军官——杨宇霆和姜登选——接任江苏省和安徽省军务督办。这一系列任命激怒了实际控制这两个省的军阀孙传芳，他立即将两人赶走。张宗昌命令属下最高级的军官施从滨以白俄雇佣军发动反攻，但他们在蚌埠兵败。施从滨不接受失败，率其参谋部人员登上"长江"号装甲列车，开往蚌埠以北的固镇继续作战。孙传芳部下中的一位团长后来如此描述那场血战：

施从滨自蚌埠北撤之后，并未承认失败，继续在装甲列车上指挥作战。他不知在孙传芳部一个团从南发动主攻的同时，另一个团已开至固镇铁路桥以北，切断其退路。发现南路攻击部队时，施从滨下令装甲列车突围向北，接近铁路桥时，桥上已被拼命北逃的己方部队完全堵塞。他不想碾压这些官兵，决定改变方向，命令列车返回南方，结果很快就遇上了兵力占有绝对优势的孙传芳部，不得不再一次转头向北。铁路桥仍被大群逃兵阻塞，但敌军的强大攻势最终迫使施从滨无视部下的命运，强行过桥保命。超过一千名试图过桥的士兵遭列车碾压或被迫跳入江中。惨状难以言表……

SOME OF THE RUSSIAN SOLDIERS AND A PORTION OF THE ARMOURED TRAIN: SKETCHED AT SHANGHAI NORTH STATION BY SAPAJOU

注意这节粗糙的装甲车厢，它明显以装甲板和沙包加固，配备一门法制 75 毫米 APX 野战炮。（萨帕乔的素描，刊登在 1925 年 1 月 30 日的《华北日报》）

苏俄内战结束时转移到中国的铁路车辆之一：这个机枪车厢来自白俄。注意，这种装甲拉门不如铰链式车门那么常见。（照片：保罗·马尔马萨里的收藏）

1926 年张宗昌与冯玉祥交战期间，前者所部的一列白俄装甲列车所受炮伤。[照片：陈怡川（音）的收藏]

上面的照片是白俄士兵操纵的 FK 96（德制）77 毫米或 38 式 75 毫米炮（前者的日本版）。（照片：菲利普·乔伊特的收藏）

注意左边照片中这列装甲列车的中俄混编车组。（照片：保罗·马尔马萨里的收藏）

尽管行此无情之举，施从滨所乘的装甲列车并没有逃脱命运之手。关于孙传芳部摧毁列车的方式，各种资料有不同的叙述，但其中之一认为孙传芳的炮兵起到了主要作用：白俄装甲列车被炮弹击中，导致其运载的弹药爆炸。大部分白俄官兵奋战至死，其他则随施从滨本人投降。得以脱逃的雇佣兵寥寥无几。为了表示对战事发展的愤怒，孙传芳立即下令将施从滨斩首，并处决了所有俘虏。他的一名下属检视战场后写道："张宗昌的装甲列车残骸倒在一边，堵塞了轨道。白俄士兵除少数逃脱之外，均已在车内被活活烧死。他们的遗骸就像一堆黑炭，完全无法辨认。"

白俄装甲列车编成

1926 年年初，一些完全重新设计的装甲列车在济南建造。根据中国的一份资料显示，这些列车（"泰山"号、"山东"号、"云贵"号和"河南"号[7]）由 40 吨转架车、客车车厢和蒸汽机车改装而来，采用 20 毫米厚的装甲钢板。有了固镇之战的教训，所有列车都加挂了装有探照灯和铁轨维修材料的平板车厢。

这些装甲列车[8]包括八节车厢：

1. 运送铁轨和枕木的安全平板车。
2. 由 40 吨平板车改装的火炮车厢。
3. 机枪车厢。
4. 装甲机车。
5. 由一等客车车厢改装的食堂与住舱车厢。
6. 机枪车厢。
7. 由 40 吨平板车改装的火炮车厢。
8. 运送铁轨和枕木的安全平板车。

2 号车厢到 7 号车厢之间可由装甲舷梯通行。列车的最后有一节运送两个中国步兵小队的车厢，在近距离战斗中提供保护。

理论上，列车的武备包括 7 门日本 38 式 75 毫米野战炮和 24 挺马克沁重机枪，但照片证据说明，实际上有很大偏差。"泰山"号的炮兵车厢地板由一层钢筋混凝土提供防护，浇铸在固定于金属地板上的一块钢板上。垂直侧墙也由两块金属板组成，其间隙用混凝土填充。由于载重增加，转向架上配备了更多的弹簧。这些列车的外部使用三色迷彩图案。在长辛店的京汉铁路工厂里还建造了另外两列装甲列车，其设计与山东省的列车完全相同，订购者是张宗昌的主要盟友、时任直隶督军的褚玉璞。

7 我们很难确定多年以后拍摄的同名装甲列车是同一批列车，是现代化改造过的型号，还是完全不同的列车。
8 白俄装甲列车由一位名叫切科夫（Tchekow）的军官指挥。

在秦皇岛缴获的白俄装甲列车的首部安全车，车上运载了一辆手推车，照片摄于 1928 年。（照片：保罗·马尔马萨里的收藏）

上一张照片中列车的机车，简单的装甲是为了将其与车厢融为一体。（照片：菲利普·乔伊特的收藏）

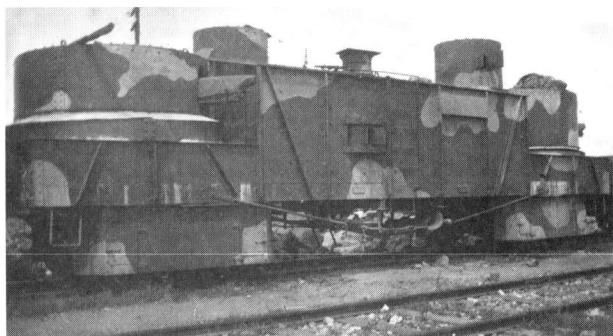

这节炮兵车厢有两个不同的炮塔，但明显都安装了 38 式 75 毫米炮。（照片：保罗·马尔马萨里的收藏）

下一节车厢可能是指挥车厢，直接与机车正面连接。（照片：保罗·马尔马萨里的收藏）

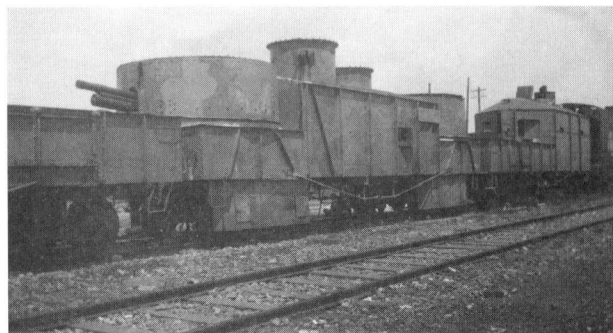

同一列车的炮兵车厢之一。两座旋转炮塔均配备俄制普季洛夫 76.2 毫米炮。原照片中只能辨认出新伪装涂层下侧面装甲中部的原俄罗斯圆形装饰。（照片：保罗·马尔马萨里的收藏）

1927 年年初，奉军将白俄装甲列车"直隶"号投入现役，部署在天津。[9] 列车共有六节车厢，被对称地安排在机车两侧，配备 75 毫米炮（安装在 2 号和 6 号炮兵车厢中较低的炮塔上，水平射界为 270 度）和 47 毫米炮（在较高的炮塔上，射界为 360 度）。3 号车厢中部安装的圆形护墙内装有一门斯托克斯迫击炮。根据同时代的其他一些资料显示，它的武备与其他白俄列车一样，它携载 8—12 挺重机枪，火炮为普季洛夫 76.2 毫米炮，每门炮备弹 200—300 发。至于机车，其装甲设计使之在轮廓上类似于机枪车厢。

吴佩孚的装甲列车

使用非白俄装甲列车的军阀中，吴佩孚和张作霖是

9 见于 'Manchurian Armored Train', *Coast Artillery Journal* (USA), Vol 66, No 5 (May 1927)

实力最强的两个。这些列车的车组人员主要是中国人。吴佩孚于 20 世纪 20 年代中期开始使用装甲列车，此时他已经重建了 1924 年第二次直奉战争期间惨遭败绩的军队。这些列车的设计可能受到了张宗昌和褚玉璞的白俄型号的启发，但它们的技术特性和作战思想似乎落后于白俄。我们得到的唯一信息是，它们由扬子机器厂在汉口制造，这个厂家的专长是船舶制造，包括当时中国海军的炮艇。由于制造装甲列车的财政投入巨大，该工厂在 1926 年破产。

1925 年，吴佩孚的主要对手是国民军[10]，后者的第二军在岳维峻指挥下占领了河南信阳。吴佩孚手下指挥官之一寇英杰在 1925 年冬季围攻此处时曾使用了装甲列车。根据一位军官的回忆，寇英杰曾计划用一列装甲列车运送大量奇袭部队。这列列车将被当成"攻城槌"，支援主攻部队，车上运送的部队将离车作战，打垮铁路沿线的守军。尽管一位下属建言，敌人的部署可能是一个圈套，目的就是诱使他们实施此类行动，但攻击的命令仍然下达了。列车刚刚突破敌军防线，就陷入了一道守军准备的大壕沟。虽然列车侧面有铁板防护，但木质车顶防护性能不足，壕沟两侧高地上的敌军猛烈射击，全歼了车内的部队。

张作霖的装甲列车，以及装甲列车之间的首次交锋

荒谬的是，第一次装甲列车战役并不涉及现代化列车（如白俄装甲列车），而是在吴佩孚和张作霖的列车之间展开的。关于后者的列车，保留下来的信息很少。根据张学良将军的回忆录，这些临时建造的装甲列车是张宗昌的部队在中东铁路上建造的，20 世纪 20 年代初，他的部队还在中国东北。枕木和铁轨之间浇铸水泥后，可以充当列车的装甲，而武备则由火炮和机枪组成。车组人员均为中国人。

虽然吴佩孚与张作霖及其手下张宗昌、褚玉璞结盟，共同对抗西北军，但 1926 年吴佩孚的主力部队面对快速推进的国民党北伐军[11] 时溃不成军。当吴军处于下风之时，张作霖再次将这支军队看成是自己征服整个中国野心的绊脚石。1927 年 2 月，他宣布发动战争，派遣精锐部队进入河南，向忠于吴佩孚的靳云鹗[12] 发动进攻。这将是"历史上"北方军阀的最后一次重要

10 即西北军，于 1924 年建立，由冯玉祥指挥的军队。

11 这场战役发生在 1926—1928 年，国民党军队在总司令蒋介石指挥下作战，目标是重新统一中国，战役于 1928 年 10 月结束，国民党政府定都南京。

12 某些资料来源认为，当时靳云鹗秘密准备与国民党方面谈判。

1926 年 9 月 1 日的一个盛景：以纸板制作的一列装甲列车，这是为了向与西北军交战期间阵亡的驻山东奉军和直军官兵致敬。[照片：陈怡川（音）的收藏]

战役。靳云鹗向郑州发起反攻，指挥官是他最忠诚的手下高汝桐，主力部队至少使用了一列装甲列车，沿京汉铁路北上，两翼还得到了步兵的掩护。档案馆中保留的奉军正式报告如此描述这场战役：

3 月 24 日晨，敌军司令官高汝桐在卫士和奇袭部队伴随下，亲自指挥装甲列车，发动大规模进攻。沿京汉线向五十里铺推进后，敌军为我军所围，其装甲列车毁于我方炮火。高及其参谋长沈其昌、旅长宋家贤与其余 40 名军官死于装甲列车之内。此后，敌军向新郑退却。此役之后，我军俘敌千余人，并缴获其装备，包括一列装甲列车、八门火炮及大量枪械。高将军与其他军官遗骸被送至郑州厚葬。

上述官方报告未提及奉军装甲列车所起的作用。当时许多描述证明，它曾参与了一次相当有趣的列车战。20 世纪 60 年代，与靳云鹗关系密切的手下徐向宸就这次战斗写道：

靳云鹗部进攻途中的主要障碍之一是奉军部署在郑州以南的一列装甲列车。高汝桐曾计划使用己方装甲列车上的车钩捕获奉军列车。他的列车确实靠近并连接上了奉军列车。但是，他只有一辆机车，而敌方有两辆（不过单辆机车的功率小于前者）。短时间熄火之后，高汝桐的装甲列车机车上的车钩松脱，整列列车被拉向奉军防线，而高此时仍在车上。他下令车上的炮兵向敌军列车开火。奉军炮手还击，摧毁了高汝桐的整列列车，他也死于战斗之中。

另一方的张学良将军在回忆录中复述了这一幕：

装甲列车中队长曹曜章向我提交了如下战报。行动中，我军装甲列车始终有步兵随同，实际上前一天有两个步兵连支援列车。激战之后，步兵退却，丢下了没有机车的列车。列车上的士兵向指挥官报告，后者告之无须惊慌，相信机车次日早晨定会回来寻找他们。早上，列车实际上已经开动，但乘员很快注意到，他们的方向不对。核实情况之后，他们得出结论：自己正被敌军列车拖走——那正是高汝桐的移动指挥部。我们的列车一

端有门俄制加农炮，最初是张宗昌手下安装的。负责这门大炮的小队长拼命向敌军列车开火。封闭车厢内的冲击效应造成敌方列车内的许多官兵死亡。

虽然双方的报告在细节上有所不同，但对这次事件的主要特征保持一致。高汝桐所在车厢被炮火损毁的照片出现在多种中日出版物上。

在这张高汝桐装甲列车的照片上，我们可以看到支撑垂直装甲钢板的水泥。明显有一发或者更多炮弹穿透装甲在车内爆炸，带去了毁灭性的打击。[照片：《历史画报》(History Illustrated)，1927 年 6 月，陈怡川（音）的收藏]

国民革命军装甲列车的诞生 [13]

广东国民政府的第一批装甲列车，包括著名的"大元帅装甲列车中队"（"大元帅"即指孙中山，他被国民政府推为陆海军大元帅），都是临时建造的。一位苏联顾问这样描述 1925 年乘坐的列车："这些列车由装甲铁板防护的货车车厢组成，甚至没有平板车，车厢内的

---

13 根据所处历史时期，国民革命军中也有共产党人，因为共产党与国民党的目标中都包括反军阀。1927 年 4 月，蒋介石与共产党决裂并对后者开战。

设备也非常粗糙。"这些列车的服役可能是为了对抗 20 世纪初起肆虐广东各地的土匪。他们一直非常活跃,铁路是他们选择的目标。1925 年,广东铁路公司管理者们向国民政府提出保护铁路的四项建议,第一项便是建造装甲列车,以保护旅客列车。

国民革命军的指挥官们迅速响应,到 1926 年,广东各地铁路干线上的所有商用列车都受到了装甲车厢的保护。根据这一时期的报纸,这些"装甲列车"由载有一节士兵的装甲车厢,以及牵引它的小型蒸汽机车组成。

国民革命军第 4 军对吴佩孚控制的武昌展开艰苦的围攻战期间,粤汉铁路的工人志愿者将一列装甲列车(可能是同一种临时型号,以枕木和沙包防护)投入现役。为了攻破城墙,工兵部队在装甲列车保护下实施了一次布雷行动。但在敌军的一次出击中,吴佩孚的部队包围并暂时缴获了这列装甲列车。攻陷武昌之后,蒋介石与苏联顾问[14]会商后,命令汉阳兵工厂建造装甲列车。[15]

淞沪之战(1927 年 3 月)[16]

国民革命军在进攻上海期间使用的装甲列车仍是临时型号。白崇禧将军在回忆录中写道:"在上海附近的松江,一辆装备有俄制 76.2 毫米炮的装甲列车,掩护突击工兵清除阻塞铁路桥的铁丝网,同时摧毁敌军的机枪工事。"

根据照片记录,国民革命军临时建造的列车只是加固的有篷货车车厢,内壁上挖出射孔供步枪和机枪使用。82 毫米迫击炮装在以铁板防护的旋转平台上,这可能是受到白俄装甲列车上 150 毫米重型迫击炮的启发。

攻克上海后,国民革命军缴获了多列白俄装甲列车。据国民革命军参谋章培的回忆录,在松江有数百名白俄官兵随同其装甲列车被俘,装甲列车上"军官使用的车厢装饰华美,有昂贵的香烟和香水。"此后,应一

14 共产国际早在 1923 年就派来了苏联顾问。
15 档案记录保存于中国台湾省。
16 安德烈·马尔罗所著小说《人类的命运》(*La Condition Humaine*)的核心元素。

1927 年 2 月 20—27 日之间一对英国夫妇在北京拍摄的装甲列车照片。注意,炮兵车厢夹在两节装甲机枪车厢之间。(照片:保罗·马尔马萨里的收藏)

位苏联顾问的要求，所有白俄官兵均被斩首。

国民革命军缴获的所有白俄装甲列车都被用于打击原来的主人，它们往往被改名为"中山"号以致敬孙逸仙[17]，后面再以一个编号区分。某资料来源表明，北伐期间，利用被缴获的车厢组成的"中山"号列车有 20 列之多。

17 "中山"是孙逸仙（孙文）最为人熟知的别名，得自日本哲学家宫崎滔天，宫崎是孙中山革命期间的支持者之一。

国民党军队初期临时建造的装甲列车之一。照片摄于广东。[照片：陈怡川（音）的收藏]

这个圆形护墙里装有一门 150 毫米迫击炮，由"长城"号的白俄乘员操控。照片摄于 1927 年的上海附近。（照片：保罗·马尔马萨里的收藏）

国民党军队的"中山"号装甲列车。照片摄于 1927 年 8 月。（照片：保罗·马尔马萨里的收藏）

1927 年 4 月在上海的"长城"号，车上的火炮是"上海—克虏伯"75 毫米 /L14G 山炮。[照片：陈怡川（音）的收藏]

"中山"号上的 82 毫米迫击炮之一。照片摄于 1927 年 7 月。[照片：陈怡川（音）的收藏]

18 在今南京浦口区。

19 在今滁州市凤阳县。

20 公元 605—609 年修建，连接北京和杭州。

中国装甲列车的黄金时代（第 1 部分）：1927 年的装甲列车肉搏战

1927 年 4 月夺取上海和南京等城市后，蒋介石的国民政府与对立的武汉国民政府决裂，并开始清除共产党人。与此同时，国民党军队继续打击张宗昌和其他军阀的部队，这就是所谓的"二次北伐"。

国民革命军的主要目标是南京周围、长江以北的几个小镇。北洋军阀已经在那里部署了最精锐的部队，包括驻扎在花旗营和东葛[18]铁路枢纽附近、拥有白俄士兵及装甲列车的第 65 师。尽管部署了这些部队，数量上占据优势的国民革命军仍然不可阻挡，继续北进。双方在临淮关[19]再次交战，根据报告，国民革命军缴获了"湖北"号装甲列车。

这些行动只是穿越苏北和皖东北大规模进军的一小部分。虽然北洋军在技术上更胜一筹，在防御作战中使用了装甲列车、白俄骑兵部队和飞机，但徐州还是于 1927 年 7 月 2 日失守。根据白崇禧将军的报告，战斗中共有三列北洋军的装甲列车被摧毁。国民革命军最终在进入山东后停下了脚步，王天培将军的部队被挡在了大运河南面。[20]后者在回忆录中写道："敌军得到凶暴之装甲列车支援，日夜炮轰我军，我军强渡运河的每次努力均被压倒优势之火力压制。"

21 在南京西南方。

北伐军缴获的"湖北"号全景，1927 年摄于天津。（照片：保罗·马尔马萨里的收藏）

"湖北"号的指挥车厢侧面有"装甲列车总参谋部"的铭文。（照片：保罗·马尔马萨里的收藏）

蒋介石和冯玉祥在徐州缔结联盟。但是，南京政府军队的后方受到了与之对立的武汉国民政府的威胁，后者也拥有强大的陆军部队。因此，国民革命军于 8 月 7 日放弃徐州，迅速撤向南京。北洋军抓住机会，在装甲列车支援下从济南返回，很快抵达浦口，长江成了南京政府首都面前的唯一屏障。这似乎是历史进程将要转变的一刻。

根据当时的报告，孙传芳和张宗昌的联军将浦口车站的装甲列车作为移动炮台，支援对南京的两栖攻击。但列车上的火炮无法消灭南京城北沿江布置的重型岸炮。这些岸炮阵地不仅击退了装甲列车，摧毁它们中的一部蒸汽机车，还打退了企图登陆的步兵。孙传芳部最后渡过了长江，在岸防炮射程之外的龙潭镇登陆。正当南京城似乎就要陷落的时候，国民革命军发动了一次孤注一掷的反攻，包围了孙传芳的部队。南京得救了。

战斗持续了下去，比以往更加血腥。涉及白俄装甲列车的最重要战斗发生在临淮关和凤阳。国民革命军分别于 1927 年 11 月 11 日和 12 日攻克了这两处，但战略要地马鞍山[21] 多次易手。北洋军最终守住了那里，阻止国民革命军向蚌埠进军。四列运兵列车在两列装甲列车的保护下，前往增援北洋军。

装甲列车令国民革命军官兵惊骇不已：徐庭瑶将军甚至宣称，白俄乘员是食人族，他们会杀死被俘的士兵食用。而国民革命军一方没有任何火炮能够给装甲列车造成严重损伤。徐将军写道：

第三日，我军在临淮关，敌装甲列车增至四列。白俄乘员饮酒后向我军猛烈开火，我方攻势停止时，他们维修铁轨并向前推进。两列装甲列车进至我军阵线后八里，由后向我方射击。第四日，敌军七个师将我军完全

"湖北"号上一节炮兵车厢的近景，该车厢装备了一门38式75毫米炮。（照片：保罗·马尔马萨里的收藏）

国民革命军的一辆轨道车，由1927年8月在济南车站缴获的日本公路铁路两用卡车改装而成。注意车身上的车轮和圆拱形炮塔顶部的探照灯。[照片：陈怡川（音）的收藏]

"湖北"号前方平板车上的一门高射炮，除了图中看到的低矮侧板之外，没有任何装甲防护。（照片：保罗·马尔马萨里的收藏）

包围，幸第五日我军九个师来援，局势方得好转。

1927年11月16日，国民革命军突入蚌埠，白俄装甲列车在巷战中继续支援北方军阀部队。同日16时，全部战斗结束。国民革命军的下一个目标是徐州。虽然我们没有发现涉及白俄装甲列车行动的描述，但国民革命军的多份报告以及各种出版物都在第二次徐州之战的叙述中提到了敌军列车的威力。装甲列车、空军部队和迫击炮是北洋军最为可怕的三种武器。但这一次，战役仅持续四天便已结束，国民革命军夺取徐州，期间至少缴获了一列装甲列车。

中国装甲列车的黄金时代（第2部分）：列车对战与白俄装甲列车的终结

战争很快蔓延到山东省南部，和往常一样，北洋军有效地使用了他们的装甲列车。根据国民党政府的档案，张宗昌部使用了两辆坦克和四列装甲列车。但是，此时我们应该停下来，考虑一下国民革命军对炮兵和装甲列车的使用。1928年4月17日夜间到18日凌晨，国民革命军的"山东"号装甲列车（从名称可以看出，这可能是一部前白俄装甲列车）和携带六门克虏伯大炮（也是从北洋军手中缴获的）的炮兵奉命前移，保护滕县（现已成为山东省南部的一个城市）附近的铁路线，并摧毁敌军的装甲列车。不过，正如下面的报告所述，他们到得太晚，未能与后者交战：

4 月 17 日攻击滕县期间，第 9 军工兵部队摧毁了滕县以南的一段铁轨，并成功地包围了敌军一列装甲列车。当时我军炮兵尚未抵达，我装甲列车亦受阻于受损铁轨。如我方炮兵按时抵达，或铁轨更快修复，我军定能擒获敌装甲列车。

接下来的几天里，国民革命军的装甲列车主要用于压制敌军炮兵，尤其是敌方的装甲列车。在泰安周围的战斗中，国民革命军的"中山四号"和"平等"号装甲列车与三列白俄装甲列车展开激战。与此同时，冯玉祥指挥的国民军（西北军）使用装甲列车与北方军阀交战，前者已越过河北省，向天津和北京推进。

1928 年左右驻扎天津的"长江"号装甲列车的一节炮兵车厢。注意图中的两名法国士兵，他们可能来自法国驻华占领军，这支军队于 1929 年改名为驻华法军。（照片：保罗•马尔马萨里的收藏）

"北平"号装甲列车。（照片：菲利普•乔伊特的收藏）

"长江"号的另一节炮兵车厢，车身上的装甲向上延伸，可能是为了加强对炮手的防护，因为他们操纵的炮上只有无盖的护盾。（照片：保罗•马尔马萨里的收藏）

1928 年在奉天（今沈阳）的装甲列车。第二节车厢顶部是一个装甲护墙，可能用于部署迫击炮。前方的平板车满载枕木。（照片：保罗•马尔马萨里的收藏）

国民革命军于 1928 年 9 月在唐山使用的装甲轨道车，左前方站立者是白崇禧将军，他的儿子白先勇所著的一本书中有其父的回忆录。（照片：版权所有）

天津和北京于 6 月落入国民革命军手中。1928 年 7 月 4 日，北方军阀部队（此时主要是张宗昌和褚玉璞的直鲁联军）的主要支持者张作霖被日本人暗杀。张宗昌和褚玉璞几乎立即与"少帅"张学良发生了争执，后者与国民党结盟，命令直鲁联军渡过滦河，重组其部队，成为奉军的一部分。张宗昌以其野蛮的土匪习性，对仍有七万之众的部下发表了最后一次讲话，要求他们向过去的盟友奉军分动攻击。但是，国民革命军在"河南"号和"民生"号装甲列车支援下发动进攻，阻止了他的计划。

根据国民党的一份报告，直鲁联军仍有至少三列装甲列车。国民革命军与直鲁联军的装甲列车展开了激战。1928 年 8 月 12 日，直鲁联军余部渡过滦河，遭其他北方军阀与奉军合力击败。后者保存下来的档案表明，直鲁联军剩下的三列装甲列车及其白俄乘员改变立场，加入奉军，顺便消灭了尚未投降的最后一批直鲁联军部队。这样，历史翻开了新的一页，张宗昌的装甲列车冒险在四年前开始的地方结束了。

最后一次军阀混战：1930 年的"中原大战"

在 1925—1928 年的华北地区，中国装甲列车历史上最模糊难解的篇章被书写了，其中包括张宗昌的白俄装甲列车与名气不如自己的对手之间的较量，也就是冯玉祥将军所率国民军（西北军）拥有的苏联设计的装甲列车。根据苏联资料来源，1925 年 5 月，国民军的苏联顾问设计的五列装甲列车在张家口（俄称卡尔甘）工厂建造。冯玉祥将军的日记确认了这些列车和顾问的存在，但列车及其作战行动的有关信息和照片非常罕见。和南方的国民革命军一样，国民军在 1927 年和 1928 年迅速推进，打击北方军阀的部队，缴获了多列白俄装甲列车。利用这些列车和其他在当地制造的列车，国民军迅速组建了一支可与蒋介石的国民革命军相媲美的装甲列车部队。1929 年 5 月，冯玉祥正式与蒋介石开战，1930 年 3 月，山西的阎锡山与冯结盟。中国再一次陷入内战。

"河南"号的一节后车厢，此时两个旋转炮塔的设计已成经典。（照片：菲利普·乔伊特收藏）

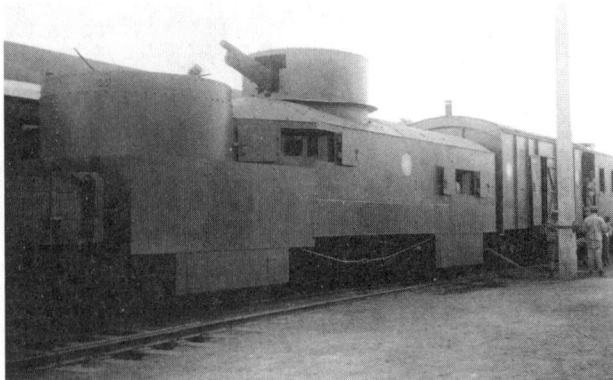

1929 年 6 月，孙中山[22] 先生的遗体从北京运送到南京，这列装甲列车为护航专列。（照片：保罗·马尔马萨里的收藏）

22 孙中山（1866 年 11 月 12 日—1925 年 3 月 12 日），国民党创立者，1912 年成为中华民国首任大总统。1929 年 6 月，他的遗骨埋葬于国民政府专为其修建的南京中山陵。

冯玉祥将军的"河南"号列车的中国乘员。（照片：菲利普·乔伊特收藏）

蒋介石、冯玉祥和阎锡山之间的"中原大战"期间，发生了多次装甲列车战。据当时的档案，装甲列车的两个主要目标是压制或消灭敌军，以及支援步兵行动，这与装甲列车的经典角色相符。1930 年 5 月 24 日爆发了一次典型战役，蒋介石一方的徐庭瑶将军如此描述：

陇海线之战期间，我任第一师副师长，负责指挥攻击梯队。敌装甲列车"中山"号部署于铁路线上，完全阻挡了我军前行之路，令我忧虑万分。此后我寻获"云贵"与"长城"两列列车。这些装甲列车在火力上无法与敌相较，但机车功率更胜一筹。于是，我心生一计，将两列列车（共有四部机车）头尾相接，然后以两辆机车撞向敌车，与之连接后将其拖回我方战线。我登上领头的列车，亲自督战。敌军乘员发现后向我开火，但没有击中。我军的炮火亦未得全功。不过，当我车距敌车不足 400 米时，两发炮弹击中前面的列车，造成多人伤亡，该车亦无法再战。我下车率部由地面进攻，敌军持续开火，一发炮弹在旁边爆炸，我身负重伤。

尾声：1931—1951年的中国装甲列车

各军阀派系在中原混战之际，奉军（后来的东北军）已在东北组建了一支强大的装甲列车部队。和国民军的列车一样，这些列车的细节难以寻觅。不过，到20世纪30年代初，奉军的列车已表现出引人注目的特性。

它们的主要特点是炮兵和步兵车厢呈半圆柱形，与过去的中国装甲列车相比，提供了更胜一筹的防护。此外，东北军还使用了原白俄装甲列车。"少帅"张学良率东北军攻占北平和天津，结束中原大战时，这些装甲列车充当了先锋。

这张照片显示了奉军装甲列车的特征，即半圆柱形车厢的顶部是炮塔或者观察塔。（照片：保罗·马尔马萨里的收藏）

1931年"九一八事变"期间，它们还曾与日军交战，效能与同时代的日军列车相当。后来，多列列车被迫南撤到中国军队仍驻守的区域，如北平和天津。（照片：版权所有）

1932年在上海附近拍摄到的一列装甲列车。注意炮兵车厢的不寻常轮廓，这能为后部车厢的装甲观察塔提供更宽的视野。（照片：保罗·马尔马萨里的收藏）

日军缴获的一列中国装甲列车上安装的 94 式 37 毫米炮。(照片：保罗•马尔马萨里的收藏)

1949 年湘桂线上中国人民解放军的装甲列车。由日本货车车厢改造而成，载有 97 式 "奇哈" 坦克 23 的炮塔，但用 97 式 57 毫米炮代替了常规的 47 毫米炮。左侧的车厢似乎配备了一个圆柱形舱室。[照片:陈怡川(音)的收藏]

"长江" 号装甲列车，其中一个车厢与上张照片完全相同，但火炮的护盾后部似乎是开放式的。注意平板车上运载的手推车。(照片：保罗•马尔马萨里的收藏)

国民党军队从 1930 年起实际上没有更新装甲列车部队，它们的重要性下降了。曾经不可一世的中国装甲列车已不再是战场上的决定力量。它们在 1937—1945 年的抗日战争中只起到了次要作用。从照片记录上看，这一时代的中国装甲列车要么是原东北军的，要么是原白俄型号。

当解放战争于 1946 年开始时，中国装甲列车似乎迎来了复兴。破坏铁路线是解放军在抗日战争中的主要战术，面对新的敌人，他们也仍然继续这一做法，而国民党继承了日军的铁路网防御战术与技术，甚至接收了数列日本装甲列车。从 1947 年年底起，解放军开始发动反攻，进逼国民党守卫的城市。此时，国民党的装甲列车并没有被用来在铁路网上巡逻，而是频繁地被充当城市防御系统内部的机动力量。围城的解放军与装甲列车最初的对抗之一发生在 1947 年 11 月的石家庄战役期间。国民党军有 4—6 列列车，包括一列日本制造的装甲列车。其余都是临时用混凝土和钢板加固的货车和平板车，它们不仅有较好的防护力，还能携带坦克。为了与之对抗，解放军使用了对他们来说还很陌生的缴获武器，如火箭筒和反坦克炮。类似的战斗在围攻济南、天津和太原时也发生过。

中国装甲列车史的最后一个篇章是由中国共产党书写的。20 世纪 40 年代末和 50 年代初，少数装甲列车留在现役，保证铁路网免遭土匪的侵扰。1951 年 7 月，来自不同地区的所有装甲列车奉召到沈阳集合。它们的乘员被分配到步兵部队中，派往朝鲜。至此，中国装甲列车 30 年的历史结束了。

23 在中国被称为 "功臣" 号。

中国东北的解放军装甲列车，也是用安装了装甲指挥塔的日本货车车厢改装而来。这些半球形指挥塔最初来自碉堡，其中一些现存于辽宁省营口西炮台博物馆公开展示。[照片：陈怡川(音)的收藏]

99

1949 年太原战役期间出轨的国民党军装甲列车。炮塔上安装了一门 75 毫米山炮。[照片：陈怡川（音）的收藏]

这张照片展示了解放军在山西缴获的装甲列车，可能是为了宣传而摆拍的，但它说明了居高临下攻击列车的战术。[照片：陈怡川（音）的收藏]

于太原战役中被缴获的国民党军装甲列车。照片中部的车厢最初是一节日本造的安全平板车，在后来的改装中增加了木墙，并挖了射孔。[照片：陈怡川（音）的收藏]

用于铁轨维修的解放军装甲列车的照片，红星周围的标语是"前方打到哪里，我们修到哪里"。[照片：陈怡川（音）的收藏]

这列国民党军装甲列车是在 1949 年的正定—太原线战役中被缴获的。注意原日本安全车及其装甲观察哨的外形。[照片：陈怡川（音）的收藏]

这张照片是电影明星乔治·桑德斯与 1938 年好莱坞电影《国际定居点》（*International Settlement*，这部电影以上海为背景）中的"中国装甲列车"的合影。车厢侧面的文字是"政府物业不准乱动"。遗憾的是，装甲列车的场景似乎被剪掉了，这是唯一幸存的记录。（照片：保罗·马尔马萨里的收藏）

资料来源

书籍

- Jowett, Philip, *The Armies of Warlord China 1911-1928* (Altglen, PA: Schiffer Publishing, 2014).
- _____, *China's Wars: Rousing the Dragon 1894-1949* (Oxford: Osprey Publishing, 2013).
- Krarup-Nielsen, Aage, *The Dragon Awakes* (London: J. Lane, 1928).
- Malraux, André, *La Condition humaine* (Paris: Gallimard, 1933).
- 期刊文章
- 'Chine: Trains blindés', *Revue d'Artillerie* Vol 99 (January–June 1927), PP. 694–5.
- Girves, Captain, 'La Guerre civile en Chine', *Revue militaire française* Vol 1 (1927), P.190.
- 'Manchurian Armored Train', *Coast Artillery Journal (USA)* Vol 66, No 5 (May 1927), PP. 481–2.
- Rouquerol, General J, 'Chine: Les trains blindés en Asie Orientale', *Revue d'Artillerie* (July–December 1927), PP. 605–9.
- Zaloga, Steven, 'Armour in China', *Military Modelling Manual* (1983), PP. 4–9.

网站

- http://www.chinaheritagequarterly.org/features. php?searchterm=sapajou_page12.inc&issue=022.

电影

- 俄国人制作的关于奉天军阀"大帅"张作霖部队进攻的电影《南进南京》，1924—1925 年拍摄，IWM 172。

哥伦比亚

在哥伦比亚，装甲机车的唯一用途似乎是在该国北方塞雷洪（El Cerrejón）露天矿区保护运煤列车。塞雷洪公司创立于 20 世纪 70 年代，它修建了一条 150 千米长的铁路，用来将煤运输到玻利瓦尔港（Puerto Bolivar）。最初的八辆机车是通用电气的 GE B36-7 型。另外有五辆 AC4400CW 型机车和早期型号一起工作。2009 年，FARC[1] 游击队与瓦尤部落开始攻击这些列车，导致后者发生了多次出轨事故。本书编著时，机车装甲仍在使用中，安装工作由波哥大的两家公司实施：ISBI 装甲公司（ISBI Armoring）和装甲国际公司（Armor International）。

1　哥伦比亚革命卫队 - 埃杰西托德尔普韦布洛（Fuerzas armadas revolucionarias de Colombia – Ejército del Pueblo）的缩写。

高像素的 GE AC4400CW 正视图。我们可以从照片中看到，装甲防护
与机车的整体轮廓匹配得很好。（照片：装甲国际公司）

克雷洪公司的两部柴油机车（驾驶室都有装甲防护），左侧的是 GE B36-7，
右侧的是 GE AC4400CW。（照片：装甲国际公司）

GE AC4400CW 的装甲安装团队在机车前合影。（照片：装甲国际公司）

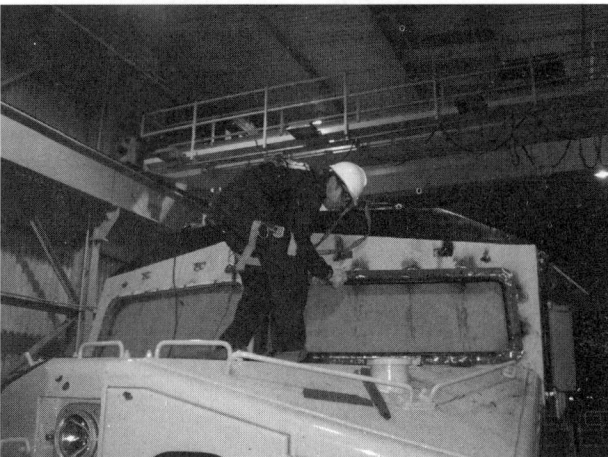

ISB 公司在 GE AC4400CW 上安装装甲风挡。原来的玻璃被替换成了 50
毫米厚的装甲玻璃板。（照片：ISBI 装甲公司）

50 毫米厚的装甲玻璃板。（照片：ISBI 装甲公司）

美国南部邦联

装甲铁道炮和棉甲狙击车（1862 年）

旱地上的"梅里马克"号

1862 年 6 月，波多马克联军向南方邦联首府里士满挺进。罗伯特 •E. 李（Robert E Lee）将军急需一种对抗敌军在重型攻城炮上的优势（这些攻城炮是通过铁路来进行运输的）的手段。6 月 5 日，他询问军械总监约西亚 • 戈加斯（Josiah Gorgas），有没有可能在轨道车辆上安装重炮。[1] 海军接受了这一挑战，他们已经有了在著名的"弗吉尼亚"号 [原"梅里马克"（Merrimac）号快速帆船] 上配备装甲的经验——这艘经过改装的装甲舰被用来对抗联邦军队的封港舰，并与"莫尼特"（USS Monitor）号进行了"第一次铁甲舰之间的战斗"。

6 月 26 日，海军上校 M. 迈纳（M Minor）向李将军报告："邦联海军上尉约翰 •M. 布鲁克（John M. Brooke）设计的铁甲铁道炮已经完成。海军的 R.D. 迈纳上尉已经安装和装备了一门 57cwt32 磅线膛炮[2]，配备了 200 发弹药，包括 381 毫米（15 英寸）实心螺栓弹[3]，已做好移交陆军的准备。"[4] 这门铁道炮由海军上尉詹姆斯 • 巴里（James Barry）、丹尼尔 • 诺尔斯（Daniel Knowles）中士和诺福克联合炮兵连的 13 名炮手操控，其中许多人此前都在"弗吉尼亚"号上服过役。

1962 年 6 月 29 日的萨维奇车站之役，邦联军队的

1　Official Records, Series I, Volume 11, Part Ⅲ , Serial 14, P.574.

2　美国海军已将其所有火炮标准化为"32 磅"（指其发射的实心炮弹的重量）。当时美国海军的小型、中型和大型火炮都采用了相同大小的口径，只是装药量有所不同。火炮的尺寸统一用炮管重量来标称——以 cwt（英担，1 英担约为 50.8 千克，20 英担为一英吨）表示，57cwt 约合 2896 千克。

3　这是一种奇怪的弹药，只在对抗装甲舰时有用，其弹丸呈圆柱形，而不是球形。在对抗步兵时，这种火炮可发射 11.8 千克重的爆破弹。

4　Official Records, *Series* I, Volume 11, Part III, Serial 14, P.615

注意：除了人力之外，这幅画中描绘的铁道炮没有采用其他牵引手段。它是根据查尔斯 •S. 盖茨的回忆绘制的。（绘画：Diaries, Volume 3, 29 June –25 October 1862, Virginia Historical Society, Richmond, Va.）

马格鲁德（Magruder）少将在铁路高架桥上目睹了联邦军队的失败。铁道炮在由一部无装甲蒸汽机车沿里士满—约克铁路公司的铁轨运往联邦军队的战线之前，沿路的障碍都被火炮本身排除或推到了一边。它一边前进，一边发射爆破弹，迫使敌军放弃轨道两旁的防线，躲到了侧翼阵地——由于炮手们没有办法将火炮转向一侧，所以无法打击这些阵地。

最终，这门铁道炮在邦联军队的战线之前推进了很远的距离。（可能是）在遭到了联邦军队侧翼火力的打击之后，巴里上尉命令后撤。该事件发生59年后，邦联军队中的老兵查尔斯·S.盖茨（Charles S. Gates）凭记忆描述了著名的"旱地'梅里马克'号"（这是1862年里士满的报纸对那门铁道炮的称呼）——后来的描述和重建的模型，都基于他的回忆。[5]

幸运的是，我们还有一位此次行动的目击者，他用水彩画描绘了那一幕。联邦军队中的列兵罗伯特·诺克斯·斯内登（Robert Knox Sneden）是一位地质工程师，负责为波多马克联军绘制地图。在他的近1000幅水彩画、素描和地图中，有一张关于萨维奇车站之役的画作——铁道炮是这幅画的中心。他的画解答了许多问题，但也带来了其他的问题。

斯内登也许是在事后根据回忆画下这一场景的，因为波多马克联军在里士满前线被迫后撤，并造成了一定的混乱。他画下的平板车的长度令人难以置信——车厢强度明显无法支撑火炮的重量，更遑论后坐力了。由于他显然是在相当远的地方观察整个事件的，对移动中的平板车的描绘不完全准确。不过，他的画作确实揭示了包围大炮及炮手的"弗吉尼亚号风格"装甲炮台，侧面和正面均有防护。他正确地描绘了联邦军队被迫占据铁路轨道侧翼阵地的场景，正是由于这些阵地的存在，让迈纳上尉及其手下担心后方射来的子弹，不得不后撤。

铁路爱好者一直将这门炮与彼得斯堡围攻战中联邦军队安装在一节14轮车厢上的铁道炮（参见关于美国的章节）相混淆。不过，尽管侧面和正面都得到了掩蔽，但后者明显仅由木质拒马提供防护，而没有装备铁甲（在所有和邦联铁道炮有关的叙述中都提到了铁甲）。

关于这门铁道炮在作战中的效能，不同的叙述各执一词，联邦军队指挥官也没有在报告中提及太多。而

且，在溃败的同时再提及不可阻挡的铁道武器，无异于在自己的伤口上撒盐。此役之后，可能是认识到了己方战术上的缺陷，邦联海军收回了他们宝贵的火炮，运输平台也重新从事原来的工作。

棉甲狙击车 [6]

不管是从价值上，还是从其他方面来看，铁道炮都完全盖过了邦联军队的另一项发明——棉甲狙击车，在斯内登的水彩画中，两节这种轨道车辆被表现得很明显（挂在铁道炮和机车之间）。用棉包作为这种车辆的防护，乍一看似乎是种奇怪的选择。[7]对于南方邦联来说，原棉当然远比铁更容易取得。[8]但是，它对来复枪的防护效能如何呢？英国陆军发现，废棉包可以吸收.303子弹的冲击力，使其无法穿透一定厚度的防护。[9]虽然爆破弹有引燃棉包的危险，但事实是，密实填充的棉花和成堆的纸张都很难被点燃。而且，如果狙击车被炮弹击中，后续的火灾风险只是次要考虑因素。使用棉花作为防护的早期试验以防弹衣的形式继续下去，产生了现代化的织物防弹衣。

5 .Lt Col H W Miller, Railway Artillery, A Report on the Characteristics, Scope of Utility, Etc., of Railway Artillery, Volume I (Washington DC: Government Print Office, 1921), P.8.

6 "Sharpshooter"（神枪手、狙击手）一词来源于使用"夏普斯"后膛枪的联邦军射手，原来的写法是"Sharps-shooter"。

7 这种防护也被用于邦联军队的内河炮艇（著名的"棉甲炮艇"），以保护其锅炉、发动机、弹药和脆弱部位。

8 美国内战接近结束时，南方甚至被迫回收再利用废弃的倒U形铁轨。

9 消息来源为英国皇家炮兵退役少校乔治·吉埃尔。

以HO比例制作的里士满—约克河铁路公司的棉甲狙击车。（模型和照片：斯科特·卡梅隆）

萨维奇车站之役的高潮，列兵罗伯特·诺克斯·斯内登绘。（绘画：Diaries, Volume 3, 29 June –25 October 1862, Virginia Historical Society, Richmond, Va.）

资料来源

档案

- *Private Robert Knox Sneden Diaries,* Volume 3, 1862 June 29–October 25, Virginia Historical Society, Richmond, Va.
- *The War of the Rebellion: a Compilation of the Official Records of the Union and Confederate Armies* (Official Records), Series I – Military Operations, Volume 11, Part III, Serial 14, Cornell University.

书籍

- Alexander, Edwin P, *Civil War Railroads & Models* (New York: larkson N Potter Inc., 1977).

- Miller, Lt Col H W, *Railway Artillery, A Report on the haracteristics, Scope of Utility, Etc., of Railway Artillery,* Volume I Washington DC: Government Print Office, 1921), P.8.

网站

- http://scooters-stuff.blogspot.fr/p/a-sketch-of-csa-gun-car-followedby.html.
- https://markerhunter.wordpress.com/2012/06/29/railway-artysavage-station/.
- http://ebooks.library.cornell.edu/m/moawar/waro.html.
- http://www.civilwar-online.com/2011/06/civil-war-naval-artillerypart-one.html.

刚果—利奥波德维尔[1]

装甲列车和轨道车（1960—1965 年）

1960 年 6 月 30 日，刚果—利奥波德维尔宣布独立。7 月 5 日，原殖民地宪兵部队"治安军"哗变，爆发平民骚乱，白人遭到袭击，许多人被迫逃往邻国。此后，该国开始了一段充斥着杀戮和掠夺的不稳定时期[2]，反殖民主义者的怨恨及部落对立更加剧了混乱的局面。与此同时，加丹加（Katanga）省在雇佣军的帮助下独立（1960 年 7 月 11 日—1963 年 1 月），随后南卡塞省也宣布独立（1960 年 8 月 20 日—1961 年 12 月），严重威胁了该国的国土完整。最终，联合国部队加以干预，协助刚果军队抵制两省的分裂行动。维护交通自由对加丹加省政府至关重要，只有实现交通自由，加丹加省才能保证铜矿输出，并为联合国维和部队提供补给。铁路网[原来按照米轨修建，但在 1955 年转换为 1067 毫米（3英尺 6 英寸）轨距]遭受攻击，致使铁路车辆引入装甲防护，这一工作最初由铁路员工和余下的比利时军队完成，后来交战双方都有加入。独立之前，该国也购买了一辆威克姆装甲轨道车（8453 号，建于 1960 年）。

孔戈洛（Kongolo）车站，两辆轨道车在当地配备了装甲防护，其基础是威克姆 18 型巡道车，1956—1959 年交付了六辆。倾斜屋顶下的是 200 1-D DH³ 级柴油机车，装甲驾驶舱上留有两个观察孔。CFL⁴ 铁路网的轨距为 1.067 米（3 英尺 6 英寸）。（照片：布鲁塞尔战争历史研究与文档中心收藏 Ref 280703）

上方照片的中部是一辆由 BCK⁵ 工厂配备装甲的轨道车，照片摄于 1961 年 2 月的卢布迪—卡米那铁路线。我们仔细查看照片就能发现，左侧的威克姆轨道车与前一张照片中的相同。（照片：CEDOMI）

左边照片中的是加丹加军队使用的美制 M8"灰猎犬"装甲车。（照片：由丹尼斯·麦卡锡提供）

---

3 DH 是液力传动柴油机车（Diesel-Hydraulic）的缩写。

4 CFL 是大湖区铁路公司（Chemin de Fer des grands Lacs）的缩写。

5 BCK 是加丹加下刚果公司（Companie du Bas Congo au Katanga）的缩写。

不明身份的装甲轨道车支援加丹加或比利时部队，确保 BCK 铁路线畅通。（照片：CEDOMI）

巡道车。照片摄于 1959 年的伊莉莎白维尔（今卢本巴希）和卡米那之间。（照片：保罗·马尔马萨里的收藏）

1961 年 3 月或 4 月拍摄的一张照片，展示了"康茄"行动期间孔戈洛—卡巴罗干线上的一列装甲列车。（照片：CEDOMI）

在 1961 年 2 月的"冰山"行动期间，铁路网为部队提供了迅速部署能力和他们所需的保护：图中的装甲车厢由 KDL[6] 的 2305 号机车推动，照片摄于卢埃纳（Luena）车站。此次行动之后，得益于安全性的提高，BCK 的铁路线可在无护航车辆的情况下运营。（照片：CEDOMI）

从机车尾部拍摄的同一车辆，KDL 的 2305 号此时正在 BCK 的铁路线上运行。（照片：CEDOMI）

本克一卡米那铁路线上，列车尾部的装甲车厢（"冰山"行动）。（照片：CEDOMI）

联合国派出来自 32 个国家的维和部队进行干预。[7] 图中的瑞典维和部队士兵正在为 KDL 的敞篷转架车配备防护设施。他们在 1960 年 8 月承担了保护列车的任务。（照片：CEDOMI）

6　KDL 是加丹加 - 迪洛洛 - 利奥波德维尔公司（Compagnie du Katanga-Dilolo-Léopoldville）的缩写。

7　即联合国刚果行动（ONUC）。联合国从 1960 年 7 月 14 日到 1964 年 6 月 30 日，多次出动部队协助刚果政府。

（照片：CEDOMI）

8 1964 年，辛巴（斯瓦西里语"狮子"之意）叛乱爆发，叛军所到之处暴行不断。在 11 月的"奥米冈"行动中，比利时伞兵突击团在两个雇佣兵纵队支援下粉碎了叛乱。

9 CVC 是刚果地方铁路（Chemins de fer Vicinaux du Congo）的缩写。

运送第 1 奇袭部队（第 6 外籍突击营）的装甲列车的三张照片之一，车上有"可怖"军团的标识（白色三角形上的红魔鬼头像），该部队支援了 1964 年 11 月的"奥米冈"行动。[8]（照片：CEDOMI）

在这张照片中可以明显地看到机车的临时防护措施，这令人回想起电影 The Mercenaries。（照片：CEDOMI）

由雇佣兵组成的第 6 外籍突击营，该营的指挥官是著名的鲍勃·德纳尔。CVC[9] 的 0.615 米（2 英尺）窄轨似乎很不适用于运送作战部队。这次行动是为了支援比利时军队的一个营，以及在通往布塔—阿凯蒂（Buta-Aketi）的公路上同时展开行动的一个摩托化纵队，目的是将辛巴叛军清除出刚果。（照片：CEDOMI）

资料来源

- Blanchart, Charles, *Le rail du Congo belge 1945-1960,* Volume Ⅲ (Brussels: Editions Blanchart & Co, 2008).
- Malmassari, Paul, *Les Blindés de l'ONU* (Guilherand Granges: La plume du temps, 2000).
- *The Mercenaries*（1968）, Jack Cardiff.

克罗地亚独立国

1941—1945 年的装甲列车与轨道车

克罗地亚独立国[1]本为君主制国家，后来又成为一个共和国（该国是在 1941 年南斯拉夫分裂后建立的）。装甲列车（克罗地亚语为 oklopni vlak）从一开始就是为反游击作战而设计的。1941 年 9 月，一列临时建造的装甲列车运行于马格拉伊（Maglaj）—多博伊（Doboj）路段，至 12 月前它都仍在图兹拉（Tuzla）地区服役，协助包围奥连山区（Orzen Mountains）的游击队。

斯拉沃尼亚布罗德铁路中心专精于装甲列车和轨道车的维修与建造，该中心于 1942 年 8 月得到了 20 份订单。与此同时，克罗地亚独立国还组建了一个 800 人的铁道营。装甲列车没有成为独立兵种，而是隶属于步兵营，每列列车搭载半个连的兵力，承担专业任务。

1942 年 11 月，克罗地亚装甲列车在战术指挥上归属德国国防军，1943 年的记录表明存在 7—8 列装甲列车，它们被分成五个装甲列车连（Satnija Oklopljenih Vlakova）。每列列车拥有多节装甲车厢，以及由三层板车厢运载的一辆或两辆静态雷诺 FT 坦克（配备一门 37 毫米炮）。其他武器包括一门迫击炮，两挺重机枪和四挺轻机枪。列车上共有 364 名官兵（克罗地亚和德国官兵混编）。

本书编著之时，作者无法得到克罗地亚王国当时每列装甲列车的准确编成和车厢类型。同样也不可能将已知的编号与单独列车的名称关联起来。[2]虽然我们知道该国为标准轨道和窄轨都建造了装甲列车，但

在斯拉沃尼亚布罗德以斯泰尔 1500 卡车底盘为基础建造的装甲轨道车。（照片：沃尔夫冈•萨夫多尼）

1 克罗地亚独立国（Nezavisna Država Hrvatska，NDH）存续于 1941 年 8 月—1945 年 5 月。

2 我们发现多列列车使用了相同的编号，但又归属不同的指挥机关，下面的名称或是列车驻扎的车站名称，或是某种动物的名称：狐狸（3 号）、猞猁、加贝拉、拉什瓦、内雷特瓦、特拉夫尼克、瓦雷什、武克（狼，2 号）和泽尼察。

有时候很难通过照片来进行区分。唯一的线索是，窄轨装甲列车使用中央自动车钩，而标准轨车辆则配备了缓冲器和螺旋连杆车钩。

这些列车大致的分布情况如下：

－第1连：1942 年组建时，其连部在多博伊。到 1944 年 9 月，该连驻扎在斯拉沃尼亚布罗德。

－第2连：1942 年创立，1943 年使用 1 号和 2 号装甲列车在萨格勒布北面和东面活动。

－第3连：1942 年创立，以"猞猁"（Ris）号、"狼"（Vuk）号和"狐狸"（Lisac）号装甲列车在波斯尼亚—黑塞哥维那的第 3 军战区活动。

－第4连：在本书编著时没有找到任何细节。

－第5连：组建于 1943 年年底，以两列装甲列车在卡尔洛瓦茨（Karlovac）地区活动，1944 年则在卡尔洛瓦兹—萨格勒布—奥扎里（Ozalj）—雷契察（Recica）铁路线上活动。

最后，1941 年，两列临时建造的装甲列车（编号为 412、432）在波斯尼亚—黑塞哥维那活动。[3] 由于不同铁路网相互连接，多列列车也在希腊展开行动，其行迹可能还远及意大利——克罗地亚型号的装甲车厢曾在那里被拍下照片。

3 萨拉热窝—瓦雷什公路旁的铭牌纪念的可能是对这些列车的一次袭击（因为没有报告提及在什么时期出现过德国装甲列车）。

运送德国—克罗地亚混合车组的窄轨装甲列车。HDŽ 即 "Hrvatske Državne Želejnice"（克罗地亚国家铁路）的缩写。（照片：保罗·马尔马萨里的收藏）

领航货车上用枕木充当临时防护措施，该车配备了一门意大利制布雷达 35 型 20 毫米炮。照片摄于希腊卡泰里尼（Katerini）车站。（照片：保罗·马尔马萨里的收藏）

同一列列车在希腊巡逻。照片摄于 1943 年的滕比（Tembi）。旋转炮塔是从一辆法国坦克上拆下的 APX 炮塔（保持原始状态，没有德军通常加装的顶部舱门）。（照片：保罗·马尔马萨里的收藏）

左侧是标准轨道装甲列车，右侧则是一条窄轨铁道。（照片：保罗·马尔马萨里的收藏）

沿希腊帕拉塔蒙（Palatamon）海岸行驶的装甲列车。（照片：保罗·马尔马萨里的收藏）

标准轨道车厢的清晰照片，车厢上有一个 APX 炮塔。（照片：保罗·马尔马萨里的收藏）

1941 年 5 月—1943 年 3 月任德国第 718 步兵师师长的约翰·福特纳（Johann Fortner）少将（1884—1947 年）站在一节装甲车厢前。（照片：保罗·马尔马萨里的收藏）

从同一节车厢另一侧拍摄的照片。我们可以看到瞭望孔的位置偏差。铭文"O.V.T.102"可能是车厢的编号。（照片：保罗·马尔马萨里的收藏）

从更远处拍摄的同一车厢，展示了射孔的布置。列车的中部是装甲机车。（照片：保罗·马尔马萨里的收藏）

德国与克罗地亚士兵在装甲列车前合影。（照片：保罗·马尔马萨里的收藏）

身份不明的装甲列车上的一节装甲车厢。该车厢的来源不明，究竟是两战之间改造的旧奥匈帝国装甲车厢，还是更新的型号？右侧可见克罗地亚盾徽，铭文"O.V.A.12"可能是它的序列号。（照片:保罗·马尔马萨里的收藏）

FT坦克三层板车厢后加挂的不同类型装甲车厢。我们可以看到明显的克罗地亚盾徽。（照片：保罗·马尔马萨里的收藏）

通常被放在三层板车厢上的雷诺FT坦克（装备了37毫米炮）。（照片：保罗·马尔马萨里的收藏）

同一列列车的另一张照片。（照片：博扬·迪米特里耶维奇）

两张典型的克罗地亚装甲列车的照片，它们使用了不同类型的车厢和机车，只有驾驶室有装甲防护。（照片：德国联邦档案馆）

在萨拉热窝—瓦雷什的公路旁边有一块铭牌——纪念 1941 年游击队员袭击一列装甲列车的英勇行为。（照片：保罗·马尔马萨里的收藏）

1943 年 8 月遭游击队袭击出轨的装甲列车。（照片：南斯拉夫铁路博物馆）

战争结束时被缴获的窄轨装甲列车。注意，第二部机车只有部分装甲。（照片：博扬·迪米特里耶维奇）

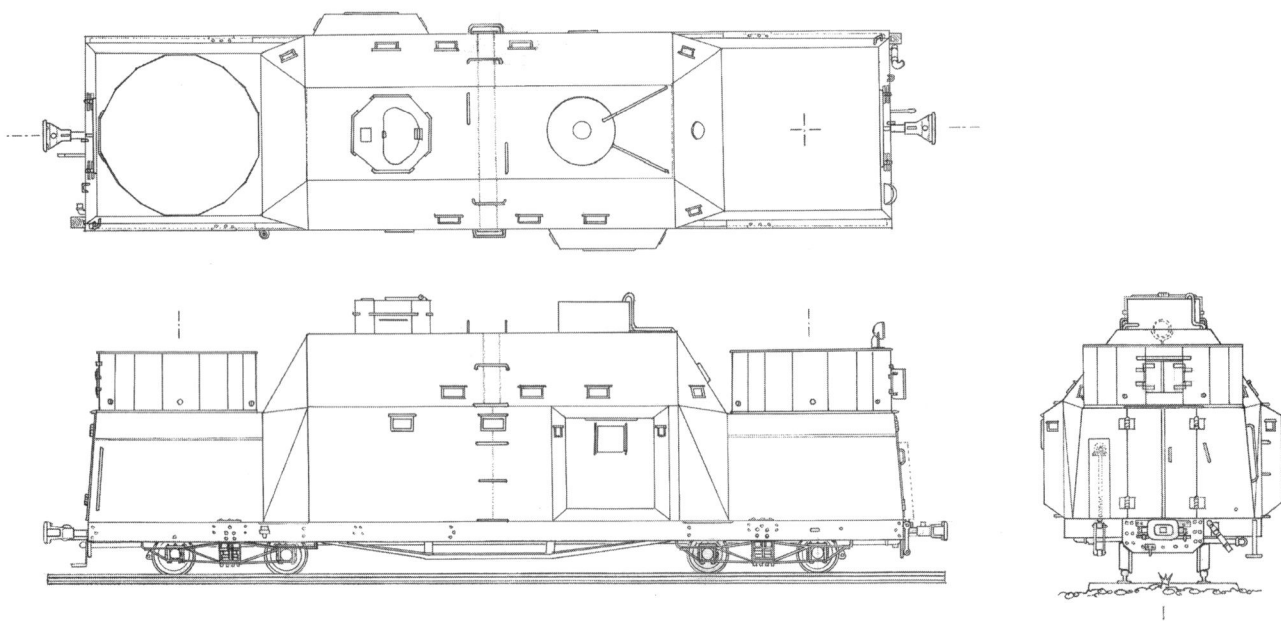

保存在萨拉热窝革命博物馆的克罗地亚窄轨装甲车厢的三张照片，摄于2006年。（照片：保罗·马尔马萨里的收藏）

资料来源

- Dimitrijevic, Bojan and Savic, Dragan, *German Panzers and Allied Armour in Yugoslavia in World War Two* (Erlangen: Verlag Jochen Vollert – Tankograd Publishing, 2013).

- Article by H.L. deZeng IV, on the website http://www.axishistory.com.
- DGEG Archives/ W. Sawodny Collection. Author's archive.

克罗地亚

克罗地亚独立战争[1]（1991—1995年）

南斯拉夫各加盟共和国之间历经数年的紧张局势，1991年6月25日，克罗地亚宣布独立。[2]7月，在其他民族纷纷离去之际，主要由塞尔维亚人组成的南斯拉夫军队发起进攻，试图保持国家的完整，因此而爆发的内战持续到1995年11月12日。

克罗地亚装甲列车[3]

年轻的克罗地亚共和国服役了如下装甲列车（按

1 克罗地亚官方名称为"Domovinski rat"（国土战争）。
2 斯洛文尼亚同日宣布独立，但其领土上发生的战争仅持续了两个月。
3 克罗地亚语称为 oklopni vlak，简称 OV。

年代顺序）：1 号装甲列车"蝙蝠"（Šišmiš）；驻扎于奥西耶克（Osijek）的 2 号装甲列车；"斯普利特 1 号"装甲列车，以及一辆装甲轨道车。第一列装甲列车（"蝙蝠"）完成于 1991 年 8 月 17 日，它参加了诺夫斯卡（Novska）地区的战斗，后又在锡萨克—苏尼亚（Sisak-Sunja）地区参战。目前为止，笔者没有见到任何关于它的照片。

第二列装甲列车于 1990 年 9 月 30 日在奥西耶克—沃普利耶（Vrpolje）地区服役。它被分为四节（该列车可运载 40 多名乘员），其中两节是作战车厢，另外两节是防空车厢——防空车厢装备了三联装 PA 20/3 M55 20 毫米炮支座。这列列车于 1992 年 7 月 10 日被拆毁。

第三列装甲列车"斯普利特 1 号"（Split Ⅰ）由布罗多斯普利特（Brodosplit）的海军造船厂建造，于 1992 年 1 月 31 日向当局展示，但从未参战。它现在是萨格勒布铁路博物馆的藏品。

2013 年，奥西耶克装甲列车的柴油机车停在旁轨上。砖红色涂装是战时使用的，而不是后来重刷的。值得注意的是，该机车下方的装甲护裙是由补强橡胶片组成的。（照片：版权所有）

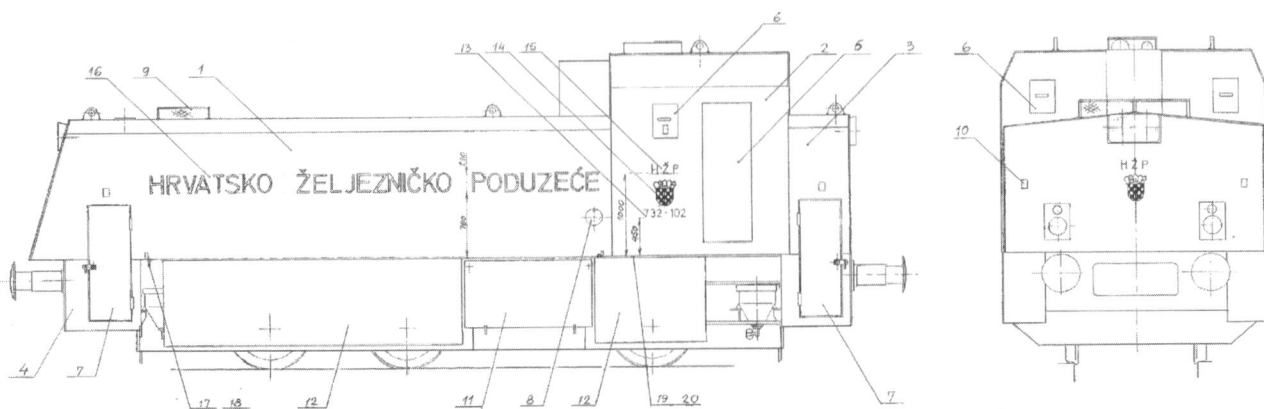

装甲机车的设计图。（图纸：萨格勒布铁路博物馆）

“斯普利特 1 号”一节装甲车厢的后视图，令人想起了德国 BP 42 和 44 的车厢。人们普遍认为，克罗地亚还有建造更多车厢的计划，因为按照列车的原样，没有任何专门保护车尾的单元。（照片：版权所有）

HŽ 2062-045 柴电机车左侧的后视图。（照片：萨格勒布铁路博物馆）

“斯普利特 1 号”的第二节装甲车厢装有一挺 12.7 毫米机枪。装甲防护由两层装甲板组成（一层厚 6 毫米，另一层厚 8 毫米），两层之间是碎石道砟。转架车由 10 毫米厚的装甲提供板防护。作为基础的货车车厢是 22.5 吨的 G 系列车厢，其中一节为 16.52 米（54 英尺 0.5 英寸）长，其他的为 16.79 米（55 英尺 1 英寸）长。（照片：萨格勒布铁路博物馆）

从右前方观察装甲机车，可以看到驾驶舱。（照片：萨格勒布铁路博物馆）

装甲机车驾驶舱近景。（照片：萨格勒布铁路博物馆）

"克拉伊纳快车"的首部车厢，前方平台上运载的是"地狱猫"自行火炮。（照片：Wide World Photos）

这张特写照片展示了"克拉伊纳快车"的标识：尼曼雅王朝盾徽中的四个西里尔字母里的"C"是"Samo Sloga Srbina Spasava"的缩写，意为"只有联盟才能拯救塞尔维亚人"。（照片：保罗·马尔马萨里的收藏）

塞尔维亚克拉伊纳共和国[4]的装甲列车"克拉伊纳快车"（1991年4月1日—1995年8月）

经克宁（Knin）连接萨格勒布与达尔马提亚海岸线的铁路线横跨波斯尼亚领土，穿越比哈奇（Bihać）。为保卫这条战略地位很重要的铁路线，被称作"克拉伊纳快车"（Krajina Ekspres）的装甲列车诞生了。这个名字催生了一首流行歌曲，直到1994年年底仍广泛见诸报端，对于早就淡出大众媒体视线的列车来说，这确实有些令人吃惊![5]

这列列车于1991年夏季在克宁建造，由第7摩托化旅铁道连的20名士兵投入现役。从1992年11月27日起，它由SVK[6]第7军（达尔马提亚）摩托化第75旅铁道连运行。1994年年底，它被命名为7号装甲列车，直接向第7军报告。

这列列车最开始包括两节车厢，由沙包加上25毫米装甲板防护，由JZ 664-013号柴油机车驱动。第一节车厢载有一门M38（原FlaK 38）20毫米高射炮和一门博福斯M12 40毫米炮，第二节车厢携带两具AT-3火箭发射器和另一门博福斯M12 40毫米炮。1991年秋季，第三节车厢加入——配备三联装M55A4B1 20毫米炮和一个M75 20毫米炮架，车厢两侧各安装一挺扎斯塔瓦（Zastava）M84 7.62毫米机枪。1992年年初，尾部车厢上的20毫米炮被换成了一门ZiS-3 76.2毫米野战炮，前车上的40毫米博福斯炮被换成了两具L-57-12火箭发射器。1993年，JNA（南斯拉夫人民军）库存的一辆美制M-18"地狱猫"坦克歼击车替代了ZiS-3 76.2毫米炮，车上旋转炮塔安装的76毫米炮旋转角度比ZiS-3大得多。与此同时，原来的25毫米防护装甲用"距其约10毫米的橡胶片"加固，两者之间填充了道砟。最后，列车还加挂了携载两门120毫米迫击炮的第四节车厢。不过，该国打造配备88毫米炮的车厢的计划没能实现。在比哈奇周边行动期间，该列车前方有三节安全车厢。

1991年，这列列车部署在克宁—德尔尼什铁路线上的格拉达查茨，后又用于利卡（Lika）。1992年，它参加了扎达尔（Zadar）泽蒙尼克机场附近、马斯莱尼卡（Maslenica）和拉夫尼科塔里（Ravni Kotari）的行动，两名乘员阵亡。1993年年初，它在什卡布尼亚（Škabrnja）参加了重要行动，其中一节车厢满载3.5吨炸药和五吨破片，目标是炸毁扎达尔的一座军火库：车厢的一个缓冲器上挂着地雷，当它从纳丁（Nadin）村释放、从下坡冲向目标时引爆装载的炸药。[7]列车在比哈奇附近行动时，被一枚反坦克导弹击中，1993年12月对该城的围困期间，它也曾在多处部署。

1995年，该列车最终被派往利卡方向，但在8月4日到7日的"暴风"行动期间[8]，为了避免被克罗地亚军队缴获，车组人员将其开出轨道，落入旁边的深谷中，然后前往塞族共和国寻求庇护。

4　塞尔维亚语 Republika Srpska Krajina。

5　媒体报道的实例包括1994年11月19—20日的《法兰西西部报》，1994年11月26日的《华盛顿邮报》和1995年8月3日的《VSD》。

6　塞尔维亚克拉伊纳陆军（Срɪ ska Bojcka Kpaj и н е／Srpska Vojska Krajine）的缩写。这支军队组建于1992年3月19日。

7　作者不知道此次行动的结果。

8　现在，8月5日（克罗地亚重夺克宁的日子）被定为克罗地亚国家节日。

虽然画质不佳，但却很独特的两张照片：这两张照片于1992年在本科瓦茨（Benkovac）附近秘密拍摄。当时该车还没有伪装，几乎可以肯定是1992年年初加入"克拉伊纳快车"，并配备76.2毫米野战炮的车厢。（照片：保罗·马尔马萨里的收藏）

装甲列车的居住车厢，名称用西里尔文字书写，中间有克拉伊纳塞族共和国的旗帜图案（从上到下的颜色是红、蓝、白）。（照片：国防部媒体中心）

沿列车侧面向后看，装甲车厢尚未配备破坏轮廓的橡胶板。注意，除了转架车之外，机车的整个下半部分都有防护装甲板。（照片：国防部媒体中心）

注意这列列车的高效构造，包括在标准转架车上安装精密车辆的装甲上层建筑。（照片：国防部媒体中心）

"克拉伊纳快车"的 JŽ 664-013 号机车的高质量正面照（G-26C 型，1973 年通用汽车加拿大有限公司柴油分部向南斯拉夫铁路公司交付了 48 辆）。伪装漆遮盖了机车的序列号和民用标识。扶手后的两块金属板为进行机械工作或者使用机车左侧车门的车组人员提供部分防护。（照片：国防部媒体中心）

正如预期，"克拉伊纳快车"的徽章上有塞尔维亚盾徽、列车名称缩写和带翼车轮图案，这是许多东欧国家装甲列车的典型标志图案。（照片：保罗·马尔马萨里的收藏）

1994 年 3 月 11 日，列车乘员举行弥撒仪式。（照片：保罗·马尔马萨里的收藏）

列车上的一具 57 毫米火箭发射器弹仓，照片拍摄于倾覆的车厢之下。（照片：保罗·马尔马萨里）

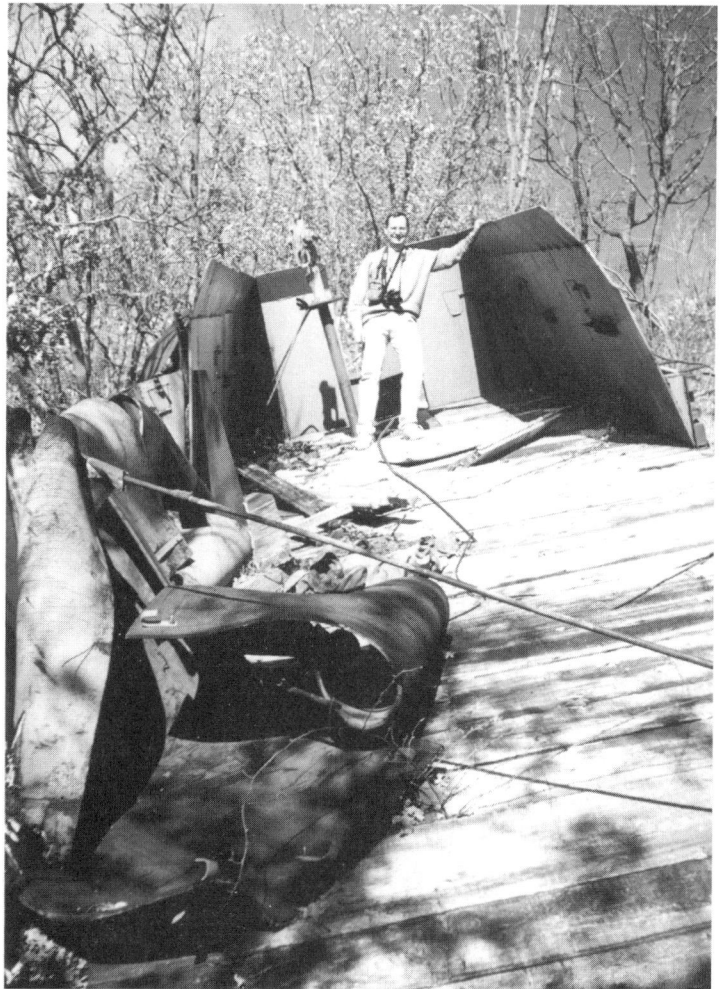

作者站在"克拉伊纳快车"一个车厢的旁边。这个车厢的平台宽 2.51 米（8 英尺 2.75 英寸）。（照片：保罗·马尔马萨里）

山谷中的车厢残骸之一。有些装甲板上有 NVA[原东德军队（National Volksarmee）的缩写] 的标志。左侧的黑色物体是覆盖列车侧面的补强橡胶板，这使车厢的轮廓变成圆形。（照片：保罗·马尔马萨里）

"克拉伊纳快车"的车组成员让列车在图中的弯道处出轨落入山谷，以避免被克罗地亚军队缴获。路堤的左侧可看到列车的残骸。（照片：保罗·马尔马萨里）

"爱国者101"装甲轨道车

这种装甲车辆是萨格勒布拉德·孔恰尔（Rade Končar）公司主管之一伊维察·日戈利奇（Ivica Zigolić）先生在几个小时内设计的，建造了七天，以专用支线上常用的 TMD 22-119 轨道牵引车为基础。最初的计划是提供一种装甲机动有轨车，能够守卫工厂场地，抵御开战前几周埋伏在周围建筑物屋顶的狙击手。为了对抗这种俯射火力，防护装甲向车底倾斜，而没有采用向车顶倾斜的经典布局。

"爱国者101"拥有很大的装甲舱室，能够运送 15 名士兵。驾驶室保留原样，从右侧车门进入，但没有为后向驾驶位置做准备。这辆牵引车立即被国防部购买，

送往前线，部署地远至铁路网络严重受损的新格拉迪斯卡（Nova Gradiska）。这是"国土战争"中的首型装甲轨道车辆。

技术细节

长度（包括缓冲器）：8.1 米（26 英尺 7 英寸）
装甲厚度：10 毫米
动力装置：Diesel TDM 22-119
功率：148 马力
重量：11 吨
载重：6 吨
最高速度：每小时 60 千米（每小时 37 英里）

上面的照片中的是 TMD22-119 轨道牵引车，与作为"爱国者 101"基础的车辆完全相同。（照片：保罗·马尔马萨里）

左边是"爱国者101"的 3/4 正视照片。作战部署期间没有使用车上的那个标志，而是在左中部插槽中装有一面国旗。（照片：保罗·马尔马萨里）

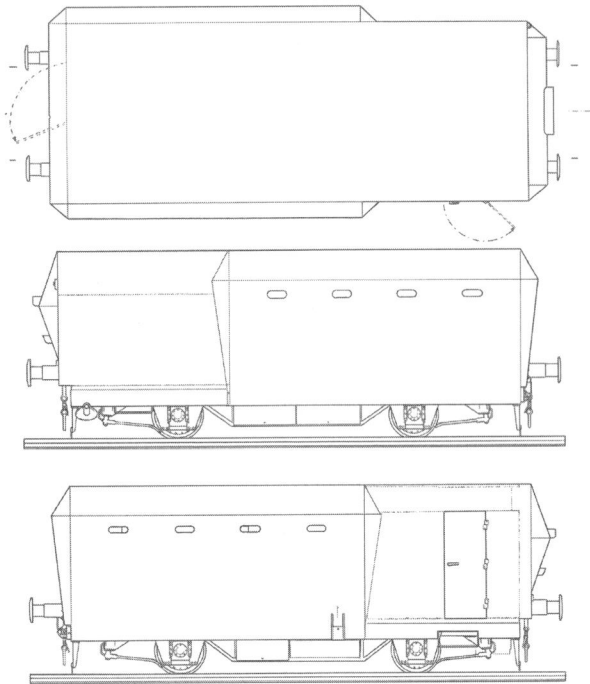

© Paul MALMASSARI 1999 1/87 (HO)

作者根据自己的实际测量绘制的草图。

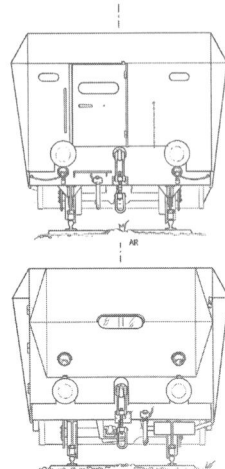

缓冲器近景，它几乎完全为装甲所覆盖。值得注意的还有清除轨道上小型障碍的两个排障器，以及铺砂器的进料管。（照片：保罗·马尔马萨里）

从"爱国者 101"轨道车的后视图中，可以看到人员通道门。这些照片显示了倾斜装甲的不寻常布置。（照片：保罗·马尔马萨里）

左边的照片是驾驶位置的出入门。中央的开孔显然视界有限。这辆车保存在专为国土战争临时装甲部队所设的博物馆中。（照片：保罗·马尔马萨里）

右边的照片是轨道牵引车那朴素的内饰，我们从图中可以看到它的结构、粗糙的长凳，以及可用滑动闸板关闭的射孔。（照片：保罗·马尔马萨里）

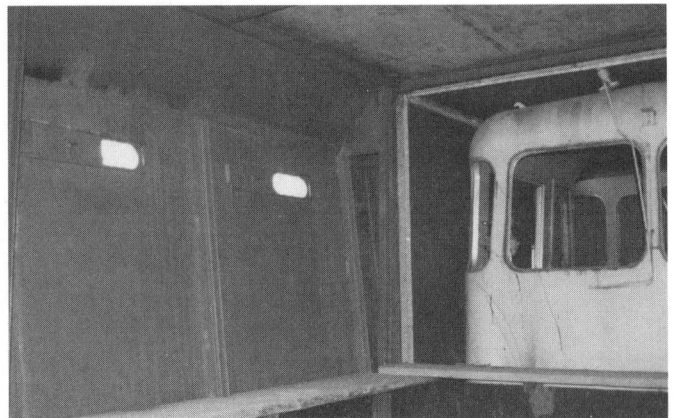

DIZEL TMD 22-119
TEŽINA 11000 KG
NOSIVOST 6000 KG
MAX. BRZINA 60 Km/h
TRANSPORTNA 60 Km/h
SNAGA 148 KS

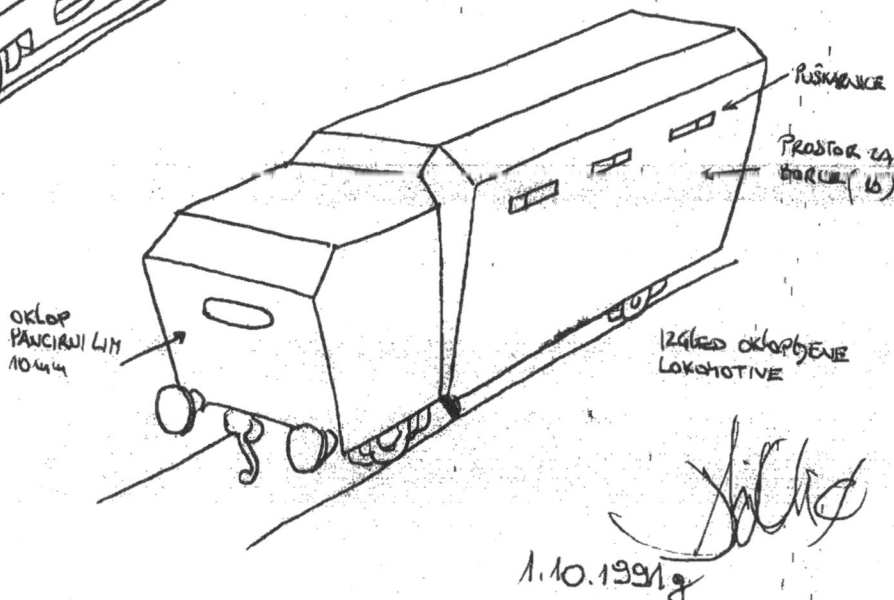

IZGLED DIZEL LOKOMOTIVE

伊维察·日戈利奇先生所画草图的复印件，这成了孔恰尔公司建造轨道车的基础。注意，他的原始图纸中轨道牵引车的驾驶舱在中部。（孔恰尔公司文档）

RUŠKARNICE
PROSTOR ZA BORCE (6)
OKLOP PANCIRNI LIM 10 mm
IZGLED OKLOPLJENE LOKOMOTIVE
1.10.1991g

资料来源

- Radic, Alexandre, 'Historia – Krajina Ekspres', *Arsenal* (Defence Ministry) No 14 (15 February 2008), PP.51–4 (in Serbian).
- *National Railway Bulletin*, Vol 60–1 (National Railway Historical Society, 1995).
- 国防部媒体中心（来源：博扬·迪米特里耶维奇）
- 作者的说明与照片（1998 年 3 月）
- 视频：https://youtu.be/qj6OSOAmYyM.
- Lajnert, Siniša, *Hrvatske Željeznice u Domovinskom Ratu* (Zagreb: 2010).
- 作者于 1998 年对孔恰尔工厂主管伊维察·日戈利奇先生的访谈。

古巴

圣克拉拉 1958 年

　　古巴革命（1956—1959）期间，卡斯特罗率领的革命者袭击铁路，目标是切断政府军的补给线。因此，1958 年，西部铁路公司建造了一列装甲列车。1959 年

12 月 28 日，对圣克拉拉（Santa Clara）的攻击开始，该城由第 6 "莱昂西奥·比达尔"（Leoncio Vidal）团把守，29 日，弗洛伦蒂诺·罗塞利·莱瓦（Florentino

Rosell y Leyva）上校指挥的装甲列车负责守卫城区东北部。面对卡斯特罗部队的一次攻击，撤退中的列车在一段 20 米长的损毁轨道上出轨，乘员被俘。后来这列列车的几个装甲车厢成了圣克拉拉革命博物馆的主要展品。

卡玛胡安妮塔（Camajuanita）公路道口的出轨现场。中左方装甲车厢之后，是倾覆的机车后端。（照片：保罗·马尔马萨里的收藏）

处于破败景象中心的装甲机车后部和底部。（照片；保罗·马尔马萨里的收藏）

从道口栏木后可以看到倾覆的装甲机车前部。（照片：保罗·马尔马萨里的收藏）

GMC1350 马力柴油机车的装甲驾驶室。（照片：保罗·马尔马萨里的收藏）

上图是列车的一个装甲车厢；下图据说是用于撕开轨道、使该列车出轨的推土机（展示于圣克拉拉的"装甲列车脱轨纪念碑"）。（照片：凯恩斯，1997 年）

资料来源
书籍

- Batista y Zaldivar, Fulgencio, *Cuba Betrayed* (New York: Vantage Press, 1962).

网站

- 装甲列车战役讨论：http://trenblindado.com/Story.html
- 访问博物馆：http://www.tripadvisor.fr/LocationPhotosg671534-d2718318-w2-Monumento_a_la_Toma_del_Tren_Blindado_Santa_Clara_Villa_Clara_Province_Cuba.html#63606290

捷克斯洛伐克

1918—1950 年的装甲列车 [1]

捷克斯洛伐克原为奥匈帝国的一部分，诞生于一战结束时的"欧洲地理重整"。从 1916 年开始，协约国方面努力地满足捷克与斯洛伐克民族的愿望，试图将其整合到己方阵营。

在俄国和法国诞生的军队与国家

捷克斯洛伐克军队是在其独立国家诞生前出现的，理解这一点的关键在于如下事实：捷克人和斯洛伐克人长期淹没在一个多民族帝国中，该国罔顾这两个民族各自的愿望，权力掌握在人口更为众多的民族手中。两位著名人士致力于争取这两个民族的利益：哲学教授托马斯•G. 马萨里克（Thomàs G Masaryk）和他的学生之一、后也成为哲学教授的爱德华•贝奈斯（Edouard Beneš）。在多次谈判的过程中，协约国（当时包括沙皇俄国）开始考虑，有可能利用捷克人和斯洛伐克人对奥地利人的敌意。早在 1914 年 10 月 18 日，俄国战俘营中的捷克人和斯洛伐克人就开始与奥匈战俘分离。1915 年 2 月，多数为斯拉夫人的奥地利第 11 团拒绝与塞尔维亚军队作战，第 36 团则发生了反对军官的兵变。

在阿里斯蒂德•白里安的支持下，捷克民族全国委员会于巴黎成立。同样在巴黎，广受欢迎的艺术家和插图画家阿方斯•穆夏（Alphonse Mucha）也不懈地致力于宣传捷克的国家地位。而在前线，萌芽阶段的捷克陆军（Česka Družina）取得了最初的胜利，抓获了第一批战俘。1915 年，法国有四千名捷克战俘，俄国有五万名，意大利有一万名。如果将他们用于对抗奥匈帝国军队，将沉重地打击德国及其盟国。到 1916 年，俄国的捷克战俘增加到 30 万人，承认捷克陆军的法令得以签发。不过，俄国革命扰乱了原有的局面，布尔什维克与捷克人之间的一项协定允许后者转移到西线。可是德军阻碍了这次重新部署，捷克人开始经由西伯利亚大铁路进行长途东撤，第 1 团自始至终作为断后部队。

捷克装甲列车（1918 年—1920 年 8 月）

捷克军队沿铁路线撤退，他们的主要忧虑是后卫部队的安全，特别是在布尔什维克开始攻击他们时。为了守住巴赫马奇（Bakhmach）的铁路枢纽，第 6 团指挥官切尔温克（Cervinks）上尉于 1918 年 3 月着手建造一列装甲列车，包括一部蒸汽机车、一节棚车和三节矿车。车厢的防护由沙包提供，配备机枪和乘员的步枪。6 月 1 日，这列列车得到了一门可安装在车头或车尾的野战炮，大大增强了火力，它的巡逻任务确保了捷克部队的安全通行。因此，装甲列车的诞生源于法国军事代表团团长雅南（Janin）将军交给捷克斯洛伐克人的任务——保护铁路线。他们控制的区域延伸到铁路两侧 10 千米处，到 1919 年，这条所谓的"中立地带"是唯一没有落入布尔什维克手中的区域。铁路线某些部

---

[1] 捷克语 Pancéřový vlak（缩写为 PV），斯洛伐克语 Obrněný vlak。

分由"波兰军团"确保安全，该部队也部署了三列装甲列车。

参与撤退的 12 个团中，似乎只有两个（第 5 团和第 11 团）没有装甲列车。装甲列车建造和服役主要在 1918 年 5—9 月间进行，但是某些列车直到 1919 年才出现，如配属第 8 团和第 9 团的列车。其他列车没有加入各团中，如库利科夫斯基（Kulikovski）上尉于 1918 年 9 月在查伊坦卡（Chaytanka）建造的防空列车。攻击营的装甲列车于 1918 年 6 月 16—20 日在坎斯克（Kansk）建造，1918 年 7—8 月参加了为远至贝加尔湖的撤退行动提供掩护的战斗。

第 1 团拥有一列 1918 年 6 月在基涅利（Kinel）建造的列车，前导车厢上装备了一门普季洛夫 76.2 毫米炮。它的编号为 3 号，在同月 25 日的布祖卢克（Bouzoulouk）战役中被摧毁。

在第 2 团的四列装甲列车中，装备和运行的两列被摧毁，其中一列于 1918 年 10 月 23 日毁于伏尔加河上，另一辆则毁于伊克河。内季克（Netik）中尉指挥的列车于 1918 年 6 月 26 日立下战功，击毁了敌方的一列装甲列车。

第 3 团使用的装甲列车最多，但其列车的规模和武备相对有限：通常有一节安装车首（尾）炮的车厢，以及多节由枕木及沙包防护的转架车。这些列车都建造于 1918 年 6 月，人们没有以单独的车名、而是以指挥官的名字称呼它们：马列克（Malek）、伊恩斯基（Iijnsky）中尉、森巴托维奇（Sembatovic）中尉、内姆奇诺夫（Nemcinov）上尉、乌尔巴内克（Urbanek）上尉（7 月 6 日指挥权转交给特洛卡上尉）和内普拉斯（Nepras）。

第 4 团拥有苏俄内战时期最著名的装甲列车"奥尔利克"[2]（另见俄罗斯和中国的章节）。1918 年 7 月 22 日，当时名为"列宁"号的红军装甲列车在辛比尔斯克（Simbirsk，今乌里扬诺夫斯克）完好无损地被缴获，两天后改名为"奥尔利克"号。它立即投入在辛比尔斯克—赤塔铁路线的行动。1918 年 10 月，它拆分成"奥尔利克 I 号"和"奥尔利克 II 号"，分别运行于普利托沃（Priytovo）和阿卜杜利诺（Abdulino）。1919 年夏季，它们重新合二为一，确保西伯利亚大铁路的安全，此时这条铁路线遭遇持续的破坏。当这列列车驻扎在伊尔库

茨克车站时，雅南将军说，该地区很平静，"'奥尔利克'号装甲列车……保证了秩序。"1920 年 4 月 8 日，它卷入了一起事件，日军强迫车上的 4 名军官和 100 名士兵将列车移交给他们。经过交涉，列车于 13 日归还给车组人员。最后一批捷克部队于 1920 年 5 月 20 日离开之后，这列列车又一次归属占领该地区的日军，但美国人坚持将其交给白俄部队。后者使用列车到 1922 年秋季，当苏联红军攻克符拉迪沃斯托克时，"奥尔利克"加入了中国军阀张宗昌的部队。

这列列车的名字在捷克人中很受欢迎，因为第 4 团还拥有另一列名为"奥尔利克"号、于 1918 年 5 月在奔萨（Penza）建造的列车。它由什拉梅克（Sramek）上尉指挥，乘员 60 人，携带九挺机枪和两辆装甲车。5 月底，列车增加了一节运载火炮的平板车，但同一天严重受损。一夜之间，它就用新的车厢重建，车组得到加强，共有六名军官和 200 名士兵。这列列车参加了 7 月 3 日的阿卜杜利诺和奇什马（Chishma）战役。当天，它使用了"奥尔利克 1 号"的名字，避免与同名的原"列宁"号混淆，并连续作战，直到 9 月 8 日和 9 日的辛比尔斯克之战，前导车厢被摧毁，炮手和指挥官非死即伤。撤往金佳科夫卡（Kindiakovka，今文诺夫卡）后不久，它退出了现役。

第 4 团建造了一列名为"奥尔利克 II 号"的列车，参加了 1918 年 7 月至 11 月的行动。8 月初在布古利马（Bougoulma）城前的战斗之后，它被苏联红军的一列列车击中，不得不退却。此后，它掩护部队从布古利马撤往兹拉托乌斯特（Zlatoust），战损得到了维修，此后于 11 月 20 日退役。

"格罗兹尼"号装甲列车于 1918 年 5 月建于奔萨，配备一门火炮和 3 挺机枪，乘员 107 人。它的任务不值得羡慕——掩护第 4 团后卫部队撤退，而这个团此时正是整个捷克军团的后卫部队。这列列车的武器中，最强大的是后部的平板车，上面运载着一辆普季洛夫 - 加福德装甲卡车。该列车重组过两次：第一次乘员增加到 160 人，武器增加到两门火炮、10 挺机枪。6 月 24 日加挂了两节装甲转架车。1918 年 8 月，列车再次改组，

---

2 捷克语"小鹰"之意，也是一座城堡的名称。

一分为二，仍称为"格罗兹尼"号的部分保留了装甲卡车，乘员被迫在 1918 年 10 月 23 日将其破坏。其他部分保有第二门火炮和 10 挺机枪，定名为"29 号装甲列车"。它也在 9 月被迫毁坏。

关于"西罗特克"（Sirotek）号装甲列车已知的情况甚少，但第 4 团运营的最后一列列车是斯纳约尔（Snajor）上尉临时拼凑、用于代替"格罗兹尼"号以继续针对后卫部队进行支援任务的。

第 6 团除了于 1918 年 3 月建造的第一列装甲列车之外，还配备了另外三列装甲列车（两列在 6 月初，第三列在 8 月）。一列"第 6 团的列车"于 6 月 27 日取得战功，摧毁了一列苏联红军装甲列车。

第 7 团拥有的唯一装甲列车于 5 月 25 日在马林斯克建造。第一次行动中，它只包含一节配备两挺机枪的转架车。此后，它的武备中增加了一门火炮。6 月 26 日，它被苏联红军列车的火力击中，但设法撤退到贝加尔湖，参加了 7 月 18 日在库尔图克（Koultouk）的战斗，后继续掩护部队撤退。

第 8 团拥有"马林斯基"（Mariinsk）号和"捷欣"（Těšín）号装甲列车，还有一列列车于 1918 年 7 月 1 日在靠近中国东北的乌戈利纳亚（Ougolnaya）车站组建，最初只装备机枪，后来加入了海军炮。战斗将近

结束之时，它运行于符拉迪沃斯托克和哈巴罗夫斯克之间的乌苏里战区。

第 9 团的"先锋"号装甲列车在 1919 年 5—6 月服役。

第 10 团唯一的装甲列车于 1918 年 6 月建于下乌金斯克，当月 22 日被苏联红军俘获。

第 12 团使用一列装甲列车，具体情况不详，只知道它参加了 1918 年 10 月在叶卡捷琳堡枢纽站的战斗。

1919 年 5—6 月，捷克军团部署了 6 列装甲列车，以保证叶尼塞河以西的西伯利亚大铁路中线安全，确保对捷克人至关重要的行动自由。这些装甲列车是：轻炮兵连的列车（不归属于任何一个团）、第 9 团的"先锋"号装甲列车以及第 8 团的"捷欣"号和"马林斯基"号装甲列车；巡逻区域从泰加（Taiga）和托木斯克（Tomsk）延伸到阿钦斯克（Atchinsk），距离达到 300 千米左右，1919 年夏季，由第 1 团的"秘密"（Tajšet）号和"救世主"（Spasitel）号装甲列车负责。

总的来说，在通过西伯利亚大铁路撤往符拉迪沃斯托克（这是他们返回西欧的唯一机会）期间，捷克军团使用了 32 列装甲列车，其中三列是从苏联红军手中缴获的。整个战役过程中，他们共缴获了 25 列布尔什维克装甲列车，另摧毁两列。

第一批临时建造的装甲列车之一（可能是 6 号列车）。1918 年摄于车里雅宾斯克。注意，该装甲列车的防护很有限，即便在机车上，也只有驾驶室受到保护，但在冲突开始时足以从袭击者中杀出一条血路。（照片：保罗·马尔马萨里的收藏）

尽管在广阔的乡村中，但捷克军团的列车（不管有无装甲）在前往符拉迪沃斯托克的漫长旅途上持续遭到袭击。（照片：保罗·马尔马萨里的收藏）

装备俄制 76.2 毫米炮的装甲转架车一侧。注意，火炮的转动角度很有限。显然，内部装甲的配备工作尚未完成。（照片：VÚA-VHA）

从这个角度看，这列列车显然没有装甲，但除了正式定名为"装甲列车"的之外，所有捷克列车都配备了最低限度的防护。（照片：保罗·马尔马萨里的收藏）

可能是同一车厢的另一张照片。普季洛夫 1902 型 76.2 毫米炮是捷克列车的标准武器，射程超过八千米（五英里）。（照片：VÚA-VHA）

在乌法拍摄的著名照片。有趣的是，它展示了车厢每侧安装的至少六挺机枪所提供的可观火力。左侧是马克沁 1905/1910 式 7.62 毫米机枪，右边的第一挺机枪是柯尔特 - 勃朗宁 M1895 "土豆挖掘机"，俄国于 1914 年购买了数千挺 7.62 毫米口径的该型机枪。（照片：中央军事档案馆，军事历史档案馆——VÚA-VHA）

捷克军团使用的转架车上的多种装甲防护之一。侧面已经抬高，V 形装甲可以避免炮弹落在车顶爆炸。此外，车厢侧面挖有射孔。不寻常的是，该车的武器似乎是一门德制 75.8 毫米迫击炮。（照片：VÚA-VHA）

挂在机车后面的这个车厢表现出第一批装甲列车的典型特征：侧面高度增加并有顶盖，是专为保护乘员抵御极寒气候而设计的（注意火炉的烟囱）。钻石形转向架清晰可见，它是为了西伯利亚大铁路上常见的不规则轨道而改装的。（照片：ECPA-D）

"布拉格"号装甲列车的一个车厢，上面有国旗图案。其装甲设计精良，同样使用了标准的俄国铁路货车车厢。（照片：ECPA-D）

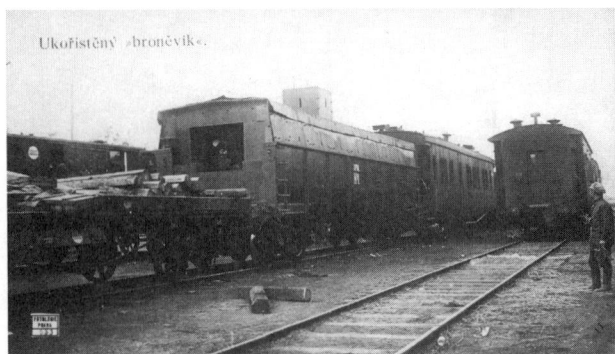

西伯利亚大铁路上装甲转架车厢的另一个例子。这个车厢可能是缴获的布尔什维克货车，车首有 76.2 毫米炮。（照片：保罗·马尔马萨里的收藏）

当时为人熟知的明信片，展示了用俄国轨道车辆组成的捷克装甲列车。从正右方看，机车的防护相对简单，装甲车厢都以标准的高边转架车为基础建造。随着时间的推移，装甲防护设计有了显著的演变。（照片：保罗·马尔马萨里的收藏）

相反，这个车厢专用于列车的近距防御，带有轻武器用的射孔，可能还有一挺机枪，这可以从较大的中央射孔中看出。（照片：保罗·马尔马萨里的收藏）

照片摄于 1918 年，这是第 1 炮兵团 2 连的装甲列车上的旋转炮塔之一。右侧的棚车有通常表示爆炸物的"X"标志。（照片：VÚA-VHA）

我们从这张照片中可以清晰地看到，由整段铁轨提供的车顶防护，后部的开口布置了更多的铁轨，形成一个内部隔墙，并由一层木板与车厢侧壁分开。（照片：保罗•马尔马萨里的收藏）

很难判断这列列车属于捷克还是白俄。不过，旋转炮塔虽粗糙却很有趣。注意车上的排障器，并排的棚车上方有一个射击阵位和一个观察塔。（照片：保罗•马尔马萨里的收藏）

一张有趣的照片，展示了 1918 年 6 月 2 日的"奥尔利克"号最终版本。奥斯汀装甲车被用作机枪车厢。注意，棚车敞开的门里安装了一门野战炮。（照片：VÚA-VHA）

完整的"奥尔利克"号列车，"外阿穆尔人"号机动有轨车紧接在机车之后，注意捷克的国旗。（照片：VÚA-VHA）

这张照片可能是在后来的战役中拍摄的。这张粘片，展示了这列列车的变化，最明显的是炮塔的轮廓。排障器已成为标准配备，还可以作为雪铲。（照片：保罗•马尔马萨里的收藏）

这个连的另一座炮塔使用了建筑技术，装甲板固定在内部框架上。（照片：保罗·马尔马萨里的收藏）

"奥尔利克I号"列车自推进部分独立于其余部分行动的多张照片之一。(照片:VÚA-VHA)

这辆机动有轨车于1915设计,随后的改变主要和武器相关。它拥有现代化的配置,远比后来的大部分设计更先进。(照片:保罗·马尔马萨里的收藏)

"奥尔利克"号舱室一端的内部情况，可以看到角落里的两挺机枪和打开的出入舱门。（照片：VÚA-VHA）

机动有轨车中段的机枪阵地。注意西伯利亚大铁路上所有装甲列车（甚至车厢）的必备装置——火炉。（照片：VÚA-VHA）

从捷克语铭文可以确认，这个车厢属于列车的一部分（应该是第 2 部分。第 1 部分包括独立运行的机动有轨车）。炮塔上安装了一门俄制 02 型 76.2 毫米炮，可以转动 270 度左右。（照片：保罗·马尔马萨里的收藏）

火炮车厢另一端的视图，它与机动有轨车连接在一起。（照片：保罗·马尔马萨里的收藏）

"奥尔利克"号的另一节火炮车厢。尽管与之前一节车厢基于同一种基础车辆改造而成，但它安装在原车首炮位置的全向炮塔却采用了不同的武器——1904 型 76.2 毫米山炮。（照片：保罗·马尔马萨里的收藏）

有趣的是，当时建立的一个邮政服务机构不仅递送捷克军团的信件，还为当地的俄罗斯人服务，后者的邮政业务因为俄国革命而崩溃。这项业务从 1918 年 9 月 18 日开始运营，最初距离达到 4000 千米（2500 英里），后又延长到 7000 千米（4375 英里），走完到符拉迪沃斯托克的整条路线需耗时两周。在邮票上所使用的图案中，有一个就描绘了"奥尔利克"号装甲列车，它出现在 1919 年的第二套邮票上。[3]

黄绿色的 50 戈比邮票。（邮票：保罗·马尔马萨里的收藏）

从未公之于众的一个事实："奥尔利克"号装甲列车于 1920 年 3 月 24 日获得了法兰西十字勋章（左边照片中奖旗的左上方），以表彰其在整个西伯利亚大铁路冲突中的表现，颁奖者为雅南将军。如今这面上有"奥尔利克"号标志的奖旗已不复存在。（照片：VÚA-VHA）

为了纪念实现穿越西伯利亚建设国家这一史诗级壮举的捷克军人，捷克邮政还发行了一套红、深褐和绿色的邮票，图中这张邮票有当时的双色旗帜，它曾飘扬在运兵列车前部的装甲车厢上。（邮票：保罗·马尔马萨里的收藏）

3 这套邮票称作"剪影"，由马库欣和波索钦印刷厂在伊尔库茨克印刷，共印制了 35520 张 50 戈比的黄绿色邮票。第三套（用于南斯拉夫）和第四套（纪念邮票，出现于 1920 年 10 月—1921 年 3 月）在设计上略有不同。

两次世界大战之间的捷克斯洛伐克军队

当捷克军团穿越西伯利亚、锻造捷克斯洛伐克民族精神之时，新的军队也在本土创立。这支军队响应号召在新的国家边境上战斗，首先使用的是来自外国的装甲列车，此后又在本土建造。因此，捷克陆军在 1938 年之前保持着一支由六列标准化装甲列车组成的部队。

随着 1918 年同盟国的失败，PZ Ⅱ（377.116 号 MÁV 机车，140.914 和 S150.003 号车厢）号装甲列车，以及来自奥匈帝国 PZ Ⅰ 和 PZ Ⅳ 列车的多节车厢及一部蒸汽机车在布拉格被缴获。1918 年 11 月 18 日，第一列捷克装甲列车（编号为 2）开往斯洛伐克前线，并增添了来自原奥匈帝国 PZ Ⅶ 的新步兵车厢（S150.271）。此后，该列车一分为二，一部分组成了主装甲列车（PV Ⅱ -a），另一部分则成为支援列车（PV Ⅱ -b）。第一部分从 1918 年 [4]12 月到次年春季留在斯洛伐克，保护新的边境。接着，它与匈牙利军队交战，特别是 6 月 12 日，它采用了一种装甲列车罕见的技术，将一节装满道砟的安全车厢撞向停靠在赫隆斯卡—布热兹尼采（Hronská Breznice）车站的一列匈牙利装甲列车。匈牙利列车随后被损坏，但由于失去了安全车厢，捷克列车于次日触雷。7 月 21 日，它重新被编为 1 号装甲列车，守卫卢切内茨（Lučenec）和菲拉科沃（Felakovo）之间的边境，直到 1920 年 3 月。

PV Ⅱ -b 于 1918 年 12 月 15 日服役，离开布拉格前往苏台德边境。在科希策地区，它加入意大利军团第 6 师，直到 1919 年 5 月。5 月 1 日，它攻击了匈牙利的

米什科尔茨（Miskolc）车站，使捷克人夺回了匈牙利军队在斯洛伐克地区俘获的机车和车厢。1919 年 6 月 21 日，它重新被编号为 2 号装甲列车。

310.440 号装甲车（原 MáV 377.362），其名称"利布谢"（Libuše）指的是一位传奇预言家，也是传说中捷克民族创立者切赫（Cech）的孙女。注意驾驶室上方的观察塔，以及机车和车厢之间的水管。（照片：VÚA-VHA）

"什特凡尼克将军"（General Štefányk）号装甲列车的 179.01 号机车。照片摄于 1919 年。（照片：版权所有）

可以从左侧的 B 型车厢（见奥匈帝国的章节）和右侧的 A 型车厢看出，这是两列原奥匈帝国装甲列车的组合。（照片：保罗·马尔马萨里的收藏）

4 译注：原文为 1917 年，与上文不符。

在斯洛文斯基 - 梅德尔（Slovensky Meder）车站的"布拉迪斯拉发"号装甲列车。（照片：VÚA-VHA）

一列不明身份的装甲列车，来自捷克人被迫军事干预其新邻国的时期。它的构造很有趣：车身两端有对称的开口，可能安装了两门普季洛夫 76.2 毫米炮，我们通过照片可以看到其双层的厚木板防护。后部车厢一端严重超载，也可能是那端的弹簧已经变形。（照片：版权所有）

3 号装甲列车左侧的 Kn 141.172 号车厢和右侧的 149.902 车厢，以及两者之间的 377.455 号机车。注意，这张明信片上有捷克斯洛伐克的三色旗，而不是最初的红白双色旗，说明这张照片拍摄于 1920 年 3 月 30 日之后。（明信片：保罗・马尔马萨里的收藏）

1918 年年底，"布尔诺"（Brno）号装甲列车在摩拉维亚首府的国有武器厂中建造，工期为三周。它由一部装甲机车和两节车厢组成。前导车厢首部配备两挺马克沁机枪，旋转炮塔中安装了一门斯柯达 M15 75 毫米山炮；另一个车厢则配备两挺施瓦茨洛泽机枪。参加了与波兰军队的战斗之后，它服役到 1920 年 12 月，才被拆卸备用。得益于经验的增长，捷克斯洛伐克军队决定建造两列类似的装甲列车——3 号列车"布拉迪斯拉发"号和 4 号列车"什特凡尼克将军"号。每列列车包含一节安全车、一节火炮车厢和两节步兵车厢。

"布拉迪斯拉发"号于 1919 年 7 月在斯洛伐克参加了对抗匈牙利军队的战斗。它在新扎姆基（Nové Zámky）严重受损，8 月于斯柯达工厂被拆解，其编号转给在同一工厂维修的匈牙利列车。"什特凡尼克将军"号太晚完工，没有参加与匈牙利军队的战斗，但一直服役到 1925 年，与 PV Ⅰ 一起，先驻扎在卢切内茨，后又驻扎米洛维采（Milovice）。

1919 年，弗鲁特基（Vrútky）的铁路工厂按照奥匈帝国列车（377.83 号机车，但平板车用混凝土板防护）

的样式建造了第四列装甲列车，编号为 7 号。1920 年 1 月，PV 3 服役，它是在塞乔夫采（Sečovce）缴获的匈牙利列车，由斯柯达工厂维修。

斯柯达公司在 1919 年建造了两列完整的装甲列车："皮尔森"（Pilzen）号（5 号）和"布拉格"（Praha）号（6 号）。每列列车有两部 99 级装甲机车（防护装甲厚度为 6 毫米）、两节安全车、两节炮兵车厢、两节步兵车厢和一节弹药车，所有车厢都有 8 毫米的装甲防护。每列列车也可以分成两个较小的单元。它们的乘员为 3 名军官和 88 名士兵。

1919—1938 年间，捷克还推出了塔特拉 - 斯柯达装甲轨道车。20 世纪 20 年代，科普日夫尼采（Koprivnice）的这家公司建造了一型侦察轨道车，波兰人也对此很感兴趣，于 1926 年订购了约 20 辆。它可与列车相连（断开驱动轴）或者作为独立车辆。装甲列车公司在 1927 年仅接收捷克斯洛伐克陆军订购的车辆。

塔特拉 - 斯柯达捷克装甲轨道车
技术规格
总长：3.68 米（12 英尺 0.75 英寸）

宽度：1.75 米（5 英尺 9 英寸）

总高度：2.14 米（7 英尺 0.25 英寸）

离地净高：0.14 米（5.5 英寸）

装甲厚度：6—10 毫米

空重：2.5 吨

乘员：3—5 人

武备：2×7.92 毫米霍奇基斯机枪

发动机：双缸四冲程水冷

气缸容积：1.1 升

燃油容量：80 升（21 英国加仑）

最大速度：每小时 45 千米（每小时 28 英里）

行程：700 千米（435 英里）

关于公路铁路两用侦察车是否存在，众说纷纭。

根据海格尔（Heigl）少校[5]的说法，塔特拉设计了一种该类型的 6×6 装甲车，规格和武备如下：在对角布置的旋转炮塔上安装了两挺机枪；长度为 7.6 米（24 英尺 9.25 英寸）；宽度为 1.86 米（6 英尺 1.25 英寸）；高度为 3.1 米（10 英尺 2 英寸）；在公路上的速度为每小时 60 千米（每小时 37 英里），在铁路上的速度为每小时 80 千米（每小时 50 英里）。

据 M. 凯蒂[6]说，这种车辆可能改装自 PA 1 和 PA 5 装甲车。目前，我们没有找到这种公路铁路两用车辆存在的任何证据。

5 Heigl, Fritz, *Taschenbuch des Tanks*, Vol II P.577.

6 Caiti, Pierangelo, *Atlante mondiale delle artiglierie: artiglierie ferroviarie e treni blindati* (Parma: Ermanno Albertelli Editore 1974), P.25.

捷克塔特拉轨道车，图中配备了两挺施瓦茨洛泽 vz.7/24 机枪。（照片：VÚA-VHA）

这张罕见的照片展示了配备改良型炮塔的捷克塔特拉装甲轨道车，炮塔安装在特制的平板车上，可以在无外力支持的情况下拆卸。注意，这样安装之后，它的装甲下降到平板车的水平（也有可能车身是在没有车轮的情况下安装的）。有趣的是捷克斯洛伐克装甲列车使用的复杂伪装配色，直到被国防军接管使用时都没有改变。（照片：保罗·马尔马萨里的收藏）

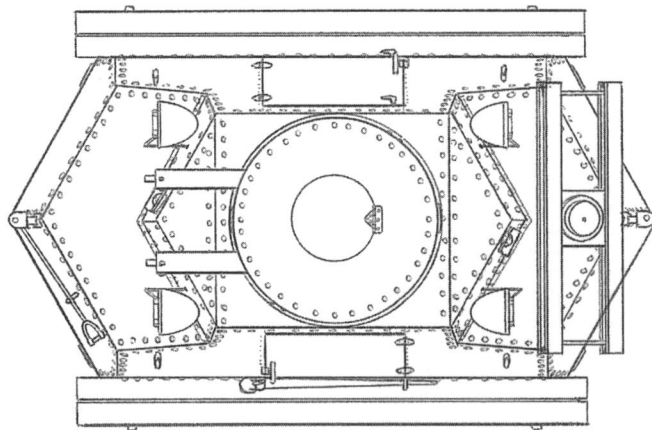

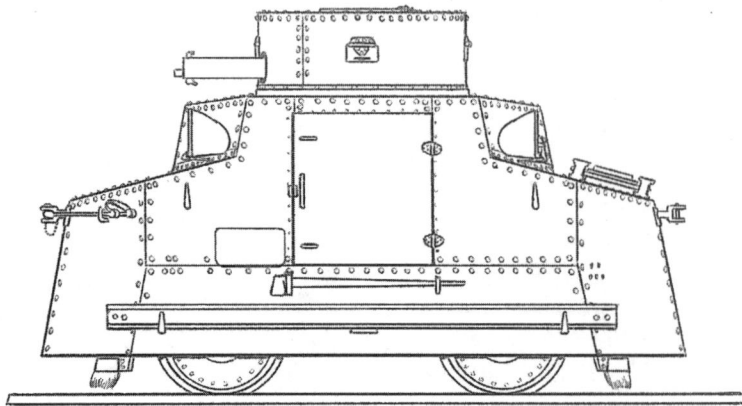

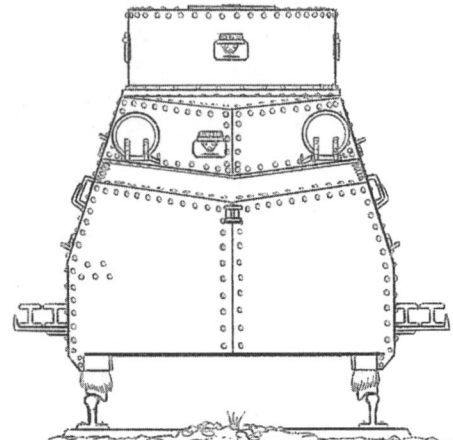

© Paul MALMASSARI   1982   1/87 (HO)

从安全车角度看4号装甲列车的炮兵车厢。它拥有可连续射击的强大武备，由一门75毫米火炮和两挺机枪组成。（照片：保罗·马尔马萨里的收藏）

3号装甲列车在斯洛伐克。（照片：版权所有）

1919 年到 1923 年之间，有六列装甲列车留在了斯洛伐克南部。1922 年 7 月，它们组成一个装甲营，驻扎在米洛维采。为了降低租用轨道车辆的成本，铁路公司于 1925 年回收了无装甲车厢，只留下装甲机车和车厢。此后，从 99 级机车上拆下装甲板存入仓库，条件是铁路当局在提前两天得到通知后，于机车上重新安装装甲。最终，这支部队于 1933 年扩编为一个团。

到 1934 年，现有的装甲列车都已老化，捷克军队制定了建造新车辆的计划。第一个选项是建造 54—70 吨的装甲机动有轨车，配备 32 毫米装甲和旋转炮塔内的 66 毫米及 80 毫米炮。KD 和斯柯达提出了设计，后者中选并建造了一个型号。德国的占领导致这些计划中止。军方考虑的第二个选项是将临时建造的装甲列车投入现役，以保卫边境，这些列车使用快速加配的防护装甲，由预备役人员操纵。它们的武器将是经典的 vz.5/8 80 毫米车首炮和多挺机枪。军方的设想是共投入 12 列这种列车。

这种型号的车厢由斯柯达设计建造。图中是 4 号装甲列车，机枪最初来自四个不同国家，以德制马克沁 08 型 7.92 毫米机枪为标准，于 1925 年换成霍奇基斯 8 毫米机枪，于 1929 年最终改用施瓦茨洛泽 vz.7/24 型。（照片：保罗•马尔马萨里的收藏）

一列装甲列车的总体视图，第二节步兵车厢（也被称作机枪车厢）挂在后部，接着是一部 377 级机车、第一节步兵车厢，最后是炮兵车厢。只有列车前端有一节安全车。（照片：保罗•马尔马萨里的收藏）

1938 年慕尼黑危机

早在《慕尼黑协定》的谈判之前，斯洛伐克和鲁塞尼亚就爆发了分离主义运动。但在协定签署前一天（9 月 30 日），捷克斯洛伐克进行动员，12 列临时建造的装甲列车进入戒备状态，以牵制苏台德地区的"自由军团"叛乱。

这张罕见的照片展示了 1938 年动员期间临时建造的装甲列车，注意车厢上匆忙布置的伪装，以及机车上不合宜的装甲板。车上的火炮是 M.5 80 毫米野战炮。照片上的大群车组成员可能包含了装甲列车和（无装甲）支援列车的人员。第二排右侧是 CSD 铁路员工。前排中间是上尉军衔（五角星）的列车指挥员，以及少尉军衔的助手（三角星）。最后，这些预备役人员似乎为了照相而穿上了新制服。（照片：保罗·马尔马萨里的收藏）

1939 年 3 月捷克斯洛伐克装甲列车战斗序列

列车编号	安全车	火炮车厢	步兵 / 机枪车厢	机车	步兵 / 机枪车厢	武备
1	In 707.016	7-89499	Kn 140.914	310.412 原 377.116	Kn 150.003	1 门 75 毫米炮 1 门 47 毫米炮（1919 年拆除） 9 挺（后 11 挺）重机枪 2 挺轻机枪
2	In 700.820	Ik 315.784 斯柯达	Ke 140.872 原奥匈帝国	310.440 原 377.362	Ke 150.271 原匈牙利	2 门 75 毫米炮 11 挺重机枪 2 挺轻机枪
3	In 707.126 原匈牙利			310.450 原 377.455	Kn 149.902 原匈牙利	1 门 75 毫米炮 8 挺重机枪 2 挺轻机枪
4	In 707.691 斯柯达	Ke 306.809 斯柯达	Ke 302.591 斯柯达	动员时重新加入	Ke 62.339 斯柯达	2 门 75 毫米炮 20 挺（后 12 挺）重机枪 2 挺轻机枪
5	In 707.626 斯柯达	Ik 307.901 斯柯达	Ik 334.623 斯柯达	动员时重新加入	Ik 309.364 斯柯达	2 门 75 毫米炮 20 挺（后 12 挺）重机枪 2 挺轻机枪
6 训练	Ik 622.616 斯柯达	Ke 355.267 斯柯达	Ke 309.218 斯柯达	310.453 原 377.483	Ik 314.850 斯柯达	1 门 75 毫米炮 20 挺（后 12 挺）重机枪 2 挺轻机枪

连级： 2 个装甲弹药车厢（斯柯达）Gg 28.922 和 Gg 143.314 号（来自 5 号装甲列车"皮尔森"和 6 号装甲列车"布拉格"）。

每列列车的车组包括两名军官、一名军士和 80—91 名士兵（3 号列车除外，它只载有 74 名士兵）。

《慕尼黑协定》并没有阻止希特勒的野心，他对波西米亚和摩拉维亚的兼并导致捷克斯洛伐克于 1939 年 3 月 15 日崩溃。这一事件也导致捷克斯洛伐克装甲列车进入德国装甲列车序列，当时，它们是该部队中最现代化的成员。这些列车的车厢将继续分割重组，直到二战结束。

用捷克斯洛伐克轨道车辆组成的德国装甲列车有 PZ 23、PZ 24 和 PZ 25。1938 年临时建造的 40 号装甲列车（驻扎于兹沃伦）于 1939 年 3 月 14 日加入新组建的斯洛伐克陆军。

车库内部，火炮车厢（上图）和轨道车（见下一张照片）引起了士兵们极大的兴趣。几个月之后，这些车辆（仍然使用其与众不同的伪装）将组成新的德国装甲列车。（照片：保罗·马尔马萨里的收藏）

1939 年 3 月，德国士兵拍摄了米洛维采车库的照片，所有装甲列车都被集中在那里（右侧是 4 号列车的火炮车厢，左侧是仅有的一辆塔特拉轨道车，安装在其平板车上）。（照片：保罗·马尔马萨里的收藏）

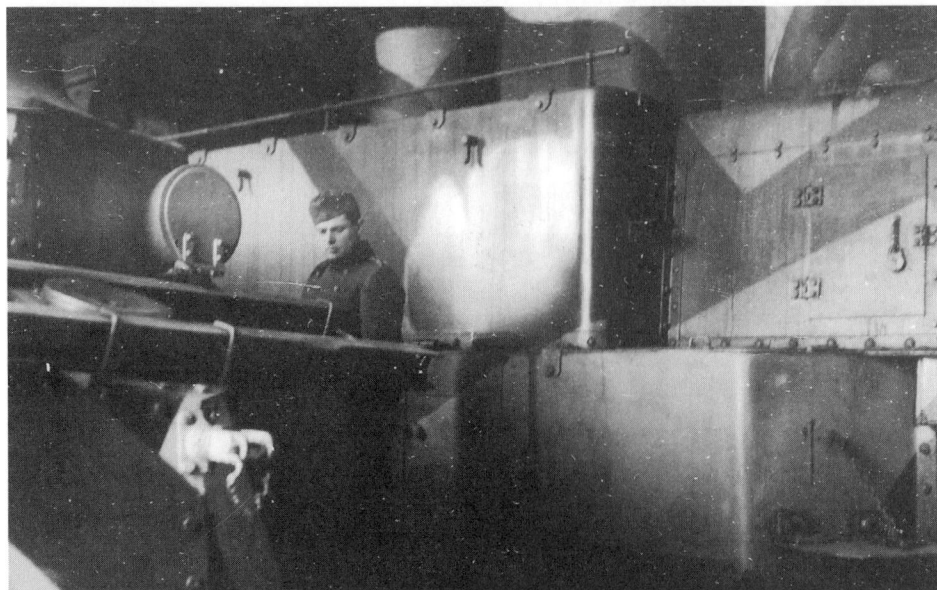

注意安装在轨道车引擎盖上的装置，它用于操控装甲列车从一条轨道移到另一条轨道。（照片：保罗·马尔马萨里的收藏）

用原捷克斯洛伐克单元组成的 PZ 23 装甲列车。在照片右侧中可以看到之前运载塔特拉轨道车的平板车，此时它被用作安全车。(照片：保罗·马尔马萨里的收藏)

1944 年 8 月 29 日—10 月 28 日的斯洛伐克民族起义

　　这次起义始于斯洛伐克，目标是恢复 1918 年建立的原捷克斯洛伐克政权，参加起义的三列装甲列车的名称可以证明这一点。

　　德国入侵苏联期间，斯洛伐克境内对亲德傀儡政府的抵制开始了，斯洛伐克坦克指挥员和维护部队有意将损坏的坦克运回国内，以备将来用于反对这个政权。第一批"反法西斯"部队于 1943 年年底在山区组建。苏联红军取道波兰向斯洛伐克东北逼近，更为这种发展增添了动力。斯洛伐克陆军的两个师得到的正式任务是支援德国国防军，但他们实际上成了起义计划的一部分，并与进攻的苏军取得了联系。整个行动的核心是班斯卡比斯特里察（Banská Bystricka）—布雷兹诺（Brezno）—兹沃伦三角地带。起义于 8 月 27 日开始，这几个城镇被起义军占领，铁路交通中断。除了从斯洛伐克陆军取得的装备之外，起义军还建造了三列装甲列车，以弥补装甲车辆的不足，因为大部分斯洛伐克坦克属于东部的两个师，它们立即被德军解除了武装。10 月 1 日，起

义军自称为斯洛伐克"捷克斯洛伐克第一军"，标志着他们回归原来的国家。10 月 18 日，德军从匈牙利发动反攻，起义军不得不于 27 日撤出发源地班斯卡比斯特里察。次日，伦敦的捷克斯洛伐克流亡政府得到起义结束的通知。这场冲突此后转为游击战，于 11 月 3 日结束。

　　在斯特凡·查尼（Štefan áni）上校的指导和工程师胡戈·魏因贝格尔（Hugo Weinberger）的技术辅助下，起义军在兹沃伦工厂以创纪录的速度（共耗时五周）依次建造了三列临时装甲列车（捷克语"Improvizovaný pancierový vlak"，简称 IPV），以民族著名人士的姓名命名为"什特凡尼克"[7]号、"胡尔班"[8]号和"马萨里克"[9]号。由于缺乏最新的技术，技术员和工人转而使用旧规范建造临时装甲列车。第一列列车中出现的缺陷（特别是装甲防护不足）在"胡尔班"号和"马萨里斯"

7　米兰·拉蒂斯拉夫·什特凡尼克（Milan Ratislav Štefánik，1880—1919），捷克斯洛伐克民族委员会副主席，后任战争部长，斯洛伐克将军。

8　约瑟夫·米洛斯拉夫·胡尔班（Jozef Miloslav Hurban，1817—1886），1848 年斯洛伐克领导人之一，斯洛伐克民族委员会成员。

9　托马什·加里格·马萨里克（Tomáš Garrigue Masaryk，1850—1937），巴黎捷克斯洛伐克全国委员会主席，1920—1935 年任捷克斯洛伐克总统。

号中得到了更正，它们成了优秀的产品。在我们看来，将这些列车描述为"临时"产品绝不是出于轻视，因为它们展现出了同时代装甲列车的工艺。

每列装甲列车都搭配了一列支援列车，上面有人员的住处、医务室和厨房等。每列列车的组成各不相同，但都由一部 320.2 级蒸汽机车推动，包含一个前导火炮车厢，并有多个安装捷克 LT-35 坦克[10]炮塔的火炮车厢。

"什特凡尼克"号[11]装甲列车建于 9 月 14 日到 18 日之间，最初由安东·特克伊（Anton Tököly）中尉指挥，后改由弗朗齐歇克·亚当（František Adam）上尉指挥，乘员人数 70 人。9 月 27 日，它参加了赫隆斯卡—克雷米纳铁路线上的行动，于 10 月 4 日支援从旧克雷姆尼察（Stará Kremnička）发起的一次反攻。它的机车被击中，维修后在兹沃伦—克日万（Kriváň）铁路线行动，直到 10 月底。25 日，它离开兹沃伦前往乌尔曼卡（Ulmanka），于途中被困后，车组人员摧毁了列车的武器，加入游击队。

"胡尔班"号装甲列车的建造工作于 9 月 25 日开始，仅用时 11 天便完工了。在马丁·杜里什·鲁班斯基（Martin Ďuriš Rubansky）上尉的指挥下，它参加了从赫隆斯卡—杜布拉瓦（Hronská Dúbrava）到赫龙河畔日亚尔（Žiar nad Hronom）的行动，直到 10 月 4 日才转移到班斯卡比斯特里察到迪维亚基（Diviaky）一线。

同日，它在克雷莫什内（Čremošné）附近与德军交战，多人伤亡。10 月底，起义军不得不将其丢弃在霍尔尼—哈尔马内茨（Horný Harmanec）车站。

"马萨里克"号装甲列车于 10 月 14 日完工。它是三列列车中工艺最为复杂的，其机车有全面的装甲防护。高质量的装甲板来自波德布雷佐瓦（Podbrezová）钢铁厂，在扬·库克利什（Jan Kukliš）上尉指挥下，它运行于布雷兹纳（Brezna）到切尔韦纳—斯卡拉（Červená Skala）铁路线上，于 10 月 21 日损坏。24 日，机车被一发直接命中的炮弹摧毁，指挥官、驾驶员和消防员身亡。由于无法维修，它被拖到霍尔尼—哈尔马内茨车站的隧道，车组人员摧毁了其车载武器后加入"胡尔班"号车组。该镇陷落后，两列列车均被德军缴获并送往米洛维茨（Milowitz）维修，后分配给"马克斯"号和"莫里茨"号。

为纪念 1713 年《乌德勒支条约》签订 300 周年，乌德勒支博物馆组织了一场关于战争中列车的展览。"什特凡尼克"号被修复并部分重建。成为该展会重要展品之后，它于 2013 年 9 月回到兹沃伦。

10 捷克斯洛伐克分裂时，有多辆 LT-35 驻扎在斯洛伐克地区。

11 "什特凡尼克"号和"胡尔班"号是深受摄影师欢迎的拍摄素材，但我们通过对照片的对比，发现之前两者相关照片的标题经常出错，这也意味着今天不可能绝对确定地辨别出这两列列车。

1944 年 9 月 18 日在兹沃伦工厂举行的"什特凡尼克"号交付典礼。右二是工程师胡戈·魏因贝因格尔中尉（代号"维兰"）。中间穿便装者是工程师、斯洛伐克铁路公司理事伊万·维斯特（Ivan Víest），他左侧是斯特凡·查尼上校。[照片：斯洛伐克民族起义（SNP）博物馆]

IPV Ⅰ"什特凡尼克"号车首的 80 毫米 VZ 5/8 火炮。照片摄于列车停靠维格拉什（Viglas）时。安全平板车没有直接加挂到列车上，而是由一根木梁牵引。（照片：SNP 博物馆）

兹沃伦工厂的三列装甲列车之一。火炮车厢以 U 型运煤车为基础建造。防护由两片各厚 5 厘米的木板组成，中间是 15 厘米的碎石道砟。（SNP 博物馆）

从正面拍摄的"什特凡尼克"号全景，包括安全平板车、先导火炮车厢、两个安装 37 毫米炮的旋转炮塔和尾部车厢。（照片：SNP 博物馆）

从尾部看到的"什特凡尼克"号。（照片：SNP 博物馆）

"什特凡尼克"号的这张照片和右侧的照片清楚说明了尾部车厢（有 37 毫米炮射孔）和先导车厢（有 80 毫米野战炮的大型开口）的区别。（照片：SNP 博物馆）

"什特凡尼克"号的 320.2 级蒸汽机车。初期的伪装色是白、绿和红褐色。后来，所有列车都重新全部漆成绿色。（照片：SNP 博物馆）

漆成全绿色的"什特凡尼克"号，在植物伪装下，远比原来的三色图案更难以辨认。（照片：SNP 博物馆）

"什特凡尼克"号步兵车厢内部，可以看到其中一挺侧装的施瓦茨洛泽 7/24 机枪。（照片：SNP 博物馆）

所有列车（图中是 IPV Ⅱ "胡尔班"号）上安装的车首炮都是原奥匈帝国产 M05 80 毫米野战炮（05/08），二战期间德国国防军也使用这种火炮。可能是因为每列列车的持续改进，"胡尔班"号的射孔实际上被装甲板包围起来，这是"什特凡尼克"号所没有的。（照片：SNP 博物馆）

"胡尔班"号尾部车厢细部。车顶的圆塔似乎没有观察孔，但它有一个框架，可以安装近战或防空用的机枪。（照片：SNP 博物馆）

"胡尔班"号披上伪装后令人印象深刻，照片拍摄时成员已经下车。起义遭到镇压后，他们被迫加入山区的游击队。（照片：SNP 博物馆）

伪装下的 IPV Ⅲ"马萨里克"号先导安全车，但是这种伪装不能掩盖车厢侧面是垂直的这一事实。（照片：SNP 博物馆）

列车的主要武器（图中为"胡尔班"号）是配备 37 毫米炮和 7.92 毫米共轴机枪的 LT-35 坦克炮塔。在德国国防军服役时，这种坦克定名为 35(t) 型坦克 [PzKpfw 35 (t)]。注意照片中坦克车身顶部包裹了防护装甲，只能看到舱门。（照片：SNP 博物馆）

"马萨里克"号的装甲蒸汽机车，摄于 1946 年用于收集各条战线上各种装备的堆场。（照片：版权所有）

在战后被修复的"胡尔班"号。注意右侧步兵车厢的指挥塔。（照片：SNP 博物馆）

1974 年发行的这种纪
念章是为了纪念起义
30 周年。(私人收藏)

1945 年捷克起义

1945 年 4 月 6 日，斯洛伐克的布拉迪斯拉发解放次日，一个联合政府在科希策成立，5 月 5 日，布拉格爆发起义，战斗持续到 5 月 11 日，德军在此期间被赶出了该城。大量德国轨道车辆被缴获，包括 PZ 27、PZ 80 和 PZ 81、PZ 205 和 206，此外还有多辆重型机动有轨车，铁路保护列车"莫里茨"号、PT 36 机动有轨车及多列防空列车。后面这几个单元重新服役，组成了 12 列临时装甲列车。其他两列装甲列车（原德国车辆）在布拉格和米洛维采（原捷克斯洛伐克装甲列车基地）启用。最后，起义军在月底重夺苏台德地区时，于切斯卡利帕（Česká Lipa）发现了 BP 44 型车厢。一列完整的原德国装甲列车（构成不太确定）重新服役，使用到 1948 年。

斯洛伐克民族起义的一座纪念碑，其形式是在兹沃伦重现 IPV 1 "什特凡尼克"号，这里使用了 T-34/85 坦克的炮塔，将其改造成类似 35（t）型坦克的样子。（照片：弗雷德里克·盖尔东）

"布拉格"号装甲列车由各色各样的车厢组成，包括将这辆德国四号坦克歼击车的车身放在四轮矿车上。（照片：托马斯·亚克尔的收藏）

安装在混凝土护墙里的 MG 151/20 20 毫米高射炮。（照片：托马斯·亚克尔的收藏）

完全临时拼凑的低边货车，中央舱室和侧板之间堆积了泥土。尽管如此，泥土能很有效地抵挡轻型武器的子弹。注意车组人员佩戴的德式头盔。（照片：托马斯·亚克尔的收藏）

1型高射炮车厢，增加了一层木板以增强装甲（照片：托马斯·亚克尔的收藏）

防空车厢全景（照片：托马斯·亚克尔的收藏）

"乌希尼维斯"（Uhřiněves）号装甲列车由1945年组合的多个高射炮车厢组成。机车没有装甲。（照片：VÚA-VHA）

捷克斯洛伐克第二共和国的装甲列车

新的捷克斯洛伐克陆军建制中包含一个装甲车连，该连创建于1945年10月1日，驻地在宁布尔格[Nymburg，今宁布尔克（Nymburk）]，归属第11坦克旅指挥。这个连有两个排。其中一个由装甲列车组成，每列列车包含：一节炮兵车厢、两节步兵车厢、两节坦克运送车厢、指挥车厢、机车和一辆轨道车。另一个排由侦察轨道车组成，这些轨道车加入包括一节指挥车厢（PT 36）、两节炮兵车厢和三节步兵车厢的车组中。此外，陆军还启用了一列装甲列车和一辆轨道车作为训练车辆。在增加了新的装甲轨道车辆后，该连于1946年9月扩编为营，拥有独立指挥机构、支援单位和三个连：

- 第1连（蒸汽机车）："贝奈斯"（Benes）号、"马萨里克"号、"什特凡尼克"号和"斯沃博达"（Svoboda）号装甲列车

- 第2连（巡逻轨道牵引车）："帕夫利克"（Pavlik）号、"斯大林"号、"胡尔班"号装甲列车，和一辆装甲轨道车。

- 预备和训练连："奥尔利克"号装甲列车

这些列车包含五节安装20毫米四联装高炮的炮兵

车厢，但主炮塔不同：一列为德制 le.Fh 18 105 毫米轻型榴弹炮，两列为德制二号坦克的炮塔，另外两列是德制四号坦克的炮塔。

该营于 1949 年秋季重组：2 连驻扎在索波特（Sopot，布拉格东南方 100 千米），1 连则留在宁布尔克，这两个连集中了所有装甲列车，它们此时取消了原来的名称，以编号表示。不过，这个装甲列车部队于 1954—1955 年解散，除了几节步兵车厢用于固定任务（主要是空军）之外，其他轨道车辆都被以报废处理。

这些列车沦为一种宣传武器，没能在强调游击队和伞兵部队的解放战争中起到决定性作用。

两列德国重型装甲列车的单元组成了一列列车，包括三辆配备旋转炮塔的轨道车、一节指挥车（有环形天线）和一辆步兵轨道车。注意先导车侧面的捷克斯洛伐克国旗。（照片：VÚA-VHA）

安装炮塔的轨道车另一面的视图，可以比较两端的情况。图中看到的是发动机一端，可以从装甲化的穹顶辨认出来。（照片：VÚA-VHA）

这张照片展示了步兵轨道车的工具套件，包括与坦克完全相同的千斤顶。（照片：VÚA-VHA）

指挥轨道车（有环形天线）。(照片 : VÚA-VHA)

注意，这辆车上没有连接钩。遗憾的是，这些车辆没能保存在博物馆中。(照片 : VÚA-VHA)

BACHMAČ 1918 - PODPORA SOVĚTSKÉHO BRONĚVIKU.

1948 年，捷克斯洛伐克当局发行了这种明信片，采用了虚构的装甲列车画像，倾向于忽略"捷克军团"的功绩，而支持红色政权。(明信片 : 保罗·马尔马萨里的收藏)

资料来源

档案

- SHD, boxes 17 N 629.
- 班斯卡 - 比斯特里察斯洛伐克民族起义博物馆
- 布拉格中央军事档案馆
- 布拉迪斯发军事历史档案馆

书籍

- Catchpole, Paul, *Steam and Rail in Slovakia* (Chippenham: Locomotives International, 1998).
- Hyot, Edwin P., *The Army without a Country* (New York: MacMillan Company, 1967).
- Jakl, Tomáš, Panuš, Bernard, and Tintěra, Jiří, *Czechoslovak Armored Cars in the First World War and Russian Civil War* (Atglen, PA. Schiffer Publishing, 2015).
- Janin, General, *Ma Mission en Sibérie 1918-1920* (Paris : Payot, 1933).
- Kliment, Charles K, and Francev, Vladimir, *Czechoslovak Armoured Fighting Vehicles 1918-1948* (Atglen (PA): Schiffer Publishing, 1997).
- Kmet, Ladislav, *Povstalecké Pancierové Vlaky* (Zvolen, Slovakia: selfpublished, 1999).
- Lášek, Pavel, and Vaněk, Jan, *Obrn ná drezína TATRA T 18* (Prague: Corona, 2002).
- Richet, Roger, *Les émissions de la Légion Tchécoslovaque en Sibérie* (1918-1920) (Bischwiller: L'échangiste universel, nd).
- Rouquerol, Général J., *L'Aventure de l'amiral Koltchak* (Paris: Payot, 1929).
- Uhrin, Marian, *Pluk utocnej vozby v roke 1944* (Zvolen, Slovakia: Múzeum Slovenského Národného Povstania, 2013).

期刊文章

- 'Československé obrněné vlaky 1818 až 1939', *Železnice* No 3/94 (1994), PP.23–6.
- Chen, Edgar & Van Burskirk, Emily, 'The Czech Legion's Long Journey Home', MHQ: *The Quarterly Journal of Military History* Vol 13, No 2 (Winter 2001), PP.42–53.
- Kudlicka, Bohumir, 'Orlik Armoured Train of the Czechoslovak Legion in Russia', *The Tankograd Gazette* No 15 (2002), PP.27–30.
- *Militär-Wochenblatt*, No 44 (1937), PP.2744–5.
- 'Povstalecky improvizovany pancierovy vlak Stefanik', *Modelar Extra* No 20 (June 2013), PP.37–49.

埃及

艾哈迈德·阿拉比的装甲列车（1882 年）

1882 年 7 月 17 日，英国军队开始在亚历山大港登陆，8 月 5 日，他们对道瓦尔村（Kafr-el-Dawwar）[1]的埃及军队主防线发动了试探性攻击，这条防线阻挡了前往开罗的道路。也许是受到英军使用装甲列车的启发，8 月 25 日，艾哈迈德·阿拉比（Ahmed Arabi）上校率领的埃及军队组装了自己的装甲列车，以支援他们的阵地。当吴士礼（Garnet Wolseley）爵士率领的英军将主攻方向转移到苏伊士运河上的伊斯梅利亚后，道瓦尔村战线成了一个小插曲，8 月 29 日之后，无人再提及埃及的装甲列车。

资料来源

- *Hawera & Normanby Star* (NZ), Volume Ⅲ, No 294 (30 August 1882), P.2.

1　有些来源也将这个地名写作 "Kafradowar"。

爱沙尼亚

1918—1940 年的装甲列车 [1]

独立战争（1918 年 11 月 28 日—1920 年 2 月 2 日）

1918 年 2 月 24 日，爱沙尼亚宣布脱离俄国独立，但其首都塔林于次日被德国军队占领。爱沙尼亚人不得不等到 11 月 11 日停战后才得到自主权，并在五天以后开始建设自己的武装力量。11 月 28 日，苏俄红军利用一战结束时的混乱局面，攻击了一支德国部队和爱沙尼亚国民卫队，独立战争开始了。在某些地区，爱沙尼亚人所能得到的最强大武器就是装甲列车。除了连接爱沙尼亚南部和拉脱维亚北部的窄轨铁路网之外，标准轨道很普遍。

第一列爱沙尼亚装甲列车实际上是德国制造的，1918 年 11 月被丢弃在塔林。它由两节火炮车厢（76 毫米炮）和两节步兵车厢组成，爱沙尼亚人临时升级了它的防护。这列列车被编为 1 号，于 11 月 30 日抵达前线。它包括如下单元：炮兵车厢、两节步兵车厢（一节由沙包提供防护，另一节则使用铁板）、无装甲机车 [2]，以及顺序相反的相同单元。车组中有 120 名士兵，包括炮手、机枪手和一支强大的步兵突击分队。

此后的五列装甲列车（标准轨距）参战日期如下：1918 年 15 日和 23 日、1919 年 1 月 21 日、1919 年 3 月 19 日和 8 月 12 日。5 号和 6 号装甲列车加挂了现代化的车厢（一节火炮车厢、三节机枪车厢和五节步兵车厢）。1919 年 8 月，爱沙尼亚军队建立了一个装甲列车师，作为总司令部的战略预备队。到 1919 年年底，装甲列车部队共有 55 节标准轨车厢，每节火炮车厢有单独的名称。

爱沙尼亚建造了五列用于窄轨铁路网的装甲列车。这些列车分别在 1919 年 1 月 1 日（1 号装甲列车）、1 月 18—26 日、2 月 21 日、5 月 1 日（替换 4 号装甲列车 [3]）和 7 月 2 日交付。多列窄轨列车由壕沟护盾提供防护，使它们的外观与众不同。一般来说，这些列车包

括两节炮兵车厢、一节或两节机枪车厢以及三节或四节步兵车厢。它们携带的武器轻于标准轨车辆，使用 47 毫米和 57 毫米火炮，但有多门俄制 76.2 毫米野战炮。

击退苏俄部队之后，爱沙尼亚集中兵力对抗试图保持德国在波罗的海国家影响力的"地方军"（Landeswehr）。1919 年 12 月 31 日，爱沙尼亚与苏俄签订了合约。到停火之日，爱沙尼亚有 11 列装甲列车：6 列为标准轨 [编号从 1 到 6，第一列命名为"伊尔夫上尉"（Kapten Irv）号 [4]]，5 列为窄轨（编号从 1 到 5）。这 11 列列车共运载 27 门火炮和 118 挺重机枪。

和平时期的军队（1920—1940 年 6 月）

1921 年 2 月 1 日，多列装甲列车退役，装甲列车师改建一个旅，使用如下车辆：（标准轨）"伊尔夫上尉"号、2 号和 3 号装甲列车，（窄轨）1 号和 2 号装甲列车。该旅共有三部装甲机车、12 节火炮车厢、16 节机枪车厢和 12 节步兵车厢。1922 年，窄轨装甲列车退役并被保存在仓库中，最后于 20 世纪 30 年代解散（某些车辆于 1941 年现代化改装后重新露面，面对德国国防军）。

除了组成装甲列车之外，某些车厢还可能在必要时加挂或脱离任何现有列车。由于这些车厢都有各自的名称，人们往往难以仅从照片上看到的车厢名称来确定特定的列车。

1923 年 2 月 1 日，装甲列车旅重组为两个团，每个团各有两列装甲列车，1934 年 12 月，这两个团合

1　爱沙尼亚语称装甲列车为 "Soomusrong"。

2　与先导的煤水车一同使用。

3　原来的窄轨 SR 4 号在 1919 年 4 月 7 日的行动中被摧毁。

4　第一位装甲列车指挥官（负责 1 号装甲列车）伊尔夫上尉于 1919 年 4 月 27 日的行动中身亡。

并为装甲列车团，拥有"伊尔夫上尉"号、2 号和 3 号装甲列车、远程铁道炮连、两个工兵连和两个机枪连。1936 年，铁道炮连由配备卡内特 152 毫米炮的武装卡车 ["巨人托尔"（Suur Tõll）号] 和另两辆各装一门 102 毫米（4 英寸）炮的武装卡车 ["梅里斯塔亚"（Müristaja）号和"塔珀"（Tapper）号] 组成。军队的计划是将装甲列车与轨道炮结合起来，但该国的财政状况导致进度缓慢，当苏军于 1940 年 6 月 17 日入侵爱沙尼亚时，三辆武装卡车仍在建造之中，列车的部分武器已经拆下，某些车厢的采购也已搁置。

加入苏联红军的装甲列车（1940 年 9 月— 1941 年 8 月）

原爱沙尼亚陆军于 1941 年 2 月 12 日成为苏联红军的一个军，装甲列车归属波罗的海军区。虽然它们的最终命运不明，但多节车厢被送往列宁格勒周围的前线。"巴巴罗萨"行动开始时，苏联最高司令部下令在塔林建造新的装甲列车，因为那里的铁路工厂拥有必要的经验。两列窄轨列车[5]和一个标准轨铁道炮台在那里建造，这些车辆参加了塔林保卫战，直至 1941 年 8 月 28 日该城陷落。

尽管下面的资料来源给出了很多细节，但考虑到列车之间的调动以及后续的现代化计划，从车厢上的名称辨别特定列车极其困难。因此，下面的照片标题只能作为参考。

---

5 包括一部机车、两节作战车厢（装备一门 76.2 毫米野战炮、一门 45 毫米高射炮和九挺机枪）和弹药车厢。铁道炮台拥有安装在无装甲 50 吨车厢上的三门 130 毫米岸防炮。

1 号装甲列车

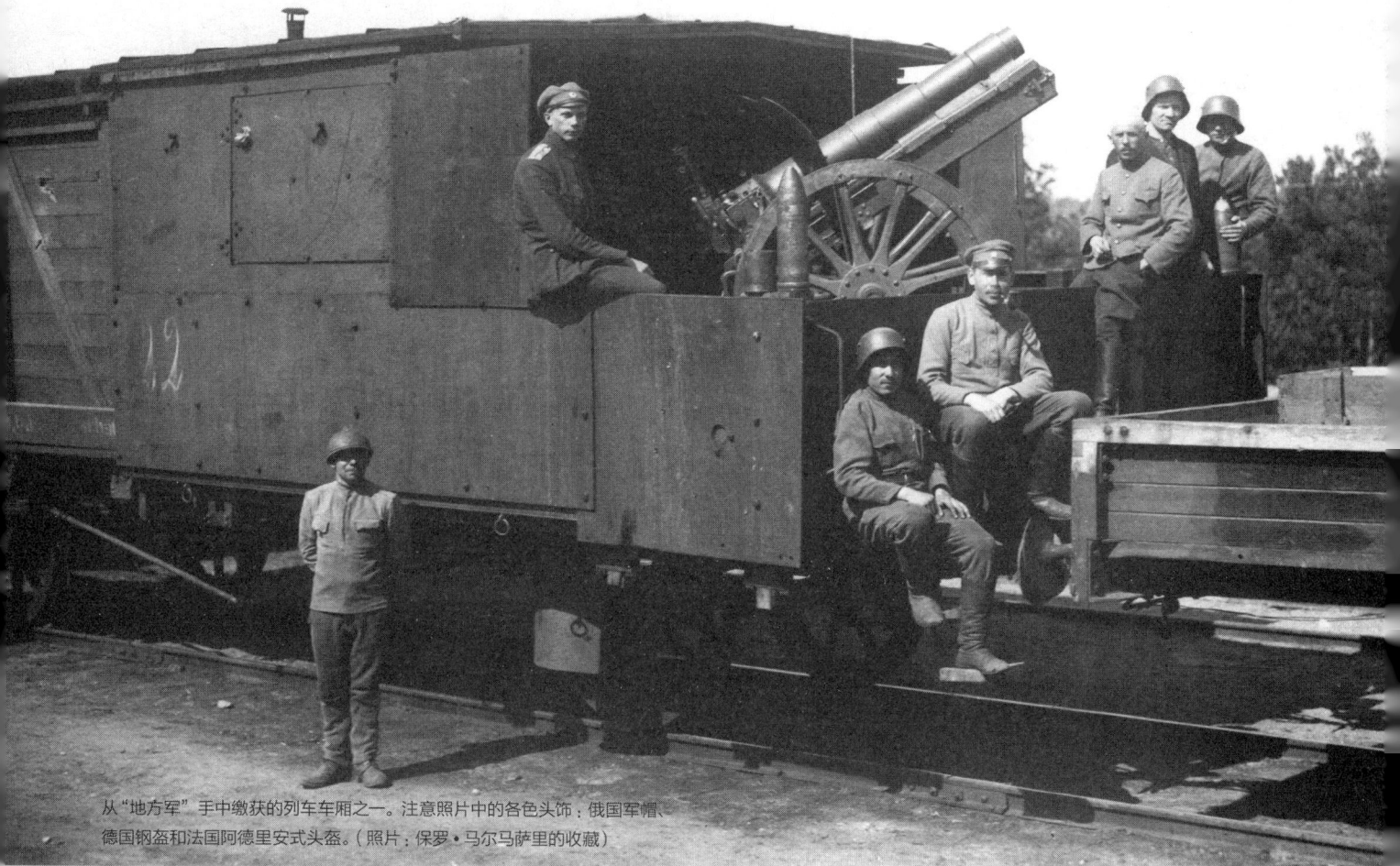

从"地方军"手中缴获的列车车厢之一。注意照片中的各色头饰：俄国军帽、德国钢盔和法国阿德里安式头盔。（照片：保罗·马尔马萨里的收藏）

装甲列车可以加挂 25 米（82 英尺）高的望远镜观察平台。图中的平台已经降到行车位置。列车各部分用树枝做了严密的伪装。（照片：保罗·马尔马萨里的收藏）

"伊尔夫上尉"号先导车厢"汤米"，可以看到它的 6 磅（57 毫米）炮。（照片：保罗·马尔马萨里的收藏）

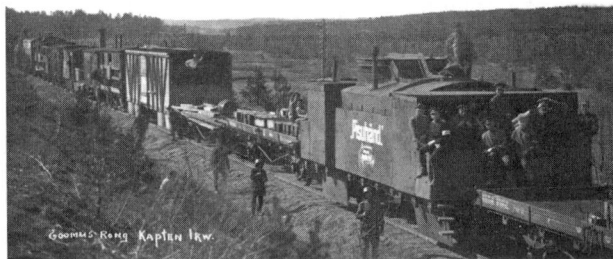

"伊尔夫上尉"号（1 号）装甲列车的"狗窝"（Pisuhänd）车厢。这张照片展示了车厢后来的配置——配备了一个圆顶炮台。（照片：保罗·马尔马萨里的收藏）

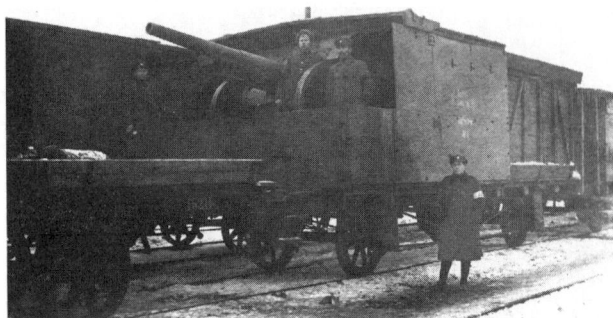

1 号装甲列车的一个火炮车厢。长轴距外框木制车厢一端包裹在箱形装甲里，脆弱的车轴箱由简单的矩形装甲板提供防护。（照片：保罗·马尔马萨里的收藏）

"伊尔夫上尉"号装甲列车的战旗在身份不明的车厢上（可能是 5 号装甲列车的一部分）。左边的背景是抬升的望远镜观察塔。（照片：保罗·马尔马萨里的收藏）

伊尔夫上尉，他指挥的装甲列车因他而得名。（照片：保罗·马尔马萨里的收藏）

"狗窝"的这张照片展示的似乎是 1939 年左右时的最终配置。(照片：保罗·马尔马萨里的收藏)

"伊尔夫上尉"号的初始状态。(照片：保罗·马尔马萨里的收藏)

2 号装甲列车

1919 年的 2 号装甲列车。注意各种各样的机枪：从左到右分别是刘易斯、马德森(俄国口径)、俄制马克沁(安装在轮架上)和柯尔特 - 勃朗宁"土豆挖掘机"。第二挺马克沁机枪装在车厢内。还要注意右侧乘员拿着的手风琴。(照片：保罗·马尔马萨里的收藏)

2 号装甲列车车组人员在火炮车厢"乌库"（Uku）前，这节车厢可能是在 1919 年以俄国货车为基础建造的。乘员们的臂章上有列车编号，这一特征出现在许多照片上。除了作为伪装的冷杉之外，"乌库"还装饰了用于正式典礼的花环，出席这次典礼的有 1919—1920 年的国民议会主席奥古斯特·列伊（August Rei，中间穿便服者）和他的妻子。注意漆在阴影当中的字母"Uku"，给人一种如释重负的感觉。（照片：保罗·马尔马萨里的收藏）

冬季伪装下的 2 号装甲列车。注意第二节车厢采暖炉产生的烟。（照片：保罗·马尔马萨里的收藏）

挂接到 2 号装甲列车的维克斯 130 毫米"卡尔维波埃格"（Kalewipoeg）铁道炮。（照片：保罗·马尔马萨里的收藏）

专为 2 号装甲列车发行的多张明信片之一，图案是该车的战旗。（明信片：保罗·马尔马萨里的收藏）

3 号装甲列车

3 号装甲列车"汤姆叔叔"（Onu Tom）车厢上的 76.2 毫米炮。该炮似乎是英国海军的 76.2 毫米（3 英寸）重型高射炮。后来，这节车厢改配维克斯 152 毫米榴弹炮。（照片：保罗·马尔马萨里的收藏）

1919 年 4 月 5 日拍摄的 3 号装甲列车"汤姆叔叔"车厢照片。我们可以看到照片中的海军 76.2 毫米重型高射炮。它的另一端还装有俄制 76.2 毫米野战炮。（照片：保罗·马尔马萨里的收藏）

5 号装甲列车

5 号装甲列车的"复仇者"（Tasuja）车厢装有英制 84 毫米（18 磅）和 76 毫米（13 磅）野战炮。（照片：保罗·马尔马萨里的收藏）

"复仇者"一端的照片，在较低的位置载有一门 18 磅炮。注意，此时野战炮的轮子用螺栓固定在下方的板子上。（照片：保罗·马尔马萨里的收藏）

装甲列车的近距防空能力由俄制马克沁重机枪提供，图中的 5 号装甲列车上的重机枪由五人小组操纵。枪座已经用简单的权宜方法做了抬高——在双层板车厢上堆放空弹匣，垫高三脚架的前脚。这种临时解决方案只能提供有限的转动角度，角度过大会导致枪座倾覆。背景的侧板和车顶属于相邻轨道上的货车。（照片：保罗·马尔马萨里的收藏）

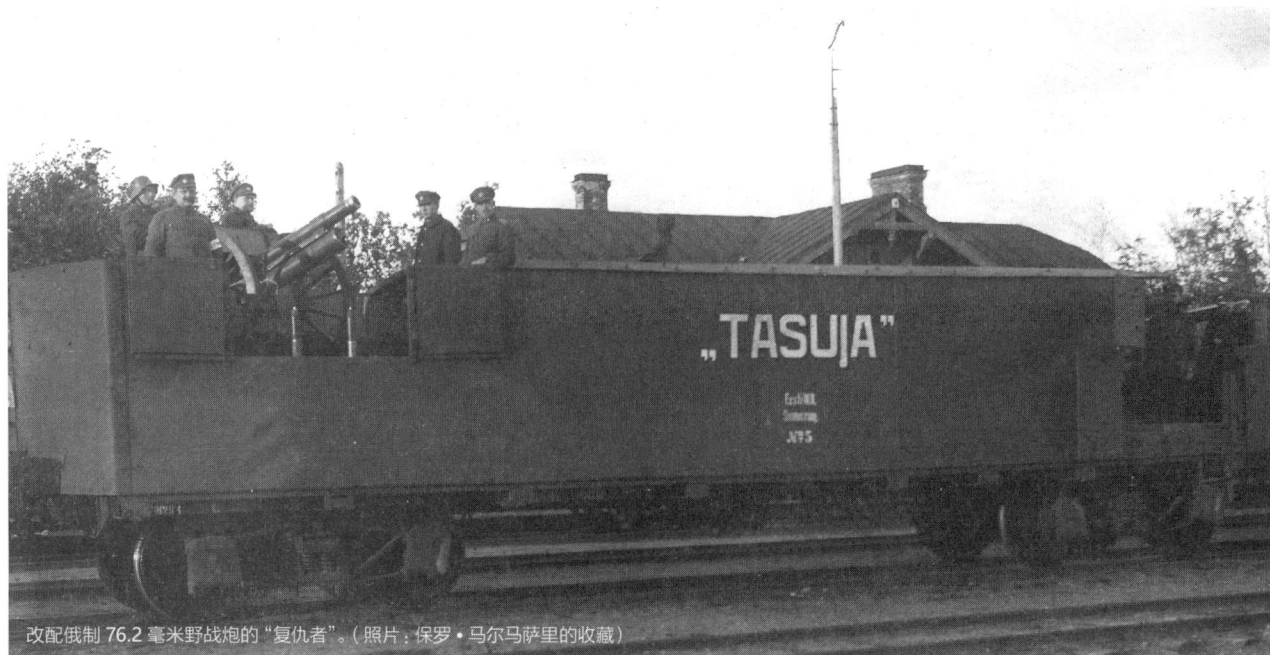

改配俄制 76.2 毫米野战炮的"复仇者"。（照片：保罗·马尔马萨里的收藏）

一张 5 号装甲列车的照片，我们可以看到俄国转架车因装甲而加高，并提供了四个机枪射击阵位和观察舱门。战斗结束后，这种类型的车厢就服役了。(照片：蒂特·努尔梅茨的收藏）

加挂到 5 号装甲列车的 152 毫米（6 英寸）铁道炮"连比特"（Lembit）。(照片：保罗·马尔马萨里的收藏）

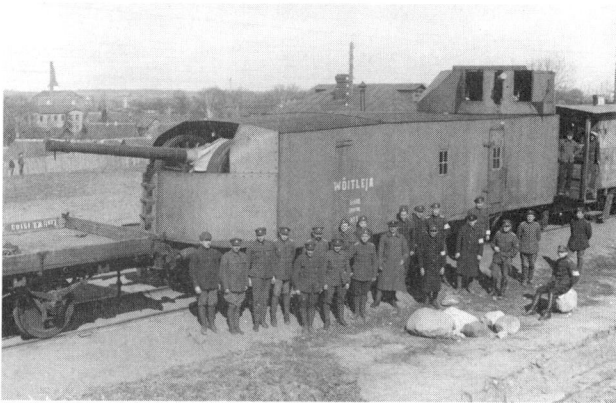

1919 年 10 月的"沃伊特莱亚"（Woitleja）车厢，尾部炮台上安装的可能是卡内特 1892 式 120 毫米炮。这种野战炮因轮架而被严重限制了水平射界。(照片：蒂特·努尔梅茨的收藏）

"连比特"炮特写。定装炮弹和螺旋后膛的组合表明这是一门按照法国设计制造的俄国卡内特火炮。类似的火炮仍然可在"阿芙乐尔"号战舰博物馆上看到。(照片：保罗·马尔马萨里的收藏）

6 号装甲列车

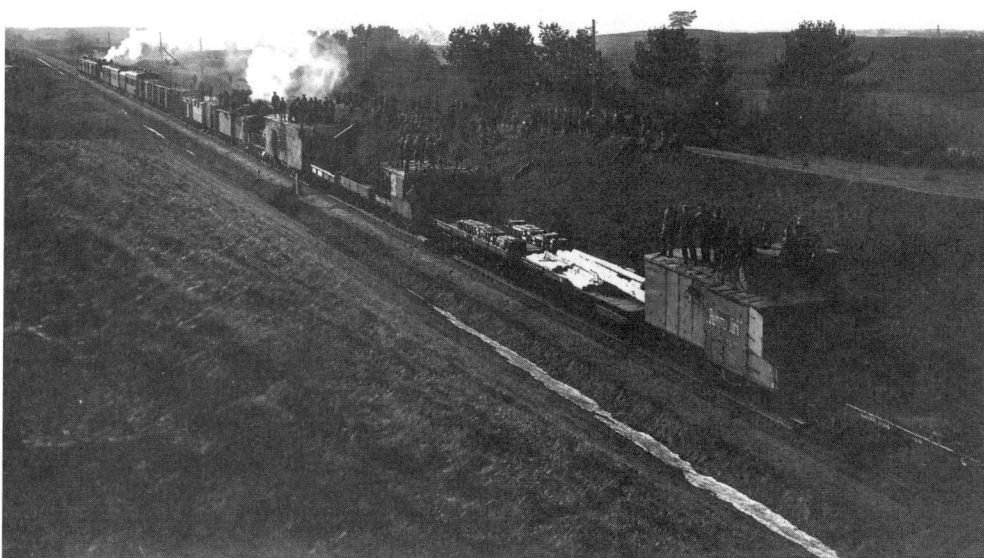

1919 年行动中的 6 号装甲列车。前方的火炮车厢名为"鲁穆·于里"（Rummu Jüri），装有一门俄制 76.2 毫米野战炮。装长管炮的车厢是"萨博洛特尼中尉"（Leitnant Sabolotnõi）。(照片：保罗·马尔马萨里的收藏）

装有长炮管 120 毫米（4.7 英寸）英制火炮的火炮车厢全景。多名车组人员佩戴该列车专用的臂章。除了标准的松树伪装之外，车厢上还有伪装漆板。（照片：保罗·马尔马萨里的收藏）

窄轨装甲列车
1 号（窄轨）装甲列车

于 1919 年 1 月拍摄的 1 号（窄轨）装甲列车照片。每个步兵车厢似乎都装备了一挺刘易斯机枪。注意队伍中央的医务兵和受伤的车组人员。（照片：保罗·马尔马萨里的收藏）

2 号（窄轨）装甲列车

装备俄制 76.2 毫米野战炮的火炮
车厢"巨人托尔"是 2 号装甲列车
的一部分。（照片：保罗·马尔马萨
里的收藏）

用于某些窄轨步兵车厢的装甲防护
近景，由俄制壕沟护盾组成。这种
车厢是 2 号、4 号和 5 号装甲列车
的一部分。注意，步枪兵装上了刺
刀。乍一看，这似乎不太协调，因
为他们是在装甲后作战的，不大有
使用刺刀近战的可能。但莫辛 - 纳
甘步枪从未配备过刺刀刀鞘，因此
这种刺刀应该是枪支原本的固定设
计。（照片：保罗·马尔马萨里的收藏）

4 号（窄轨）装甲列车

4 号（窄轨）装甲列车车组人员在
火炮车厢前。这节车厢拥有一门俄
制 76.2 毫米野战炮。（照片：保罗·
马尔马萨里的收藏）

5 号（窄轨）装甲列车

5 号（窄轨）装甲列车全景。（照片：保罗·马尔马萨里的收藏）

披上伪装的 5 号（窄轨）装甲列车。（照片：保罗·马尔马萨里的收藏）

5 号（窄轨）装甲列车。我们可以看到它的一门 76.2 毫米俄制野战炮。（照片：保罗·马尔马萨里的收藏）

20 世纪 30 年代经过现代化改造的装甲列车

1934 年 6 月 9 日安装在塔帕车站墙上的铜牌（于 1993 年 2 月 20 日恢复原位置），图案为装甲列车团的标志。（照片：保罗·马尔马萨里的收藏）

Od-130 号蒸汽机车，只有驾驶室有装甲防护，用于 20 世纪 30 年代的装甲列车。照片中的它正在推动 212 号车厢。（照片：保罗·马尔马萨里的收藏）

第 2 装甲列车团的 145 号轨道车，用于远离战区的高速联络任务，它乘员仅携带轻武器 [一支步枪和多支手枪（可能是勃朗宁）]。后座上的一名乘员正在使用野战电话，电话使用的缆盘在铁轨旁的地上。（照片：保罗·马尔马萨里的收藏）

这列列车的先导车厢（摄于 1925 年）是 302 号"马鲁"（Maru），右侧装一门 76.2 毫米俄制野战炮，左侧装 75 毫米重型高射炮。注意爱沙尼亚的国旗。（照片：保罗·马尔马萨里的收藏）

火炮车厢"老怪物"（Vanapagan）上的炮手围绕在他们的 76.2 毫米俄制野战炮周围。（照片：保罗·马尔马萨里的收藏）

于 1930 年时拍摄的 212 号装甲车厢。两端是对称的，斜对角布置机枪射孔。（照片：保罗·马尔马萨里的收藏）

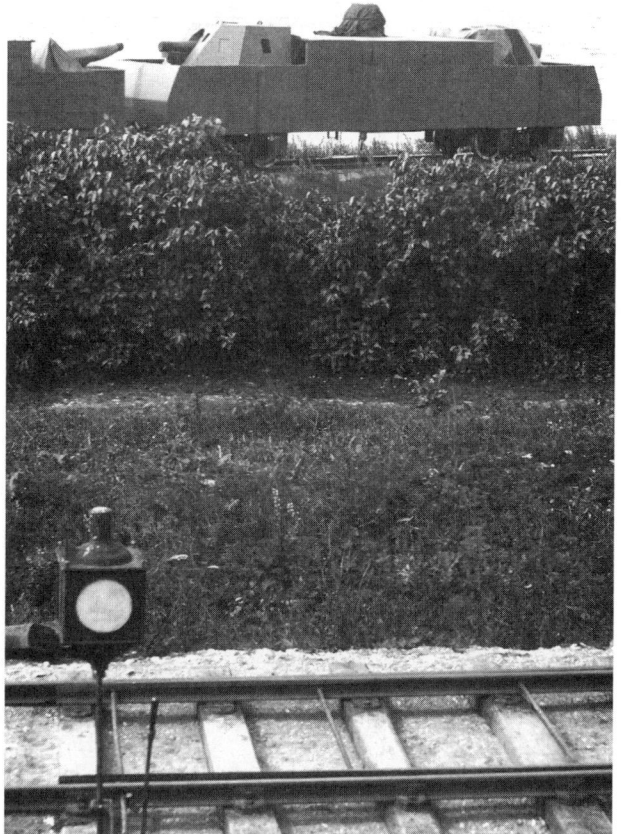

1929 年完成现代化改装的"汤米"车厢，装有两门施奈德 M1910 152 毫米榴弹炮。（照片：保罗·马尔马萨里的收藏）

装备两门 76.2 毫米野战炮的 303 号装甲车厢 "战斗机"（Võitleja）。（照片：保罗·马尔马萨里的收藏）

在 20 世纪 30 年代对装甲车厢的现代化改造中，"汤姆叔叔" 和 "连比特" 改配了两门维克斯 152 毫米（6 英寸）26 cwt BL 榴弹炮。使用这些火炮需要将延伸的侧墙连接起来，以提供持续的防护。照片中人物的是一位拉脱维亚军官和他的爱沙尼亚同僚。（照片：蒂特·努尔梅茨的收藏）

102 号装甲车厢 "瓦珀" 采用相同的设计建造。（照片：保罗·马尔马萨里的收藏）

在同一车厢的这张照片中，观察塔的四个半圆锥分段的铰链在顶部打开，露出了观察孔，这似乎是爱沙尼亚的独特设计。（照片：蒂特·努尔梅茨的收藏）

2 号火炮车厢 "驱逐舰"。(照片 : 保罗 • 马尔马萨里的收藏)

76.2 毫米炮的试验性装甲护盾，用螺栓将俄制壕沟护盾连接在一起。这些壕沟护盾也用于保护多列窄轨装甲列车。(照片 : 蒂特 • 努尔梅茨的收藏)

资料来源

- Helme, Mehis, *Eesti Kitsarööpmelised Raudteed 1896-1996* (Tallinn: self-published, 1996).

- Õun, Matti, Noormets, Tiit, and Pihlak, Jaak, *Eesti Soomusrongrid ja Soomusronglased 1918-1941* (Tallinn: Sentinel, 2003).

芬兰

1918—1945 年的装甲列车 [1]

　　芬兰装甲列车的故事始于 1918 年的独立战争，这场战争见证了该国诞生并摆脱俄国控制。当时的芬兰铁路网还没有取得重大进展，但至少能合理地连接不同地区，并通过维伊普里（Viipuri，今俄罗斯维堡）—彼得格勒（今圣彼得堡）铁路线与俄国相连。芬兰铁路工人很容易受到共产主义意识形态的影响，因此芬兰军队最高司令部从一开始就非常注意铁路网的安全。装甲列车在与苏俄的三场战争中都起到了重要作用。

1918 年的独立战争

　　布尔什维克领导人最初将芬兰的独立看成好事，认为是"人民行使了自决权"，但是后来又改变了想法，试图通过"第五纵队"恢复统治。

　　苏维埃部队由人民委员会主席库莱沃·曼纳（Kullervo Manner）担任总指挥，包括红军和斯维切尼科夫（Svetchnikov）上校指挥的苏俄部队。一开始，装甲列车几乎全归红军使用，数量多达 10 列。据信，其中 4 列原产于俄国，设计精良、质量可靠，其余则在本地建造。第一批列车似乎在战争开始后才由苏俄车组操纵进入芬兰，直到后期才换成芬兰人。尽管如此，在所有列车上，苏俄志愿者仍继续担任炮手和机枪手。车组人员都是芬兰赤卫队的精锐，他们有助于增强士气，装甲列车的支援也帮助赢得了许多战斗。

　　红军中的本土列车是在帕西拉（Pasila）、维伊普里和弗雷德里克斯堡（Fredericksberg，赫尔辛基）工厂中由转架车临时改装的。建造中使用的钢板尽管有相当的厚度，但原本不是用作装甲的，耐腐蚀性能较差也可能成为致命的弱点。除了轻武器外，列车上的武备包括 37 毫米、57 毫米和 76 毫米海军炮，其底座直接用螺栓固定在转架车或平板车的地板上。在一些列车上，火炮配备了护盾（见下面的插图）。在战术上，装甲列车组成了赤卫队的一个分部，专门用于炮兵火力支援。它们最后的总指挥是此前任 1 号装甲列车指挥官的 G. 塔姆兰德（G Tamlander）。某些列车指定了编号（1—4 号），另两列则有典型的革命风格名称，这表明最后两列来源于苏俄——它们是"克伦斯基"（Kerenski）号和"游击队员"（Partissani）号。即便前四列列车有名称，也没能留在历史记录中。在白军一方，除了缴获的列车之外，还有 1918 年 2 月 11 日为了应对红军攻势而临时制造的"卡累利亚救星"（Karjalan Pelastaja）号。

1 芬兰语称装甲列车为"Panssarijuna"。

在赫尔辛基弗雷德里克斯堡工厂建造的红军装甲列车，装备原本用于战舰或岸防的卡内特 75 毫米炮。（照片：让 - 加布里埃尔·热迪的收藏）

"卡累利亚救星"号的 G1 级机车
配备的装甲很粗糙，不过装了一个
折烟器。（照片：版权所有）

"卡累利亚救星"号的一节车厢，
装甲防护包括两层木板和其间填
充的碎石。它的武器是一门 76 型
VK/04 76.2 毫米山炮（带护盾）。
（照片：版权所有）

在苏俄上校斯维切尼科夫（Svetchnikov）率领下对维伊普里发动的三次进攻被击退。1918 年 2 月 7 日，一列装甲列车在 1300 名士兵和 7 门火炮支援下参战，但这次攻击再次失败。21 日和 22 日重新发动的攻势中，1 号装甲列车炮击白军防线，不过没有明显的战果。3 月 13 日，红军再次尝试突破，攻击队伍的前列是装满爆炸物的列车。反复攻击无果之后，苏俄红军计划投入第二列装甲列车，但白军炸毁了一座铁路桥，阻止红军夺取该镇。在萨沃（Savo）战区，红军的攻击得到一个拉脱维亚步兵连和由南开来的一列装甲列车的支援，攻克了白军占据的曼蒂哈尔尤（Mäntyharju）车站。然而，白军于 2 月 14 日重夺该镇并一直控制在自己手中。

"卡累利亚救星"号于 2 月 2 日到 12 日之间成功地参加了卡累利亚地峡的行动，与此同时，南方的赫尔辛基赤卫队使用一列列车支援步兵攻击，目标是消灭驻扎在赫尔辛基 - 卡尔亚（Karjaa，即卡里斯）铁路线战

略枢纽的白军，这些枢纽拥有通往图尔库（Turku）、坦佩雷（Tampere）和拉赫蒂（Lahti）的铁路线。

3 月 15 日，白军发动反攻，阻止红军抵达北面的海梅（Häme）。战斗在铁路线周围展开，15 日，白军炸毁了奥里韦西（Orivesi）的铁轨，阻止红军列车由南开来。18 日，就在白军即将重夺奥里韦西之际，来自利利（Lyly）的一列红军列车迫使他们撤出。这列列车很快得到另一列列车的支援，持续两天击退了白军重夺车站的进攻，不过车站最终仍然失陷。21 日，1 号装甲列车和一个步兵连守卫坦佩雷以东铁路线上的西塔马（Siitama），很快 3 号装甲列车也与他们会合。被白军炮火所伤后，列车撤往坦佩雷，后被缴获。24 日，白军从奥里韦西推进到伦派莱（Lempäälä），绕到坦佩雷以东。由于前往赫尔辛基的铁路线已被切断，红军派出一列装甲列车，试图重新打通道路，但徒劳无功。白军夺取于勒耶尔维（Ylöjärvi）和希弗洛（Sivro）车站，阻

断西线的红军增援部队，继续围困坦佩雷。红军派出多列装甲列车实施突围，其中一列从赫尔辛基开来，在该城与坦佩雷之间参加战斗。与此同时，红军决定完成在赫尔辛基建造的列车，不过它们仍然缺少武器。

最后的战斗中，守卫坦佩雷-伦派莱铁路线的红军列车于 25 日与白军炮兵的交火中被毁，两天后，3 号装甲列车被炮火直接命中而遭到重创，指挥官阵亡。24

日，向南的铁路线被切断，从伦派莱派出的两列红军列车参加了战斗，但未能抵达坦佩雷。从那时起，白军的包围圈已经完成，在行进铁路线被切断的列车中，守卫纳什林纳（Näsinlinna）的那一列于 4 月 4 日严重受损，此后机车又被直接命中的炮弹炸毁。4 月 5 日，3 号装甲列车乘员破坏了列车，以避免它落入白军之手。6 日，坦佩雷陷落，白军缴获了 30 门火炮和两列装甲列车。

红军装甲列车的典型外观，装甲板直接装在踏脚板上。注意驾驶室旁的提环（照片：版权所有）

德国对这场战争的干涉以在赫尔辛基以东 60 千米的洛维萨（Loviisa）登陆开始。4 月 11 日，在 400 名民团官兵帮助下，"冯·布朗登斯坦"（von Brandenstein）旅向拉赫蒂—科沃拉（Kouvola）铁路线推进，准备将其切断。拉赫蒂的命运直到 17 日才决定。红军向西逃走，留下一列列车在拉赫蒂—赫尔辛基铁路线上断后。4 月 20 日和 21 日，"卡伦斯基"号和"游击队员"号装甲列车在步兵支援下从东面发动攻击，试图夺路前往赫尔辛基，但于此役遭到失败，次日再次尝试仍无法突破。其中一列列车不得不撤往维伊普里维修。5 月 2 日，拉赫蒂最终陷落，白军于赫拉拉（Herrala）车站回收了两列被遗弃的完好装甲列车。

白军在芬兰东部的总体攻击目标是切断红军与彼得格勒之间的交通线，将其彻底消灭，维伊普里—彼

得格勒铁路线堪称红军的脐带。白军于 1918 年 4 月 19 日开始南进，夺取拉伊沃拉（Raivola）、克洛梅基（Kellomäki）和阔卡拉（Kuokkala）车站。最后一个车站由一列装甲列车守卫，被击中多次后不得不撤退，红军的抵抗也就瓦解了。拉伊沃拉的另一列装甲列车撤出，导致步兵退却，到 24 日，40 千米（25 英里）的铁轨落入白军手中，芬兰共产党的部队与苏俄失去了联系。

与此同时，另一支白军部队从北面和东面向维伊普里逼近。24 日黎明，红军在塔利（Tali）附近发动进攻，两列装甲列车提供了支援，但攻击失败了。这两列装甲列车似乎参与了维伊普里防御战，主要由苏俄车组操纵的一列往北逃脱，另一列则撤进城里。

南线红军派出一列装甲列车，试图向彼得格勒突

围。塞伊尼厄（Saïniö）的一段铁路受损，迫使它停下脚步，此后的临时维修未能成功，只得撤退，中途出轨之后，车组放弃了列车。白军修复铁轨之后，回收了这列列车，但似乎没有将其纳入军中服役。27日，红军又一次尝试突围，但蒂恩哈拉（Tienhaara）的桥梁被摧毁，装甲列车只得退却。最后一列装甲列车继续在维伊普里以西防御，巡逻范围远至辛普拉

（Simpla）。维伊普里于29日早晨陷落，至此三列装甲列车皆落入白军之手。

内战结束时白军的战利品还包括另外三列装甲列车：5月5日在科特卡（Kotka）完好无损地缴获的两列，以及在赫尔辛基于4月4日投降时缴获的一列。后者在4月19日由德军用于赫尔辛基—里希梅基—拉赫蒂（Riihimäki）铁路线上。

苏联装甲列车的两节车厢之一，这列列车可能是1918年4月24日于塞伊尼厄被缴获的"打倒资本主义"号（Voloi Kapitalism）或"游击队员"号（Partisaani）。这些车厢最初归照片中的德国部队使用。图中的车厢已经过改造，增加了固定的观察塔（参见苏俄的有关章节），但保留了76.2毫米K/02火炮，直到1935—1939年。当德军于1918年年底离开芬兰时，每节车厢加挂到一列芬兰装甲列车，这节车厢将加入PSJ 2。（照片：保罗·马尔马萨里的收藏）

1919年建造的两节山炮车厢之一的照片，该车厢原装备一门德制75毫米VK/L14山炮和两挺机枪，意图成为每列装甲列车的追击车厢。照片中德国山炮已被拆除，该车厢此时明显用于训练。它挂接在PSJ 1尾部，观察员似乎在指挥短火炮车厢炮塔射击，后者此时改配了一门76.2毫米VK/04山炮。照片摄于1932年和1939年之间。有趣的是，这些车厢继续使用了多年，包括用作伴随装甲列车的勤务车。注意其中一名士兵戴的阿德里安式头盔。每个车厢上漆有芬兰国徽图案["自由十字"，蓝色马耳他十字上的一个黄色短臂"卍"字，1918年由阿斯科利·加伦-卡雷拉 Askeli Gallen-Kallela 设计]。（照片：保罗·马尔马萨里的收藏）

长火炮车厢之一，可能是红军在内战期间建造的，图中的车厢采用平顶，正面的炮塔安装一门马克沁37毫米机关炮。这些车厢经过持续改良，于1944年达到最终状态。（照片：卡里·库塞拉）

1935年到1939年之间的某一段时间，PSJ 2的（短）火炮车厢（可通过两级观察塔来进行辨认）改装一门76.2毫米VK/04山炮，PSJ 1在1932年接受这一改装。（照片：保罗·马尔马萨里的收藏）

PSJ 2 的 Sk3 级蒸汽机车。这些货运机车中，只有两部在内战后仍保留装甲。最初，PSJ 1 的机车没有配备折烟器，苏联飞机在冬季战争中可以轻松地找出列车藏匿之处。它们的装甲厚度为 10 毫米。（照片：保罗·马尔马萨里的收藏）

PSJ 2 前部（长）火炮车厢近景，摄于 1940 年 1 月 1 日。原 37 毫米机关炮已更换为一门 76.2 毫米 Vk/04 山炮。注意护盾的上半部分随炮管升高。这个车厢的武备还包括 20 挺 7.62 毫米机枪，其中一挺明显伸出了车顶观察塔。另外 76.2 毫米山炮旁边也可再加装两挺机枪，通过椭圆形射孔射击。（照片：SA-Kuva）

1940 年，884 号 K5 级机车（于 1942 年改名为 Tk3 级）配备装甲，以加固列车。防护装甲由 77 块钢板组成，厚度为 16—22 毫米（煤水车上为 16 毫米）。这部机车分配给 PSJ 1，但也服务于 PSJ 2。（照片：保罗·马尔马萨里的收藏）

苏芬冬季战争（1939—1940 年）和继续战争（1941—1944 年）期间的装甲列车

这一时期，两列芬兰装甲列车由设于米凯利（Mikkeli）的最高司令部控制，直接隶属军属炮兵指挥部。冬季战争期间，它们被当作攻势武器使用，后来降级为机动高射炮阵地，其武备也相应地做出改变。即便在那个时候，这些车辆拥有的威力也能给地面部队带来勇气。这些列车还能够直接帮助官兵们——安全地运送他们，避开游击队的陷阱和袭击。芬兰军队在该国

东部的拉多加湖地区使用装甲列车对抗苏军。"继续战争"中，PSJ 1 转移到科拉（Kollaa），PSJ2 先转移到卡累利亚地峡，此后又转到拉多加湖，那里是适合装甲列车发挥作用的地方，它们的射界扩大到 6000 米（超过6500 码）。

1 号装甲列车（Panssarijuna 1，PSJ 1）

1 号装甲列车包括两个独立部分——装备火炮和机枪的装甲列车，以及无装甲的支援列车。

1939 年时，装甲单元依次为：

1. 安全车

2. 安全车

3. 长火炮车厢，装有一门 76.2 毫米 VK/04 山炮，打击地面和空中目标时水平射界约为 270 度，两挺机枪安装在炮塔侧面，可以向前方射击，六挺 7.62 毫米机枪，车身两侧各三挺

4. 机枪车厢，侧面安装 8—10 挺 7.62 毫米机枪，车顶的护墙里安装两挺高射机枪

5. 非武装装甲蒸汽机车

6. 装甲牛厢

7. 短炮兵车厢，装有一门 76.2 毫米 VK/04 山炮和多挺 7.62 毫米机枪

8. 安全车

9. 安全车

无装甲支援列车包括三节或四节 Gb 型和 T 型三等客车车厢，一节炊事车厢和各种不同用途的车厢（包括桑拿、食堂、电台舱室等）。列车组合的全部成员大约有 90 人，其中装甲列车有三名军官、25 名士官和 50 名士兵。

1939 年 11 月 1 日，该列车与第 12 师 34 步兵团取得联系，在阻击苏军的行动中提供火力支援。12 月 2 日，它担当后卫部队，掩护第 36 步兵团 1 营撤往苏维拉赫蒂（Suvilahti）。3 日，列车支援第 36 团 3 营发起反攻，17 时左右，该营在列车炮火掩护下撤离。4 日，苏军坦克朝铁路方向发起进攻，尽管取得了局部突破，但当日他们的攻击还是失败了。1 号装甲列车接着参加了 12 月 8—16 日的行动，消灭攻击第 34 步兵团防线的苏军部队。16 日，列车接到命令，限制侦察行动。地面攻击之后的空袭以及苏军的炮轰使这列装甲列车无法抵达前线。1939 年 12 月 17 日到 1940 年 3 月 13 日之间，1 号装甲列车成为 25 个白天、15 个夜晚的炮击目标，并遭到 25 次空袭，其中一次毁坏 12 处铁轨，导致其出轨。

两次世界大战之间，PSJ 1 留作后备，直到 1941 年 7 月 28 日才开往卡累利亚地峡，保护列宁格勒—维伊普里铁路线的安全。"持续战争"爆发之前，它接受了多项改造：可以实施炮兵间瞄射击的新型瞄准系统，以及实现车厢和机车间通信的对讲系统。鉴于冬季战争中装甲列车面对的主战场，两门 76.2 毫米山炮被更换为了两门 40 毫米博福斯高射炮。根据不同车厢，装甲防护仍然为 15—20 毫米。最后，PSJ 1 安装了和 PSJ 2 相同的折烟器，用以将机车的烟导向道砟。

1942 年 11 月 28 日，PSJ 1 和 PSJ 2 经过改造，成为两个铁道高射炮连（第 1 和第 2 铁道高射炮连）。由于苏联空军的主要威胁是对地攻击机，两列列车用 40 毫米博福斯炮替换了奥布霍夫炮，最大限度地增强近距自动火力。到 1943 年 8 月 30 日，PSJ 1 的装甲部分携带如下武器：

冬季战争后的 PSJ 1。短火炮车厢已经改配了一门 40 毫米博福斯 ItK/35-39 B 高射炮，后在原来的两条中央车轴上又增加了一条。注意车厢两侧的备用轨道。（照片：保罗·马尔马萨里的收藏）

1941 年 7 月的 PSJ 1。长火炮车厢的顶部做了改造，侧面被改成斜角以增加博福斯高炮的射角。注意尾部的 Tk3 机车和安全车厢上的装甲车轴箱。（照片：SA-Kuva）

1942 年时前线上的 PSJ 1 长火炮车厢。奥布霍夫 76.2 毫米 ItK/02/34 高射炮大约在 1941 年 9 月安装，博福斯炮移到车厢后部，被直接安装在车厢地板上。为奥布霍夫火炮设置的护墙更大，具有可开启的面板，可以向高架轨道两侧水平线以下的目标进行射击。（照片：保罗·马尔马萨里的收藏）

长火炮车厢的最后发展：1944 年，原 PSJ 1 车厢经过改造，优化其作为第 1 高射炮连一部的防空能力。其车顶后部被改成斜角，以增加第二门博福斯 40 毫米炮的射界。这个车厢目前在帕罗拉装甲兵博物馆展示，从后部看去，它的外部做了部分修复（前方博福斯炮的护墙不见了），被拆除了武器。注意车厢上改版后的国家标志——白色背景上的黑色短臂"卐"字，装甲部队于 1941 年 6 月 21 日采用这一标志。（照片：保罗·马尔马萨里的收藏）

PSJ 1 短火炮车厢的最终版本（最初为两条车轴，后改为三条）。这些车厢于 1984 年转移到帕罗拉博物馆。（照片：保罗·马尔马萨里的收藏）

PSJ 2 使用的 G10 机车（未来的 Sk3）的精细照片，摄于冬季战争期间。注意，其装甲延伸到左侧的机枪车厢后部，以保护从后门进出的人员。这些车厢最初是红军在赫尔辛基建造的，并在之后得到持续的升级。（照片：SA-Kuva）

－三门博福斯 40 毫米 ItK/39 火炮，一门在短火炮车厢上，两门在长车厢上。

－两门马德森 20 毫米 ItK/40 火炮，安装在 1943 年 6 月改造的两节新型无装甲车厢（Git 型）上。

苏军于 1943 年 6 月 9 日发动大规模进攻，PSJ 1 先被用于马塞尔卡（Maaselkä）铁路设施的防御，后又被派驻维伊普里。为了执行这项特殊任务，其每个车厢与其他车厢分离，并各自加挂到一列货运列车上。1944 年 3 月 28 日—4 月 10 日，该列车得到了同样的任务，单独的车厢被作为固定的高射炮阵地使用，此后又在 5 月 28 日—6 月 12 日于拉普兰（Lapland）掩护部队行动。接着，PSJ 1 转移到努尔米（Nurmi）、锡莫拉（Simola），最后于 7 月 30 日抵达塔韦蒂（Taavetti），车组在那里听到了几天以前停战的消息。9 月 22 日，列车开往科沃拉，10 月 3 日部分乘员被遣散，其余留在车上直到 11 月。1944 年 11 月 17 日，PSJ 1 退出现役。

2 号装甲列车（Pansarijuna 2）

由于 1944 年 6—7 月从卡累利亚撤退时，相关人员遗失了作战日志和档案记录，所以我们现在很难追溯这列列车的战史。

1942 年 4 月初，它的武器包括：

－一门奥布霍夫 76.2 毫米 ItK/02/34 高射炮（装在长火炮车厢上）

－两门博福斯 40 毫米 ItK/38 高射炮（一门在长火炮车厢，另一门在短车厢）

－17 挺 7.62 毫米 kk 09 机枪

－五挺 7.62 毫米 kk 32 机枪

它还得到了一个双目立体测距仪（可以在前文的训练车厢照片中看到）。

PSJ 2 从 1941 年 7 月 1 日起转移到托赫马耶尔维（Tohmajärvi），归第 7 军指挥，随同第 2 重型铁道炮连参与了夺取韦尔齐莱（Värtsilä）的战斗。28 日，这两支部队加入了卡累利亚集团军，归属德国国防军第 163 步兵师指挥，为该师提供了有效的火力支援。除了确保第 7 军的补给线安全，PSJ 2 还为维茨卡（Vitska）、叙韦里（Syväri）和卡鲁梅基（Karhumäki）提供了主要的防空火力。

1942 年 11 月 28 日，PSJ 2 被改编为第 2 防空连。此后，它为铁路网上的关键地点提供掩护，包括烤炉岛（Uunista）上的桥梁、马鲁（Malu）和梅基—利斯马（Mäki-Lisma）支线上的车站。它被分为不同的单位，取名第 1、第 2 和第 3 铁路高射机枪连（Rautatiekonekiväärikomppania，缩写为 Raut. It. KKK）。PSJ 2 以这种形式参加了 6 月份的防御战，对抗苏军向卡累利亚发动的攻势，此后又被调到奥努斯（Aunus）地峡。苏联海军陆战队第 70 旅于 6 月 23 日在图洛斯（Tuulos）登陆，切断了铁路线，将 PSJ 2 困住。为了避免落入敌人之手，车组于同日在梅克利亚（Mäkriä）车站附近将其破坏。

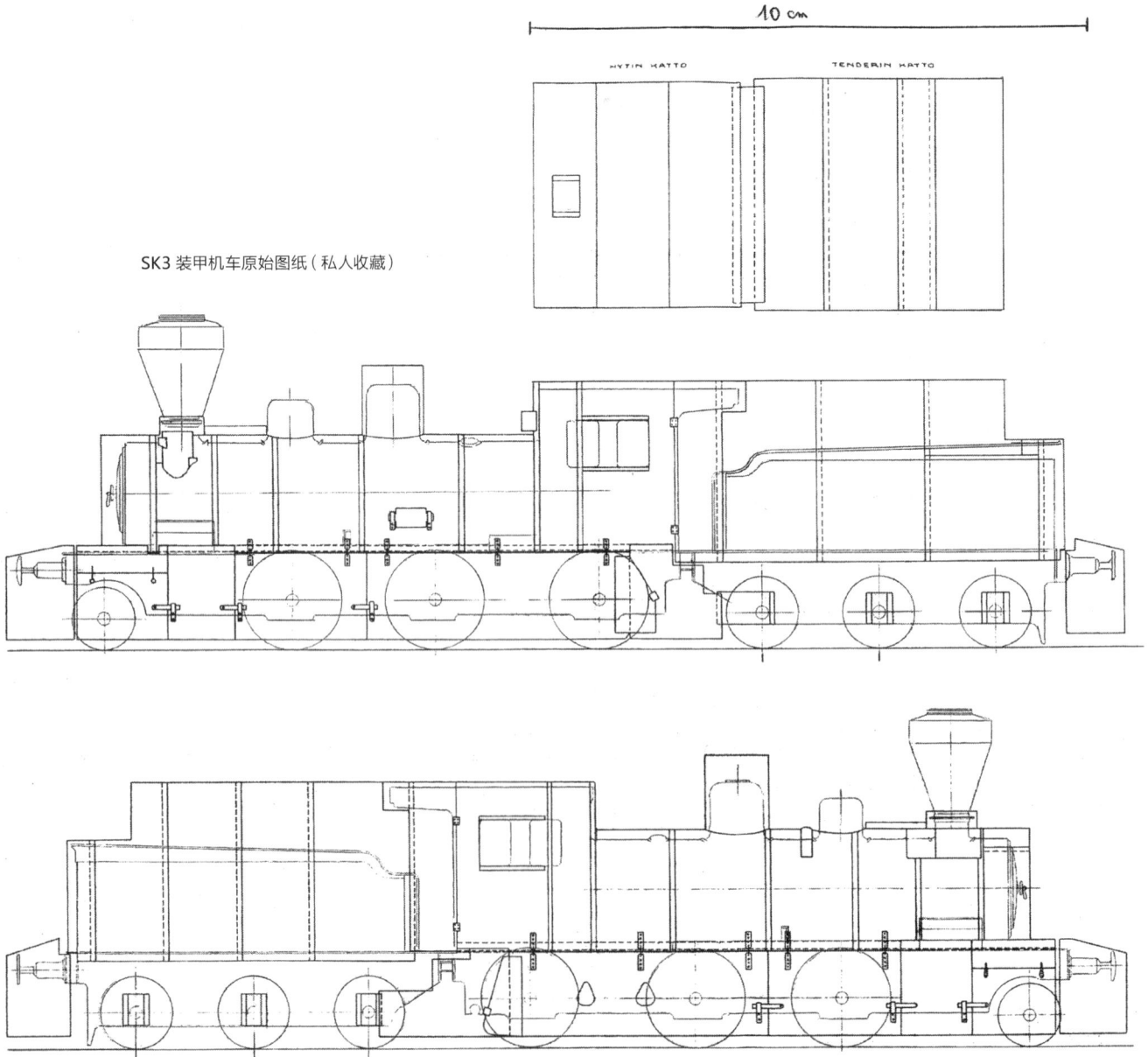

SK3 装甲机车原始图纸（私人收藏）

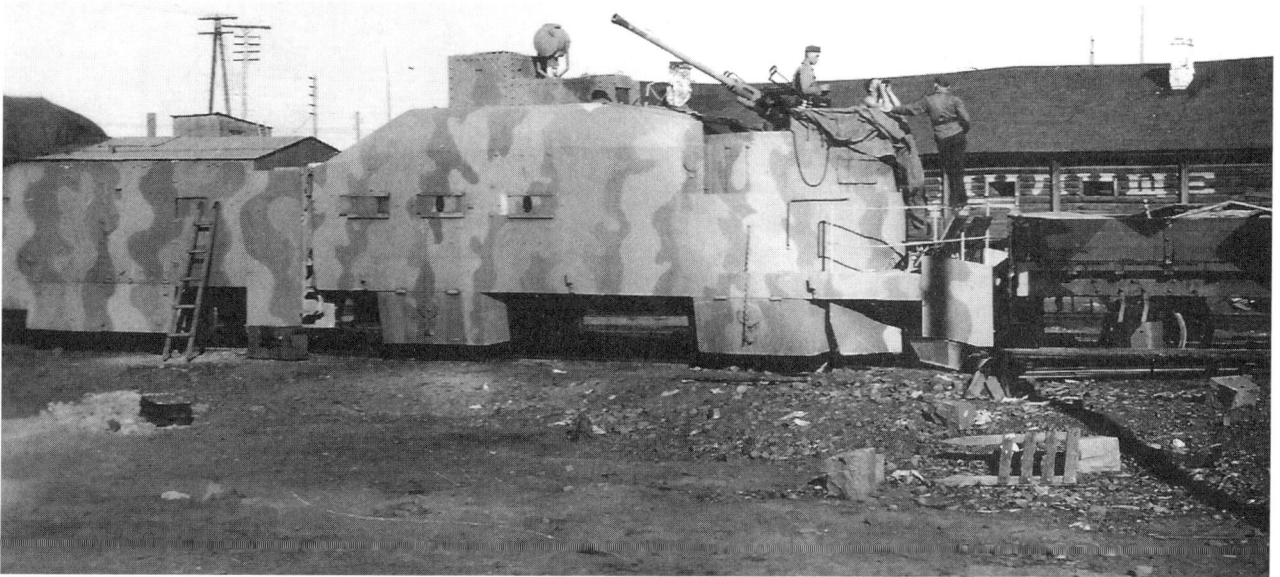

PSJ 2 的（短）高射炮车厢装备一门博福斯 40 毫米 ItK/39B 高射炮和七挺机枪。注意阶梯式观察塔上的探照灯。后面的车厢是机枪与厨房车厢，机枪护墙上覆盖着帆布。（照片：保罗·马尔马萨里的收藏）

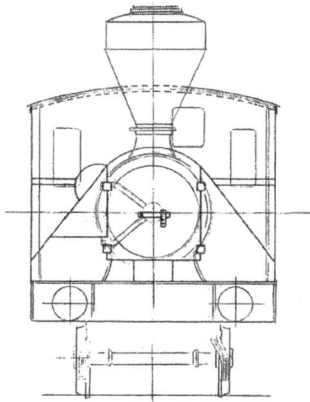

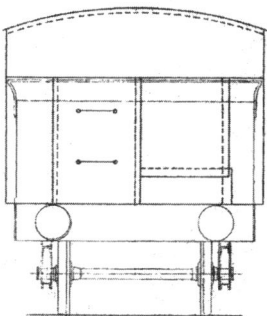

PSJ 2 的长火炮车厢，摄于 1941 年 8 月 7 日。这个车厢全副武装，包括一门博福斯 40 毫米炮，照片上部有拍摄到它的部分炮管，另外我们可以从照片中看到三挺马克沁 7.62 毫米机枪，第四挺在车顶后方护墙的高射机枪座上，此外还有多挺机枪可从车厢侧面进行射击。（照片：SA-Kuva）

在帕罗拉展示的机枪车厢，两列装甲列车都有这种车厢。展示的车厢保留了 1942 年的状态，这是在弗雷德里克斯堡为红军建造车厢的最终版本。（照片：保罗·马尔马萨里的收藏）

1942 年 3 月拍摄的 PSJ 2，没有使用装甲机车。右起第二个车厢是机枪与厨房车厢，车顶有两个高射机枪护墙。苏联 PL-37 车厢的炮塔前后对齐，而奥布霍夫和博福斯高射炮抬高准备战斗。左侧的客车车厢可能是供车组人员休息和娱乐的。（照片：保罗·马尔马萨里的收藏）

PSJ 2 的长火炮车厢，1941 年 10 月摄于埃索伊拉（Jessoila）。奥布霍夫 76.2 毫米 ItK/02/34 高射炮安装于 1941 年 9 月 23 日，代替了原来的博福斯炮，后者已被重新布置到车顶上原来安装 7.62 毫米马克沁高射机枪的护墙里。奥布霍夫炮使用的新护墙有可以打开的面板，这样它就可以向高架轨道两侧水平线以下的目标射击。下一个车厢是机枪与厨房车厢，车顶有两个高射机枪护墙。（照片：保罗·马尔马萨里的收藏）

机枪与厨房车厢中安装的马克沁 M/32-33 7.62 毫米高射机枪。车内还使用了一个双 7.62 毫米 ItKk/31 VKT 枪座。这可能是一张摆拍的宣传照，因为高射机枪通常应该安装在比这高得多的圆形护墙内。（照片：SA-Kuva）

1941 年 9 月，芬兰军队在阿尼斯林纳（今彼得罗扎沃茨克）缴获了一列苏联装甲列车，将其 PL-37 炮兵车厢用于 PSJ 2。不过，由于苏联武器没有高射炮所需的充足仰角，它在芬兰人手里很少出战。注意左侧远端奥布霍夫高射炮的炮管。（照片：保罗·马尔马萨里的收藏）

资料来源

档案

- 芬兰照片档案（www.sa-kuva.fi）
- 赫尔辛基战争博物馆
- 铁路博物馆（Rauttatiemuseo）
- SHD, cartons 7 N 2788.

书籍

- Hannula, General Josse Olavi, and Perret, Jean-Louis, *La guerre d'indépendance de Finlande,* 1918 (Paris: Payot, 1938).

- Sillanmäki, Jouni, *Panssarijunia Suomessa – Suomalaisia Panssarijunissa* (Jyväskyla: Gummerus Kirjapaino Oy, 2009).

期刊文章

- Talvio, Paavo, 'Panssarijunat Talvi- Ja Jatkosodan Taiteluissa', *Sotahistoriallinen Aikakauskirja* No 5/1986, PP. 193-235.
- 'Panssarijuna 2 : N Tuominta ja tuho', *Veturimies Magazine* No 11-12/1986, PP. 474-482.

网站

- http://www.jaegerplatoon.net/MAIN.html.

法国

1825—1870 年的装甲列车

1825 年的首个装甲列车项目

1825 年，在英国修建从斯托克顿到达灵顿、长度为 45 千米（28 英里）的铁路计划启发下，法国海军中校蒙特热里（Montgéry）提出了如下的想法："一种蒸汽动力的防御性战车，或者移动炮台，如果大规模部署，将成为强大的工事，在铁路上的机动速度超过了最好的骑兵部队。这种机器可以包含三节能抵御炮弹的车辆。其中一节（位于中部）配备蒸汽机。另两节将携带三门榴弹炮……这样，配备的炮塔和小规模要塞部队以及相应的弹药，总重量约为 85000 千克（将近 94 短吨）……"这位发明者设想，列车的部署"特别适合于隘口、公路或战略重要的非筑垒城镇主干道、某些要塞道路以及特定海滩的防御……"遗憾的是，这种装甲列车的图纸都没有留存下来。

墨西哥战役（1861—1867 年）

1866 年 11 月，在墨西哥战役期间，法军曾拟定计划，建造一种防御性的车厢以对抗非正规军，后者在法国远征军撤退之前一直不断地制造严重的麻烦。这种转

架车覆盖 12 厘米厚的木板作为防护，每侧有 11 个射孔，两端还各有三个。从图纸中看到的支柱来看，它的武器可能包含了大口径城墙炮，以适应"移动要塞"的要求。

普法战争之前的装甲列车提案

1841 年，M. 施威卡尔迪（M. Schwickardi）提出了一种"火炮车厢"，用于要塞防御，也可用于巴黎的防御。仄费罗斯·托芬（Zéphyr Toffin）的公路铁路两用"装甲机器"可以追溯到 1858 年 3 月：长 4 米（13 英尺 1.5 英寸），宽 2 米（6 英尺 6.75 英寸），装甲包括保护车轮的锥体，并装备三挺老式机枪（Mitrailleuses）。发明者于 1870 年 12 月再次提出这一设计。1862 年，韦耶（Veillet）上尉提出了装甲"车厢炮台"：3.1 米长（10 英尺 2 英寸）、2.1 米宽（6 英尺 10.5 英寸）、1.9 米（6 英尺 3 英寸）高。这种车厢用于组成护航队。[1]

1　除此之外，利斯塔尼（Rystany）男爵（1864 年）、M. 布卡里（M. Bukaly, 1867）和 M. 埃夫拉尔（M.Everard，1868）也曾提出计划。

© Paul MALMASSARI   1985   1/87 (HO)

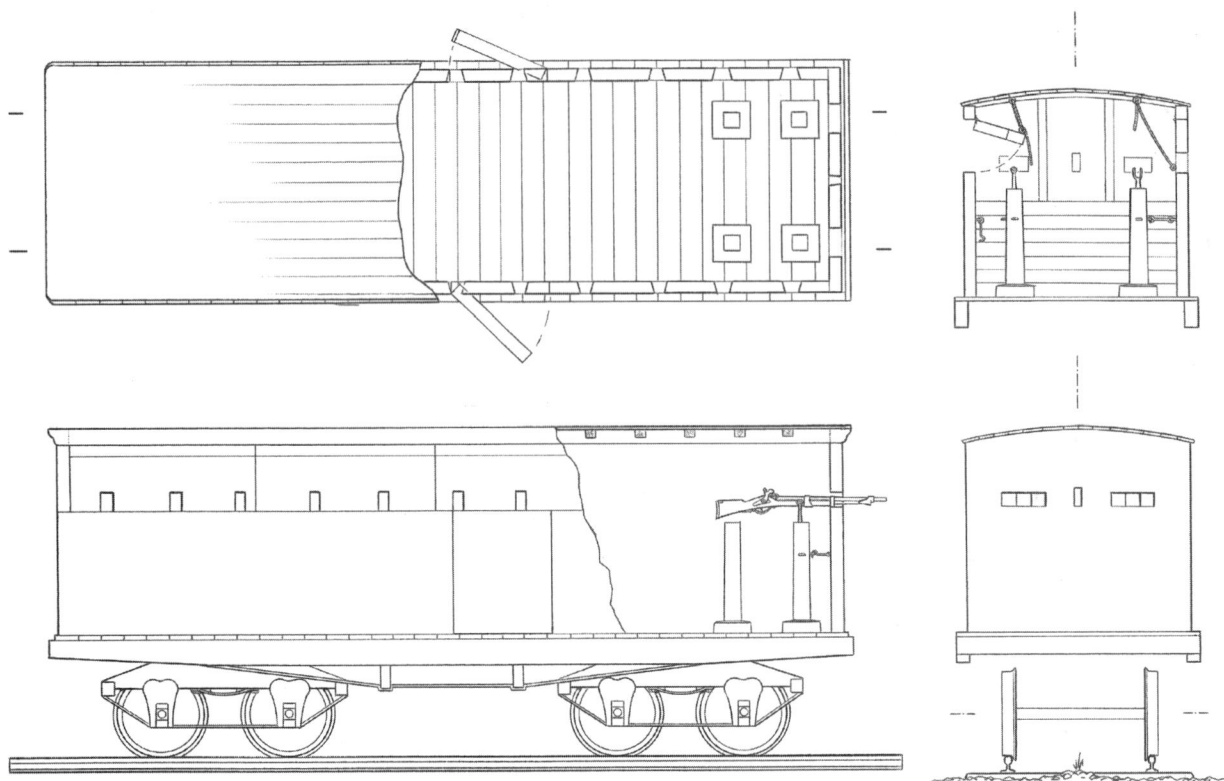

墨西哥战役中提出的装甲车厢设计图，但是否真正建造不得而知。（设计图：作者根据 SHD 档案馆的原件绘制）

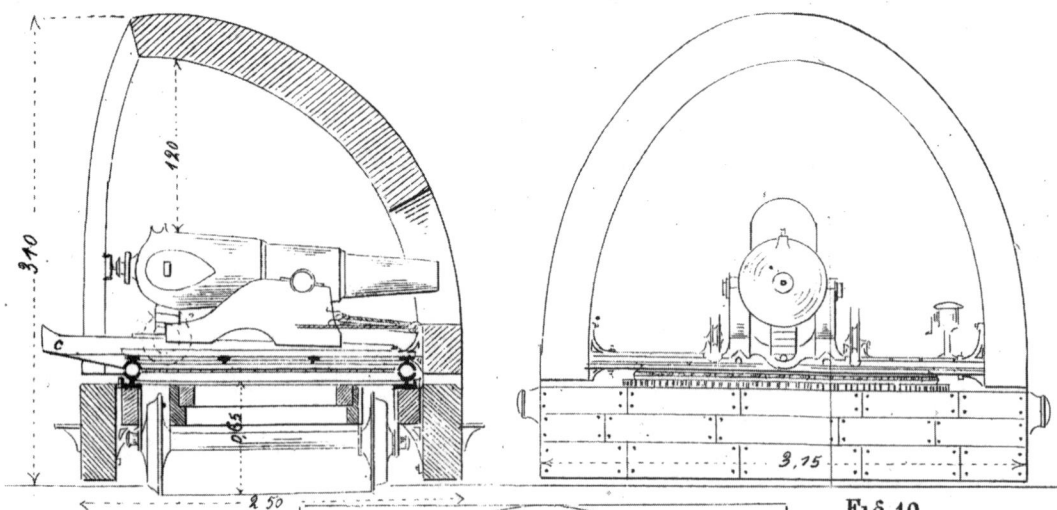

Fig 9.　　　　　　　　　　　　　　　　　　Fig 10

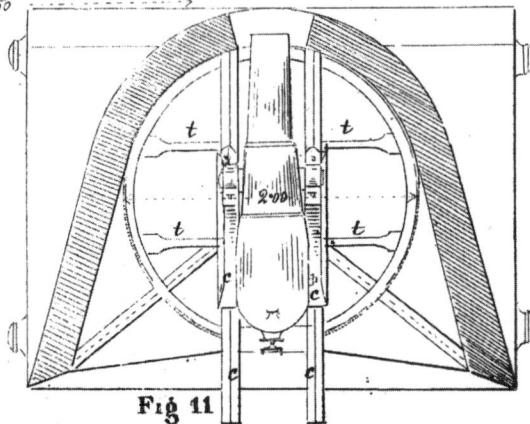

Fig 11

米歇尔·博迪提出的装甲车厢（35 厘米厚的木板上覆盖 18 厘米厚的金属板）布局。（设计图：Les Chemins de Fer dans leurs applications militaries, Plate IV）

默东（Meudon）装甲列车的两个车厢。13 毫米老式机枪通过有防护的舷窗射击。整列列车重达 85 吨。（照片：卡瓦纳莱博物馆）

了这列列车，用于环城铁道（Chemin de Fer de Ceinture，围绕城中心的外围铁路线）。战后，法国计划保留该列车，部署在杜埃（Douai），但其重量和装载限界问题导致它于 1872 年 6 月 20 日被北方铁路公司拆解。

奥尔良铁路公司的装甲列车（迪皮伊·德·洛梅炮台）

在提交给当局的许多项目和发明中，奥尔良铁路公司的两位工程师索拉克鲁帕（Solacroup）和德拉努瓦（Delannoy）先生的计划引起了巴黎防务委员会的注意。他们的第一项设计包括安装在平台上的一门或两门大口径火炮，平台由并排在两条轨道上的两个敞篷车厢运载，用马牵引。第二项设计是两条并行轨道上运行的单　平台，三面以铁轨作为防护。最后，他们的第三项设计是全面使用铁轨防护的车厢，车顶覆以弧形板。正面留有射孔，最大射界是中轴两侧的 30 度。

委员会决定建造提案中的第四个版本——两节四轴车厢，装备一门 140 毫米炮，从装甲顶部上方的炮塔中射击，中轴两侧射界各为 30 度，随后是两节其他车厢，各在旋转炮塔中安装一门 160 毫米炮。160 毫米炮台的射孔尺寸比之前提案中的小得多，车顶也有装甲防护。

作战中，两个火炮车厢并排放在两条平行的轨道上。轨道面向敌方一侧的火炮车厢后是第二个火炮车厢。代替提案中装甲列车的是两部水柜蒸汽机车，它们用于牵引这两个炮台。一部水柜蒸汽机车运行于背对敌方的轨道，推动一节先导火炮车厢。面对敌方一侧的机车得到同侧的第二节火炮车厢的保护，这节车厢用一个链条系统与机车相连。用于巴黎防御战之后，这些列车还为巴黎公社所用，于 1871 年拆解。

1863 年 11 月 10 日，炮兵委员会接受了英国臣民托马斯·赖特（Thomas Wright）的计划，他设计的铁道炮兵阵地"除了适合于法国海岸之外，应该也适合于阿尔及利亚、印度和法国'殖民地'"。这些列车由三个或者四个炮台组成，每个炮台在旋转支座上安装 10—40 门火炮，组成连绵超过 1.5 千米（1 英里）的防御壁垒。[2]1868 年，米歇尔·博迪（Michel Body）提出了综合防御体系的思路，包括铁路系统、要塞和装甲列车车站。他详细说明了"安装在列车上的火炮，以及能够抵御敌方火力的专用车辆，为这种炮兵提供无与伦比的机动性"[3]，详见上面的设计图。

普法战争和巴黎围攻战（1870—1871 年）

默东[4]装甲列车

这种列车的起源可以追溯到 1867 年，美国的布伦特（Brent）上校向拿破仑三世概述了他的铁路战车思路。尼埃尔（Niel）元帅和勒伯夫（Leboeuf）将军考虑了这个项目，并将其透露给默东工厂主管德利飞（de Reffye）上尉，在绝密状态下建造。停战协议生效时，该列车还未能用于对抗德军。1871 年 2 月 9 日，巴黎公社夺取

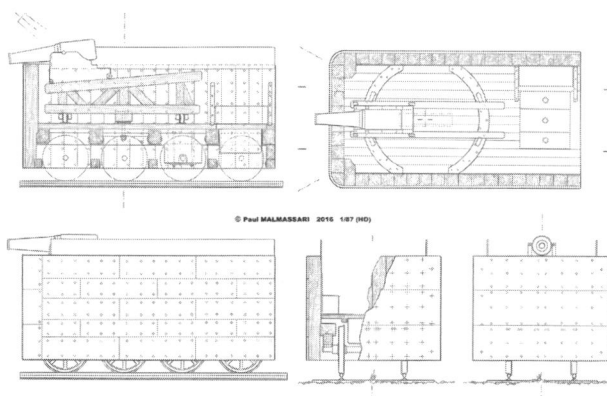

140 毫米炮塔车厢图纸。其火炮的最大射程为 3300 米（3600 码），需要 11 名炮手。车厢总重量为 40 吨。（设计图：保罗·马尔马萨里）

2 这一项目的更多细节参见关于英国的章节。

3 Michel Body, *Les Chemins de Fer dans leurs applications militaires* (Paris: Eugène Lacroix, 1868), PP.21-2.

4 默东是拿破仑三世于 1860 年建立、实施秘密研究计划的工厂。

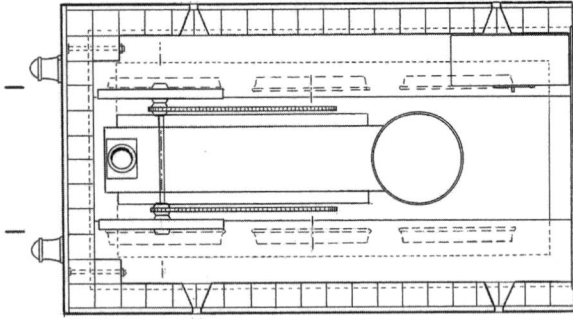

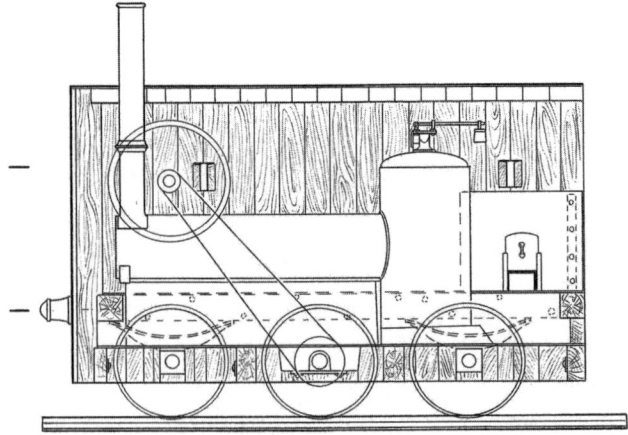

© Paul MALMASSARI 1986 1/87 (HO)

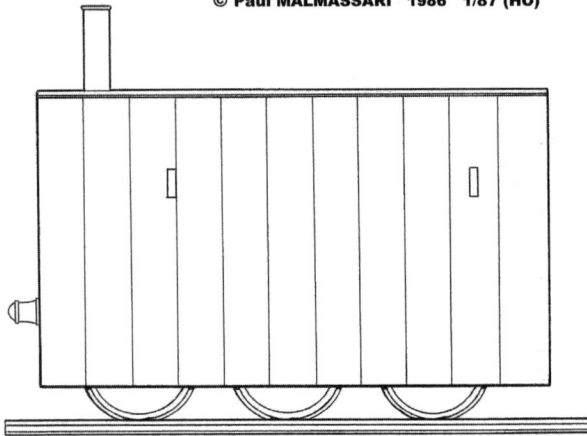

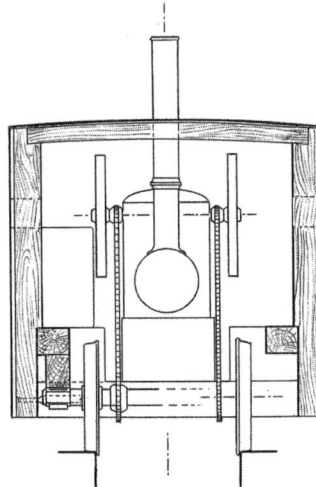

木质框架上覆盖5厘米防护铁板的机车图纸。该车重量为35吨，明显低于将要推动的车厢。连接中央车轴的链条传动机构（从垂直的圆柱体引出？——没有说明）可能是必需的，因为这是一部井式水柜蒸汽机车，水柜放在锅炉下方，而那通常是气缸和曲轴所在的位置。（设计图：保罗·马尔马萨里）

© Paul MALMASSARI 1982 1/87 (HO)

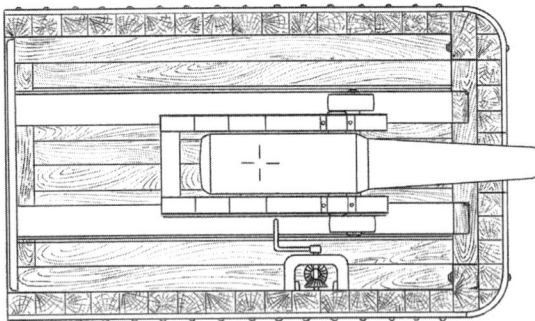

160毫米旋转炮台图纸，其射程为3900米（4265码），有炮手13人，总重量为47吨。（设计图：保罗·马尔马萨里）

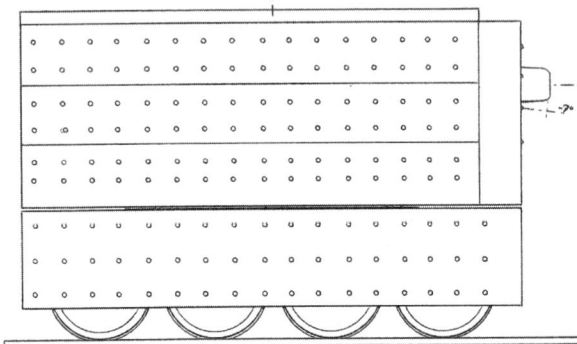

Axe du Pivot

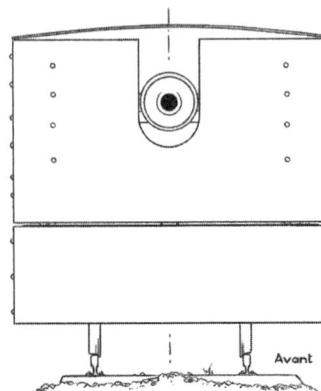

Arrière

Avant

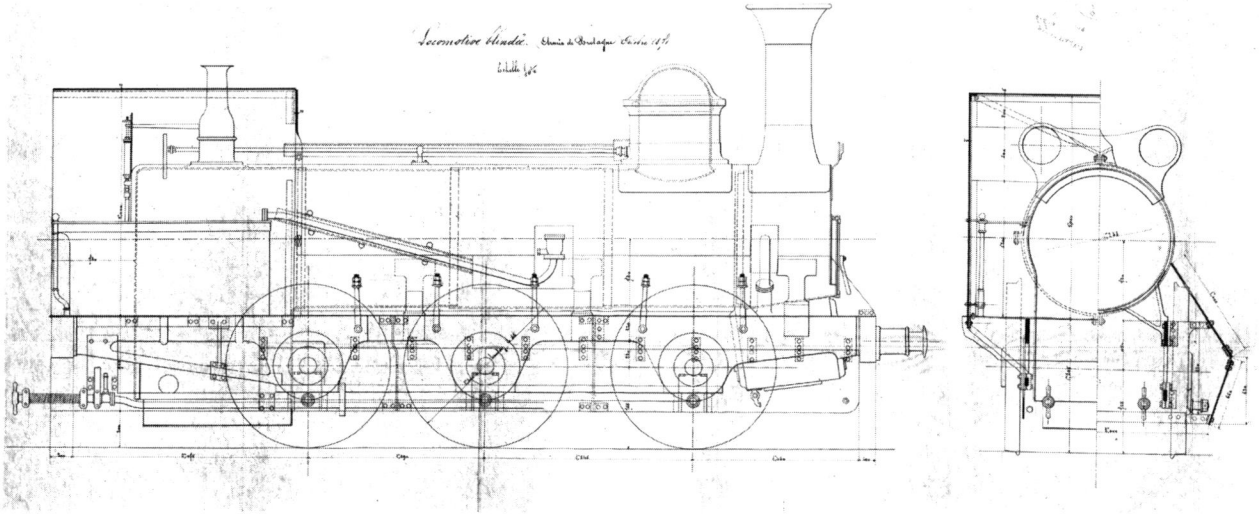

布列塔尼集团军的机车原始图纸。(设计图：SHD)

Canon Avant : champ de 50°_   Canons Latéraux : champ de 60°_

© Paul MALMASSARI   1985   1/87 (HO)

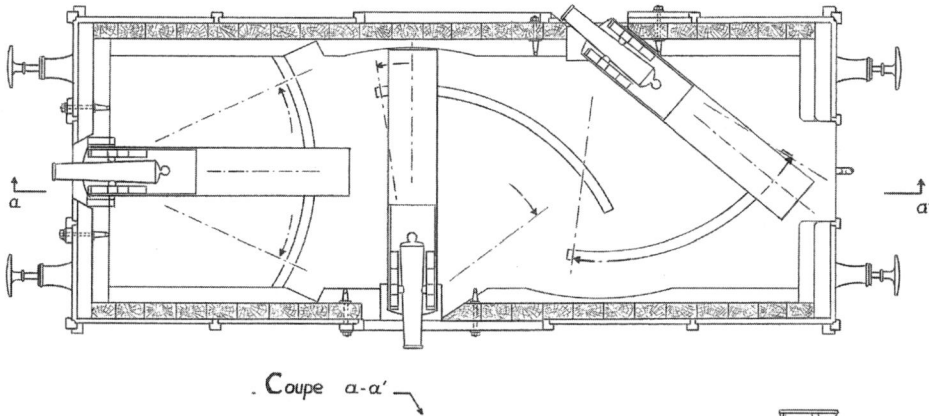

布列塔尼集团军装甲列车车厢图纸。(作者
绘制)

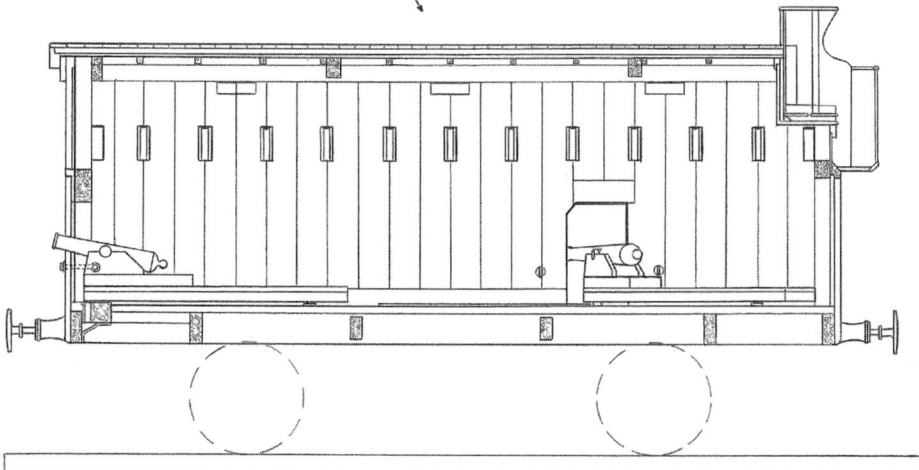

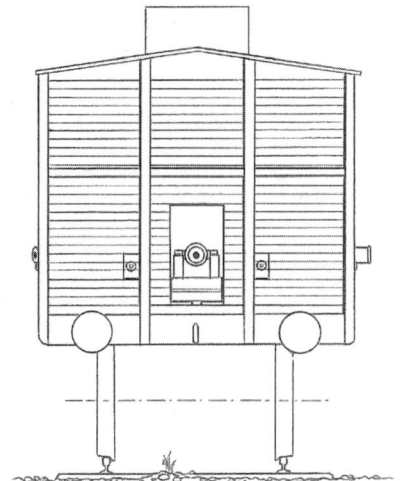

Coupe a-a'

法国各省的装甲列车

1870 年年底，法国军队从南部铁路公司订购了一列装甲列车。作者在编著本书之时，对该列车的细节没有任何研究成果，只知道它在波尔多建造。1870 年，东部铁路公司也建造了装甲车辆。东部铁路公司的装甲列车参加的主要行动是 1870 年 9 月 27 日在梅斯附近的佩尔特（Peltre）俘获一列货运列车。西线的布列塔尼集团军司令凯拉特里（Kératry）将军要求勒芒（Le Mans）的西部铁路公司建造三列装甲列车，每列装甲列车由八节车厢组成。

1870 年 9 月初起，奥尔良铁路公司也在佩里格（Périgueux）建造 24 节车厢，形式与巴黎的旋转炮台型号完全相同，准备用于对抗普鲁士军队。但巴黎在这些列车参战之前便已屈服。1871 年 4 月 11 日早上，凡尔赛政府命令列车开往巴黎，参加镇压巴黎公社的战役。靠近中午时，铁路工厂员工得知消息，故意让车厢在轨道上倾覆，将列车出发时间推迟到 4 月 12 日，此后它就从历史中消失了。

1871—1914 年

根据 1870—1871 年战争得到的教训，装甲列车未来的任务不仅限于防御，还包括主动地协助前推战线。

关于这一点的主张频繁出现，比如之后的插图中展示的项目：中央的两条铁轨用于携带弹药和煤炭的补给列车，炮台和牵引机车则在外面的两条铁轨上运行。它们将炮眼嵌入到一定间隔的护墙内，火炮也使用隐显炮架。这位艺术家似乎想象了一种小型弹药车，配备折叠的烟囱，能够隐蔽在炮台主体的"隧道"里。

装甲车厢委员会的装甲列车

装甲车厢委员会成立于 1878 年 6 月 11 日，主席是施内甘斯（Schnéegans）将军。整理巴黎围攻战期间铁道炮兵部队的现有相关文档之后，委员会决定推进不同车厢与机车原型的建造，以便评估装甲防护的形式与防护能力，以及所采用的武器类型和最大牵引能力。对机车的设计试验于 1879 年 5 月 15 日在库尔布瓦（Courbevoie）的采沙场举行，西部铁路公司轨道车辆与动力首席工程师 M. 马耶尔（M. Mayer）设计的防护装甲中选。来自东部铁路网的车厢采用 10 毫米、总重 4.5 吨的装甲板。经过三年的研究，委员会决定建造两种类型的列车：侦察列车（最初称作"作战列车"）以及从要塞出动的列车——但后者很快就被放弃了。1887 年，首列（也是唯一的）列车分配给贝尔福（Belfort）。

分配给贝尔福的试验性装甲列车，照片拍摄时它正在调动。其机车和平板车放在前后各四个车厢的中间。它的主要缺陷是装甲板导致的震耳欲聋的噪音，这些装甲板只是悬挂在车厢侧面，没有固定到位。（照片：《铁路生活》）

穆然少校的装甲铁路炮台

在布里亚尔蒙特（Brialmont）将军的请求下，穆然（Mougin）少校于 1885 年[5] 设想了一种铁路装甲炮台，这是一种预计会重达 330 吨的巨型装备！穆然少校对它的描述如下："这个项目可以看作是一种空心梁结构，四面有装甲，能够抵抗巨大的外部冲击而不变形。梁式结构固定在一个装有九条弹簧轴的坚固平台上，允许整个炮台改变位置。两端的隔板和两个内部框架将炮台分为三个舱室，每个可容纳一门大炮。面向敌方的一侧装甲由两块 45 毫米层压铁板组成……"最初的打算是将这些炮台主要部署在连续防御线的城墙上，以及两个相邻要塞之间，以便在要塞遭到攻击时掩护两者之间的空当。

这种铁路装甲炮台的武备包括三门 155 毫米火炮，每门炮的转动角度为 70 度，仰角从 -5—20 度，最大射程为 7000 米（7655 码）。轨距应该为 3.15 米（10 英尺 4 英寸），而当时的法国（标准化之前）标准轨距在 1.44（4 英尺 8.5 英寸）和 1.5 米（4 英尺 11 英寸）之间。每个炮台总体尺寸为长 12.45 米 × 宽 3.5 米（40 英尺 10 英寸 ×11 英尺 5.75 英寸）。

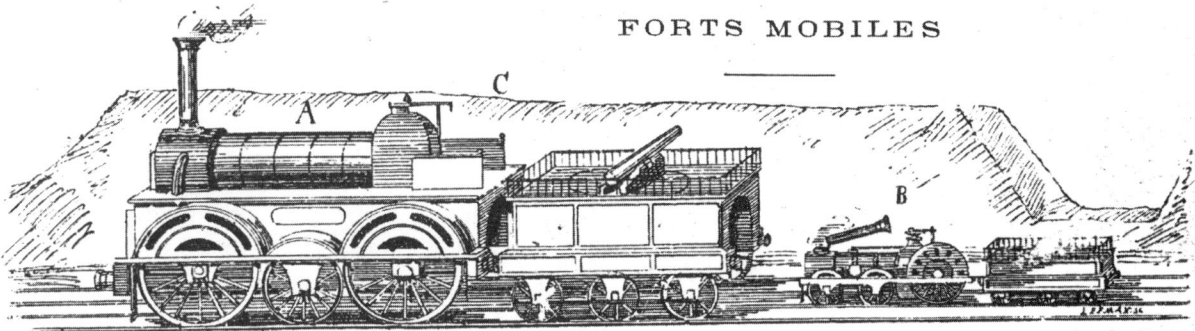

FORTS MOBILES

Wagons de guerre et de service sur un Chemin de fer à double voie.

A. Wagon de guerre sur roues de 4ᵐ de diamètre, occupant les rails extérieurs.
B. Wagon de service sur roues de 0ᵐ 50ᵉ de diamètre occupant l'entre-voie sur les rails du centre.

·C. Terre-plein, banquette, crête, plongée et flanquements de peu de relief, de kilomètre en kilomètre.

• 《巴黎的资产阶级，以铁路、机车和装甲车厢为基础的巴黎防御体系》（*Un bourgeois de Paris, Système de défense de Paris basé sur l'emploi des chemins de fer, des locomotives et des wagons blindés*）上的一幅插图。（Saint-Nicolas-de-Port: E Lacroix, 1871）

穆然少校提出的装甲炮台。
（插图：La Nature No 703 [20 November 1886], P.389）

5 1877 年，穆然已提出了在铁路平台上的隐显炮架安装 155 毫米炮的方案。

路易斯·格雷戈里（Louis Gregori）的装甲列车和装甲铁路鱼雷计划[6]（1904 年）

格雷戈里的"装甲机动炮台"被设计为可在铁路和公路上运行，意图是代替法国本土和殖民地的固定岸防工事。其对称的设计是为了保护中置的机车，两端的货车可用于观察和武装。此外，车辆侧面呈椭圆形，应该能提供比通常的垂直侧墙更好的防护。辅助武器似乎是霍奇基斯转膛炮，但也有可能是加特林炮（它们当时在法国生产，用于要塞）。

同年，这位发明家提出了"陆地鱼雷"，这种武器受到了海军鱼雷的启发，以马达推进（最好是压缩空气驱动），其金属外壳可承受步枪的打击。鱼雷有四个"战斗部"，从专利说明来看，似乎是多枚前端装有触发引信的大口径炮弹，涵盖四个平面，可对铁轨、车站、月台和敌军列车等目标造成全方位的损害。第一枚炮弹在前端引信触及目标时爆炸——最有可能是靠前的一个引信，但如果敌方让鱼雷发生偏转，就可能触发另一个引信，然后引爆其余炮弹。

6 另见 'Panzerzug', *Polytechnische Schau*, 1916, Band 331, Heft 19, P.299.

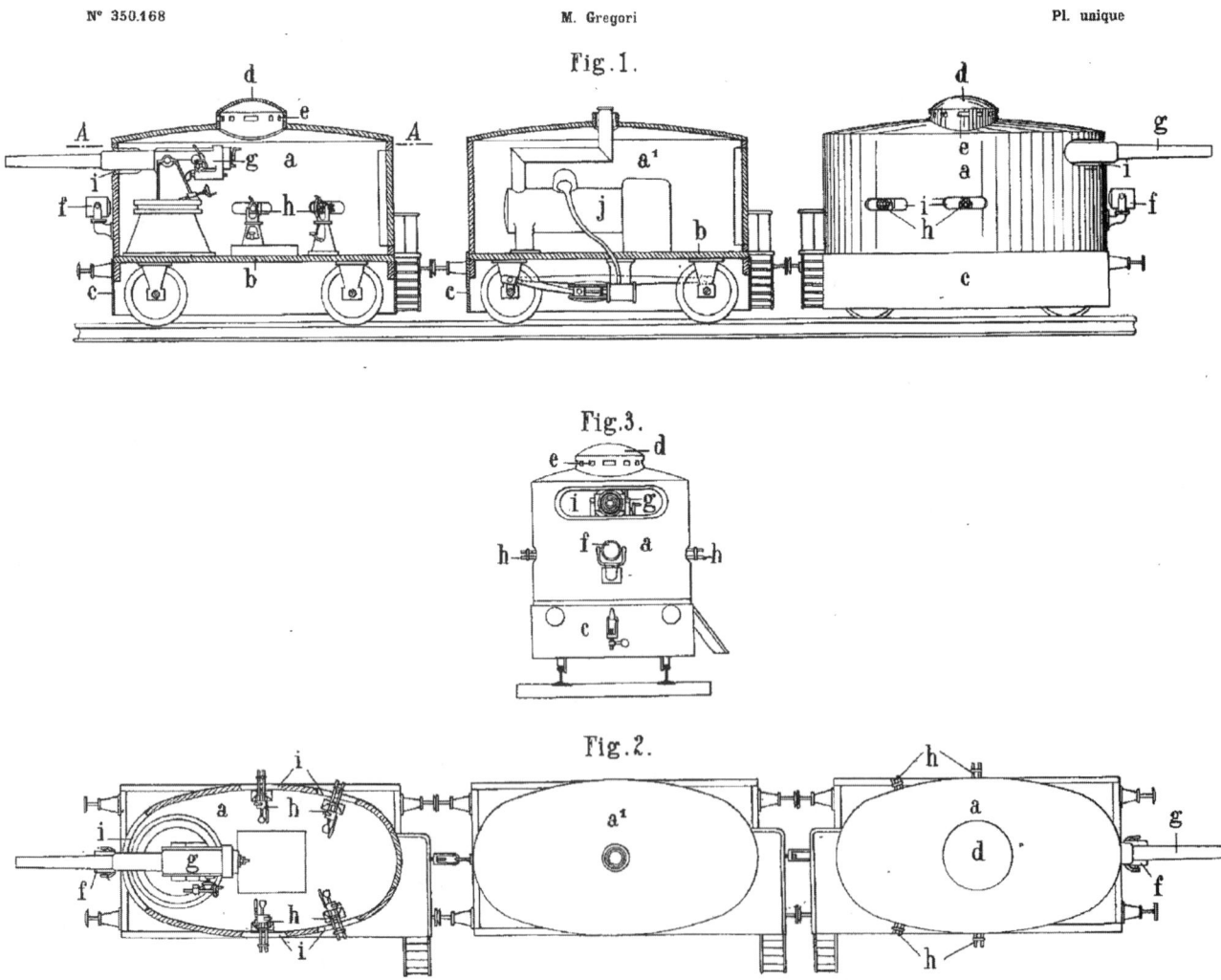

于 1904 年 5 月 24 日提交，又于 1905 年 9 月 13 日批准的 350.168 号专利细节。

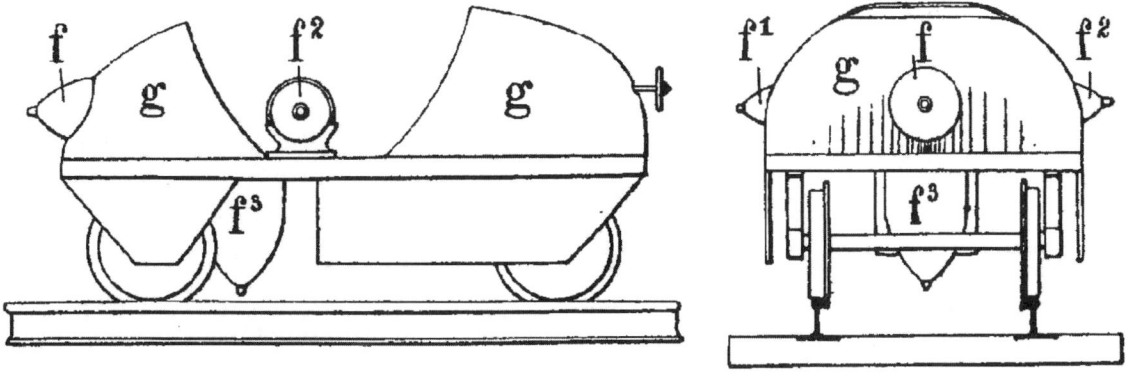

Fig.3.

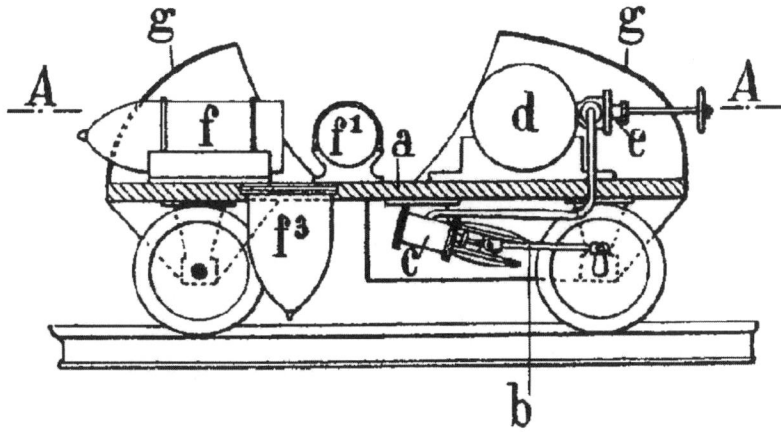

Fig.4.

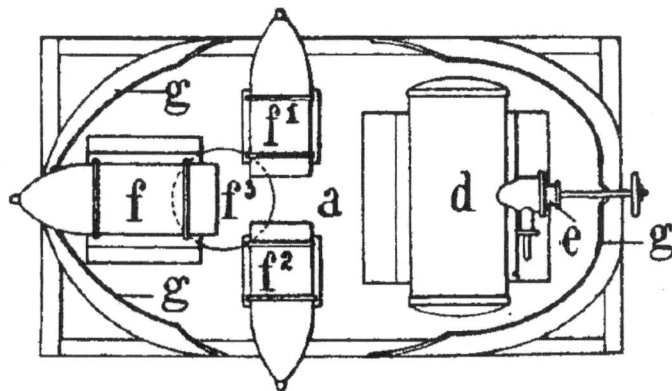

于 1904 年 5 月 28 日提交，又于 1904 年 9 月 13 日提交的 350.169 号专利细节

科特迪瓦起义（1906—1910 年）

　　这个殖民地中有内河航运和铁路运输这两种运输方法。起义军从 1910 年 1 月开始袭击铁路。法军投入了一列装甲列车，帮助镇压起义。

基本的防护足以对抗科特迪瓦部落使用的武器：注意机车上覆盖的木材。（明信片：保罗·马尔马萨里的收藏）

这列 PLM 列车前端下方缺乏装甲防御，说明它的意图不是用于攻击行动。值得注意的是，车顶安装的小飞机模型很像一个风向标，但我们认为那可能用于为机车车组指示炮塔的方向。（照片：保罗·马尔马萨里的收藏）

第一次世界大战（1914—1918 年）

殖民地的装甲列车

　　装甲列车曾于占领德国非洲殖民地的行动中被使用，但似乎没有留存任何照片。德国在多哥和喀麦隆使用了装甲列车，但法国只在喀麦隆部署了这种武器。

　　有一个车厢（可能有装甲）安装了海军炮，用于对梅代亚（Medéa）的进攻行动。多个车厢配备了装甲防护，以执行列车护航任务，抵抗德军的骚扰攻击，期间有多处铁轨与桥梁被炸。1915 年 9 月 12 日到 30 日之间，法国还完成了一辆装甲列车的建造，用于索 - 迪班加 - 埃塞卡（So-Dibanga–Eseka）铁路线。[7]

装备 95 毫米炮的装甲列车（1914—1916 年）

　　法军在宣战时订购了三列装备 95 毫米炮的装甲列车，最初的目标是巩固巴黎周围的防御圈，总工程师戈瑟兰（Gosselin）迅速完成设计，由巴蒂尼奥勒公司用来自加弗雷（Gâvres）委员会的装甲板制造。每列列车由四节装备 1888 型 95 毫米炮的车厢和对应的弹药车厢组成。第四列列车有两节更长的车厢，每节装备两门 95 毫米炮。它们于 1914 年年底到 1915 年年初之间交付，服役到 1916 年 3 月。

1914 年 11 月 15—27 日之间采购的三列 PLM B 型 111-400 4-4-0 机车之一。装甲防护由巴蒂尼奥勒公司设计，但由 PLM 工厂安装。正面的炮塔安装了一挺机枪，是装甲列车史上早见的特征，而且肯定会使清除烟箱的灰烬成为艰难的任务。（照片：保罗·马尔马萨里的收藏）

　　下面的巴蒂尼奥勒公司设计图展示了 95 毫米火炮装甲列车。这是 SHD 档案馆保存的此类技术图纸首次公开。

7　为了完整地讲述海外装甲列车的情况，我们必须提到于 1916 年在阿比西尼亚（今埃塞俄比亚）建造的装甲车厢，遗憾的是，我们找不到任何它们的照片。

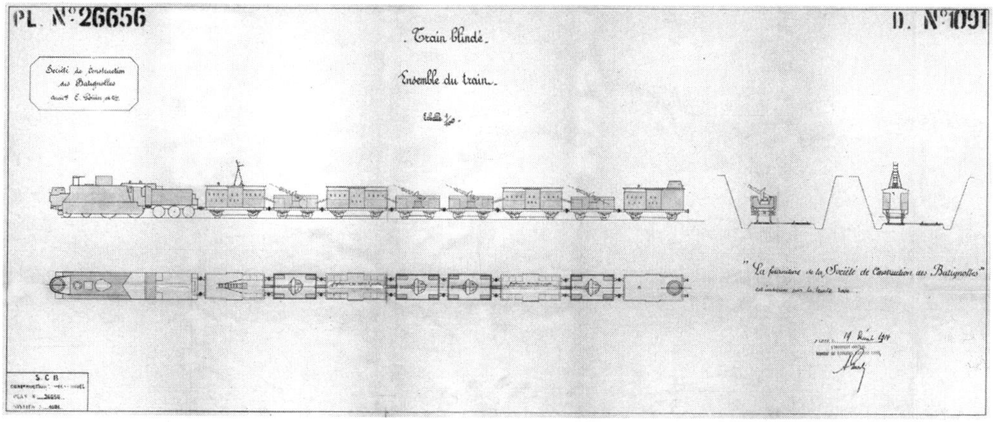

95 毫米装甲列车总体布置图，先导车厢上有延伸的观察梯，尾部的棚车在旋转机枪塔中安装了一挺霍奇基斯机枪。（设计图：SHD 档案馆）

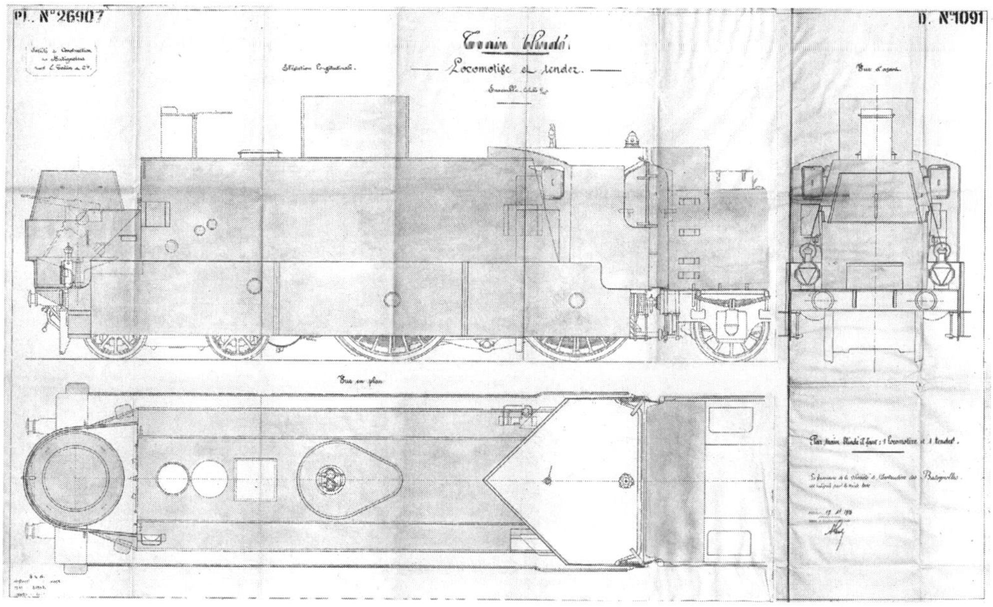

PLM B111 型 4-4-0 A 机车。（设计图：SHD 档案馆）

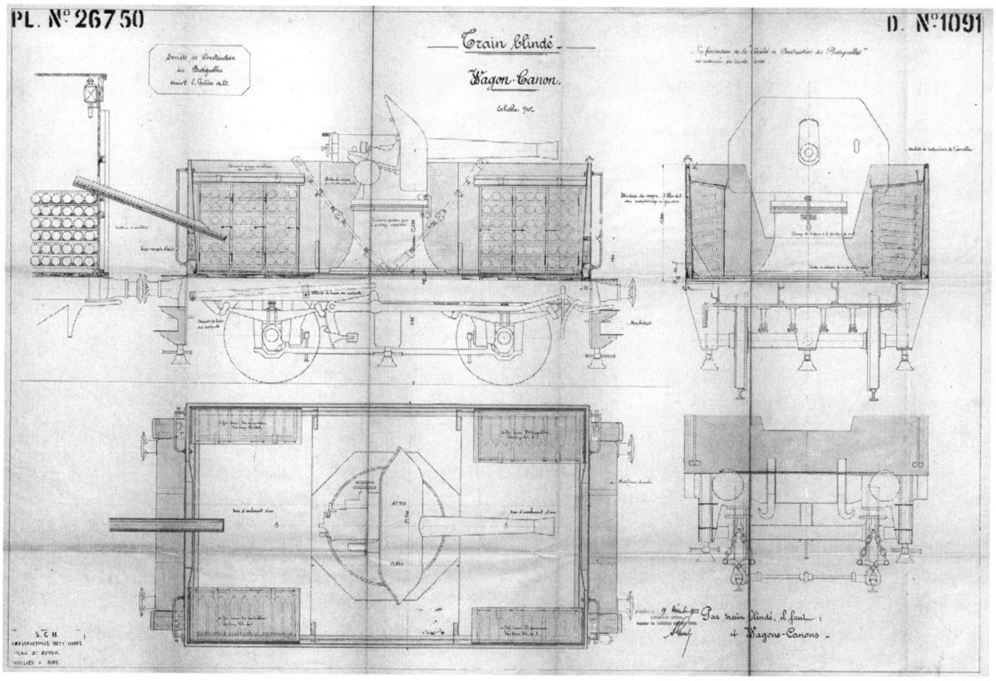

95 毫米火炮车厢之一，带有固定侧板。注意每一侧的三部千斤顶，它们用于抬升车轮离开铁轨，以减轻射击时对弹簧造成的压力，此外还有将车厢固定在铁轨上的夹具和撑杆。弹药车上还有输送槽。（设计图：SHD 档案馆）

巴蒂尼奥勒公司于 1914 年 11 月在北方铁路公司 20 吨平板车底盘基础上建造了这些装甲车厢。（照片：居伊·弗朗索瓦）

每节车厢做好射击准备仅需两分钟——在稳定器上用千斤顶将其顶起，然后在铁轨上夹紧。95 毫米炮最大射速为每分钟八发，每个车厢携带 104 发炮弹。注意建造者铭牌上的单独车厢编号。（照片：SHD）

这些车厢的防护装甲包括两片厚度为五毫米、相隔五厘米的钢板，两者之间的缝隙用碎石道砟填充。图中的部分钢板已经拆除，可以看到内部的细节。（照片：居伊·弗朗索瓦）

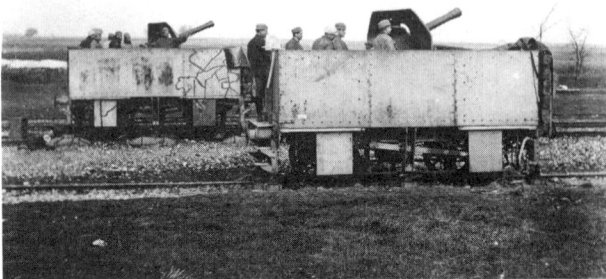

第 10 集团军的一列列车中的车厢，摄于阿图瓦（Artois）。每列列车有大约 40 名乘员，包括 3 名军官。其火炮早在 1893 年就配备了装甲护盾。（照片：居伊·弗朗索瓦）

列车全景照片，可与设计图做比较。注意，尾部的两节车厢装有炮塔，特别是暴露的炮兵观察员阵位。每节弹药车可运载 1120 发炮弹。（照片：SHD）

右侧是经过伪装的火炮车厢，中间是从比利时装甲列车转移过来的一节"比卡"棚车。随后是尾部的棚车，以及四列专用于95毫米炮装甲列车的弹药车。（照片：私人收藏）

这张照片展示了圣埃蒂安1907式8毫米机枪。和比利时列车一样，车厢侧面挖了射孔，可以从中看出装甲的厚度。（照片：私人收藏）

这张照片展示了进出弹药舱的装甲推拉门。4号装甲列车于1918年12月2日退役。（照片：私人收藏）

4号装甲列车建于敦刻尔克，于1915年2月服役，由两节转架车组成，每节各装两门95毫米炮。（照片：私人收藏）

第1要塞炮兵团（1er RAP）39连的炮手，以及第5工兵团（5ème Génie）的工兵。4号装甲列车被派往第3集团军，实施多次射击任务，特别是对抗150毫米K.i.S.L.远程火炮，自身中弹两次。（照片：私人收藏）

两辆"布谷鸟"0-6-0 水柜蒸汽机车，与 1915 年 5 月起 4 号装甲列车的牵引车完全相同。（照片：保罗·马尔马萨里的收藏）

1915—1940 年的 194 毫米 TAZ[8] 铁道炮

　　虽然与 ALGP[9] 和 ALVF[10] 相关，但这种武器（建造了 23 门）属于我们的研究范畴，因为它完全装甲化了。施奈德工厂在 1914 年 10 月到 1915 年 2 月之间收到了四个单独的订单，并表示希望它们能从 1915 年 4 月起服役。这种火炮是将一门 1870-93 型 190 毫米岸炮装在 1886PC 型岸炮支座上，然后连同一个旋转炮塔安装在东部铁路公司的 40 吨底盘上。车厢总重为 65 吨，可以在铁轨上的任何一点，于 15 分钟内进入战斗状态。根据使用的弹药，射程为 11.8—18.3 千米（12900—20000 码）。

于 20 世纪 30 年代被拍摄的 1018 号 194 毫米 TAZ 铁道炮。这些火炮一直服役到 1940 年，某些火炮在法国战役中被敌军缴获后又重新投入使用，特别是意大利人缴获的 12 门。我们从照片中可以清楚地看到旋转炮台的开口：左侧的开口供炮手使用，中央的则为弹药入口。（照片：保罗·马尔马萨里的收藏）

8　全向射击（Tous AZimuts）的缩写。

9　重型火炮（Artillery Lourde à Grande Puissance）的缩写。

10　重型铁道炮（Artillerie Lourde sur Voie Ferrée）的缩写。

1017 号"复仇"（La Revanche）铁道炮，1915 年 10 月摄于埃特兰（Etrun，阿拉斯以西五千米处）。关于它的俯视图很少见，特别是这张照片中可以看到装甲化的炮弹补给通道和旋转炮台上方的活动门。发射稳定器处于降低后的位置上（照片：保罗·马尔马萨里的收藏）

1940：1003 号铁道炮是重新服役的 24 门铁道炮之一，德军缴获这种武器之后将其定名为"194 毫米 E486f 炮"。照片中的外部稳定器衬垫已被拆下存放在行车位置。（照片：保罗·马尔马萨里的收藏）

这张照片很有趣，可以看到，由于安全原因，每节火炮车厢及其弹药车与列车的其余部分隔开。照片摄于 1915 年 9 月 29 日的索姆 - 叙普。（照片：保罗·马尔马萨里的收藏）

一张神秘的照片：雷诺 FT 轻型坦克放在由普鲁士 G8 0-8-0 机车推动的平板车上，明显成了法国士兵们注目之处，它没有采用运输配置。照片背面写着"Kutina"（库蒂纳），这是一个克罗地亚地名，当时属于新的南斯拉夫。这张照片可能摄于 1919—1920 年年间，当时哗变的部队反抗政府。在来自萨洛尼卡的法国部队支持下，塞尔维亚军队镇压了这些暴动。（照片：保罗·马尔马萨里的收藏）

身份不明的装甲机车。正面装甲的剖面不同寻常，但从驾驶室侧面的滑动闸板可以看出它来源于比利时。（照片：保罗·马尔马萨里的收藏）

法国向拉脱维亚和罗马尼亚供应装甲列车的计划

参见相关国家的章节。

黎凡特（叙利亚—西里西亚）的装甲列车

1919 年 10 月底，法国从英国手中接管了叙利亚，1920 年 8 月 20 日，浩兰地区（Hauran）发生暴动。法军用列车运送部队，在装甲列车支援下回击。1920 年 10 月 1 日，该地区有三列装甲列车：鲍曼上尉（他也是所有装甲列车的总指挥）指挥的"B"，以及"S"和"D"（也许是其指挥官的姓氏缩写），12 月又有"A"列车加入。经过一段时间，这些列车难以分辨，因此上述列表可能不完整。1921 年 3 月 13 日的《伦敦协议》结束了争斗，但 1925 年的杰贝勒·德鲁泽（Djebel Druze）暴动再次要求在通往大马士革的铁路线上布置三列装甲列车[11]。

为了实施侦察任务，多辆机枪装甲车被改装成装甲轨道车，最初是更换了车轮，然后覆以装甲板。暴动结束后，这些列车得到维修、持续更新并作为后备。1941 年，忠于贝当元帅的部队与支持戴高乐的部队自相残杀时，它们再度出现。

11 驻扎于大马士革（巴兰克车站）的"F"列车、拉亚克（Rayack）的"G"列车，以及"C"列车。

"H"装甲列车的火炮车厢（65 毫米山炮）。列车的名称可能是"恐怖德鲁泽"（La Terreur des Druzes），而炮塔名称"Chouquette"（漂亮女孩）是于 1914—1918 年战争期间喷涂的。（照片：保罗·马尔马萨里的收藏）

1926 年 9 月 10 日的大马士革，炮塔中有一门 65 毫米施奈德 - 迪克雷 1906 型山炮，炮管在靠后的位置。两个木制隐蔽所作为士兵的住处。注意放在底座上的榴霰弹，出于明显的安全原因，这是官方禁止的。（照片：保罗·马尔马萨里的收藏）

1927 年 5 月 27 日，"H"装甲列车在拉亚克。左侧是一辆无装甲轨道车。注意，车厢上的防护只是权宜之计。（照片：保罗·马尔马萨里的收藏）

改装成装甲轨道车的拉夫利装甲车。（照片：帕斯卡•当茹）

于 1925 年 9 月在伊兹拉（Ezraa）拍摄的这列列车中，我们可以看到两节装甲车厢是在转架平板车上安装缴获的奥斯曼轨道车（参见奥斯曼帝国的章节）车身形成的。（照片：保罗•马尔马萨里的收藏）

1925 年 9 月拍摄的有趣照片，我们从中可以看到，铁路上的车轮比原来的公路车轮小，常常导致传动和刹车问题，最重要的是，这意味着其速度计读数是错误的。（照片：德尔哈勒）

最终，以拉夫利车身为基础建造了多辆传统轨道车之一，其车身安装在平板车上，再全部覆盖上装甲板。（照片：保罗•马尔马萨里的收藏）

使用拉夫利车身的 TF2 号轨道车另一侧的照片，1931 年 3 月 22 日摄于赛伊德一奈勒一耶费里法（Saïd Naïl-Yeferifa）铁路线。（照片：弗朗索瓦•沃维利耶的收藏）

两次世界大战之间

这段时期的装甲铁路车辆很丰富，但保留下来的照片证据却少得可怜，特别是 1924—1939 年期间。[12]

装甲侦察轨道车

20 世纪 20 年代初，法国军队决定使用侦察轨道车，并于 1924 年订购了一种轻型无装甲轨道车，于 1927 年订购了用于标准轨道的装甲轨道车。比亚尔和雷诺公司都提出了后者的设计，军队接受了比亚尔的提案。

图尔比亚尔工厂的原型车，配备了一挺仿真机枪。注意车身下部的复轨设备。（照片：照片：保罗·马尔马萨里的收藏）

技术规格（比亚尔档案）

高度： 2.6 米（8 英尺 6 英寸）

长度： 4.25 米（13 英尺 11 英寸）

宽度： 1.9 米（6 英尺 2.75 英寸）

轮距： 2 米（6 英尺 6.75 英寸）

轮径： 0.6 米（1 英尺 11.5 英寸）

总重： 5 吨 [13]

动力： 巴洛特四缸汽油机；缸径 / 冲程为 75 毫米 × 130 毫米；功率为 13 马力（每分钟 1000 转）和 24 马力（每分钟 2000 转）

发动装置： 手摇曲柄或者电启动器

机动性： 轨道车可以双向移动，使用三种档位，速度分别为每小时 13、26 和 40 千米（每小时 8、16 和 25 英里）

自持力： 根据坡度，燃油足以支持 200—300 千米（124—186 英里）的行程

装甲： 7 毫米

炮塔： 手动旋转

武备： 安装在旋转炮塔中的 8 毫米霍奇基斯机枪，也可改装外部枢轴用于防空

该型号于 1930 年年底进行了原型车试验，但似乎在 1932 年第三季度被放弃，消失得无影无踪。

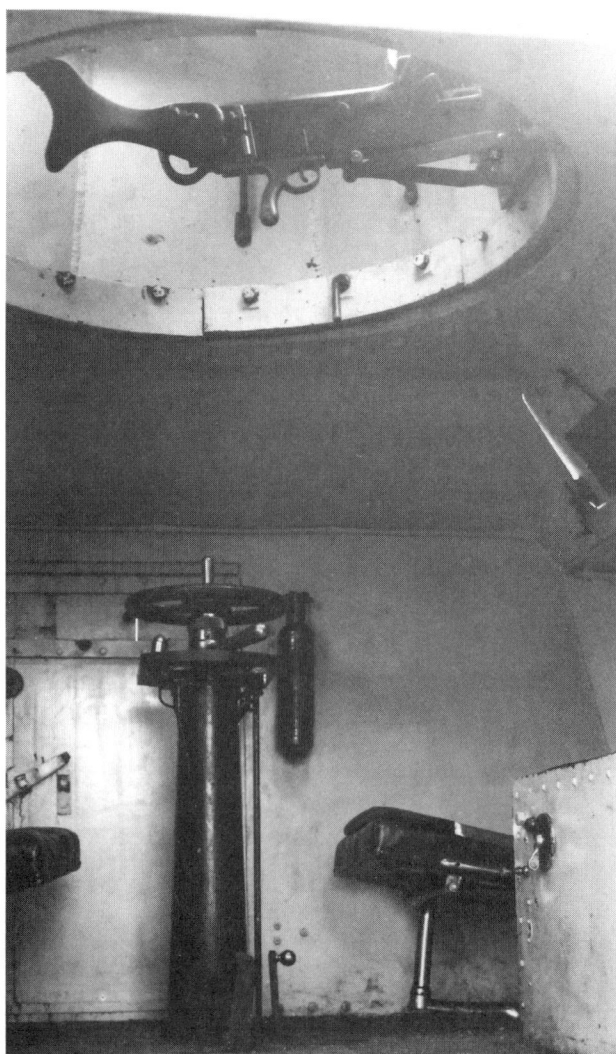

布尔日（Bourges）防空射击试验期间拍摄的照片之一，车上安装了霍奇基斯机枪。（照片：SHD）

12 关于计划，M. 梅舍里诺夫（M. Mescherinoff）提出了一种铁路公路两用牵引车。由于缺乏切实可行的技术细节，法国陆军总司令部没有跟进他的提议（SHD W 872）。

13 1931 年 12 月 1 日会议的 6 号报告提到了装甲轨道车上机枪的射击试验（C.A.A. 文件没有找到）。

1927 年雷诺参加竞标的轨道车剖面图，该项目没能继续。该车的武器是 8
毫米霍奇基斯机枪。两个方向盘的存在对于仅用于铁路的车辆似乎有些奇
怪，但从图纸上看，它们好像是连接到了刹车系统上。（文档：雷诺基金会）

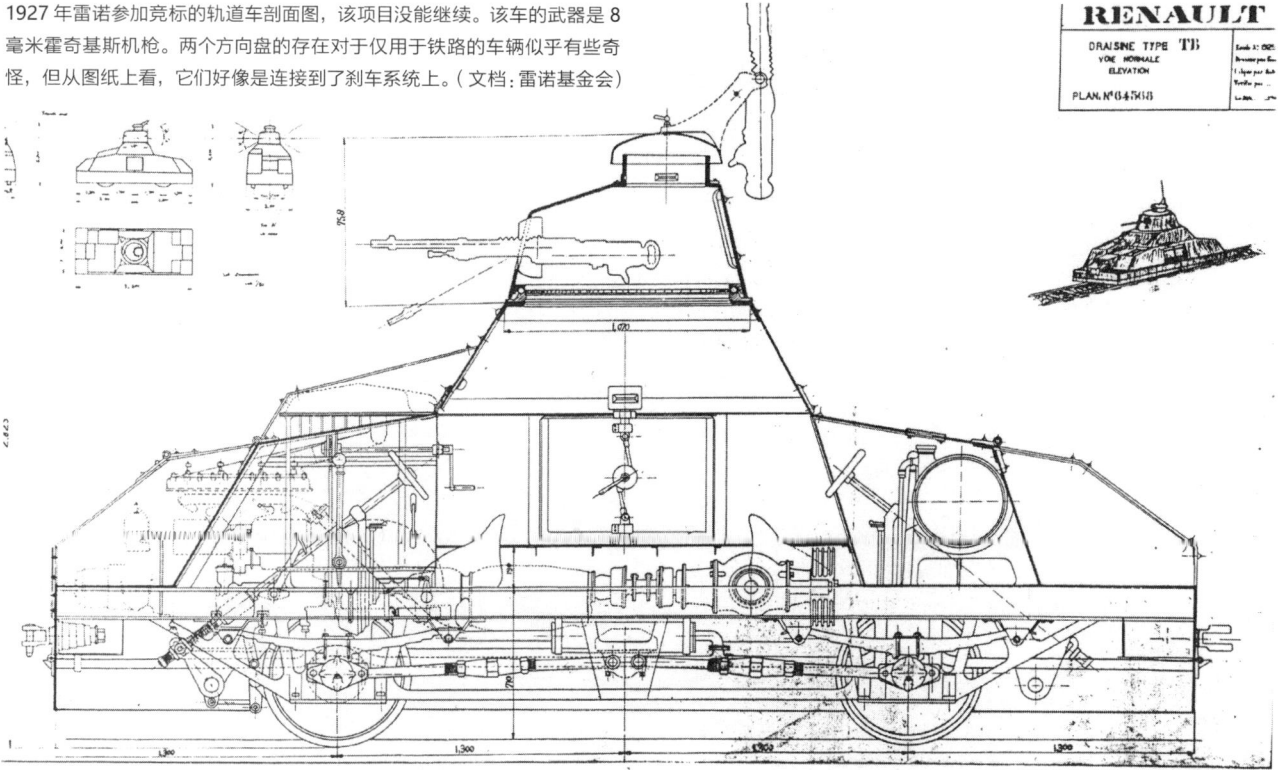

RENAULT
DRAISINE TYPE TB
VOIE NORMALE
ELEVATION
PLAN. N°64568

雷诺设计的总体布置图。（临摹：保罗·马尔马萨里）

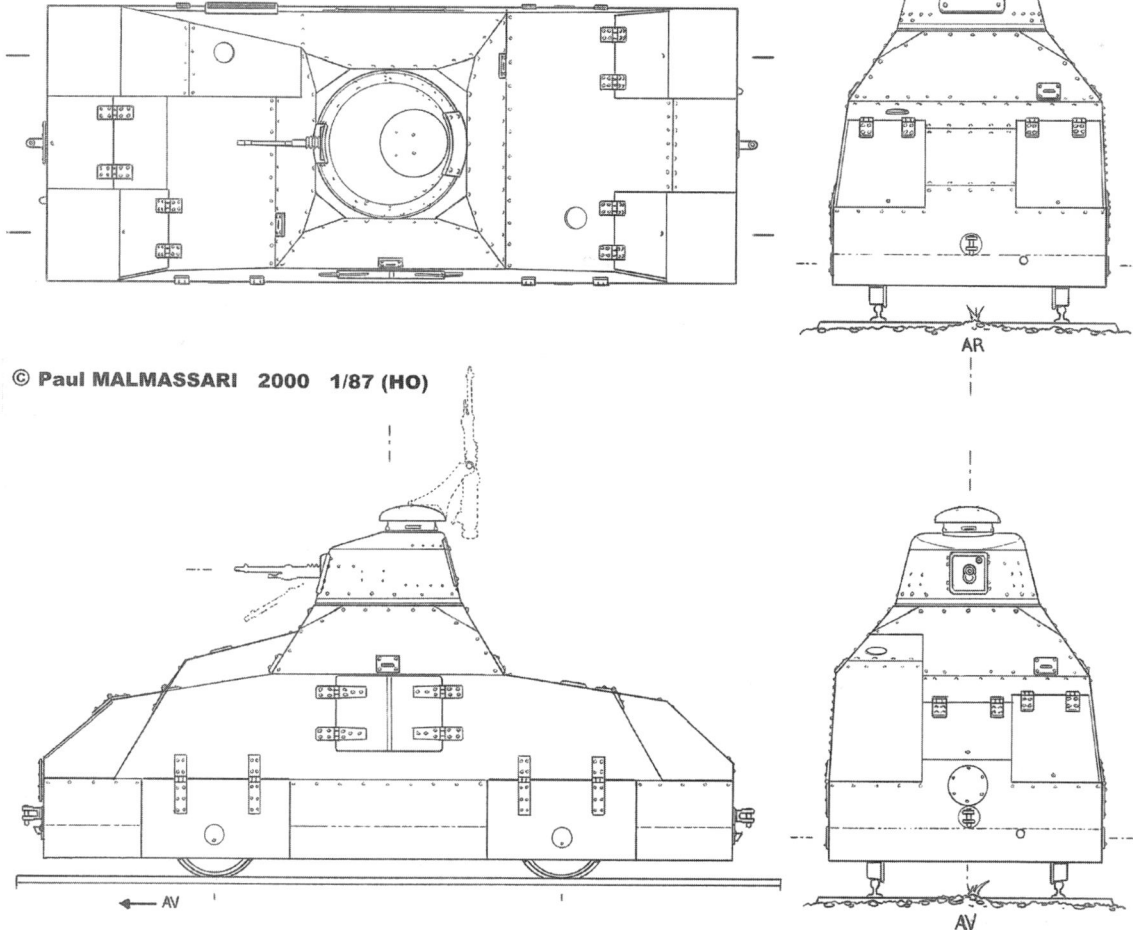

© Paul MALMASSARI 2000 1/87 (HO)

AR

AV

AV

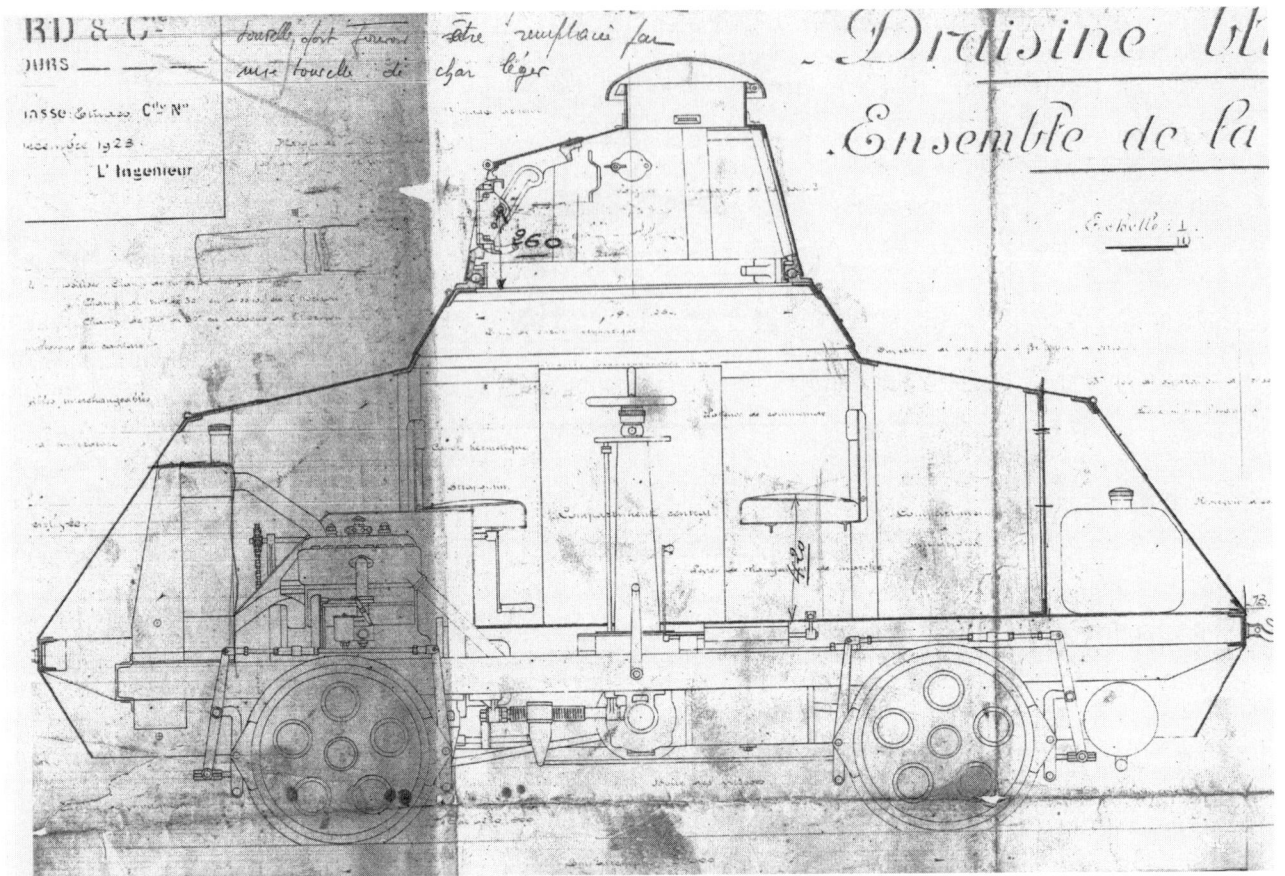

1927 年竞标时比亚尔公司提出的装甲轨道车原型剖面图。手写的注释说明，炮塔原为雷诺 FT 坦克使用的型号，而新焊接设计的通风帽位置低得多。图上没有显示机枪，制图员增添了一门火炮的草图，可能是许多 FT 坦克上配备的 TR 16 型 37 毫米炮。（图纸：比亚尔公司 1751 号图纸，未标明日期，保罗•马尔马萨里档案）

驻扎在中国的装甲列车

1929 年，一节装甲车厢在上海租界入役，任务可能是为国际列车护航。很难辨别这节车厢（只有一份法国资料来源表示曾有过两节这种车厢，但车厢位置却是在广东），只能说它可能最终加入某一列中国列车。

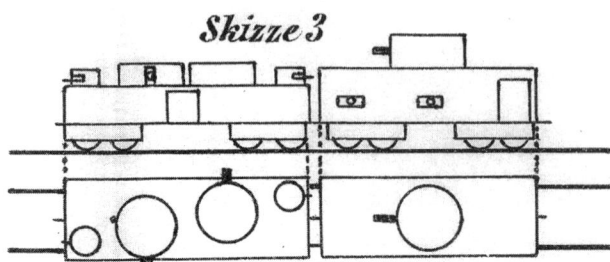

法国驻军在中国使用的装甲车厢草图，采用当时的经典设计。（草图：《军事科技信息》）

埃塞俄比亚和法属索马里兰的装甲车

1935—1937 年年间，法国十分关注意大利与埃塞俄比亚之间的冲突，这场冲突始于 1935 年，意大利于 1936 年 4 月和 5 月入侵埃塞俄比亚，随后发生了多次暴动和劫掠事件。法国人不得不计划用装甲列车和护航队保护铁路，此举于 1938 年生效。随着装甲轨道车的增加，对吉布提铁路的保护持续到 1944 年。

但是，由于缺少留存下来的照片，我们只能记录这些基本事实，无法提供具体细节。

摩洛哥装甲列车

西班牙内战期间，法国当局担心西属摩洛哥的入侵。1938 年 8 月，他们审议了一项装甲列车计划。夏尔·诺盖斯（Charles Noguès）[14] 将军估计"在和平时期建造这样的装甲列车，对预防西属摩洛哥的行动有某种作用"，9 月 23 日，当局决定继续该项目。这种列车包括一部 0-6-0 装甲列车（后改为 4-6-0 机车），两节 NN 型转架平板车，一节配备 75 毫米炮（后改为 37 毫米），另一节则装备两门 81 毫米迫击炮，此外还有两节运送工兵部队及轨道维修装备的 UU 型钢板转架车，以及该列车的指挥车。在列车之前的侦察任务由轨道上的摩托车执行。

该列车在丹吉尔 - 非斯铁路公司工厂帮助下于 1939 年 3 月完工，定名为"铁路特种部队"（Formation spéciale de chemin de fer）。法国本土军队瓦解之后，这支特种部队于 1940 年 7 月 3 日退役。[15]

第二次世界大战（1939—1945 年）

在法国海外领地[16]、法国本土[17]和德国的战斗中，我们可以辨认出各种来源的多列装甲列车。

摩洛哥

作为摩洛哥防御计划的一部分，法国海军用两门 75 毫米炮武装了一列列车，驻扎在塞布河（Oued Sebou）以北的铁路线上。这列列车参加了 1942 年 11 月 8 日在绿色海滩[18]战区抗击盟军登陆的战斗。

印度支那（中南半岛）

在这个距离法国 12000 千米（7500 英里）的殖民地，"装甲卡车"的使用早在 1905 年就已经初步设想。

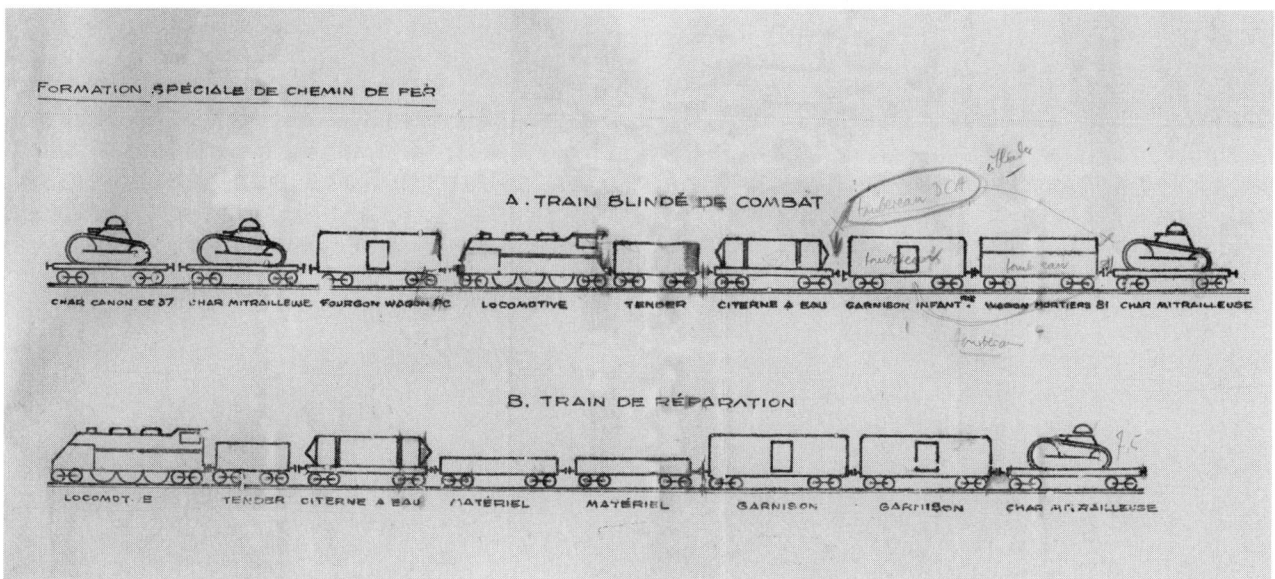

1940 年 6 月，铁路特种部队指挥官迈因格诺德（Mainguenaud）中尉制定的两种装甲列车可能配置。据我们所知，这是该列车保留下来的唯一图纸。（图纸：SHD）

14 1933 年，诺盖斯是驻阿尔及利亚的第 29 军军长，1936—1940 年任摩洛哥总督。

15 Service Note No 464/MC, of 3 July 1940, 3 H 1264/5 (SHD).

16 1942 年 10 月，甘比亚巴瑟斯特（Bathurst）的英国情报机构报告，达喀尔—捷斯（Thiès）铁路线上出现了一列装备 12 挺机枪的装甲列车。

17 在解放法国的战斗中，为了攻击于塞勒（Ussel）的德国守军，法军曾制定为"塔科特"号（科雷兹河列车的名称）配备装甲的计划，但从未实施。

18 三个登陆海滩以颜色命名为蓝色（南部）、红色（北部）和绿色（中部）。

对于 1940—1945 年期间使用的这些装甲列车，我们很难确定其具体数量。法国殖民当局似乎共建造了三列装甲列车：第一列在东京（Tonkin），参与了 1940 年 9 月在谅山的战斗，于 1945 年 3 月日军奇袭中被摧毁；第二列建于南圻；第三列建于柬埔寨金边，于 1940 年 10 月—1941 年 1 月法国与泰国之间的敌对行动中部署。

1942 年 2 月东京装甲列车的 75 毫米炮车厢。（照片：保罗·马尔马萨里的收藏）

为了给背景上的 75 毫米炮提供尽可能宽的射界，他们安装了一个铰接平台和垂直装甲板体系，为炮手们形成一个大的射击平台，同时保留垂直装甲防护。（照片：保罗·马尔马萨里的收藏）

1943 年 5 月 17 日，美军在利奥泰港（今盖尼特拉）以西的卡斯巴—梅迪亚拍摄的照片，这是摩洛哥铁路车辆上仅有的两门炮。（照片：NARA）

这三列列车的武器完全相同：一门75毫米炮、四挺重机枪、五挺轻机枪和一辆7吨坦克，可能是来自东京摩托化分队和第9殖民地步兵团[19]的雷诺FT。

第5装甲师使用的缴获装甲列车

1945年进入奥地利之后，第5装甲师在布鲁登茨（Bludenz）车站缴获了一列装有混凝土护墙、完好无损的德国防空列车。在先导平板车上增加一辆"谢尔曼"坦克后，它于5月4、5和6日被用于侦察任务。[20]

装有混凝土中央护墙的防空车厢一眼就能被辨认出来。除了先导车厢上"谢尔曼"坦克的75毫米炮之外，武器还包括38式20毫米高射炮（Flak 38）和38式四联装20毫米高射炮（Flakvierling 38）。（照片：帕克托少校）

印度支那战争（1946—1954年）

就铁路网而言，1946年的印度支那战争以几次侦察行动开始，目的是评估轨道（严重老化）、基础设施（被美军轰炸摧毁，遭到越南起义者的破坏）和轨道车辆（只有40%的机车仍然可用），此后铁路交通逐步重启。柬埔寨铁路网的状态最好。本质上，铁路网是这个殖民地唯一可行的运输手段，它的运作是经济复苏的量度。为了确保成功，铁路交通的管理委托给军方，由他们与民用铁路员工合作。

1946年2月起，法国军队派出装甲轨道车，在列车之前运行。越南独立同盟则开始通过布设地雷、撕裂铁轨和毁坏桥梁等方式，来摧毁整个铁路网。为防止损害过大，法军建立了一个静态防御系统，包括瞭望塔、碉堡和筑垒车站，以补充列车的主动防御。

掀翻整段轨道以破坏铁路交通：要实现这一目标，只需要掀翻一部分轨道，方法就是用水牛或者征用当地村民将铁轨拉出，其他的事情交给惯性去完成。图中的轨道已经倾斜。（照片：保罗·马尔马萨里的收藏）

出轨的后果。很明显，多个驱动轮的轮圈已经损坏，可能是因为地雷的爆炸力。（照片：米歇尔·普罗塔）

越南中部的拜卡（Baika）高架桥于1953年6月22日被摧毁。[21]我们可以看到照片右上有一节装甲车厢，其前景是装甲驾驶室的车顶。（照片：Le Bris，保罗·马尔马萨里的收藏）

这肯定是四辆比利时轨道车之一，摄于广治省。（照片：格里卡少校）

19 驻印度支那法国部队战斗序列，1943年11月23日；印度支那集群战斗序列，1944年5月（10 h 80/D1, SHD）。

20 Paul Malmassari, Les Trains Blindés 1826–1989 (Bayeux: Editions Heimdal, 1989), P.199.

21 译注：有些史料称，这次袭击发生在1953年6月24日，地点是岘港到顺化之间的海云关，造成100多人死亡。

第一步是部署装甲轨道车。最初（1946 年 2 月）是回收日本货车（往往是装甲化的）和民用轨道车。此后使用了公路铁路两用吉普车（特别是改造为米轨的），不过这种车辆构造脆弱，只能使用轻武器。铁路用的轮径为 50 厘米（1 英尺 7.75 英寸），而公路轮径为 70 厘米（2 英尺 3.5 英寸）。

鉴于现有车辆的明显缺陷，法国陆军研究了一个装甲轨道车或轨道牵引车的项目，具有如下现代化特性：双向、牵引能力和安装于旋转炮塔的火炮。但是，这个项目没有投入建造。对铁路上使用的道奇 4×4 卡车的研究也没有结果。1949 年年底，CFL 接收了四辆比利时制造的轨道车，配备装甲和武器之后服役。

比亚尔轨道车

比亚尔工厂交付了至少三辆米制的 D50 D5 型轨道车，另外六辆定名为 D50D5V 型。[23] 与标准型轨道车相比，它们有加固的底盘，油箱容量增加到 100 升（26.5 加仑），地板增加了 8 毫米装甲板，并使用更强大的庞阿尔发动机。

为确保铁路交通安全而引入的"阵风"[24]

"阵风"是一种配置规程，即将 2—5 列客车和列车组合在一起，由一辆装甲轨道车为先导，以每小时 20 千米（每小时 12.5 英里）或每小时 25 千米（每小时 15 英里）的速度逐次运行。"阵风"包括一列"领航"或

这是保留下来的珍贵照片之一，展示了 1946 或 1947 年正在开道的轨道车，但我们无法确定其型号。（照片：ECPA-D）

22 Jean-Gabriel Jeudy and Marc Tararine, *La Jeep, un défi au temps* [Paris: Editions Presse Audiovisuel (E.P.A.), 1981], P.182.

23 "V" 指越南。三辆轨道车于 1953 年 2 月 7 日交付（89、90 和 91 号），此后的三辆于 1953 年 4 月 18 日交付（94、95 和 96 号）。作者在 1983 年与 SOCOFER 工厂所做的笔记。

24 米歇尔·托里亚克（Michel Tauriac）的小说《众神之谷》（*La Vallée des Dieux*）为我们提供了个人的视角。他多次乘坐"阵风"装甲列车，将目击者的证词转变成了小说中的叙述，为档案中枯燥的事实增添了生命力。

海云关（Col des Nuages）的吉普轨道车，1947 年摄于莲沼（Lien-Chieu）车站。这些车辆一直服役到 1953 年年底。《阵风》[*La Rafale*，1990 年，作者帕特里克·默内（Patrick Meney）] 中包含了一幕发生在盲目前行的吉普中的浪漫剧情，但这一极其轻率的虚构行为使人们对这本书的评价大大降低了。（照片：让-加布里埃尔·热迪的收藏 [22]）

"主"列车，然后是"2""3"和"4"号列车（拉丁文"bis""ter"和"quater"）。"阵风"这个名字取自于自动武器的齐射（法语"rafale"意为"阵风"，也指武器齐射或连射）。领航列车的武备最为强大（博福斯炮车厢、装甲车厢等）。

但"阵风"无法凭一己之力击退大规模攻击，因此有必要部署巡逻装甲列车。第一批这种车辆在西贡建造，于 1947 年 12 月 16 日入役。它包含一部机车，和两节车厢。1948 年，第二列装甲列车在外籍军团及 C.F.I 工厂的协助下，由拉法诺德（Raphanaud）上尉（他并非外籍军团成员）指挥建造。

广治的 D50 D 5V 型轨道车配备了防手榴弹金属网。（照片：格里卡少校）

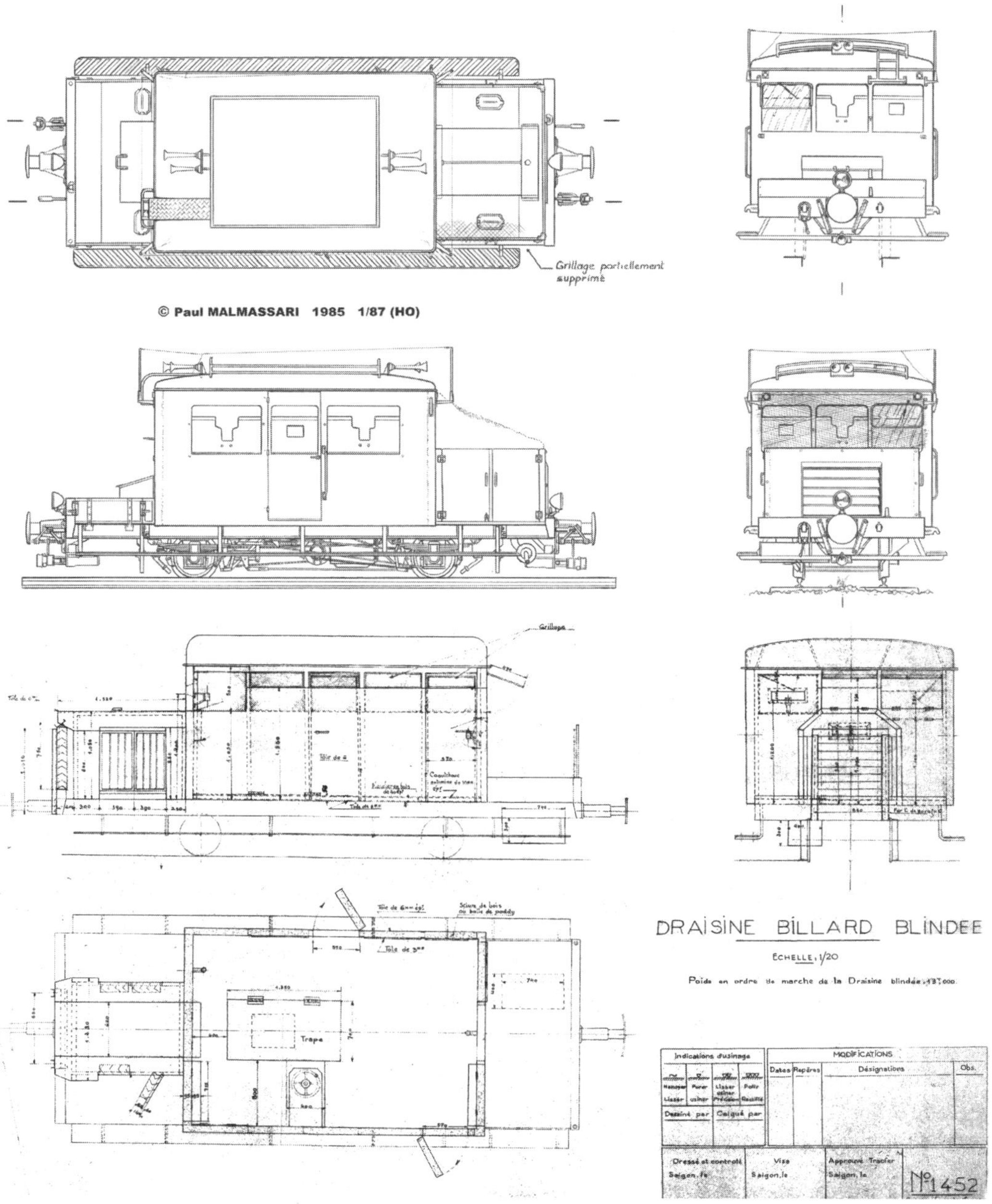

© Paul MALMASSARI 1985 1/87 (HO)

DRAISINE BILLARD BLINDEE

ECHELLE: 1/20

Poids en ordre de marche de la Draisine blindée : 13.000.

法国比亚尔公司为印度支那制造的装甲轨道车原始图纸。（制造商的图纸：保罗·马尔马萨里的收藏）

交付到印度支那的最终版本，使用了伪装图案，这在该战场很少见，更令人吃惊的是，图案代表的是铁路轨道，与苏联或西班牙某些装甲列车相似。（照片：ECPA-D）

D 型车厢作为"阵风"引导列车的指挥控制车厢。这些平板车于 1947 年 1 月入役。（照片：Le Bris，保罗·马尔马萨里的收藏）

1949 年 1 月 24 日，这节安全平板车（配备一个以钢质枕木为防护装甲的驾驶室）在顺化与土伦（岘港旧称）之间出轨。右侧是一辆吉普轨道车的前部。（照片：保罗·马尔马萨里的收藏）

配备博福斯 40 毫米炮的 MM 型车厢于 1947 年 4 月 5 日进入芽庄铁路线服役。它被放在列车的尾部，在它后面的平板车通常空载运行。（照片：Le Bris，保罗·马尔马萨里的收藏）

不同的装甲车厢：火炮车厢、迫击炮车厢，指挥车厢等

最初于 1947 年中期起增加的装甲防护只是最低限度的（甚至使用了木材），但后来使用了更坚固、高效的装甲。列车首部的安全车 25（如果有必要的话，在后部会也有）有一个装甲隐蔽所，可以探测轨道的损坏与地雷。

火炮车厢配备坦克炮塔、"考文垂"装甲车炮塔、迫击炮和高射炮。26 下面的照片展示了多个实例，展现了法军在面对两个对手时的独创性：他们既要面对越南敌人，还要对抗本土二战后重建过程中遇见的资源稀缺现象。

博福斯炮车厢的另一个版本，它与中部有混凝土桶形护墙的高射炮车厢颇为相似。（照片：米歇尔·普罗塔）

25 这些 MM 或 D 型转架平板车也称作"指挥控制平台"、"奇袭车厢"或者"防护底盘"。

26 博福斯炮高仰角下射程为 9830 米（10750 码），而英国弹药通常在 3200 米（3500 码）处自毁；"考文垂"炮塔中的军械局 2 磅（40 毫米）QF 炮穿甲弹最大射程为 1370 米（1500 码），但从未大规模制造高爆炮弹，因此这种炮塔依赖其 7.92 毫米"贝萨"共轴机枪。

博福斯炮车厢的第三个版本，建在 15415 号 HHff 型高边转架车厢的内部。（照片：伊夫·伯纳德）

HHyf 型车厢围绕一辆"考文垂"装甲车建造，加固了侧墙。弧形的带状物用于引开布设在树木之间、将大意者"斩首"的缆绳。（照片：伊夫·伯纳德）

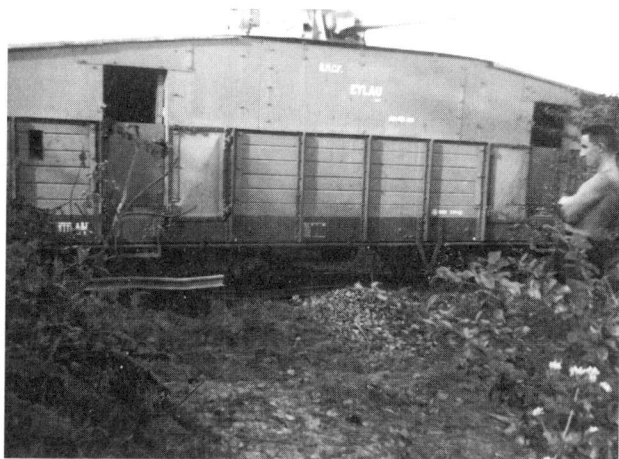

使用"考文垂"装甲车炮塔的 HH[27] 型车厢，隶属第 4 团的装甲列车，该团的习惯是用难忘的战役为这辆"铁路坦克"命名。（照片：伊夫·伯纳德）

迫击炮车厢的一张精细照片（图中是一门 60 毫米迫击炮和 7.7 毫米布伦轻机枪），也展示了弹药和装备贮存情况。由于迫击炮安装在抬高的炮位上，车厢其余部分可以留作他用，因此我们难以仅从外观区分出不同类型的装甲车厢。（照片：米歇尔·普罗塔）

使用坦克或装甲车的炮塔有两个优点：其一，它们有 14 毫米厚的装甲防护，优于本身拥有的装甲板；其二，它们允许所装武器全向转动。在柬埔寨铁路网上，还使用了原日本 95 式坦克（参见关于日本的章节）。至于间瞄火力，则是由 60 毫米（后改为 81 毫米）迫击炮提供，炮手可以用它们打击壕沟或隐蔽物之后的敌军火力点。如果多列列车相互靠近形成"阵风"配置，迫击炮弹还可以越过前方的列车。

回收被地雷炸毁的"考文垂"车厢残骸。（照片：伊夫·伯纳德）

27 HH 型车厢是 10.1 米（33 英尺 1.5 英寸）长的木质或钢质高边转架车，主要用于中部装甲炮台车厢，例如容纳装甲车、迫击炮或者指挥所。

安南（越南旧称）中部的装甲列车照片，中间的平板车上有一个四周被天线包围的隐蔽所。右侧的 HH 型车厢配备了一个"考文垂"炮塔，左侧可能是一节指挥车。（照片：米歇尔·普罗塔）

于 1949 年 6—7 月建造的四节 H 型车厢[28]之一，使用来自 H39 坦克的 APX 炮塔（SA38 型 37 毫米炮）。照片摄于海云关与岘港之间的"中国公路"。这辆 H39 坦克曾于 1940 年被德军缴获，被改良了指挥塔后重新投入使用。（日期不详，保罗·马尔马萨里的收藏）

28 H 型高边车厢长 5.5 米（18 英尺），专门用于安装装甲车辆炮塔的火炮车厢，不要与对应于"霍奇斯基"的坦克型号混淆。

在南圻的 HH15306 转架车厢，其中部的炮台装有一门迫击炮，从头到尾都有射孔。第二节车厢上有一挺 MAC 31 机枪。（照片：Promotion Victoire，照片提供人为尼古拉-韦勒默将军）

最先建造的 GGc 型棚车，属于外籍军团第 2 步兵团（2nd REI）的"南方"号装甲列车，其木质外皮里还有一层金属蒙皮。（照片：Le Bris，保罗·马尔马萨里的收藏）

一节装甲棚车，各个角落上都有丰富且可从内部关上的射孔。车顶的炮塔上有一个通风口，那里可能安装了一门迫击炮。（照片：伊夫·伯纳德）

不管是与指挥所、空中支援和车站，还是与"阵风"中的其他列车和同一列车的各个部分沟通，其通信都从指挥车厢发起。印度支那使用了多种型号的转架车厢和棚车，它们都修建了炮台，从外部难以与迫击炮车厢区分。

观察这张照片，我们可以很好地理解车组面对的危险——越盟军事人员可以利用茂密的植被靠近到距离列车几码处，然后迅速消失。（照片：Promotion Victoire，照片提供人为尼古拉-韦勒默将军）

1951—1952年，第4龙骑兵团的装甲列车，我们可以从照片中看到到其经典的车厢布局（可能之后很快就变化了）。机车在照片左侧之外，油罐车之前，从远处看，装甲列车的外观与民用列车很相似。（照片：伊夫·伯纳德）

虽然重新复轨十分困难，但这些转架车厢在出轨之后仍能依靠其更长的车身侧面提供较多火力。（照片：伊夫·伯纳德）

马达加斯加战役

　　1947年3月29日，马达加斯加发生了叛乱，铁路网也在打击目标之列。主要的列车站都加强了防御，"防护列车"在 TCE 和 MLA 上巡逻[29]。尽管缺乏当代欧洲装甲列车的火力和防护，它们仍确保了交通的顺畅，直至1948年叛乱结束。

29 TCE 是塔那那利佛—东岸铁路（Chemin de fer Tananarive-Côte Est）的缩写；MLA 是穆拉曼加—阿劳特拉湖铁路（Chemin de fer Moramanga -Lac Alastre）的缩写。

"阵风"的典型照片，装甲车厢以随机顺序插入列车中部。左侧的护航客车车厢是 GGy 型 12803 号。（照片：世界劳工学会）

这些巡逻列车的作战潜力与二战时的苏联和德国型号相去甚远，但对付马达加斯加起义军足够了。先导车厢上是勃朗宁 12.7 毫米机枪。（照片：私人收藏）

阿尔及利亚战争

法国在阿尔及利亚的铁路一直受到起义者的威胁，这种威胁的严重程度每年都有所不同。报界经常暗示需要装甲列车，例如，在1896年7月5日的《法国非洲之行世界报》（Le Monde du travail de l'Afrique Française）上，弗朗西斯·洛尔（Francis Laure）就认为使用装甲列车是打败图阿雷格运动的唯一手段。

阿尔及利亚战争于1954年11月1日开始。起义军初期的袭击集中在个人身上，在冲突的第一年中，交通基础设施没有受到影响。[30]此后，对铁路的袭击真正开始，带有典型的恐怖主义活动风格。由于阿尔及利亚当时是法国的一个省，当局不能允许起义军在客货运输方面占得上风。当时在用的铁轨长度超过4500千米（2800英里），有着规律的时间表和公开的运行规程，恐怖分子可以据此来规划袭击行动，与此同时，阿尔及利亚的经济繁荣也取决于铁路。

30 1956年12月，"……叛军开始袭击铁路交通"。（法国北非军事运输总指挥部写给担任第10军区运输总监的上校的信件，1 H 2177/D1, SHD）。

1957年9月22日，在奥兰—乌季达（Oran-Oujda）铁路线135+200千米处因触雷而出轨的客运列车。（特莱姆森边防警察的报告）

出轨的 S.N.C.F.A（阿尔及利亚国家铁路公司）迪特里希060 YDA柴电有轨车上的装甲窗洞。（照片：内普弗）

1957年9月位于卜利达（Blida）的060DC-3柴油机机车，其驾驶室有全方位的装甲防护。（照片：杰拉德·普耶）

法国人曾考虑在窄轨铁路线上使用从印度支那遣返的车辆。[31]1956 年年初，多辆装甲轨道车回收后正在进行大修。它们可以成为列车之前的清道夫。从君士坦丁周围地区开始，机车和机动有轨车的驾驶室也配备了装甲防护。此外，在危险地区运行的列车中某些车厢，或者矿车尾部的车厢[32]也配备装甲。

1955 年 11 月，铁路网的防御正式开始，法军建立了一支营级部队，由阿尔及利亚铁路公司的军事专家提供支持。此举造就了一支巡逻车部队（6 对巡逻车和 C.F.A 的 6 组轨道车）和三支列车护航部队（乘坐 C.F.A 特种车厢的 12 个小组）。总的来说，与破坏者作战是陆军的任务（由装甲列车监视并干预），而预先扫清轨道障碍的任务则落在 C.F.A 肩上，他们使用比亚尔轨道车、道奇 4×4 轨道车和轨道巡逻车。

举个例子，第 587 列车营负责三项任务。第一项是确保定期巡逻，保护交通系统。第二项是机动巡视、监视和干预。第三项、也是最后一项任务是提供最多 12 人（由一名军士率领）的护卫队，他们最初乘坐有沙包或反地雷毯的车厢，从 1956 年 2 月起乘坐装甲车厢。

这些部队拥有什么作战手段？按照年代顺序，前七辆比亚尔轨道车于 1955 年年底入役。初期得到的经验用于改善后续的车辆。

阿尔及利亚铁路公司的阿尔斯通 BBB 060 YBD 柴电机车上有该公司的纹章。驾驶室装有装甲防护，缓冲梁上的孔说明这部机车原先配备了用于干线的缓冲装置，后来经过改造装上了中置车钩关节销。（照片：私人收藏）

31 窄轨铁路有 2227 千米（1384 英里），标准轨铁路有 2113 千米（1313 英里）。

32 Letter from the Director of the C.F.A. to the Governor General of Algeria, No IA8/67-15 dated 17 November 1955 (1 H 2177, sleeve 'Notes CGA 1955- 1956', SHD).

米制轨道上蒸汽机车的罕见照片。照片中的是名为"麦克阿瑟"的 2-8-2 机车。（照片：保罗·马尔马萨里的收藏）

遭遇一次伏击之后，一节部分安装 7 毫米装甲板的护航棚车倒在了迪特里希机动有轨车旁边。（照片：ECPA-D）

为了弥补转车台的缺失，这种巡逻车与比亚尔轨道车结合的方法被采用了。其结合体的绰号为"蜗牛"（就像将列车称为"乌龟"那样），其功能是巡逻车负责前向行驶，在被反向牵引时则挂空挡。（照片：塔拉巴东）

第一批比亚尔轨道车的两张照片，其装甲防护遵循基础车辆的形式。所有此类轨道车的前端都有装甲格栅。格栅上部的开口为驾驶员提供了更宽广的视野。不管军用还是民用，这些装甲轨道车都有 C.F.A 的序列号。（照片：保罗·马尔马萨里的收藏）

拉索滚筒似乎在阿尔及利亚战争的最后几年间拆除。注意作为主武备的 .50（12.7 毫米）机枪。巡逻车的辅助武器是一挺或两挺美制 .30（7.62 毫米）机枪。（照片：保罗·马尔马萨里的收藏）

巡逻轨道车

接下来，法国人又引进了巡逻轨道车。它们在 C.F.A 的工厂中经过改装后，可以在铁路上运行。[33] 这种车辆武备精良，但速度缓慢，装甲也较轻量级，主要缺点是只有一个倒挡。对此的解决方案是将两辆巡逻车背对背连接在一起，或者与比亚尔轨道车配对使用。

33 凸缘车轮上的特种轮胎由米其林生产（与他们的米其林机动有轨车上的轮胎一样）。

这种巡逻轨道车的前轮配备了附加装甲。车上的盾徽属于第 587 运输营。（照片：保罗·马尔马萨里的收藏）

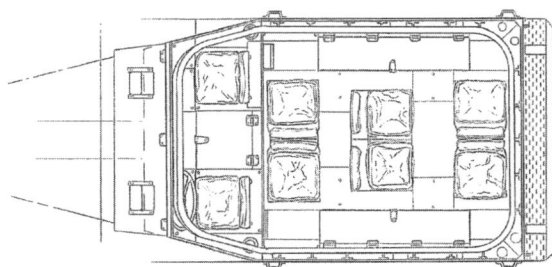

VUE INTERIEURE

© Paul MALMASSARI 1985 1/87 (HO)

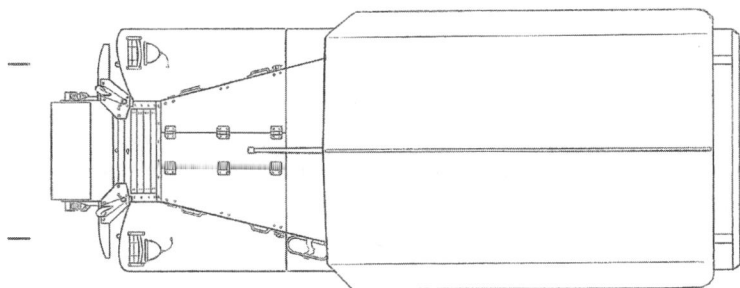

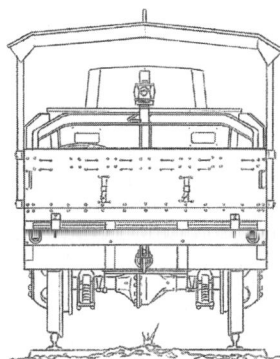

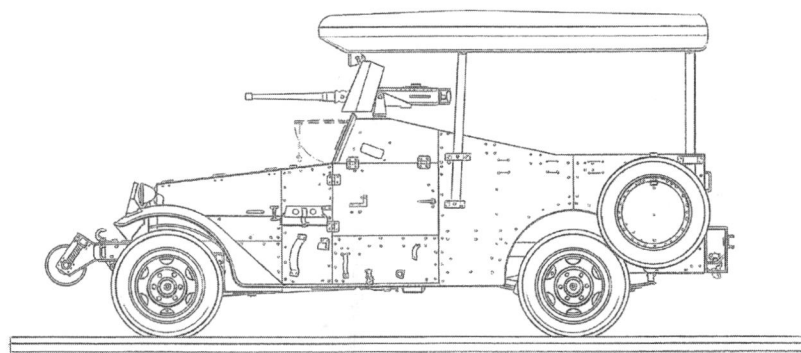

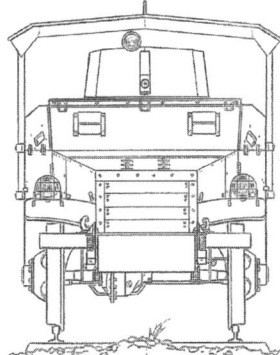

巡逻车的悲惨命运。
所回收的残骸被放
在一节转架车上。
（照片：第3祖阿夫
团协会）

道奇轨道车

从 1956 年 2 月起到战争结束，法国人都在改装道奇 WC51 武器运送车为一种铁路轨道车。为 C.F.A 和军队进行的铁路改装由两家公司负责：VERARO（1951

年起）[34] 和德凯纳 - 吉拉尔。

34 VEhicule RAil-Route（意为公路铁路两用车辆）即原西比耶公司。

道奇铁路轨道车早期版本，没有边门。（照片：保罗·马尔马萨里的收藏）

奥兰军团的道奇轨道车，图中有两辆背靠背连接，这样就可以不使用转车台进行双向运行，紧随其后的是一辆巡逻车。（照片：版权所有）

© Paul MALMASSARI　1983　1/87 (HO)

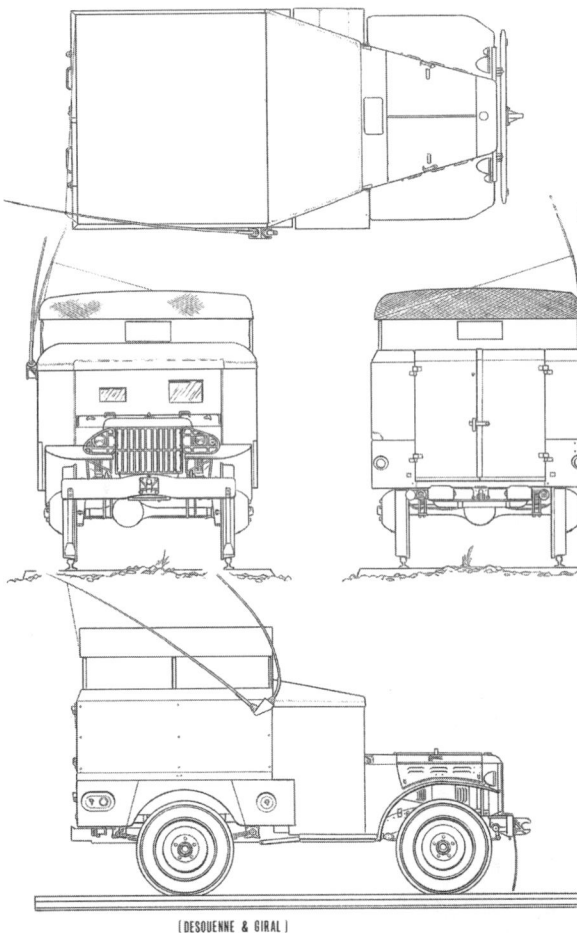

© Paul MALMASSARI　1983　1/87 (HO)

[DESQUENNE & GIRAL]

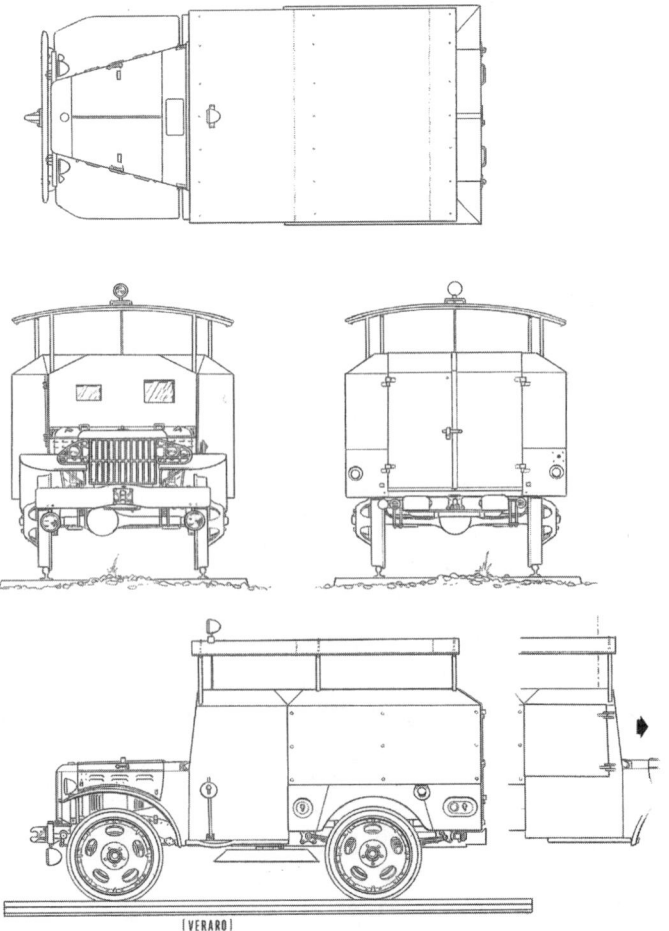

[VERARO]

吉普轨道车

1959 年 5 月到 11 月，有 11 辆吉普车为米制轨道做了改装，它们被送往奥兰以南地区，组建一支监视屏护部队，对抗恐怖主义的侵犯。虽然因为比亚尔轨道车的数量一直不够，无法满足所有行动的需求，但所有改装车辆都服役到了最后。

后来的比亚尔轨道车

除了前面提到的 C.F.A 车辆，第一种附加的轨道车是从印度支那遣返的 D 50 D 5 V[35] 型米轨车辆——被接收时的状况很差。

比亚尔轨道车有六个基本型号：

—D 50 D 5 V（最初用于印度支那，后用于阿尔及利亚）

—D 50 D 5（阿尔及利亚版本）

—D 50 D 4 B（仅建造装甲版本，用于标准轨道和米轨）

—D 50 D 4（增加了装甲防护）

—D 50 D 6 B（增加了装甲防护）

C.F.A 和陆军共用容纳 20 辆车的车场。

第 3 祖阿夫团 2 连的装甲吉普轨道车。为标准轨改装不现实，因为这必须在刹车鼓上配备附件，从而弱化车轴。注意，与用于印度支那的吉普相比，图中的铁路轮径要大得多。（照片：ECPA）

比亚尔 D50D5 轨道车（标准轨）的装甲型。（照片：保罗·马尔马萨里的收藏）

35 V 指越南。

© Paul MALMASSARI 1985 1/87 (HO)

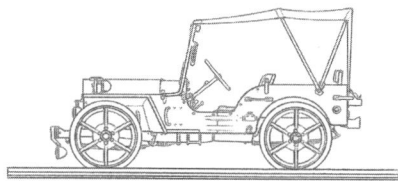

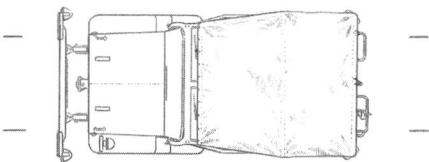

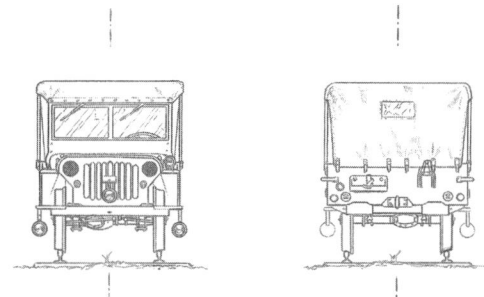

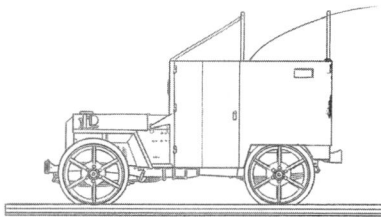

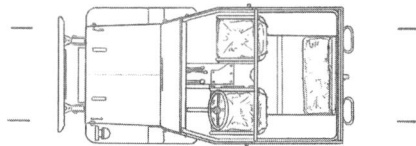

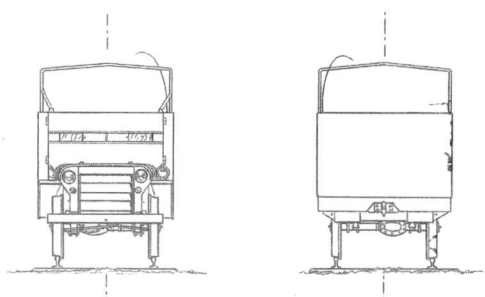

© Paul MALMASSARI 1985 1/87 (HO)

这是第 587 运输营的 D 50 D 5 轨道车。从正视图可以看出，它的装甲防护相当简单，遵循了原来的民用车身形式。（照片：保罗·施奈德）

冲突期间，这些轨道车继续发展，但很难知道这种发展是陆军最高司令部的要求，还是出于比亚尔工厂民用底盘的供应情况。最后的装甲化版本是 D 50 D 6 B，得益于 D 50 D 4 型的经验，它后来既有标准轨型号，也有米轨型号。在最终型号中，7 毫米装甲板被简单地固定在车身上，使这种轨道车很容易改装成民用配置。

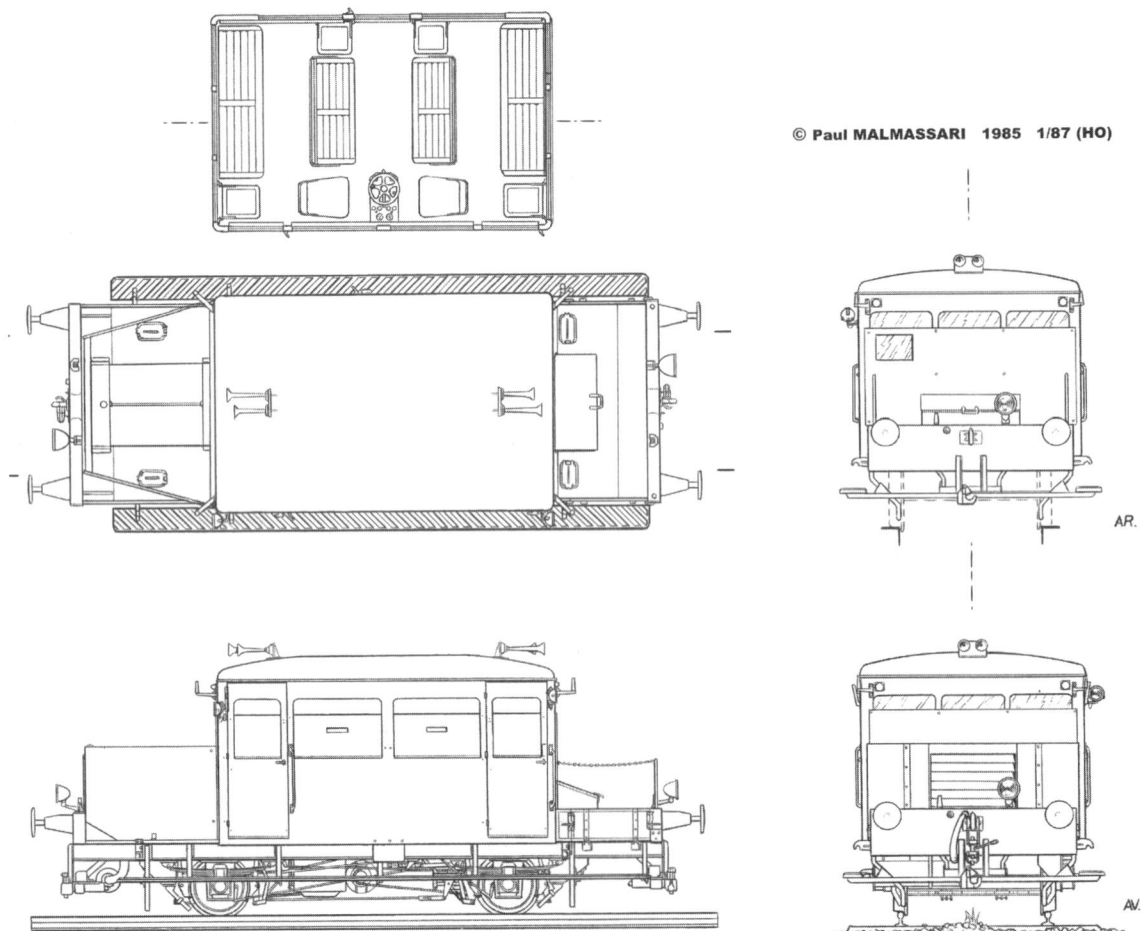

© Paul MALMASSARI 1985 1/87 (HO)

AR.

AV.

制造商的标准轨 D 50 D 4 B 图纸。（图纸：保罗·马尔马萨里的收藏）

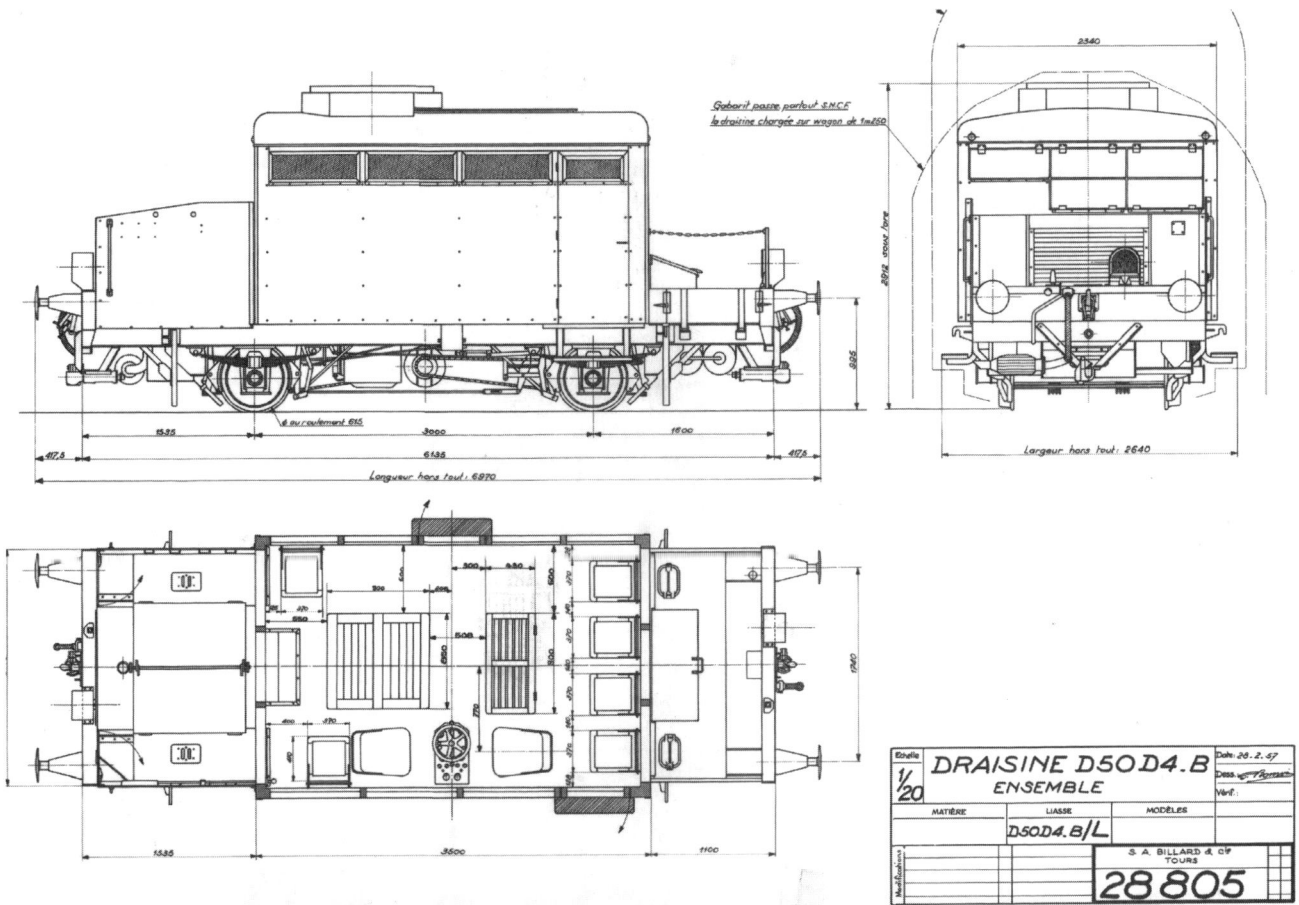

36 其中一辆轨道车在本书编著期间仍存在。

比亚尔 D 50 D 4 B 装甲轨道车（米轨）。车顶指挥塔安装 .30（7.62 毫米）勃朗宁机枪是典型现象。D 50 D 4 B 型轨道车从一开始就被设计为装甲版本。36（照片：阿兰·拉法格）

比亚尔 D 50 D 4 B 型装甲轨道车（用于米轨）。（照片：保罗·马尔马萨里的收藏）

这辆 D 50 D 6 B 型轨道车使用的缓冲梁与前图所见的旧版本有所不同。（照片：保罗·马尔马萨里的收藏）

比亚尔 D 50 D 6 B 装甲轨道车后视图。窗户使用 6 毫米的树脂玻璃，底板由长沙包组成，以提供最低限度的防地雷能力。注意连接到机枪上的探照灯。(照片：保罗·马尔马萨里的收藏）

© Paul MALMASSARI 1985 1/87 (HO)

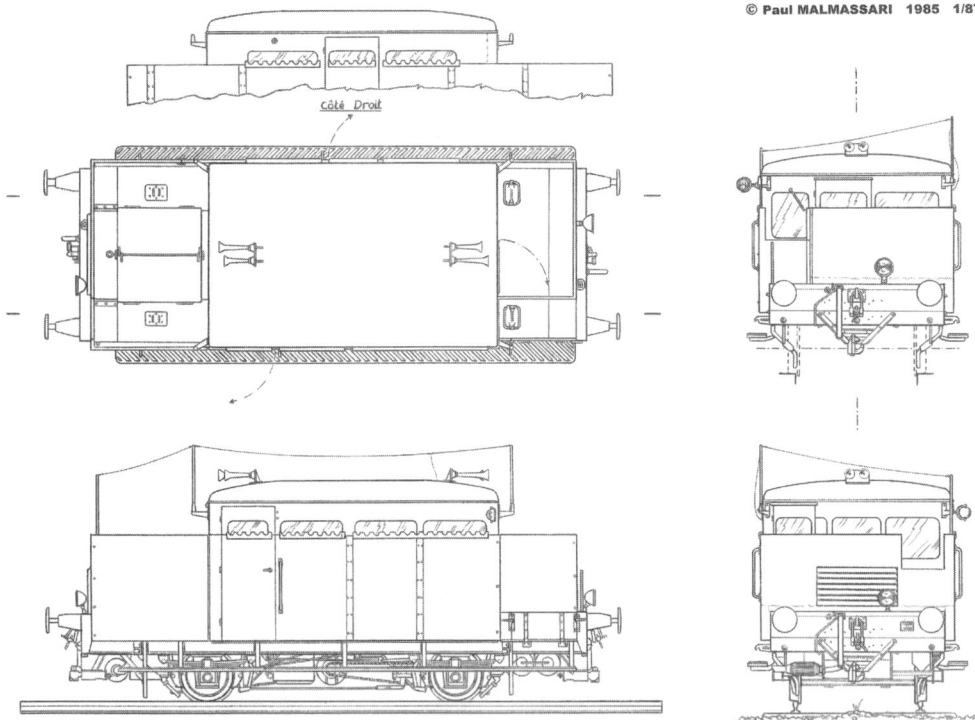

Côté Droit

这辆轨道车成了泰巴里特干谷（Oued Tebarit）大桥遇袭的牺牲品，它从 20 米高处(65 英尺）落下。（照片：塔拉巴东，第 3 祖阿夫团）

无线电控制轨道车

在 1958 年 4 月 12 日的一封信中，阿尔及利亚铁路局长承认"被清道车辆触雷时造成的破坏程度所震惊"，并希望研究建造一种无人车辆，也就是遥控车辆。实际上，比亚尔公司在前一年已根据 SNCF 对编组站中调车机车使用的研究，提出了此种设计。军队使用的两个基本考虑因素是：首先要最大限度地缩小车辆外形尺寸，以免紧跟其后的控制轨道车看不清道路情况；其次是为所有脆弱部位提供装甲防护，以便控制轨道车能够向整个前方区域射击，而不用担心炮弹误伤无线电遥控轨道车。[37] 计划是在每条车轴上运载 10 吨的道砟（老化的

铁轨），以确保能引爆地雷。多次试验后，军队订购了 10 辆轨道车，第一辆于 1959 年 4 月 10 日交付。不过，战果远不能让人满意，似乎只有两辆这种轨道车成功使用。

在整场战争中，阿尔及利亚共使用了 190—201 辆不同型号的装甲轨道车，是所有国家中在反游击战斗中投入数量最多的。

37 这种情况在反游击作战中并不少见：在印度支那，坦克甚至装甲铁路车厢都不得不向友车开火，以清除爬上车顶的袭击者。

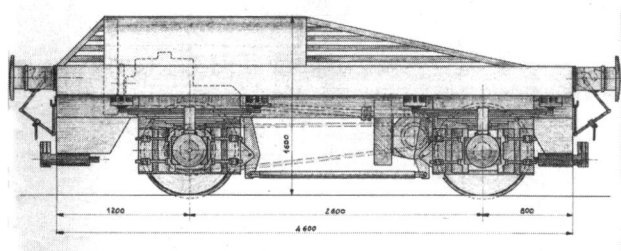

比亚尔提出的初步设计。在制造型中，轨道车的上层建筑得到了改良，但其底盘的整体尺寸保持不变。（制造商的图纸：保罗·马尔马萨里的收藏）

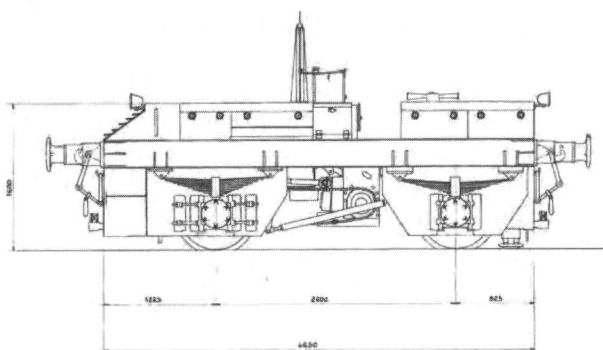

交付给法国陆军的制造型车辆。档案中找不到平面图。（制造商的图纸：保罗·马尔马萨里的收藏）

比亚尔无线电控制轨道车（初始配置），其接收器单元的装甲翻门一直敞开着。（照片：ECPA-D）

配备装甲驾驶室的比亚尔无线电控制轨道车。这种配置的明显缺点是驾驶室阻挡了后续轨道车或列车对轨道的观察。（照片：ECPA-D）

阿尔及利亚的装甲列车

在阿尔及利亚建造的第一列装甲列车诞生于 1956 年 10 月。牵引车是一辆 400 马力的调车机车，使其速度达到每小时 35—40 千米（每小时 22—25 英里）。1957 年，阿尔及利亚的陆军工程兵部队开始为第 587 运输营建造一列装甲列车 [最终得到了"乌龟"（Tortue）的绰号]。在此建造的装甲列车共有六列或七列。阿尔及利亚是法国使用装甲列车和本土设计轨道车的最后一个战场。很多发生冲突的国家或地区都借鉴过法国人的经验，如毛里塔尼亚、葡萄牙、波斯尼亚—克罗地亚联邦等，我们都在相关章节中做了描述。

第 587 运输营的装甲列车的两节步兵火力车厢，采用典型配置。（照片：多米尼克·卢瓦索）

执行列车护航任务期间的指挥车（第 3 祖阿夫团 1 连）。最右边的车辆可能是比亚尔轨道车，但车顶的结构仍是个谜。（照片：塔拉巴东）

照片中的装甲列车在后来被拆分，其中 TTuw 25483 车厢加入执行列车护航任务。注意，040-DC-13 柴电机车的驾驶室有装甲防护。（照片：多米尼克·卢索瓦）

护航棚车损毁在列车与机车之间。（照片：居伊·沙博，第 3 祖阿夫团协会）

© Paul MALMASSARI 1986 1/87 (HO)

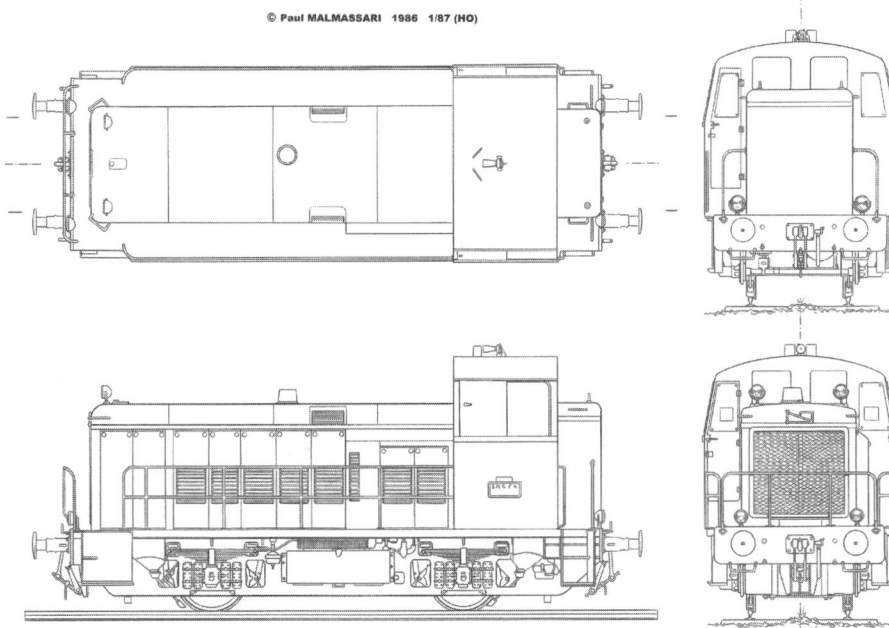

© Paul MALMASSARI 1985 1/87 (HO)

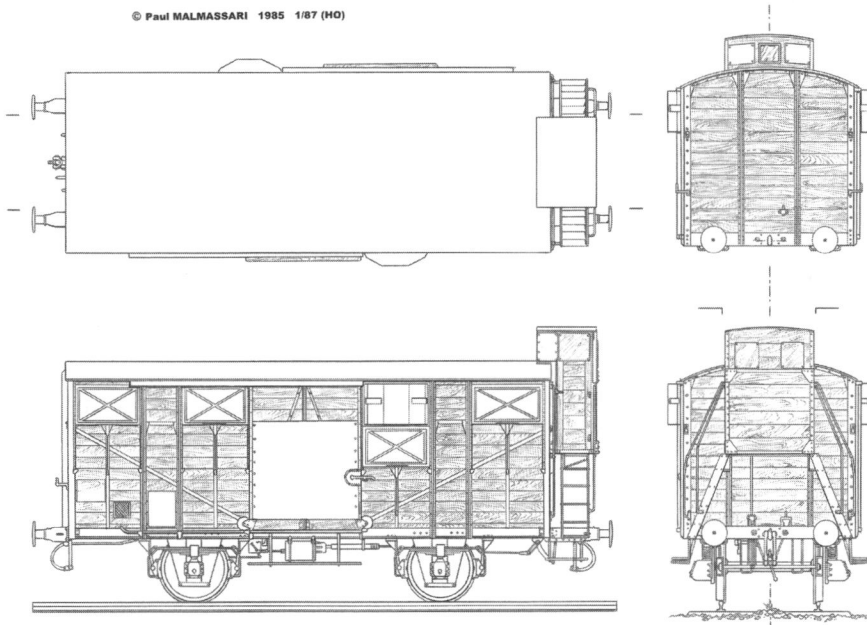

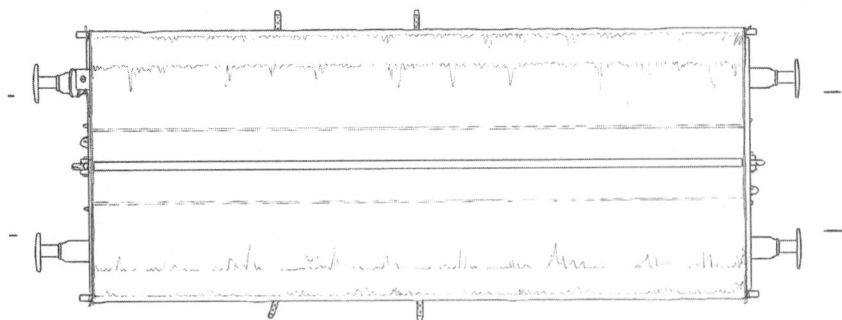

© Paul MALMASSARI　1985　1/87 (HO)

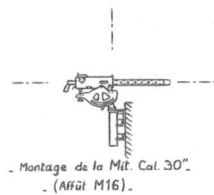

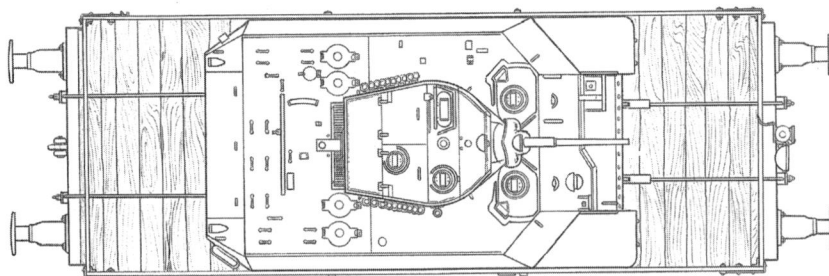

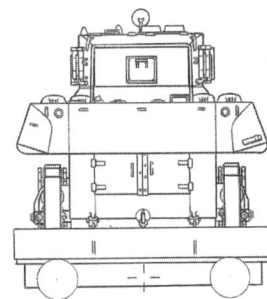

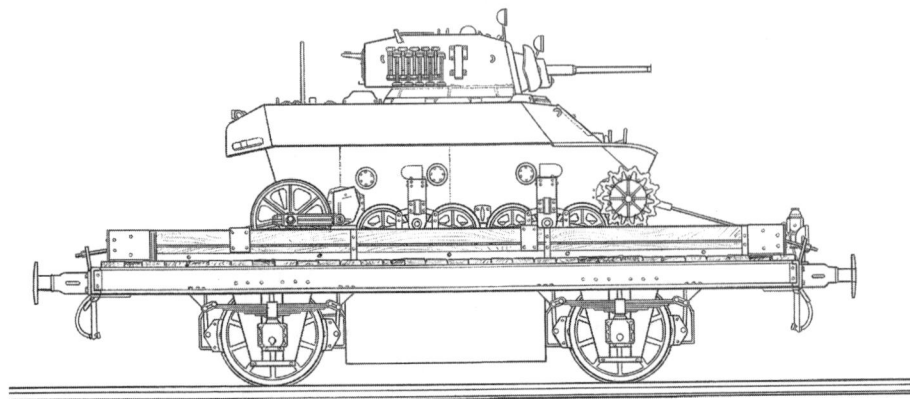

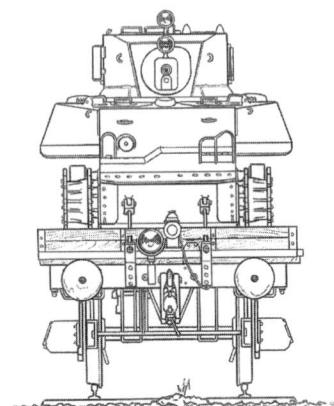

Montage de la Mit. Cal. 30".
(Affût M16).

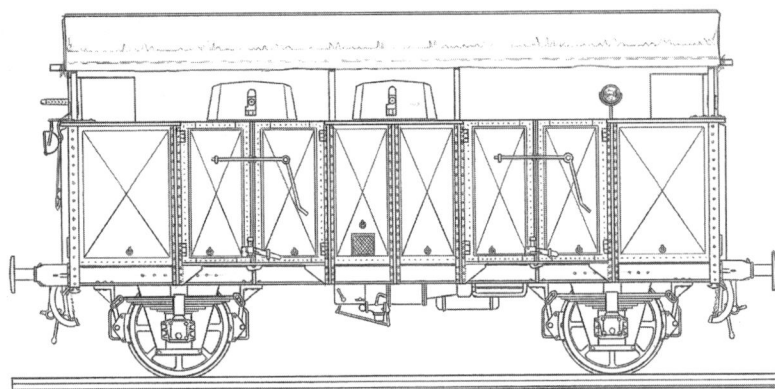

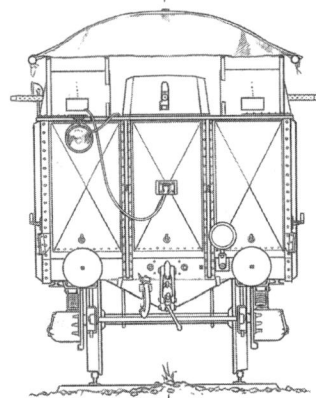

© Paul MALMASSARI　1985　1/87 (HO)

安装在双层板车厢上的 **M3A3** "斯图尔特"轻型坦克。在阿尔及利亚使用的这一组合的照片出现在前言中。(图纸：作者)

展示第 587 运输营装甲列车（"乌龟"）两端的照片。虽然车厢类型相同，但标识和灯座的位置稍有不同。（照片：多米尼克·卢索瓦）

资料来源

档案

- Guy François.
- Paul Malmassari.
- *Cercle généalogiste de la SNCF* (album Emile Moret et Eugène Hallard)
- Carton SHD 16 N 755.

书籍

- Chabot, Guy, *Le Plus sale boulot – Guerre d'Algérie 1956-1962* (Coulommiers: Dualpha Editions, 2006).
- François, Guy, *Les canons de la victoire, tome 2 : L'Artillerie lourde à grande puissance* (Paris: Histoire et collections, 2008).
- *Histoire militaire de l'Indochine française des débuts à nos jours* (juillet 1930) (Hanoi-Haiphong, 1931), Vol 2, P.292.
- Jeudy, Jean-Gabriel, and Tararine, Marc, La Jeep, *un défi au temps* (Paris: Editions Presse Audiovisuel (E.P.A.), 1981).
- Malmassari, Paul, *Les Trains blindés français 1826-1962*, étude technique et tactique compare (Saint-Cloud: éditions SOTECA, 2010).

会议

- Malmassari, Lieutenant-Colonel Paul, 'La Défense dynamique des voies ferrées contre le terrorisme: l'exemple français', *actes du symposium Armée et technologie*, Pully (Switzerland) 16 to 20 March 2004, PP. 535–54.

电影

- http://www.britishpathe.com/video/french-gun-battery-onrailway/query/armoured+train.
- 'Les trains vus par le cinéma des armées', ECPA-D, 2012, 61 min .
- Kowal, *Georges*, 'Avec la Rafale', 1952, ref. SCA No 0050.

期刊文章

- Aiby, Lieutenant André, 'L'emploi des trains blindés', *La Revue d'Infanterie* Vol 83 (November 1933), PP. 775–95.
- Dufour, Pierre, '1948 Rafale contre Viet-Minh', *Hommes de guerre* (January 1989), PP. 27–32.
- Dupont, Michel C, 'Trains blindés sur voie métrique en Indochine', *Le Rail* No 7/8 (December 1988),PP. 72–5.
- François, General Guy, 'Les Trains blindés français de 1914', *Ligne de Front* No 54 (March-April 2015), PP. 20–9.
- Le Bris, Pierre, 'Les Chemins de fer du Viet-Nam de 1945 à 1954', VAUBAN, *bulletin de liaison du genie* No 96 (3rd Quarter 1990), PP. 6–11.
- M., Captain, 'Les Trains blindés', *La France militaire* No 11795 (23rd May 1924), P.1.
- Medard, Frédéric, 'Le soutien de l'armée française pendant la guerre d'Algérie', *Revue Historique des armées* No 4 (2002), PP. 25–36.
- Montgéry, M. de, 'Observations de M. Paixhans, avec les répliques de M. de Montgéry, au sujet de deux ouvrages intitulés: Nouvelle Force Maritime', *Bulletin des sciences militaires* Vol 3 (1826), PP. 218—19.
- Neviaski, Captain Alexis, 'L'audace du rail: les trains blindés du Sud-Annam', *Revue Historique des armées* No 234 (2004), PP. 25–36.

小说

- Meney, Patrick, *La Rafale* (Paris: Denoël, 1990).
- Tauriac, Michel, *La Vallée des Dieux* (Paris: Flammarion, 1989).

网站

- http://www.forum-auto.com/automobiles-mythiques-exception/voitures-anciennes/sujet388213.htm.

格鲁吉亚

第一共和国：装甲列车（1918—1921 年）

　　沙皇俄国分裂之后，格鲁吉亚于 1918 年 5 月 26 日宣布独立，得到了多个国家的支持，这些国家在该国建立了大使馆和领事馆。1918 年 1 月，这个萌芽中的共和国就在社会民主党活动家瓦洛迪亚·戈古阿泽（Valodia Goguadze）领导下，将八列装甲列车投入现役。从 1918 年 1 月到 3 月，它们参加行动，支援从奥斯曼帝国撤退的部队，此后又在 3—4 月参加了在阿扎尔（Adjara）、古利亚（Guria）和博查罗 - 马兹拉（Borchalo Mazra，今博尔尼西）与土耳其军队的战斗。最后的行动是 1920—1921 年与布尔什维克的对抗，格鲁吉亚共动员了 15 列装甲列车。格鲁吉亚第一共和国后来终结了，但它没有投降[1]，而是加入苏联，成为一个加盟共和国。

格鲁吉亚装甲列车之一。完全相同的另一列车名为"共和国"号，由瓦洛迪亚·戈古阿泽指挥。（照片：保罗·马尔马萨里的收藏）

资料来源

- https://icres.wordpress.com/2014/03/20/exhibition-soviet-occupation/.

1　流亡政府驻扎在法国，直到 1934 年。

德国

装甲列车、机动有轨车和轨道车 [1]（1900—1945 年）

20 世纪之初，德国陆军对装甲列车并不陌生，他们在 1870—1871 年的战争中有机会观察了法国的各种型号，尽管布尔战争期间关于装甲列车的报道很普遍，但德国人过了一段时间才认识到这种武器可能带来的好处。他们的国家处于欧洲的心脏地带，战时需要迅速地在多条战线上转移部队，唯一的方法就是利用铁路网，因此对铁路网必须有保护手段。我们只要看一眼地图，就能发现贯穿波兰南北并连绵到乌克兰的战线有多长，也能看到德国国内铁路网的跨度，这证明了在汽车运输尚不发达、在军事圈中也没有引起高度重视的时代，部署装甲列车是部队长途奔袭的唯一手段。二战期间，装甲列车是对抗游击队袭扰的唯一有效工具。德国陆军咬紧牙关，全心全意地进行装甲列车的冒险，在此过程中不断完善或规划改进，直到第三帝国最终失败。

第一批德国装甲列车

随着义和团运动的爆发，驻华的外国使团提出了一项协调防御计划，德军在青岛服役了一列小型火炮列车，包含两节安装海军炮的车厢。1904 年，德属西南非洲的赫雷罗部落发生暴动，随后德国人建造了一列窄轨装甲列车。在比洛（Bülow）中尉的指挥下，列车于瓦尔道

车站安装波状防护钢板和装满泥土的麻袋。装甲列车的武器包括"哈比希特"（Habicht）炮艇登陆分队的一门 37 毫米转膛炮，以及车上人员的自卫武器。

3 号装甲列车（PZ Ⅲ），1914 年 12 月在里尔看到的 1910 型装甲列车之一。装甲车厢是从 Omk(u) 型 40 吨矿车改装而来。一个车厢始终配备装甲指挥与观察塔，供列车指挥员使用。（照片：保罗·马尔马萨里的收藏）

克劳斯公司在世纪之交建造的 D XⅡ 级装甲机车。这一原型是否包含在 1910 年计划中不得而知，尽管装甲板的垂直布置说明了它所处的时代，但它的外观相对现代。（照片：克劳斯 - 马菲公司）

这张明信片上的是 1900 年在中国的德国装甲列车，装有两门 88 毫米野战炮。（明信片：保罗·马尔马萨里的收藏）

1　德语：Panzerzug 和 Panzerdraisine。1944 年 10 月 21 日，其官方名称被从最初的 Eisenbahnpanzerzug 改成 Panzer Zug，所有与装甲列车相关的命名都有前缀"Eisb"。为简单起见，我们在此采用通用词"Panzerzug"或"PZ"。

除了当地临时建造的列车之外，1910 年的德国官方文件预见了建造装甲列车以预防敌对行动的必要性。根据研究过布尔战争的冯·施利芬（von Schlieffen）伯爵的观点，陆军最高司令部订购了 32 列装甲列车。不过，当年的财政状况迫使他们将订单减少到 14 列。到战争爆发时，利用第一批列车实施的部队调动说明了它们的价值。每列列车的标准构成为：

——一辆中置的装甲机车，通常为 T 9.3 级，也可能为普鲁士的 G 7.1 级或 T.3 级（分配给 PZ Ⅸ）等。

——12 节可抵御轻武器火力的车厢。

——其中一个车厢配有观察塔。

列车需要提前 24 个小时准备行动，人员由铁路员工和来自正规军的士兵组成，兵力最多达到一个连，有四挺机枪。

第一次世界大战

入侵比利时的德军右翼部队建造和使用了多列临时列车。1914 年 9 月，德军建立了"干预小队"，其任务是对抗游击队、自行车部队和盟军的骑兵。德军工兵部队建造的一列装甲列车参与了这些行动，其中之一是挫败比利时的"幽灵列车"。这些装甲列车在比利时的使用差强人意，但因其薄弱的装甲和武备而遭到批评。车组人员要求配备内部电话和探照灯。1914 年 11 月起，上述缺陷得到了弥补，1915 年，列车的数量达到五年前计划的 14 列。当年，西线战事稳定，东线的运动战仍在持续。14 列列车中，有七列于 1916 年遣散，另外七列只保留了车上的工兵。

1916 到 1918 之间建造的一些装甲列车，根据所在战线实施不同任务。此时，一些车厢携载格鲁森 53 毫米可移动要塞炮塔，另一些则有车顶。（照片：保罗·马尔马萨里 -DGEG 收藏）

普鲁士 T 9.3 级水柜蒸汽机车加挂两节无装甲煤水车，以增加其行程。装甲列车在作战配置下的速度为每小时 25—30 千米（每小时 15—18 英里），而在干线上，当机车位于前部时，装甲列车的速度可以达到每小时 60 千米（每小时 38 英里）。（照片：保罗·马尔马萨里的收藏）

1916 年，派往罗马尼亚的 1 号和 2 号装甲列车接收了一个新车厢，车厢的装甲炮台中装备一门普季洛夫 02 型 76.2 毫米炮，炮台通过枢轴安装在一套滚子上。（照片：保罗·马尔马萨里 -DGEG 收藏）

这张照片于 1918 年 1 月摄于汉堡。照片中的 T 9.3 级机车配备整体装甲，与其他标准机车截然不同。它加挂到 PZ Ⅱ、Ⅴ 或者Ⅶ上。（照片：保罗·马尔马萨里的收藏）

3 号装甲列车（PZ III）的先导车厢改装自 20 吨矿车，该列车于 1919 年 3 月改名为 54 号装甲列车（PZ 54）。注意具有 180 度射界的 37 毫米转膛炮，它配备正面装甲板和带定位链的炮口套，就像较小的马克沁 08 式。还要注意炮台上部的侧置机枪。这挺高射机枪是马克沁 7.62 毫米型号，不是该列车原始武备的一部分。（照片：保罗·马尔马萨里的收藏）

我们从照片中的巡逻列车上可以看到各部分的装甲，如机车驾驶室的、车厢侧面的等。照片于 1918 年 6 月 19 日摄于波蒂福里斯（Potiflis）。（照片：保罗·马尔马萨里 -DGEG 收藏）

德军进入乌克兰时建造了四列用于俄国宽轨的列车，设计和装甲布置各有不同，并增加了缴获的车厢。它们的武器是 77 毫米野战炮等德国武器，或者 76.2 毫米俄制火炮。

其他战线上，装甲列车服役于德国殖民地：在喀麦隆与多贝尔（Dobell）将军率领的法国部队作战时，德军改装了一节车厢，用其上的一挺机枪守卫迪邦巴（Dibamba）河桥梁。据我们所知，它没有留下任何照片。1918 年在巴勒斯坦，德国"亚洲军"士兵加入土耳其装甲轨道车车组（参见奥斯曼帝国的章节）。芬兰独立战争期间，德国人仅使用了一列装备两门俄制火炮和四挺机枪的装甲列车，可能是 1918 年 4 月 13 日左右从赫尔辛基的红军手中缴获的。

一战后的冲突

德国革命与内战

由于《凡尔赛和约》条款带来的耻辱，以及战败和国内社会环境的破坏，俄国布尔什维克革命的输出很容易在德国造成不稳定局面。罢工、动乱和蓄意破坏行动大大增加，导致政府重启旧装甲列车，并临时建造了许多其他列车。1918 年年底，装甲列车不管原来处于哪条战线，全部被重新编号（从 20 到 55），另有多列被使用罗马数字进行编号。1919 年 3 月，列车的部署变得很普遍，它们主要在哈雷（Halle）、马格德堡（Magdeburg）、不伦瑞克（Braunschweig）、莱比锡和慕尼黑活动。革命派一方则在洛伊纳（Leuna）建造了一列简陋的装甲列车，但那里的工厂于 1919 年 3 月 28 日被全面包围，列车也在完好无损的状态下被缴获。

德军攻入俄国期间缴获并在戈梅利（Gomel）以东重新投入使用的装甲车厢。（照片：保罗·马尔马萨里 -DGEG 收藏）

"洛伊纳工人"的装甲列车，它是在 1919 年 3 月 23—29 日马克斯·赫尔茨（Max Hoelz）于萨克森州鼓动的起义期间，由漏斗车改装而成的。伯恩哈特·冯·帕宁斯基伯爵（Bernhardt Graf von Paninski，军衔为上校）率领的部队重新夺回了洛伊纳这个工业中心。（照片：沃尔夫冈·萨夫多尼的收藏）

俄军缴获的这辆装甲轨道车在一战期间十分罕见，是用戴姆勒装甲卡车改装后在铁路上使用的。注意后侧板上的射孔。（照片：沃尔夫冈·萨夫多尼的收藏）

洛伊纳的传奇故事因一些纪念品而流传下来，如列车的金属模型，以及这些日期为 1921 年（而非 1919 年）的饰板。（纪念品：保罗·马尔马萨里的收藏）

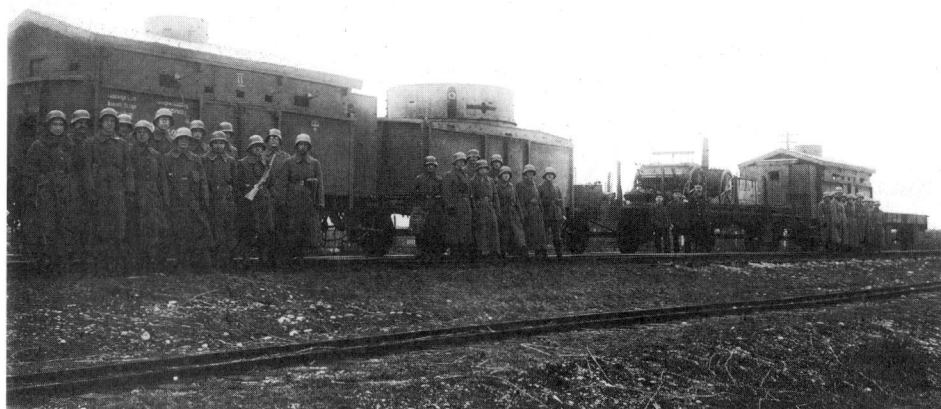

于 1920 年拍摄的 PZ 45 前部。该列车于 1919 年 3 月建造，用于斯德丁（今什切青）的第 10 铁道兵团（Lin. Kommando X）。从左到右：机枪车厢（OmK 型）布雷斯劳 55292；火炮车厢（OmK）埃森 126 585，旋转炮塔中装有一门克虏伯 88 毫米 L/30 潜艇炮（安装在 C/16 支座上）；安全车；最后是机枪车厢（OmK）科隆 62 455，司闸员舱室有装甲。前排左起第 6 名士兵有一支 MP18 冲锋枪，他左侧的士兵则带着装在枪套里的炮兵型鲁格尔手枪。（照片：保罗·马尔马萨里的收藏）

1919 年 2 月，PZ Ⅶ（1914 年的 PZ ⅩⅡ）增加了来自 PZ Ⅱ 的两节车厢，在立陶宛活动。当德国部队于 1919 年 11 月撤出时，立陶宛军队接管了列车，将之更名为"格季米纳斯"号（Gediminas）。注意左侧装甲塔楼上的探照灯。（照片：保罗·马尔马萨里的收藏）

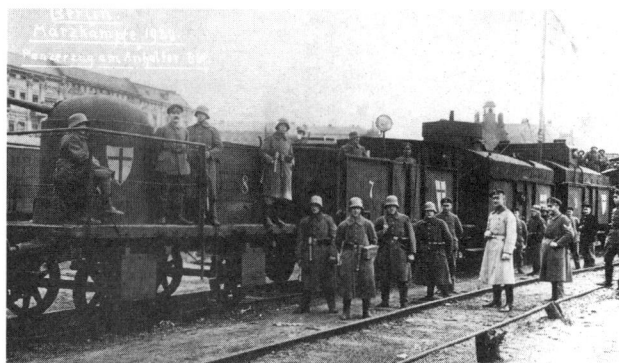

1920 年的卡普政变涉及柏林的 6 列装甲列车（30、40、46、47、55 和图中的Ⅳ）。格鲁森可移动炮塔在装甲列车上很常用，但通常装在矿车中，而不是像图中那样在平板车上。（照片：保罗·马尔马萨里的收藏）

PZ 48（建于德累斯顿）在 1920 年年底参加开姆尼茨等地的行动后解体。它的马克沁 - 诺登费尔德 57 毫米 L/36.3 火炮似乎完全取自 A7V 坦克。（照片：保罗·马尔马萨里的收藏）

PZ45 的后半部分：最右侧是 T.9.3 级装甲机车；然后是一节突击队车厢（卡塞勒 14680）；迫击炮车厢（OMK，柏林 28630），特色是倾斜的防护装甲；最后是机枪车厢（OmK，科隆 64303）。注意两支 MP 18 冲锋枪和右起第 6 名士兵旁边的 08/15 便携机枪。（照片：保罗·马尔马萨里的收藏）

1921 年西里西亚起义期间使用的装甲列车：这是罗斯巴赫自由军团的列车。Om 型车厢背后是一个配备观察塔的装甲车厢。注意，尽管当时正式国旗是黑红金三色旗，魏玛防卫军仍使用德意志帝国的黑 - 白 - 红三色旗。（照片：保罗·马尔马萨里的收藏）

边境战争

这些干预行动的目标是在边境最后固定下来前保住尽可能多的德国领土。德国部队在波罗的海国家、西普鲁士和上西里西亚展开行动。面对波兰人的三次起义，装甲列车仅部署在后两个地区的德国一侧。波罗的海国家中也有一些列车参加了行动，包括 1919 年 5 月支援部署于里加的"铁师"的 5 号装甲列车（Panzerzug V），该列车在米陶（Mittau，今叶尔加瓦）被缴获。在两年的时间里，德国注意到装甲列车未在《凡尔赛和约》文本中提及，要求保留一些此类武器，以维护国内秩序、镇压罢工。但在 1921 年 5 月 5 日，伦敦发出最后通牒，迫使德国政府于 1921 年 5 月 20 日以书信形式表示接受通牒的内容，"毫无保留"地交出所有列车。1925 年 5 月 30 日的盟国间军事管制委员会记录称，销毁了 31 列装甲列车。

两次世界大战之间和重整武备计划

1921—1939 年年间，德国装甲列车得以复兴。尽管魏玛防卫军（存在于 1919 年 3 月到 1935 年 3 月）麾下没有任何装甲列车，但国家铁路公司拥有 22 列轨道保安列车。正是这些轨道保安列车组成了未来装甲列车的骨干。

根据陆军最高司令部铁路处（第 5 处）的说法，这些列车状况不佳，只有混编它们的单独车厢才能组成"两列可供实用的列车"。这些车厢由无装甲的 BR57 或 BR93 机车牵引，简单地用枕木加固，或者在两层木板之间浇铸混凝土。按照 1935 年启动的重整武备计划，第一批军用装甲列车（PZ 1—4，6 和 7）由这些单元组成，可是第 5 处并没有给予高优先级。实际上，最高统帅部认为这些列车用于掩护撤退，是可以牺牲的。对于战时的行动，他们更偏爱装备火炮和机枪的装甲机动有轨车。因此，在这一过渡时期，德军为五辆 VT 型机动有轨车（807—811 号）配备了装甲，至少有一型公路铁路两用车辆成了研究目标，这项研究以戴姆勒的 21 型警用特种车辆（Schupo-Sonderwagen 21）作为基础。

乌帕塔尔（Wuppertal）的 VT 809 号装甲机动有轨车。重量的增加要求安装额外的中置车轴。注意车顶两端的观察塔和无线电天线。（照片：BA）

驻扎在慕尼黑的治安列车（未来的 PZ 3），它的 G 型棚车内部配备装甲，并部署了无线电天线杆。只有机车有全面的装甲防护。注意第一节车厢上的观察塔。（照片：保罗·马尔马萨里的收藏）

二战的装甲列车、发展及建造计划

由于军事行动日期临近，1938 年 7 月 23 日，七列治安列车（Bahnschtzzug[2]）被重新启用。但是，只有四列（3、4、6 和 7 号）因其攻防特性而被选中用于作战行动并相应提供装备，其他（1、2 和 5 号）则用于战线后方的铁路治安任务。

41 型装甲列车（Panzerzug 41）

该项目始于 1940 年 12 月 13 日，其设想是在装甲列车中包含一辆装甲机动有轨车，能够单独或者与其他单元挂接，在公路或铁路上战斗，即便冒着炮火，也可以在几秒之内完成改装。此外，装甲坦克运送车厢将是自行式的。鉴于该项目的复杂度，各种单元的制造时间都将有所延长：首先是作为紧急措施、运送坦克的 Omm 型平板车，然后是机车的装甲化改造，接着是专用车厢（辅助单元、突击部队运送车、厨房车厢、医务车厢），最后是将所有车厢改装成自行式单元。实际上，只有 Omm 车厢于 1941 年建造，加入 PZ 26—31。

SP 42 型装甲列车（Panzerzug SP 42）

这个项目也是于 1940 年 12 月 13 日启动的，包括 7 节由 1260 马力柴油机车驱动的装甲车厢，这种机车能在 600 吨载荷下达到每小时 50 千米（每小时 31 英里）的水平速度。该列车包括：一节指挥车厢、一节突击队车厢、二节坦克运送车厢和两节安全车，整列列车可在标准轨道或苏联宽轨上运行；指挥车厢和（或）任何其他装甲车厢可以独立行动。坦克运送车厢应该能够在 10 分钟内卸下坦克，并在 15 分钟内重新装载它们。武器包括旋转炮塔中的 75 毫米炮、四联装 20 毫米高射炮以及机枪。柴油机车由林克 - 霍夫曼工厂（L-H-W）建造，其余则由柏林机械工程股份有限公司建造。设计研究工作预计于 1942 年 9 月完成，首列列车预计于 1943 年夏季交付使用。不过，该项目从未启动，它的设计可能被吸收到了 BP 42/44 和 PT 16 中。

BP 42 和 BP 44 装甲列车

由于 1941 型和 SP 42 型列车项目没有启动，1942 年 1 月，布雷斯劳的林克 - 霍夫曼公司接受委托，建造定名为"BP 42"（Behelfmässischer Panzerzug，意为"临时装甲列车"，说明该型号只是权宜解决方案）的新型装甲列车，而克虏伯负责为 BR 57 机车配备装甲。技术规格见于 1942 年 8 月 17 日的 K.St.N./K.A.N. 1169x 文档。[3] 这份文档标准化了装甲列车及其武器构成。因此，除了 1942 年建造的这些列车之外，之前的列车将在每次重大改造时达到统一标准。

为这些车辆规划的武备是：火炮车厢，一门 76.2 毫米 295/1（r）式野战炮和一门 20 毫米四联装高射炮。

---

2 从档案中可以看到，它们是：法兰克福 / 奥得河的 PZ 1；什切青的 PZ 2；慕尼黑 PZ 3；布雷斯劳的 PZ 4；纽伦堡的 PZ 5；柯尼斯堡（今加里宁格勒）的 PZ 6 和 PZ 7（后者包括 PT 15 号机动有轨车）。

3 作战部队编制表 / 作战部队装备表（K.st.n/K.A.N 是 Kriegs-Stärke-Nachweisung/Kriegs-Ausrüstung-Nachweisung 的缩写）。文件列出了分配给特定部队的人员和装备。

枪炮车厢（G-Wagen），一门 105 毫米 14/19（p）式轻型野战榴弹炮和多挺机枪。车上携载的 38（t）式坦克应该能够离开列车作战。装甲防护厚度为 30 毫米。尽管合适材料的缺乏导致装甲厚度不足，但装甲列车的其他部分均对应于制定的标准。

作战经验很快表明，四门 76.2 毫米或 105 毫米炮不足以成功对抗苏军坦克。前线的权宜之计是安装一辆坦克的车身（四号坦克或 T-34），以便利用其旋转炮塔上的武器。同时，L-H-W 启动了一项设计研究，其研究结果是 1944 年建造的"坦克歼击车厢"（Panzerjägerwagen），配备四号坦克的炮塔和 75 毫米

L/48 火炮。1944 年 9 月 6 日，陆军最高司令部下令建造 12 列符合最新标准的新型装甲列车，定名为 BP 44。除列车两端各挂接一节坦克歼击车厢之外，还用 150 毫米 18 式轻型野战榴弹炮（15cm le FH 18）取代了 105 毫米炮。

在服役后，代表最高工艺水平的 BP 42 和 BP 44 非常有效地保持了反游击战部队的士气，但却饱受设计造成的弱点之苦：蒸汽动力、极端的长度、缺乏灵活性和有限的装甲防护。因此，1944 年 8 月，一名前线军官提出了一种装甲列车设计，包括一辆中置的柴油机车、两节重装甲车厢及六节坦克歼击车厢。

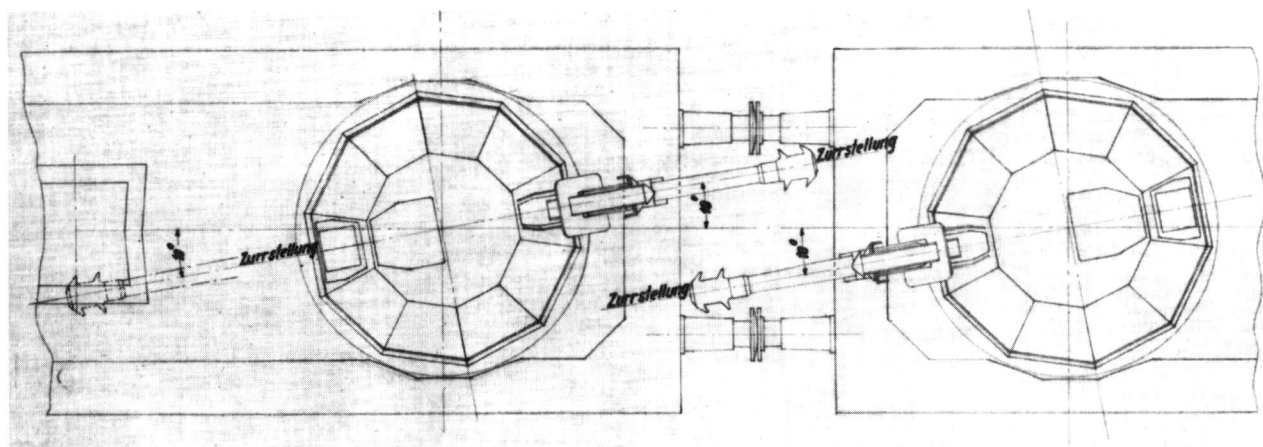

BP 44 型列车枪炮车厢（上）和火炮车厢（下）上的 105 毫米炮。（图纸：德国军队官方档案）

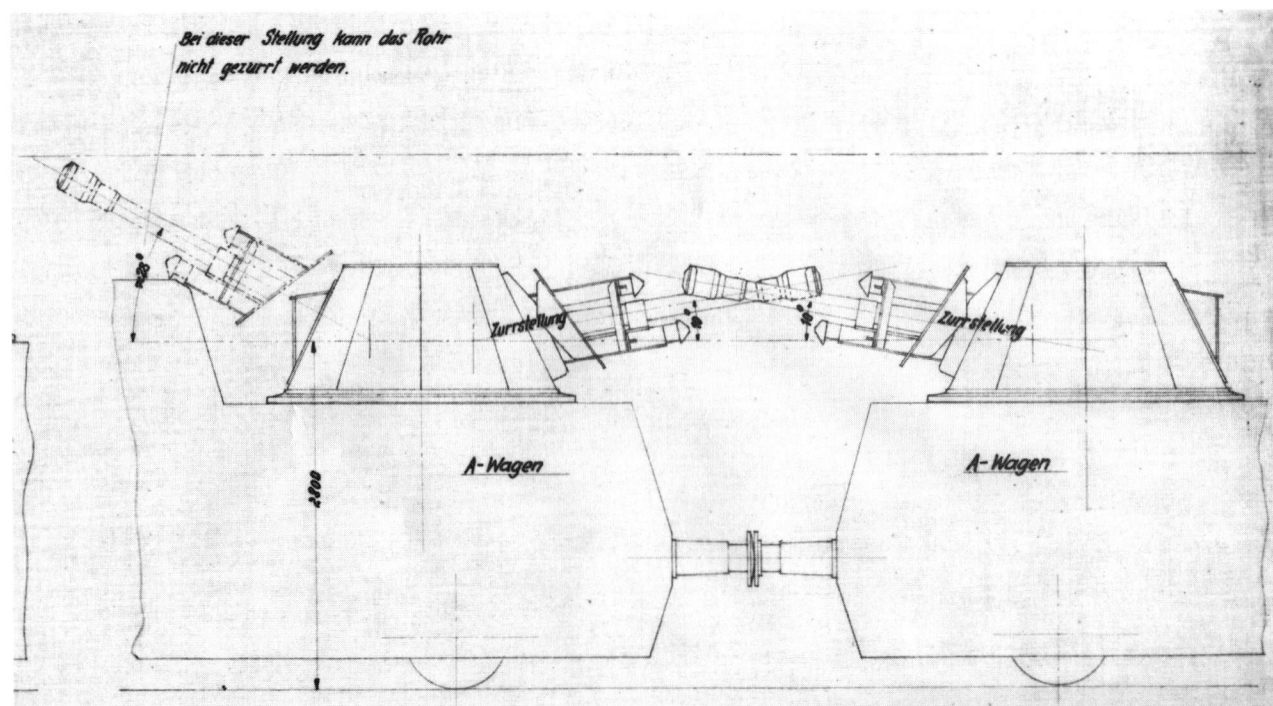

铁路治安列车

除了在特定地区战斗的要求之外，这类列车不要求符合任何现有标准。它们是临时建造的列车（Behelfmässiger Panzerzug），特别用于南斯拉夫、意大利和东欧。根据1943年7月12日的命令，它们被定名为"铁路保护列车"（Streckenschützzug，SSZ）。

轨道侦察车辆

德国官方分类系统如下：

- 无装甲自行轨道车辆（Gleiskrafträder）
- 轻型侦察车[Eisenbahnpanzerzug（leichter Spähwagen）]
- 重型侦察车（Eisenbahnpanzerzug）
- 装甲机动有轨车（Eisenbahnpanzerzug–Triebwagen）
- 坦克歼击机动有轨车（Panzerjäger–Triebwagen）

包括重型和轻型自行单元的列车

此类列车由如下轨道车辆组成：两组各5辆轨道车（斯泰尔公司建造的轻型侦察车）或者11辆轨道车（重型侦察车，也由斯泰尔公司建造），其中武装轨道车、带有无线电天线的指挥轨道车和装有坦克炮塔的轨道车交替布置。这些列车的两端各布置一节与BP 42和BP 44略有不同的坦克歼击车厢。

轻型侦察车（le.Sp）的组织规定见1943年10月1日的K.St.N. 1170P，重型侦察车（s.Sp）的组织规定见1944年8月1日的K.St.N. 1170x，坦克歼击机动有轨车（Littorina）则根据1944年4月10日的K.St.N. 1170i，最后，1945年1月1日的K.St.N. 1170a规定了"a"型坦克歼击机动有轨车的组织。

公路铁路两用装甲车辆

战争临近结束时，德国研究了一个公路铁路两用车辆项目，但纳粹的失败使其终结，没有生产出任何车辆。

组织与指挥结构

装甲列车最初属铁道兵指挥，直到1941年8月9日。当天，由于快速部署部队的加入，在单一指挥中心内集中技术与战术信息变得很有必要。这样一来，车辆就能够在熟悉装甲列车的技术人员管理下迅速部署：装甲列车指挥官隶属于陆军最高司令部，这一职能一直行使到1945年3月。1942年4月1日，装甲列车部队（当时有从不同部队抽调的约2000人）集中起来，行政上归创立于华沙伦贝托大区的新中心（华沙-伦贝托夫装甲列车补充营，WKI）管理。进一步的重组于1943年4月1日生效，装甲列车成为"装甲兵"[4]的一部分，而不属于快速部署部队。1944年年底，华沙-伦贝托夫的装甲列车中心转移到波西米亚保护国的米洛维茨。

1938—1945年的列车与机动有轨车

PZ1建于1939年8月26日，没有参加波兰战役，于1940年在杜塞尔多夫执行面向西方的警戒任务。它于1940年5月进入荷兰，先向亨讷普（Gennep）推进，然后进攻米尔，被一枚地雷炸毁后在达姆斯塔特（Darmstadt）维修，接收了被遣散的PZ 5的车厢。1941年，它参与了对苏联北部的入侵，随第4装甲集群向列宁格勒方向挺进，然后在中部战线的维捷布斯克（Vitebsk）和斯摩棱斯克（Smolensk）行动。于1943年11月28日严重受损后，它在柯尼斯堡（Königsberg，今加里宁格勒）按照新标准完全重建。1944年年初之前，它随同中央集团军群行动，主要作为驻明斯克的第221治安师一部，实施治安任务。1944年6月27日的苏军夏季攻势期间，它被车组摧毁。

PZ 1于1940年5月10日在米尔出轨。机车上的装甲已因前导车厢的撞击而变形。注意，只有一个装甲车厢是由客车车厢改装的。（照片：保罗·马尔马萨里的收藏）

4　因此，兵种色从黑色改为粉红色，肩章上保留字母"E"（Eisenbahn，铁路）。

尽管机车相同，但大部分车厢已经换成缴获的苏联车厢。与 BP 42 生产型相比，野战炮和防空武器的数量相同，但分布有差异。指挥车厢及其装甲炮塔是经过改良的 G- 车厢。（照片：保罗·马尔马萨里的收藏）

38 式四联装 20 毫米高炮（Flakverling 38）支座近景。所有按照 BP 42 标准建造的列车都有相同的总体轮廓。（照片：保罗·马尔马萨里的收藏）

PZ 2 建成、作为什切青治安列车后，一直挂接 BR93 058 号机车。1945 年，这部机车成了 PZ 78 的动力。（照片：保罗·马尔马萨里的收藏）

PZ 1（右侧）继承了一辆波兰塔特拉 T-18 轨道车，这可以从伪装图案上看出（参见波兰和捷克斯洛伐克的章节）。（照片：保罗·马尔马萨里的收藏）

从后面观察 PZ 2，前捷克车厢上仍保留原来的 75 毫米炮，但后方的炮塔改用 20 毫米高射炮。（照片：保罗·马尔马萨里的收藏）

1938 年 7 月被重新启用后不久，PZ 2 参加了占领苏台德的行动，下一步行动则是入侵苏联。1941 年冬季到 1944 年 6 月之间，它属于斯摩棱斯克地区的中央集团军群序列，此后又在科韦利（Kovel）东北方执行反游击战治安及部队运送任务。它按照 BP 42/44 的标准做了更新，后于 1944 年 11 月退役。

PZ 3 是能说明这个系列服役生涯各个阶段（从 1938 年之前到 1944 年 10 月）的罕见例子之一。它是原来的"慕尼黑"号（BSZ München），于 1938 年 7 月 23 日重新启用，归属慕尼黑的第 7 军军部，挂载了一辆 SdKfz 231 铁路侦察车。[5]1939 年 3 月 15 日德国入侵捷克斯洛伐克其余地区后，PZ 3 经奥地利返回布尔诺（Brno）。二战一开始，PZ 3 和 PZ 4、PZ 7 一起于 1939 年 9 月 1 日参战。[6]波兰反坦克炮的一次直接命中摧毁了指挥塔，击毙了列车指挥官奥伊恩（Euen）中尉，他的副手策特（Zetter）中尉立刻接管。列车冒着敌方火力撤退，但受阻于一座毁坏的桥梁。随后，波军的炮火给它造成了更为严重的破坏——摧毁了其前导车厢并使随后的车厢起火，致使列车失去战斗力。在后续的维修中，内部装甲防护得到了加强，被摧毁的旋转炮塔换成了固定炮塔，安装有允许一定角度射界的炮眼。

多次维修后，PZ 3 被派到了卢布林（Lublin）。1940 年 5 月 10 日，它越过荷兰边境，但没能完成夺取艾瑟尔河上桥梁的任务，因为荷兰人有充足的时间将桥

炸毁。此后，它进入哈尔贝斯塔特（Halberstadt）工厂，两端的车厢配备了原为反坦克半履带车制造的旋转炮塔（来自废弃的 BN10H 计划，安装 75 毫米 L/40.8 火炮）、抬高的指挥（观察）塔和一个防空阵位（圆形护墙内的 20 毫米高射炮，于 1941 年 3 月换成 20 毫米四联装高炮）。为了弥补后续的增重，增加了第三条中置车轴。因此，PZ 3 成为第一代列车中火力和防护较好的车型之一。

离开但泽维修车间后的 PZ 3 先导火炮车厢。注意新的指挥塔，以及固定炮塔中更换的 96 式 77 毫米野战炮。车上的骷髅头图案是临时漆上的。（照片：保罗·马尔马萨里的收藏）

5　这辆侦察车一直使用到 1940 年年底至 1941 年年初。

6　这一幕给皮埃尔·托马斯（Pierre Thomas）带来了灵感，他在书中作出了"二战始于列车线之中"的评论 [Septembre 1939 mai 1940, des trains contre les Panzers, 1999, La Voix du Nord (1999),P.5]。这可能是双方部队之间的第一战，但实际上二战的第一发炮弹是于 1939 年 9 月 1 日凌晨 4 时 47 分从德国战列舰"石勒苏益格·荷尔施泰因"号上射向波兰维斯特布拉德工事的。

装备 20 毫米炮的 SdKfz 231 在艾瑟尔河桥梁前被反坦克炮弹打瘫。这是挂接到 PZ 3 的轨道车，但其标明巴伐利亚警察部队的号牌仍是个谜。（照片：保罗·马尔马萨里 - 雷根贝格收藏）

为了"巴巴罗萨行动"，PZ 3 于 1941 年 6 月 22 日渡过布格河开往格拉耶沃（Grajewo）。1941 年 10 月底，它返回柯尼斯堡进行维修。1942 年 4 月 1 日，它被一枚地雷炸毁，在随后的战斗中有八名游击队员身亡。22 日，一枚遥控地雷摧毁了一节火炮车厢，使后面两节车厢出轨[7]，导致车组中七人死亡，九人受伤。

在经历了 5 月的严重战损之后，PZ 3 被送去维修，此后，在 1943 年 9 月 11 日到 1944 年 7 月 12 日之间，它按照 BP 42 标准，于上西里西亚的柯尼格斯许特（Königshütte，今霍茹夫）工厂中进行现代化改装（K.st. n./K.A.N. 1169x）。离开工厂当天，苏军在迪纳堡—罗西滕（Dünaburg-Rositten，今陶格夫匹尔斯 - 雷泽克内）地区向波罗的海方向发动攻势，7 月 24 日，PZ 3 和 PZ 21 在科夫诺（Kowno，今考纳斯）发动反攻。8 月 1 日，PZ 3 执行一项任务时仅开出几千米便脱轨，不得不返修。

[7] 直到一个月之后，德国人最终找到起重机，才得以回收出轨的车厢。

1942 年 12 月在大卢基（Veliki Luki）的 PZ 3。四联装高射炮支座清晰可见。（照片：保罗·马尔马萨里的收藏）

一张罕见的照片：1942 年 4 月 22 日，前方的枪炮车厢在内韦尔（Newel）被地雷炸成两截，被发现时已是这种不寻常的状态。（照片:保罗·马尔马萨里的收藏）

1944 年在科夫诺遭到的一次伏击导致出轨的 PZ 3。注意 G 车厢的原始
形式，可以看到背景上的四联装高炮车厢。这张照片和上一张照片似乎是
PZ3 已知的最后照片。（照片：保罗·马尔马萨里的收藏）

PZ 3 最终配置（按照 K.st.n./K.A.N. 1169x）的几张照片之一。从右至左：
装备 19（p）100 毫米轻型野战榴弹炮的 G 车厢、K 车厢，最后是装有 38
式四联装 20 毫米高炮的 A 车厢。（照片：保罗·马尔马萨里的收藏）

给人留下深刻印象的 PZ 4 机车照片，它的装甲是一体化的，特别是烟箱
区域使用了流线型装甲。（照片：保罗·马尔马萨里的收藏）

PZ 3 的非摩托化坦克歼击车厢之一。它们没有配备装甲护裙（Schürzen），
车身也没有防护。左侧是坦克运输车厢。这两个车厢背对背的布置十分不
同寻常。（照片：保罗·马尔马萨里的收藏）

这个车厢是 PZ 4 的特色，正面炮塔上安装一门 37 毫米炮（后来更换为
47 毫米反坦克炮），后炮塔上安装一门 75 毫米步兵炮，此后是装甲测距
仪阵位。中段的半圆形是一个弹药舱。（照片：保罗·马尔马萨里的收藏）

1944 年 10 月 5 日，苏军攻击第 3 装甲集团军防线，直抵波罗的海后将德军切为两部分。1944 年 10 月 10 日，PZ 3 被苏军坦克切断，车组不得不将其破坏。

PZ 4 于 1939 年 8 月 11 日入役。1941 年冬季至 1942 年春季，PZ 4 在苏联南部的第聂伯罗彼得罗夫斯克（Dniepropetrovsk）地区。1944 年 4 月至 6 月，它进行了维修，1944 年 12 月再度返修，没有再出现在现役名单中，各个单元也被拆解，其编号给了一列新列车。

PZ 5 与国家铁路公司运营的其他列车同时入役，1939 年 9 月 15 日越境进入波兰，此后从 20 日起，在苏德两国商讨分界线期间实施利沃夫（Lvov）周围的治安巡逻。它为荷兰战役做好了准备，将支援力量假扮成荷军的突击队。5 月 10 日，它因艾瑟尔河上桥梁破坏而受阻，遭荷军反坦克炮严重损伤。1940 年 6 月，PZ 5 被拆解，其车厢被转给了 PZ 1。

PZ 6 组成于 1939 年 7 月 10 日，虽然不完整，但仍为夺取波兰格拉耶沃做出了贡献。1939 年月 10 月 3 日至 18 日，它在柯尼斯堡工厂中得以完工。PZ 6 参与了入侵荷兰的行动，但受阻于一座打开的平转桥，此后返回德国。1941 冬季至 1942 年，它参加了"巴巴罗萨行动"，先在拉脱维亚作战，此后又前往爱沙尼亚，最后到达诺夫哥罗德（Novgorod）附近地区。严重受损后，它经过一番维修，又被派往克罗地亚。PZ 6 从未按照 BP 42 标准改进，1944 年 10 月 1 日，它在塞尔维亚被摧毁。

这是一张罕见的俯视图，可以看到 O 型车厢上的火炮阵位，增加了用于空中识别的卐字。其装备的火炮似乎是 75 毫米海军炮。注意下一节车厢的射孔，在这种配置下看似无用，但如果车厢在列车首部或尾部时可以使用。（照片：保罗·马尔马萨里的收藏）

列车全景，尽管装甲能够有效抵御轻武器，但外观仍然显得粗糙。不过，由于缺乏重武器和榴弹炮，它很快就临时增加了车厢。我们可以看到列车的尾部有一辆苏联 MBV-2 机动有轨车，该车从 1942 年秋季起被用作火炮车厢。（照片：保罗·马尔马萨里的收藏）

PZ 7 建于 1939 年 8 月 1 日，参加了波兰战役，然后在华沙周围执行治安任务。1941 年 3 月 8 日，它增加了 38 式 20 毫米高炮支座。11 月，PZ 7 参加了入侵苏联的行动（但在标准轨铁路线上活动），此后返回德国维修。重归苏联战场后作为南方集团军群一部在科韦利地区行动。1944 年 6 月，它在华沙 - 伦贝托夫中心进行现代化改造，并于当年年底退出现役。

得益于铁路线的高度，PZ 7 的一半可能用作炮兵阵地。它使用的野战炮是 76.2 毫米 295/1（r）。人们肯定觉得，列车的另一半在不远处。（照片：保罗·马尔马萨里的收藏）

建于 1941 年 11 月 26 日的 PZ 10 分成两列作战列车：1 号作战列车 [Kampfzug Ⅰ，一门榴弹炮、两个高射炮座、一门反坦克炮、两门 100 毫米野战炮和 19 挺机枪，来自 PP 53 "勇敢"（Śmiały）号] 和 2 号作战列车 [Kampfzug Ⅱ，一个高射炮座、一门反坦克炮、四门 75 毫米和 100 毫米野战炮、19 挺机枪，来自 PP 51 "元帅"（Marszalek）号]。车厢都是为宽轨改装的原波兰车厢。进入苏联后，它转移到基辅地区，成为南方集团军群的一部分，直到 1944 年年初。在这段时期内，PZ 10 曾掩护从斯大林格勒溃败的德军撤退。在萨尔内（Sarny）至科韦利附近的行动中，PZ 10a 参加了从该镇的苏军包围圈中突围的行动，虽遭严重破坏仍成功逃脱。4 月中下旬准备在伦贝托夫维修时，它又遭到了炮轰。因此，车组转入地面部队，放弃了 PZ 10。

1943 年 4 月 PZ 10 被拆分成 PZ 10a 和 PZ 10b 时，后者用于塔纳波尔（Tarnapol，今泰尔诺皮尔）铁路线（宽轨）的治安行动，并接受了 PZ 11 的编号。1944 年 3 月中旬到 7 月之间，它退出任务，按照 BP 42/44 标准进行升级。1944 年夏季到 1945 年 1 月间，PT 16 和 PT 18 机动有轨车挂接到 PZ 11。1945 年 1 月 13 日，该列车和 PZ 25 一起受阻于尼达河上一座被毁桥梁，并在凯尔采（Kielce）以南的亨齐内（Chęciny）附近被摧毁。

PZ 21 是于 1940 年 6 月 10 日由原波兰轨道车辆组成的，从 1940 年 7 月 22 日起转移到东部边境，驻扎在"德苏利益区"。它留在波兰归属第 5 装甲师指挥，直到 1941 年 4 月才转移到法国。在那里，PZ 21 先后归第 94 步兵师和第 337 步兵师指挥，直到 1942 年 7 月。7 月 17 日，它才前往东线和勒热夫（Rzhev）战区，为第 286 和第 78 治安团执行反游击任务，直到 1943 年 2 月 6 日。1943 年 2 月 6 日到年底，它一直留在俄罗斯中部，于 7 月参加了库尔斯克突出部以南的作战行动。1944 年年初，它在布列斯特—利托夫斯克（Brest-Litovsk）以东的普利佩特地区进行反游击作战。10 月 30 日，PZ 21 在立陶宛被苏军缴获。

1942 年 6 月到 1944 年 3 月的 PZ 10。步兵车厢来自 PZ 29。来自原波兰"勇敢"号的车厢和机车之间是一节苏联 PL 35 或 PL 37 车厢。机车远端是来自"巴尔托什·格沃瓦茨基"号的步兵车厢。（照片：保罗·马尔马萨里的收藏）

1942 年 6 月起，来自 BR57 10-35 系列的 1064 号 BR57 级机车加入 PZ 11，代替原波兰 Ti3 级机车。（照片：保罗·马尔马萨里的收藏）

苏联 DTR 轨道车，PZ 10 将其作为装甲车厢使用。它此前被用作自行侦察车辆。（照片：保罗·马尔马萨里的收藏）

我们从这张有趣的照片中可以看到，炮兵车厢前是一节苏联型号的安全车，其装甲侧板上有类似 BP 44 的射孔。（照片：保罗·马尔马萨里的收藏）

PZ 22 是 1940 年 7 月 10 日用缴获的波兰铁路车辆组建的。1941 年 3 月底前，它驻扎在波兰，1941 年 4 月 10 日抵达法国，驻防图尔（Tours）。9 月 6 日，它被调到尼奥尔（Niort），之后又转移到地中海沿岸，在那里留到 1944 年中期，盟军登陆普罗旺斯时，PZ 22 侥幸逃脱，后被派往波兰，于 2 月 11 日在施普罗陶（Sprottau，今什普罗塔瓦）附近被摧毁。

PZ 23 是于 1940 年 3 月 1 日用缴获的捷克斯洛伐克铁路车辆组建的，参加了入侵丹麦的行动，于 1940 年 10 月 2 日退役。PZ 23 于 1941 年 6 月 19 日重新启用，于 27 日正式接受编号"23"。它转移到巴尔干半岛，增援已在那里的三列克罗地亚装甲列车。战争结束前，它一直留在那里，主要活动于贝尔格莱德地区。

PZ 21 的初始配置，从前到后：来自 PP 54 "可畏"（Groźny）号的炮兵车厢（100 毫米榴弹炮和 75 毫米炮），来自 PP 11 "达努塔" 号的突击队车厢（没有天线框），54654 号 Ti3-13 级机车，来自 PP 54 "可畏" 号的突击队车厢（有天线），最后是来自 PP 52 "毕苏茨基"（Piłsudczyk）号的火炮车厢。（照片：保罗·马尔马萨里的收藏）

两节波兰训练车厢将要加入 PZ 21。这里的车厢没有下半部分的装甲防护。（照片：保罗·马尔马萨里的收藏）

1942 年在莱斯帕尔（Lesparre，波尔多以北 50 千米）的 PZ 22。安全车厢后的是来自 PP 54 "可畏" 号的火炮车厢，装备两门 75 毫米火炮。（照片：保罗·马尔马萨里的收藏）

自 1944 年春季起，140C 级 2-8-0 装甲机车（来自巴黎停车场，编号不详）代替波兰的 54651 号 Ti3-4 级机车，作为 PZ 22 的动力。照片的日期可能是 1944 年 6 月，地点在隆勒索涅（Lons-le-Saunier）。（照片：保罗·马尔马萨里的收藏）

两节安装四联装 20 毫米高炮的防空平板车于 1941 年春季加入。火炮车厢上的是一门 100 毫米榴弹炮，它的原始装甲已经用带有射孔的装甲板加固。（照片：保罗·马尔马萨里的收藏）

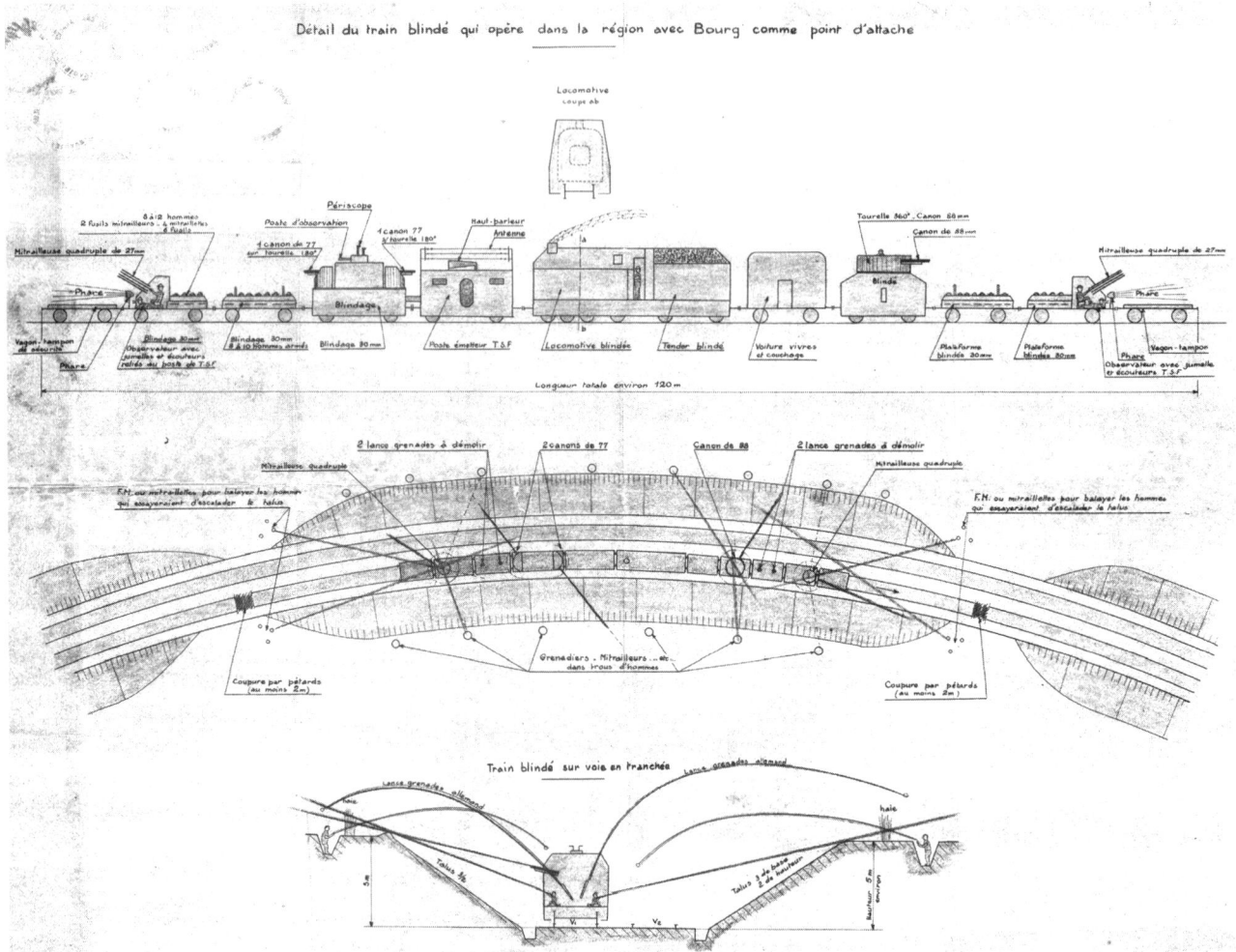

一份特殊文档：盟国抵抗组织绘制的草图，相当精确地描述了列车的构成，特别是高射炮车厢和原波兰训练车厢。（图纸：保罗·马尔马萨里的收藏）

一张表现南斯拉夫戏剧性局面的照片：保皇党组织切特尼克（Chetnik，正式名称为"南斯拉夫祖国军"）最终与德军结盟，共同向共产党游击队开战。此时，PZ 23 已接收 220 号 BR 93 机车，这部机车一直使用到 1943 年年底。（照片：保罗·马尔马萨里的收藏）

PZ 23 的初期版本，能将其与捷克斯洛伐克版本区分开的只有骷髅头标志。先导平板车携载塔特拉 T-18 轨道车（参见捷克斯洛伐克的章节）。（照片：保罗·马尔马萨里的收藏）

2043 号 BR 57 级机车在 1941 年 12 月之后挂接到 PZ 24。注意于 6 月加入的捷克斯洛伐克步兵车厢，上面有一个 20 毫米高射炮阵位。（照片：保罗·马尔马萨里的收藏）

1942/1943 年冬季，PZ 23 按照 BP 42 的标准重建，包含一辆 BR 57 级机车。照片摄于克罗地亚锡萨克（Sisak）。（照片：保罗·马尔马萨里的收藏）

这张照片可能摄于 1943 年 8 月或 9 月，当时 PZ 25 已经被调至意大利，执行岸防任务。38（t）型坦克代替了索玛坦克。（照片：保罗·马尔马萨里的收藏）

PZ 24 于 1940 年 3 月 1 日入役，在它的生涯初期也由原捷克斯洛伐克铁路车辆构成，与 PZ 23 完全相同。1941 年 6 月 19 日重新启用后，于当月 26 日得到了 PZ 24 的编号。1943 年之前，它驻扎在塞尔维亚，后转移到意大利。1944 年年初，它被召回后方维修，然后转移到法国，从 1944 年中期直到 1944 年 8 月 15 日盟军于普罗旺斯登陆。PZ 24 于 1944/1945 年冬季被召回东线，于 1945 年 4 月 16 日被车组摧毁于波兰。

PZ 24 后部。捷克斯洛伐克火炮车厢前面是 S- 车厢 150.271（原奥匈帝国 PZ Ⅶ，后成为捷克斯洛伐克的 2 号装甲列车）、140.914 号车厢（PZ Ⅱ，捷克斯洛伐克 1 号装甲列车）和 MÁV 377.482 号机车。（照片：保罗·马尔马萨里的收藏）

PZ 25 于 1940 年 3 月 1 日用原捷克斯洛伐克铁道车辆组建，编号为 9，退役后又于 1941 年 12 月 10 日重新启用，编号为 25。当时，15 号装甲机动有轨车挂接到该列车上。PZ 21 被从法国派往东线时，该列车被直接派往法国。PZ 25 的主要武器包括两门 75 毫米炮和两辆索玛 S35 坦克 [后来更换为两辆 38(t) 坦克]。1943 年年底起到 1944 年 3 月 1 日，它在阿尔本加（Albenga）和尼斯之间巡逻，后从尼姆（Nîmes）到蒙彼利埃（Montpellier）。普罗旺斯登陆后，PZ 25 前往东线，1945 年 1 月 13 日在凯尔采地区遭摧毁。

宽轨装甲列车

由于"巴巴罗萨"行动日期临近，而 41 型装甲列车计划尚未开始，只设计了坦克运送车厢，德国决定使用 15 辆缴获的索玛坦克，组建用于俄罗斯宽轨的六列装甲列车，编号为 26—31。由于对游击队的威胁（更遑论愈加令人吃惊的气候）缺乏认识，设计者提供了敞篷车厢的设计，且只有 BR 57 机车有装甲防护。

PZ 26 于 1941 年 5 月 26 日被重新启用，由一列 G10 级装甲列车、三节 Omm 型车厢（轮距 6 米，包括缓冲器的长度后为 10.1 米或 10.8 米；各运载一辆索玛坦克）及两节安全车组成。1941 年 12 月，它在列宁格勒地区活动。1942 年夏季，一些车厢和机车被更换成苏联制造的单元。不久之后，它经改装在标准轨线路上运行，这些轨道是德国工兵在前线推进时铺设的，替代了原来的苏联铁轨。1943 年 3 月到 1944 年 4 月之间，PZ 26 在德国接受改装，然后返回东线，部署在伊德里察（Idritza）和波拉茨克（Polozk）。1944/1945 年冬季，它作为北方集团军群一部参加了库尔兰(Courland)的行动，1945 年 5 月 8 日在拉脱维亚的利巴瓦（Libau，今利耶帕亚）被缴获。

PZ 26 前部以两辆索玛坦克为先导，该配置只有前三列车使用。这种坦克可以从 Omm 车厢下车，但过程并不简单，在火力打击下很危险：前面的安全车携带跳板，必须断开这节车厢才能为坦克放下跳板。（照片：保罗·马尔马萨里的收藏）

1942 年年初，增加了一节苏联的"克拉斯诺耶 - 索尔莫沃"（Krasnoye Sormovo）型车厢。两个炮塔之一经过改良，可以为列车提供一个防空阵地。（照片：保罗·马尔马萨里的收藏）

1943 年列车重建后，四联装 20 毫米高炮安装在从旧步兵车厢改装的车厢上（侧面装甲延伸到地板水平线下）。列车的总体构造类似于 PZ 1 和 PZ 23。（照片：保罗·马尔马萨里的收藏）

来自波兰装甲列车"第一元帅"（PP Pierwszy Marszałek）号的突击队车厢于 1942 年年底被改装成防空车厢。原来的 2300 号 BR 57 级机车此时全面配备装甲。（照片：保罗·马尔马萨里的收藏）

1941/1942 年冬季，PZ 27 在布良斯克（Briansk）和库尔斯克地区行动，此后重新改装成标准轨车辆。1942 年 5 月 30 日，它退出现役，直到 7 月 13 日才使用苏联轨道车辆重新服役，1942 年 11 月按照 BP 42 标准改装，参加了普利佩特沼泽地区的战斗，1944 年 3—4 月在科韦利西北方的布列斯特—立陶夫斯克地区作战。在这个"大釜"的突围战中，它的机车被一发炮弹直接命中而瘫痪，多节车厢被摧毁。剩余车厢和 PZ 66 的车厢一起参加了一次反攻。撤往华沙—伦贝托夫维修后，它在那里遭到抛弃。

PZ 28 于 1941 年 6 月 1 日在泰申—韦斯特（Teschen-West，今捷克捷欣）的警察营房服役，作为中央集团军群一部进入苏联，与 PZ 27 一同在泰雷斯波尔（Terespol）地区行动。1941—1942 年冬季，它驻扎在布良斯克—奥廖尔—库尔斯克战区。1942 年 3 月底，Om 步兵车厢更换为装有 76.2 毫米炮的苏联装甲车厢。机车也是原苏联的 Ob 或 Oa 级装甲机车。1944 年年初调到南方集团军群后，它于尼古拉耶夫（Nikolaiev）维修，并返回华沙—伦贝托夫中心，1944 年 6 月在喀尔巴阡山作战时遭摧毁。

初始配置的 PZ 27 在罗斯拉夫尔（Roslavl）。图中可以看出索玛坦克旁的垂直装甲防护高度有限的一个原因：在保护履带的同时，也有必要让乘员从侧面舱门出入。注意帮助坦克对齐其平台的铁轨。而且，标有列车编号的索玛坦克炮塔没有将其指挥塔替换成舱门。（照片：保罗·马尔马萨里的收藏）

两节缴获的苏联车厢，右侧的车厢上装有 38 式四联装 20 毫米高射炮，左侧则是一门 Flak 36 式 20 毫米高炮。（照片：保罗·马尔马萨里的收藏）

面对苏联坦克的威胁，反坦克车厢修建之前，在先导平板车上放置火炮：75 毫米反坦克炮、37 毫米反坦克炮等。图中看到的是 1944 年春季安装在 PZ 28 首部代替索玛坦克的苏制 ZIS-3 76.2 毫米加农炮。（照片：保罗·马尔马萨里的收藏）

　　PZ 29 于 1941 年 6 月 1 日启用，归属普拉托洛夫（Platorow）地区的中央集团军群序列。1941 年 12 月 21 日，它的一部分被摧毁，游击队员挖掘的壕沟使其失去了三个车厢。各种破坏（摧毁铁轨、桥梁）阻止了车厢的回收，列车最终被拆解，机车返回停车场，剩余车厢由 PZ 27 和 28 分享。

　　PZ 30 随北方集团军群进入苏联，与 PZ 26 在艾德考（Eydtkau，今车尔尼雪夫斯科耶）地区活动。1942 年 12 月，它离开前线，升级到 BP 42 标准，但使用的是缴获的苏联车厢。1944 年年初，它驻扎在乌克兰南部，接着被迫撤退到尼古拉耶夫—敖德萨一线。它的机车更换为一辆苏联 S 级机车。1944 年 4 月底[8]，它返回华沙—伦贝托夫中心维修，此后参与但泽防务，抵抗苏军，1945 年 3 月 21 日，它被摧毁于大卡茨（Gross-Katz）附近。

最终配置的 PZ 30。前面的苏联车厢得到了一个观察舱室，来源于苏联的步兵 / 指挥车厢，其四联装 20 毫米高炮覆盖着帆布。车厢之间的装甲通道和车钩保护装置同时加装。（照片：保罗・马尔马萨里的收藏）

8　译注：原文为 1945 年 4 月，与下文明显不符，且但泽已于 1945 年 3 月底被苏军攻克。

1504 号 BR57 机车上的装甲驾驶室清晰可见。（照片：保罗・马尔马萨里的收藏）

PZ 29 为人所知的照片很少。注意，索玛坦克的侧面缺少防护。还要注意队列中第四位的柴油机车，背景是一节苏联货车和一辆机车。

　　PZ 31 是专为"巴巴罗萨"计划建造的最后一列装甲列车，1941 年 5 月 19 日启用。它最初附属于特种部队，后与其他列车一起归属陆军部队。PZ 31 于 1941 年进入苏联支援南方集团军群，先在祖拉维卡夫（Zuravicav）、后在波尔塔瓦（Poltava）行动。1942 年夏季，它配备了苏联车辆，不久以后又为标准轨做了改装。1942 年 12 月，它在苏联被摧毁，但车组人员逃脱并转移到法国，在那里运行 PZ 32。

WR360C 柴电机车及其天线框的罕见照片。（照片：保罗・马尔马萨里的收藏）

PZ 31 的侧视图，BR57 机车位于苏联轨道车辆之间，与敞篷车厢相比，车组人员更欣赏 Om 车厢的舒适性。（照片：保罗・马尔马萨里的收藏）

这张照片很有趣，我们可以看到一个苏制炮塔改装成配备一套四联装 20 毫米高炮的阵位，后者的炮管尚未安装。从后来的照片看，76.2 毫米炮似乎仍保留在这个炮座上。左侧是（苏制）步兵车厢的一端。（照片：保罗·马尔马萨里的收藏）

　　PZ 32 可能是最著名的德国装甲列车。它因为勒内·克莱门特的电影《铁路战斗队》而名垂青史，在电影中很偶然地成了明星角色。它的 K、G 和 A 车厢（后者装有 100 毫米 14/19 火炮）是在里昂韦尼雪（Lyon Vénissieux）的索玛工厂中建造的，0-10-0 机车（050A 33）在勒克勒索（Le Creusot）的施奈德工厂配备装甲，两节坦克运送车厢从布雷斯劳的林克 - 霍夫曼工厂完工后送抵。但由于 Pz 38(t) 坦克延迟交付，它们被装在洛林拖车（GwLrs）上的两门 122 毫米榴弹炮所取代。车组人员来自 PZ 31。PZ 32 在德军手中的时间极短：1944 年 9 月 7 日 8 时 45 分，它进入德讷河畔圣贝兰（Berain-sur-Dheune）车站，与法国第 9 非洲猎兵团（9th RCA）第 3 中队的坦克歼击车接触。11 时许，坦克歼击车射出的一发炮弹击毁了其机车的一条轴杆，在 13 时 50 分，又有一发炮弹击中其锅炉，最终使列车瘫痪。车组人员逃脱，不过没有时间摧毁列车。随着战争的结束，PZ 32 开始了一段电影生涯，并在废品收购商的焊割炬中神秘终结。

PZ 32 的 050A 33 号 0-10-0 机车在勒克勒索配备装甲。它的总体形式遵循 BP 42/44 列车机车的风格。（照片：保罗·马尔马萨里的收藏）

PZ 32 的 A 车厢实际上是 BP 42 的 G 车厢，配备一个 Flak 36 式 37 毫米高射炮座。在盟军占据制空权的情况下，这种改良加强了列车的防空能力。（照片：保罗·马尔马萨里的收藏）

K 车厢，注意缩短的天线，可能是为了拍摄电影《铁路战斗队》。（照片：保罗·马尔马萨里的收藏）

1942 年 1 月，PZ 51 用苏联轨道车辆组建，定名为"什切青"号铁路保护列车（SSZ Stettin）。此后，它于 1942 年 5 月 10 日改名为 PZ A，1942 年 6 月 16 日最终改名 PZ 51。整个战争期间，该列车都在北方集团军群指挥下行动。1944 年年初，它在德诺（Dno）和奇哈乔沃（Chikhachëvo）之间行动，后前往诺夫哥罗德地区。3 月，它实施了对伊德里察—波拉茨克地区游击队的攻击行动。1944 年 8 月 28 日，它在爱沙尼亚瓦尔加（Valga，德称 Walk）地区被摧毁。

PZ 60（PZ R）是伦贝托夫营的训练车。它是 BP 42 型列车，但没有出现在该型号的官方列表中。1944 年 2 月，它在伦贝格 [德语 Lemberg，即乌克兰利沃夫（Lvov）] 地区以"R"的名称作战。此后，它在泰尔诺皮尔以西执行治安任务。1944 年 3 月它在严重受损后返回华沙—伦贝托夫准备维修，但一直没有进行。

PZ 51 的武器包括安装在 BT-7 坦克炮塔中的四门 45 毫米坦克炮及其共轴机枪，1944 年 4 月之后又增加了平板车上运载的 38（t）型坦克炮塔。机车前方是一节改装成指挥车厢的 OO 型车厢，上面安装了高射炮炮座。（照片：保罗·马尔马萨里的收藏）

照片中的车厢属于 PZ 60，它具备 BP 42 新型列车的所有特征。一开始，它被当成训练车使用，后来才被派去参与作战。（照片：保罗·马尔马萨里的收藏）

PZ 52 是 1944 年 6 月对"布吕歇尔"号铁路保护列车（Streckenschützzug Blücher）进行加固后组建的（照片摄于伊德里察）。参加了苏联的战斗之后，它于 1945 年 3—4 月的但泽防御战中被摧毁于该城附近。（照片：保罗·马尔马萨里的收藏）

三节专用车厢在 Omm 型车厢基础上建造，轮距为 6 米（19 英尺 8.25 英寸）、总长 10.1 米（33 英尺 1.5 英寸），在 BP 42 列车中对称布置，而在 BP 44 中不对称。（照片：保罗·马尔马萨里的收藏）

PZ 61 组建于 1942 年 9 月 1 日，是 BP 42 新型列车初期批次（61—66 号）的第一列。1942 年 12 月底，它在德军向大卢基发动反攻时进入作战区域，先留在韦利日—多罗戈布日（Velizh-Dorogobuzh）地区，后又前往维捷布斯克，直到 1943 年年底。1944 年 2 月 22 日，它不得不进行维修并重新进入波拉克—莫洛杰奇诺—维尔纳（Polok-Molodetchno-Wilna）地区。1944 年 6 月 27 日，它在苏军夏季攻势期间被摧毁于博布鲁伊斯克地区（Bobruisk）。

PZ 62 建于 1942 年 8 月 15 日，于 9 月 1 日得到正式编号。它被派往东线，加入南方集团军群，在 1944 年时仍活动于赫里斯季诺夫卡—塔尔诺维（Christinovka-Talnovie）铁路线。接着，它实施治安行动，并加入了斯塔尼斯拉夫（Stanislav）东南方的反攻。1944/1945 年冬季，它加入了波兰的"A"集团军群，于 1945 年 1 月被摧毁。

PZ 61 可能正在维护，坦克没有在车上，高射炮座的侧面装甲板下折，火炮上也用了炮口套。注意，坦克运送车厢的侧墙进行了加固。（照片：保罗·马尔马萨里的收藏）

这类车厢是对 R 型车厢的改良，坦克可以倒车进入一堵护墙。每一边有四块装甲板提供额外的防护，坦克进入时向外折叠。固定的跳板需要采用混合连接方式——后部采用经典连接方式，前部采用沙尔芬贝格式密接车钩。这种布置使安全车可以挂接在坦克运送车厢之前。（照片：保罗·马尔马萨里的收藏）

从这张 PZ 62 的照片上可以看到一个平时隐藏的特征，也就是抬高的底板中部，用于将坦克引导到深井中，当然车厢底盘也因此被增强了的硬度。（照片：保罗·马尔马萨里的收藏）

由于坦克本身有装甲，所以坦克运送车厢的装甲很薄（只有 10 毫米，而其他车厢为 30 毫米），图中的车组人员指出了车厢被苏军反坦克炮弹击中后的效果。（照片：保罗·马尔马萨里的收藏）

两节相邻反坦克车厢的细致照片。第二节车厢是在安全车上放置完整的四号坦克车身而成，这提供了第二门可从前方车厢顶上射击的 75 毫米炮。注意，反坦克车厢的炮台上配备了附加的垂直装甲。（照片：保罗·马尔马萨里的收藏）

PZ 63 是最常在宣传照片中出现的列车之一。自服役后至 1944 年，它都归属北方集团军群，其任务是在普利斯科夫（Pleskau，现普斯科夫）—卢加（Luga）铁路线上实施反游击作战。1944 年年初，它被调到南方集团军群预备队，于 4 月参加了利沃夫周围的行动。1944 年 7 月 17 日，PZ 63 在克拉斯内（Krasne）被摧毁。

PZ 63 的 A 车厢采用了特殊的伪装图案。四联装 20 毫米高炮支座位置颇高，其侧面装甲下折后可以打击地面目标。（照片：保罗·马尔马萨里的收藏）

装甲煤水车的煤仓顶部设置了舱门。尽管如此，需求量总是高于标准载煤量，这从额外的煤堆可以看出。某些列车就常通过使用垂直层板来增加载煤量，或者在机车前方挂接一节完全相同的煤水车。（照片：保罗·马尔马萨里的收藏）

1943 年 7 月在克罗地亚的 PZ 64。从 G- 车厢前聚集的人群判断，当时可能是午餐时间。（照片：保罗·马尔马萨里的收藏）

PZ 64 建于 1942 年 10 月 1 日，于 1943 年 6 月 18 日投入运行，并被派往东线的南部战区。1944 年年初，它按照巴尔干地区的要求，到克罗地亚参加反游击作战，于 1944 年年底被派往匈牙利。1944/1945 年冬季，它得到 19 号装甲机动有轨车分队的增援。在 1945 年 2 月的战斗中，它所载的一辆 38（t）式坦克被摧毁。1945 年 5 月 9 日，它在格拉茨（Graz）以北 30 千米（18 英里）处被缴获。

PZ 65 于 1942 年 11 月完工后立即前往克罗地亚，归属治安部队最高司令部指挥。它最终撤回德国，在霍尔特胡森（Hotlthusen）被美军缴获。

PZ 66 是 42 型首批订单中的最后一列。派驻东线后，它于明斯克—奥尔沙（Olsa，德称 Orscha）线路上活动，后转到莫吉廖夫（Mogilev）以南。1944 年 4 月，它参与了对科韦利北面的反攻，并在布列斯特—巴拉诺—维季（Brest-Barano-Vitchi）区域巡逻。1944 年夏季撤退时，它于 7 月 30 日在华沙附近被摧毁。

BP 42 型列车第二批订单的首列 PZ 67 于 1943 年 3 月 15 日开始运作，被派往东线。1944 年年初，它在波拉茨克地区，作为第 281 治安师的一部。1944 年 8 月 28 日，它在库尔兰的米陶附近损坏，车组人员在撤离前将其破坏。PZ 68 组建于 1943 年 8 月 1 日，1944 年年初之前在普里佩特地区实施反游击行动，于 1945 年 4 月但泽之战期间被摧毁。1944 年 3 月 22 日，PZ 69 严重损坏，最终被车组摧毁于泰尔皮诺尔附近。 PZ 70 从 1944 年 3 月起在斯洛博达（Sloboda）—波多利斯克 [Podlisk，德称比尔苏拉（Birsula）] 地区行动（属南方集团军群）。1944 年 4 月 4 日，车组人员发现拉德尔斯纳亚（Radelsnaya）车站上的铁轨遭到破坏，阻止了列车的行动，于是在苏军突破时将其摧毁。PZ 71 建于 1943 年 9 月 16 日，此后于 1944 年 1—2 月在泰尔诺皮尔地区行动。1944 年 4 月底，它在卢布林接受维护，于 8 月 31 日在罗马尼亚的斯勒尼克（Slanic）遭破坏。

PZ 72 的情况有所不同：于 1943 年 11 月 23 日建成，于 1944 年春季改装成两列指挥列车——72a 和 72b 号装甲指挥列车（Befehls Panzerzug）。前者于 1945 年 2 月 2 日加入维斯瓦（Vistula）集团军群，参与东普鲁士防御战，于 1945 年在科尔贝格（Kolberg，今科沃布热格）争夺战中被摧毁。72b 号指挥列车被派往华沙地区，它在那里勉强逃脱了围困，直到 1945 年 3 月 28 日才在但泽附近被摧毁。

BP 44 型装甲列车截面图（无比例），这种特殊型号中四联装高炮支座得到一个类似于"旋风"（Wirbelwind）防空坦克的炮塔的保护。（图纸：马塞尔·沃尔哈夫）

这列指挥列车的 K 车厢上有不同寻常的天线。（照片：弗雷德里克·卡尔邦的收藏）

坦克歼击车厢是分辨 BP 44 装甲列车（以及按该标准升级的旧列车）的最好方法。LHW 公司设计的这种车厢轮距为 5 米（16 英尺 4.75 英寸）。其侧面和轴箱有斜面装甲防护，正面固定了一部形如扫雪机的除石机。由于铁路车轮前方放置了四个滚子，这个车厢可以中等速度独立推进。其连接系统是混合型的：前方为标准车钩，后方为沙尔芬贝格式密接车钩。（照片：弗雷德里克·卡尔邦的收藏）

装备 75 毫米 KwK 40 L/48 75 毫米坦克炮的四号坦克 H 型炮塔安装在一个形状规整的炮台上，该炮台还提供射击和观察孔；炮塔和炮台通常都配备附加的装甲板。（照片：MHI）

照片中的是正在清空装备和弹药的 PZ 75。用于伪装的树枝似乎相当新鲜。唯一令人遗憾的是，这些缴获列车的任何部分实际上都没能保存下来，尽管当时肯定曾写过一些技术报告，但没有任何一份披露出来。（照片：MHI）

PZ 73 建于 1943 年 11 月 19 日，在意大利活动到 1944 年中期，战争结束时完好无损地被缴获。它由一部 BR 93 级机车推动，装甲布置不同于该序列的其他车辆，曾作为 BP 44 型的原型车。

首列 BP 44 型列车 PZ 74 于 1944 年 7 月 25 日参战，当时在伦贝托夫的该列车尚未完工，于 29 日在 T-34 坦克的攻击下遭到摧毁。

和 PZ 74 一样，PZ 75 于 1944 年 7 月 15 日在华沙附近参加战斗时也尚未完工，此后它加入维斯瓦集团军群，被称为 5 号指挥列车，于 1944 年 10 月转移到米洛维茨的基地。12 月 31 日，它回到战场，在哈格诺被美军部队完好无损地缴获。

尽管有伪装，105 毫米炮塔的外观仍然清晰可见。注意图中的两个管状结构，它们可能是阻止炮弹射进煤水车的限制器。这张照片似乎是在 PZ76 于米洛维茨展示时拍摄的。（照片：保罗·马尔马萨里的收藏）

PZ 76 建于 1944 年 4 月，并被派往波兰加入中央集团军群，掩护德军部队撤往华沙以北。1945 年 4 月 14 日，它在桑比亚（Sambia）半岛的柯尼斯堡（今加里宁格勒）附近被摧毁。

PZ 77 建于 1944 年 5 月，附属于维斯瓦集团军群，从 1945 年 2 月起驻扎米洛维茨。2 月 26 日在波美拉尼亚被摧毁。

PZ 28 建于 1944 年 5 月底，附属于南方集团军群。1945 年 2 月，它转移到匈牙利，大部分时间都留在那里。5 月 9 日德国投降的消息传来后，车组人员将列车开往塔尔海姆（Thalheim）并抛弃在那里后，成功地逃到了美军占领区。

1945 年 5 月 9 日，PZ 78 在塔尔海姆被缴获。该列车的特征之一是 A- 车厢上有一个类似于"旋风"防空坦克的炮塔。（照片：RAC 坦克博物馆）

1945 年 2 月 26 日，PZ 77 在博博利采 [Bobolice，德称布比茨（Bubitz）]。注意前方反坦克车厢尾部用枕木创造的储物空间。（照片：保罗•马尔马萨里的收藏）

1945 年后，位于捷克斯洛伐克的 1965 K 号 BR 52 装甲机车。装甲是德国人还是捷克斯洛伐克人配备的，以及究竟是三列装甲列车中的哪一列，我们都不得而知。（照片：格勒克纳的收藏）

带有部分装甲防护的 BR 52K 2021 机车，这辆机车是 PZ 80 的一部分，由第 740 铁路运行营使用。照片摄于战后的美国占领区。（照片：保罗•马尔马萨里的收藏）

这列装甲列车与东线的许多同类遭逢相同命运。很明显，它已被摧毁多日，判断的根据是：其武器已经被拆下，倾覆的 K 车厢上锈迹斑斑。（照片：弗雷德里克·卡尔邦的收藏）

铁路模型制作者肯定知道，Micro-Metalkit 公司为他们的 BR 52 K 装甲机车使用相同序列号。（照片：保罗·马尔马萨里的收藏）

1945 年，投降后的 PZ 81 在捷克斯洛伐克的皮萨克（Pisak）。它由 7305 号 BR52 机车驱动。PZ 82 在战争即将结束时完工，包括 1965 号 BR 52 机车。（照片：托马斯·亚克尔收藏）

临时建造的装甲列车

1940 年德军入侵并占领多个国家之后，许多"有防护"列车服役，例如挪威的"挪威"号和"卑尔根"号等。

苏联前线使用了许多临时装甲列车，如治安列车（即铁路保护列车，Streckenschützzug）"波尔科"号、"米夏埃尔"号、"马克斯"号等，但它们没有被视为"常规"装甲列车有些令人费解。有些列车后来被改装成装甲列车并得到编号，例如"布吕歇尔"号编号为 PZ 52，其他被当作装甲列车列出的也是如此。

1945 年年初，治安列车"350"号随维斯瓦集团军群行动，于 1945 年 2 月在克膀伯 - 德吕肯米勒工厂升级。

欧洲战事的最后阶段，装甲列车用各种材料拼凑，例如布雷斯劳的林克 - 霍夫曼工厂建造的列车。

204—214 号治安列车在希腊服役，但它们参加的行动鲜有记录。

这张坦克歼击车厢与一位美国士兵的照片明显摄于 1945 年夏季（列车正在拆解过程中：其缓冲器不见了），我们可以看到前向观察阵位使 75 毫米炮无法降低到水平线以下。这节车厢可能来自 PZ 73。（照片：保罗·马尔马萨里的收藏）

挪威治安列车之一，其安装火炮的方法很有趣，使火炮可以一定角度向前射击，后面的车厢也有用于观察和射击的小开孔。（照片：保罗·马尔马萨里的收藏）

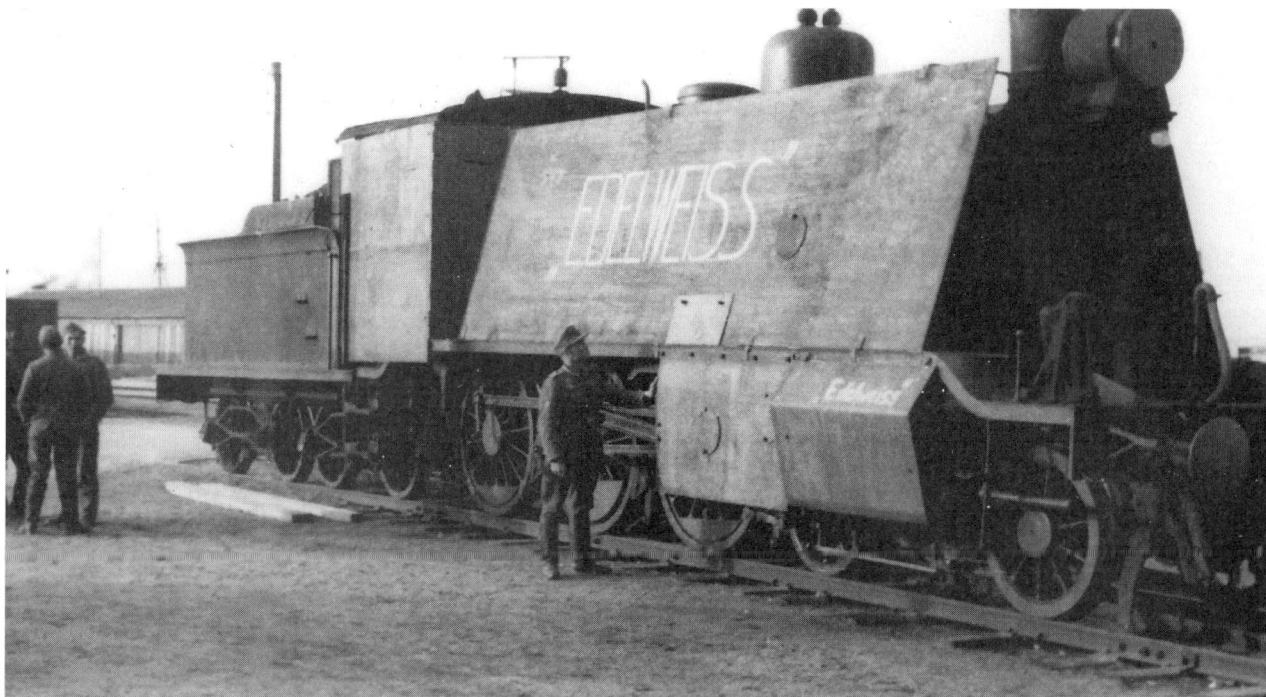

一辆挪威 4-6-0 机车（可能是 18 级）匆忙配备装甲。后面的照片中，这辆机车也命名为"沙兔"（Sandhase，德语中对步兵的戏称）。（照片：保罗·马尔马萨里的收藏）

与其他同时代装甲列车相比，"卑尔根"号有着与众不同的低矮轮廓。注意，尽管气候严寒，高射炮车厢前后的两个车厢都是敞篷的。（照片：保罗·马尔马萨里的收藏）

"布吕歇尔"号的车厢之一，改装自苏联转架车。车上运载的一辆 2 号坦克安放在木制防护框中，防护框内部无疑增加了钢板。（照片：保罗·马尔马萨里的收藏）

"波尔科"号铁路保护列车用缴获的苏联铁道车辆组件，包括一节来自 BP1 的火炮车厢、机车、配备防空炮座的平板车厢，以及安全车。（照片：保罗·马尔马萨里的收藏）

350 号治安列车及其步兵车厢、高射炮车厢（实际上是侧面用混凝土防护、留有射孔并安装四联装高射炮座的车厢），随后是携带四号坦克车身的先导车厢。（照片：沃尔夫冈·萨夫多尼的收藏）

希腊的治安列车及其混凝土碉堡，以及一辆装备 37 毫米炮的雷诺 FT 坦克。机车为 Zd 级，是希腊在一战后获得的。[9] 另一列这种列车由 La 级机车驱动。（照片：保罗·马尔马萨里的收藏）

9　La 和 Zd 级即原普鲁士 P8 机车。

进入德国后，美军部队在厄林根（Ohringen）找到了可能用于列车防空的车厢，车上有保护炮手的混凝土护墙。注意辅助士兵进入射击阵位的梯级。（照片：版权所有）

这个车厢(原"第一元帅"号装甲列车的指挥车厢3930.88号)是该列车唯一的有装甲部分。(照片:保罗·马尔马萨里的收藏)

拉脱维亚治安列车,由多节带有BT-5坦克车身的四轮车厢组成。(照片:保罗·马尔马萨里的收藏)

斯泰尔装甲轨道车

建于1943年9月16日的301—304号轻型装甲侦察列车(le.Sp)被派往巴尔干。3月和4月,301号列车在塞尔维亚的乌伊赛—拉什卡(Ujse-Raska)地区行动,于年底被摧毁。在战争结束时,303号被缴获,304号被摧毁。据我们所知,这些轨道车中只有一辆保存在的里雅斯特(Trieste),英军曾在他们的占领区中使用该车(参见英国的章节)。

斯泰尔公司以轻型装甲轨道车机械部分(底盘和发动机)为基础,建造了组成201—210号重型(s.Sp)装甲侦察列车的轨道车。PZ(s.Sp)201列车建于1944年1月5日,被派往巴尔干地区,在战争结束时被缴获。202、203和204号分别于1944年1月10日、2月21日和3月23日投入使用,也被送到巴尔干。205—208号建于1944年4月到6月之间。序列中的后两列列车没有完工,至少一列于1945年4月在米洛维茨被缴获(参见捷克斯洛伐克和南斯拉夫的章节)。

这些轨道车在装甲列车爱好者中很受欢迎。2013年,爱好者们在一节平板车上安装了用胶合板制成的车身和炮塔,重现了一辆轨道车。其炮塔可以旋转甚至发射空弹。根据计划,它在2015年年底被拆解,并回收了原来的平板车供铁路保护协会收藏。

1944 年 8 月 30 日，PZ（le.Sp）304 在希腊阿莫里翁（Amorion），它此前被 V. 卡萨皮斯（V Kassapis）率领的游击队缴获，攀上车辆侧面的便是卡萨皮斯。（照片：V. 卡萨皮斯，照片提供人为乔治·汉德里诺斯）

1945 年，美军士兵在达豪检查一列由重型轨道车组成的列车。注意其车钩已被拆除。虽然斯泰尔公司负责建造车身，但三号坦克炮塔是由克劳斯 - 马菲公司在慕尼黑装配的。（照片：保罗·马尔马萨里的收藏）

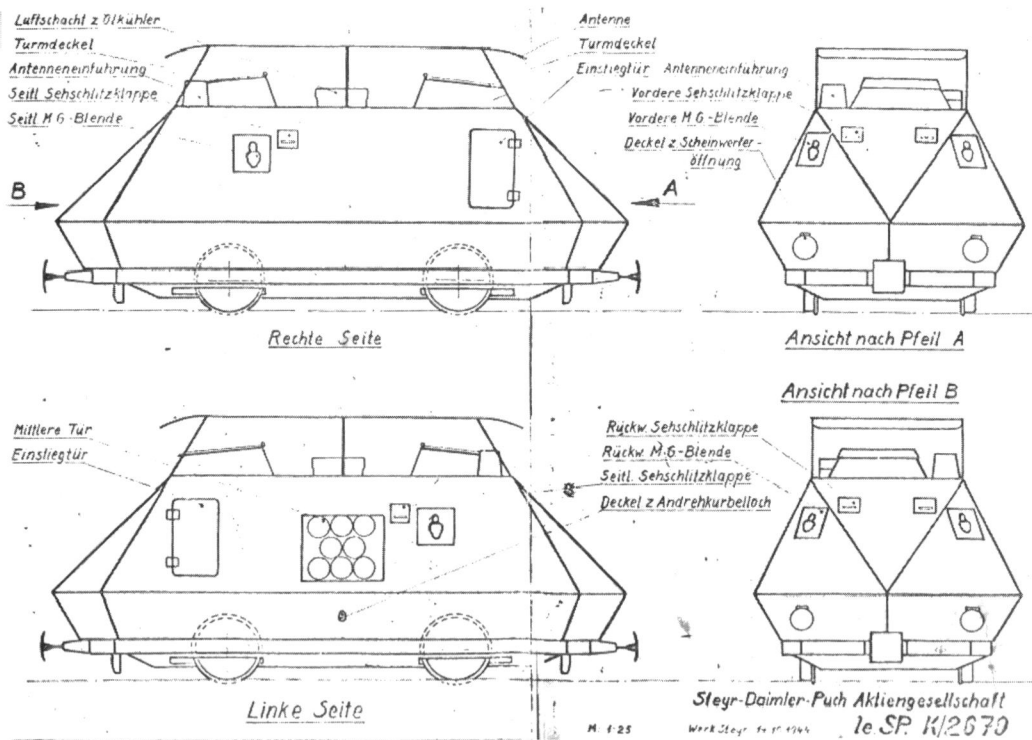

斯泰尔轻型轨道车的原始图纸。其设计图纸的编号 "K/2670" 在文献中经常出现。注意，装甲进气道的形式与最终生产型对应。重型轨道车也以相同的底盘为基础，但由于使其适应增加的载重有一定难度，所以重型轨道车的生产略有延迟。（图纸：斯泰尔 - 戴姆勒 - 普赫公司档案）

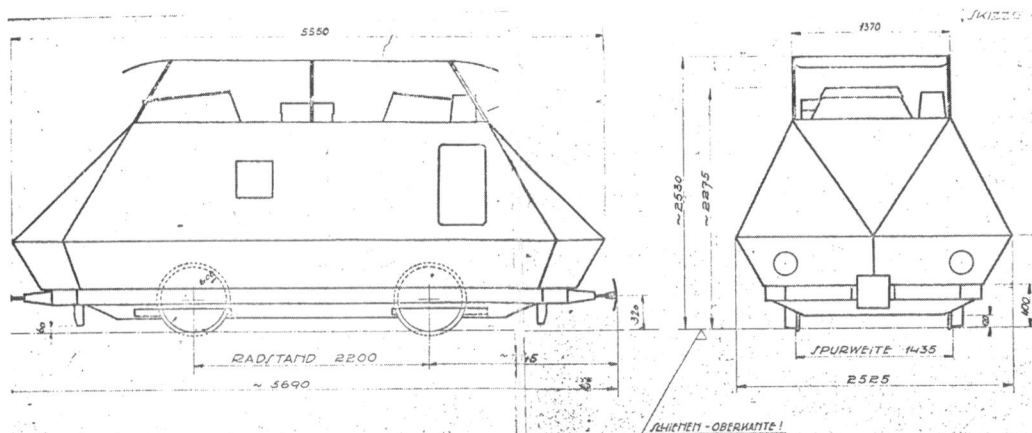

罕见的俯拍照片，展示了美军在德国南部缴获的由重型轨道车组成的列车。为何这些车辆没有保存下来，且没有被撰写任何技术报告（是否有这样的报告尚不确定）仍然是个谜。（照片：斯图尔特·杰弗逊的收藏）

莱维沙姆历史重现小组（北约克郡）再现的"托尔"号重型轨道车。照片摄于 2013 年 10 月 11 日。（照片：马克·西森斯）

装甲机动有轨车
（Eisenbahnpanzertriebwagen）

15 号装甲机动有轨车（Eisb.-Pz.-Triebwagen 15，简称 PT 15 或 TR 15）是国家铁路公司使用后重新服役的唯一机动有轨车，它于 1942 年被派往法国，于 1944 年前往希腊拉里萨（Larissa）地区。

位于希腊的 TR 15。（照片：沃尔夫冈·萨夫多尼的收藏）

PT 16 于 1944 年 1 月 27 日启用，是柏林—维尔道（Wildau）的施瓦茨科普夫公司在 WR 550 D 14 柴油机车基础上为国防军建造的最强大机动有轨车，其防护装甲由维尔道的柏林机械工程有限公司配备。1944 年夏季，它与 PT 18 一起加入 PZ 11，在乌克兰活动。7 月，PZ 11 和它的两辆机动有轨车在拉瓦罗斯卡亚（Rava-Ruska）突破苏军包围圈，后参与了卢布林防御战。7 月 27 日和 28 日，它向桑河退却。1945 年 1 月 12 日，PT 16 在苏军的攻势中被包围，但通过部分车组成员的出色表现（铺设了供车辆逃脱的轨道）而突围成功。今天，PT 16 保存在华沙的国家铁路博物馆（参见波兰的章节）。

PT 17—20 是由苏联 MBV D-2 机动有轨车维修、重新配备武器和动力而成。PT 17 于 1943 年 4 月启用，一直留在东线，于 1944 年 8 月在华沙附近被摧毁。PT 18、19 和 20 于 1943 年 11 月 20 日启用，分别派往波兰、中央集团军群和易北河上的利萨（Lissa）兵营。这些机动有轨车都配备 76.2 毫米 295/1（r）野战炮。PT 20 从 1944 年夏季起挂接 PZ 11，于 1945 年 1 月 16 日在凯尔采被摧毁。

PZ 29 被拆解后，它的柴油机车用于其他任务。照片中该机车正在牵引准备重新入役的苏联 MBV D-2 有轨机动车。（照片：保罗·马尔马萨里的收藏）

PT 17—23 批次的机动有轨车。注意天线框、排气消声器的位置以及炮塔底部周围的附加装甲。这种车辆的长度为 10.3 米（33 英尺 9.5 英寸），而轴距只有 3.9 米（12 英尺 9.5 英寸）。（照片：保罗·马尔马萨里的收藏）

PT 16 的原始形态没有炮塔，只有两个防空阵位，各配备一个四联装 20 毫米高炮支座，但没有炮盾。希特勒认为以它的尺寸（重达 200 吨，两层侧面装甲各有 100 毫米厚！），武器显得太不足了，遂下令为其配备装有 76.2 毫米 F.K. 295/1(r) 野战炮的旋转炮塔。（照片：保罗·马尔马萨里的收藏）

照片摄于 1944 年 8 月。这可能是 PT 16 首次以其最终形式出现，其两端各挂接一节反坦克车厢，该车厢是围绕平板车上固定的 T-34 坦克车身建造的。右侧是一辆 T-34/76 E 型坦克，左侧则是 T-34/76 42 型。注意，车厢侧面装甲略高于坦克履带，而几个月前，装甲只保护车轴。这张照片是从左后方观察 PT 16 的，前方舱室上方的指挥塔是开放的。（照片：保罗·马尔马萨里的收藏）

在这张于 1944 年 8 月拍摄的照片中，PT 18 以最终形式亮相，其每个炮塔前半部分都覆盖了附加装甲。注意不同寻常的伪装图案。PT 18 与 PT 16 一起在波兰作战到 1945 年。1945 年 1 月 13 日，它被击中多次，车组人员不得不将之丢弃于凯尔采。（照片：保罗·马尔马萨里的收藏）

PT 30—38 是意大利的 AIN-56 型机动有轨车（Libli），其中一辆是在 1943 年意大利停战时缴获的，德国从意大利制造商手中购买了八辆新的防空型号，使国防军使用的 LiBli 总数达到九辆。前三辆（TR 30—32）于 1944 年 5 月 12 日启用。

51、51 和 53 号反坦克机动有轨车（Panzerjägertriebwagen）建于 1944 年年底，但从未入役。这些反坦克机动有轨车装备四号坦克 H 或 J 型的炮塔。其中一辆被缴获后保存在奥格斯堡（Augsburg）的美军仓库中，另外两辆在布雷斯劳的林克 - 霍夫曼工厂中毁于轰炸。

PT 30—32 机动有轨车中的一辆。这张照片可能摄于米洛维茨。（照片：保罗·马尔马萨里的收藏）

在塞尔维亚大规模改造后的 PT 30 或 31：除了安装四联装 20 毫米高炮代替意大利版本的车顶武器之外，还要注意炮塔中的 20 毫米炮和缓冲器的新布局。（照片：亚历山大·斯米利亚尼奇的收藏）

欧洲战事结束时在奥格斯堡的多辆轨道车辆，包括唯一完工（服役？）的 51 号反坦克机动有轨车。注意无防护的缓冲器和车钩，可能是准备在以后配备装甲，左侧的头灯则得到了防护。和所有缴获装备一样，侧面漆有 "ALLIED FORCES"（盟军部队）的字样。（照片：保罗·马尔马萨里的收藏）

这张出色的近景照片使我们能够注意到车的两侧并不相同，这一侧只有一个门和天线基座。（照片：斯图尔特•杰弗逊的收藏）

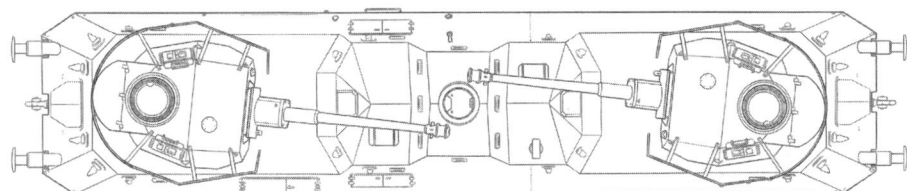

© Paul MALMASSARI 1987/2015 1/87 (HO)

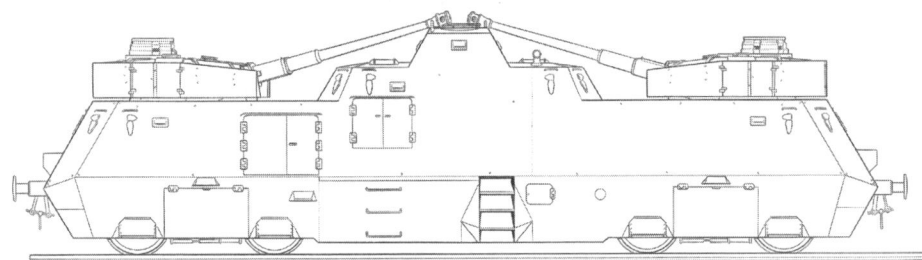

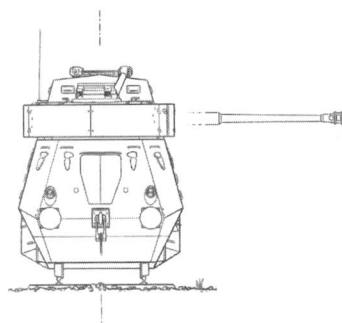

庞阿尔 P204（f）装甲侦察轨道车

法国战役中被缴获的 190 辆庞阿尔 178 装甲车中，有 40 辆被改装成轨道车，成对加入 BP 型装甲列车。它们的轨道车轮由两家公司制造：戈塔车厢制造公司和贝吉舍钢铁工业公司（雷姆沙伊德）。某些车辆配备了缓冲器。（照片：保罗•马尔马萨里的收藏）

三号坦克SK 1型（1943）

　　1943 年 10 月，试验和展示在阿里斯（Arys）[10] 的试验场进行，使用了两辆或三辆最后批次的三号 L/N 型坦克，装备 75 毫米 KwK L/24 坦克炮。这种车辆被定名为"SK1"，意为"1 号轨道坦克"（Schienenkampfwagen 1）。传动装置、发动机和冷却系统与原型坦克完全相同，悬挂系统的最后三根扭杆需要改良。坦克车底增加零件后，地面净高从 48 厘米（1 英尺 7 英寸）降低到 34.2 厘米（1 英尺 1.5 英寸）。轨道上的推动力通过前车轴传递，其他车轴则自由旋转。尽管这套系统表现得很好，其速度和牵引亦能力令人钦佩，但到 1943 年，三号坦克作为战车已经完全不及对手。

SK 1 技术规格

长度（缓冲器折叠）: 5.62 米（18 英尺 5.25 英寸）

长度（缓冲器展开）: 6 米（19 英尺 6.25 英寸）

宽度: 2.94 米（9 英尺 7.25 英寸）

高度（公路）: 2.435 米（8 英尺）

高度（铁路）: 2.825 米（9 英尺 3.25 英寸）

重量: 25 吨

发动机型号: 12 缸 迈巴赫 HL 120 TRM

功率: 320 马力（3000 转 / 分）

传动装置: 费希特尔 - 萨克斯六档变速箱

铁路速度（最大）: 每小时 100 千米（每小时 62 英里）

铁路速度（常规）: 每小时 60 千米（每小时 37 英里）

铁路轴距: 2.94 米（9 英尺 7.25 英寸）

轨距（欧洲标准）: 1435 毫米（4 英尺 8.5 英寸）

轨距（苏联）: 1524 毫米（5 英尺）

燃油容量: 350 升（92.5 英国加仑）

SK 1 可以当作机车，牵引四个满载的车厢。由于其设想用途是成为"轨道治安车辆"（Bahnsicherungsfahrzeug），它的铁路传动系统以车身侧面内的车轴为中心。车身下降与抬升采用液压方式，由驾驶员座位旁边的一根操纵杆控制，两种操作都只需几秒钟。（照片：PKB）

10 现波兰奥日什。

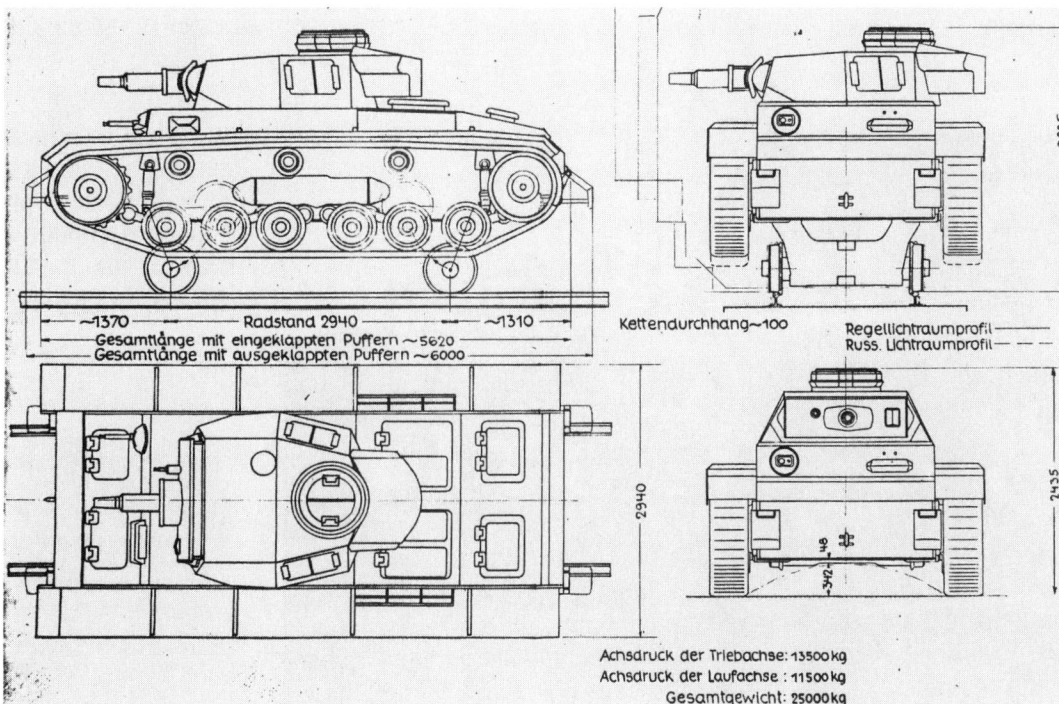

SK 1 坦克图纸。（绍雷尔公司档案）

"齐柏林"轨道车

这种车辆在芬兰用苏联组件建造：车门来自"共青团员"（Komsomoletz）炮兵牵引车，炮塔来自 BA-10 装甲汽车，等等。它被用于横跨德俄边境的凯米耶尔维 - 萨拉 - 阿拉库尔蒂（Kemijärvi-Salla-Alakurtti）支线。[11]

在萨拉车站（芬兰）的轨道车的照片。我们可以很好地观察其伪装图案，并推断水平装甲板上的情况。车身侧面标示的序列号为"WH-E.P. 1"，可能说明它是这一系列中的首辆车。（照片：保罗·马尔马萨里的收藏）

这张有趣的照片透露轨道车正从一辆 Sd.AH.115 公路拖车上被卸到轨道上。注意乘员出入舱门。（照片：保罗·马尔马萨里的收藏）

这辆 SdKfz 223 装甲侦察车已经改装，可在铁路上运行，可能是独一无二的例子。我们没有找到关于该车的日期、位置或用途的任何相关信息。注意序列号 A-22225（指安哈尔特？）和名字"贝贝尔"（Bärbel）。（照片：保罗·马尔马萨里的收藏）

西欧的一辆 VT 137[12] 机动有轨车。拍摄日期不详。驾驶室的玻璃窗格已被更换为装甲板。注意侧后方的装甲车窗。这列特殊列车由两辆机动有轨车组成，可能说明它是一个铁道炮兵阵地。（照片：保罗·马尔马萨里的收藏）

游击队的威胁：一辆德国无装甲"打击"轨道车被抵抗战士缴获，照片摄于 1944 年 8 月 7 日的布列塔尼巴纳莱克车站。（照片：巴纳莱克市政厅档案）

11 在这部分边境的东边，被撤退的德军破坏的铁路一直没有更换。

12 VT 137 系列的制造始于 1932 年，由多家公司承接，共建 316 辆。大战爆发时，它们被分到不同兵种。例如，在法国使用了 14 辆 VT 137 机动有轨车。战争结束后，幸存的车辆继续在多个国家服役。

资料来源

书籍

- Anonymous, 50e Anniversaire de la Libération, 4 September 1994, *brochure published by the town of Saint-Bérain sur Dheune* (Panzerzug 32).
- Dimitrijevic, Bojan, *German Panzers and Allied Armour in Yugoslavia in World War Two* (Erlangen: Verlag Jochen Vollert – Tankograd Publishing, 2013).
- Gawrych, Wojciech J, *Panzertriebwagen Nr.16* (Warsaw: PROGRES Publishing House, 2003).
- Gottwaldt, Alfred B, *Deutsche Kriegslokomotiven 1939-1945* (Die Eisenbahn im Zweiten Weltkrieg-2) (Stuttgart: Franckh'sche Verlagshandlung, 1974).
- Lauscher, Stefan, *Die Diesellokomotiven der Wehrmacht* (Freiburg: EK-Verlag GmbH, 1999).
- Malmassari, Paul, *Les Trains blindés 1826-1989* (Bayeux: Editions Heimdal, 1989).
- Porte, Lieutenant-Colonel Rémy, *La Conquête des colonies allemandes* (Paris: 14-18 Editions, 2006).
- Regenberg, Werner, *Panzerfahrzeuge und Panzereinheiten der Ordnungspolizei 1936-1945* (Wölfersheim-Berstadt: Podzun-Pallas-Verlag, 1999).
- Roques, Paul, *Le Contrôle Interallié en Allemagne Septembre 1919 - Janvier 1927* (Paris: Berger-Levrault, 1927).
- Sawodny, Wolfgang, *Deutsche Panzerzüge im Zweiten Weltkrieg* (Friedberg: Podzun-Pallas-Verlag GmbH, 1983).
- _____, *Panzerzüge im Einsatz auf deutscher Seite 1939-1945* (Friedberg: Podzun-Pallas-Verlag GmbH, 1989).
- _____, *Panzerzüge an der Ostfront 1941-1944* (Wölfersheim-Berstadt (RFA): Podzun-Pallas-Verlag, 2000).
- _____, *German Armored trains on the Russian Front* (Atglen, PA: Schiffer Publishing Ltd, 2003).
- _____, *Die Panzerzüge des Deutschen Reiches 1904- 1945* (Freiburg: EK-Verlag GmbH, 2006).
- _____, *German Armored Trains 1904-1945* (Atglen, PA: Schiffer Publishing Ltd, 2010).
- _____, *Deutsche Panzerzüge* (Eggolsheim (RFA), s.d., Dörfler Zeitgeschichte, nd).
- Trojca, *Halina and Waldemar, Panzerzüge Teil 1*, (Pociagi pancerne cz.1) (Warsaw: Militaria, 1995).
- Trojca, *Waldemar, Panzerzüge Teil 2* (Zweibrücken: VDM, 2002).

期刊文章

- Blümner, Oberst a. D., 'Panzerzüge', *Heerestechnik 1st and 2nd Instalments* (1916), PP. 18–21.
- _____, 'Panzerzüge in und nach dem Weltkriege', *Heerestechnik* (January & February 1925), PP. 21–4 and 49–52.
- Bolster, Hauptmann, 'Panzerzug und Panzerkraftwagen', *Militär-Wochenblatt No 143* (1917), PP. 3471–5.
- '"Deutschland", Panzerzüge', *Schweizerische Zeitschrift für Artillerie und Genie No 6* (1900), P.224.
- 'Eisenbahn in Krieg', *Bahn Extra* No2/2002, Special Number.
- 'Eisenbahnwaggons, gepanzerte', *Leipziger Illustrierte Zeitung 154 Band* (January-June 1920), P.296.
- 'German Armored Trains of WW Ⅱ', *Ground Power* No 5 (1999), PP. 102–47 (in Japanese).
- Kopenhagen, Oberstleutnant Dipl. Journalist Wilfried, 'Panzerzüge-Schienen-Dinosaurien oder moderne Militärtechnik?', *Eisenbahn Jahrbuch* (1977), PP. 155–65.
- Malmassari, Paul, 'Panzerzug 3 1938-1944', *Batailles et blindés* No 48 (April-May 2012).
- _____, 'Draisine SdKfz 231', *TnT* No 14 (July-August 2009).
- _____, 'Panzer sur rails', *TnT* No 22 (November-December 2010).
- _____, 'Panzerdraisine "Zeppelin"', *TnT* No 40 (November-December 2013).
- _____, 'Panzerkampfwagen Ⅲ SK 1', *World War Two Railway Study Group Bulletin* Vol 16 No 5 (2006), PP. 16.131–16.133.
- Pesendorfer, F, 'Im Panzerzug in die Sowjetunion', *Die Wehrmacht 5,* No 14 (1941).
- Peters, Dr. Jan-Henrik, 'From Kassel via Schöneweide to the Eastern Front – The Class 52 Condensing Locos' (translated by Walter Rothschild), *World War Two Railway Study Group Bulletin* No 16/2 (March/April 2006), PP. 16.48–16.58.
- Sawodny, Wolfgang, 'Les Dinosaures de la guerre', *La Vie du rail* No 2314 (1991), PP. 27–30.
- Surlemont, Raymond, and Pied, Robert, 'Forteresses sur rails: les trains blindés allemands de la seconde guerre mondiale', *VMI* (Belgium) No 10 (1986), PP. 36–9.
- Wagner, Hauptmann a.D. Hans, 'Panzerzüge', *Militär-Wissenschaft und technische Mittellungen* (1929), PP. 30–40.
- _____, 'Gefechtwagen für neuzeitlische Panzerzüge', *Wehr und Waffen* (1933), PP. 299–306, 349–51.
- 'Zukunftsentwicklung des Panzerzuges, *Militär-Wochenblatt* No 38 (1934), PP. 1266–7.

官方文件

- *Dienstanweisung für Panzerzüge,* 1910 (War Ministry).
- *Bulletin de Renseignements* No 23, Trains blindés allemands, état-major de l'armée, 2e bureau, March 1945.
- *Note au sujet de l'emploi des trains blindés par l'Armée Allemande, s.d.* (circa 1941, writer and addressees unknown).

大学研究论文

- Malmassari, Lieutenant-colonel Paul, *Etude comparée des trains blindés européens (1826-2000)*, DEA in Military History, Defence and Security, Université Paul Valéry, Montpellier Ⅲ, under the academic guidance of Professor Jean-Charles Jauffret, 2004.

英国

1859—1957 年的装甲列车与装甲轨道车

英国在国家利益受到威胁的所有地区、英伦三岛本身以及海外领地都有系统地部署了装甲列车。尽管英国不是装甲列车的先驱，但无疑是最广泛地使用这种车辆的国家。

威廉·布里奇·亚当斯的火炮列车

1859 年 8 月，土木工程师威廉·布里奇·亚当斯（William Bridge Adams）提议建设伦敦周围的铁路双环线，周长为 240 千米（150 英里），重型火炮可以通过这条线路巡回保护首都。为了让这条线路在和平时期起作用，他计划让铁轨像电车轨道一样，嵌入路面的柏油层中，并沿铁路外围建立一条围墙，尽可能地保护火炮车厢的下半部分。他的计划没有被采纳，但 30 年之后，沿伦敦东南方的高地（北部丘陵）建设了一条有 13 个防御阵地的铁路线，作为步兵集结中心，以及机动野战炮的仓库。

沃克中尉的装甲列车

1860 年 7 月 16 日，A. 沃克（A Walker）中尉以化名给《泰晤士报》写了封信，介绍了这个项目，1865 年，

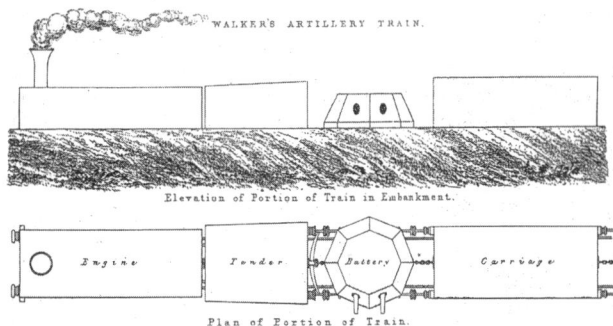

这种移动要塞由 18 吨重的 0-4-0 装甲蒸汽机车牵引，运送火炮弹药和车组的食物时可以达到每小时 30 千米（每小时 19 英里）的速度。

他在标题为《沿岸铁路及铁路炮兵》的文章中再次提出了自己的看法。他指出，如果敌人在海岸上某些缺乏铁路线的地方登陆，就能在至多两天的时间里不遭遇任何抵抗，因为英军部队需要这么长的时间才能抵达该地区（他明显没有思考骑兵的能力，尽管正是这个兵种在彭布罗克郡击退了对英伦三岛的上一次入侵）。他的提议是组建一列防御性的列车，包括各装两门火炮的装甲炮塔，车厢上部的厚实装甲可以抵御敌军火力，下半部分则得到土堤的保护。这些炮塔似乎是固定的，因此火炮的水平转动角度非常有限，也意味着它们必须被放置在对海射击的方向上。向陆地一侧较低的驻锄将吸收后坐力。总而言之，根据他的说法，这种壁垒很有优势，因为多列列车"将形成连绵的沿海要塞"。

T. 赖特先生的装甲列车

1864 年 8 月，另一位土木工程师 T. 赖特（T Wright）先生提议建造拥有三个或四个炮台的列车，每个炮台包含 10—40 门火炮和臼炮，整列列车形成一堵连绵超过 1.5 千米（1 英里）、由大量火炮组成的"墙"。每节车厢完全由铁制成，运送旋转基座上的一门或多门火炮（或臼炮）。图纸清晰地显示了发明者避免车厢因敌军炮弹冲击力和自身火炮后坐力而倾覆的方法——用沿铁轨两侧延伸的倒 L 型护栏限制车厢的偏移。此外，图 2 中的臼炮车厢会受到武器向下的作用力，将由放低到护栏上的木制缓冲板支撑。臼炮在所示的垂直位置下不会射击，因此，这种描述可能是为了强调对向下后坐力的缓冲。行走机构得到了垂直铁板的防护。从图纸中的比例可以明显看出，发明者考虑了宽轨线路（如大西部铁路公司在布伦奈尔推出的铁路线），而不是窄得多的标准轨。尽管负载运送能力更强，也远比在标准轨上的运行更稳定，但使用宽轨意味着这些列车无法与大多数现有铁路网络连接。

WRIGHT'S RAILWAY ARTILLERY IRON TRAIN BATTERY.

托马斯·赖特的装甲列车和铁路炮位（1864），可以看到纵向护栏的截面。

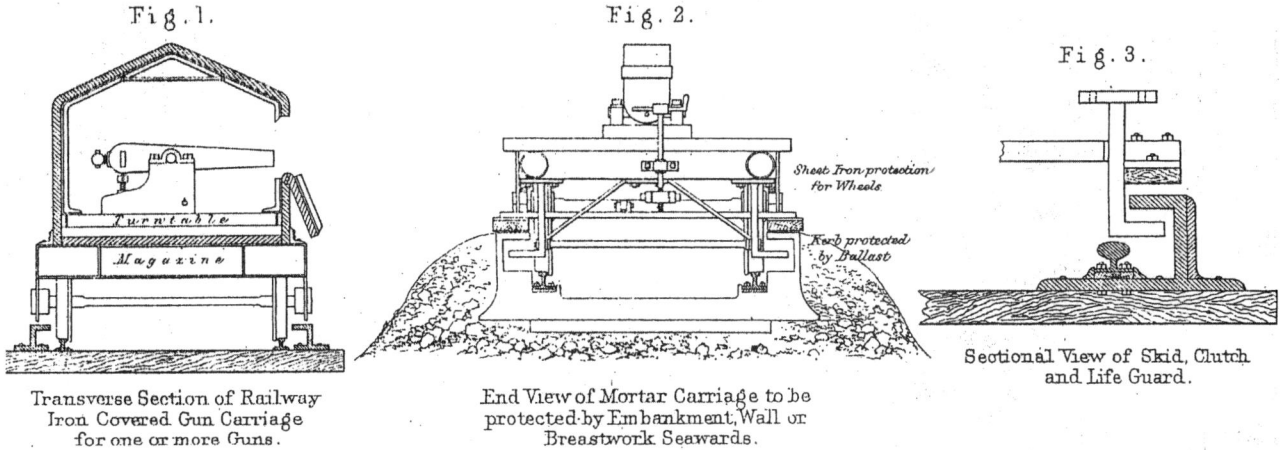

Fig.1.

Turntable

Magazine

Transverse Section of Railway Iron Covered Gun Carriage for one or more Guns.

Fig.2.

Sheet Iron protection for Wheels

Kerb protected by Ballast

End View of Mortar Carriage to be protected by Embankment, Wall or Breastwork Seawards.

Fig.3.

Sectional View of Skid, Clutch and Life Guard.

约翰·史密斯的装甲炮台

　　1871 年，约翰·史密斯提出了木制框架外覆盖装甲板的装甲炮台设计，并申请了专利。这种全封闭炮台可通过在环形导轨上运行的滚子绕轴旋转。其武器包括一门火炮或一挺机枪，也可能是两者混搭，此外炮台还布置有射孔供步枪射击。由于炮塔悬挂在车厢之后，因此这种设计仅限于车前的一个炮位，也可以在机车后安装第二个炮位。史密斯先生似乎没有对与轨道成 90 度角射击时产生的后坐力做出任何处理准备。机车看起来完全没有装甲。旋转炮塔可以由机车牵引，也可以通过普通的转向架与其连接——这是一个有趣的布局，画起来很简单，但建造起来困难重重，唯一的好处可能是增加了机车的正面重量，保持火炮车厢射击时的稳定性。

　　所有早期岸防提案的基本问题是当时的铁路所能携带的火炮口径太小，与同时代军舰越来越猛烈的火力相比，其装甲防护也相对薄弱，这可能是上述提案未被采用的原因之一。尽管敏感地点周围都构建了大规模工事，英国人当然还是依赖其无所不能的海军舰队遏止登陆，或者孤立滩头上的敌军。

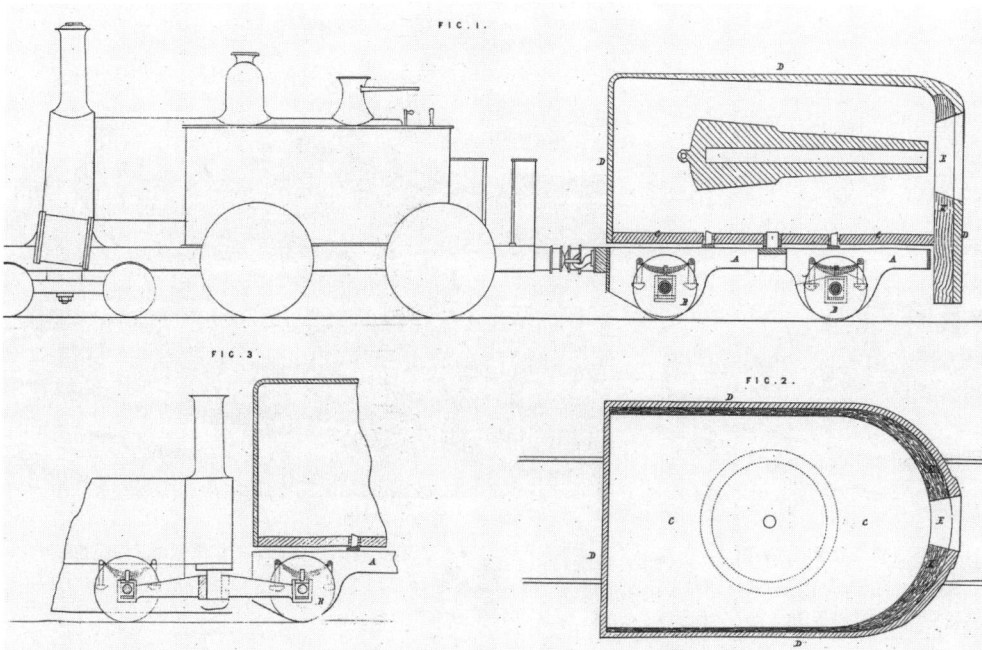

FIC.1.

FIG.3.

FIG.2.

注意，该图纸没有表明关闭炮眼的手段，但应该包含在炮手再装弹时提供保护的装置。图纸上方的机车是早期的亚当斯 4-4-0 型号，常被称为"大都市水箱"。（1138 号专利所附设计图）

在埃及的装甲列车（1882 年）

1882 年，埃及未能偿还国际债务，导致英国干预。在冲突中，埃及使用了两列装甲列车，一列在亚历山大港（Alexandria），另一列在伊斯梅利亚（Ismailia）—凯比尔（Tel-el-Kebir）铁路线。

亚历山大港列车上的乘员是鱼雷艇母舰"赫克拉"（HMS Hecla）号舰员，通常构成如下：

- 安全车

- 6 轮枪炮车厢"赫克拉"号，装备一门 127 毫米（5 英寸）40 磅后膛炮（从"赫克拉"舰上拆下的艇炮），固定在 10 厘米厚的木制平台上。车厢只有前端配备 120 毫米厚的金属板，并辅以 1 米厚的木板和沙包。平台的侧面和后方都是暴露的。

- 蒸汽机车的锅炉上覆盖铁轨进行防护，气缸和换向齿轮则覆盖 60 厘米 × 120 厘米（2 英尺 × 4 英尺）的矩形板。驾驶室也有装甲板防护。

- 步兵车厢可运送 50 名士兵。防护由可拆卸的 5 厘米（2 英寸）厚木板加上 1 厘米（3/8 英寸）厚的金属板及沙包提供。

- 火炮车厢的防护与步兵车厢相同，前方备一门加特林炮（备弹 5000 发），后方则有一门诺登费尔德加农炮（备弹 120 发）。

- 运输车厢的防护与前两节车厢相同，运载两门 9 磅炮，意在卸下车于地面使用。

此外，观察平台可依靠一个阶梯系统抬升到地面以上 6 米（18 英尺）处。另有一列非装甲列车在不远处跟随，为前面的列车提供支援。

在 1882 年 7 月 27 日的首航中，该列车只包含枪炮车厢、机车和火炮车厢，但后续每次出动都增加了车厢，至 8 月 5 日时最终达到九节装甲车厢。此时，它被分为两部分，装甲列车中只保留两节运输车厢，后援列车挂接所有支援车厢。作战时，后者则被留在加巴里（Gabarri）。

另一列装甲列车由轻巡洋舰"佩内洛普"（HMS Penelope）号的舰员建造，于 8 月 26 日首次使用，由 16 匹马将其从伊斯梅利亚牵引到内菲什（Nefiche）。完成小范围修整之后，它于 9 月 1 日被派往卡萨辛（Kassassine），在那里，由于担心误击英军部队，它无法向埃军开火。正因为无法形成火力压制，它被敌军多次击中，其指挥官身亡，但在撤出相当距离后，列车又参与了击退敌军的行动。当时，该列车由皇家海军陆战队操控，包括一节侧面有 1.2 厘米（0.5 英寸）厚、90 厘米（3 英尺）高、1.8 米（6 英尺）长装甲板的平板车。其武器是一门装在防护装甲顶部炮塔中的 127 毫米（5 英寸）40 磅炮。第二节车厢由木制侧墙后密布的沙包提供防护，携带 230 发炮弹。它的车顶防护由覆盖沙包的 1 厘米（3/8 英寸）装甲板组成。作战时，这节车厢在枪炮车厢后约 50 米（150 英尺）处，由乘员人工运送弹药。

驱动"赫克拉"号的机车用铁轨和铁板防护，鉴于敌军能力有限，这样的防护是足够的。车厢的名称已改为"无敌"号（HMS INVINCIBLE），在照片上可以明看到，这是因为其乘员由同名的战舰提供。（照片：保罗·马尔马萨里的收藏）

这些列车给人们留下了深刻印象，许多国家的报纸重现了它们的形象，其精确度常令人惊叹。图中，艺术家在"赫克拉"的名称前加上了"HMS"。（版画：保罗·马尔马萨里的收藏）

萨瓦金—柏柏尔铁路[1]上的装甲列车（1885 年）

作为 1883 年打击马赫迪战役计划的一部分，1885 年 3 月，英国陆军组建了卢埃林·埃奇（Llewellyn Edge）上尉指挥的萨瓦金 - 柏柏尔铁道兵团（Suakin Berber Railway Corps），该兵团隶属于第 22 工兵团第 17 中队，目标是构筑一条从红海到尼罗河上柏柏尔的铁路，这条铁路预计将为英军的下一步行动服务——为两个月前于喀土穆被谋杀的查尔斯·戈登（Charles Gordon）将军复仇并征服苏丹。派去营救戈登的部队曾因尼罗河洪水而遭受致命的延误，铁路似乎是深入苏丹的替代路径中最为引人注目的。为了守卫铁路，抵御当地部落的劫掠，英国人组建了一列装甲列车，装备一门 95 毫米（3.75 英寸）20 磅 BL 车首炮。在这条铁路短暂的生命期中，列车巡行于轨道之上，保护建筑和维修团队。英国政府原打算将这条铁路延伸 480 千米（300 英里），但只修到距离萨瓦金港 24 千米（15 英里）的奥托阿（Otoa），就决定撤出苏丹。该项目于 1885 年 5 月 22 日取消。在萨瓦金度过 11 个月之后，最后一支英国守军撤出，但铁路并没有被人遗忘：鲁德亚德·吉卜林（Rudyard Kipling）在 1890 年写成的小说《消失的光芒》中提到了这个项目。

印度的早期装甲列车

1885 年 和 1886 年，W.F.G. 莫 伯 莱（W F G Moberley）上尉在训练营实施了多次试验，主题是由一辆装甲机车和九节车厢组成的原型列车，行驶于拉杰普塔纳（Rajputana）—马尔瓦（Malwa）铁路线上。为这项试验选择的火炮是 17 吨重，初速每秒 360 米（1180 英尺）的 40 磅炮，安装在 4 米（13 英尺）长的 4 轮车厢和 7.6 米（25 英尺）长的 8 轮车厢上。试验的结论是，有必要改装一个井式车厢来运载火炮，并使用一个稳定器系统吸收后坐力。

完整的列车照片。前方为火炮车厢。试验说明，印度宽轨（1676 毫米）车厢上可以安装初速为每秒 540 米（1770 英尺）的 152 毫米（6 英寸）炮。

1 R Hill and R H Hill, 'The Suakin Berber Railway'.

英国和英籍印度铁路员工必须加入被称为"铁路志愿军"的民兵部队，该部队有意排除了印度本地居民。志愿军每年参加训练营，参加基础军事训练，为铁路网治安任务做准备。他们还奉召组成第一批装甲列车的车组，这些装甲列车负责运送印度陆军的常规部队。

鲁德亚德·吉卜林观察了首批装甲列车之一的射击试验，该车于 1887 年 12 月建于拉合尔工厂。1890 年，他在小说《黛娜·谢德的求爱》中提到了这列列车，演习中"骑在马上的步兵与一辆装甲列车发生了小规模战斗，列车上最为致命的武器是一门阿姆斯特朗 25 磅炮、两门诺登费尔德火炮，还有几十名志愿军士兵，这一切都关在 9.5 毫米厚的钢板后面。"世纪之交，阿姆斯特朗火炮被更换为 12 磅速射炮，诺登费尔德火炮也被换成了两挺 .455/.570 马蒂尼 - 亨利口径加德纳机枪，最终换成 .303 马克沁机枪。有些列车有第二节火炮车厢，配备一门 6 磅速射炮。

保存在新德里国家铁路博物馆的米轨（95.25 厘米）装甲列车。侧面的"2ND BN. B. B. & C.I. RY. VOLS"表示孟买与巴罗达中印度铁路志愿军 2 营。（照片：普拉卡什·滕杜尔卡）

保留下来的列车布局与用于印度宽轨的标准型完全相同，建于阿杰梅尔（Ajmer）的孟买、巴罗达与中印度铁路公司工厂。它没有挂接任何机车，但展示的列车包括：

－1886 年的 8952 号低边转架车（安全车），带排障器，运送铁轨与工具。

－1890 年的 9908 号转架棚车，配备两挺马克沁机枪，车顶有一具装甲探照灯。

－容纳发电机组和油箱的四轮棚车。

－安装 12 磅炮的井式转架车。

－1890 年的 9919 号转架棚车，与 9908 号完全相同，装备两挺马克沁和一具探照灯。

－8956 号低边转架车，与 8952 号完全相同。

该列车的装甲采用了"三明治结构"：在两层厚度分别为 1.27 厘米（0.5 英寸）和 2 厘米（0.75 英寸）的钢板之间，有一层 7.62 厘米（3 英寸）厚的毛毡（隔热层）。

此外，这些列车还包括一节运送弹药、食物和其他补给品的步兵车厢，上有步兵射孔。列车各部分之间的联系通过电话进行，并以旗语协调支援步兵部队的行动。列车指挥官可以和铁路师部保持联系，只要轨道边的电报电缆没有被切断，就可以在一根长杆协助下与之相连。装甲列车的速度限制在每小时 24 千米（每小时 15 英里），这是机车牵引轨道车辆时的最高速度。

被运送部队通常会集中在一节或两节无装甲民用客车车厢，这样能获得更舒适的条件，尤其是比拥挤的装甲车厢更凉快的环境。当行动临近时，这些车厢将停在附近车站的旁轨。英军复制了其他军队的良好习惯，即行动开始时装甲列车成对出动，作战时火炮车厢及其后的车厢可以脱离，与战区拉开一定距离，机车牵引机枪和步兵车厢前进，留下 12 磅炮提供火力支援。

在年度演习甚至作战行动中，装甲列车提供了必不可少的支援功能。它们将包含一节餐车，专门为军官提供午餐。午餐时间，军官们确保士兵得到充足的三明治和咖喱角后，将在餐车上集合。

在英属印度，装甲列车持续广泛使用，既承担内部治安任务，也保护不稳定的西北边境，与阿富汗接壤的这个地区，俄国的侵犯在很多年里都困扰着英印政府。西北铁路志愿步枪兵团（后改为西北铁路团）负责保护 11200 千米（7000 英里）的铁轨。该团的第 1 营在拉合尔保有一列装甲列车，第 2 营在卡拉奇有一列装甲列车。英军在穆厄普拉（Moghalpura）建立了一个炮兵练习场，进行次口径射击训练，用固定在 12 磅炮炮管上的 .22 口径步枪打击 23 米（25 码）外的目标。

威廉·史密斯的装甲炮台（1887 年）

提出重载（包括大型火炮）车厢底盘设计之后，1887 年，威廉·史密斯又提议建造一种强悍的装甲车厢，其宽度是同时代轨道车辆的 1.5 倍。这种巨型车厢中部携载一门海军炮，两端各有一个安装速射炮的固定炮塔。

多年后的 1906 年，我们再次看到鲸鱼岛上的演习中使用了一列装甲列车。该岛是皇家海军历史最悠久的海岸训练场。

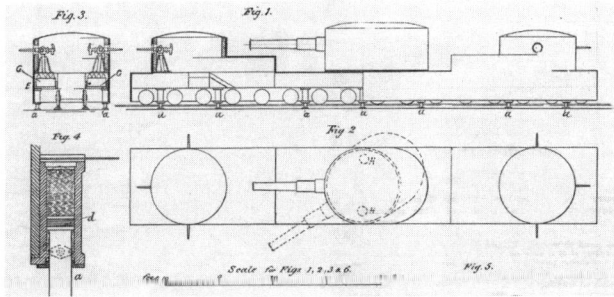

专利所附设计图表明，中置炮塔的弹药由在底盘内部运行的小车厢供应。用于稳定车辆的液压千斤顶使这个设计接近于重型铁道炮。（图纸：11207 号专利）

装甲列车成为英国军事机构的标准组成部分。这幅版画展示了 1887 年"皇家竞赛"中的装甲列车模拟攻击，皇家竞赛是一个大规模军事表演盛典，1881 年起每年在伦敦皇家农业大厅举行。这一竞赛的目的是向公众展示英国陆军的军事能力。（版画：《伦敦新闻画报》）

在一次演习中，水兵们离开（模型）装甲列车，击退敌方登陆部队。（照片：保罗·马尔马萨里的收藏）

理查德·理查德森·哈钦森的装甲列车（1888 年）

这列列车由屋顶形如龟壳的"堡垒"组成，它们装备轻型火炮，顶部有观察塔或者旋转探照灯。后者的电力由发电机提供，并有用于通风的压缩空气系统。该项目的一大创新是动力不来自于煤炭，而是燃烧汽油或"碳氢化合物"，燃料分到不同的车厢中，通过装甲管道传递给机车，这些管道也是车钩装置的组成部分。

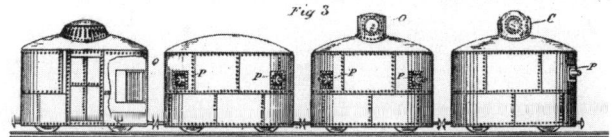

6520 号专利所附设计图。

布莱顿炮塔车厢（1890—1900 年）

1891 年，在第 1 萨塞克斯炮兵志愿团的 F.G. 斯通（F G Stone）上尉怂恿下，一列用于守卫萨塞克斯海岸、装备一门阿姆斯特朗 40 磅炮的装甲列车被制造了出来。火炮车厢由比林顿（Billinton）先生设计，与迪皮伊·德·洛梅的 160 毫米火炮车厢很相似，其火炮固定在一个装甲旋转平台上（参见法国的章节）。火炮轮子上的一对倾斜止动器吸收了部分后坐力，其余则由中置的驻退筒（与这种火炮的要塞炮座上一样）缓冲。发射时，由一个螺旋千斤顶系统稳定车厢。

两个装甲客车车厢中，一个运送炮手，另一个留给火炮离开列车时使用的挽具。车顶有保护士兵的装甲，车厢上的射孔使他们可以用炮兵卡宾枪卧姿射击。车厢侧壁从内部加固。设计者的意图是，一定数量的此类移动岸防炮位可以持续移动，躲避敌军的回击。

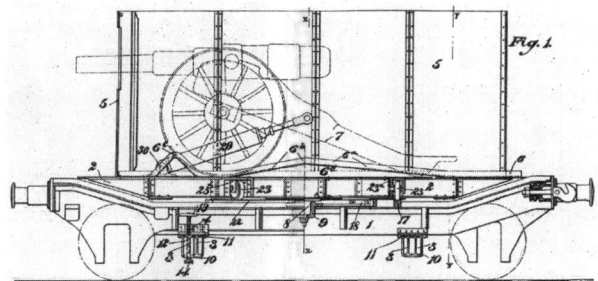

1895 年 2 月 2 日授予的 2982 号专利所附设计图，与实际建造的车厢（见下面的照片）仅有很微小的差别。

这列列车经过短期试验后于 1984 年 5 月 19 日入役，通常包括一辆 0-6-0 或 0-4-4 机车，随后是火炮车厢和两节装甲客车车厢。注意，火炮车厢装甲侧墙上没有射孔。（照片：《伦敦新闻画报》，第 2877 期，1894 年 6 月 9 日，P723）

这列装甲列车参加了许多次公共展示，并随同志愿兵团演习。它甚至在 1898 年法绍达事件引发法国入侵的恐慌时奉召参加了行动。1900 年被拆解时，它的武器已经相当老旧。在这列列车上得到的成果对后续同型号列车的发展起到了一定的影响。（照片：《伦敦新闻画报》，第 2877 期，1894 年 6 月 9 日，P723）

比林顿先生的项目（1894 年）

大获成功的布莱顿原型车设计者提出了两种远比前作更重的火炮车辆，在同一节车厢或者并行轨道上的两节车厢上安装两个炮塔。这两种设计都没有进入取得专利后的阶段。

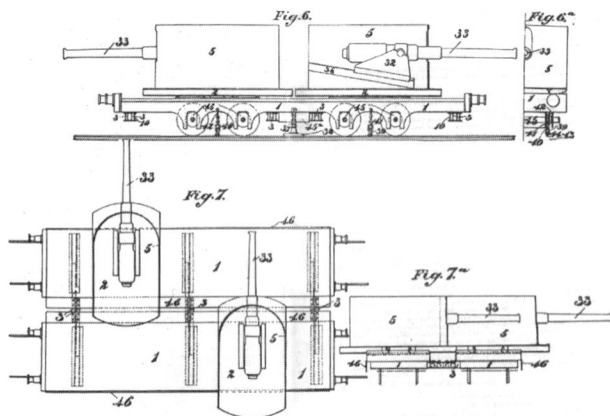

2982 号专利所附设计图。发明者似乎没有考虑 152 毫米（6 英寸）火炮向一侧射击时，对瓦瓦瑟（Vavasseur）炮座后方及上方产生的后坐力。与早期火炮车厢相比，图中的稳定垫依靠轨道，车厢也牢牢地固定在同一位置。如此之大的火炮发射，产生的后坐力将很快损毁铁轨。同样，采用固定轴距的 8 轮车厢可能是为了增加强度，这在当时绝对不合潮流。

西姆斯装甲轨道车（1899 年）

这种车辆是 F.R. 西姆斯（Simms）先生于 1899 年为维克斯父子与马克沁有限公司设计的，其目的是侦察和辅助装甲列车。在一段铁轨上使用 25 辆此种轨道车，能够覆盖超过 30 千米（20 英里）的行动区域。发明者认为，只要 100 名车组人员，就可以完成控制 800 千米（500 英里）轨道的工作，而这种工作通常需要两个或者三个团。该型轨道车可以大大节约经过训练的人员的数量，这也是海勒姆·马克沁向殖民政权推销产品的销售策略之一。车身由层压钢板制成，安装在螺旋弹簧上。钢质车轴采用滚珠轴承，而不是通常的普通铁路轴承。7 马力的西姆斯马达是水冷设计，并配备了西姆斯 - 博世永磁电机，用于最大限度地提升每个挡位的速度。庞阿尔变速箱有三个前进挡和倒挡，主减速器采用链条传动。驾驶车辆只需要一个人，脚刹和手刹双重制动系统可以使它在 3 米（10 英尺）内停下。在铁轨上，各挡位转速为 1200 转时的最大速度分别是：1 挡，每小时 13 千米（每小时 8 英里）；2 挡，每小时 25 千米（每小时 15.5 英里）；3 挡，每小时 38 千米（每小时 23.5 英里），最高挡位下的短距离冲刺速度可达每小时 48 千米（每小时 30 英里）。这种轨道车通常可以携带足以行驶 320 千米（200 英里）的燃油。四名车组人员中，有三人可在车内找到睡觉的空间，并得到可拆卸帆布车顶的保护。看起来，至少有一辆轨道车于 1900 年被部署到内罗毕。

板上有两排射孔，可供乘员进行立姿和跪姿射击。车厢之间有连通门。德班的两列列车各配备一门 3 磅速射炮，而其他列车的武器由乘员各自的武器组成。

2982 号专利所附设计图。发明者似乎没有考虑 152 毫米（6 英寸）火炮向一侧射击时，对瓦瓦瑟（Vavasseur）炮座后方及上方产生的后坐力。与早期火炮车厢相比，图中的稳定垫依靠轨道，车厢也牢牢地固定在同一位置。如此之大的火炮发射，产生的后坐力将很快损毁铁轨。同样，采用固定轴距的 8 轮车厢可能是为了增加强度，这在当时绝对不合潮流。

这张有趣的照片展示了常因相机角度而隐藏的细节：车厢一端的连通门。还要注意车顶的防护是匆忙添加、用缆绳固定的顶板。这些车厢是简单的"容器"，缺乏舒适性、难以出入，特别是下车。（照片：HGM）

布尔战争（1899—1902 年）

身为战地记者的温斯顿·丘吉尔卷入了一列装甲列车遭伏击的事件，这大大伤害了此种武器系统在许多国家的声誉。不过，在布尔战争中，英军首先制定了关于装甲列车使用的正式条令，而同时期的大部分军队仍然认为铁路只是增加机动性的简单手段，而不是一件武器。论到路途遥远、缺乏公路与铁路，南非的情况堪比俄国，其运输完全依赖铁路。布尔人本身就是无畏的骑师，能够长途跋涉，在战争最为不利的时期，他们破坏铁轨，藏身于灌木丛中，或者炸毁列车，掠夺上面的必备物资。南非铁路网采用 1067 毫米（3 英尺 6 英寸）的标准轨，但远谈不上连续：开普省和纳塔尔省之间有 750 千米左右（500 英里）的缺口，阻挡了部队在铁路上的调动，他们不得不取道公路。

战前服役的装甲列车有 13 列：五列在纳塔尔，五列在开普省，三列在罗得西亚。纳塔尔的每列列车有三节装甲车厢和一辆蒸汽机车（但有一列仅有两节车厢）。车厢的防护装甲板高度为 1.83 米（6 英尺），使铁轨上的总高度达到 2.7 米（8 英尺 10.25 英寸），也完全包裹了 11.7 米（38 英尺 4.25 英寸）长的平板车。防护装甲

水兵们正在著名的"多毛玛丽"（Hairy Mary）原有装甲板上配备绳索，以提供附加的防护。（照片：《国王》，1900 年 2 月 17 日）

纳塔尔装甲列车由 4-8-2 机车提供动力，全车均有 10 毫米厚的装甲板防护，拥有充足的功率储备。命名为"多毛玛丽"的 48 号机车很有名，在纳塔尔北部铁路网运行。于 1888 年建造的这辆机车覆盖了一层船上的缆绳，能在一定程度上抵御布尔人的火力。尽管绳索看起来很灵活，但这是一种假象，至少有一次，缆绳过紧导致煤水车在弯道上出轨。

在开普省的五列装甲列车中，有四列可以追溯到 1899 年。它们由一辆机车和两节为个人武器设置射孔的

装甲车厢组成，每节车厢携带三挺马克沁机枪，可向两端和侧面射击。马克沁机枪的糟糕布局意味着，列车周围75%的地面都不在火力覆盖范围中。

上述四列列车的部署如下：两列在金伯利（Kimberley），一列支援梅休因中将（Methun）进攻该镇，另一列则在施特龙贝格（Stromberg），归属加塔克（Gatacre）中将指挥。金伯利的一列列车在战争首日晚间被布尔人摧毁，从一开始，其余列车就得到了充分利用，由于车厢上没有安装任何火炮，它们与布尔炮兵交战的能力有限。因此，这些列车只能起到移动堡垒的防御作用。第5列列车在马菲肯（Mafeking）组建并参加围攻战，它运载的枪炮给布尔人造成了沉重的伤亡。

为加入装甲列车而建造的许多装甲车厢之一，图中加入的是"黄蜂"号装甲列车（H. M. A. T. Wasp）。（照片：保罗·马尔马萨里的收藏）

一列装甲列车在弗雷堡（Vryburg）和马菲肯之间被缴获之后，对它们的使用暂停。由于梅休因勋爵攻占十四溪（Fourteen Stream）的瓦尔河岸时需要控制金伯利以北的铁路线，装甲列车才返回战场。此后，这些列车再次参战，以应对布尔将军德维特（De Wet）的战术，后者的目标是有条不紊地摧毁克龙施塔特（Kroonstadt）地区的铁轨，继而破坏整个铁路网。列车的次要任务是掩护派往维修被毁轨道的铺轨列车。每三个车站中，就有一个车站驻扎铺轨列车。1号装甲列车承担了超过60次此类任务。

直到战争开始一年之后，英国人才尝试为列车配备有效的炮兵。1900年9月，西蒙斯敦（Simonstown）海军当局在两节车厢上安装了四门12磅速射炮。这些车厢驻扎在比勒陀利亚，后挂接到1号装甲列车。几天后，

与德维特的部队在沃威胡克（Wolwehook）—海尔布隆（Heilbronn）铁路线上发生的两次激战证明了这些车厢的价值。根据武器的取得情况，此后所有装甲列车都接收了一门速射炮或者一门马克沁机关炮。

装甲列车的组织

1900年，装甲列车的数量达到高峰（20列），新的总司令基奇纳（Kitchener）勋爵着手重组，形成一个更为集中的指挥结构，但在使用上更加灵活。他的一位参谋被任命为列车武器装备主管，并负责招募车组人员。通过尽可能快地领会来自战场的报告，这位参谋发挥主观能动性，组织列车的派遣与调动。另一方面，开普铁路网规模巨大，需要任命两位副手，一位负责南部（F.G. 富勒上尉），另一位负责北部（H.O. 曼斯中尉），两个区域以奥兰治河（Orange River）为界。两人均归装甲列车负责人 H.C. 南顿（H.C.Nanton）上尉和铁路总监吉鲁阿尔少校（Girourd）指挥。此外，R.S. 沃克尔（R S Walker）上尉负责探照灯设备的运行。另有三名机车主管负责管理机车的维护和总体状态。

装甲列车的编号从1到20，有些有单独的名称，但不总能正确地关联名称与编号。所有车辆都承袭海军传统，被冠以"H.M.A.T"的前缀，意为"女王陛下的装甲列车"（Her Majesty's Amoured Train，1901年1月维多利亚女王逝世后，改为"国王陛下的装甲列车"，缩写相同）。

列车成员包括炮兵分队、工兵（一名军士、六名铁路工兵、三名通信兵、两名消防员和两名机车驾驶员）和步兵（每列列车运送的总是从同一个团抽调的官兵）。每列列车由两名军官指挥：先导车厢上的列车指挥官，以及火炮车厢中的副手。

轨道车辆

机车

自战争开始时就在使用的开普铁路公司03级4-4-0机车，后来被更换为开普政府铁路公司的4-6-0机车和荷兰铁路公司的0-6-4机车，后两者都拥有更大的功率，可以运送和牵引附加的装甲防护。最初，只有驾驶室配备了防护装甲，随着战争的推进和伤亡的增加，整个机

车都得到了防护。在煤水机车上，驾驶室与煤水车之间的空隙得到了一块顶置弧形装甲板的防护，许多常规列车上的机车接收了延伸到驾驶室侧面的装甲防护，帮助保护车组。在需要紧急刹车时，机车会采用"基于一系列汽笛声来表示的信号"。

为人熟知的"芳龄17"号（H.M.A.T. Sweet Seventeen，"女王陛下的列车"17号）由荷兰南非铁路公司 B 级 0-6-4 机车牵引。（照片：保罗·马尔马萨里的收藏）

步兵车厢

步兵车厢常因为其主武备而被称为"马克沁车厢"，它们总是处于列车的两端，前导车厢是指挥车厢。一般来说，车顶和侧面装甲之间的空间很少用于射击，因为担心被列车未接敌一侧的友军火力所伤。该车厢中士兵首选的方式是采取跪姿，从地面以上 1 米（3 英尺）、侧面两端间隔 60 厘米（2 英尺）和中心间隔 1.5 米（5 英尺）的射孔射击。角落的射孔是为马克沁机枪提供的，这些机枪都配备一个护盾。机枪舱室与步兵舱室以墙分隔，墙上有 40 厘米（16 英寸）宽的门。

富勒上尉指导建造了六节特殊车厢，它们的车顶由倾斜一定角度的 10 毫米板材组成。列车指挥官可以从自己的独立舱室操作刹车系统，而无须离开额外的防护装甲板。此外，车厢两端还装有推拉门，非常方便乘员在两节车厢之间行动。曼斯中尉则建造了用铁轨当"装甲"的车厢——将铁轨一条接一条地放在车厢侧面，在达到地板以上 1.5 米（5 英尺）的高度后，用列板固定（车厢两端也装有固定铁轨的枕木）。地板以上 1.2 米（4 英尺）处少装一条铁轨，以便进行观察和射击。这些车厢既可用在装甲列车中，也可充当民用列车的护航车厢。

13 号装甲列车的"马克沁车厢"携带两具顶置探照灯，后面是火炮车厢。（照片：保罗·马尔马萨里的收藏）

18 号"冷溪"（Coldstreamer）号装甲列车的首部车厢，防护装甲的上半部分由焊接在一起的铁轨组成。（照片：《陆军与海军画报》，1902 年 9 月 6 日）

ESCORT TRUCK

与上图对应的图纸。（图纸：皇家工程兵报告）

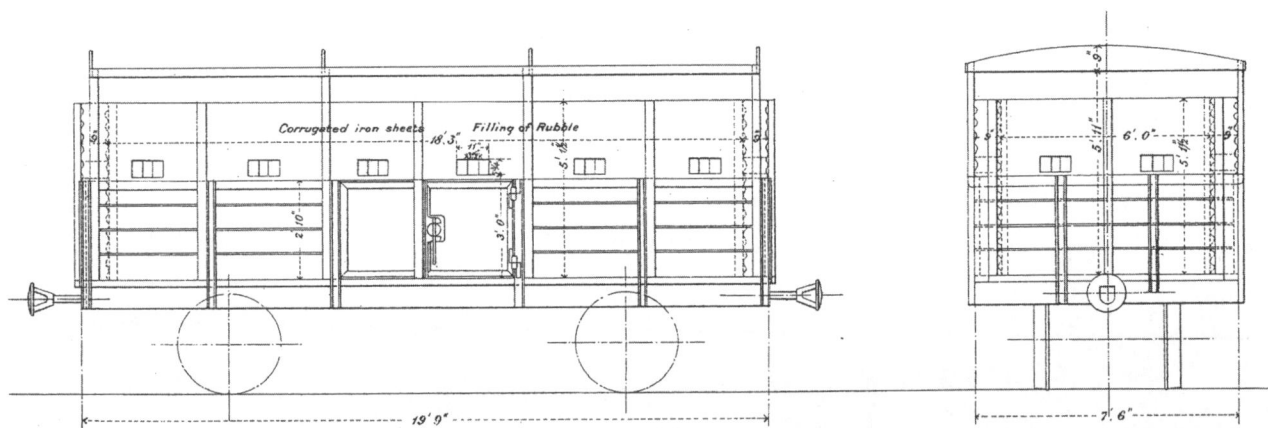

在 2 号"打扰者"（Distuber）装甲列车的这个车厢上，明显可以看到从弗勒公路列车上拆下的装甲。（照片：RAC 坦克博物馆）

这些车厢的内部防护包括一个填满碎石的空间。注意士兵左袖上的臂章，这表明佩戴者正在哀悼死者。（照片：保罗·马尔马萨里的收藏）

在金伯利建造的装甲列车全景。注意它的对称构成。（照片：保罗·马尔马萨里的收藏）

名为"鲍勃"（Bobs，可能取自罗伯茨勋爵）的火炮车厢，其加长的煤水车底盘上有一门152毫米（6英寸）炮。（照片：保罗·马尔马萨里的收藏）

我们还必须提到拆卸弗勒公路列车所得到的装甲。在英国利兹到庞蒂弗拉克特（Pontefract）的公路上试验取得满意结果之后，这些车辆被派往南非。经过确认，它们对预期任务来说太重了，此后其防护装甲被拆下，安装到转架车厢上（尤其是2号装甲列车的车厢），最后它们在铁路上完成其装甲列车生涯。

通过对照片的研究，我们发现装甲车厢的一种最终形式在外观上表现得相当现代化，但却出现在战争的早期——用于金伯利围攻战。车厢上覆盖整体防护装甲，并预留有可推拉关闭的射孔。车顶下有一条长条形的缝隙，多用于全方位观察，亦可用于射击。

火炮车厢

12磅、6磅和3磅速射炮是最为常用的武器。战争期间，根据作战要求，152毫米（6英寸）和230毫米（9.2英寸）炮又被增加了进来，安装在加长的煤水车底盘或

者专门设计的平板车上。其射击时的稳定性通过延长配备螺旋千斤顶的支撑臂来保证。2号列车上安装了一门152毫米（6英寸）炮，作战中经验丰富的炮手们证明了吉鲁阿尔上尉提出的理论。

战争期间有15门12磅炮被安装在装甲车厢上，前四门安装在两节转架车的对角位置上，用螺栓固定在1.8米（6英尺）见方的钢板上，以分散射击时的冲击力。这种型号的车厢在西蒙斯敦建造，舒适性好，而且从理论上说非常高效。不过，这种武器布局不允许两门炮同时开火，因为按照逻辑，在伏击战中布尔人都会占据铁轨同一侧的阵位（以免彼此误射）。所以，这种武器布置被摒弃，其余11门炮采用中置安装。修改后的布局将12磅炮安装在转架平板车中央的Mark II舰用或陆地用炮架上，四周是中央高90厘米（3英尺）、两端高60厘米（2英尺）的斜面装甲板。火炮本身有一个护盾，其顶部距车厢地板2.75米（9英尺）。每个弹药柜可容纳100发炮弹。在这种改进版本中，车厢乘员包括一名军官和五名炮手。

专用轨道车辆

英国还建造了一些装甲护航车厢，以随同民用列车。比勒陀利亚工厂建造了一节原型车，随后生产了一批（84节）车厢，装甲防护由挖有射孔的两层钢板组成。这种车厢在德兰士瓦使用尤广。在奥兰治河以北地区，车厢的装甲改用铁轨。最后，比勒陀利亚帝国铁路工厂建造的客车车厢装甲板上半部分可以倾斜45度，以抵御从头顶打来的子弹（例如经过峡谷或河床时），装甲上面也挖有射孔，车组可以45度仰角反击。考虑到司闸车不可或缺的安全职能，它们也有装甲防护。

12磅炮车厢的左侧——仅在这一侧就有四个门（通往弹药柜）。炮手们正在进行维护，车厢两端带有木门的柜子里装有工具、润滑油和清理材料。（照片：保罗·马尔马萨里的收藏）

3 号装甲列车"北方公鸡"（Cock O' The North）展示了装甲火炮车厢的另一种形式，中央装有一门机关炮。（照片：IWM）

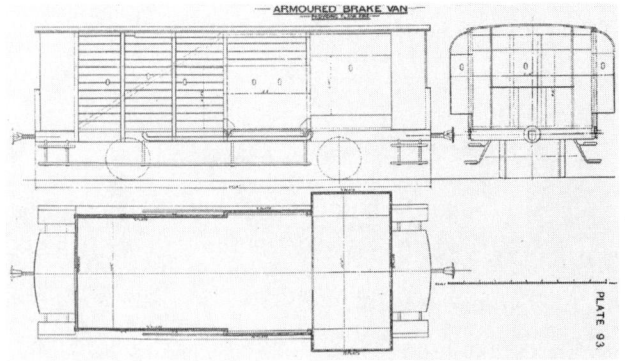

皇家工程兵南非装甲列车报告中的司闸车图纸。（照片：S.A.R）

1900 年 4 月，来自好望角岸防部队的这门 230 毫米（9.2 英寸）巨炮被安装在一节铁轨上，前去参加贝尔法斯特（约翰内斯堡东北方）的战斗。但是，由于战斗在 8 月 27 日就结束了，这门大炮没有出战。（照片 S.A.R）

英国奥尔德肖特兵营的福克斯山上建立了一个训练场，专门用于准备部署到南非的部队。其特色之一便是对固定在窄轨"装甲列车"上的移动目标进行射击练习。[《万国杂志》（Revue Universelle），第 66 期，1902 年 7 月 15 日，保罗·马尔马萨里的收藏]

布尔战争中装甲列车的陈述与描绘

这场冲突引起了国际社会对"弱者"布尔人的广泛同情：挪威陆军订购的一批全新克拉格步枪被偷运到他们手中，欧美各国的许多志愿者涌入，支持布尔人作战。装甲列车更成了这一斗争中的标志。

尽管装甲列车在战争初期遇到了挫折，但布尔战争仍是系统性使用装甲列车的第一场冲突。英国工程师和军事人员从这次战争中得到灵感，构思了第一次世界大战中的"诺尔玛"和"爱丽丝"装甲列车。

4-4-0 机车的特有外观，尤其是驾驶室上方的弧形装甲。用于 1889 年金伯利围攻战的该车给人们留下了不可磨灭的印象。（照片：保罗·马尔马萨里的收藏）

这幅壮美的埃皮纳勒印花表现了南非的第一列英国装甲列车。在原来的彩印中，军官穿着典型的红色上衣，这种颜色早已被更低调的卡其色代替。这种机车的形式给后来的许多插图带来了灵感，其甚至影响远至二战后的时期。另一方面，装甲车顶和车首（尾）炮是布尔战争后期的才实现的发展。不得不说，机车与之后的马尔克林（Märklin）颇有相似的地方。（印花图案：佩尔兰公司，保罗·马尔马萨里的收藏）

法国媒体青睐的一个典型场景，展示了英国装甲列车的毁灭。图中的车厢被做了些许简化——尽管机车似乎是从英国有轨电车复制而来的——装甲防护得到强调，以赞美布尔人的勇气（这是很真实的）。[插图：《朝圣者》（Le Pelerin）1902 年 1289 号，保罗·马尔马萨里的收藏]

这幅版画强调了装甲车厢邪恶的一面。遗憾的是，布尔妇女和儿童意外地成了第一批集中营的受害者，英国人建立这种设施是为了使布尔突击队失去乡村群众的支持。（版画：保罗·马尔马萨里的收藏）

皮纳尔公司 1915 年生产的牵引式玩具装甲列车较为简单，但我们仍可从其典型的驾驶室轮廓辨认出来。（玩具：保罗·马尔马萨里的收藏）

讽刺漫画并没有放过自己人：哈利·弗尼斯（Harry Furniss）的画作让人想起国会质询的艰难时刻，图中政府从一列装甲列车的车厢内穿过下议院。（插图：《国王》，1900 年 2 月 17 日。保罗·马尔马萨里的收藏）

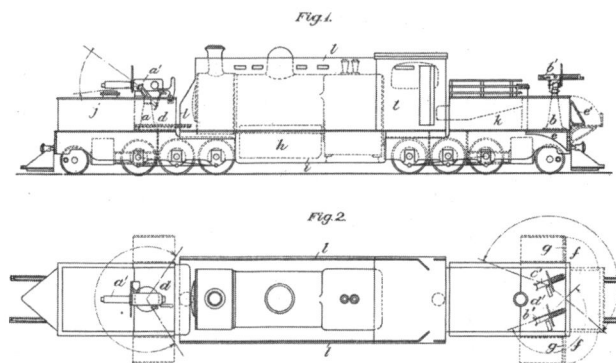

19.338 号专利中包含的框图，展示了一端的机关炮和另一端的两挺维克斯机枪。射击平台可以降低到地平线位置，便于通过更宽的射角训练炮手。如果装甲板是向下铰接的，它们就能为车轮、气缸和运动部件提供防护。

乌干达的装甲列车（1905 年）

1905 年，肯尼亚南迪（Nandi）部落的抵抗运动已持续了十年，这期间又引发了对欧洲人的袭击。与此同时，部落人也强化了对铁路的劫掠。乌干达铁路公司着手建造两辆装甲列车，用于国内治安，并保护与海岸间的重要连接线路。但是，在列车服役之前，南迪领导人阿拉普·萨摩埃（Arap Samoei）于 1905 年 10 月 19 日死于理查德·迈纳茨哈根（Richard Meinertzhagen）上校之手，结束了这场起义。

装甲加勒特（1911 年）

1911 年 8 月，著名工程师赫伯特·威廉·加勒特（Herbert William Garratt）为一种装甲蒸汽机车注册了专利。以著名的关节式机车蜚声世界的他提出了一种两端可携带武器、完全由装甲保护的机车，这些空间的利用归功于中置的锅炉。这位发明家还暗示，在必要时可以

玩具业往往反映了特定时期的关注点或者关键参照物。图中是 1900 年由马尔克林公司生产的著名的 O- 轨装甲列车机车，参考编号为 K1020。（模型：私人收藏）

配备附加的装甲。此种设计的军用版本需要某些改良，例如，由于武器占据了通常用于供水的空间，需要在机车中部下方配备一个水箱。尽管他的提案促成了一种威力强大的装甲机动有轨车，但这是一种昂贵的解决方案，浪费了机车的牵引潜力。无论如何，装甲列车的机车都非常宝贵，不能冒险地出现在列车首部。

第一次世界大战的欧洲战场，1914—1918 年

英国陆军在一战中首次使用装甲列车是在欧洲，但无论从人员构成还是火炮车厢的布置（参见比利时的章节），这些列车实际上是英国与比利时的"混血儿"。它们的作战区域在列日和安特卫普之间，对依赖海上补给的协约国军队来说特别关键。轻型和重型装甲列车的主要任务是保护铁路网。

尽管坐在炮管上的一名士兵是法国人或者比利时人，但列车车身上英王乔治的名字使其国籍一目了然。（照片：保罗·马尔马萨里的收藏）

时任海军大臣的温斯顿·丘吉尔派出的英军部队将 120 毫米（4.7 英寸）和 152 毫米（6 英寸）海军炮安装在转架车上，中置火炮周围有 1 米（3 英尺 3 英寸）高的装甲板防护，但至少有一门炮在初期使用时没有装甲。尽管这些车辆被命名为"装甲列车"，安特卫普撤退之前使用的两列列车实际上被用作了机动炮台。

三辆装甲机车参加了 1916 年的路斯战役，因为人们注意到，无装甲机车燃烧室发出的光使它们无法悄悄地靠近前线。尽管车组人员觉得不那么舒适，但驾驶室四周的装甲板遮挡了燃烧室的火光。此役之后，装甲立刻被拆除，三辆机车在海泽布鲁克（Hazebrook）—伊普尔铁路线上恢复正常使用。

在法国的一辆曼宁-瓦德尔（Manning Wardle）装甲汽油机械拖车。这种型号被建造了 10 辆，最初是用于牵引铁道炮进入阵地。（照片：保罗·马小马萨里的收藏）

辛普利斯（Simplex）牵引车比蒸汽机车更低矮，可以在靠近前线的地方服役。汽车、铁路与电车有限公司（Motor Rail and Tram Company Ltd）于 1916 年开始生产的这种基于 6 吨重的原辛普利斯车辆的车辆：用于 60 厘米轨道的"有防护"版本，用于标准轨的"装甲"与"有防护"版本（重 8 吨）。此外该公司还使用了其他型号的牵引车，采用装甲或有防护配置。

"诺尔玛"和"爱丽丝"号装甲列车

在一战之前所做的研究，以及凭借布尔战争中得到的经验，英国陆军和铁路公司能够迅速制造用于防御英国海岸的装甲列车。它们的设计得益于一个事实：英国铁路的轨距为 1433 毫米（4 英尺 8.5 英寸），可比南非的 1067 毫米（3 英尺 6 英寸）轨距运送更大的载荷。

1 号装甲列车：

- 火炮车厢
- 步兵车厢（53996 号）
- 装甲机车（1587 号）
- 步兵车厢（53986 号）
- 火炮车厢

2 号装甲列车：

- 火炮车厢
- 步兵车厢（53994 号）

- 装甲机车（1590 号）
- 辅助煤水车
- 步兵车厢（53981 号）
- 火炮车厢

火炮车厢是 30 吨重的转架车，转向架枢轴正上方有一门 12 磅炮。炮盾后面有开口，与比利时装甲列车上使用的炮盾惊人地相似。整节车厢都有装甲防护，入口有四个，炮座后一个，两侧各一个，第四个入口可以出入步兵车厢。一些射孔布置在 1 米（3 英尺 3 英寸）高度上，用于轻武器射击。最后，弹药舱置于车厢中部。

使用的两辆机车是 N1 级 0-6-2 水柜机车，建于 1912 年，因此相当现代化。与民用配置相比，煤炭容量（3 吨）有所减少，以便将其水容量增加到 7 立方米（1850 加仑）。此外，其中一个步兵车厢运载一吨煤炭，框架下悬挂 4 个 0.76 立方米（200 加仑）的水柜。整辆机车有 15 毫米装甲防护，包括移动部件。

至于列车本身，防护装甲向下延伸，覆盖车轮、底盘和车钩。与船上一样，车厢之间的命令传达通过传声筒实现。它们的一个特殊之处是，列车能够从任何一端驱动，这样在交通和靠近信号灯时更加安全。列车前方的驾驶员可通过电话线与驾驶室中的消防员联络，也可以通过固定在烟箱上的中间调节阀遥控机车，并通过连线和连杆操作。

伦敦和西北铁路公司（LNWR）得到了在其克鲁工厂组装列车并配备装甲的任务。这些车辆不是同时建造的：第一列（未来的"诺尔玛"号）于 1914 年 12 月完工，派往北沃尔舍姆。第二列列车（"爱丽丝"号）于 1915 年 4 月完工，被派往苏格兰，驻扎在爱丁堡。它们实施了多次巡逻，但显然从未参加战斗，1919 年时均被拆解。直到 1923 年，机车上的装甲才被拆下，1956 年两车均告退役。

1 号装甲列车"诺尔玛"。步兵车厢是由 40 吨运煤车厢改装的。（照片：保罗·马尔马萨里的收藏）

1916 年，2 号装甲列车"爱丽丝"配备了独有的排障器。火炮车厢是用喀里多尼亚铁路公司的 30 吨锅炉车改装的。这些列车的 12 磅速射炮与布尔战争中的列车配置的相同。注意包围炮盾的装甲板，它们可以下折，使火炮得以旋转。车厢上有射孔，可于侦察任务中固定在竖直位置时使用。（照片：NRM）

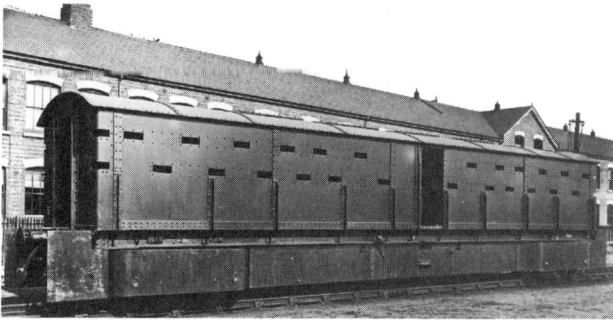

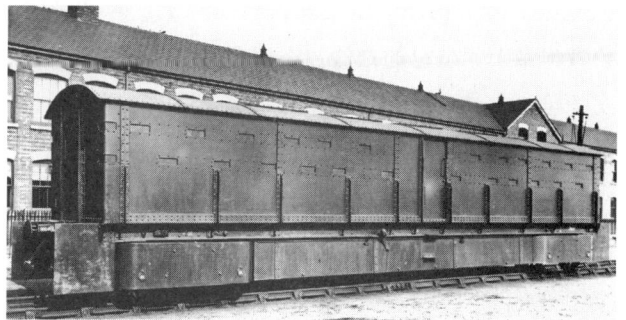

"爱丽丝"号步兵车厢之一的两张照片，本图中的射孔打开，下图的射孔则关闭。2 号列车的车厢上 T 字形断面的加固皮带没有延伸到侧面中部以上，而"诺尔码"上的皮带从射孔之间延伸到车顶。（照片：NRM）

设置两排射孔是为了让士兵们以立姿和跪姿同时射击，这也是它们在水平方向上交替布置的原因。注意车钩防护钢板的现代化外观。水平方向的钢板用于车厢间的连通。两个车厢内部都配备了折叠桌子、弹药柜、步枪架、饮水罐及士兵取暖用的煤炉。（照片：NRM）

大北方铁路公司（GNR）的 1587 号 N1 级水柜机车，摄于 1914 年 12 月的唐克斯特（Doncaster）。这种 0-6-2 机车重量为 72 吨，是为牵引客车而设计的。（照片：NRM）

德国殖民地的征服与占领（1914—1916 年）

　　进攻德国在非殖民地时，英国使用了两列临时装甲列车。其中一列用于从达累斯萨拉姆 [2] 向西前往塔博拉（Tabora）和欧吉吉（Oudjidji）的铁路线，以接管德属东非 [3]。

　　在非洲大陆的另一边，英国于 1916 年 4 月进攻德属西南非洲（未来的纳米比亚），皇家海军提供的 120 毫米（4.7 英寸）和 152 毫米（6 英寸）炮被安装在车厢上。双方在新思想上展开了竞争：当英国人增加一节安全车时，德军布设了延时触发地雷；当前者在道砟上喷上白漆，以发现铁轨受到干扰的区域时，后者也带上了自己的白漆。在这场游击战中，超过 50 次的袭击都造成了列车出轨或者桥梁被毁。装甲列车一直使用到了大战结束。

尾部的车厢。这张照片清晰地显示了其防护装甲的厚度。（照片摄于 1915 年 1 月 16 日）

苏丹

　　在哈里发在恩图曼（Omdurman）战役 [4] 中失败后，于 1880 年 1 月 19 日签署了协议，该协议规定苏丹主权由埃及和英国分享。秩序得以恢复，但平定整个地区仍然需要多次远征。1914 年，苏丹阿里·迪纳尔（Ali Dinar）宣布效忠于奥斯曼帝国，并向英国宣战。1915 年，英国派出了 2000 人的小部队，阿里·迪纳尔于 1916 年 3 月死于达富尔（Darfour）地区。装甲列车用于守卫交通和补给线。 [5]

德属东非行动中，同时代德国杂志上的一张版画展示了乌干达建造的列车于达累斯萨拉姆城外作战的情景。（插图：保罗·马尔马萨里的收藏）

2　意为"和平之地"。

3　德语"Schutzgebiet Deutsch-Ostafrika"，后被英国、比利时和葡萄牙瓜分。

4　发生在 1898 年 9 月 2 日。

5　苏丹铁路轨距为 1067 毫米（3 英尺 6 英寸）。

英国"辛巴"（Simba）号装甲列车包括一辆装甲机车、两端各一节装甲车厢和一节明显没有装甲的客车，该车建于内罗毕工厂，仅耗时 10 天。（照片：*The Sphere*，1915 年 1 月 16 日）

苏丹的英国装甲列车。注意机车上复杂的伪装图案似乎没有延伸到装甲车厢，后者由多段铁轨保护，让人想起布尔战争中的前辈。（照片：IWM）

爱尔兰的英国装甲列车（1916—1919 年）

由于担心起义和袭击，英国政府在豪尔鲍林港区（Haulbowline Docks）部署了一节自行装甲车厢，并从大北方铁路公司（爱尔兰）订购了两列装甲列车。这些列车包括机车和两节车厢，装甲车厢侧墙是双层木板外覆钢板。装甲车厢为轻武器布置有两排射孔，且前后各有一节安全平板车。1918 年爱尔兰大北方铁路公司又建造了两辆装甲机车，这两辆装甲机车一直服役到1919 年。

上西里西亚

作为监督上西里西亚全民公投的协约国部队的一部分，英国陆军于 1921 年 6 月在奥珀伦（Oppeln，今波兰奥波莱）车站组建了一列装甲列车，用以保护铁路网络的安全并支援涉及的英国、法国和意大利部队。这列装甲列车由一辆装甲机车和两节装甲车厢组成，其武器包括每节车厢一挺维克斯重机枪和两挺刘易斯轻机枪，加上乘员（一名军官和 20 名士兵）的个人武器。该列车运载足以完成多达三天任务的食物及饮水，且两小时之内就可以做好准备，根据铁路交通官员（RTO）的命令实施干预。

普鲁士 T-14 级机车。Om 型装甲车厢可能来自德国列车。（照片：克里斯托弗·马尔加林斯基的收藏）

BSF（英国西里西亚部队，也称为上西里西亚部队）列车的另一张照片，于1919 年改造后摄于奥珀伦。注意，左侧车厢上的装甲侧板被加高，机车上的装甲板也已被更换。（照片：克里斯托弗·马尔加林斯基的收藏）

安装在缩短的转架棚车上的英制 MK II 榴弹炮。组成装甲防护的侧板可以降低到水平线上，形成炮手向侧面射击时使用的平台。这种火炮能极其有效地打击堑壕或碉堡内的敌人。（照片：IWM）

上张照片中车厢的前一个车厢，这是前线临时制造的佳品。带有 APX 75 毫米火炮开孔的辛普利斯装甲拖拉机机身改装成了一个旋转炮塔。（照片：IWM）

作为车首炮安装的海军炮。（照片：IWM）

拉脱维亚（1918 年）

1918 年 11 月，一支英军分遣队帮助拉脱维亚装甲列车车组，与德军和红军作战（参见拉脱维亚的章节）。

英国对苏俄的干涉

俄国革命后，英国派出部队到北俄，保护阿尔汉格尔斯克和摩尔曼斯克两个主要港口，它们也分别是窄轨和宽轨网络的终点。配合当地的战术，他们临时建造了优于德国对手的装甲列车：在圆形平台上安装一门 114 毫米（4.5 英寸）榴弹炮，辛普利斯牵引车拆解后作为安装法国 75 毫米炮的旋转炮塔，用钢板和钢梁临时搭建一个炮台，以保护 6 磅海军炮。盟国为白军而发动的干涉以全面失败告终，他们的装甲列车最

后成了红军的战利品。

1918 年 8 月到 1919 年 4 月，一支 500 人的独立部队在威尔弗里德·马勒森（Wilfrid Malleson）将军率领下，奉命从印度前往支援外里海（Transcaspian）部队，后者所在之处是今天的土库曼斯坦。英国和外里海部队使用两列装甲列车，对抗三列布尔什维克的装甲列车。

中东

第一次世界大战开始时，奥斯曼帝国从土耳其开始扩张，占据了黎巴嫩、巴勒斯坦、叙利亚、美索不达米亚（今伊拉克），远至波斯湾和红海边的沿岸地带。麦地那和麦加也包括在这些领地中。土耳其于 1914 年 8 月 15 日在黎凡特进行动员，但直到 10 月 29 日才以德国盟友的身份参战。战斗在五个地区展开：巴勒斯坦与西奈、美索不达米亚、波斯、高加索地区和加里波利。英国装甲列车在前三个地区面对土耳其军队。土耳其守卫的是汉志铁路（参见奥斯曼帝国的章节）和巴勒斯坦。在埃及（为守卫苏伊士运河）、美索不达米亚以及后来的波斯，使用装甲列车的则是英国人。一战结束后，占领军和托管机构在原奥斯曼帝国行省中建立了，维护铁路网安全成了必要之举。

美索不达米亚（1918—1921 年）

英国陆军于 1917 年 3 月 11 日进入巴格达，但直到 1918 年 10 月 31 日停战、土耳其第 6 集团军于摩苏尔投降后，美索不达米亚才处于英国托管之下。这一地区受到部落传统的控制，持续叛乱的暗流涌动，武装团伙四处劫掠，他们都有很高的机动性，并且受到土耳其和叙利亚煽动者的鼓励，为建立阿拉伯政府而战。这些暴乱愈演愈烈，各个部落在包围甚至消灭孤立的英军分遣队上取得了一些成功。铁路网对部队的调动和补给至关重要，因而不断遭到袭击，导致了装甲列车和轨道车的部署。多种装甲车——尤其是利兰（Leyland）和奥斯汀（Austin）装甲车——通过更换车轮的权宜之计，改在铁路上使用。它们往往背对背成对使用，组成了第 16 和第 17 铁道防御连，后又合并为第 1 铁路装甲车连。1921 年 2 月，叛乱终于被粉碎了。

改装为铁路使用的四辆利兰装甲车之一。底盘下可以看到这种轨道车的转弯装置。注意，原来的车辆配件（挡泥板、头灯、越壕轨道等）完全缺失。轨道车后用枕木做成的垂直设施似乎不是它的一部分，或许是清除障碍用的刮刀。（照片：版权所有）

一支巡逻队与两辆利兰轨道车。1915 年，英国建造了四辆这种轨道车，最初将它们派往东非，但发现它们过于笨重了。因此，它们后来被调到中东，用于保护铁路网。（照片：RAC 坦克博物馆）

两辆背对背连接的奥斯汀轨道车。注意车钩的防护和车辆的名称："厌战"（H. M. A. C. Warspite）号和"勇士"（Valiant）号。其中，H.M.A.C 是"国王陛下的装甲车"（His Majesty's Armoured Car）的缩写。（照片：Sepia Images 的收藏）

改装成装甲轨道车的 FIAT 装甲车。其名称"马来亚"（H. M. A. C. Malaya）号延续了英国"以战舰名来为装甲车辆命名"的传统：和英国战舰"厌战"号和"勇士"号一样，"马来亚"号也是"伊丽莎白女王"级超无畏舰之一。（照片：RAC 坦克博物馆）

菲亚特轨道车的另一张照片，图中操纵该车的是澳大利亚士兵。（照片：澳大利亚战争博物馆）

这可能是有史以来最丑的铁路轨道车! 英国从德鲁里汽车有限公司订购了六辆，用于美索不达米亚，车上装有两个旋转机枪塔，各装一挺刘易斯机关枪和一具探照灯。该轨道车的装甲厚度为 6 厘米。注意保护行走机构的装甲板（照片中是升起的状态）。我们没有任何关于它们在美索不达米亚使用情况的信息。（照片：工业铁路协会，来源是里奇菲尔德档案局）

美索不达米亚铁路（注意先导车厢上的字母"MR"）上一列装甲列车的照片，车上装备一门 13 磅 6cwt 高射炮，根据记录，一战结束时美索不达米亚有四门这种火炮。（照片：Sepia Images）

德鲁里轨道车的正面带有驾驶员用的装甲舱门，他可以从小孔中看到何时停车。底部的两个散热器百叶窗也可以打开，以增加空气流动。表面的纹理说明覆盖了一层帮助隔热的石棉。这两张照片于 1922 年 1 月摄于特伦特河畔伯顿（Burton upon Trent）肖布纳尔路的巴古利工厂。（照片：工业铁路协会，来源是里奇菲尔德档案局）

在井式车厢中安装 12 磅海军炮的另一列装甲列车。由于没有隧道和高架桥，这里可以建造不同寻常的高瞭望塔。（照片：私人收藏）

后来于 1920 年 9 月 5 日在巴格达铁路线上的萨马沃（Samawah）出轨的英国装甲列车。[照片：艾尔默 •L. 霍尔丹爵士（Sir Aylmer L Haldane）所著《美索不达米亚的叛乱，1920 年》的第 46 号插图]

巴格达铁路上一列装甲列车的"朱利叶斯"（Julius）号装甲车厢，车组由苏格兰人和英格兰人混编而成。它装备一门来自"马尔堡"号战舰（HMS Marlborough）的 76.2 毫米（3 英寸）炮，另一节类似的车厢使用了这艘战舰的名称。"朱利叶斯"指的可能是伊斯坦布尔的英国海军基地。（照片：保罗 •马尔马萨里的收藏）

埃及和西奈

驻扎埃及的英军部队守卫苏伊士运河，抵御巴勒斯坦的土耳其人，这条运河是大英帝国军队的重要补给干道。1915 年秋季，61 厘米（2 英尺）和 91 厘米（3 英尺）轨距防务用铁路网的首批线路在运河区铺设，连接塞得港（Port Said）和埃及运河沿岸的穆罕默迪耶（Mohamedieh）。埃及远征军（EEF）在 1916 年 8 月 4 日和 5 日的罗马尼（Romani）之战中获胜后，这个铁路网延伸到拉法（Rafah，1917 年 3 月抵达）。但是土耳其军队的撤退使铁路网的重要性减弱，远征军各部队被派往加里波利。不过，为了支援对巴勒斯坦的进攻，英军部队铺设了一条 23 千米（15 英里）长的 91 厘米（3 英尺）轨距铁路线，作为止于代尔巴拉赫（Deir-El-Balah）的标准轨线路的延伸。

1917 年 11 月，加沙最终被攻克，耶路撒冷和雅法（Jaffa）也分别于 12 月 9 日、22 日落入英军之手。1918 年 10 月 31 日，停战协议签署，这场战斗也随之结束。

皇家工程兵部队建造了两列装甲列车。埃及版本的设计相当简单。照片中的是没有挂接机车的 2 号装甲列车。该照片摄于宰加济格（Zagazig）。注意晾在装甲板上的军服。（照片：保罗·马尔马萨里的收藏）

安全车配备了排障器及防护用的沙包。（照片：保罗·马尔马萨里的收藏）

车首（尾）火炮车厢的罕见内部照片。车厢里有一门可以旋转的速射山炮（可从三个射孔中射击）。注意右侧的电话与记事本。（照片：IWM）

英属印度的装甲列车（1919—1930 年）

除了标准化的专用装甲列车之外，危机期间还建造了临时装甲列车。这些列车缺乏顶部防护，比标准型号脆弱得多，在 1920 年的阿富汗战争期间显露无遗：锡克团官兵受困于白沙瓦到贾姆鲁德（Jamrud）铁路线上的一个断点，伤亡惨重。

一战后，通过增加由高边装甲车厢运载的斯托克斯 76.2 毫米（3 英寸）迫击炮，列车武器得到了加强，这可以在下面的照片中看到。此种迫击炮射程为 730 米（800 码），最大射速达到每分钟 32 发。步兵得到了 .303 刘易斯轻机枪，大大加强了火力。12 磅炮留用到 1939 年，由于苏俄入侵的长期风险不复存在，它们被拆下来安装到商船上。

　　1919 年 3 月 18 日，由于新的《无政府主义与革命罪法案》（也因其制定者而被称为"罗拉特法案"）推出，印度发生了暴乱，这些暴乱虽发生于局部，但足以令人不安，英国的残酷镇压在 1919 年 4 月 13 日发生的"阿姆利则大屠杀"中达到顶点。出于对这个悲剧事件的强烈反应，旁遮普省的动乱与对抗倍增。驻扎在拉合尔的装甲列车不得不干预，确保阿姆利则的铁路线得以维修，同时其他部队从贾朗达尔（Jullundur）赶来。和往常的此类局面一样，英国人不得不加强对铁路网的保护。

旁遮普步兵团（IDF）装甲列车小队的机枪"炮台"车厢。照片摄于 1919 年的穆厄普拉。注意这种装甲车厢与布尔战争中所有车厢的相似之处。照片中的步枪是一战期间由温彻斯特和雷明顿公司制造的 P14 .303 口径步枪。（照片：哈尔·沃特斯的收藏）

1919 年的一对康门（Commer）轨道车。照片中的宽轨型号安装在四个车轮上，而下一张照片中的窄轨型号将前车轴更换为四轮转向架。这种布置此后还会再次出现，例如日本的 SO-MO 轨道车（参见日本的章节）。除了在不平坦的轨道上有着优秀的行驶性能之外，转架车被地雷损伤时也更容易维修。（照片：RAC 坦克博物馆）

6　1939 年 12 月，英国从天津撤军，1940 年 8 月从上海撤军。

将这些轨道车背靠背地连接在一起，是缺乏后驾驶位和合适传动装置时的经典布局，因为企图在敌人火力之下转向简直是自杀行为。（照片：RAC 坦克博物馆）

1926 年的英国大罢工

　　1926 年，英国诺森伯兰郡的一列列车出轨，导致政府建造了一列装甲列车，包括一辆 4-4-4 机车和 4 节用钢板加固的车厢。为了抵御可能出现的蓄意破坏，两节司闸车和两节牲畜运输车厢都提供了射孔。这列列车直到罢工结束都没有使用过，最终被拆解。

中国

　　英国陆军负责守卫在中国香港的领地（3 个营，其中一个营是印度官兵），以及上海和天津的租界（分别有两个营和一个营）。[6] 两次世界大战之间，中国始终处于不安全状态，这迫使列强关注自身和补给线的安全，以及通往海洋的道路。英国人投入了一列装甲列车。根据我们发现的文件显示：这列装甲列车在 1928 年被划归贝德福德郡与赫特福德郡团 1 营。这个营从 1927 年 2 月起成为上海国际防御部队的一部分，1928 年 5 月被调到库耶（Kuyeh），保护那里的采矿设施——下面的照片就是在那里拍摄的。该地区的动荡局势到 11 月时平息，此后这个营转移到香港。

装甲列车全景照片，两辆装甲机车背对背，中间被一节车厢隔开。安全平板车只挂接在一端。（照片：保罗·马尔马萨里的收藏）

这两张照片是列车上的两门军械局霍奇基斯 3 磅速射炮（47 毫米 /L 40）海军炮之一，安装在 1915 年海军型炮架上。注意皇家海军的炮手和车厢内的装甲。（照片：保罗·马尔马萨里的收藏）

两辆 4-6-0 机车之一。（照片：保罗·马尔马萨里的收藏）

由于这列列车的政治作用与军事作用相当，车组人员对国旗的装饰毫不吝啬。（照片：保罗·马尔马萨里的收藏）

20 世纪 30 年代的印度装甲列车之一，它拥有经典的外观，特别是安装在转架车上的 12 磅海军炮。印度宽轨的轨距为 1.676 米（5 英尺 6 英寸）。（照片：军用车辆博物馆）

1930 年在白沙瓦的一节相似火炮车厢，车组人员可能由西北铁路团提供，该团负责 2800 千米（1750 英里）的轨道。1 营防卫西北边境省，2 营防卫俾路支省。（照片：保罗·马尔马萨里的收藏）

印度的装甲列车（20 世纪 30 年代）

20 世纪 30 年代期间，印度是针对英国人而发动的叛乱与暴动的温床，与其他常规部队相比，铁路治安部队在人数上始终更多。两列装甲列车长期驻扎在拉合尔，直到 1939 年皇家海军收回车上火炮，配备到商船上。1930 年西北边境省的动乱再一次要求装甲列车出场，其中至少一列用在白沙瓦铁路线上，人员由第 4 孟加拉工兵连提供。

英国托管下的巴勒斯坦和西奈（1923—1939 年）[7]

随着奥斯曼帝国的解体，根据《赛克斯—皮科协定》，战争国瓜分了其领地，巴勒斯坦由国联依照一项国际授权进行管理。但是，克列孟梭（Clemenceau）和劳合·乔治（Lloyd George）从 1918 年开始秘密会谈，导致英国获得了摩苏尔和巴勒斯坦的控制权。[8] 英国对巴勒斯坦的托管于 1923 年 9 月 23 日生效。1922 年，该地区已经发生了骚乱，而 1936—1939 年的阿拉伯起义严重威胁铁路网。1937 年 9 月 26 日，英国驻加利利高级专员遭到暗杀，仅在 1938 年，铁路网就发生了有记录的袭击 340 次，阿拉伯人的目标是切断埃及和伊拉克之间的交通线。英国派出两万名士兵维持秩序，确保铁路网的安全，并投入了装甲车厢和轨道车。

改装成铁路轨道车的福特 T 型汽车用于轨道巡逻，只拥有最低限度的防护。1938 年 9 月，国王私人皇家团 2 营负责保护耶路撒冷—雅法铁路线。（照片：国会图书馆）

7 从二战到 1948 年的时期在后文中介绍。

8 法国负责的区域可参见法国的章节。

在炸弹袭击和针对车组人员的炮火攻击成为常态之前，民用车辆被改装供铁路使用，推动一辆有压载的两轮车，皮卡车后面的枢轴上安装有一挺机枪。（照片：保罗·马尔马萨里的收藏）

成功阻止铁轨上地雷爆炸的方法之一是让当地阿拉伯领导人坐在有压载的两轮车上。1938 年 10 月首次有两位人质身亡之后，铁路线上再没有被布设过地雷。（照片：保罗·马尔马萨里的收藏）

图中的机枪是刘易斯 MK Ⅰ机枪（口径为 7.7 毫米），安装在福特 1937 型皮卡车后。（照片：国会图书馆）

"为确保车辆不出轨而牺牲"，是许多侦察车辆乘员的命运——尤其是乘坐民用车辆的士兵们。（照片：保罗·马尔马萨里的收藏）

这列列车用于撒玛利亚窄轨铁路线。注意防手榴弹网和字母 "H.R"（汉志铁路的缩写）。[照片：汉斯·科伊特，来源是陈美玲（音）]

这种列车的最大好处之一：车厢上的水柜也可以作为安全车。[照片：汉斯·科伊特，来源是陈美玲（音）]

1938 年 1 月 28 日，英军从德鲁里汽车有限公司订购了三辆米轨轨道车（官方定名：轻装甲巡逻车），由巴古利汽车有限公司建造。注意防护铁丝网，以及刘易斯机枪的安装方式。（照片：里奇菲尔德档案局）

平板车另一端的照片，可以看到入口舱门。开口处没有提供任何玻璃或装甲。混凝土的厚度为 21 厘米（8.25 英寸）。（照片：乌齐·拉维夫）

© Paul MALMASSARI – Frédéric CARBON 2016 1/87 (HO)

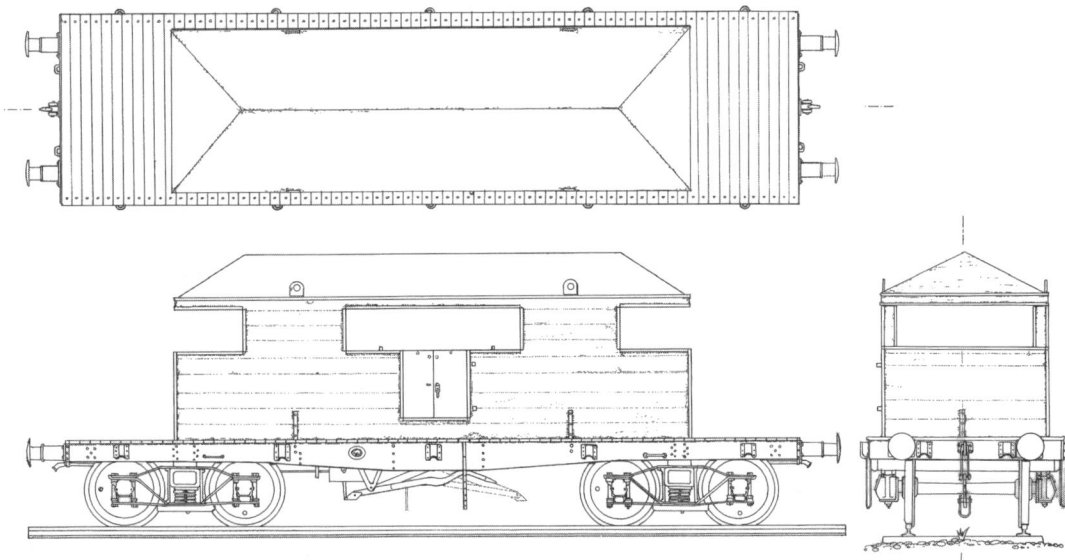

第二节转架平板车（3702 号）配备钢制堡垒，名为"诺亚方舟"。注意全车顶防护。（照片：乌齐·拉维夫）

英国人在巴勒斯坦建造了两节装甲护航车厢，图中是第一节（名为"希尔曼的骄傲"），在 3708 号 30 吨平板车上安装了一个混凝土碉堡，长度为 7.39 米（24 英尺 3 英寸），宽度为 2.3 米（7 英尺 6.5 英寸）。（照片：国会图书馆）

由苏格兰高地警卫团（Black Watch）士兵组成的车组拆除了金属车顶，这肯定是因为车内令人窒息的酷热。（照片：国会图书馆）

二战期间的英国装甲列车

　　1940 年 5 月，在又一次感受到敌军登陆的恐惧后，英国决定建立一支民兵部队，即后来的地方军（Home Guard），并研究了建造装甲列车守卫海岸线的可能性。1940 年和 1941 年，大量提案浮出水面，证明了英国人的创新精神。海军上将弗雷德里克·德雷尔（Frederic Dreyer）爵士希望用多列列车守卫康沃尔（Cornwall）以北海岸（1940 年 7 月之后，那里实际上是 A、D 和 F 装甲列车的防区）和格拉斯哥以南的克莱德峡湾。1940 年 12 月，运输局的肯尼思·坎特利（Kenneth Cantlie）上尉提议建造一种现代化列车，体现 8 月 24 日苏格兰装甲列车大队军官们讨论的各种想法。该项目没能

推进，为一定数量的轨道车辆配备装甲的设想也没能实现。亨伯河南岸的格林斯比（Grimsby）和伊明汉姆（Immingham）港区继续建造一列装甲列车，这种车辆重量过大，无法在常规铁轨上使用。1941 年 2 月，彼得伯勒（Peterborough）地区地方军提出了一个装甲列车项目，由一辆调车机车和一节装备布伦轻机枪的装甲车厢组成，但遭到了拒绝，埃塞克斯地方军提出了同样的简单列车计划，也没能通过。最后，1941 年 6 月又有人提出了一个超重型装甲列车的计划，装备两个 105 毫米（4 英寸）高射炮炮塔和较轻的防空武器，这个计划同样没有继续。

　　1943 年，属于战争部[9]的 7195 号"简约"（Austerity）2-8-0 机车配备了试验性装甲防护，着眼于未来在欧洲大陆上的使用。机车由格拉斯哥的英国北部机车公司建造，装甲也在同一工厂内配备。由于被派往欧洲大陆时空中威胁已经减小，这辆机车在部署时便没有使用装甲。

> 9　"简约"是 LMS（伦敦英格兰中部与苏格兰铁路公司）"斯塔尼尔"8F 的战时版本，由工程师罗伯特·亚瑟·里德尔斯（Robert Arthur Riddles）设计，但使用了非战略性材料。为供应部共建造了 935 辆"简约"。

装甲仅覆盖机车和煤水车的上半部分，这是一种旨在保护它们免遭德国空军袭击的经济型方案。（照片：格拉斯哥大学）

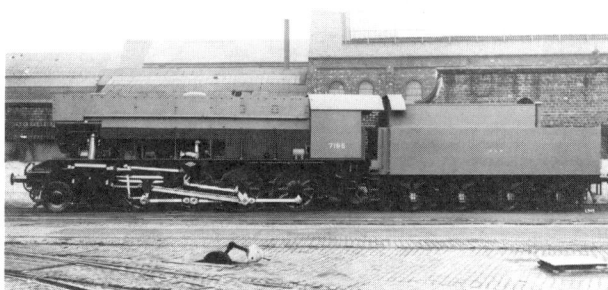

这种车辆笼罩在原始力量的光环之下，而且车组人员可以在不上翻或拆除装甲板的情况下进行常规维护。（照片：格拉斯哥大学）

二战中的标准装甲列车

英国二战装甲列车的基本原则包括在一系列标准车厢中增加内部混凝土防护层。实际的决定是，在两层装甲板之间浇铸混凝土，形成三明治结构，避免装甲遭到打击时散裂。根据计划的用途，车厢将被切开，以部署武器。

基础车厢的选择是 LMS 的 20 吨钢质煤车，必须将其一端截断，使火炮能够旋转。主武备是一门霍奇基斯 Mark II 6 磅 6cwt 火炮，与一战中装在重型坦克侧面的火炮相同。从那些坦克被废弃之后，该型火炮就保存在仓库里，用于 Mark I 坦克的霍奇基斯海军炮原来的炮管太长，在壕沟中是一个明显的缺点，但用于 Mark IV 和更新型坦克的型号长度已经缩短。因此，在装甲车厢中，这些火炮可以侧向旋转，不会违反严格的英国装载限界。根据波兰人的建议，从坦克侧面拆下的圆柱形护盾切成半圆形截面，两块边角料以相反的方向重新焊接到护盾上，从而扩大了对炮手的防护。

在火炮舱室的后面，有一扇与步兵战斗舱室相连的车门，该舱室侧墙通过装有滑动闸板的装甲护盾向上延伸。列车的其他武器包括每节作战车厢三挺布伦轻机枪及一支博伊斯反坦克步枪，以及乘员的个人武器，后来又增加了一挺维克斯机枪。在这些列车的整个生命期内，都没有提供顶部防护，因为根据设想，机枪必须承担防空任务。后来的维克斯机枪非常适合近距离防空作战，但用弹夹里只有 29 发子弹的布伦机枪打击快速移动的敌军飞机并不实际。

为了避免妨碍装甲作战车厢，装甲车厢和机车之间被插入了用于弹药及供应品的轻量级车厢，从而延长了每列列车的长度，为作战部队提供了全方位的观察能力。

该列车使用 2-4-2 LNER 水柜蒸汽机车，除了锅炉顶部、烟箱和车轮之外，都覆盖了装甲，并为车组提供了可用滑动闸板关闭的观察口。

每列列车的常规构成如下：

- 枪炮车厢
- 轻量级车厢
- 装甲机车
- 轻量级车厢
- 枪炮车厢

列车中没有包含任何安全车，因为英国人认为铁轨上的地雷威胁很小，不值得将货车投入这种用途。原为三层板的一节轻量级车厢后来被更换成五层板车厢，机车汽笛、水泵和阀门的装甲也各有小的差异。

这些列车的建造似乎始于 1940 年 5 月，以极快的速度推进，斯特拉特福德工厂在 6 月底前就交付了前七辆机车，德比工厂则在 6 月 27 日之前提供了 14 节装甲作战车厢和同等数量的中间车厢。其他五列列车的组成单元于 7 月交付。1940 年间，车厢内墙防护得到加强，增加了木质层板以避免装甲上的跳弹。与此同时，每列列车配备了用于布伦机枪的固定支座，这种枪座由当地工厂制造，放在作战舱室的前部。

为了拥有备用的机车，除了在紧急情况下由当地车库提供的之外，1941 年 1 月到 4 月，每个装甲列车大队还另外配备了一辆机车。1941 年，每辆列车又增加了一节装甲煤水车，这种装甲煤水车在 1940 年便已经计划，能够增加水和煤炭容量，将列车的行程增加到 170 千米（106 英里）以上。煤水车额外增加的刹车能力缩短了列车的总体刹车距离，其目标是避免 1940 年 9 月 F 号装甲列车发生的事故，这场事故导致一名货车司机身亡。实际上，装甲煤水车只交付了九节：用于 A、F、H、L 和 M 号列车的五节六轮煤水车，以及用于 D、G 和 K 号列车的四节转架煤水车。

正如关于波兰的章节中所描述的，当列车由波兰车组运行时，他们开始接收平板车上运载的装甲车辆，以便训练波兰人操纵这些车辆。

组织

装甲列车归属皇家装甲兵团，由其为每列列车提供一名军官、七名军士、29 名士兵，以及八名铁道工程兵（负责驾驶列车和解决其他技术问题）。每个车组包括现役人员和准备在必要时接手的预备队。至少在纸面上，每个大队的指挥中心还有一支应急预备队。装甲列车大队至少由两列独立运行的装甲列车组成，由皇家装甲兵团的一名少校指挥。

1940 年 9 月 21 日，英国人最终决定，所有车组都由波兰人组成，这一变化于 1941 年 4 月完成。当波兰车组在挂接到列车上的装甲车辆上积累了足够经验，就会调到装甲部队，列车则移交给地方军。

作战行动

装甲列车的动员分为两个阶段：第一批装甲列车（A—G）于 1940 年 6 月 30 日集合，后续的批次（H—M）则于 7 月 10 日集合。

根据作战要求，尤其是考虑到苏格兰防御能力的欠缺，列车分到如下五个地区：苏格兰司令部、北方司令部、西方司令部、东方司令部和南方司令部。为了保护漫长的苏格兰海岸线，甚至决定再为苏格兰司令部建造 8 列列车，但该项目从未启动。

A 号装甲列车：动员时归属东方司令部，加入第 1 大队（与 C、D 和 G 一起），在诺维奇（Norwich）附近的诺福克（Norfolk）实施训练任务。此后，它于 7 月 25 日被调到南方司令部，加入普利茅斯（Plymouth）以东的牛顿阿博特（Newton Abbot）守军。1941 年 7 月，它调到康沃尔代替 D 号装甲列车，后者被调到英格兰东部，守卫韦德布里奇（Wadebridge）。1943 年 4 月之前，A 号列车的行动区域实际上是整个康沃尔。1942 年 4 月 20 日，它转移到希钦（Hitchin），在 40 千米（25 英里）半径内巡逻，1943 年 5 月拆解。

B 号装甲列车：定名为 6 号装甲列车，于 1940 年 6 月 28 日动员，成为驻扎在苏格兰的第 3 装甲列车大队的一部分。7 月 6 日，它开始在苏格兰东北部海岸巡逻，但在 7 月 28 日与 H 号和 M 号列车一起调到北方司令部。它的新行动区域从纽卡斯尔延伸到贝里克（Berwick），以及多条周围的路线，它在那里驻扎了几个月。1941 年 2—4 月，恶劣天气导致它在所在地区多次撞车与出轨，随后该列车被命令停止行动。4 月 8 日，它重新开始巡逻，8 月 23 日进行了一次射击练习，并参与了 1941 年 2 月 1 日的"公共关系活动"。当年的其他时间没有发生任何特殊事件。11 月 8 日，B 号列车遭到一次轰炸，基地宿舍被摧毁，但只有几名车组成员受了轻伤。1941/1942 年冬季，机车上的装甲得到加强，但在 1942 年 4 月 15 日到 21 日之间，它成为第一列被拆解的装甲列车，车厢重归民用部门。

C 号装甲列车：1940 年 6 月 30 日动员，与 A、D 和 G 号同为第 1 大队成员。7 月 3 日，它开始在诺福克东岸巡逻，1940 年 7 月底，它加入 D 号列车的行动区域，后者则被西调。1941 年 3 月，它又向南移动了 30 千米（19 英里）到达韦斯特菲尔德（Westerfield），不久后迎

来了波兰车组人员。8 月，它的行动区域进一步向东延伸，1942 年 4 月它接收了三辆贝德福特装甲卡车，6 月又接收了第四辆。1943 年 6 月，该列车被拆解。

D 号装甲列车：1940 年 6 月 30 日动员，与 A、C 和 G 号同为第 1 大队成员，7 月 3 日开始沿埃塞克斯和萨福克（Suffolk）海岸巡逻。7 月 25 日，它被调到南方司令部，在韦德布里奇县以北的康沃尔行动。巡逻一年之后，它又一次东调到埃塞克斯，行动区域直到伦敦 20 千米（12 英里）距离内。1942 年，它也得到了贝德福特装甲卡车，1943 年 9 月，该列车被拆解。

E 号装甲列车：于 6 月 30 日动员，它与 F 号列车一起加入第 2 大队，7 月 1 日开始在肯特郡泰晤士河口以南的铁路网上巡逻。7 月底，它被派往汤布里奇（Tonbridge），实施在整个东南海岸（换言之，是入侵威胁最大的地区）巡逻的危险任务。1941 年 3 月，它转移到阿什福德（Ashford），不久后接收了波兰车组人员，其巡逻范围的半径为 40 千米（25 英里）。此外，它还被指定为试验单位，测试对装甲列车的改良。1941/1942 年的冬天，机车上的装甲防护在阿什福德进行了加固，同时接收了第一批装甲车辆——布伦运送车（Bren Carriers），1943 年年初，它又得到了从 H 号列车调来的四辆"瓦伦丁"坦克。E 号列车于 1943 年 7 月被拆解。

F 号装甲列车：6 月 30 日动员，它与 E 号列车一同归属第 2 大队，沿阿什福德—邓杰内斯（Dungenese）—阿普尔多尔（Appledore）—黑斯廷斯（Hastings）—刘易斯（Lewes）轴心巡逻，其行动时间固定，涵盖了整个肯特南部海岸。7 月 25 日，它被调往德文郡的巴恩斯特珀尔（Barnstaple），划归南方司令部指挥，之后在那里巡逻到 1942 年年初。1942 年 2 月，它接收了多辆"盟约者"（Covenanter）坦克，于 4 月 20 日开始在泰晤士河以北线路巡逻，但没有远及伦敦。1943 年 4 月，F 号装甲列车被拆解。

G 号装甲列车：于 6 月 30 日动员，它与 A、C 和 D 号列车同属第 1 大队，于 7 月 3 日在诺福克北部海岸开始巡逻。它驻扎在该区域直到 1941 年 9 月，才进一步南移至剑桥。4 月，它开始接收贝德福特装甲车辆，其中最后一辆于 6 月送抵。1943 年 6 月，G 号装甲列车被拆解。

H 号装甲列车：它归属苏格兰司令部第 4 大队，于

1940 年 7 月 6 日起在阿伯丁（Aberdeen）地区巡逻，但从当月 28 日起与 M 号装甲列车一起调往北方司令部。1941 年 4 月[10]，它驻扎在亨伯河口附近，这是最可能遭到德军入侵的地点之一。不过总体来说，H 号装甲列车似乎相对不太活跃。1941 年 12 月 14 日，它被调往伦敦东南方的坎特伯雷，此后，当波兰车组开始接管铁路勤务时，H 号装甲列车于 1942 年 4 月 5 日首次在坎特伯雷、法弗舍姆（Faversham）和明斯特（Minster）之间巡逻，然后返回坎特伯雷。1943 年年初，瓦伦丁坦克送抵，补充作为侦察车辆的"盟约者"坦克。不过，其中一辆坦克在 1943 年 5 月 31 日夜间到 6 月 1 日凌晨的德军轰炸中被炸弹直接命中而损毁。D 号和 H 号装甲列车都是于 1943 年 9 月最后被拆解的。

J 号装甲列车：动员时它归属苏格兰司令部，是第 4 大队的一员，于 7 月 10 日转移到斯特灵（Stirling）地区。它的行动区域从泰湾（Firth of Tay）延伸到福斯湾（Firth of Forth），直到 8 月底。9 月 7 日，它错误地进入警戒状态，导致当地居民担心德国伞兵已在该地区降落。根据 1940 年 9 月 21 日的决定，J 号装甲列车是接收波兰车组人员的前三列装甲列车之一（另两列是 K 号和 L 号）。1941 年，它是承担行动最多的列车。1941/1942 年冬季，其机车的防护装甲在考莱尔斯（Cowlairs）加固，它于 1942 年年初调往桑顿（Thornton）枢纽站。拆解它的命令于 1944 年 11 月 5 日下达。

K 号装甲列车：动员时它归属苏格兰司令部，7 月 10 日时随第 4 大队抵达爱丁堡，巡逻于福斯湾南岸。它和 J 号及 L 号列车是首批接收波兰车组人员的装甲列车。1941 年，它的行动区域扩展，包括距离其基地 80—90 千米（50—65 英里）的车站。1941/1942 年冬季，其机车的防护装甲在考莱尔斯加固。1942 年年初，K 号列车调到索顿（Saughton）枢纽站，1944 年 11 月 5 日在那里拆解。

L 号装甲列车：动员时它归属苏格兰司令部，是第 4 大队的一员，于 1940 年 7 月 10 日转移到格拉斯哥周围地区。18 日，它转移到敦巴顿（Dumbarton），实施斯特灵方向的巡逻，21 日起进一步向北。7 月 31 日，它

转移到阿伯丁，代替北调的 H 号列车，从 8 月中旬起开始巡逻。它的行动区域是所有装甲列车中范围最广的。和 J 号及 K 号列车一样，它也接收了波兰车组人员，并将其机车送往阿伯丁附近的因弗鲁里（Inverurie）工厂，加强其防护装甲。那里成了它的最后一个基地，从 1942 年起，直到 1944 年 11 月 5 日被拆解。

M 号装甲列车：动员时它归属苏格兰司令部，最初被定名为"I"号列车，但很快就被改成"M"。1940 年 7 月 12 日，它转移到邓迪（Dundee）以北的福弗尔镇（Forfar），承担巡逻任务到 7 月底。28 日，它与 B 号和 H 号列车一同调往北方司令部，于 7 月 30 日抵达劳斯（Louth），开始巡逻林肯郡东海岸，进行各种训练活动，例如于 10 月 27 日试射 6 磅炮，以及进行今天所称的"公共关系活动"。1941 年 1 月，该车进一步南调到斯波尔丁（Spalding），不久后接收了波兰车组人员。年底，它的行动区域增大，包含亨伯河流域。结果是，它转移到北面 25 千米（15 英里）远的波士顿（Boston），不过在那里停留的时间很短。1941/1942 年

率先出厂的 A 号装甲列车。照片摄于舒伯里内斯（Shoueburyness）。（照片：IWM）

侧装的维克斯机枪美照，由一名地方军中士操控。这张照片明显是摆拍的，因为子弹带上没有一发子弹。他身后的士兵手持一支 P14 步枪。注意内部的木质层板，缺乏车顶防护的情况十分显眼。（照片：IWM）

---

10 译注：原文为 1940 年，但从上下文看来应是作者笔误。本段其他日期也做相应调整。

冬季，其机车装甲在斯特拉特福德被加固，4 月中旬列车被拆解，所属车辆送往卡特里克（Catterick），回归民用。机车本身在肯特维修了一段时间，但其装甲于 11 月 5 日被拆除。

最后的处置

在大部分装甲列车退役并被拆解时（除了机车之外），考虑到需要监视的海岸线很长，苏格兰司令部希望在波兰车组离开后保留自己的列车。这一请求于 1942 年 4 月获批，来自 LNER 的铁路职工接管了列车的运行，地方军则接管了军事方面的工作。但为了确保人员充足，不会令车组人员过分劳累，列车不得不迁入较为重要的地方军基地。

1942 年 6—7 月间，J 号装甲列车离开斯特灵，转移到桑顿枢纽站（法伊夫分区），K 号装甲列车转移到爱丁堡以西的索顿枢纽站（第 10 爱丁堡市—第 3LNER 营），L 号装甲列车则在因弗鲁里建立了基地（第 8 北方—南方高地地区营）。1944 年 11 月 5 日，盟军距离完全击败第三帝国只有六个月的时间，英国决定将最后三列装甲列车退出现役。

皇家海军装甲列车计划

这一计划中的列车用于支援上述 12 列装甲列车，特别是考虑到英格兰南部海岸防御薄弱，面对德军入侵的威胁也最大。不过，皇家海军装甲列车一直"停留"在绘图板上。

小型装甲列车

"13 号"列车是为罗姆尼、海斯和迪姆彻奇铁路公司（RH&DR）的 40 厘米轨距线路所建，英国陆军于 1940 年 7 月 26 日征用了这条线路。对原来选中的一种柴油调车机车进行改装的工作 7 月 16 日便已开始，但立刻发现转向架和两个驱动轴无法支撑额外的载重。因此，陆军另外选择了一种蒸汽机车进行改装，这就是 RH&DR 著名的"大力神"（Hercules）4-8-2 机车。配备装甲的工作花费了一个月时间，除了驾驶室后部仍然敞开之外，整辆机车都得到了防护。两节由原矿车改装的装甲车厢分别挂接在机车前后。每个车厢配备一支博伊斯反坦克步枪和一挺刘易斯共轴轻机枪，后者安装在

车厢一端座圈上的护盾之后，第二挺刘易斯机枪则安装在中央舱室的防空枪座上，不过没有护盾。

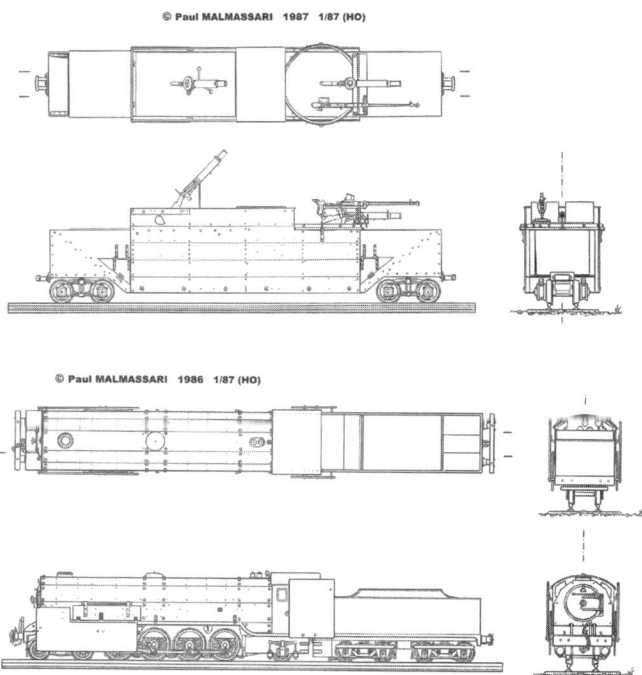

尽管尺寸被缩小，但小型装甲列车仍然凭借四挺刘易斯机枪取得了一次胜利——1940 年 10 月 7 日，它击落了一架亨克尔 He-111 轰炸机（可能还击落了一架梅赛施密特 Bf-109 战斗机）。（照片：IWM）

1943 年 4 月 30 日到 6 月 30 日之间，铁路线和轨道车辆逐渐回归原来的用途。但这列著名的列车已被重建，包括一辆蒸汽机车和一个车厢，并以木板代表被拆除的装甲。（照片：RH&DR）

"恐怖"号（HMS Terror）装甲车厢，1940—1944 年

1940/1941 年冬季，舒伯里内斯试验场[11]的地方军部队建造了一节装甲车厢，其中部配备一门海军速射炮，其两端各有一门机关炮。这节转架井式车厢原建于 1916 年，目的是安装高射炮，并在一战期间入役。此后，它曾于 1940 年在斯温登（Swindon）用于 152 毫米（6 英寸）炮座的试验。1940—1941 年装备新火炮后，由一辆无装甲柴油调车机机车牵引的它的用途是，负责泰晤士河口舒伯里内斯多角形地带的防空，那里是德国轰炸机采用的路径。尽管外观威风，但这节车厢的效果远没有达到预期：飘扬着皇家海军军旗的大桅杆无疑有利于士气，但严重影响了三门火炮的射界。即便只想要在对抗现代化飞机时取得差强人意的战绩，也需要某种火控系统，从照片看来，它甚至连基本的测距仪都不具备。海军中的一些人从 20 世纪 20 年代便已意识到，机关炮是一种效率低下的防空武器（初速低、射程短），但可以阻止实施扫射和"打了就跑"的战斗轰炸机。这节井式车厢在二战中存活了下来，现在是克劳奇河畔伯纳姆（Burnham-on-Crouch）铁路博物馆的藏品，不过车上的武器和装甲已经被拆除了。

于 1941 年 1 月拍摄的车厢侧视图，桅杆明确表明车厢出身于海军。（照片：PE&E）

阿尔斯特的装甲轨道车（1940—1944 年）

在北爱尔兰，英国陆军必须保护部队的调动，使其免遭敌方特工或者爱尔兰共和军（IRA）同情者的破坏。在商用车辆底盘上建造装甲轨道车的试验因超重而失败后，选择就落在了货运平板车身上，其动力通过皮带传动输送到一根车轴上。用于轻武器及刘易斯轻机枪射击的装甲"盒子"安装在车轴之上。这些车辆也承担防空任务，车顶的一部分可以推开，由此对空射击。每挺刘易斯机枪备有 1000 发 .303 口径子弹。陆军订购了九辆该型轨道车，但只有六辆在北爱尔兰工厂建造：三辆被派到以安特里姆（Antrim）为中心的阿尔斯特东北地区，另外三辆前往波塔当（Portdown），在西南方向上巡逻。1944 年，它们被拆解，且没有留下任何资料。

这些轨道车从大北方铁路公司（爱尔兰）的车厢改装而来，被伪装成水泥车厢，先在怀特黑德（Whitehead）运行，后运行于马拉费尔特（Magherafelt）。注意车顶装甲右侧的滑动部分，防空武器可由此射击。缩写词 LMSNCC 表示"伦敦英格兰中部与苏格兰铁路公司——北方郡县委员会"，这是在两家公司于 1923 年合并后出现的。（照片：IWM）

下车侦察可疑地点的演练。我们可以从其正面射孔上看到两挺刘易斯机枪的枪管。左侧的士兵手持恩菲尔德短步枪（SMLE），右侧的士兵则携带一支 P14 步枪。（照片：IWM）

11 也称为"XP"。

马来亚"KROHCOL"行动 [12]，1941年12月8—11日

"KROHCOL"行动期间，来自巴丹勿刹（Padang Besar）的一列装甲列车在第16旁遮普团2营 [13] 的30名士兵操控下进入泰国 [14]，试图摧毁空艾（Khlong Ngae）附近的一座桥梁，迟滞日军的进攻。这列列车是英军第三攻击纵队的一部分。

1940—1941年东非战役

1940年6月到1941年11月之间针对意大利军队（包括一支小规模的德国部队和殖民地部队）的战役从邻近的英国殖民地发动。期间，苏丹境内有一列装甲列车出现，但没有任何相关信息被披露。

1944—1945年意大利的英国占领军

在占领区中，英军使用一辆斯泰尔轻型轨道车作为交通工具，这并非必要，而是出于车辆的可获得性，因为这一地区的战斗已经停止。（照片：保罗·马尔马萨里的收藏）

1946年在科曼斯（Cormans）的同一辆车，从矩形的通风口保护盖上可以辨认出是早期型号。用户将其命名为"原子"（Atom）。[照片：已故的安德鲁·吉利特（照片中观察塔上的人）的收藏]

温斯顿·丘吉尔的装甲列车 [15]（1944年）以及乔治六世国王的装甲专车

诺曼底登陆之前的一段时期，丘吉尔的专列[代号为"坚固"（Rugged）]停在汉茨（Hants）的德罗克斯福德村（Droxford），后返回滑铁卢车站。它包括8节客车车厢，由一辆德拉蒙德（Drummond）T9 4-4-0机车牵引。LMS [16] 客车车厢外部有装甲。相比之下，为乔治六世国王建造的皇家专车以LMS餐车为基础，内部有装甲防护，配备防弹玻璃窗，看起来就像标准的客车车厢。乔治六世的装甲客车仍然被保存着，是塞文铁路协会的藏品。

艾森豪威尔将军的装甲客车（1945年）

1945年，LNER [17] 为欧洲盟军总司令艾森豪威将军建造了专用的装甲客车车厢。这是用铁路卧铺车改造而成的，原来的10个卧铺隔间中，有6个被改造成一间大会议室和一间办公室，并配备了无线电通信设施。车厢侧墙和窗户都有装甲防护。改装后，车厢的总重量为51吨，比原来的客车车厢重了7.5吨。

英国托管结束（1948年）前在巴勒斯坦的装甲轨道车

二战结束后，英国继续托管巴勒斯坦，在此期间的1945—1947年，犹太复国主义者的恐怖活动极其活跃。针对英国统治的犹太人暴动始于1944年，一直持续到1947年，接着是1948年的内战。 [18] 一些装甲车被改装为铁路巡逻车，它们的商用底盘也被用来建造了轨道车，且加挂了装甲车厢。针对铁路的恐怖袭击中，最残忍的一次发生在1948年2月22日，开罗—雅法铁路线上的一枚地雷爆炸，导致28名英军士兵死亡，35人受伤。

---

12 这一名称来源于第一个摩托化纵队的出发地高乌（Kroh，现名Pengkalan Hulu），Col代表纵队（Column），第二个纵队定名为LAYCOL，Lay是第6印度步兵旅旅长的名字。

13 由马来联邦志愿部队（FMSVF）铁路运营维护连的艾迪·奥古斯汀（Eddie Augustin）中士率领。

14 这个新名称于1939年被决定，但至1949年都没有被正式使用，期间原名暹罗并行使用。

15 'Winston Churchill's Train – Codename "Rugged"', *World War Two Railway Study Group Bulletin* Vol 24, No 3 (2014), PP.24.71–24.72.

16 伦敦英格兰中部与苏格兰铁路公司。

17 伦敦与东北部铁路公司。

18 1948年5月14日，以色列国宣布成立，英国的托管结束。

由亨伯 MK III LRC（轻型侦察车）改装而成的铁路轨道车。这种重 3.7 吨的车辆于 1941 年开始生产。其挡泥板已被拆除，所以头灯不得不安装在发动机罩上。（照片：RAC 坦克博物馆）

铁路上的一对马蒙 - 赫林顿（Marmon-Herrington）Mk IV 装甲车，采用经典的背对背安装方式。两者之间是一个运送人员的舱室。（照片：版权所有）

来自第 21 枪骑兵团的士兵与一挺 .30 口径（7.62 毫米 ）勃朗宁机枪和信号旗，以及序列号为 F351115 的戴姆勒 Mk III 轨道车的合照。照片摄于 1948 年。某些参考资料称轨道车改装原型虽然已经通过了测试，但没有被采用。照片中，可能有另一辆车与 F351115 背对背连接。几乎可以肯定的是，照片下方的旗子是绿色的，上方的则为红色。（照片：保罗 • 马尔马萨里的收藏）

"希尔曼的骄傲"号上的炮台于 20 世纪 90 年代被拆除并废弃，上面的伪装图案仍能辨认。（照片：保罗 • 科特雷尔）

"希尔曼的骄傲"得到修复，改用一节现代化的转架平板车，现在原海法车站的以色列铁路博物馆展示。注意，固定在车窗开口上的栏杆一直没有恢复原状。（照片：以色列铁路博物馆）

苏丹的路虎轨道车（1952 年）

1899 年，苏丹被基希纳将军率领的英国远征军征服，成为英埃共管地区。随之而来的是数年的动荡与叛乱，直到法鲁克国王成为埃及和苏丹国王。[19] 最终，1953 年英国与埃及签订的条约承认了苏丹的自决权。

此时，铁路网对苏丹的重要性更胜公路系统。[20] 因此，确保铁路线的安全至关重要，1950 年左右，英国陆军[21] 将路虎 80 系列汽车改装成了米轨轨道车。

被改装为供铁路使用的装甲路虎的两张有趣照片。特别要注意后舱和车门的折叠侧板，以及意在抵御暴徒投掷物的笼子。（照片：REME 博物馆）

之后由东非工程兵部队（EME）内罗毕工厂制作的轨道车图纸。（设计图：REME 博物馆）

19 1936 年对埃及的正式占领结束后，英国军队一直留在埃及。

20 参见：H R J Davies，'Les Chemins de fer et le développement de l'agriculture au Soudan'，Annales de géographie，Vol 70, No 380 (1961), PP.422–427.

21 1952 年驻扎苏丹的英军部队是：苏丹通信中队、厄立特里亚通信中队、南威尔士边境团 1 营、南兰开夏团 1 营。

马来亚紧急状态（1948—1960 年）期间的装甲列车和轨道车

马来亚从 1948 年起的流血冲突一直持续到了 1960 年，才以英军战胜暴动者告终，在此期间，英国陆军对这些车辆的使用最为频繁。在取得标准生产型车辆之前，由于事态紧急，英国不得不采取了许多手段。

装甲吉普用于个人行动，装甲车沿着道砟掠过轨道（在执行任务后的每天晚上，装甲吉普都必须更换轮胎），执行轨道巡逻任务。至于列车，除了头尾车厢上运载的装甲车外，铁路公司还在平板车上安装了装甲钟形罩，以便观察和个人武器射击，驾驶室最终安装了装甲板。

加到机车驾驶室的装甲板。[照片：《士兵杂志》（Soldiers Magazine）]

放在除去铺板的转架平板车上的钟形罩。这一铸件可能来自铸造厂等重工企业。（照片：《士兵杂志》）

亨伯 Mk III 装甲车，1950 年 6 月 5 日摄于吉隆坡车站。注意，炮塔面对后方。（照片：保罗•马尔马萨里的收藏）

为电信部改装的吉普不同凡响。注意加装的除石机，车辆下方携带的似乎是复轨装置。(照片:《士兵杂志》)

第一批威克姆装甲轨道车（6 号威克姆装甲车）由皇家工程兵部队设计。新炮塔在 1953 年轨道车送抵该国前已安装。(照片:《士兵杂志》)

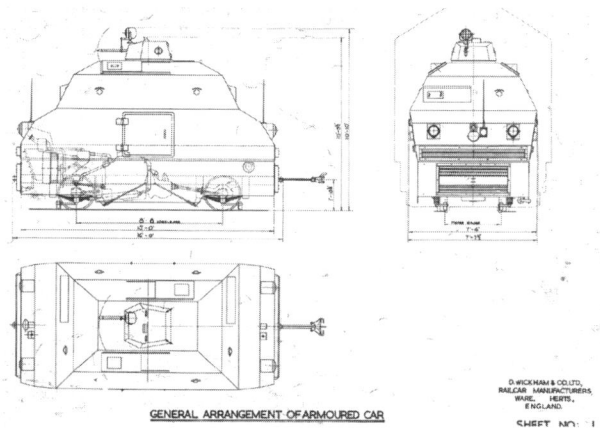

威克姆轨道车图纸，说明了车钩的布置。(设计图:威克姆公司)

1950 年，威克姆公司向马来亚铁路公司提供了 12 套 40Mk I 型车辆底盘，交货之后，这些底盘被装上了皇家工程兵部队设计的装甲车身。在第一个版本之后两年，出现了一种更加复杂精密的车辆，其设计始于 1952 年 7 月 29 日。1953 年 3 月 2 日到 11 月 23 日，该公司交付了 41 辆（底盘号为 6 538-6 679）。

从技术上说，这种车辆能够在第二辆车（作为牵引车）帮助下复轨。在当地使用时，运营部门为它配备了一辆安全转架车，以引爆前方的地雷。车辆的动力来源是 60 马力的珀金斯 P6 柴油机，最大速度为每小时 100 千米。车组人员包括一名指挥员、两名驾驶员和一或两名机枪手。两名驾驶员一前一后地坐在右侧，每个人都有一套驾驶控制装置。其装甲可以抵御 7.62 毫米轻武器子弹。主武备是费里特装甲车机枪塔内的一挺 7.62 毫米机枪——安装在轨道车顶部。探照灯通过机械装置与机枪连接。车身顶部两侧都有滑动闸板供通风及投掷手榴弹用，出入则通过两个侧门。马来西亚独立后，这些轨道车被转让给铁路警察，用于训练。还有一些车辆被卖给了南越和泰国。

肯尼亚茅茅人起义

1953 年，英国皇家空军被迫让两节由沙包防护、配备两挺勃朗宁机枪的装甲矿车服役了，它们运行于蒙巴萨（Mombasa）—埃尔多雷特（Eldoret）铁路线上。埃尔多雷特所处位置靠近乌干达边境附近的一个皇家空军基地。

王室的装甲列车

LMS 于 1941 年建造了装甲皇家专车之后，1985 年，英国又拟定计划，为王室建造一列装甲列车。这列列车本质上是防御性的，任务是抵抗 IRA 或其他恐怖主义集团的袭击。在设计上，它在采用现代化主战坦克上的乔巴姆装甲的同时，还拟配备一部灵敏的雷达，能够发现轨道上的不正常现象或者放置在行进路线上的障碍物。但由于成本可能过高以及某些国会议员（尤其是具有共和情绪的人）的批评，该项目被放弃。

黄金运送车

在金本位时代，黄金需要在大西洋两岸以及欧陆之间转运，因此英国铁路公司都拥有专门加固的黄金运输车。为了与美国之间的运输，LNWR 及继任者 LMS 在伦敦尤斯顿和利物浦之间运送黄金；西南铁路公司（LSWR）及大西方铁路公司（GWR）在伦敦和普利茅斯之间运送黄金。最后一批专用黄金运送车建于 1965 年，也就是"列车大劫案"[22] 发生两年之后，英国铁路公司决定将五节 Mk I 型"制动走廊"二等客车车厢改装成黄金运送车，安装内部防护，在大部分窗户上覆盖装甲板，其他则配备防弹玻璃，并增加无线电通信设备。后来，这些车厢被漆成军绿色，用于高安全级别的国防部军火运输。

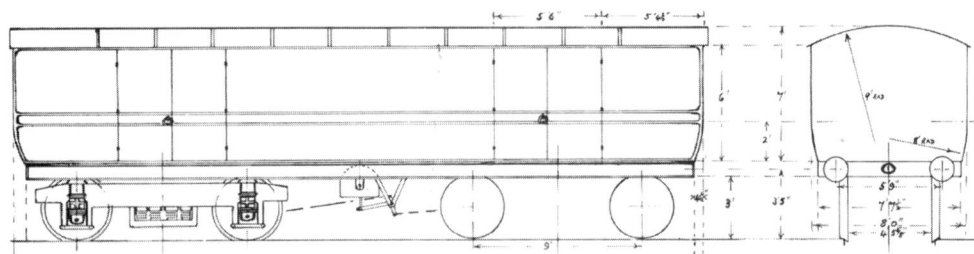

22 1963 年 8 月 8 日发生在格拉斯哥—伦敦邮政列车上的抢劫案，歹徒抢走了 260 万英镑的钱财。

大西方铁路公司的 878 号黄金运送车建于 1913 年（采用洋红色涂装），用于英美间（经普利茅斯）的黄金运输。出于安全原因，这些棚车只在一端有门，没有任何其他开口。1903—1913 年，该国共建造了五辆 GWR 黄金运送车。（官方照片：英国铁路公司）

资料来源

书籍

- Balfour, George, The Armoured Train, *its Development and Usage* (London: B T Batsford Ltd, 1981).
- Danes, Richard, *Cassell's History of the Boer War 1899-1901* (London: Cassell and Company Ltd, 1903).
- Fletcher, David, *War Cars: British Armoured Cars in the First World War* (London: HMSO, 1987).
- Forty, George, *A Photo History of Armoured Cars in Two World Wars* (Poole: Blandford Press, 1984).
- Girouard, Lieutenant-Colonel Sir E P C, *History of the Railways during the War in South Africa*, 1899-1902 (London: Harrison and Sons, 1903).
- Goodrich, Lieutenant-Commander Caspar F, *Report of the British Naval and Military Operations in Egypt*, 1882 (Washington DC: Government Printing Office, 1883).
- Hill, Tony, *Guns and Gunners at Shoeburyness* (Buckingham: Baron Books Ltd, 1999).
- Jervois, Major-General Sir W F D, *Defences of Great Britain and her Dependencies* (Adelaide: E. Spiller, 1880).
- Kearsey, A, *A Study of the Strategy and Tactics of the Mesopotamia Campaign 1914-1917* (Aldershot: Gale & Polden Ltd, nd).
- Pakenham, Thomas, *The Boer War* (New York: Random House, 1979).
- Pratt, Edwin A, *British Railways and the Great War*, Vol 1 (London: Selwyn and Blunt, 1921).
- RE Institute, *Detailed History of the Railways in the South African War, 1899-1902* (Chatham: 1904: new edition Arkose Press, 2015).
- Sanders, Lt.-Col. E W C, *The Royal Engineers in Egypt and the Sudan* (Chatham: The Royal Engineers Institution, 1937).
- Tourret, R, *Hedjaz Railway* (Abingdon: Tourret Publishing, 1989).
- Townshend, Charles, *The British Campaign in Ireland 1919-1921* (Oxford: Oxford Historical Monographs, nd).

期刊文章

- '17th/21st Lancers Armoured Rail Detachment', *The White Lancer and the Vedette* (History of the 17th /21st Lancers) Vol ⅩⅩⅨ, No 2 (November 1947), PP.51–3.
- Aitken, D W, 'Guerrilla Warfare, October 1900-May 1902: Boer Attacks on the Pretoria-Belagoa Bay Railway Line', *Military History Journal* Vol 11 No 6 (December 2000), PP.226–35.
- _____, 'The British Defence of the Pretoria-Delagoa Bay Railway', *Military History Journal* Vol 11 No 3/4 (October 1999), PP.80–6.
- 'Armoured Trains in South Africa', *The Navy and Army Illustrated* (6 September 1902), P.608.
- '"B" Squadron letter', *The White Lancer and the Vedette* (History of the 17th /21st Lancers) Vol ⅩⅩⅩ, No 1 (May 1948), P.20.
- 'Blockhouses', *The Royal Engineers Journal* (2 November 1903), P.243.
- Botha, Johannes, 'Armoured Trains of the Boer War', *Tank TV* (NZ) No 22 (December 1999), PP.11–13.
- _____, 'The Fowler Roadtrain and Mobile Blockhouses', *Tank TV* (NZ) No 19 (June 1998), PP.10–11.
- Conradie, Eric, 'The Firing of the First Shots in the Anglo-Boer War, 12 October 1899', *SA Rail* (March/April 1993), PP.58–9.
- Cooke, Peter, 'Armour in the Boer War', *Tank TV* (NZ) No 2 (November 1992), PP.3–6.
- Dillard, J B, 'Armoured Trains for Coast Defense', *The Engineer* (14 February 1919), PP.150–2.
- Fletcher, David, 'Les Véhicules militaires de F. R. Simms', *Tank Museum News* (Belgium) No 13 (June 1986), PP.6–7.
- Golyer, David G, 'The Miniature Armoured Train', *Bygone Kent* Vol 12, No 7 (1991), PP. 378–88.
- Hill, R, and Hill, R H, 'The Suakin-Berber Railway, 1885', *Sudan Notes and Records* Vol 20, No 1 (1937), PP.107–24.
- Hussey, John, 'The Armoured Train Disaster, and Winston Churchill's Escape from Prison, South Africa, 1899', *British Army Review* No 123 (nd), PP.84–103.
- 'In Loyal Natal', *The Navy and Army Illustrated* (23 December 1899), P.369.
- Lock, Ron, 'Churchill and the Armoured Train', *Military Illustrated* No 133 (1999), PP.52–8.
- McLean, C H, 'Havelock-Hairy Mary', *S.A.R. & H. War Services Union Newsletter* (1975), PP. 4–5.
- Martin, Greg, 'LNER 2-4-2Ts on Armoured Trains', *World War Two Railway Study Group Bulletin* Vol 14, No 1 (2004), PP.14.13–14.17.
- Napier, Paul, and Cooke, Peter, 'Armour in Emergency', *Tank TV* (NZ) No 4 (August 1993), PP.1–5.
- Parsons, Major-General A E H, 'Railway Reconstruction by the Royal Engineers for the Military Railway Service, Allied Forces, Italy', *World War Two Railway Study Group Bulletin* Vol 9, No 4 (1999), PP.9.111–9.116.
- Phillip, S M, 'The Use of our Railways in the Event of Invasion or a European War', *Railway Magazine* (May 1901).
- Rue, John L, 'The Wickham Armoured Rail Car', *Army and Navy Modelworld* (July 1984), PP.103–6.
- 'Science at the Front', *The Navy and Army Illustrated* (15 December 1900), PP.327.
- 'Tenders for Armoured Trains', *World War Two Railway Study Group Bulletin* Vol 11, No 3 (2001), PP.11.57.
- 'The Outlook in South Africa', *The Navy and Army Illustrated* (7 December 1901), PP.273–4.
- 'The Siege of Ladysmith – Operations in Natal from 31st October to 19th November', *The Royal Engineers Journal* (1 February 1900), P.23.
- 'The War in South Africa – North to South', *The Navy and Army Illustrated* (20 October 1900), PP.108.
- 'The Wide, Wide Veldt', *The Navy and Army Illustrated* (17 May 1902), P.213.
- 'War Trains', *The Navy and Army Illustrated* (9 December 1899), P.309.
- Warner, Terry, 'Armoured Trains in Southern Africa', *Tank TV* (NZ) No 6 (June 1994), P.1.
- Weaver, Rodney, 'The Petrol Locomotives of McEwan Pratt', *Model Engineer* (4 June 1971), PP.528–31, 554.
- Zurnamer, Major B.A., 'The State of the Railways in South Africa during the Anglo-Boer War 1899-1902', *Militaria* No 16/4 (1986), PP.26–33.

希腊

装甲列车 [1]

在经历长期的政治动荡之后，希腊内战于 1946 年 9 月爆发，导火索是共产党人 [2] 拒绝接受国王乔治二世归位。最初，共产党的部队在南斯拉夫和保加利亚支持下，几乎占领了整个希腊，而政府军得到了英国（后来是美国）的支持。与斯大林分道扬镳后，铁托撤回了支持，一系列失败之后，共产党人于 1949 年 10 月同意停火。

希腊内战期间安装在铁路平板车上的亨伯 MK IV 装甲车。注意车上的护栏，这是为了避免炮塔中的火炮向正前方射击时击中前面的车厢。（照片：版权所有）

这两张照片说明了希腊内战期间保护列车的方法。前图的装甲车后隐约可见一个炮塔，左侧的照片看上去是那个炮塔的内部情况，装甲防护似乎采用了混凝土。[照片：《画报》(L'Illustration)]

资料来源

- Metsovitis, Triantafyllos, '1945-1950', *NEA IMPS Hellas* No 2 (1999), PP. 36–40.

1 希腊语 "Τεθωρακισμένο Τραίνο"，发音为 "Tethorakismeno Treno"。

2 二战期间，希腊共产党的武装力量 EAM-ELAS 与非共产党抵抗运动 EDES 对立，在德军撤退时发起暴动，1945 年 2 月才被从意大利前线派来的盟军部队镇压。

危地马拉

装甲车厢

1929年1月，危地马拉西部爆发了一场反对查孔（Chacon）总统统治的革命。这次革命遭到了失败，革命者们也被打散，但仍然控制着某些城镇。2月，在为重新夺取起义城镇控制权的过程中，政府军临时建造了一节装甲车厢。这节车厢就是在一个平板车上安装了一门野战炮，并用枕木和沙包防护。

先导车厢的一张照片，野战炮在枕木护墙之后。（照片：菲利普·乔伊特）

资料来源

- Ferrez, Major Turrel J, US Army, 'Armored Trains and Their Field of Use', *The Military Engineer* Vol XXIV No 137 (Sep–Oct 1932), P.472.

洪都拉斯

1897年起义中使用的临时装甲列车

1897年，洪都拉斯政府遭遇了一次突如其来的起义，起义者于4月13日占领科尔特斯港（Puerto Cortez），然后向圣佩德罗-苏拉（San Pedro Sula）推进。沿途，他们在拉古纳-特雷斯特（Laguna Trestle）缴获了一列列车并俘虏了美国驾驶员李·克里斯马斯（Lee Christmas）[1]，后者被强征入伍，帮助起义军进入该城。最终，克里斯马斯有些不情愿地成了雇佣兵，包办了一节平板车的装甲化工作，为其安装20毫米的钢板侧墙，并用两层沙包加固。车厢前端安装一挺霍奇基斯机枪。

联邦军队于4月14日发动了一次攻击，但被击退，不得不放弃圣佩德罗-苏拉，起义军的列车得以进入该城。李·克里斯马斯竟被提升为上尉！他的列车后来用于从科尔特斯港运送更多的起义部队，但这场胜利很短暂：政府军在尼加拉瓜[2]的支持下重夺港口，两面受敌的起义军不得不紧急撤往危地马拉。5月，起义失败。

资料来源

- Deutsch, Hermann B, *The Incredible Yanqui* (London: Longmans Green & Co, 1931: reprinted by Pelican Publishing, 2012), PP.6–13.

1　李·克里斯马斯来自路易斯安那州，是联合水果公司驻洪都拉斯地方代表。1891年前，他在孟菲斯—新奥尔良铁路线上的一次事故后失去了列车驾驶员的工作。在洪都拉斯，他的窄轨列车用于运送冰块到海岸，然后装载香蕉回到省会城市。服务于起义军之后，克里斯马斯在拉丁美洲当了多年的雇佣兵。

2　1895年，洪都拉斯、萨尔瓦多和尼加拉瓜曾同意组建大中美洲共和国。

匈牙利

1918—1945 年的装甲列车

1918 年 11 月 16 日，匈牙利王国改制为匈牙利民主共和国，很快，这个新国家就失去了非匈牙利少数民族居住的边境地区。1919 年 4 月，政府将权力移交给库恩·贝拉（Belá Kun），后者创立的匈牙利共和国寿命很短，8 月 3 日时便被捷克与罗马尼亚出兵击垮。之后这个国家再度成为一个王国，海军上将霍尔蒂出任摄政，他着手重夺失去的领土。该计划于 1945 年终结。

1918 年，奥匈帝国的 IV、VI、VII 和 IX 号装甲列车[1]驻扎在匈牙利领土上。它们分别被重新编号为 I、II、III 和 IV 号。编号为 V—VIII 的四列新列车于 1918 年 12 月到 1919 年 1 月之间建造。由于该国的新边境征战不休，军队又从 MÁVAG[2]订购了六列装甲列车（编号为 IX—XIV），但最后两列一直没能完工。原本这两列列车（XIII 和 XIV）会被分配给红色铁路团，1919 年 6 月订购的另外五列装甲列车也会由匈牙利红军管理。但由于苏维埃共和国垮台，这些建造工作根本没有开始。

1920 年 6 月 12 日，新的匈牙利陆军将装甲列车重新归类为"军事警戒列车"[3]，并将其分散到全国。[4]1929 年，四列老旧列车被拆解，四列最好的列车（I、II、III 和 V）进行了现代化改造。1938 年，机车上配备了折烟器，装甲车厢上安装了旋转炮塔，其罗马数字编号改成了阿拉伯数字。1932 到 1939 年之间还服役了一种装甲轨道车（RÁBA Vp 型）。1939 年，这些列车重新编号为 101—104 号，归陆军最高司令部直接指挥。

1939 年 3—4 月，四列现代化改装后的列车参加了打击斯洛伐克的行动，3 月还参加了重夺鲁塞尼亚（Ruthenia）[5]的行动。1940 年，它们被用于对特兰西瓦尼亚的入侵行动，1941 年参加了对南斯拉夫的进攻。此后，它们参与了入侵苏联的战斗，并在匈牙利领土内结束了战争。东线上的列车增加了具备最低防护水平的防空车厢。

1 匈牙利语 "Páncélvonat"，其缩写为 "PV"。

2 MÁVAG 是 匈牙利皇家铁路制造、炼钢及铸造厂（Magyar Királyi Államvasutak Gépgyára）的缩写。

3 匈牙利语 "Katonai Örvonot"。

4 当时，装甲列车车组人员共有 41 名军官和 662 名士兵。

5 捷克斯洛伐克东部。

1919 年，匈牙利陆军使用的原奥匈帝国 4 号或 5 号装甲列车（PZ IV 或 VI）的火炮车厢。（照片：版权所有）

12（XII）号装甲列车。（照片：匈牙利科技与交通博物馆）

12 号装甲列车（PV XII）的机车只有部分装甲防护。（照片：匈牙利科技与交通博物馆）

留在匈牙利的奥匈帝国 9 号装甲列车（PZ IX），摄于 1920 年现代化改装之前。两节车顶低矮的车厢加入 PV 102，机动有轨车则加入 PV 104。（照片：保罗·马尔马萨里的收藏）

最初装在"哲尔"（Gyór）号上的 80 毫米前向旋转炮台。（照片：http://militaryhistory.x10.mx）

匈牙利装甲车厢内部照片。装甲防护向下延伸到地板。尽管内饰简朴，但其中仍配备了使用传声筒的通信系统。车上的机枪是施瓦茨洛泽型号。（照片：匈牙利科技与交通博物馆）

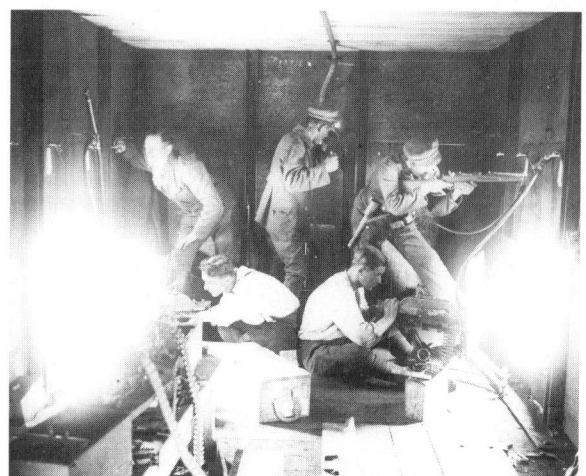

1919 年的匈牙利红军 9 号装甲列车，防空平板车插在两节装甲车厢之间。在这列列车上，机枪通过机车前后车厢的射孔射击，但最后一节车厢的乘员只能使用步枪和手枪。（照片：匈牙利科技与交通博物馆）

PV 104（原 kkStB 303-343）。20 世纪 30 年代，其旋转炮塔被更换为从多瑙河级装甲内河巡逻艇"哲尔"号上拆下的型号，当时这艘船改装了现代化的博福斯防空武器。注意"战斗型"车钩，它可以从车身内部解开。（照片：保罗·马尔马萨里的收藏）

RÁBA Vp 型装甲轨道车，也被定名为"轻型装甲列车"。它似乎没有配备特殊的轨道缓冲器或者车钩装置。（照片：鲍尔托·佐尔坦）

PV 101 的 MAV 377 机车，1938 年摄于罗日尼亚瓦（Roznyo）。（照片：匈牙利科技与交通博物馆）

1938 年时的 PV 102，使用 MAV 377 机车，前方是一辆轻型轨道车。有些令人吃惊的是，国家标志是匈牙利空军 1938—1941 年使用的（绿色的三角形、然后是一个白色的倒 V 字，最外面是红色的倒 V 字），特别是在进攻斯洛伐克期间。两门取自"哲尔"号的 70 毫米炮 [6] 现在都安装在降低高度的原奥匈帝国 PZ IX 车厢上。（照片：匈牙利科技与交通博物馆）

6 "哲尔"号装甲内河巡逻艇原装备两个旋转炮塔，安装 80 毫米炮（实际口径 76.5 毫米）。

1941 年秋季占领巴奇卡（Bačka，匈牙利自 1918 年起对该地区提出领土主张）地区期间，PV 101 或 103 受阻于撤退的南斯拉夫军队炸毁的巴奇科格拉迪斯泰（Bačko Gradište）大桥。（照片：穆泽·沃伊沃蒂尼）

这张 PV 101（或 103）的照片展示了火炮车厢顶部形状的改良。此时的侧装机枪是本国制造的 8 毫米格鲍尔 34.AM 型。（照片：匈牙利科技与交通博物馆）

PV 101（或 103）先导车厢火炮特写。注意装甲上的切口，它使瞄准器可以随 08 型 75 毫米野战炮移动。（照片：穆泽·沃伊沃蒂尼）

PV 101 或 PV 103 的现代化车厢。车顶安装了一个旋转炮塔，内装一门 36M 20 毫米炮，另一门则安装在较低的炮塔上，车顶已做了切割。折烟器于 1938 年安装，匈牙利国家标志此时为黑色正方形上的白色十字，这一标志于 1942 年年底首次出现。（照片：保罗·马尔马萨里的收藏）

被缴获的一节苏联装甲车厢正加挂到匈牙利列车中。（照片：FORTEPAN）

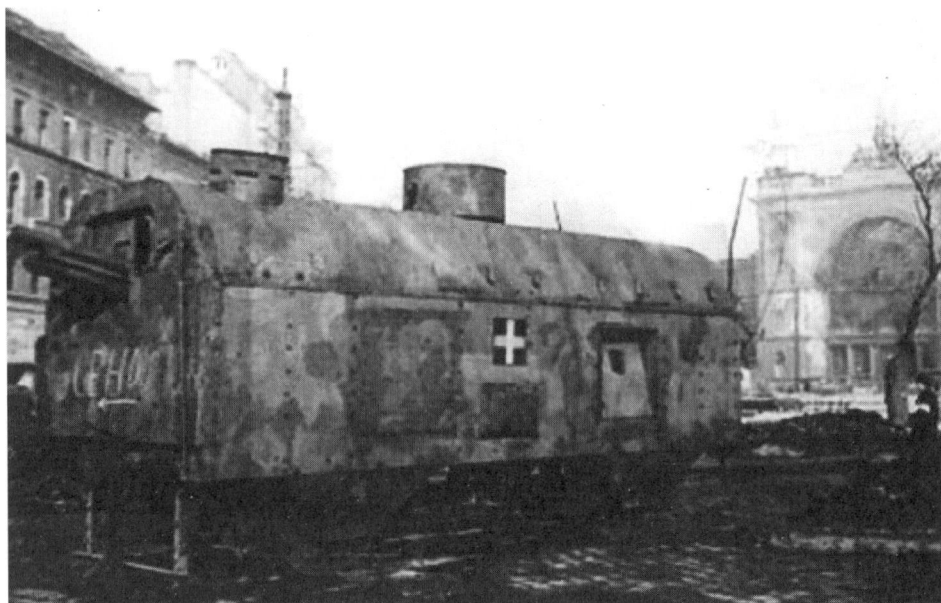

PV 103 的火炮车厢废弃于布达佩斯（注意损坏的观察塔）铁路东站拱门前。注意车上的西里尔文标识，这是于 1945 年 2 月 13 日攻占该城的苏联人加上的。（照片：版权所有）

"博通德"（Botund）号装甲列车混编了不同类型的车厢。（照片：匈牙利军事历史博物馆）

"博通德"号的火炮车厢上有明显的"DR"标志，表明它之前包含在一列苏联装甲列车中，可能是第 221 治安师的"马尔克斯中尉"号。（照片：军事历史博物馆）

这幅插图展示了一张纪念 1917 年 11 月 7 日俄国十月革命（俄国使用的格里高利历是 10 月 25 日）中装甲列车的邮票，其面额为 40 弗洛林。（照片：保罗·马尔马萨里的收藏）

1943 年的一节防空车厢，装备一门 40 毫米博福斯炮。（照片：保罗·马尔马萨里的收藏）

资料来源

档案

- SHD: Box 7 N 2893.

书籍

- Bonhardt, Attila, *A Magyar Királyi Honvédség fegyverzete 1919-1939* (Budapest: Zrínyi Katonai Könyvkiadó, 1992).

期刊文章

- Villanyi, György, 'Magyar páncélvonatok', *Haditechnika 1994* / 1, PP.69–71; 1994/ 2, PP.48–52.

印度

印度共和国继承了多列英国装甲列车，其中一列已经修复，如今保存在新德里国家铁路博物馆（参见英国的章节）。1947 年 8 月 15 日宣布独立当天，原英属印度的多数土邦就并入了新的印度联邦，但海得拉巴土邦宣布独立于印度其余地区。[1] 海得拉巴是最大的土邦，位于次大陆中心地带，享有某种自治权，有独立的军队和民兵，且运营着自己的铁路网。新印度政府拒绝接受这种局面，谈判无果后，于 1947 年 9 月 13 日开始了武力兼并该土邦的"马球行动"。印军从东西两路发动主攻，南路部队执行助攻任务。这样安排主要的意图是保证铁路网安全，南路部队包含印度陆军的 3 个团和两列装甲列车。整个行动得益于空中掩护，海得拉巴最终于 9 月 17 日被征服。

2010 年 5 月 28 日，印共毛派游击队破坏铁轨，造

---

1 克什米尔土邦拒绝并入新的巴基斯坦，在巴基斯坦入侵时请求印度军事援助。

成杰纳斯瓦里快车（Jnaneswari Express）出轨[2]，超过170 名乘客身亡。对这一事态，当局最初的反应包括仅在日间运行列车，这给乘客造成了严重的困扰。面对马哈尔丛林（Jangalmahal）地区的游击队威胁，西孟加拉邦被迫使用装甲机车，并在最容易遭到破坏的路段设置广泛的监控摄像系统。目前，铁路网由铁路护卫队（Railway Protection Force）守卫，这是一支武装民兵队伍，也是装甲列车的主要使用者。

资料来源

- Sharma, Gautam, *Valour and Sacrifice: Famous Regiments of the Indian Army* (New Delhi: Allied Publishers, 1990).

2 但是，没有人为此次袭击负责。这一影响印度共和国半数邦的游击运动始于 2005 年，当时毛派叛乱组织"纳萨尔"（Naxals）成立，鼓吹反对中央政府的暴动，针对列车的袭击始于 2006 年。

印度尼西亚

1945 年，印度尼西亚单方面宣布脱离荷兰统治进行独立，但直到 1949 年 12 月 27 日才获得正式承认。这四年间的铁路网防御情况在荷兰的章节中介绍。

新独立的印度尼西亚多年苦于分离主义骚乱，尤其是在 1951—1953 年的苏门答腊南部。因此，当局派出装甲车厢伴随列车，荷兰轨道车也重新服役。

资料来源

- http://www.overvalwagen.com
- http://www.kaskus.co.id

这列列车由两辆 D52 型 2-10-2 机车牵引，两节平板车运送 BRAAT 装甲轨道车车身，在 1951—1953 年的苏门答腊南方铁路线上运行。（照片：版权所有）

这辆"铁路坦克"（Panser Rel）V 16 装甲轨道车有着咄咄逼人而又简洁的外观。它是通过将两辆 BRAAT（第二版）轨道车背靠背连接在一起而建成的。这辆退役后停在车站、锈迹斑斑的车，其车身上仍保存着原来的伪装图案。如今，万隆博物馆展示着一辆被修复的该型轨道车（可能就是同一辆车）。（照片：托尼·福特）

在万隆展示的 Panser Rel V16（可能来自发动机的定名）采用新的车身油漆图案。该车长 5.2 米（17 英尺 0.75 英寸），重量为 7 吨。（照片：http://www.kaskus.co.id）

伊拉克

伊拉克王国于 1932 年 10 月 3 日成了名义上的独立君主国，不过实际上仍在英国控制之下，1939 年，该国虽没有对德宣战，但与后者断绝了外交关系。1941 年，英国对伊拉克油田的控制受到了威胁：有人提出油田国有化，并组建由轴心国代表管理的国有石油公司。英国决心消除对其关键石油供应的威胁——于 1941 年 4 月 18 日派出一个步兵师在巴士拉登陆，以推翻伊拉克政府。1941 年 5 月 2 日，一列伊拉克装甲列车（可能是于 1920—1922 年期间出现在美索不达米亚起义中的旧车型）在吾珥（Ur）镇外的米轨铁路线上被发现，遭到两架维克斯"文森特"轰炸机的轰炸。它停在巴士拉城外，被锡克第 3 团缴获。有报道称，英军将其重新投入了使用。

资料来源

- Northcote, H. Stafford, *Revolt in the Desert: Purnell's History of the Second World War,* Vol 2 No 4 (London: Purnell, 1967), PP.346–348.

爱尔兰自由邦

装甲列车和轨道车（1922—1941 年）

在经历了 1916 年 4 月 24 日血腥的"复活节起义"和随之而来的爱尔兰独立战争（1919 年 1 月 21 日—1921 年 7 月 11 日）后，根据 1921 年 12 月 6 日于伦敦签订的英爱条约，爱尔兰自由邦成立了。该条约原定于 1922 年 12 月 6 日生效，但 1922 年 1 月 7 日爱尔兰国会批准条约后，反对者（共和军）发动暴乱，对抗爱尔兰国民军(INA)。后者从英国继承了装甲车 [罗尔斯 - 罗伊斯、"无双"（Peerless）和兰恰（Lancia）]，并开始建造装甲列车和轨道车，与抵御共和军对铁路的袭击。此外，1922 年 10 月，铁路保护、维修与维护兵团（RPR&MC）成立。

爱尔兰内战

第一列装甲列车于 1922 年 7 月进驻都柏林印奇科区（Inchicore），但被共和军摧毁。8 月，第二列装甲列车在利默里克（Limerick）建造，使用了在废弃的英军兵营中找到的装甲板，以及克朗梅尔（Clonmel）、邓多克（Dundalk）和瑟勒斯（Thurles）等地现有的效能各异的其他列车。RPR&MC 建立后，装甲列车在科克（Cork）和都柏林建造。RPR&MC 在克朗梅尔、科克、基拉尼（Killarney）、利默里克和瑟勒斯组织设立了装甲列车分队，共拥有九列列车，1923 年 2 月，它们的驻地如下：1 号装甲列车（AT No 1）在克朗梅尔；2 号装甲列车在瑟勒斯；3 号装甲列车在利默里克；4、5、6 号装甲列车在科克；7 号装甲列车在都柏林；8 号装甲列车在邓多克；9 号装甲列车在马林加（Mullingar）。

装甲列车的主要作用是保护维修被毁桥梁和受损轨道的工作队。固定基地间的巡逻由装甲轨道车承担。

爱尔兰的各种装甲车中，只有兰恰[1]装甲人员运送车经改装用于铁路。在保留用于改装的 12 辆车中，只有 7 辆（22、23、31、32、33、47 和 51 号）于 1922 年 9 月配备凸缘车轮。它们的配置各不相同，至少有两辆在印奇科改装，配备了一个装有机枪的旋转枪塔。

一般来说，共和军更希望避免与列车和轨道车交战，这使铁路遭到的袭击减少，但境况仍然不佳——真正发生的战斗往往极度激烈。例如，1922 年 10 月 15 日，共和军经过四个小时的战斗，迫使人称"灰色幽灵"（得名于其伪装图案和几乎无声无息的靠近）的兰恰轨道车投降。被缴械之后，车组人员获得自由，但该车有部分被炮火毁坏。1923 年 2 月 27 日，兰恰轨道车的基地如下：科克（1、2、3 号）；利默里克（4 号）；邓多克（5 号）；都柏林（6 号和 7 号）。此外，爱尔兰人还留了五辆兰恰装甲车，准备快速改装为轨道车。内战结束后，兰恰轨道车恢复为公路使用，并被交给装甲车兵团。[2]

二战之前

1931 年，爱尔兰政府表达了对瑞典兰斯韦克（Landsverk）公司项目（参见瑞典的章节）的兴趣，但没有下任何订单。

陆军最高司令部于 1941 年设想以柴油机车为中心，建造一列装甲列车。但是大南方铁路公司（GSR）拒绝了这一想法，因为无法获得装甲板，而且缺乏足够强大的机车来运载装甲。

1 兰恰装甲人员运送车最初是在兰恰 1 Z 或兰恰"特利奥塔"底盘上建造的，其中 100 辆服役于爱尔兰国民军。乘员：8—9 人；速度：前进时每小时 72 千米（每小时 45 英里），倒车时每小时 32 千米（每小时 20 英里）；装甲：6 毫米；武备：.303 刘易斯轻机枪。

2 另一方面，彼得·莱斯利（Peter Leslie）称多辆兰恰轨道车和一列内战时期的装甲列车被保存在旁线上，直到 20 世纪 50 年代。

3 GSWR 是大西南铁路公司（Great Southern & Western Railway）的缩写。

大南方铁路公司建造的装甲列车，车组人员在军队监督下由其员工充任。（照片：爱尔兰军事档案馆）

1923 年时在马洛的装甲列车。其机车是 GSWR[3] 的 4-4-2 水柜蒸汽机车。（照片：沃尔特·麦格拉思的收藏）

于 1922 年 2 月 14 日拍摄到的装甲列车。机车正面可以清楚地看到用来固定装甲板的木架。由于内部有史蒂文森阀动机构，这些水柜机车的踏板之下没有任何防护。（照片：保罗·马尔马萨里的收藏）

DSER[4] 装甲列车的照片，1923 年摄于都柏林大运河街。该列车使用 64 号"贝斯伯勒伯爵"（Earl of Bessborough）2-4-2 机车。（照片：版权所有）

7 号装甲列车水柜机车上有趣的双关语。卡特于 1923 年发现了埃及法老图坦卡蒙（Tutankhamem）的陵墓，这条新闻风靡一时。（照片：爱尔兰铁路档案协会）

来自科克的装甲列车。其水平绞盘之后是著名的兰恰轨道车"灰色幽灵"号。（照片：爱尔兰军事档案馆）

4　DSER 是都柏林与东南铁路公司（Dublin & South Eastern Railway）的缩写。

5　CB&SC 是科克、班登与南岸铁路公司（Cork, Bandon & South Coast Railway）的缩写。

来自科克的完整装甲列车，由 GSWR 101 级 0-6-0 机车牵引。尾部威风凛凛的装甲车厢由 CB&SC[5] 工厂建造。注意机车前的车厢，它的车窗上覆盖了留有射孔的装甲板。但机车车组人员只有两侧的简单装甲板防护。（照片：爱尔兰军事档案馆）

1922 年 11 月在科克格朗梅尔路车站的两辆兰恰装甲轨道车。左侧的是"黑衣盗"（Hooded Terror）型，这个名字来自兰恰原型车的绰号：原来敞篷的乘员舱室现在覆盖了一个装甲车顶。车身尾部的"AL-23"表示"装甲兰恰"（Armoured Lancia）及原来的装甲车编号。这实际上可能是 1 号兰恰轨道车，根据驾驶室左侧门上的标志，该车归属 2 连。（照片：沃尔特·麦格拉思的收藏）

兰恰装甲轨道车的一个改型，摄于印奇科，采用类似于"灰色幽灵"的装甲。（照片：爱尔兰军事档案馆）

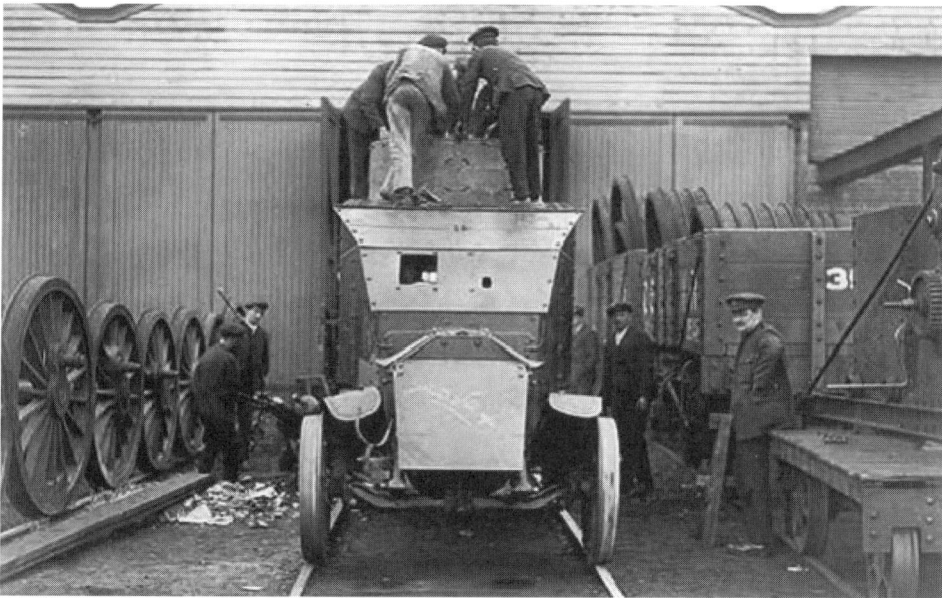

配备炮塔的第二辆兰恰轨道车，摄于印奇科工厂。爱尔兰铁路采用1.6 米（5 英尺 3 英寸）宽的宽轨，这在图中特别明显：挡泥板不再与公路车轮平齐。为了适应后者，每根车轴都需要延长。（照片：版权所有）

另一种改型，采用了不同的车顶装甲。（照片：版权所有）

著名的"灰色幽灵"兰恰轨道车,曾抵抗共和军进攻四个小时才投降,此后这辆轨道车被焚烧。(照片:爱尔兰军事档案馆)

资料来源

档案

- Irish Army Ref 2/69329.

书籍

- Share, Bernard, *In Time of Civil War, The Conflict on the Irish Railways 1922-23* (Cork: The Collins Press, 2006).

会议报告

- Walsh, Paul V, *The Role of Armoured Fighting Vehicles in the Irish Civil War*, 1922-1923. 1997 年 9 月于卡塔尔·布鲁加兵营所做的演讲。

- _____, *The Irish Civil War*, 1922-1923: A Military Study of the Conventional Phase, 28th June-11th August 1922. 2001 年 2 月 10 日坦普尔大学巴恩斯俱乐部第 6 届年会期间的演讲。

期刊文章

- Bergin, Lieutenant-Colonel W J, 'Ambush on the Grey Ghost', *An Consantoir* (May 1978), PP.135–6.
- Leslie, Peter, 'Armoured Rail Cars in Ireland', *Military Modelling Annual* (1974), PP.6–9.
- McCarthy, Denis J, and Leslie, Peter, 'Armoured Fighting Vehicles of the Army No 3; The Lancia Armoured Personnel Carrier', *An Consantoir* (May 1976), PP.136–8.

网站

- http://railwayprotectionrepairandmainten.blogspot.fr/.

意大利

装甲列车和轨道车(1891—1945 年)

　　意大利于 1891 年第一次涉足装甲列车领域,一名军官认识到防御该国漫长海岸线的难度,向国会提议用装甲列车防御西西里岛。尽管这个想法当时没有被采纳,但意大利人已深深地意识到使用装甲列车进行海岸防御的可能性。

在利比亚的意大利军队(1912 年[1])

　　意大利装甲列车的故事始于 1912 年 10 月 8 日《洛

1　意大利装甲列车在利比亚的故事于 1943 年终结。当时意大利失去了对该国的控制,于 1947 年宣布将所有权利归还给利比亚,最后一批意大利殖民者于 1970 年 10 月遭到驱逐。

桑条约》签订之后，该条约承认意大利对利比亚的占领。1911 年 9 月 29 日，征服的黎波里塔尼亚（Tripolitania）和昔兰尼加（Cyrenaica）的海军行动与登陆战开始。10 月 20 日，意军占领班加西（Benghazi），11 月 5 日吞并的黎波里塔尼亚。一年的战斗后，反对奥斯曼帝国的暴动规模扩大。《洛桑条约》结束了这场战争，但零星的

起义持续到 1931 年，赛努西教团的盟友谢赫·奥马尔·阿尔穆赫塔尔（Sheikh Omar Al Mokhtar）被处决。从 1912 年起，意大利人在的黎波里塔尼亚建设了一个 95 厘米轨距铁路网，为了保证安全而投入了一列装甲列车，该列车由一辆机车和两节装甲车厢组成，后者基于两节用于运输长负载（如炮管）的平板车。

用于牵引列车的机车配备了相对完备的装甲防护，包括驾驶室两侧的装甲监视孔 [（这张照片和以下的两张：尼古拉·皮尼亚托（Nicola Pignato）和菲利波·卡佩拉诺（Filippo Cappellano），《意大利军队的作战车辆》第 1 卷和第 2 卷（Nicola Pignato and Filippo Cappellano, Gli Autveicoli da combattimento dell' Esercito Italiano），感谢意大利陆军参谋部历史办公室（USSME）的许可]

一节装甲车厢的两张外部照片。手持卡尔卡诺卡宾枪的车厢内士兵已做好了立姿射击的准备。这种车厢能够有效地抵御当时对手拥有的轻武器的进攻。

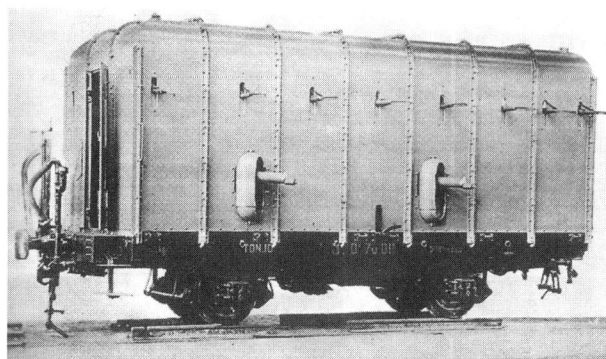

注意机车端的出入门。5 挺马克沁机枪可以在很宽的扇面内射击。车顶中部敞开。这张照片摄于车间内，当时车厢被放置在一段短的临时轨道上。

第二次世界大战

一战和二战期间，对海岸防御的担忧催生了由意大利海军（Regia Marina）运营的装甲列车（Treni Armati）。但本书不对此进行研究，因为从真正的意义上讲，它们是铁道炮而非装甲列车。

相反，在利比亚—埃及边境等敏感地区，意大利人使用了铁路轨道车，但不全有装甲。由于缺乏其他照片记录，我们不得不求助于尼古拉·皮尼亚托和菲利波·卡佩拉诺的著作，其中的图片尽管质量不佳，但独一无二。

意大利在巴尔干的占领区包括斯洛文尼亚、达尔马提亚海岸线及群岛。黑山和阿尔巴尼亚也已包含在意大利帝国疆域内。在意大利入侵希腊时，阿尔巴尼亚抵抗运动破坏交通线，但当德国军队参与对巴尔干地区的占领时，他们接管了铁路网的防御。

1942 年 5 月 15 日，独立铁路装甲车连（Compagnia Autonoma Autoblindo Ferroviairie）在南斯拉夫成立。为了执行其任务——控制铁路线，意军用转架车改装了多列临时装甲列车。后来，又考虑了装甲机动有轨车（Littorina Blindate，Libli）、42 型轨道车和 AB 40 的铁路版本。

装甲列车

除了包含在货运列车中的铁路民兵（Milizia Ferroviairia）护送车厢之外，1941 年起意大利还建造了 10 列装甲列车，以确保南斯拉夫意占区的铁路线治安。它们的设计很简单，改装自货车车厢并安装侧面装甲，最初只装配步兵武器。每列列车有两个车厢各配备一门 35 型 47 毫米反坦克炮，可以在车门打开后以与铁轨成 90 度角的方向进行射击，射击时的水平射界约为 120 度。每门火炮覆盖铁路的一侧。另一个车厢配备布雷达 37 型 20 毫米炮。随着游击队的威胁日增，列车后来加挂了增强装甲防护的车厢（最多 6 节）。车厢中部有一个带射孔的封闭舱室（木质或钢质），两端有用于菲亚特或雷维利 14 或 35 型 8 毫米机枪的敞篷射击阵位。装甲列车在武器方面则增加了一门布里西亚（Brixia）35 型 45 毫米迫击炮。

用于利比亚—埃及边境的装甲轨道车。（照片：尼古拉·皮尼亚托和菲利波·卡佩拉诺，《意大利军队的作战车辆》第 2 卷）

由 1905 F 型棚车改装的护送车厢，具有最低限度的装甲防护和大的射孔。（照片：尼古拉·皮尼亚托和菲利波·卡佩拉诺，《意大利军队的作战车辆》第 2 卷）

第一批装甲列车之一，其预期目的是海岸防御，装配一门布雷达 20 毫米炮和一门 32 型 47 毫米反坦克炮。（照片：尼古拉·皮尼亚托和菲利波·卡佩拉诺，《意大利军队的作战车辆》第 2 卷）

一节货车底座上装有 37 型 47 毫米炮（配备小型护盾）。在冬季特别寒冷的地区里，帆布罩在一定程度上增加了车厢舒适度。（照片：尼古拉·皮尼亚托和菲利波·卡佩拉诺，《意大利军队的作战车辆》第 2 卷）

L 型车厢的不同防护形式之一：全封闭。其侧壁向上延伸并覆盖装甲，同样装备 47 毫米炮，其射界很受局限。（照片：尼古拉·皮尼亚托和菲利波·卡佩拉诺，《意大利军队的作战车辆》第 2 卷）

用货运车厢改装的机枪车厢。注意车上的伪装图案。（照片：尼古拉·皮尼亚托和菲利波·卡佩拉诺，《意大利军队的作战车辆》第 2 卷）

这张照片展示了一个有趣的组合：窄轨车厢的装甲结构安装在标准轨车厢上，两者之间留下了一条很小的缝隙，其结果是装甲车厢对地雷的抵御能力可能变得更强了。（照片：尼古拉·皮尼亚托和菲利波·卡佩拉诺，《意大利军队的作战车辆》第 2 卷）

在新梅斯托（Novo Mesto）拍摄的 3 号装甲列车总体照片。它从 1943 年 8 月起驻扎在这个地方。第 3 节车厢处有一个恰好伸出的 32 型 47 毫米炮炮口。（照片：尼古拉·皮尼亚托和菲利波·卡佩拉诺，《意大利军队的作战车辆》第 2 卷）

由现代化的 06 级机车牵引的货运列车，其驾驶室上有大量装甲防护，包括车组出入的车门。（照片：尼古拉·皮尼亚托和菲利波·卡佩拉诺，《意大利军队的作战车辆》第 2 卷）

客车车厢尾部的照片。装甲板铆接在原来的车身上。（照片：意大利国家铁路公司档案馆）

在斯洛文尼亚和达尔马提亚，第 2 集团军使用了多节 Dpz 和 DI 客车车厢，配备可抵御轻武器火力的装甲，组成一列具备"被动"防护的指挥列车。该列车上没有重武器，其组织类似部队运送列车，设有居住舱室、厨房等设施。此外，它的车窗被更换成多个装甲百叶窗。

配备了装甲的 S 294 专用车厢。照片摄于 1942 年 7 月。（照片：意大利国家铁路公司档案馆）

由原 Dpz 1913 行李车改装而成的装甲客车车厢，用于 SLODA（斯洛文尼亚 - 达尔马提亚）指挥列车。（照片：意大利国家铁路公司档案馆）

虽然随着占领行动的持续，车厢的防护与武器有了加强，但巴尔干地区的意大利列车不是用于攻击任务的。攻击任务属于机动有轨车和轨道车的任务领域。

"Libli" 机动有轨车

1942 年，意大利决定将安萨尔多（Ansaldo）公司的 ALn-556 机动有轨车装甲化，并派遣它往南斯拉夫服役。铁道工程兵选择了 1936—1938 年生产的型号，但它们的长度需要被缩短为 5.6 米（18 英尺 4.5 英寸）。原型车在热那亚的安萨尔多—福萨蒂（Fossati）工厂进行了测试，1942 年 9 月 5 日得以采用，经过几项建议的更改后定名为"42 型装甲机动有轨车"（Littorina blindata mod. 42，简称 Li.Bli 42）。第一种生产型号于 9 月 20 日出场，加入第 1 装甲机动有轨车连（1°Compagnia Autonoma Littorine Blindate）。这个连共将接收 8 辆机动有轨车，有 10 名军官，12 名军士和 167 名士兵。

两个版本同时使用，且都有两个安装 47 毫米炮的坦克炮塔。第一种版本车顶有两个开口，可以供士兵同时操作两门 35 型 81 毫米迫击炮，或者从侧面的射孔使用火焰喷射器。第二种版本有一个圆形护墙，内有支架支撑的布雷达 35 型 20 毫米炮。此外，该型号的 8.5 毫米厚防护装甲是一体化的，只在上方留有出入及维护舱门，以及射孔。

意大利签署停战协议时，"Libli"驻扎在克罗地亚的卡尔洛瓦茨（Karlovac）、奥古林（Ogulin）和斯普利特（Split），斯洛文尼亚的新梅斯托以及意大利的苏塞

（Suse，都灵以西 30 千米）。此后，德国国防军于 1943 年订购了一系列该型车辆（参见德国的章节）。

技术规格

长度： 13.5 米（44 英尺 7.5 英寸）

宽度： 2.42 米（7 英尺 11.25 英寸）

高度： 3.57 米（11 英尺 8.5 英寸）

重量： 39.5 吨

发动机： FIAT 355C，80 马力 /1700 转

燃料： 柴油

最高速度： 每小时 80 千米（每小时 50 英里）

行程： 450 千米（280 英里）

装甲厚度： 8.5 毫米

武备： 2 座旋转炮塔（类似与 M13/40 坦克上的炮塔），安装 47 毫米 /L 32 火炮（备弹 195 发）和布雷达 38 型 8 毫米机枪

2×35 型 81 毫米迫击炮（备弹 576 发）或布雷达 35 型 20 毫米高射炮

侧装球形枪座上的 4× 布雷达 38 型 8 毫米机枪，备弹 8040 发

独立铁道连艰苦服役到 1943 年停战，遭受严重伤亡。特别是有两辆"Libli"被摧毁，第一辆在 1942 年 10 月毁于斯普利特，第二辆在 1943 年 2 月 12 日毁于奥古林。（照片：保罗·马尔马萨里的收藏）

车组人员的个人武器和手榴弹

乘员：1 名军官，2 名驾驶员，2 名炮手，2 名装弹手，6 名机枪手，2 名迫击炮专业兵，2 名喷火器工兵，1 名无线电操作员

无线电设备： Marelli RF 2CA 或者 RF3M
其他： 炮塔探照灯，轨道维修设备

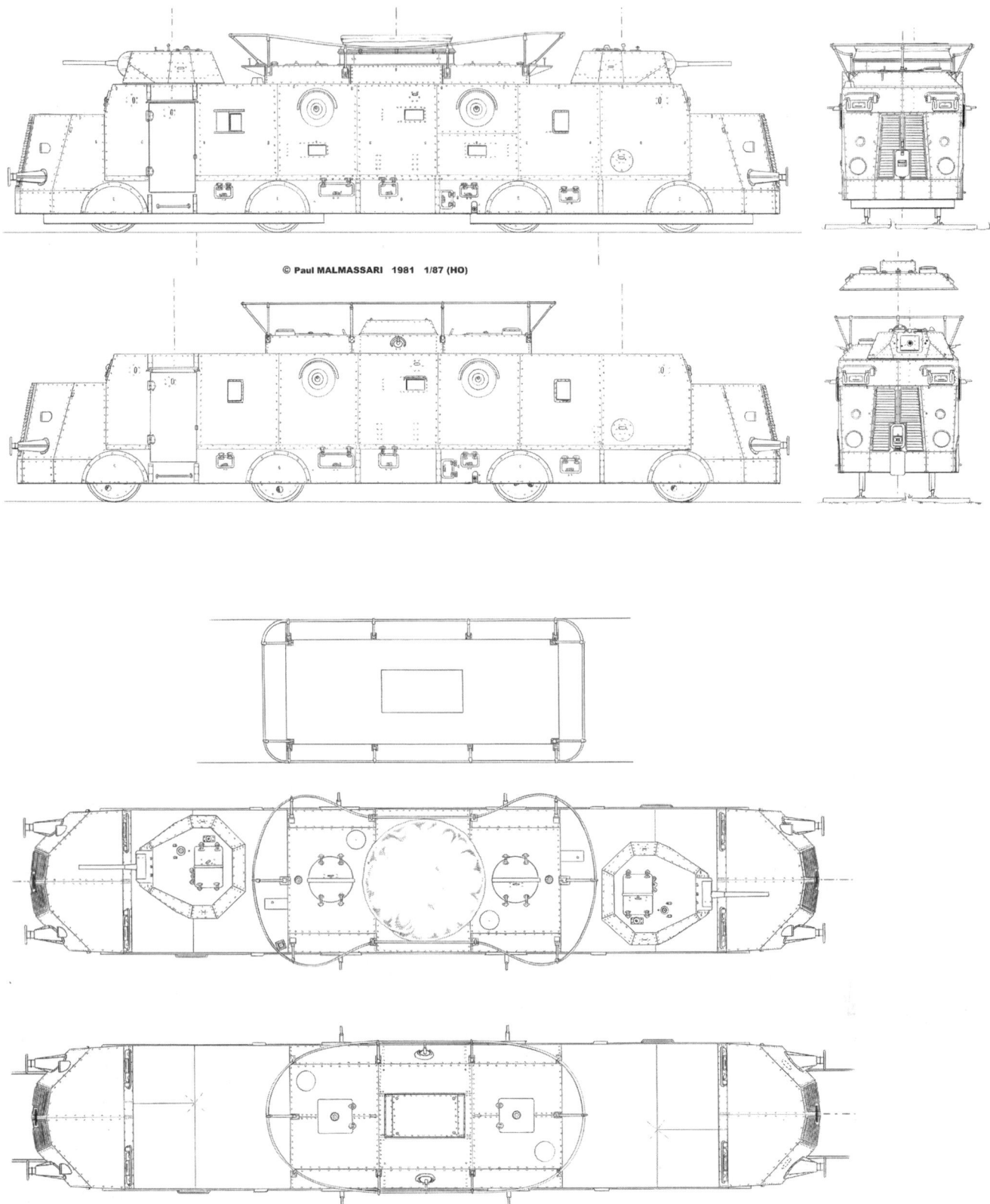

© Paul MALMASSARI　1981　1/87 (HO)

AB 40 和 AB 41 轨道车

为了补充"Libli"机动有轨车，意军于1942年7月24日请求将20辆 AB 40和 AB 41装甲车改装成只需更换车轮套件就能在公路和铁路上使用的两用车辆。这项改造还包括在前后翼子板上增加砂箱，以及一个可旋转头灯。第一个版本可以从安装两挺布雷达38型8毫米机枪的低矮机枪塔上辨认出来。AB 41有较高的炮塔，一门20毫米20/65自动火炮和一挺布雷达机枪。最后，安装一门47毫米炮的 AB43只有公路铁路两用形式的试验模型。

技术规格

长度： 5.2米（17英尺）

宽度： 1.935米（6英尺4英寸）

高度： 2.44米（8英尺）

地面净高： 35厘米（13.25英寸）

重量： 6.9—7.7吨

发动机： FIAT-SPA ABM16缸

功率：AB 40： 88马力/2700转；**AB 41：** 108马力/2800转

燃料： 汽油

最高速度（公路）： 每小时78千米（AB 40）；每小时81千米（AB 41）

行程（公路）： 400千米（AB 40）；350千米（AB 41）

装甲厚度： 8毫米

武备： 3×布雷达38型8毫米机枪（AB 40）；1×布雷达35型20毫米炮和2挺机枪（AB 41）

乘员： 4人

第2铁路工程兵大队的 AB 40，其砂箱和导砂管清晰可见。武器包括3挺布雷达38型8毫米机枪，两挺在旋转炮塔中，另一挺在车身尾部。每个铁路车轮前配有除石器，帮助排除小障碍物。（照片：达妮埃莱·古格列米的收藏）

我们无法确定这辆经过伪装的 AB 41是在意大利军队手中，还是被德军接管。车上的火炮是布雷达35型20毫米炮。这辆车的驾驶位后置，因此没有必要使用转车台。（照片：保罗·马尔马萨里的收藏）

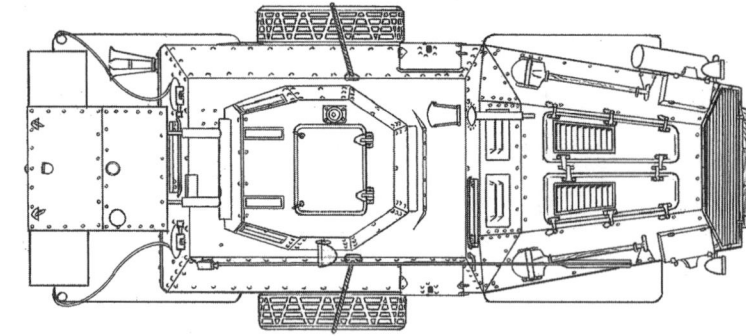

© Paul MALMASSARI　1982　1/87 (HO)

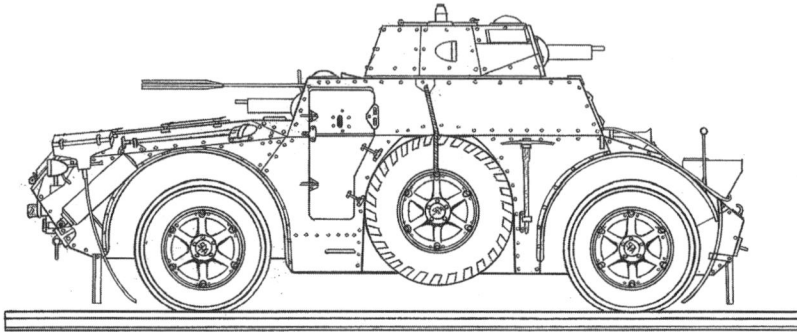

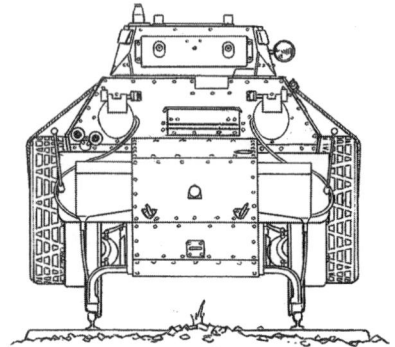

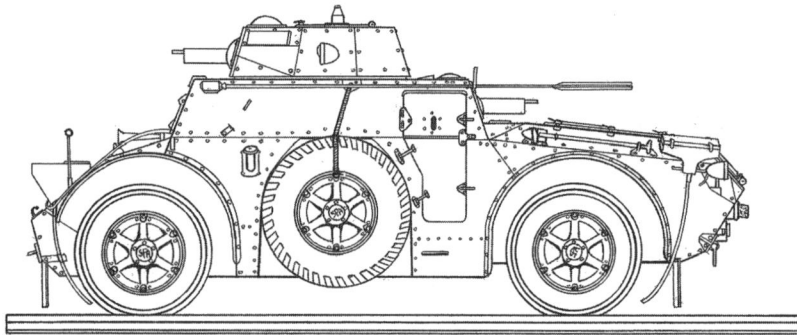

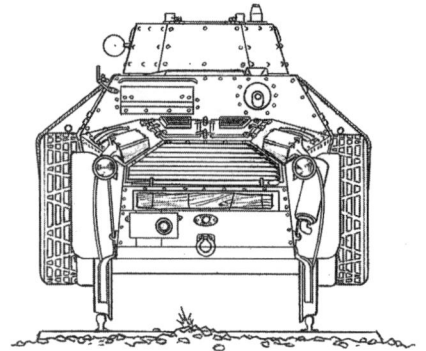

Autocarretta 42 型"铁路装甲车"（Ferroviaria Blindata）

这种车辆衍生自 Autocarretta OM36 卡车，相关部门为铁路工程兵部队建造了 20 辆该种车辆。1942 年底原型测试后，该车型于 1943 年初被批量生产，于 1943 年 5 月在达尔马提亚和斯洛文尼亚窄轨（宽 76 厘米）线路上服役。1943 年 9 月 8 日后，德国国防军继续使用它们。

技术规格

长度：3.83 米（12 英尺 6.75 英寸）

宽度：1.535 米（5 英尺 0.5 英寸）

高度：2 米（6 英尺 6.75 英寸）

地面净高：12.5 厘米（5 英寸）

高度：3.2 吨

发动机：FIAT-SPA AM 4 缸，20 马力 /2400 转

燃油：汽油

最高速度：15 千米 / 小时（10 英里 / 小时）

行程：350 千米（215 英里）

装甲厚度：8 毫米

武备：1× 布雷达 38 型 8 毫米机枪

乘员：6 人

我们从这幅四分之三正视图上可以清楚地看到，该型号的转向机构通常用于非对称轨道车，但在作战条件下使用极其危险。还需注意的是，其唯一的出入通道在车顶位置。（三张照片：达妮埃莱·古格列米的收藏）

这幅正视图说明该车的尺寸不大，对乘员来说相对不舒适。其正面装甲板上装有紧急启动手柄，保护散热器进风口。

轨道车的后视图，注意多个射击和观察孔，以及爬上车辆的辅助工具——扶手。

1943 年夏季，意大利还考虑了另外两个计划：威博蒂（Viberti）公司设计的两种轨道车（一种用于窄轨，另一种用于标准轨），但由于停战而没能投产。这两种车辆的内部设计极其紧凑，可能得益于 Autocarretta 42 型的经验，不过它的武器和装甲防护较为薄弱。

我们从轴心国在巴尔干地区的失败中很容易看出，其保护铁路网的措施不得力。意军一直无法避免敌军对交通线的破坏，不过独立连和铁路民兵日复一日的护航和侦察行动避免了巴尔干交通及补给线的全面瘫痪。最后，1943 年 9 月 8 日之后，在此时称作 OZAK（Operationszone Adriatisches Küstenland，亚得里亚海沿岸战区）的这个区域，国防军的订购和使用证明了 "Liblis" 具备很高的价值。

在某个时间点（可能是 20 世纪 20 年代初），安萨尔多公司曾提出一种装甲机车和一种装甲机动有轨车的设计。尽管机动有轨车的图纸注释使用的是法语，但法国的档案中却不存在任何该项目申请的记录。其设计图中包含了圣埃蒂安 1907 型机枪，说明它的意图是用于法属北非地区，可能是摩洛哥。有趣的是，这张图纸还描绘了炮塔频闪观测设备的安萨尔多版本，其概念上类似于法国的 FCM 2C 型（Char 2C）坦克。

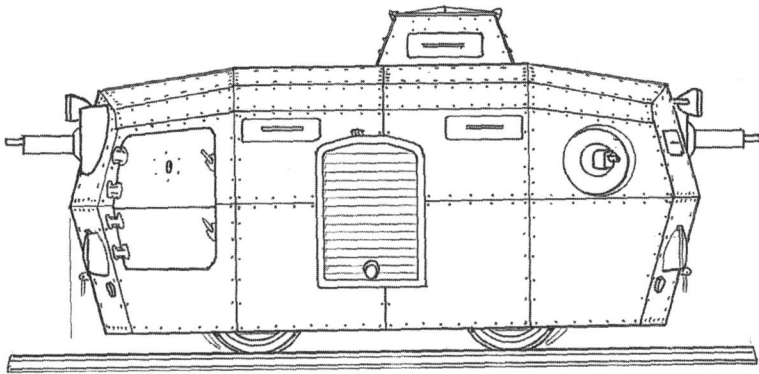

© Paul MALMASSARI 2016 1/87 (HO)

威博蒂窄轨（76 厘米）轨道车设计图。

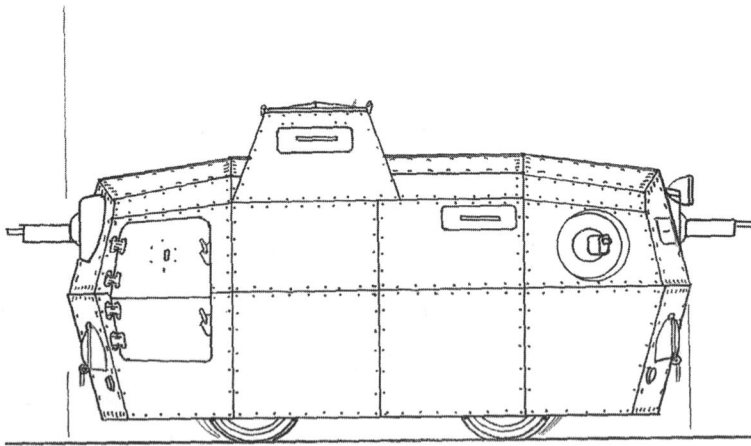

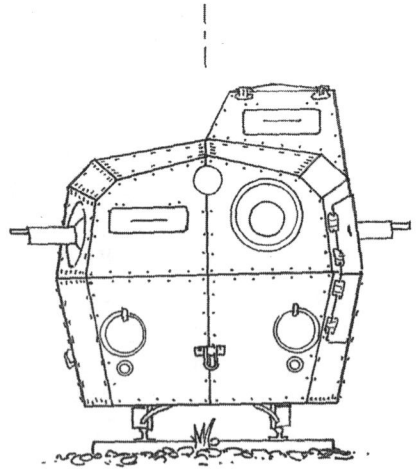

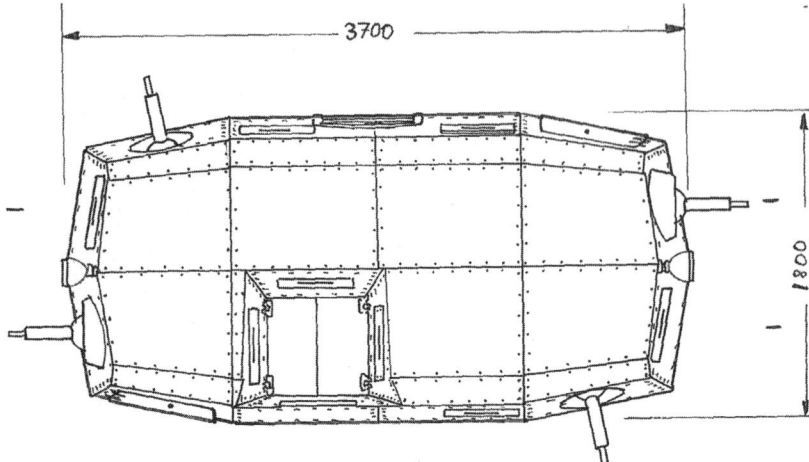

5,50 m

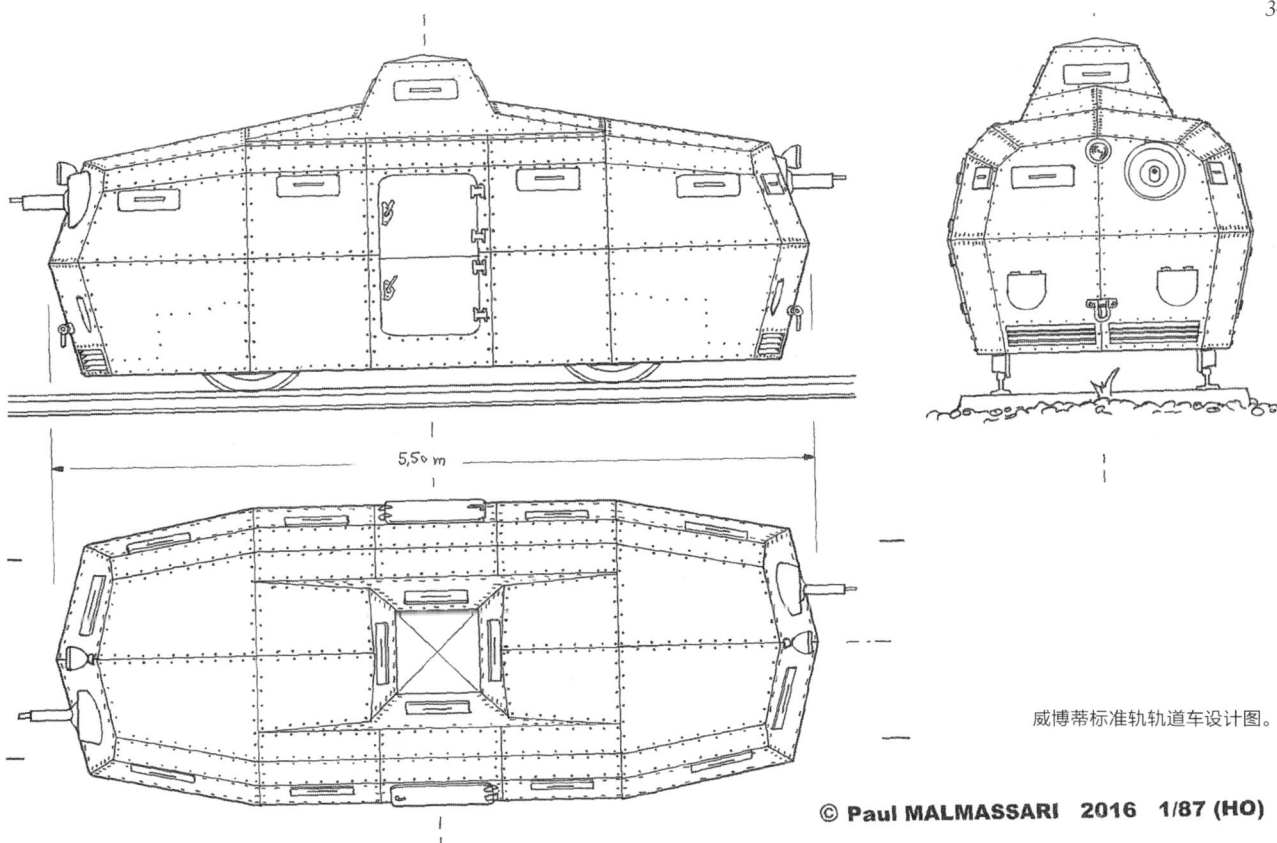

威博蒂标准轨轨道车设计图。

© Paul MALMASSARI 2016 1/87 (HO)

资料来源

- Benussi, Giulio, *Treni armati treni ospedale 1915-1945* (Parma: Ermanno Albertelli Editore, 1983).
- Guglielmi, Daniele, *Italian Armour in German Service 1943-1945* (Fidenza: Roadrunner, 2005).
- Luparelli Albion, Filippo Ettore, *La Sicilia nella probabilità di una invasione francese* (Palermo: Michele Amenta, 1884).
- Pignato, Nicola, *Atlante mondiale dei mezzi corazzati, i carri dell'Asse* (Bologna: Ermanno Albertelli Editore, 1971, 1983).
- _____, *Un secolo di autoblindate in Italia* (Fidenza: Roadrunner, 2008).
- _____, and Cappellano, Filippo, Gli Autoveicoli da combattimento dell'*Esercito Italiano* (Volume 1) (Rome: Uffico Storico SME, 2002).
- _____, Gli Autoveicoli da combattimento dell'*Esercito Italiano* (Volume 2) (Rome: Uffico Storico SME, 2002).

日本

装甲列车（1918—1945 年）

　　从 1894 年起，日本在亚洲大陆建立根据地和领土扩张的行动中卷入了多场冲突，先是与中国清政府之间的战争，然后是与民国政府的冲突。除了其他地方的领土扩张之外，1894—1895 年的甲午战争使日本得到了中国台湾省和旅顺港这两个殖民地。此后，日本参与了 1918 年 8 月到 1922 年 10 月协约国对西伯利亚的干涉。1931 年，日本占领中国东北，将其改名为伪"满洲国"。最后，第二次中日战争（抗日战争）于 1937 年爆发，成了范围更广的第二次世界大战的一部分。

西伯利亚干涉（1918—1922 年）

日本军队加入了一支总人数为 25000 人的国际部队，对苏俄内战进行干涉。在美国政府请求下，日军于 1918 年 7 月第一次参与西伯利亚行动，首批干涉军有 12000 人，由日方指挥。[1]

部队就位后，铁路网的安全由装甲列车确保，这些车辆中大部分是撤退的捷克军团带来的。不过，日军拒绝参加贝加尔湖以西的行动，他们的当务之急基本上是为白军将军阿塔曼·谢苗洛夫（Ataman Semyonov）和卡尔梅科夫（Kalmykov）提供支援，这两人的部队都有充足的装甲列车，此后，日军支援冯·温格恩 - 施特恩贝格（von Ungern-Sternberg）男爵的部队。

1920 年 4 月 5 日，日本干涉军作为美国干涉军[2] 撤退后唯一的非俄国部队，发动了一次攻势，以解除当地革命军的武装，终极目标是保护日本本土岛屿及朝鲜和中国东北殖民地，抵御反对君主制的布尔什维克威胁。日军越过外贝尔加山，撤回对谢苗诺夫的支援，1922 年 10 月，迫于国际国内[3] 压力，日本最终撤出了本国部队。

这门炮被简单地安装在一节俄国转架车一个抬高的平台上，只能向前射击，与其他同时代装甲列车的旋转炮塔相比显得很原始。（照片：保罗·马尔马萨里的收藏）

这列飘扬着日本太阳旗[4] 的列车是在经典的俄国铁路转架车基础上建造的，与当时的标准更为符合。（照片：保罗·马尔马萨里的收藏）

这节在俄国转架车基础上建造的日本装甲车厢拥有简单装甲防护，但其武器令人印象深刻。（照片：保罗·马尔马萨里的收藏）

1 第 12 师团于 1918 年 8 月 3 日首先登陆，在阿穆尔（Amur）地区和乌苏里江地区与捷克部队共同作战。干涉军最高峰时兵力达 72000 人，指挥官大谷将军理论上是协约国部队的名义首领。实际上，当地人对日俄战争记忆犹新，俄国人对日益强大的日本并不信任。

2 美国西伯利亚远征军（AEFS）于 1920 年 4 月 1 日撤出。

3 日本的干涉行动造成 5000 名军人因战斗和疾病死亡。

4 1870 年 2 月采用。这面"太阳旗"与 1870 年 5 月采用的日本军旗"旭日旗"有所不同，后者的图案包含 16 道光芒。

"奥尔利克"号机动有轨车一端的近景照片。它当时仍然保留着捷克名称，其车身铭文"VUZ CIS.1"意为"1 号车厢"。（照片：保罗·马尔马萨里的收藏）

这张著名的照片展示了一节有趣的机枪车厢，其乘员混编了捷克和日本士兵，是西伯利亚大铁路某些路段守军的典型配备。（照片：版权所有）

"奥尔利克"号的火炮车厢，此时它在日军手中，这可以从侧面的铭文上看出。车厢上的炮塔中安装有一门俄国 1902 型 76.2 毫米炮，由于装甲上层建筑的阻碍，其水平射界被限制在 270 度。（照片：保罗·马尔马萨里的收藏）

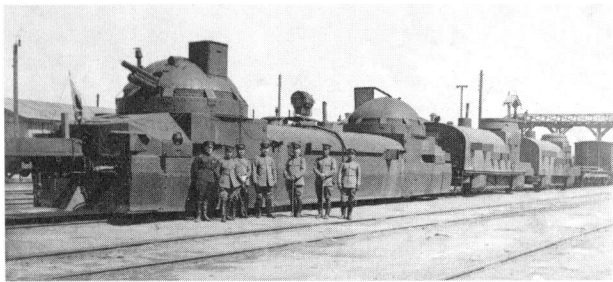

独立运行或与"奥尔利克"装甲列车一起运行的装甲机动有轨车。注意左侧的捷克军官和一群日本军官。还要注意最新的改良效果，例如安装在顶部的探照灯。（照片：保罗·马尔马萨里的收藏）

这张照片展示了一节俄国装甲车厢的最终外观，它原属卡尔梅科夫的部队，但当时已被日军接管。注意附加装甲和列车总体布置的"日本风格"，它看起来不像原来的版本那么随意。（照片：版权所有）

在西伯利亚服役的一辆日本装甲轨道车，围观的是捷克军团成员。（照片：捷克中央军事档案馆 - 军事历史档案馆）

在中国和朝鲜的日本装甲列车（1931—1945 年）

1911 年开始的内战[5]使中国陷入分裂。从 1905 年的日俄战争起，日本取代俄国，在中国东北地区形成了影响。1931 年 9 月 18 日，经过中国军队驻地附近的一条铁路[6]遭到小规模破坏，引发了所谓的"奉天[7]事件"，日本以此为借口发动入侵，强化了对该地区的控制。[8]1932 年 2 月 5 日，日本占领哈尔滨，完成了对整个东北地区的军事占领——哈尔滨所在的黑龙江省是原日本势力范围以北的主要中国省份之一。随后，日军在 1932 年 2 月 18 日建立了由中国末代皇帝溥仪统治的傀儡政权伪"满洲国"，这个政权从未得到国际联盟的承认。

1928 年，日本已经在中国东北组装了 6 列装甲列车，配备 41 式 75 毫米山炮。在奉天事变之后，关东军专门建立了铁路公司[9]以管理装甲列车，并接手技术方面的职责。除了日益增加的装甲列车，"护卫列车"也进入现役，后者只包含一节步兵车厢和一节火炮车厢。此外，由"满铁"老兵运行的装甲车厢挂接到预定的班车上。这样，到 1935 年，关东军共有 28 列装甲列车和 4 列护卫列车。

由于缺少详细的记录，我们无法描述装甲列车在这场战役中的所有行动，但当时的报纸报告了几次典型的战斗。尽管中国东北军已经溃退，但铁路线仍不安全。例如，1931 年 11 月 15 日，当日军试图包抄嫩江大桥

5　1912 年 1 月，孙中山创立了中华民国。

6　该地区的铁路网属于日本的"南满铁道株式会社"。

7　今沈阳。

8　参见附录中的"漫画中的装甲列车"。

9　译者注：本书中多次提到了"满洲铁道株式会社"，译者保留原作写法，但根据历史，这指的应该是简称"满铁"的"南满铁道株式会社"。伪"满洲国"政府将所谓的"满洲国国有铁道"委托"满铁"经营（后者称这些铁路为"国线"，自己原来经营的铁路为"社线"）。

附近的中国军队时，中国骑兵成功地切断了离开装甲列车的分遣队，只有少数日军士兵在炮火掩护下重新回到车上。

从名义上讲，整个东北都被日军占领，但他们实际上只控制了城镇和铁路线，以及中东铁路干线的大部分。日军的存在迫使苏联在符拉迪沃斯托克和满洲里（离中苏边境最近的车站）之间的边境线上保持 15 万兵力。日本守军除了坦克和炮兵之外，还维持着 30 节装甲车厢。

1932 年 2 月，中国当局因应日本对东北的入侵行动，展开了对日本货物的抵制，而为了报复，日本又决定对上海采取军事行动。中国军队为了抵抗日军的进攻，在沪宁铁路线上使用了一列主要在夜间运行的装甲列车，并在运兵列车上增加了装甲车厢。日军重炮上岸后，这些车辆的使用似乎立刻停止了。

1937 年 7 月 7 日的卢沟桥事件标志着抗日战争的全面爆发。7 月 28 日，日军占领了多座中国城市。1940 年 3 月，日本成立了伪政府，但这场战争逐渐发展出一系列游击战和反游击行动。1945 年 8 月 8 日，抗日战争以日本投降而告终[10]，苏军占领朝鲜，中国的解放战争也开始了。

这片广袤的土地缺少好的公路，因此铁路线至关重要。在铁路线成为破坏活动的主要目标后，日军部署了大批部队来保护铁路线。日本陆军使用了多列装甲列车[11]和装甲轨道车。这些车辆不得不在两种不同轨距的线路上运行：中国东北地区北部的俄制 1520 毫米（5 英尺）轨距，以及中国其他地区的欧制 1435 毫米（4 英尺 8.5 英寸）轨距。

根据安东尼·巴塞亚克（Antoine Baseilhac）的说法，第一批日本装甲列车"是广阔的东北平原上唯一的高机动性强力部队"，是用该地区现有的铁路车辆临时改装的。日军还使用了缴获的中国装甲列车组成单元，这些车辆往往建造质量更高，许多是苏俄内战结束时逃离的白军带入的白俄装甲列车。为了满足现代化装备的需要，日军还在东北建造了两种独特设计的装甲列车：1932 年的"临时装甲列车"，以及次年的 94 式装甲列车。与此同时，大量自行单元服役，用于铁路侦察巡逻。

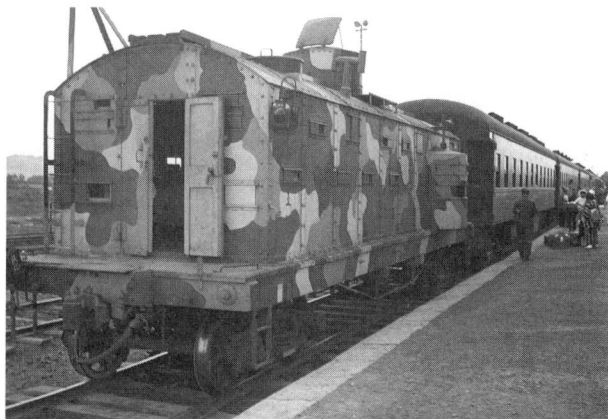

这种装甲车厢是朝鲜或中国东北铁路网上的典型。它的构造很简单，是将一个装甲车身固定在标准转架平板车上。（照片：档案管理员康斯坦丁·费多洛夫的收藏）

车厢的另一端。（照片：档案管理员康斯坦丁·费多洛夫的收藏）

这张照片应该可与韩国（1950—1953 年）章节中的照片相比。射击舱室上翻门的布置以及车顶上的探照灯三脚架都很有趣。实际上，结合这张照片和前两张照片，可以证明射击舱室是对角布置的。（照片：保罗·马尔马萨里的收藏）

10 中国台湾省从 1895 年起被日本占领，直到 1945 年才重回中国怀抱。我们不知道该岛铁路网的防御是否使用了装甲列车。

11 日语そうこうれっしゃ。

照片中的列车没有侧向的机枪口，这种类似的构造特征在其他装甲列车上也经常出现。注意与主装甲车身分离的正面观察阵位。（照片：保罗·马尔马萨里的收藏）

另一张类似的照片——可能是同一列车的另一端。照片展示了各种不同类型的防护物——铆接钢板、焊接钢板和沙包等。（照片：保罗·马尔马萨里的收藏）

除了加入常规列车的装甲车厢之外，日军还组建了用于进攻性巡逻的装甲列车。图中的领航／安全车厢已经脱钩。这节装甲车厢侧面有军用铁路的标志。（照片：版权所有）

在这些照片中，我们可以看到暗色的矩形图形作为"错视画"，代表着虚假的射击孔。（照片：保罗·马尔马萨里的收藏）

不同类型的领航／安全车厢，配备了装甲舱室以供乘员仔细观察轨道。这些舱室的设计各不相同，似乎没有标准的样式。（照片：保罗·马尔马萨里的收藏）

中国东北地区典型装甲列车的两张照片。在这张照片中，列车没有火炮车厢，正常情况下，该车厢与前方的车厢相连。（照片：保罗·马尔马萨里的收藏）

同一列车的前部。这张照片显示了
其机车上的部分防护。其驾驶室有
全面防护和一块滑动闸板,其装备
的似乎是 41 式 75 毫米炮(1908
年)。(照片:保罗•马尔马萨里的
收藏)

可能是较早设计的领航 / 安全车
厢,因为第二节车厢是苏俄内战期
间使用的俄国高边转架车。(照片:
平和祈念展示纪念馆)

这些列车的另一个战术特征:为了
给机车提供充足的水,煤水车和
火炮车厢之间被插入了一节转架水
柜车。(照片:保罗•马尔马萨里
的收藏)

火炮车厢俯视图，这成为后来许多插图的灵感源泉。

水平方向的板材既可以作为防护板使用，也可以作为日本飞机的识别特征。（照片：保罗·马尔马萨里的收藏）

日军还在占领区布置了窄轨或米轨装甲列车。上图和下图展示了两列该型列车——火炮安装在旋转炮塔中，装甲也明显按车厢的轮廓做了调整。但照片上的可能只是一支训练部队（白色的臂章、非常规的装甲形式等）。（照片：瓦夫日尼亚克·马尔科夫斯基的收藏）

这一节由棚车改装而成的日军防护车厢，是一列非装甲列车的组成部分。照片摄于 1937 年 8 月的天津。它装备了 11 式 6.5 毫米轻机枪。（照片：保罗·马尔马萨里的收藏）

在中国东北出现的另一节棚车。照片拍摄的是它的车顶配置，有一挺 3 型 6.5 毫米重机枪。没有专用环形瞄准具，说明这挺机枪不是用于防空的。（照片·版权所有）

在日军攻势中，多列中国装甲列车被缴获，又被立即投入作战。我们从这张照片中可以看到，车厢的右侧有日军的标志。这些车辆的其他照片参见中国的章节。（照片：保罗·马尔马萨里的收藏）

一支防空部队发行的明信片，它们的标记是两门高射炮、一束探照灯光和声波定位器。（明信片：保罗·马尔马萨里的收藏）

临时装甲列车（1933—1945 年）

　　"临时装甲列车"是正式的型号名称，该型号于 1932 年被设计，作为在东北服役的试验品，共建造了三列，首列于 1933 年 7 月完工。它们由第 3 和第 4 铁路团运行。每列列车包括如下组成部分：

- 领航（轨道管制）车厢
- 重型火炮车厢
- 轻型火炮车厢

- 步兵车厢
- 指挥车厢
- 煤水机车
- 辅助煤水车
- 技术设备车厢
- 步兵车厢
- 轻型火炮车厢
- 榴弹炮车厢
- 领航（轨道管制）车厢

列车总体照片，展示了中国战线上使用的典型伪装方式。我们从照片上明显可以看到机车飘出的浓烟，如果没有导向铁轨或者采用其他方法驱散，这些浓烟就会将列车的准确位置泄露给敌方观察员。（照片：版权所有）

一节领航（轨道控制）车厢，以 30 吨转架平板车作为基础，其炮塔用于近距防御，装备一挺 11 式 6.5 毫米轻机枪，两个装甲门保护一具直径 60 厘米的探照灯。（照片：版权所有）

值得注意的是固定在车厢侧面的铁轨和枕木，以及精心准备的伪装图案。（照片：版权所有）

前导重型火炮车厢，14 式 100 毫米高射炮装在可全向旋转的炮塔中，备弹 500 发。其他武器包括一挺重机枪和 10 支步枪。车厢内有一名军官和 14 名士兵。照片下半部分显示其装甲板铰链被拉起，使我们能够看到开炮时稳定车厢的手段。照片上还存在有些过多的射孔，它们可用滑动闸板关闭——其总数足以让全部成员从同一侧射击。（照片：版权所有）

轻型火炮车厢（装有两座炮塔，各安装一门 11 式 75 毫米炮，共备弹 500 发），其乘员包括一名军官和 19 名士兵。该车厢是以 Ta-I 型 50 吨煤车为基础建造的。（照片：版权所有）

照片中的步兵车厢的基座是转架平板车。车厢上的每座炮塔中有一挺 92 式 13 毫米重机枪。车厢中的武器还包括两挺 3 式 6.5 毫米机枪（也称作大正 14 式）、两支 38 式步枪和一具 30 厘米直径的探照灯。乘员包括一名军官和 11 名士兵。（照片：版权所有）

指挥车厢有两层，下层是无线电舱室，上层是炮兵指挥哨位——可以看到顶部突出的双筒望远镜。观察舱室之一位置较高，一根无线电天线及其升降桅穿过车顶。轻武器包括两挺机枪和十支步枪。（照片：版权所有）

我们可以从指挥车厢的这张照片上看到安装在套筒中的两个观察舱室。注意保护开放平台两侧的钢板。（照片：版权所有）

锅炉上没有垂直装甲，但排气罩得到防护，可以抵御水平火力。（照片：版权所有）

这节令人印象深刻的辅助煤水车基于 50 吨煤车而改装，配备两个可伸缩枪塔，每个枪塔装备一挺 11 式 6.5 毫米机枪，可以沿列车方向观察和射击。注意中间的出入车门。（照片：版权所有）

"满铁"的 2-8-0 "ソリイ"煤水机车垂直装甲板后有一个通道，车组可以从列车的一端走到另一端。（照片：版权所有）

辅助煤水车携带足以支持行驶 600 千米（375 英里）的煤炭，以及足以支持行驶 300 千米（188 英里）的水。（照片：版权所有）

技术设备车厢改装自 Ha-2 型客车车厢。由发电机驱动的无线电设备需要与在绝缘块上安装环形天线搭配使用。（照片：版权所有）

技术设备车厢顶部的细致照片。（照片：版权所有）

列车的后端是榴弹炮车厢，与其他火炮车厢基于同样的商用车厢改造而成，但其旋转炮塔上安装的是改良版 4 式 150 毫米榴弹炮，其武器还包括四挺 3 式机枪和 10 支步枪，乘员为两名军官和 20 名士兵。（照片：版权所有）

94 式装甲列车（1933—1945 年）

94 式装甲列车是相关设计师听取临时装甲列车此前运行的反馈意见后构思的。设计工作始于 1933 年 10 月，随后该型列车于一年之内便已建成，但只有一列，没有任何后续产品。尽管能够达到每小时 65 千米（每小时 40 英里）的最高速度，可它本质上是一种岸防／机动火炮列车，而非轨道巡逻单元。与在中国使用的其他装甲列车相比，94 式使用的 6 毫米和 10 毫米轻装甲防护说明，它的设计不适用于近距作战。

94 式的 8 个组成部分如下（从头至尾）：

- 领航（轨道管制）车厢
- 1 号（甲）火炮车厢
- 2 号（乙）火炮车厢
- 3 号（丙）火炮车厢
- 指挥车厢
- 机车
- 煤水车
- 发电机车厢

列车首部的领航（轨道管制）车厢配备一具直径 30 厘米的装甲探照灯。车上可见用于近距防御的 92 式 7.7 毫米机枪，以及观察孔的滑动闸板。中置的车钩扣说明这个车厢是在 Ta- I 型 30 吨矿车基础上建造的。（照片：版权所有）

首尾对齐的炮塔。照片摄于沙河口与普兰店之间。（照片：版权所有）

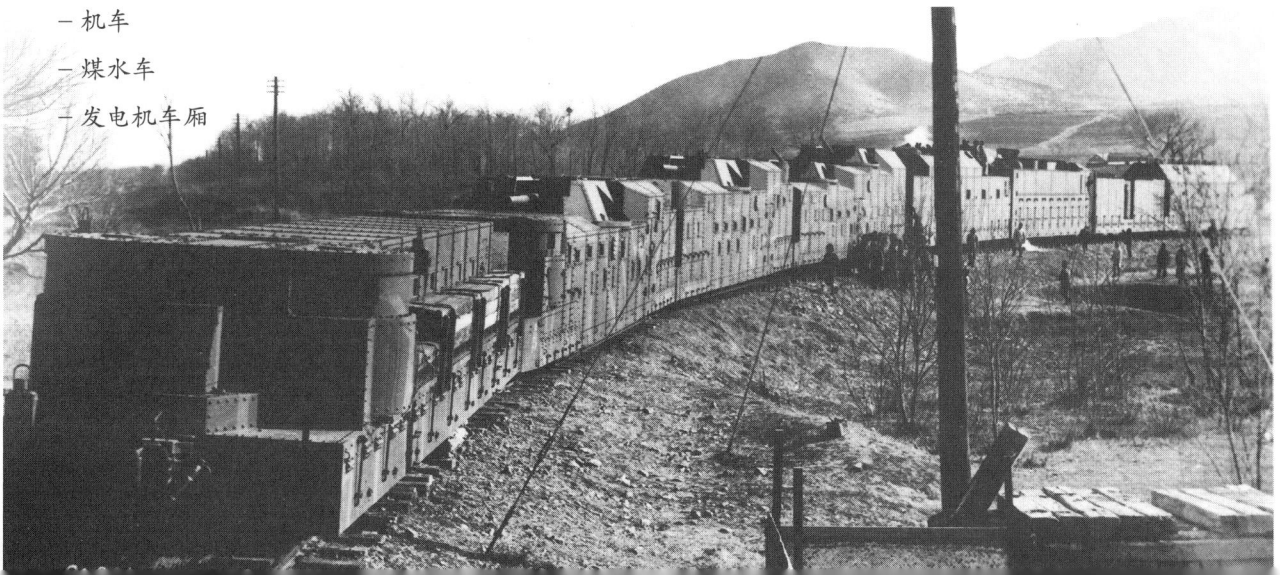

整列列车的高质量照片，同构设计给人一种坚不可摧的印象。该车于 1934 年 11 月 16 日到 12 月 16 日进行了运行测试，期间于 12 月 8 日和 9 日进行了射击测试。（照片：版权所有）

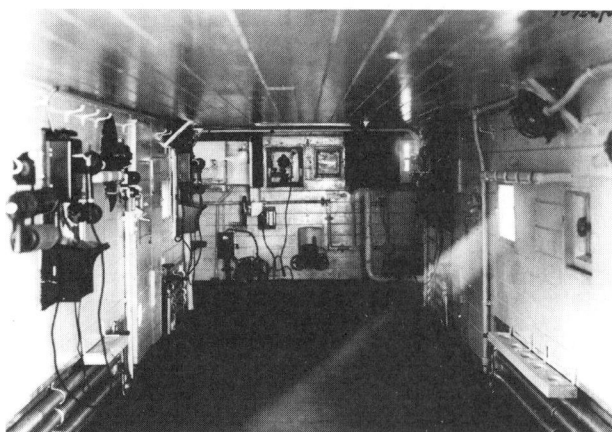

领航车厢内部看上去像一个小的指挥所，它的布局与临时装甲列车的指挥车厢类似，其侧面也安装了铁轨和枕木。（照片：版权所有）

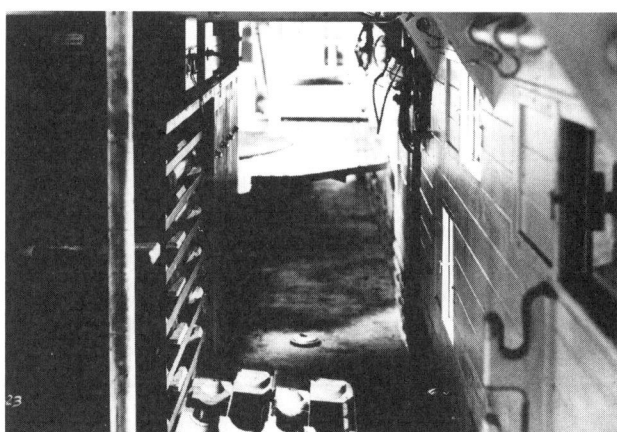

"甲"车厢前部的内部照片，其装甲板由木材支撑。背景是炮塔的转篮，左侧的架子上存放车厢运载的 200 发炮弹。（照片：版权所有）

"乙"车厢的设计与"甲"车厢类似，但上层建筑更高，以便从后者之上射击。这节车厢的 4 个旋转机枪塔可用于打击地面和空中目标。我们可以看到其车顶上有舰艇用的双像测距仪及操作手，他们的左侧是双筒潜望镜。伪装图案中的黄色或赭色条纹是为了模糊车厢的常规线形。（照片：版权所有）

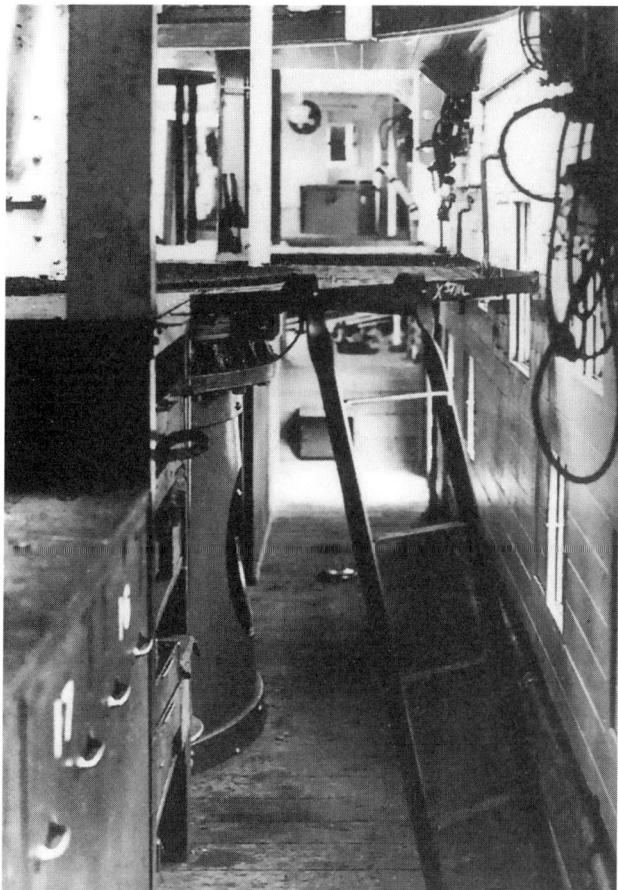

"甲"车厢的单一炮塔安装了一门14式100毫米高射炮（只用于打击地面目标），射界为270度。该炮的最大射程为15千米（9.4英里）。前方炮塔中的92式7.7毫米机枪用于打击地面目标，而尾部炮塔的机枪是对地和防空两用的。（照片：版权所有）

"乙"车厢内部。由于其炮塔设置高度高于"甲"车厢，车内人员进入转篮需要用到梯子。（照片：版权所有）

与其他火炮车厢一样，"丙"车厢基于60吨"试验1型"（チ-1）车厢，安装88式75毫米高射炮，这种火炮也能打击地面目标，其水平射程为14千米（8.75英里），每炮备弹300发。（照片：版权所有）

"丙"车厢炮塔之一的内部照。我们可以在照片顶部看到75毫米炮的后膛。每门炮的射速可以达到每分钟20发。（照片：版权所有）

指挥车厢在**タサ**型 60 吨煤车基础上建造，每座炮塔装有一挺 92 式 7.7 毫米机枪。我们可以根据照片辨认出装甲外壳内的侧置探照灯，以及各种光学仪器。（照片：版权所有）

指挥车厢的两张内部照片。上图是车厢的上层，包括潜望镜底座和各种配件。下图是车厢下层，明显是列车指挥人员的办公室。（照片：版权所有）

"天皇"级 2-8-2 煤水车有简单的垂直装甲防护，顶部敞开。（照片：版权所有）

烟箱的防护由固定在正面的一块钢板完成，开门处可以看到美国风格的烟箱门。垂直方向的圆柱体可能是气泵。（照片：版权所有）

即便是煤水车也有武装，请注意照片中右方和上左方的伸缩炮塔。煤水车的水容量（在六个有圆形舱门的水柜中）和载煤量只够行驶 150 千米（94 英里），说明这种列车根本不是为在中国东北平原上进行远距离巡逻而设计的。（照片：版权所有）

煤水车的左侧有可伸缩舱室（处于舷外位置），顶部是一个小型旋转枪塔，安装有一挺 92 式 7.7 毫米机枪。右侧可以有一扇车门。（照片：版权所有）

一个不常见的角度——面向机车的煤水车前端，正常情况下，它是用照片中清晰可见的挂钩连接的。此时机枪舱室缩回了车内。（照片：版权所有）

我们可以从这张发电机车厢的侧视照片上看到安装在车顶的天线。（照片：版权所有）

发电机车厢后视图。它挂接在列车后部，装有两挺用于近防的 92 式 7.7 毫米机枪和 30 厘米装甲探照灯。（照片：版权所有）

二战结束时被缴获的日本装甲车厢的两张照片。拍摄位置无法确定，但其中置车钩扣及缓冲器的存在说明它在俄制铁路网上。

更换了轮组的"甲"车厢。（照片：版权所有）

用于射击时保持火炮车厢精确水平的制动棒。（照片：版权所有）

战后，日本装备被中国和朝鲜的交战各方重新使用。这张照片中一群孩子远观的可能就是上述列车之一，而更具冒险精神的大人在残骸中寻觅，该车似乎遭受了正面撞击。（以上 3 张照片：保罗·马尔马萨里的收藏）

日本装甲轨道车

"隅田川"[12]RSW 装甲轨道车

日本陆军似乎只允许步兵和骑兵使用配备火炮的装甲车辆，这也就能解释装甲铁路轨道车的炮塔内为何只有机枪。

RSW 轨道车基于一种装甲卡车，于 1929 年被设计，用于在中国东北实施铁路治安任务。其装甲厚度为 6 毫米，覆盖整辆车。车身四边都有正方形射孔，供乘员使用个人武器。装甲散热器板条可以固定敞开，增加空气流量。要使 RSW 轨道车在铁路上运行，只需要从其轮辋上拆下硬橡胶轮胎。三个头灯提供轨道车前方的照明。

这张明信片展示的是中国白城工厂中的一辆 RSW 轨道车。（明信片：保罗·马尔马萨里的收藏）

RSW 轨道车和下车的乘员。驾驶员通常坐在 RSW 轨道车驾驶室右侧，因此其舱门较大。炮塔舱门中央漆上的红日图案（美军称其为"肉丸"）用于空中识别。（照片：保罗·马尔马萨里的收藏）

91 式[13]So-Mo 装甲轨道车

这种重型轨道车[14]的正式名称是"91 式广轨拖车"（91-しきこきけにしゃ），盟军战时情报机构将其辨认为 93 式"隅田川"装甲车，此后就一直沿用这一错误的名称（作者此前的著作中也如此使用）。

从 1930 年起建造的这种 6×4 车辆装有普通车轮，可以配备在公路上用的硬橡胶轮胎，或者在铁路上运行的凸缘轮辋。它衍生自海军的 90 式装甲车，重 7 吨，

其要害部位覆盖有 16 毫米装甲。[15]

---

12 得名于流经东京的一条河流。最初，"隅田川"是石川岛造船所于 1929 年制造的第一种卡车的名称。工厂的名称常常与 SO-MO 轨道车的名称混淆（见下文）。

13 日本装甲车辆（实际上是所有武器）的编号体系与帝国创立的当年（公元前 660 年）相关。因此，1931 年对应日本纪年 2591 年，使用最后两位数"91"作为型号。1941 年起推出的武器，"01"中的"0"字被去掉，变成"1 式"。

14 以下四种车辆的定名日期相近，其特性亦类似：90 式（海军型）、91 式（So-Mo 轨道车）、92 式（东京天然气与电力工业公司千代田轿车厂，也是一种轻型坦克），这更令盟军困惑。

15 炮塔侧面和车身正面的装甲厚度为 16 毫米；车身侧面和后面的装甲厚度为 11 毫米；车身顶部与底部以及炮塔顶部的装甲厚度为 6 毫米。

公路—铁路改装需要大约 20 分钟，期间必须使保险杠上的 4 个千斤顶抬升车辆。此外，轮距需要调整以适应铁路轨距。91 式轨道车的铁路最高速度为每小时 60 千米（每小时 38.5 英里），其公路最高速度则为每小时 40 千米（每小时 25 英里）。不过，由于底盘是单向的，没有内置转车装置，所以两辆轨道车必须背靠背连接起来，才能在敌人火力下迅速撤退。车上装有 6 挺大正 92 式机枪，其中一挺安装在旋转机枪塔中。

91 式轨道车的主要行动区域是中国战场，但似乎有多辆用于中南半岛和马来亚。被宣称的总产量 100 辆可能包括海军的 90 式和陆军的 91 式。

原海军 90 式装甲车缺乏铁路改装的手段。车上的铭文表示 "长冈市提供的第 1 辆车"。[16]（照片：马修·埃克尔）

使用公路硬橡胶轮胎的陆军 91 式装甲车，其铁路轮辋和复轨斜板被固定在车身侧面。（照片：版权所有）

津田沼铁路团的一辆 91 式 SO-MO 轨道车，它没有复轨斜板支架。照片摄于 1939 年。（照片：瓦夫日尼亚克·马尔科夫斯基的收藏）

91 式 SO-MO 轨道车的伪装版本，其复轨斜板和前方内置的复轨千斤顶都清晰可见。（照片：平和祈念展示资料馆）

前一张照片中车辆的正面细节的特写。（照片：平和祈念资料馆）

为人熟知的 SO-MO 的正面照，其中置车钩关节销高度可调。在铁轨上抬升车辆的四个千斤顶得到了麻布的保护。（照片：保罗·马尔马萨里的收藏）

16 "报国公党" 是向海军提供车辆的组织名称，与此对应，向陆军提供车辆的组织是 "爱国公党"。

在后来的配置中，前车轴被更换为一个转向架，使轨道车在触雷时更容易维修，同时使转向架在不平坦的轨道上也能提供更高的行驶质量。原来的前轮被放在转向架顶部，供轨道车在公路使用时改装。（照片：瓦夫日尼亚克·马尔科夫斯基的收藏）

SO-MO 轨道车与自豪的车组人员的集体照，乘员们身着夏装，轨道车的散热器的装甲翻门被打开。背景中，另一位摄影师忙于捕捉 4 辆 SO-MO 的行列，它们与一节或多节车厢连接在一起，摄影师背后是由一辆五十铃公路铁路两用卡车领头的护航队。这一情景说明了 SO-MO 在巡逻任务中的广泛使用。注意堆场中的铁轨并不平坦，没有道砟，被铺设在间隔紧密的枕木上。（照片：平和祈念展示资料馆）

防冷装备有助于模糊车辆线型，从而提高伪装效果。注意炮塔正面驾驶室顶部的两个箱子。（照片：瓦夫日尼亚克·马尔科夫斯基的收藏）

轨道车后部的精细照片，可以看到两个后门不对称。这两辆车前后连接，武器都已就位。（照片：保罗·马尔马萨里的收藏）

为满洲铁道株式会社制作的铸铁或锡合金镇纸。（私人收藏）

1933 年 9 月 3 日热河附近铁轨上出现的问题。部队到乡间调查铁轨。（照片：保罗·马尔马萨里的收藏）

1941 年 3 月，一列列车正越过没有侧面栏杆的箱形梁桥。这可能是一列工程运输车。（照片：平和祈念展示资料馆）

可进行铁路改装的五十铃卡车衍生出一种装甲原型车，紧跟 SO-MO 的形式。差别之一是带有充气胎的车轮可以替换成完整的凸缘铁路车轮，而不是像 SO-MO 上那样只更换凸缘轮辋。（照片：版权所有）

站在自己的战车旁边。（照片：平和祈念展示资料馆）

JAPANESE TYPE 91 SO-MO ARMOURED RAIL TROLLEY
© P. MALMASSARI 1982 DB n°008 E=1/72

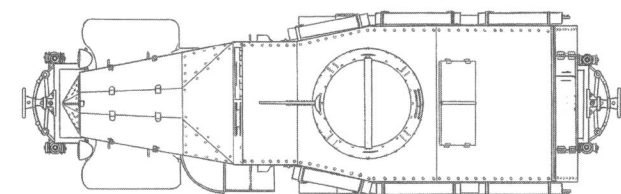

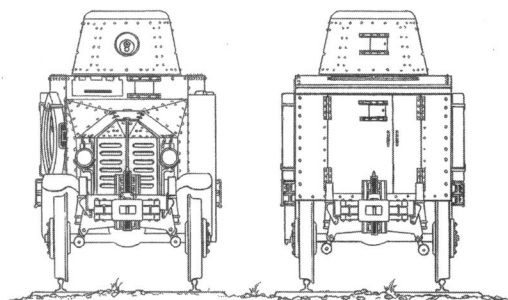

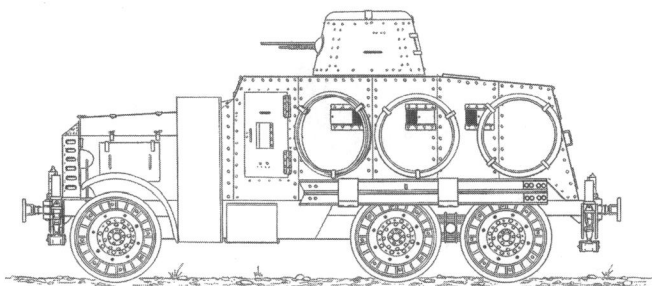

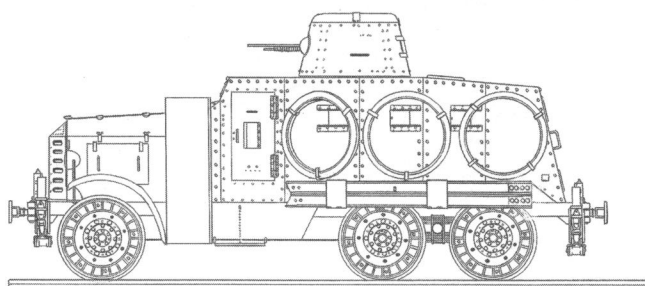

长度：6.57 米（21 英尺 7 英寸）

宽度：1.9 米（6 英尺 3 英寸）

高度：2.95 米（9 英尺 8 英寸）

速度：铁路每小时 60 千米（每小时 37.5 英里）；公路每小时 40 千米（25 英里）

装甲厚度：最薄 6 毫米；最厚 16 毫米

武备：1 挺 91 式 6.5 毫米机枪

重量：7.7 吨

行程：铁路 240 千米（150 英里）

乘员：6 人

日本 SO-KI 公路 / 铁路两用坦克（1935）

1935 年，日本设计了先进的 95 式 SO-KI 轻型坦克，并在之后一共建造了 65 辆。[17] 其中一些被中国国民党军队缴获[18]，后又由中国人民解放军接管。有一辆被保存了下来，现在在北京的军事博物馆展示。据我们所知，这是唯一实际使用的履带式公路铁路两用装甲车辆，曾用于中国东北，甚至可能在缅甸使用过。[19]

17 有些资料来源称总数为 121 辆。

18 有一张照片刊登在 1950 年 1 月 1 日的西班牙《世界报》上。

19 反常的是，日本 95 式 SO-KI 轻型坦克在铁路上的速度略慢于公路，不过在铁路上的行程远得多。

在北京军事博物馆展示的 SO-KI 的两张照片。[照片：陈怡川（音）收藏]

"铁路"配置下的 SO-KI 坦克。与站在车旁的成员比较，我们就能看出它的紧凑设计。（照片：瓦夫日尼亚克·马尔科夫斯基的收藏）

SO-KI 的内部照片。中间是车辆指挥员的座位，也在炮塔的正下方。（照片：瓦夫日尼亚克·马尔科夫斯基的收藏）

SO-KI 可以作为铁路牵引车使用，这从其车钩和牵引链等附件的配置可以看出。（照片：RAC 坦克博物馆）

铁路配置下，必须确保其履带中央部分的安全以避免它摩擦枕木，并固定外侧的滚子。（照片：版权所有）

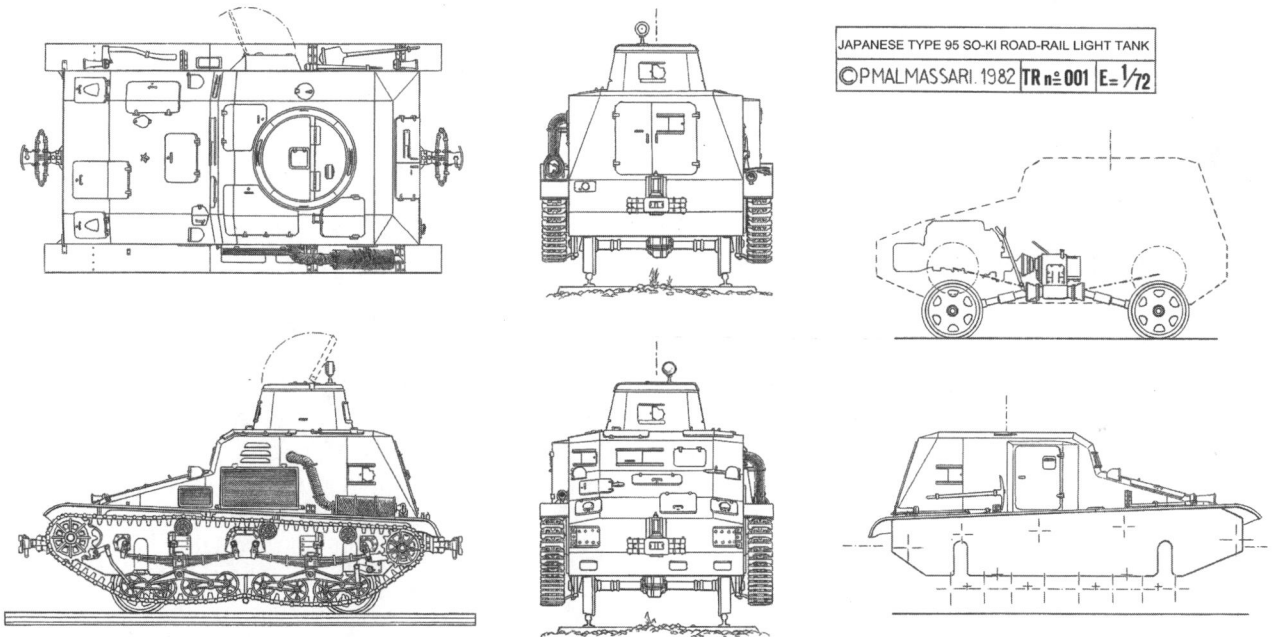

长度：4.53 米（14 英尺 10.25 英寸）

宽度：2.5 米（8 英尺 2.5 英寸）

高度：2.45 米（8 英尺 0.5 英寸）

速度：铁路每小时 72 千米（每小时 45 英里）；每小时公路 80 千米（每小时 50 英里）

装甲厚度：最薄 6 毫米，最厚 8 毫米

重量：9 吨

越壕宽度：1.5 米（4 英尺 11 英寸）

行程：铁路 355 千米（222 英里）；公路 123 千米（77 英里）

乘员：6 人

形形色色的日本装甲轨道车

除了装甲列车之外，日本还建造了不同型号的装甲轨道车，其中一些我们无法正式确认。不过，这里会介绍它们的设计。在中国东北地区，日军服役了多辆由无线电控制的轨道车，作为列车前方的领航或安全轨道车。但没有任何相关的技术细节透露。

这些无法确认的装甲轨道车可能是缴获的中国车辆。探照灯支架与前面的中国东北地区装甲车厢照片中看到的三脚架类似。（照片：保罗•马尔马萨里的收藏）

另一辆无法辨认的装甲轨道车，展现了更为现代化的线条。（照片：保罗•马尔马萨里的收藏）

著名的轨道车型号，其中多辆由东京燃气电力公司制造，在拍摄时它被用作侦察车，为后面带一节安全领航车厢的列车服务。（照片:瓦夫日尼亚克•马尔科夫斯基的收藏）

两辆四轮装甲轨道车，其设计让人想起临时装甲列车和 94 式。轨道车侧面延伸部分没有射孔，只有观察窗。军官袖章上有铁路作战司令部的标志。（照片：瓦夫日尼亚克•马尔科夫斯基的收藏）

战后在中国军队服役的同型装甲轨道车。（照片：瓦夫日尼亚克•马尔科夫斯基的收藏）

右方照片中的该型轨道车的车身使用的是 6 毫米和 8 毫米厚的钢板。注意，两端各有三个用于轨道照明的头灯，并有固定控制信号接收天线的桅杆。桅杆很类似于德国无线电遥控爆破艇（Fernlenkboot）上使用的 1917 年型号的西门子 - 舒克尔特，这也许能说明该型轨道车在被设计时得到了德国的技术援助。（照片：日本陆军手册）

资料来源

书籍

- Baseilhac, Antoine, Recherches sur l'armée de terre japonaise 1921-1931, *Masters dissertation under the guidance of W Serman, Paris I Panthéon-Sorbonne, 1993–4.*
- Branfill-Cook, Roger, Torpedo, *The Complete History of the World's Most Revolutionary Naval Weapon* (Barnsley: Seaforth Publishing, 2014), PP.31–2.
- Fujita, Masao, *Japanese Armoured Trains* (Kojinsha Co., 2013) (in Japanese).
- Surlemont, Raymond, *Japanese Armour* (Brussels: A.S.B.L. Tank Museum V.Z.W., 2010).

期刊与期刊文章:

- Danjou, Pascal, 'L'automitrailleuse SUMIDA', *Minitracks* No 4 (4th Quarter 2002), PP.49–52.
- Japanese Tanks up to 1945, *Tank Magazine Special Issue* (Tokyo: Delta Publishing Co. Ltd., April 1992) (in Japanese).
- *Lesser-Known Army Ordnance of the Rising Sun* (Part 1), *Ground Power Special 2005-01* (Cambridge: Galileo Publishing Co. Ltd., 2005) (in Japanese).
- Malmassari, Paul, 'Le Char sur rails Type 95 SO-KI', *TnT* No 24 (March 2011), PP.54–5.
- Merriam, Ray, and Roland, Paul, 'Japanese Rail-Riding Vehicles', *Military Journal* No 11, PP.12–13.
- *Panzer* No 6 (1996).
- *Panzer* No 9 (1996).
- *Panzer* No 7 (1997).
- *Panzer* Vol 13 No 9 (1990).
- *Tank Magazine* No 2 (1987).
- *Tank Magazine* No 4 (1987).
- *Tank Magazine* No 7 (1987).
- *The Tank Magazine* No 6 (1982).
- *The Tank Magazine* No 7 (1982).
- *Panzer* No 48 (June 1979).
- *Panzer* No 49 (July 1979).

拉脱维亚

装甲列车 [1]

独立战争（1919年12月5日—1920年8月11日）

1918年3月到11月，德国军队占领了后来将成为独立国领土的拉脱维亚。俄国内战期间，多数拉脱维亚部队站在布尔什维克一边。1918年[2]，两个"政府"都宣称获得了领导权，一个由民主党派联盟组建，另一个则由布尔什维克组建。双方都武装其部队，以备冲突发生。除了他们以外，库尔兰驻扎着德军，以及由定居拉脱维亚的德意志族人组成、吕迪格尔·冯·登·戈尔茨（Rüdiger von den Goltz）将军指挥的"地方军"（Landeswehr）。德国人的目标是在帕维尔·别尔蒙特-阿瓦洛夫（Pavel Bermondt-Avalow）上校的白俄军队帮助下与红军作战，然后向莫斯科进军。1919年10月，德军发动攻势，但被协约国舰队和两列爱沙尼亚装甲列车合力阻止（爱沙尼亚当时占领拉脱维亚北部）。11月，"别尔蒙特分子"被击败，撤往普鲁士。1920年1月，拉脱维亚部队继续向布尔什维克发动进攻，后于1920年8月11日签订的《里加条约》正式承认拉脱维亚独立，不再是俄国的一部分。

由于军事与政治局势演变，德国和爱沙尼亚装甲列车曾与拉脱维亚部队并肩作战，也曾兵戎相见。1919年3月22日，"地方军"在里加缴获了一列布尔什维克的装甲列车。它此后在采西斯（Cesis）战役中落入拉脱维亚军队手中，被定名为1号装甲列车（BV No 1）。未来的2号装甲列车（BV No 2）于1919年7月9日参加行动。这些部队组成了于1919年7月21日创立的装甲列车连，此后，3号装甲列车于1919年9月、4号

1　拉脱维亚语 Bruņoto' Vilcienu，缩写成 BV。

2　1918年11月18日被承认为拉脱维亚的独立日。

装甲列车于 1919 年 11 月（从别尔蒙特的部队中缴获）分别加入该连。

两次世界大战之间

独立战争结束时，拉脱维亚拥有 6 列装甲列车[3]，但到 1921 年只有两列仍在服役，而且缺少防空武器。1923 年 10 月，拉脱维亚政府向法国提出建造 6 辆机车，4 或 6 节装甲车厢以及 20 节装有旋转炮塔的车厢。但是，拉脱维亚政治危机之后，该项目于 1924 年 1 月被搁置。

1925 年到 1930 年之间，作为一项现代化及重整武备重要计划的一部分，4 列新火车入役，组成以里加为基地的装甲列车连[4]，该连还包括了 3 门 152 毫米"卡内特"（Canet）铁道炮。这些装甲列车分别运行于俄国轨距（名义轨距 1524 毫米）和标准轨（1435 毫米）铁路网。内政部下辖的拉脱维亚卫队（Aizsagrs）似乎也使用装甲列车，作为其铁道团的一部分。

1926 年 7 月 1 日，该连重组为一个装甲列车团，于 1939 年计划再建造两列列车。该团最终于 1940 年 2 月 3 日解散，原因是缺乏此前一直由捷克斯洛伐克和德国供应的弹药。仍然在役的两列列车被分配给岸防炮兵团。[5]

苏军占领时期，以及后来的德军占领期间

1940 年 6 月 17 日，苏军占领了拉脱维亚，同时收编了后者的装甲列车。次年，德国国防军切断并缴获了来源于拉脱维亚的苏联装甲列车，同时着手将拉脱维亚铁路网的俄国轨距改造成标准轨距。改造任务于 1941 年底完成，大多数拉脱维亚装甲列车后来又重新被德国国防军启用。

拉脱维亚装甲列车团徽章。（照片：版权所有）

"地方军"的 5 号装甲列车（PZ 5）。（照片：保罗·马尔马萨里的收藏）

3　包括两列英国提供武器及训练的火车："卡尔帕克斯"（Kalpaks）号（未来的 5 号装甲列车）和"皮科尔斯"（Pikols）。两者均于 1919 年 12 月被废弃。

4　3 号装甲列车于 1928 年被启用，4 号装甲列车被启用于 1930 年。

5　20 世纪 30 年代末，这些固定防御部队得到了两门铁道炮的增援。

未经确认的拉脱维亚装甲列车，可能拍摄于 20 世纪 20 年代。（照片：拉脱维亚战争博物馆）

1919 年，拉脱维亚军队缴获了一列布尔什维克的"克拉斯诺耶·索尔莫沃"型装甲列车，并将其投入己方部队服役。（照片：拉脱维亚战争博物馆）

类似的装甲机车。照片于 1923 年摄于陶格夫匹尔斯。（照片：拉脱维亚战争博物馆）

同一节车厢,于1941年被德国国防军缴获。（照片:保罗·马尔马萨里的收藏）

2 号装甲列车的装甲机车，也使用了俄制壕沟护盾。（照片：拉脱维亚战争博物馆）

1919 年时的 2 号装甲列车，它的装甲防护由俄制壕沟护盾组成，这种防护装置有数千件库存。（照片：拉脱维亚战争博物馆）

于 1919 年 11 月拍摄的 5 号装甲列车平板车"卡尔帕斯"号、英国水兵及陆战队员组成的车组以及一门重型高射炮。（照片：拉脱维亚战争博物馆）

后来的拉脱维亚装甲列车之一的经典照片。（照片：保罗·马尔马萨里的收藏）

可能是 1 号装甲列车。照片于 1924 年夏季摄于维克斯纳（Viksna）桥附近。（照片：拉脱维亚战争博物馆）

1931 年 10 月，正在进行炮术演练的装甲列车。（照片：拉脱维亚战争博物馆）

工程师奥斯卡斯·泽尔维蒂斯（Oskars Dzervitis）于 1925 年设计的两节装甲车厢之一。有趣的是，旋转炮塔中的火炮（可能是德国 16 式 77 毫米野战炮）仍然保留车轮和炮手座位，可能是为了让它拥有能够离开列车也可单独使用的能力。同年，较旧的机车被更换成新机车，同时配备向铁轨排出蒸汽和烟的装置。（照片：拉脱维亚战争博物馆）

152 毫米卡内特铁道炮之一。照片摄于 1937 年。（照片：拉脱维亚战争博物馆）

摄于雪松（Cietoknis）车站的现代化列车，明显由较短列车的单元组成，包括来自 PZ5 但配备了英国火炮的平板车。（照片：拉脱维亚战争博物馆）

一门被挂接到完整的装甲列车上以提供火力支援的卡内特炮。（照片：保罗·马尔马萨里的收藏）

20 世纪 30 年代时的一列装甲列车，配备一门 37 毫米霍奇基斯转膛炮，尽管已经老化，但它仍是一门具备毁灭性的近距杀伤武器。（照片：保罗·马尔马萨里的收藏）

资料来源

书籍

- Lavenieks
- Lavenieks, J, *Bruņoto vilcienu pulks* (New York: Izd. Vera Laveniece, 1971).

网站

- http://vesture.eu/index.php/Bru%C5%86oto_vilcienu_pulks
- http://vesture.eu/index.php/Latvijas_armijas_Bru%C5%86oto_vilcienu_divizions
- http://www.lacplesis.com/WWI_To_WWII/Pirmais_Pasaules_un_Brivibas_Kars/BRUNOTAIS_VILCIENS/index.htm

立陶宛

装甲列车

自 1918 年 2 月 16 日起的两年里，立陶宛进行了三场战争才赢得了独立。第一场战争结束于 1919 年 6 月，那时立陶宛的对手是布尔什维克，第二场战争是对抗从邻近的拉脱维亚入侵立陶宛的苏俄和德国军队，而在第三场战争中，立陶宛抗击的是试图无视国联决议夺占维尔纽斯（Vilnius）的波兰军队。第三场冲突以立陶宛人的失败而告终，其中使用了两列装甲列车[1]，包括缴获的苏俄装甲列车所属单元。

"格季米纳斯"[2] 号装甲列车于 1920 年 1 月建于考纳斯 [Kuanas，旧称科夫诺（Kovno）]，被派往瓦雷纳（Varena）对抗波兰军队。当月 19 日，它位于苏瓦乌基（Suvalkai），但被迫撤向维尔纽斯，波兰军队在那里缴获了这列完好无损的列车。后来，它成了波兰 1 号装甲列车（PP 1）"第一元帅"号（Ⅰ Marszalek）的一部分。

1920 年 10 月，立陶宛建造了名称也为"格季米纳斯"号的替代装甲列车。11 月 21 日，该车被派往凯代尼艾（Kedainai）对抗波兰军队，但参战前停火已经生效。

当立陶宛陆军正式成立时，包括一个拥有 3 列装甲列车的营，这些列车都在考纳斯工厂建造：1 号装甲列车（ST 1）"格季米纳斯"，2 号装甲列车（ST 2）"凯

1　立陶宛语中称装甲列车为 "sarvuotas traukinys"，缩写为 ST。
2　格季米纳斯（约 1275—1341），1316 年的立陶宛大公。

"格季米纳斯"号装甲列车的 1 号火炮车厢装备两门原德国 16 式 77 毫米野战炮，保留了原来的护盾。混杂的武器反映了欧洲剧变的这一时期复杂曲折的边境问题。（照片：保罗·马尔马萨里的收藏）

斯图蒂斯"[3] 和 3 号装甲列车"阿尔吉尔达斯"。[4] 每列列车的布局已经标准化，包括一辆机车、一节装有两门炮的火炮车厢，以及两节各装备 8 挺机枪的机枪车厢。1924 年 1 月，该营被改建为一个团，加入"装甲大队"（Sarvuociu Rinkine）。但是，ST 3 "阿尔吉尔达斯"号于 1927 年初被拆解。1927 年 11 月 16 日的命令确定了装甲列车编制为 5 名军官、6 名士官和 41 名士兵。1935 年 8 月 14 日，装甲列车部队最终解散。某些资料来源称第三列装甲列车为"铁狼"（Glezininku Vilkas），不过到本书编著时，我们一直未能确认这个说法的真实性。保存下来的多节车厢在苏军入侵时被缴获，但不能确定它们是否加入了后来的苏联装甲列车。

"格季米纳斯"号装甲列车的 3 号火炮车厢装备法制 97 式 75 毫米炮，同样保留了车轮，但配备了大的箱形炮盾。（照片：保罗•马尔马萨里的收藏）

3　凯斯图蒂斯（1297—1382），格季米纳斯之子，特拉凯大公，与其哥哥阿尔吉尔达斯共同统治立陶宛。

4　阿尔吉尔达斯（约 1296—1377），凯斯图蒂斯的哥哥，1345 年任立陶宛大公。

前为"格季米纳斯"号装甲列车的 2 号火炮车厢，装备原德国陆军 98/09 型 105 毫米轻型野战榴弹炮。这种轻型榴弹炮保留了轮子，似乎安装在转盘上。每门火炮都重新装上了一个大的箱形护盾，为炮手提供了很好的防护。中间的 3 号火炮车厢装有两门法制 97 式 75 毫米野战炮，保留其轮子和原来的小型护盾。（照片：保罗•马尔马萨里的收藏）

马拉维

非洲各地的独立斗争遗留下了大片雷区。1981 年起，马拉维铁路公司将柴油机车[1] 租赁给莫桑比克，在纳卡拉（Nacala）港口线路上运行，这可以避免列车在罗得西亚（今津巴布韦）单方面宣布脱离英国独立后经过该国。自 1979 年起，RENAMO[2] 切断了另一条通往贝拉（Beira）的铁路线。由于 1980—1990 年时的政治不稳定和不断的袭击威胁，4 辆马拉维铁路公司机车——编号401、402、407 和 408——在驾驶室和某些附件上配备了装甲板。希雷（Shire）级机车也以类似方式配备了装甲，临时建造的装甲车厢也为列车提供了防护。

1　这些机车是伯明翰都城嘉慕（Metropolitan Cammell）客货车有限公司 / 联合电力工业公司（AEI）建造的车辆，它们由一部 1200 马力的苏尔寿（Sulzer）6LDA28B 发动机提供动力。

2　莫桑比克全国抵抗组织（Resistência Nacional Moçambicana）。

纳卡拉铁路线上的防护车厢之一，配备了英国费雷特（Ferret）装甲车的车身。（照片：彼得•库克）

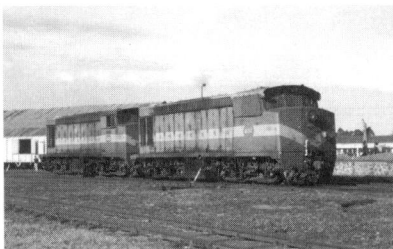

1989 年 11 月 22 日，损坏的 407 号"赞比西"级 Co-Co 柴电机车带着装甲板，由 402 号机车牵引抵达布兰太尔（Blantyre）。401 号和 408 号柴油机车也有类似的装甲。（照片：彼得•巴格肖）

1989 年 11 月，500 号希雷级 Co-Co 柴电机车在林贝（Limbe）工厂配备装甲。支撑装甲板的框架已经被固定在车顶和引擎盖上，但不清楚是否有安装全方位的防护装甲。（照片：彼得•巴格肖）

501 号希雷级 Co-Co 柴电机车采用另一种装甲形式，驾驶室有全面的防护。照片于 1989 年摄于林贝工厂。（照片：彼得•巴格肖）

资料来源

- Bagshawe, Peter, private archives
- Warner, Terry, 'Armoured Trains in Southern Africa', Tank TV (New Zealand) No 6 (June 1994, P.1.

马来西亚

从 18 世纪末开始，英国开始积极干预马来半岛事务，并在 1910 年将其变成保护国。二战期间被日本占领后，马来亚联盟于 1946 年沦为殖民地，两年以后被马来西亚联邦取代。共产党人的一次起义始于 1948 年

6 月 16 日，于 1960 年结束，这个国家陷入了一场激烈的反暴乱战争（"马来西亚紧急状态"）。就在这一时期，1957 年 8 月 31 日，马来西亚联邦脱离英国独立。

被英国军队使用之后，一些威克姆武装轨道车留

在该国，而其他车辆则被卖给了面对类似安全威胁的国家[1]，当然，这些国家使用的是相同的铁路轨距。美国从越南撤军之后，马来西亚当局担心来自泰国的游击队渗透，因此在 1978 年从威克姆订购了新设计的车辆，但该设计实际上一直停留在绘图板上。这种车辆基于GKN- 桑基（Sankey）公司的 AT 105 装甲车[2] 的发展型，安装在威克姆的底盘上。其动力由一台珀金斯 V8/540水冷发动机提供，搭配前进和倒车各有三个挡位的克拉克（Clark）13-H-R 28314 变速箱，这种车辆可达到每小时 95 千米（每小时 60 英里）的最高速度。这种车辆的16 毫米厚的装甲可以抵御 12 米（13 码）距离上射来的5.56 毫米和 7.62 毫米子弹，其底板厚度为 6 毫米。车上的旋转机枪塔装有一挺或两挺 A1 7.62 毫米 L 37 机枪。

1 越南、泰国和缅甸。某些资料来源还提到了柬埔寨。
2 这种车辆最终定名为"萨克森"（Saxon），于 1976 年投产，马来西亚陆军装备多辆。

57 号威克姆轨道车。照片摄于 1968 年 12 月时的吉隆坡，这辆轨道车当时可能已被废弃。（照片：保罗·马尔马萨里的收藏）

资料来源

- 威克姆档案馆
- 马来亚铁路公司

仍有 3 辆轨道车保存在博物馆内：56、60 和 63 号威克姆武装轨道车（AWT）。照片中是湖滨公园内皇家马来亚警察博物馆前的 63 号 AWT。（照片：http://zureuel.blogspot.fr/2008/05/wickhamtrolley-legacy-of-malaysian.html）

在发林（Farlim）展示的装甲司闸车。这种装甲车辆（许多可能是用于伴随货车的）从没有得到像攻击车辆或巡逻车辆那样的关注度。（照片：加法尔·阿米尔）

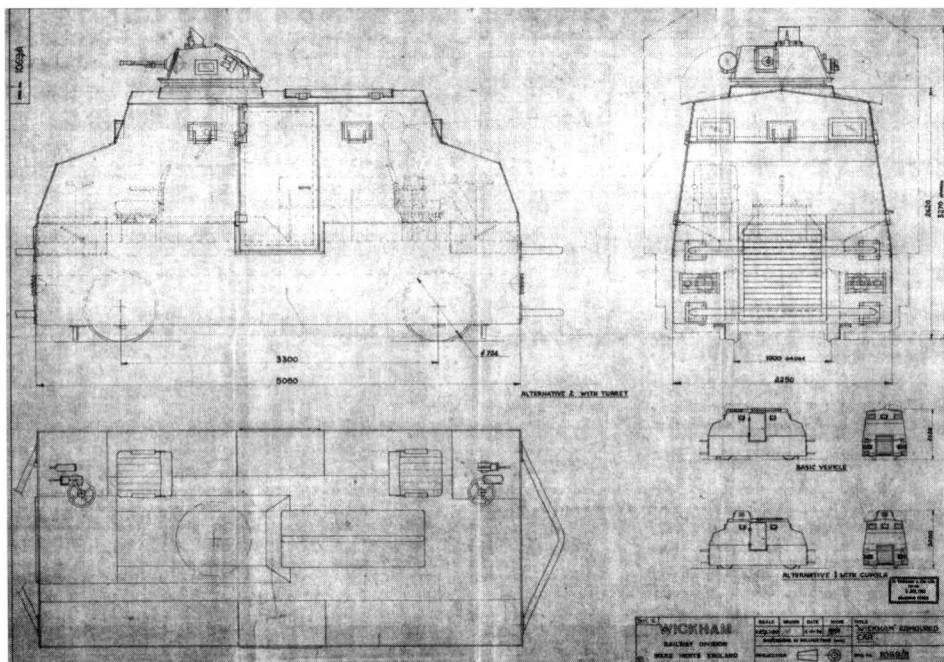

1978 年时向马来西亚提出的威克姆项目原始设计图。（设计图：威克姆公司）

毛里塔尼亚

装甲机车与护航车厢（1978 年）

铁矿石的销售约占毛里塔尼亚出口总值的一半，毛里塔尼亚铁矿有限公司（MIFERMA）经营的祖埃拉特（Zouérate）铁矿通过一条极长的铁路线与大西洋港口努瓦迪布（Nouadhibou）相连。20 世纪 70 年代，铁路运营商毛里塔尼亚铁路公司归毛里塔尼亚铁矿有限公司所有。

毛里塔尼亚于 1976 年占领原西属西撒哈拉南部之后，这条重要通道经常遭到西撒哈拉独立阵线（POLISARIO）的袭击，该组织为在被占领土建立独立的萨拉威民主阿拉伯共和国（SDAR）而战。西撒哈拉独立阵线的战士用骆驼交换武装路虎，对铁路发动突袭，造成车辆与设施大量损坏。

1978 年，毛里塔尼亚决定为机车驾驶室配备装甲，并在 2500 米长的铁矿石运送列车中不规则地插入临时的护航车厢。这些车厢的防护很粗糙，就是在矿车顶部焊上铁轨，为观察哨和炮手提供一个不可靠的隐蔽所。列车武器包括安装了简单护盾的苏联 23 毫米炮。

1979 年，毛里塔尼亚建造了装甲指挥车厢，并将它挂接在列车尾部附近，与机车有直接无线电通信。作为车身的原货物集装箱没有坚实地固定在车厢底盘上，以便最大限度地减小超长车队加减速时产生的震动。在 200—210 节（每节重 83 吨）矿车中，即便车厢之间只有 1 厘米的小缝隙，加上车钩的弹簧效应，就意味着列车尾部将有 2—3 米的移动！这可能造成强大的冲击效应，足以令指挥车厢中没有准备的人无法站稳。1979 年 8 月 5 日，毛里塔尼亚新政府与西撒哈拉独立阵线签署一项和平协议，承认萨拉威民主阿拉伯共和国的独立权利并撤出军队，这些袭击才告结束。

MIFERMA 级 CC 01-21 柴油机车，以 SNCF CC 65000 级（阿尔斯通）为基础，按照法国机车的标准装有两台柴油发动机，但输出功率更大。（照片：私人收藏）

西撒哈拉独立阵线袭击机车停车场造成的破坏。（照片：私人收藏）

驱动满载铁矿石的列车需要动用3辆或者4辆相连的机车。注意，轨道照明用探照灯安装在前导机车较低位置，因此比标准生产型更不容易受到破坏。空气过滤系统是机车顶部的上层建筑中重要的部分，并对车顶形成防护。（照片：私人收藏）

驾驶室的装甲板，其 3 毫米的偏移距离清晰可见，装甲上的涂装也延续使用了公司的风格。（照片：私人收藏）

每列列车至少包含 200 节车厢，装甲车厢嵌入其中。它们于 1970 年退役。在遇到袭击者时，列车上的卫兵多是逃走或者寻找隐蔽所，而不是反击。（照片：私人收藏）

1970 年，一节装甲指挥车厢加入了护航队。与其相邻的矿车只有轻装甲，装备一门带护盾的 23 毫米炮。（照片：私人收藏）

墨西哥

装甲列车和轨道车

当时的政府和某些革命派系使用的各种装甲列车，使墨西哥铁路成了南美革命经久不息的象征。大众通常认为墨西哥发生过两次主要的革命：1910—1912 年的革命（随后是内战），以及 1935—1938 年的革命，"基督战争"发生在这两次革命之间。

在波菲里奥·迪亚斯（Porfirio Diaz）将军的独裁统治下，铁路的发展是墨西哥社会真正进步的标志：到 1910 年，墨西哥拥有 2 万千米（约 12000 英里）的铁路线，基本上分属两个北美公司：墨西哥中央铁路公司和墨西哥国家铁路公司。但此后的政治局势恶化，1910

年 11 月爆发革命，马德罗派 1 发动反政府起义，镇压行动紧随而来。未来的著名革命人物之一弗朗西斯科·比利亚 2（Francisco Villa）于 11 月底在墨西哥北部的奇瓦瓦（Chihuahua）加入起义军。1911 年 2 月，埃米利奥·萨帕塔（Emilio Zapata）在首都墨西哥城以南 80 千米（50 英里）的莫雷洛斯（Morelos）发动"土地起义"。5 月，迪亚斯总统辞职并离开该国。马德罗当选总统，粉碎了反对他的萨帕塔革命军。1913 年 2 月，马德罗遭到暗杀，韦尔塔（Huerta）将军取而代之，这成了长期动乱 ["悲惨十年"（la decena tragica）] 的开端。

潘乔·比利亚在奇瓦瓦发动了针对大地主的游击战。9 月底，他率领"北方师"（División del Norte）攻占重要铁路枢纽托雷翁，缴获大量轨道车辆。1913 年 12 月，他成为奇瓦瓦州州长。萨帕塔则在普韦布洛（Pueblo）州和格雷罗（Guerrero）州继续率军打游击战。1914 年 4 月，由于美国水手遭到逮捕，为了阻止为联邦军运送武器的货船靠岸，美国在韦拉克鲁斯（Vera Cruz）首次介入。为迫使韦尔塔将军下台，在一场"谁先进城"的竞争中，比利亚（韦尔塔最早的盟友，后来成为对手）率领的卡拉萨立宪派部队与萨帕塔部会师于墨西哥城。1915 年 4 月和 5 月之间，在萨帕塔与比利亚部队进城（分别是 1914 年 11 月 24 日和 28 日）后开始的派系斗争中，铁路和各种型号的装甲列车起到了重要作用。经过一段困难的时期，中央政府逐渐恢复了对国家的控制。3 后来铁路系统遭到严重破坏，桥梁被毁、铁轨被拆除或炸毁，轨道车辆也被摧毁。

用棋盘格图案伪装的装甲车厢的两张照片和一张剖面图，由于这种伪装，对方人员在 30 米（33 码）距离上难以区分真假射孔。车厢的内部装备很少，但士兵可以在多种射击阵位上使用步枪。根据《科学与旅游》（Sciences et Voyages）杂志（1920 年 8 月 12 日第 50 期，P.337），这节车厢可能是起义军建造的。但另一本杂志 [《自然》（La Nature），1912 年 9 月 28 日第 2053 期] 将其描述为政府军的车厢，这可从 1911 年 4 月 29 日的《伦敦画报》的封面确认。

1 得名于"反对连任党"创始人弗朗西斯科·马德罗。
2 著名的强盗，真名何塞·多罗特奥·阿朗戈·阿兰布拉（José Doroteo Arango Arámbula）。更为人熟知的是他的绰号"潘乔·比利亚"（Pancho Villa）。
3 萨帕塔于 1919 年 4 月 10 日被杀，比利亚于 1920 年 6 月放下武器，1923 年遭到暗杀。

这张照片摄于 1912 年，展示的是用于保护铁路的多个护航队之一，车厢内部的木制护墙清晰可见。实际上，这个时期的装甲列车从未用于攻击任务，多用于运输。（照片：版权所有）

1913 年奇亚（Chia）防御战期间的装甲车厢。在现实中，野战炮不会直接从正面炮塔内的步兵头上发射，因为炸膛是非常危险的。（照片：菲利普·乔伊特的收藏）

这节装甲车厢的建造思路与上一张照片中的车厢的类似，其正面炮塔没有射孔。炮手似乎正在向后移动炮管，可能是要更换它。（照片：保罗·马尔马萨里的收藏）

与上图相同的车厢。这种车厢在降下侧板后，士兵可以向侧面射击。侧板上翻并用铰链固定后，则可以保护火炮和炮手。（照片：菲利普·乔伊特的收藏）

联邦军的一节车厢的照片，该车厢具有独特的装甲防护，其中部安装有一门野战炮，四个射孔处有机枪。其防护板似乎是木质的，车篷可以保护乘员免受日光曝晒。站在右侧的可能是一个美国人。照片拍摄的日期不详。（照片：菲利普·乔伊特的收藏）

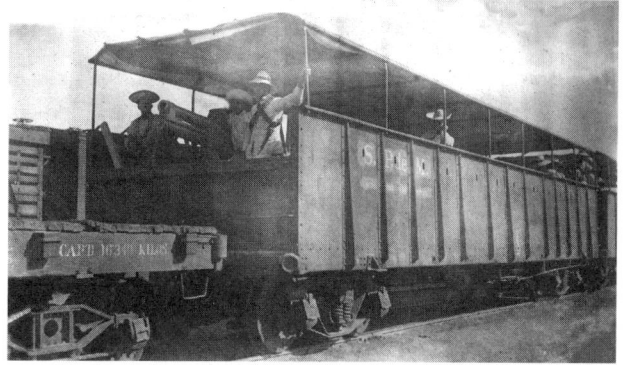

安装 80 毫米蒙德拉贡（Mondragon）野战炮的联邦军装甲车厢。装甲列车上有许多这种稀有的武器。（照片：保罗·马尔马萨里的收藏）

马克 - 绍雷尔（Mack-Saurer）卡车因设计者安德鲁·赖克（Andrew Riker）而被称为"赖克车"，它被改装成无装甲铁路轨道车，为 1916 年墨西哥边境上的美国远征军运送给养。在墨西哥一方，至少有一辆赖克车被改装成装甲轨道车，供立宪军[4] 使用，其装甲防护可能由华雷斯（Jurarez）的西北铁路工厂安装。

装上铁路车轮的同一辆车。上一张照片中的铭文以及一个车轮上的装饰，仅能在车身侧面上被人勉强看清。这张照片可能拍摄于车辆采用完全破坏性的棋盘格伪装之前。我们如将照片放大后可以看到轮毂上的名称"Mack"。（照片：保罗·马尔马萨里的收藏）

4　有些资料来源称这些车辆归属潘乔·比利亚。

安装了公路车轮的赖克车。立宪军是贝努斯蒂亚诺·卡兰萨（Venustiano Carranza）于 1913 年 3 月 4 日建立的，他在索诺拉（Sonora）州自立了一个政府。这支军队分为师、旅和更小的单位，每个单位都以地区名称命名。比利亚是"北方师"师长。（照片：版权所有）

这辆马克 - 绍雷尔"赖克"可能采用了最终的配置，其铭文以浅色调被重新漆在棋盘格图案（可能为黑白色）上。这是一种破坏性伪装——类似于前面看到的车厢——意图是遮盖实际的射击点。此外，车轮上的星形装饰肯定令人吃惊。该车在铁路上的速度估计为每小时 65 千米—70 千米（每小时 40 英里—45 英里），行程为 350 千米（220 英里）。（照片:阿尔伯特·姆罗茨）

基督战争（1926—1929）[5] 期间，基督徒在墨西哥中部的 13 个州发动起义。1929 年 3 月到 5 月之间，他们占领了整个墨西哥西部（除大城镇之外），并袭击了交通网。为了确保部队自由行动，政府下令建造装甲车厢。与此前的型号相比，这些车厢的设计有明显改善。

我们最后要做的，就是回想一下人们最近提到的墨西哥装甲列车。在胡连·克莱克（Julien Clerc）1971 年的歌曲《阿黛丽塔》（Adélita）中，可以听到如下的歌词：

« Elle s'appelait Adélita

C'était l'idole de l'armée de Villa

Pancho Villa

Des trains blindés portaient son nom

Pour son caprice sautaient des ponts

De toute la division du nord

Oui c'était elle le vrai trésor...»

她名叫阿黛丽塔

是比利亚军的偶像

潘乔·比利亚

装甲列车以她为名

一念之间就可以摧毁桥梁

她属于整个北方师

是的，她是真正的珍宝……

相反，漫画书《装甲列车》（El Tren Blindado）只展示了一列"武装"列车。不过，这本书说明，装甲列车的形象在墨西哥革命史上留下了不可磨灭的印迹。

资料来源

- Heigl, Fritz, *Taschenbuch der Tanks* (Munich: J. P. Lehmanns Verlag, 1935), Vol II.
- Meyer, Jean, *La Révolution méxicaine* (Paris: Calmann-Lévy, 1973).
- Mroz, Albert, *American Military Vehicles of World War I* [Jefferson (NC) & London, 2009, McFarland & Company, 2009].
- Segura, Antonio, *El Tren Blindado* (Sueca: Aleta Ediciones, 2004).

5　墨西哥基督徒反对时任总统卡列斯（Callès）将军的起义。起义者反抗天主教会的压迫，以及关闭教堂和逮捕教士。

革命临近结束时，旅客列车中插入护卫车厢，确保旅游者的安全。一家与墨西哥有联系的美国铁路公司建造了这些装甲车厢。[照片：《化妆镜》第 36 期（1920 年 2 月 22 日）]

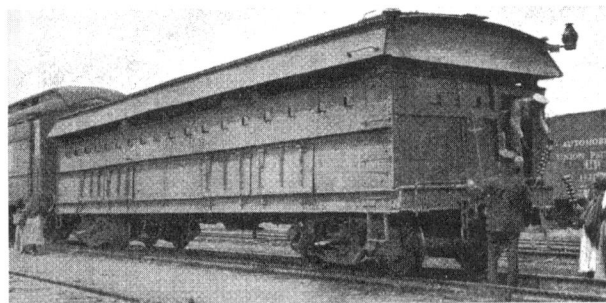

引自海格尔名作《坦克笔记》，这节装甲车厢以下张照片中的同型号转架车厢为基础建造，毫无疑问是卡列斯将军于 1929 年订购并加入所有列车中的车厢之一。

这张照片完全符合装甲列车的"滚动要塞"这一概念。其中部的射孔结构也很值得注意。（照片：保罗·马尔马萨里的收藏）

受到俄国革命与托洛茨基现身墨西哥的激励，无产阶级学生联合会的安东尼奥·梅拉（Antonio Mella）制作了这份杂志的刊头。这是 1928 年 9 月的第 1 期。

摩洛哥

起义（1952—1956 年）

我们已经研究了二战之前出现的装甲列车计划（参见法国的章节）。似乎至少有一列那个时代的装甲列车保留到了 1952 年事件之前。1955 年 7 月，摩洛哥境内的袭击事件变得更加高频。瓦迪宰姆（Oued-Zem）、海尼夫拉（Khénifra）和胡里卜盖（Kouribga）出现严重事故后，摩洛哥铁路公司（C.F.M）采取了一系列措施，即在某些路线上，列车不在晚上运行，且两列于 1955 年被重新启用的装甲列车开始进行治安巡逻。

这些列车包括如下单元：

- 坦克运输车厢
- 一辆装甲柴电机车
- 两节有装甲防护和内部设备的转架车厢，运送护卫部队和一个维修队
- 第二节坦克运输车厢

这种型号的列车还用于阿尔及利亚战争。

为摩洛哥设计的一型装甲列车，在调到阿尔及利亚之后略作了改良。照片拍摄时它正在运载一辆 M3A3 轻型坦克。（照片：德茹）

莫桑比克

内战中的装甲列车（1975—1992 年）

1975 年 6 月 25 日，葡萄牙承认莫桑比克独立，后者随后爆发了内战，一直持续到 1992 年。马普托（Maputo）与津巴布韦之间的林波波（Limpopo）铁路线以及北部纳卡拉起的铁路线经常成为袭击目标，至少在 1989 年中期之前是如此。为此，铁路上的机车加装了钢板来防护，列车前也有压载平板车。重建铁路网的工作始于 1990 年，得到了多个国家（包括法国和印度）的财政援助，并得到津巴布韦部队的保护。

1980 年起，E.C. 伦宁斯（E C Lennings）公司购买了多列原罗得西亚装甲列车，用于连接穆塔雷（Mutare）和贝拉的"贝拉走廊"。1992 年，记者卢卡·波贾利（Luca Poggiali）发表了莫桑比克内战的研究文章，其中的插图使用了一张被 RENAMO[1] 缴获的 FPLM[2] "装甲列车"

照片。此外，保护这条重要铁路交通线的其他手段还包括增设一节装备重机枪的加固转架车厢。

资料来源

- Lugan, Bernard, '1964-1992: Une Guerre de 30 Ans', *L'Afrique réelle No 56* (August 2014), PP.13–15.
- Poggiali, Luca, 'La RENAMO, victoire au bout du fusil', *Raids* (November 1992), PP.34–8.
- *Afrique Defense: various numbers.*

---

1 莫桑比克全国抵抗组织。
2 莫桑比克人民解放军（FPLM）是马克思主义组织莫桑比克解放阵线（FRELIMO）的武装力量。

莫桑比克全国抵抗组织缴获的装甲列车，这两个威克姆装甲车身可能是于 1969 年建造、通过贝拉走廊转移到安哥拉的 191 号和 192 号。（照片：版权所有）

荷兰

装甲列车

第二次世界大战

从 1944 年 9 月起，荷兰铁路公司就被迫为民用蒸汽机车的车组提供隐蔽所，以保护他们免遭英国皇家空军的伤害，后者当时正系统性地袭击欧洲被占领土上运行的所有列车。这些混凝土隐蔽所建在煤水车上，提供的防护有限，如果遇到锅炉爆炸，那么车组人员反而宁愿跳车逃走。真正的荷兰装甲列车只在荷属东印度设计和建造。

荷属东印度铁路公司（NIS[1]）的装甲列车

1941 年夏季，两名皇家荷兰东印度陆军（KNIL[2]）高级军官与 NIS 负责人在三宝垄秘密接触，讨论建造两列装甲列车，在标准轨铁路网上运行 [当时，NIS 运营两种不同轨距的铁路，米轨的实际轨距是 1067 毫米（3 英尺 6 英寸），标准轨则是 1435 毫米（4 英尺 8.5 英寸）[3]]，以应对日本进攻爪哇的可能性。第一列列车的任务是阻止敌军从海上抵达坦唐（Toentang）到威廉一世城[4]铁路线以南的湖泊。其他列车将在梭罗（Solo）—日惹（Djokja）[5]干线运行。结果，官方只为第一列列车配备了装甲，但这项工作也并未完成。

为了这列列车，NIS 留出了 106 号 0-6-0 水柜机车、两节用于枪炮的平板车和一节为机车供水的水柜车厢。机车的 7 毫米防护装甲由 NIS 首席工程师 J.C. 约恩克（J C Jonker）设计，在日惹工厂中制造。平板车的装甲由 KNIL 设计，将由三宝垄的德弗里斯·罗贝（De Vries Robbé）公司建造。完成后的列车被送往三宝垄，计划在那里加固机车的悬挂弹簧，配置较低矮、不那么显眼的烟囱，并为车厢配备钢制底板及武器。

珍珠港事件后，荷兰人再次评估该项目，但真正带来紧迫感的是日本对婆罗洲（今加里曼丹岛）荷属部分的占领。在所剩的时间里，唯一能进行的工作就是为 106 号水柜机车配备装甲，并将提议中的火炮替换成机枪，但仅由沙包防护。结果，当日军于 1942 年

3 月 1 日开始进攻爪哇时，机车装甲仍未完成。因此，由一辆无装甲的旧式拜尔·皮科克（Beyer Peacock）2-4-0 机车牵引沙包防护的车厢前往了湖区。实际上，预计的海上登陆根本没有发生。3 月 5 日，车上的军事人员放弃了列车，将燃烧室一把火烧了。他们将自己的机枪放置在山区里，让机车车组人员徒步返回基地，106 号机车投降后，日军拆除了它的装甲，恢复了其常规的用途。

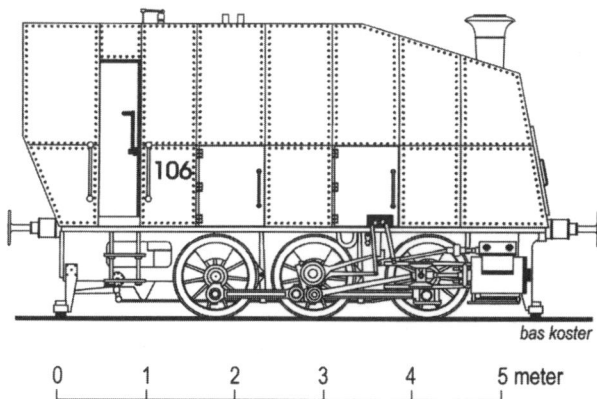

（图纸：巴斯·科斯特）

国家铁路公司（SS[6]）的装甲列车

皇家荷兰东印度陆军指挥官们还希望在米轨铁路网运行两列装甲列车。第一列将在爪哇西部地区运行，第二列则在中部和东部地区运行。这些列车将在东爪哇的茉莉芬（Madioen）、西爪哇巴达维亚[7]（Batavia）以

1 荷兰语 Nederlandsch-Indische Spoorwegmaatschappij，该公司是一家私营公司。

2 荷兰语 Koninklijk Nederlands-Indisch Leger。

3 第一批铁轨于 1864—1867 年由荷兰、德国和英国财团铺设，但事实证明标准轨的选择划不来。因此，铁路网的其他部分采用较窄的米轨。爪哇岛的甘蔗种植园还使用了窄轨 [70 厘米（2 英尺 4 英寸）]。

4 今天的安巴拉哇（Ambrawa）。

5 今苏拉卡尔塔—日惹铁路线。

6 荷兰语 Staatsspoorwegen。

7 今雅加达。

南的芒加莱（Mangarrai）等的国家铁路公司工厂中建造。关于茉莉芬建造的列车，我们没有找到任何信息，但在芒加莱建造的列车有很详细的文档记录。

这列列车由 1406 号 2-8-2 装甲水柜机车牵引，这是由维尔斯普尔（Werkspoor）公司在阿姆斯特丹、哈诺玛格（Hanomag）公司在汉诺威生产的 24 辆同级机车之一。列车包含两节配备装在旋转指挥塔内的马德森轻机枪的加固平板车；两节由沙包防护，装备用于防空的布雷达机枪的双层板车厢；还有一节封死了大部分车窗的装甲指挥车厢。以上单元组成的装甲列车于 1941 年 11 月投入运行，基地在巴达维亚的丹戎不碌（Tandjoeng Priok）港区。1942 年 2 月 22 日，18 名乘员（14 名士兵，两名工兵和两名列车驾驶员）归属 W.B. 维塞尔（W B Wisser）中士指挥，后者在取得指挥权当日晋升为预备少尉（Reserve Tweede luitenant）。尽管面临日军轰炸，这列列车仍然在 1941 年 11 月 24 日到 1942 年 2 月 2 日之间处于就绪状态。

3 月 1 日，日军开始入侵爪哇，8 日，荷兰守军

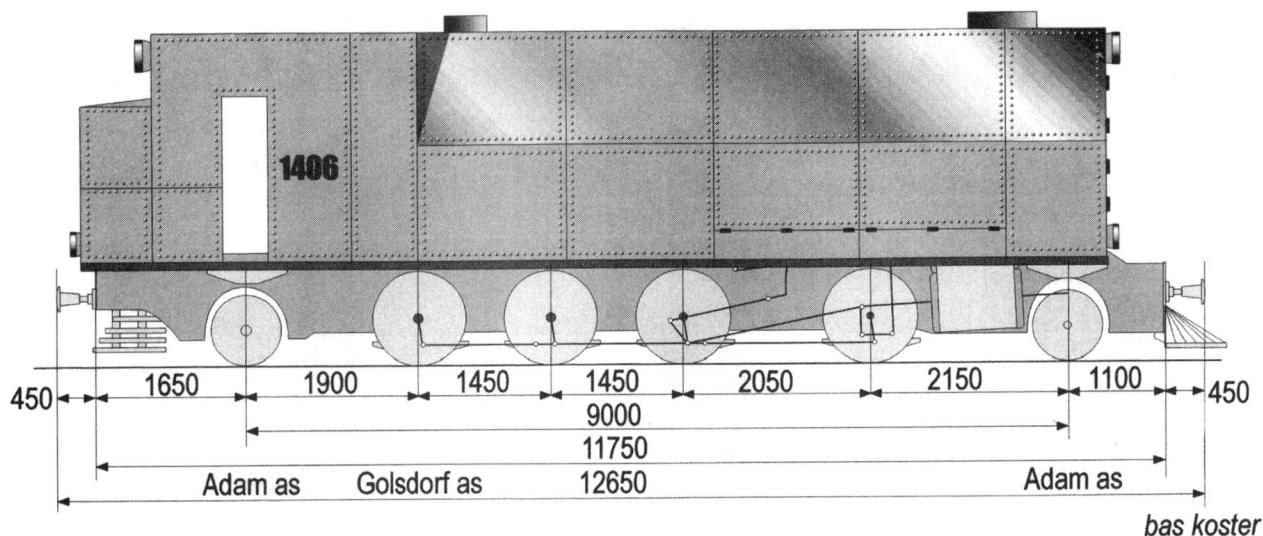

（图纸：巴斯·科斯特）

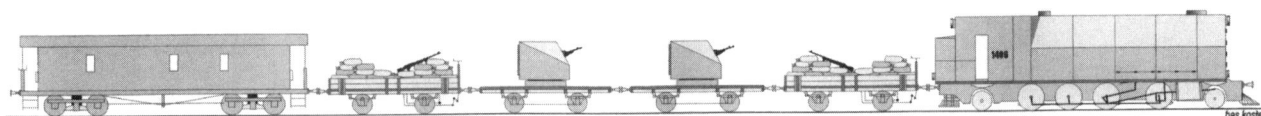

投降。在这一周里，荷兰军队对铁路基础设施展开破坏，使轨道车辆无法使用。3 月 1 日 2 时，装甲列车乘员接到命令离开巴达维亚，前往兰加士勿洞（Rangkasbetoeng），但在帕龙潘姜（Paroengpandjang）受阻于日军的进攻。同日，在向巴达维亚方向返程途中，车组人员摧毁了帕龙潘姜和塞尔蓬（Serpong）的桥梁。3 月 5 日起，列车为第 11 步兵营在唐格朗（Tangerang）和苏加武眉（Soekaboemi）之间的铁路运输提供掩护，在运兵列车后五千米处随行。在芝塔扬（Tjitajam）附近，它遭到了敌军战斗机的攻击，但以每小时 50 千米（每小时 30 英里）的时速快速行驶的它中弹很少，也因此无法击中敌机。后来列车加速

到每小时 65 千米（每小时 40 英里），驶近吉列博特（Tjileboet），这时一枚炸弹击中铁轨，所幸没有造成损伤。它得以抵达茂物（Buitenzorg）车站过夜。

3 月 6 日，列车接到命令，护送行驶于茂物和万隆之间的一列很长的军用列车（两辆机车和 60 节车厢）。维塞尔少尉得知，兰佩甘（Lampegan）隧道附近的一起出轨事故导致道路堵塞，并发现清理轨道的工作比预计的更复杂。在等待的同时，为了避免被积极搜寻列车的日军发现，他将装甲车厢分散到苏加武眉的车场周围。巧合的是，四架日军战斗机于 9 时轰炸了这个车场，并用机炮向其扫射。16 时有消息传来，日军已抵达吉萨特（Tjisaät），距离苏加武眉只有 30 分钟的行军路程。

车组当即做出决定，用炸药破坏列车，这一计划在 17
时左右完成。日军在 1942 年晚些时候维修了 1406 号机
车。不过，我们到目前尚未找到这列装甲列车其余部分
的有关信息。

德利铁路公司（DSM）的五辆装甲机车

德利铁路公司 [DSM（Deli Spoorweg Maatschappi）
是苏门答腊北部的一家私营公司，总部在棉兰] 运营一
个米轨铁路网。1941 年，荷兰人做出决定[8]，为 5 辆水
柜机车的驾驶室配备装甲，保护车组人员免遭轻型武器
火力的打击。这些机车上的装甲防护被保留到 1953 年
年底，因为日本人离开后（1947—1949 年之间）的德
利周围仍然是暴乱的温床。

部分装甲防护的 DSM（米轨）59 号 2-6-4 水柜机车。照片摄于苏门答腊。
从 1941 到 1953 年，这些机车都配备了装甲板。（照片：扬·德布鲁因的收藏）

（图纸：巴斯·科斯特）

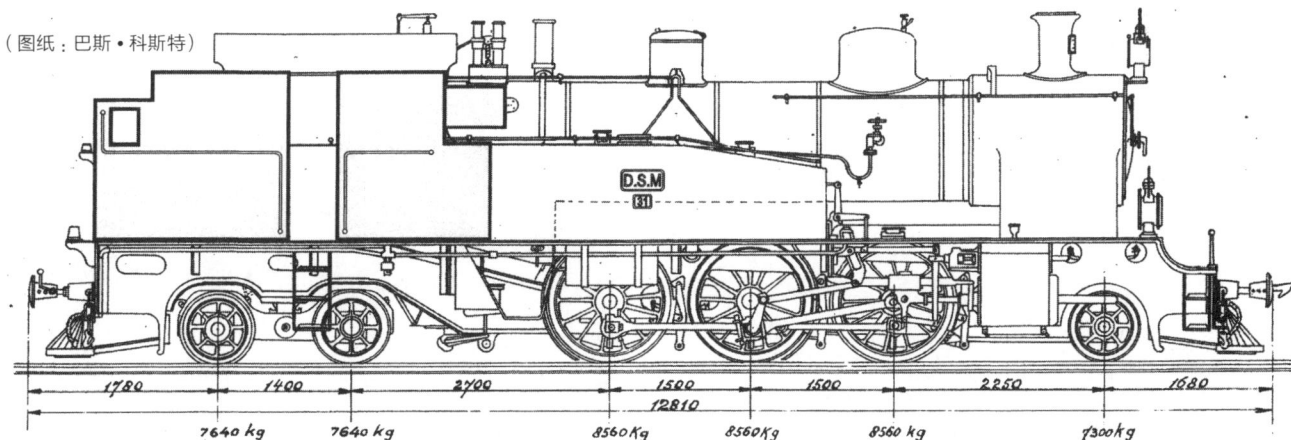

去殖民化时期的战斗

1945 年 8 月 17 日，印度尼西亚民族主义者宣布脱
离荷兰殖民统治而独立，并发动了许多破坏和袭击行
动，荷兰人则以"维和"行动回应。殖民设施（如铁
路网）特别容易成为袭击目标。这场冲突[9]于 1949 年
12 月 27 日结束，结局是荷兰承认了独立的印度尼西亚
共和国。

到 1947 年 7 月，德利铁路公司在苏门答腊岛的
553 千米（344 英里）铁路线中，大部分都牢牢地掌握
在荷兰当局手中，但列车的自由通行受到了频繁袭击的
干扰。后来，一些装备机枪、并用沙包和车顶护网保护
枪手的平板车被放在列车前方，作为领航与安全车厢。

1946 年苏门答腊岛上加强防护的 DSM 列车。（照片：版权所有）

8　配备装甲的决定出自 KNIL 还是 DSM 不得而知。
9　民族主义者称此为"革命"，荷兰人则称其为"警察行动"。

1947 年苏门答腊岛上 DSM 列车（米轨）首部的领航车厢。（照片：扬·德布鲁因的收藏）

DSM 1 号装甲吉普（Pantservoertuig nr 1）

在最危险的路段上，全装甲吉普行驶于列车前方。它基于改装的吉普车[10]，由棉兰附近普罗布拉扬（Poelau Brayan）的 DSM 工厂于 1947 年设计建造，其车辆中部的装甲炮塔上设有射孔。该车配备了专门的变速箱和功率更大的发动机。动力通过安装在吉普车轴上的 4 个中置铁路车轮传递，而平板车的前后车轴帮助分散全车重量。1949 年后，这辆车不见踪影。

1945 年 8 月—1949 年 12 月的爪哇岛形势

日本于 1945 年 8 月 15 日投降后，爪哇岛上的形式变得极端复杂：苏加诺于 8 月 17 日宣布独立，他的支持者[11]接管了交通基础设施，特别是电车和铁路。9 月，英军企图夺取控制权，从日本战俘营中获释的荷兰战俘很快也加入他们。私营和国营铁路公司合并为联合铁路管理局[12]，缩写为"VS"，与军队合作紧密。针对爪哇的重新占领从 1945 年 12 月持续到 1948 年 12 月，但铁路交通持续不断地成为袭击目标，这些袭击基本上都使用从日军手中缴获的炸药。民族主义者使用的主要方法是布设牵引式炸弹，并用横穿铁路的一条金属丝引爆。与苏门答腊岛的情况一样，列车前方运行的是武装和有防护平板车，在较为危险的地区，平板车前面还加挂有安全货车，保护列车免于触雷。

起义初期（1945 年 1—8 月）爪哇岛上的装甲列车。（照片：版权所有）

爪哇岛上的装甲轨道车（1946—1949 年）

荷兰陆军在万隆等地的工厂内为多辆吉普车配备了装甲，并将其改装使之能在铁路上运行，此外还建造了具有两根车轴（最重型的车辆有三根）的装甲轨道车。不过，我们不知道改装的总数，只能从照片上证明它们的存在。

---

10 这是陆军与德利铁路公司合作的成果，前者提供了吉普车和改装经费，后者建造了这辆车。

11 "Pemudas"（青年会）。

12 荷兰语 Verenigd Spoorwegbedrijf。

（照片：扬·德布鲁因的收藏）

改装后能在铁路（米轨）上运行的吉普车。照片摄于芒加莱。（照片：扬·德布鲁因的收藏）

1947 年芒加莱工厂内处于装甲化过程中的吉普轨道车。注意，这个版本中只有前方的两个座位有防护。（照片：扬·德布鲁因的收藏）

背靠背连接的两辆吉普轨道车，采用经典配置，可在敌人的火力下迅速撤退。注意第一辆轨道车上的防护装甲风格。后车尾部的平台没有装甲。（照片：扬·德布鲁因的收藏）

在爪哇岛上巡逻的吉普轨道车（1946—1949 年）。（照片：扬·德布鲁因的收藏）

全装甲改装的吉普车，第三根车轴用于承受额外的重量。（照片：版权所有）

为平板车提供装甲防护的方案之一是重新使用 Overvalwagen[13] 的装甲车身，用螺栓将其固定在车厢甲板上。

资料来源

书籍

- De Bruin, Jan, *Het Indische spoor in oorlogstijd* (Rosmalen: Uitgeverij Uquiliar B.V., 2003).

网站

- http://www.overvalwagen.com.

保存的车辆

- 雅加达博物馆（平板车上的 BRAAT）
- 万隆博物馆（Panser rel V16）

13 字面含义是"攻击车厢"，这些装甲车辆也按照定名被称作"BRAAT"，来自在东爪哇泗水设有工厂的布拉特机械制造集团。它们得自工兵上尉卢伊克•罗斯克特（Luyke Roskott）的设计，基于雪佛兰的 COE 底盘。皇家荷兰东印度陆军使用了 Overvalwagen 的多个不同版本。

（照片：扬•德布鲁因的收藏）

保护芝巴都（Tjibatoe）—加鲁特（Garoet）铁路线的使用 Overvalwagen 车身的车厢。照片摄于 1949 年的爪哇岛。（照片：扬•德布鲁因的收藏）

两张 20 世纪 80 年代的 BRAAT 装甲车身照片，它们在芒加莱工厂里被工人用螺栓固定到平板车上。最终，一些装甲车身被切成两半，然后这两半首尾相连成为装甲轨道车。参见印度尼西亚的章节。（照片：托尼•福特）

新西兰

新西兰从 19 世纪末起就取得了部分自治权，于 1907 年成为英国自治领土，并作为英联邦的一员参加了两次世界大战。二战期间，该国超过四分之一的铁路工人身穿制服，加入第 16 和第 17 铁路运营连服役，这两个连被派到中东[1]，成为中东部队（MEF）的一部分。1941—1942 年，英军接收了 42 辆斯塔尼尔（Stanier）8F 蒸汽机车。1942 年 10 月，英军在第二次阿拉曼战役后发动攻势，其间首列向西开进的列车就由上述机车之一牵引，机车上配备了装甲防护，以抵御空袭。此外，所有列车都运载两个防空分队，分别乘坐列车头尾两节车厢。他们装备步枪口径的勃朗宁机枪，或者 40 毫米博福斯高射炮，再或者 20 毫米布雷达高射炮。

资料来源

- Judd, Brendon, *The Desert Railway: The New Zealand Railway Group in North Africa and the Middle East during the Second World War* (Auckland: Penguin Group New Zealand Limited, 2004).

驾驶室和煤水车前端配备装甲。后面的两节水柜车厢满载机车用水。（照片：版权所有）

1 这些部队于 1943 年被解散。

1942 年 11 月在阿拉曼的 329 号斯塔尼尔 8F 机车，由混凝土板提供防护。新西兰铁路连 NZ Rly Op Coy）负责这列列车和铁路系统的运行。（照片：版权所有）

注意，锅炉顶部没有装甲防护，是为了避免过热问题。（照片：版权所有）

这张侧视图可以清楚地看到 2-8-0 的车轮布置。（照片：版权所有）

在埃及，一节车厢被改装成了高射炮阵地，我们可以从照片上看到两个四联装 .30 勃朗宁枪座。机枪可能来自美制坦克。勃朗宁机枪尚未安装到后面的枪座上。我们没有发现展示博福斯或布雷达炮的车厢照片。（照片：版权所有）

福特客车背靠背相连，用于巡逻任务，中部有柱形机枪座。（照片：版权所有）

尼加拉瓜

1912 年的装甲列车

根据 1911 年 6 月 6 日签订的条约，尼加拉瓜铁路网由一家美国公司运营。1912 年 7 月，迪亚斯总统的一位竞争对手鼓动叛乱，前者要求美国帮助镇压。大约 3000 名美国官兵（大部分是海军陆战队成员）被派往尼加拉瓜恢复秩序。他们的任务之一是重新启用经过尼加拉瓜湖邻近地区的马那瓜（Managua）—格拉纳达（Granada）铁路线。因此，美军于 1912 年 9 月组装了一列专用列车：8 节平板车之后是第一辆机车，然后是 8 节棚车、第二辆机车以及最后的 4 个其他车厢。列车乘员包括 400 名陆战队员（他们的基本作用是将列车

推上坡道！）。棚车没有装甲，由沙包提供防护。列车的武器不过是 16 挺机枪，有些装在棚车车顶。经过 5 天 20 千米（13 英里）的铁路旅程，政府军最终攻占了格拉纳达城。

资料来源

• Thomas, Lowell, Old Gimlet Eye, *The Adventures of Smedley D. Butler* (New York: Farrar & Rinehart Inc, 1933).

两张质量不佳但很独特的尼加拉瓜列车照片，展示的似乎是列车一端由沙包墙防护的车厢（也许是转架车厢）。机枪是美国维克斯的 .30/06 口径，中左是一位头戴传统作战帽的美国海军陆战队员（指向相机）。考虑到尼加拉瓜人占据多数，这可能是最后一节车厢。有趣的是，上方的照片被标记为"叛军"装甲列车。（照片：上，戴维·斯宾塞；下，保罗·马尔马萨里的收藏）

朝鲜民主主义人民共和国

　　从 1905 年到二战结束，朝鲜都处于日本的统治之下。日本投降后，该国于 1945 年 8 月 15 日宣布独立。但是，朝鲜半岛北纬 38 度线以北地区被苏联军队占领，南部则由美国部队占据。南方的大韩民国于 1948 年 7 月 17 日宣布成立，而北方也于同年 9 月 9 日宣布建立朝鲜人民民主共和国，由反日抵抗运动领袖金日成领导。

　　因为朝鲜与中国东北之间有铁路连接，日本 94 式装甲列车在苏联占领区被完好无损地缴获，实际上，1945 年 12 月，一位美国陆军摄影师就拍到了它们。[1] 朝鲜战争期间，南方部队将日本装甲车厢重新服役，保护列车——参见"韩国（1950—1953 年）"的章节。封锁半岛东岸朝鲜补给铁路线[2]的任务主要由"联合国军"海军部队[3]实施（其中加拿大驱逐舰"十字军"号取得了炮击铁路线的最佳战绩），第 77 特混舰队（TF 77）的飞机提供支援。至少在一个场合，有报道称一列朝鲜装甲列车参战并被摧毁。

本书 1989 年版引用的各种资料来源表示，当时朝鲜民主主义人民共和国有 8 列装甲列车，但这些信息目前仍未能验证。许多外国旅客都提到，曾看见士兵们在货物车厢上操纵高射机枪，以对抗可能的空袭，鉴于朝鲜南北双方仍处于战争状态，本书编著时两国尚未签署任何和平条约，这一点并不令人吃惊。最后，"敬爱的领袖"金正日于 2011 年 8 月访问莫斯科时，报界广泛地描述了他的装甲列车。[4]

资料来源

- Directory of History and Heritage, Ministry of National Defence,
- *Le Canada et la guerre de Corée* (Montreal: Art Global, 2002).

1 退役美国陆军摄影师唐·奥布莱恩网址：https://www.flickr.com/photos/dok1/3894782980。

2 优先打击的是由北开来的列车，因为它们运送的是苏联提供的前线补给品。

3 "联合国军"海军部队建立了"列车杀手俱乐部"，战争结束时声称摧毁了 28 列列车。

4 报道来源之一：https://www.lebuzzcontinue.wordpress.com/2011/12/19/kim-jong-il-aquoi-ressemble-un-train-blinde-encoree-du-nord/。

摄于朝鲜北方苏占区的日本 94 式列车。（照片：唐·奥布莱恩）

挪威

武装列车

挪威似乎从未建造经典的装甲列车。在铁路货车车厢上安装火炮和最低限度的装甲防护的方法，从一战时起就一直为基律纳（Kiruna）—纳尔维克["极地列车"（Ofotbanen）] 铁路线的列车提供机动防御能力。1940 年的记录中有两门这种火炮：一门 75 毫米要塞炮和一门英制 76.2 毫米（3 英寸）炮。

资料来源

网站

- http://forum.axishistory.com/viewtopic.php?t=114126&start=165（还介绍了重型铁道炮）。

这门施奈德 75 毫米 L/30 火炮被德国国防军缴获，并于 1940 年 4 月 16 日重新投入对挪威部队的打击。注意，侧板位置可能没有装甲防护，但可能是炮手使用的射击平台。我们还可以看到残存的装甲护盾。（照片：保罗·马尔马萨里的收藏）

安装在短转架车厢上的英国制造的 76.2 毫米（3 英寸）速射炮，这是在英国战舰上使用的型号——它们可能是挪威人从 11 艘被德国空军击沉或驱赶到海边的拖网反潜船[1] 上抢救出来的。这门炮挂接到一辆 NSB E1 4 型电力机车上。[2] 火炮和机车似乎都已被车组人员破坏：缩短的炮管表明它先被堵塞，然后发射实弹，药包看起来已将机车中段摧毁，接着机车位置燃起大火。（照片：保罗·马尔马萨里的收藏）

1　挪威军队还曾将一门从在纳尔维克峡湾被击沉的驱逐舰上抢救出来的德制 37 毫米 S.K. C/30 高射炮安装在铁路车厢上。

2　建于 1925 到 1928 年之间，最高速度 60 千米（38 英里）/ 小时，1C+C1 型，总长度：19.58 米（64 英尺 3 英寸）。

奥斯曼帝国 [1]

一战期间，土耳其与德国结盟，此时对铁路运输最大的威胁来自 1916—1918 年的阿拉伯大起义。著作《阿拉伯的劳伦斯》详细介绍了人们对奥斯曼铁路发起的袭击，但没有专门提及装甲列车。不过，尽管除了叙利亚保存的装甲车厢之外没有任何照片面世，但可以肯定的是土耳其人使用了装甲列车。[2] 1917 年年底，法国军队在麦地那、布维特（Boueit）和希贾兹（汉志，Hedjaz）确认了三列装甲列车。[3] 此外，在几乎所有车站，都有一节装甲车厢（由铁板或沙包防护）挂接到蒸汽机车上，做好准备干预任何动荡地区。

同一时期，准备用于中东地区的装甲轨道车在德国建造，但有些车辆一直没能交付。盟军至少缴获了两辆这种轨道车，其中一辆用来牵引列车。法国人将两辆车的装甲部分改装成装甲弹药箱，安装在平板车上（参见法国的章节）。

1　奥斯曼帝国于 1922 年 11 月 1 日灭亡。

2　例如，1917 年 11 月 10 日的一则加密信息表明，土耳其装甲列车于 1917 年 10 月 12 日和 13 日在安塔尔（Antar）到布维特（希贾兹）的铁路上作战（SHD:6N 191）。

3　SHD 档案馆资料编号：4 H 27。

在大马士革加达姆博物馆展示的装甲车厢。这节车厢的来源和建造初衷不详。（照片：版权所有）

奥斯曼装甲轨道车的左侧及其乘员。有些照片展示了来自冯·奥彭（von Oppen）上校指挥的"亚洲军"的德国车组。（照片：保罗·马尔马萨里的收藏）

装甲轨道车的三张照片，下图中的轨道车被用作列车的机车。同时代的报道"有可能"会称它们为"装甲列车"。（照片：奥地利战争纪念馆）

装甲轨道车右侧的四分之一，拍摄时它在拉亚克（Rayack）和大马士革之间的某位置。（照片：《德国工兵纪念册》）

这辆车已于 1919 年被改装成公路车辆（可能仅此一辆！）供莱比锡附近的魏森费尔斯（Weisenfels）和苏尔（Suhl）附近的泽拉—梅赫里斯（Zella-Mehlis）警察使用。[4] 装甲车身的后面可能被颠倒过来，成为公路版本的前端。（照片：约亨·福勒特）

4 梅克尔斯（Märkers）将军的"自由军团"活动区域，这支部队后来改编为魏玛防卫军第 16 旅。

资料来源

档案

- SHD: 4 H 27, Fonds Clémenceau, 6 N 191.

书籍

- Strasheim, Rainer, Panzer-Kraftwagen, Armoured Cars of the German Army and Freikorps, *Tankograd-World War One No 1007* (Erlangen: Verlag Jochen Vollert, 2013), P.73.
- *Das Ehrenbuch des Deutschen Pioniers* (Berlin: Verlag Tradition Wilhelm Kolf, 1931).

巴拉圭

1869 年三国同盟战争中的装甲列车

这种短命的装甲列车被认为是南美洲建造的首型同类产品。1865 年 5 月 1 日，历经领土争端之后，独裁者弗朗西斯科·索拉诺·洛佩斯（Francisco Solano Lopez）统治下的巴拉圭与三国同盟（阿根廷、巴西和乌拉圭）爆发战争。战争始于一系列海上行动，1868 年 3 月 22 日，巴拉圭舰队几乎遭到全歼，同盟国得以从后面包抄巴拉圭军队，向该国首都推进，并于 1869 年 1 月 1 日将其攻陷。

接下来的几个月，巴拉圭军队组装了一列临时装甲列车，后者于 1869 年 3 月 30 日参加战斗。它包括两节装甲车厢，每节车厢安装了一门 76.2 毫米（3 英寸）炮，带有装甲驾驶室的机车夹在两个车厢之间。这列装甲列车有过不同凡响的军事经历："皮卡迪利的骄傲"（Piccadilly Pride）号单驾驶员机车于 1854 年建于克鲁（Crewe），曾以 11 号机车（无装甲）的身份服役于大克里米亚中央铁路公司，克里米亚战争期间用于牵引来自巴拉克拉瓦（Balaclava）的补给列车。这列装甲列车的乘员中也有一位参加过克里米亚战争的老兵，他就是指挥官哈德利·贝恩斯·塔特尔（Hadley Baines Tuttle）少校。

这列装甲列车离开莱昂山丘（Cerro Léon）车站，向巴西军队阿雷瓜（Aregua）前哨站方向前进，进入皮拉尤（Pirayu）山谷。突破岗哨的阻拦之后，它越过同名的桥梁，向军营开火，打死打伤约 100 名士兵。经过 20 分钟的战斗，巴西军队重整旗鼓，列车首部车厢中的三名士兵阵亡。装甲列车倒车撤退，乘员炸掉了桥梁以避免巴西军队追击。但他们并不知道，南里约热内卢团（Rio Grande do Sul Regiment）的二百五十多名骑兵已渡河埋伏在铁路沿线。巴西骑兵在列车两侧飞驰，一边用卡宾枪和左轮手枪向列车里没有受伤的 30 名幸存者猛烈开火，不过列车加快了速度，骑兵们的坐骑疲惫不堪，逐渐落在后面。可这些勇敢的巴拉圭官兵运气不佳，一小队骑兵抢在前面，用一堆木材封锁了铁轨。高速运行的列车来不及刹车，撞上障碍物出轨了。"皮卡迪利的骄傲"号倒在一边，锅炉因缺水而爆炸，使两名巴西伏击者和塔特尔少校身亡。

资料来源

- Capdevila, Luc, Une guerre totale, Paraguay, 1864-1870. *Essai d' histoire du temps présent* (Rennes University Press, 2007), P.514.
- Meister, Jürg, *Francisco Solano Lopez* (Osnabrück : Biblio Verlag, 1987). 458 pages.
- Uys, Errol Lincoln, BRAZIL Book Five, *Sons of the Empire* (Silver Spring, MD: Silver Spring Books, 2000).

秘鲁

装甲列车

1879 年至 1883 年年间，智利与秘鲁和玻利维亚两国爆发了"太平洋战争"，开战的原因是玻利维亚对两家智利公司开采的硝石强征运输税。秘鲁十分依赖铁路网，当智利军队向利马推进时，守卫首都的秘鲁民兵和百姓建造了一列装甲列车，配备机枪和车上人员的步枪。1881 年 1 月 15 日，这列全副武装的装甲列车运送新兵离开利马，开往被智利占领的米拉弗洛雷斯（Miraflores）。智利军队对该列车发动进攻，并迫使它退却。后来，当智利军队于 1 月 17 日进入利马时，发现还有五节从未服役的装甲车厢。

资料来源

- Arana, Diego Barros, *History of the War of the Pacific* (Paris, J Dumaine: Vol Ⅰ, 1881; Vol Ⅱ, 1882).

波兰

装甲列车 [1] 与轨道车 [2]（1918—1950 年）

波兰于 1918 年 11 月 11 日重新成为一个独立国家。这个中欧国家夹在德国（包括东普鲁士）和俄国之间，在那个时期依赖于其他邻近国家及地区，如捷克斯洛伐克、匈牙利、罗马尼亚、乌克兰、白俄罗斯和立陶宛。

波兰铁路网反映了该国各地区此前的不同归属：波兹南（Poznań，原普鲁士波森）和加利西亚（Galicia，原属奥地利）地区采用标准轨距 1435 毫米（4 英尺 8.5 英寸），而波兰会议王国（原属俄国）则采用 1520 毫米（4 英尺 11.75 英寸）的宽轨。波兰领土的铁路与原德国铁路网有五个主要枢纽连接，而与原奥地利铁路线只有两个枢纽连接。1915 年，组成新波兰的所有领土实际上都被德国军队占领，整个铁路网都被标准化为欧洲轨距，只有乌克兰铁路网是个例外，《布列斯特—立陶夫斯克条约》签署之后，那里保留俄国宽轨。相应地，轨道车辆也来源于所有占领国：波兹南和普鲁士地区主要是德国车辆，加上奥地利、匈牙利、俄国甚至比利时轨道车辆（后者来自布鲁塞尔军事铁路指挥部）。尽管新波兰铁路网在战略上没有带来多少益处（与规划时考虑了军队调动的德国铁路网相比），但仍是缺乏优良公路系统情况下唯一可靠的运输手段。

装甲列车是一种很容易在不同战线上调动的武器，它的使用正反映了这个新国家复杂且有时极具悲剧性的状况。因此，它们从波兰第二共和国陆军诞生时起就存在。实际上，年轻的波兰陆军不得不几乎同时打四场战争：1918—1919 年的波兰—乌克兰战争、1919 年 2 月到 1921 年 3 月的苏波战争、1919 年 8 月 15 日到 1921 年 7 月的西里西亚起义，以及 1920 年 8 月到 10 月 7 日的波兰—立陶宛战争。

此后，波兰装甲列车进入了相对平静的两次世界大战间时期，直到德国入侵、二战爆发。这些列车参加了 1939 年 9 月 1—27 日短暂的波兰战役，流亡的波兰军人于 1940 年 10 月 12 日到 1943 年 11 月之间在英国操纵装甲列车。最后，波兰列车参与了 1945 年后由陆军和铁路卫队实施的内部治安行动，直到 20 世纪 50 年代。

原俄国陆军波兰部队的装甲列车

宣布独立之前，波兰部队（尚未正式定名为波兰陆军）就介入了与邻国的边境冲突。在那些战线上缺乏好的公路，铁路是唯一的部队调动手段，同一时期任何国家的唯一机动武器都是装甲列车。第一列装甲列车"联合武器"号（Związek Broni-Szeroki [3]）是波兰第 1 军的一员。它的防护能力由平板车上的沙包和壕沟护盾提供，武器包括一门 1902 型 76.2 毫米炮和多挺马克沁 7.62 毫米机枪，其中两挺安装在损坏的奥斯汀（1 系列）装甲车双联装机枪塔上。

---

1 波兰语 Pociag Pancerny，缩写为 pp，加上列车的编号。

2 波兰语 Drezyna pancerna。

3 Szeroki 意为"宽轨"，加到所有在俄制铁路网上运行的列车名称中。

苏俄内战时期，波兰军队的五个师定名为"西伯利亚师"，与捷克军团一同战斗在西伯利亚大铁路上，他们操纵三列装甲列车，名为"华沙"（Warszawa）号、"克拉科夫"（Kraków）号和"波兹南"（Poznań）号。就在损失了"波兹南"号的时候，他们从高尔察克的部队手中夺取了一列装甲列车，并将它改名为"波兹南Ⅱ"号。

"联合武器"号装甲列车只在 1918 年 2 月 10 日到 5 月 10 日间短暂存在，后被德国军队缴获。（照片：版权所有）

第二共和国陆军（1918 年 11 月—1939 年 9 月）

波兰新政府在本土建立了一个组织，任务是创立和运营日益壮大的装甲列车队伍。1918 年，两列奥匈帝国装甲列车——Ⅲ号和Ⅷ号（关于它们的火炮车厢可参见奥匈帝国的章节）——落入波兰人之手。这些列车与多节从白军手中缴获的原俄国车厢一起，组成了当时最现代化的部队。德军在波兹南地区和普鲁士地区也丢弃了一些装甲车厢（如 PZ 22）。波兰军队还重新启用了一些俄国、乌克兰和立陶宛车厢，以及德军在匈牙利、法国和比利时夺取的民用货车车厢和平板车。

第一批国产装甲列车于利沃夫[4]（Lwów）开建，后又在塔尔努夫（Tarnow）、新松奇（Nowy Sacz）、华沙、波兹南、维尔诺（Wilno）和希隆斯克（Slask）生产。由于缺乏足以装备整列列车的装甲板，波兰只能将其用于机车，车厢的防护最初由包围机枪和野战炮的混凝土和沙包组成。

1918 年到 1920 年之间，装甲列车由华沙的陆军铁道兵总监加夫龙斯基（Gawronski）将军指挥。督察部此后将它们分配给不同的军用铁路单位：团、营、桥梁守卫分队等。陆军最高司令部也得到了多列装甲列车。在波兰参与的四场战争中，装甲列车奔波于不同战线，

被拆解分散到其他列车，甚至被摧毁，最终将名称传给新的列车。

在开始描述这些列车之前，我们必须详细介绍苏联与波兰全面斗争中交织在一起的历次冲突。

波乌战争和苏波战争

波乌战争（1918 年 11 月—1919 年 7 月）是波兰与西乌克兰人民共和国之间的斗争，两者都声称拥有加利西亚主权。被缴获的乌克兰装甲列车加入了波兰陆军。

苏波战争[5]（1919 年 2 月—1921 年 3 月）中，年轻的波兰共和国面对的是内战中的苏俄。列宁特别重视全球革命目标，设想穿越他视为"白区"的波兰，进入德国。苏军的第一次攻势被遏止，取胜的波兰军队向东推进，直到 1920 年 5 月苏军才发动反攻，7 月逼近华沙。但波兰人取得了华沙战役（8 月 13—25 日）的胜利，这部分归功于盟国军事代表团提供的补给。布尔什维克的退却以 1920 年 10 月 12 日的停战协议而告终。据估计，波军使用了 70 列装甲列车，以及从布尔什维克手中缴获的另外 30 列列车。在这场战争中，波兰陆军至少损失了 8 列装甲列车。因此，波兰决定在波兹南的采盖尔斯基（Cegielski）工厂建造 15 列新的装甲列车，1920 年 8 月 1 日，负责装甲列车的军事组织 KBPP[6] 成立，由斯坦尼斯瓦夫·切雷平斯基（Stanisław Czerepiński）上尉领导。波兰缴获的许多苏俄装甲列车得以复原，部分甚至还加入波军服役。

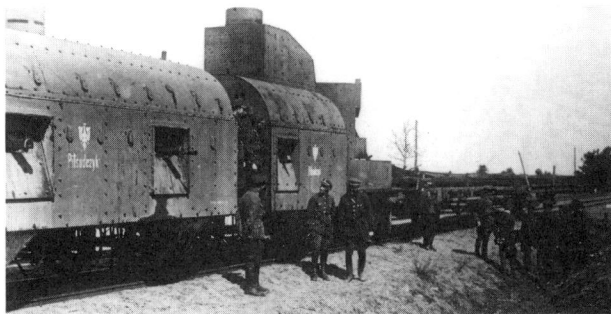

1 号装甲列车（PP 1）"毕苏茨基"（Piłsudczyk）号由 1918 年 11 月 1 日第 3 分遣队在克拉科夫缴获的奥匈帝国装甲列车各部分组成。这节火炮车厢在该列车中服役到 1939 年。[照片：波兰中央军事档案馆（CAW）]

---

4 现属乌克兰。

5 译者注：此处沿用我国的历史名词，实际上此时苏联尚未成立，因此西方习惯称其为"俄波战争"（Russo-Polish war）。

6 装甲列车建造组织（woiskowe Kierownictwo Budowy Pociągów Pancernych）。

在 PP 1 后组建的 PP 2 "勇敢"（Śmiały）于 1918 年 10 月 26 日被一分为二。注意当时的波兰国旗和列车尾部装有炮塔的车厢，后者可能受到了俄国车辆的启发。（照片：CAW）

"勇敢"号火炮车厢近景（注意车厢侧面的数字"2"），其火炮可能拆下维修。该列车于 1923 或 1924 年退役。（照片：CAW）

重建之后的 PP 1 "毕苏茨基"号由 73 级机车驱动，装备一门苏制 122 毫米榴弹炮。火炮车厢于 1920 年夏季在利沃夫建造，基于德国货车车厢。（照片：CAW）

PP1 "毕苏茨基"号榴弹炮车厢 [以德国 "奥姆库"（Ommku）型煤车为基础，于 1920 年 9 月建于利沃夫] 的细致侧视图。（照片：CAW）

装甲遮盖下的是一辆原奥地利机车：这辆 kkSTB 73 级机车有 15 毫米厚的装甲（在新松奇工厂配备）。1920 年 8 月至 1921 年，该型机车牵引 PP 1 "毕苏茨基"（73.348 号），1921 年牵引 PP 18 "飓风"（Hurgan，73.419 号全装甲机车），1920 年牵引 PP 25 "斯特凡·恰尔涅斯基"（Stefan Czarniecki），以及 PP7 "龙"（Smok）、PP 6 "伊瓦什凯维奇将军"（General Iwaszkiewicz）和 PP 27 "志愿者"（Ochotnik，由在利沃夫安装装甲的73.235 号机车牵引）。（照片：CAW）

第 3 列装甲列车建于克拉科夫，最初编号为 PP 3，从 1919 年 4 月底起命名为 PP 3 "里斯—库拉"（Lis-Kula）。这一命名是为了向波兰战争英雄利奥波德·里斯 - 库拉少校致敬，他于 1919 年 3 月 7 日因受伤过重而死，时年 22 岁。（照片：阿图尔·普热切克的收藏）

PP 3 的火炮车厢之一。照片于 1919 年 5 月摄于利沃夫。注意，76.2 毫米野战炮带着轮架。（照片：CAW）

PP 3 的前导火炮车厢，装备一门奥地利 M 05/08 80 毫米炮。圆柱形的炮塔受到了苏联型号的启发。（照片：CAW）

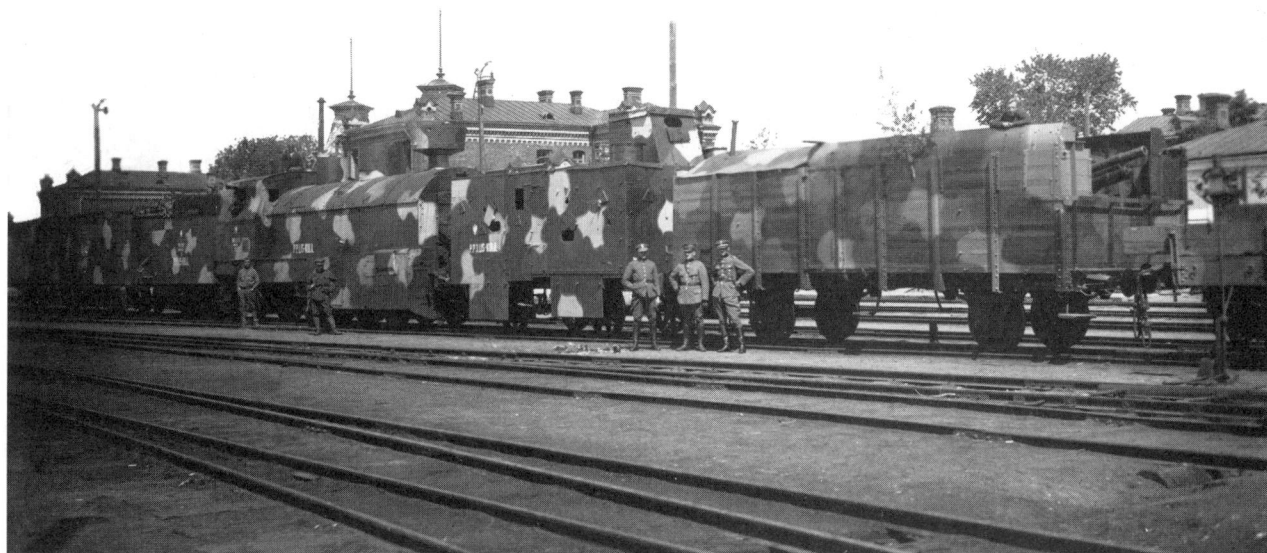

经过伪装的 PP3。照片摄于 20 世纪 20 年代。（照片：克雷什托夫·马尔加辛斯基）

奥匈帝国 180.533 号机车是 1919 年 4 月波兰人在新松奇配备装甲的唯一该型车辆。此后，它挂接到 PP3 "里斯—库拉"号。（照片：CAW）

PP 5 "部队 1 号"（Odsiecz I）的火炮车厢。向侧面发射的主武备布局说明它执行的是防御性任务，与安装在首尾车厢、于列车前进或撤退时沿轨道方向射击的火炮形成对比。（照片：CAW）

战争结束后，多列装甲列车的车组人员准备了纪念性徽章。这里有必要为图中的 PP3 徽章做些解释："Pe Pe Trójka"的意思是"3 号装甲列车"。（照片：保罗·马尔马萨里的收藏）

PP 8 "罗兹瓦多夫斯基"[Rozwadowczyk, 后改名 PP 8 "狼"（Wilk）]，该车参加了波乌战争和苏波战争。它由一辆 229 级机车驱动，车厢内部用水泥防护。照片于 1919 年 2 月摄于新松奇。（照片：CAW）

PP 9 "达努塔"于 1919 年 1 月建于克拉科夫，参加了对抗苏军的华沙防御战。它由一辆 229 级机车在前牵引，然后是一节原德国装甲车厢（可能来自 PZ 22）和一节装甲棚车。（照片：CAW）

PP 10"工兵"（Pionier），它的两节火炮车厢（80 毫米奥地利炮）以德国矿车为基础建造。照片摄于 1919 年 5 月。（照片：CAW）

PP 10"工兵"全景，该车于 1919 年 2 月建于利沃夫，参加了波乌战争和苏波战争。注意，除了一节额外的车厢外，机车两侧是对称的。（照片：CAW）

PP 11"波兹南"（Poznańczyk）于 1919 年底建于华沙，前炮塔装一门奥匈帝国 M05 80 毫米野战炮。注意车轴箱上覆盖的装甲。（照片：CAW）

PP 11"波兹南"的机车原为德国 G-5 级，配备了早期的某种防护装甲。（照片：CAW）

PP 13"黑扎维沙"（Zawiska Czarny）的一个车厢于 1920 年 8 月在利沃夫配备装甲。这些棚车的主要弱点在于通风板条，照片中已被装甲板覆盖。阶梯式布置的两组步枪兵射孔是波兰车厢的典型特征。（照片：CAW）

原奥匈帝国 MÁV 377.402 机车最初挂接 PP1"毕苏茨基"，后挂接 PP5"部队 1 号"，照片中看到的机车经过了波兰人的改良，如增大了煤炭容量。第二列列车名为"部队 2 号"。（Odsiecz II）（照片：CAW）

PP 14 "探险家"（Zagończyk）的 G3 级机车在 1920 年秋季受损。这一型号的简单装甲防护使装甲列车得以大量生产。（照片：CAW）

PP 15 " 帕 德 列 夫 斯 基 "（Paderewski）1919 年 9 月建于利沃夫。它参加了立陶宛前线的行动，后又参加了对抗红军的华沙战役。1920 年，它以化名 "泽利戈夫斯基将军" 号（General Żeligowski）参加了维尔纽斯攻击战。

分配给 PP15 "帕德列夫斯基" 的两辆 178 级机车之一（可能是 178.111 号）。（照片：CAW）

在利沃夫配备装甲的 6 辆 178 级机车之一，这是分配给 PP15 "帕德列夫斯基" 号的 170.95 号机车，于 1919 年 9 月建造。（照片：CAW）

PP15 "帕德列夫斯基" 号的火炮车厢，可能装备的是一门由钢板防护的奥地利 80 毫米炮，其水平射界约为 270 度。（照片：CAW）

PP 18 "部队 2 号" 的总体照片，火炮车厢为前导。（照片：CAW）

这辆 PP 17 "扫雷"（Saper）0-6-0 水柜机车属于 kkStB 97 级。该列车于 1919 年 3 月建于克拉科夫。照片中是 1919 年 4 月遭遇撞车损坏后的情况。它得到维修并重新入役。注意在驾驶室内工作的折烟器（照片中该装置已失效，上方气阀为打开状态）。（照片：CAW）

PP 18 "飓风" 的 73.419 号机车，于 1919 年 8 月建于新松奇。（照片：CAW）

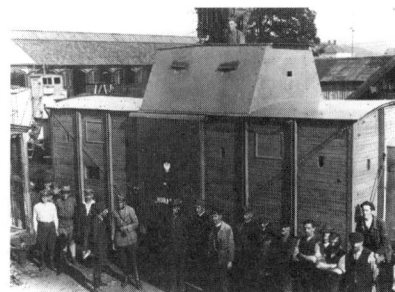

PP 18 "飓风" 的装甲棚车，威风凛凛的车顶碉堡中载有一具奥地利制探照灯。（照片：CAW）

PP 19 "勇敢" 号宽轨列车（Śmiały Szeroki）是 1919 年 4—5 月用在利达（现立陶宛境内）缴获的苏俄车辆建造的。尽管经过伪装，我们仍可以判断出其机车是 Ov 级。这列车于 1919 年 9 月 28 日参加了杜纳堡（Dyneburg，今拉脱维亚陶格夫匹尔斯）的战斗，后于 1920 年 4 月拆解并分配给其他列车。（照片：CAW）

PP 20 "道博尔将军" 由一辆缴获的苏俄 Ov 级蒸汽机车驱动，这种机车曾用于 "红胡子"（Hunhuz[7]）装甲列车。该列车即于 1919 年 5 月 24 日缴获的原乌克兰 "西乔维"（Sichovyi）号列车。（照片：CAW）

PP 20 "道博尔将军" 的火炮车厢没有改变其乌克兰配置。该列车在与布尔什维克的激战中受损，于 1920 年 6 月 23 日被缴获。（照片：CAW）

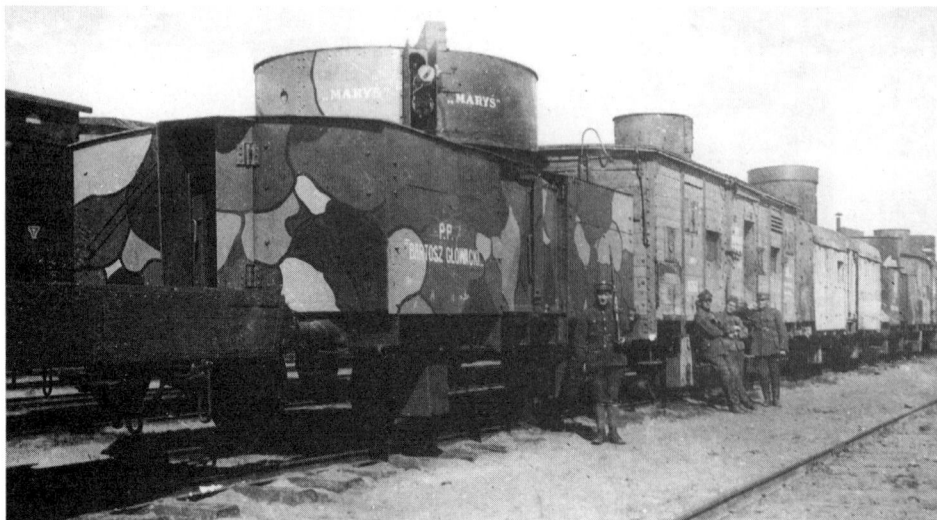

1920 年 8 月 20 日建于克拉科夫的 PP 20 "巴尔托什·格沃瓦茨基"（Bartosz Głowacki）有着相当现代的外观。它拥有两节安装俄制 76.2 毫米炮的火炮车厢，其他车厢是出身德国、内部用水泥和沙子加固的棚车。两节火炮车厢后来组成了指挥学校的装甲列车。（照片：瓦夫日尼亚克·马尔科夫斯基的收藏）

7 "Hunhuz" 一词是中文 "红胡子" 的音译，用于描述 19 世纪和 20 世纪骚扰俄国远东地区的匪帮。

1920 年，"可畏"（宽轨）号（Groźny-Szeroki）的一节火炮车厢来自缴获的布尔什维克 BP 56 "科穆纳尔"（Kommunar）号，仍然装备原来的俄国 76.2 毫米火炮。1926 年之后，这种火炮被法制 75 毫米炮取代。（照片. 版权所有）

PP 23 "西科斯基"宽轨列车（Sikorski-Szeroki）由 1920 年 3 月缴获的苏俄装甲列车上的高边转架车组成，车首位置安装了一门 76.2 毫米野战炮，另一门 76.2 毫米炮在全方位旋转的炮塔中。1920 年 6 月 25 日，该列车被摧毁。（照片：阿图尔·普热切克的收藏）

PP 24 "希米格维"宽轨列车（Śmigły-Szeroki）令人印象深刻的火炮车厢，它是原苏俄 BPN 45 号装甲列车，于 1919 年 8 月被缴获。注意加强炮塔装甲的壕沟护盾。这列列车于 1921 年 6 月被拆解。（照片：CAW）

"克拉科夫铁路炮台"（Krakowska Bateria Kolejowa）没有包含在装甲列车的分类中，但实施类似任务，装备奥地利 80 毫米炮塔炮。（照片：版权所有）

这张照片于 1920 年 9 月摄于新松奇，PP 25"斯特凡·恰尔涅茨基"（Stefan Czarniecki）的中部车厢与 PP18"飓风"类似，有着完全一样的堡垒，但没有监视孔的百叶窗（"飓风"上可能用于在关闭时观察探照灯）。（照片：CAW）

PP 25"斯特凡·恰尔涅茨基"的总体布局（摄于新松奇）相当现代化，装甲棚车与装有旋转炮塔的车厢交替，很大程度上受到了缴获且部分重新利用的苏俄车辆的影响。（照片：CAW）

PP 25"斯特凡·恰尔涅茨基"的这节火炮车厢上，注意车上的机枪塔。在这三张照片中，车厢底板上那些被误认为底片刮痕的，实际上是为了一次仪式而装点的树叶。（照片：CAW）

波兰—立陶宛战争（1920年）

波兰—立陶宛战争（1920年8月—10月7日）是一场为了决定维尔纽斯归属的短暂战争。这一争端从当年4月起不断加剧：波兰军队曾于1919年4月夺取维尔纽斯，但立陶宛人希望收回该城，因为在他们心目中，那是历史上的首都。所以当苏俄红军进攻波兰时，立陶宛转而支持前者。1920年9月2日到27日之间，立陶宛军队发动攻势，但被击溃。10月7日，双方停火。尽管国际联盟希望波兰退让，但维尔纽斯仍然在后者手中。

在这次冲突期间，波兰军队缴获了立陶宛1号装甲列车"格季米纳斯"，并立即将其改名为"蒙德少校"号（Major Mond），后正式定名为PP 27"扬·基林斯基"（Jan Kiliński）。（照片：克雷什托夫·马尔加辛斯基的收藏）

第三次西里西亚起义（1921年5月）

第三次西里西亚起义（1919年8月15日—1921年7月21日）是波兰少数民族社群鼓动的，目的是使上西里西亚富矿区归属波兰。《凡尔赛和约》规定举行一次公投，以决定德国与波兰对上西里西亚的分割。德国方面，"自由军团"（Freikorps）对非德意志族人施加压力，而波兰承诺给波兰裔居民全部权利。第一次起义以8月16日的波兰矿工总罢工作为开端。六万人的魏玛防卫军部队镇压了暴动，起义于10天后结束。

第二次起义于一年后爆发。协约国（英国、法国和意大利）监督下的公投于1920年3月21日举行，亲德派取得了多数票。1920年8月，华沙陷落的不实流言点燃了双方的情绪。波兰人控制了多个城镇的行政大楼，协约国军队未予干预。紧张的谈判和波兰与德国间

行政权平衡的重新调整之后，暴动于8月25日后开始平息，但波兰人建立的地下组织依然存在。

这个组织对第三次起义的发动起到了作用，其开端就是上西里西亚仍然归属德国的流言。实际上，法国支持波兰，而英国与意大利则与德国合作。问题的关键是比托姆（Bytom）—格利维采（Gliwice）—卡托维茨（Katowice）三角这一富饶工业区的归属。在这个背景下，起义于5月3日开始，首先是破坏铁路线以阻止德国干预，尤其是东部边防军（Grenzschutz）。7月21日，这场暴动以停火告终，此后争议地区的更大一部分划归波兰。在这些战争中，波兰人大量使用了装甲列车，下面的插图展示了其中一些。

第三次起义期间的PP 14"齐格蒙特起义"（Zygmunt Powstaniec），它正与法国军队一同行动，后者可以从大贝雷帽和右侧袖子上的条纹中辨认出来。机车的装甲可能用壕沟护盾加固。车厢源自德国，第二节的敞篷炮塔中安装了一门火炮。（照片：保罗·马尔马萨里的收藏）

"卡比茨"号装甲列车（PP Kabicz）建于格利维采，是波兰唯一的窄轨（7.85厘米）装甲列车。照片摄于1921年5月的西里西亚，列车和车组正在接受一位神父的祝福。（照片：马里乌什·齐姆尼的收藏）

"卡比茨"号侧视图，该列车使用的是原普鲁士 T37 级机车。（照片：马里乌什·齐姆尼的收藏）

波兰军队在两次世界大战之间的装甲列车

对苏战争取胜之后，波兰装甲列车退役，只保留了 16 个单位。1923/1924 年冬季，这些单位组合为两个团，每个团下辖 4 个营，每营各有两列列车。除此之外，1927 年 10 月，两列列车划归驻扎在亚布翁纳（Jabłonna）的第 1 训练师（1 Dywizjon Pociągów Pancernych），专做训练之用。1928 年，最老旧的 6 列列车报废后，两个装甲列车师（华沙北部和克拉科夫）组建了，于 1930 年又整合为装甲部队。每列装甲列车组成基本单元，辅以一列指挥车、一列补给车和一个配备装甲轨道车的侦察连。1931 年，波军启动了一项现代化计划，旨在通过减少车厢数量增强列车机动性，同时保留两节火炮车厢。列车上引入了一个可伸缩侧向舱室系统，机枪可以沿着列车侧面向前后射击，旧火炮更换成现代化型号，车厢本身最终也更换成更现代化的轨道车辆。

计划中确立了列车的三种分类：

1 型（轻型）

2 型（重型）

3 型（由机动单元组成的列车）

轻型装甲列车由一节步兵车厢和两节火炮车厢组成，后者保留奥匈帝国和苏俄火炮，加上机枪（8—16 挺，安装在半圆柱型炮塔枪座上）以及两挺高射机枪。

受到苏俄列车的启发，火炮车厢有三种类型：Ⅰ、Ⅱ 和 Ⅲ 型。Ⅰ 型对应的是"索森科夫斯基"号的设计，有两座圆柱形旋转炮塔。Ⅱ 型对应的是"达努塔"号和"波兹南"号的车厢。最后是对应的是"勇敢"号和"毕苏茨基"号的 Ⅲ 型。

重型装甲列车配备了更强大的武器，安装在旋转炮塔中的是 100 毫米炮和机枪。这些重型装甲列车使用功率更大的蒸汽机车，如 Ti3 级（原普鲁士 G53）。一战之后，德国曾交付 16 辆普鲁士 G53 机车作为战争赔偿，其中 6 辆移交给波兰陆军。1920 年起，两辆机车参照苏联机车，在华沙—布拉格工厂中配备了装甲，这些机车后来成为其余机车的样板，后者于 1926 年也开始了装甲化。当年 11 月 20 日，陆军下达了这些机车的分配命令，该分配工作于 1932 年完成。除此之外，"探险家"号和"斯特凡·恰尔涅茨基"号[8]被用于训练，直到 1928 年被拆解。

重型装甲列车的标准装备为：

－斯柯达 1914/19 式 100 毫米榴弹炮，装在最低的旋转炮塔上。

－普季洛夫 1902 式 76 毫米榴弹炮，于 1926 年时被更换为 1902/1926 型 75 毫米炮。

8　波兰贵族（1599—1665 年），最著名的将军之一，以 1665 年在华沙率军抵御瑞典军队而闻名。

– 马克沁 Mle 08 7.92 毫米水冷机枪

每列装甲列车及其支援列车，其乘员固定为八名军官、59 名士官和 124 名士兵。

列车的编号与名称如下：

PP 11 "达努塔" [9]

PP 12 "波兹南" [10]

PP 13 "索森科夫斯基将军" [11]

PP 14 "帕德雷夫斯基" [12]

PP 15 "死神"（Śmierć）

PP 51 "第一元帅"（Pierwszy Marszałek）[13]

PP 52 "毕苏茨基"

PP 53 "勇敢"（Śmiały）

PP 54 "可畏"（Groźny）

PP 55 "巴尔托什·格沃瓦茨基" [14]

9 一位姑娘的名字。

10 波兰语 "Poznań czyk" 意为 "与波兹南相关联" 或 "波兹南的"。

11 卡齐米日·索森科夫斯基（Kazimierz Sosnkowski, 1885—1969 年），波兰贵族、爱国者、政治家和将军。

12 伊格纳齐·帕德雷夫斯基（1860—1941 年），著名钢琴家，波兰政治缔造者之一。

13 "第一元帅" 得名于第一位波兰元帅约瑟夫·毕苏茨基（1867—1935 年），波兰开国元勋之一，1918—1922 年任国家元首，1926—1935 年再次就任。这个名称也写作 "I Marszałek"。

14 巴尔托什·格沃瓦茨基（原名沃伊切赫·巴尔托什，约 1758—1794 年）是一位农民，因 1794 年柯斯丘什科起义期间勇敢对抗俄国大炮的举动而被封为贵族。

1921 年 8 月 15 日波兰陆军节，PP 53 "勇敢" 号披上盛装。它的伪装图案在 20 世纪 30 年代仍使用。注意车钩下方的排障器。这些车厢装备两种型号的俄制火炮：1909 式 122 毫米榴弹炮和 1902 式 76.2 毫米炮。1939 年，它们被更换成波兰制造的 100 和 75 毫米炮。（照片：亚当·约恩查的收藏）

1934 年时的 "勇敢" 号：注意火炮车厢的现代化改进，其车顶安装有观察塔。当时的突击步兵车厢尚未接收下半部分的防护装甲。（照片：马里乌什·齐姆尼收藏）

这张照片和系列中的其他四张照片说明了原奥匈帝国装甲车厢中马克沁机枪的安装方法，包括可伸缩侧向舱室，这种舱室强调了以一切可用武器向列车前方射击的重要性，这提醒我们装甲列车可用作奇袭手段。几乎所有列车都采用了相同类型的安装方式。（照片：马里乌什·齐姆尼收藏）

PP 13 "索森科夫斯基" 号，它的机车是跟另一列列车借用的。I 型装甲车厢于 1920 年在波兹南建造，以俄国车厢为基础，装备两门 wz.26/02 75 毫米野战炮（由俄制 02 式 76.2 毫米炮改换炮管而成）。照片中的 3 节安全平板车是 13 米（42 英尺 7.75 英寸）长的 Pdkz V Ⅲ C 四轮平板车。（照片：CAW）

PP 15 "死神" 号。（照片：CAW）

PP 14 "帕德雷夫斯基" 号采用高质量的三色伪装图案：浅绿、橄榄绿、红褐（图中较暗的色块）。（照片：CAW）

轻型装甲列车项目（油—电装甲机动有轨车 wz.28[15]）

1928年，针对装甲列车的研究，转向由两辆机动车和两节安全平板车组成的自行单元（Ⅲ型装甲列车）。第一辆机动车的旋转炮塔安装75毫米炮，第二辆机动车则装备一门37毫米炮。Pddkz Ⅶc 底盘被用作原型，它的两根车轴由电车马达驱动。整列列车于1929年8月完工。测试期间，它的表现远不能令人满意，其中一辆机动车出轨，随后该项目被放弃。组成该列车的单元实际上没有被拆毁，1937年时仍在装甲列车师的花名册上，不过至1939年9月都一直没有服役。

15 非正式定名。

注意右前方的驾驶员视孔。在这张照片和下面的 3/4 后视图中，我们可以清晰地看到两个侧置的小机枪塔，用于 7.92 毫米机枪，它们提供了 180 度射界。（照片：格热戈日·波莫尔斯基的收藏）

我们可以通过入口舱门的左侧看到辅助刹车系统。（照片：阿图尔·普热切克）

注意，右侧有两个舱门，左侧只有一个，整辆车的下半部分都有装甲板防护。（照片：CAW）

wz.28 油—电装甲机动有轨车

技术规格

总长： 10.924 米（35 英尺 10 英寸）

宽度： 3.15 米（10 英尺 4 英寸）

轴距： 6.5 米（21 英尺 4 英寸）

总高度： 3.85 米（12 英尺 7.5 英寸）

铁轨到车顶高度： 2.93 米（9 英尺 7.25 英寸）

装甲厚度： 6—12 毫米

重量： 约 25.9 吨

乘员： 1 名军官，12 名士兵

武备： 1×APX Mle 97 75 毫米炮；3×wz.25 7.92 毫米机枪

最高速度： 每小时 32 千米（每小时 20 英里）

续航能力： 燃料可行驶大约 10 小时

轻型装甲列车的第二个单元在炮塔中安装了一门 37 毫米炮。这辆车似乎短得多。注意，它挂接了一节装甲车厢，可能来自 PP 53 "勇敢"号。与 75 毫米炮车相比，它的高度看起来也低得多，可能是为了让更重的武器有 360 度的射界。（照片：亚当·约恩查的收藏）

16 发表于 1934 年 5 月的莫斯科《红星报》。

17 1927 年 4—5 月，波兰订购了两辆奥地利—戴姆勒公司的无装甲轨道车，并在装甲列车训练部队进行了测试，但没有进一步采购。

18 CWS 是中央汽车厂（Centralne Warsztaty Samochodowe）的缩写。

柴油动力装甲列车项目（1934 年）

1934 年，军事报刊上的一篇文章提到了一个波兰列车计划，这种车辆没有机车，每个转架车厢由一台柴油发动机驱动。[16] 这种火车的重量将为 1000 吨，长度为 150 米（495 英尺）；它的最高时速可达每小时 130 千米（80 英里）。为了减小重量，只有车厢的人员舱室配备装甲，车身上半部分和车顶以硬铝制成，目标是使高爆炮弹完全穿过时不触发其引信。列车两端有配置机枪阵位的安全 / 保护平板车，以及 3—4 节装甲车厢：步兵车厢（12 名士兵）有旋转炮塔和射孔，火炮车厢有两座旋转炮塔，指挥车厢则设有观察塔。如果装甲列车集群有指挥官，将插入第二节指挥车厢，供他和参谋人员使用。至于这一提议是否是 wz.28 项目的一部分，我们不得而知。

装甲轨道车和轨道巡逻车辆

20 世纪 20 年代初，法国克罗沙（Crochat）公司向波兰军用铁路督察部交付了 10 辆轻型轨道车，以紧急弥补缺乏装甲轨道车的状况。但事实证明，安装在其中一辆轨道车上的试验性装甲对动力不足的马达来说太重了，因此这些车辆被工兵当成了运输车来使用。我们不知道这种车辆的外观。

塔特拉 T-18 装甲轨道车

1926 年 11 月，波兰从捷克斯洛伐克购得 6 辆塔特拉装甲轨道车，分配给亚布翁纳的装甲列车学校营。尽管试验表明这种车辆动力不足[17]，波兰仍加购了 10 辆轨道车的底盘，装甲车身则由 CWS 公司[18] 建造和安装。根据计划，原来的炮塔将更换为 wz.28 装甲车所用型号，并装备一门皮托（Puteaux）公司 SA-18 37 毫米炮和两挺 wz.25 7.92 毫米机枪，其中一挺用于防空。不过，这一改装工作从未实施。

波兰的塔特拉 T-18 轨道车之一，这可以通过炮塔上的雄鹰纹章图案来确认。注意四个巨大的"头灯"，它们实际上是白色和红色的，由 65 毫米厚的防弹玻璃防护，用于显示该车的存在。（照片：亚当·约恩查的收藏）

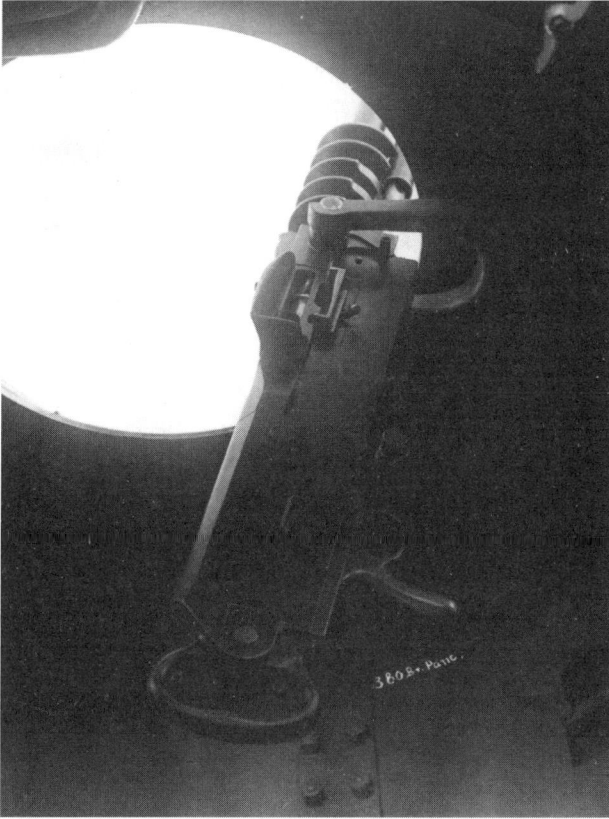

7.92 毫米霍奇基斯 wz.25 机枪在炮塔中的两个位置：分别用于防空和用于直瞄射击。（照片：亚当·约恩查的收藏）

这是一张珍贵的照片，喷涂波兰典型伪装图案的塔特拉轨道车与"R"型轨道车挂接在一起，后者上面的 FT 坦克炮塔有圆角。这可能意味着它是一辆波兰建造的 CWS "铁坦克"，甚至可能是重建的雷诺 TSF 无线电坦克。这张照片拍摄的或许是 PP 13 下辖的一个排。（照片：保罗·马尔马萨里的收藏）

许多波兰 T-18 都有自己的名字，例如照片中的"金龟子"（Žuk）。左侧有明显的千斤顶手柄，用于操纵升降系统，将轨道车从一条轨道转移到另一条轨道。（照片：雅努什·马格努斯基的收藏，照片提供人为马里乌什·齐姆尼）

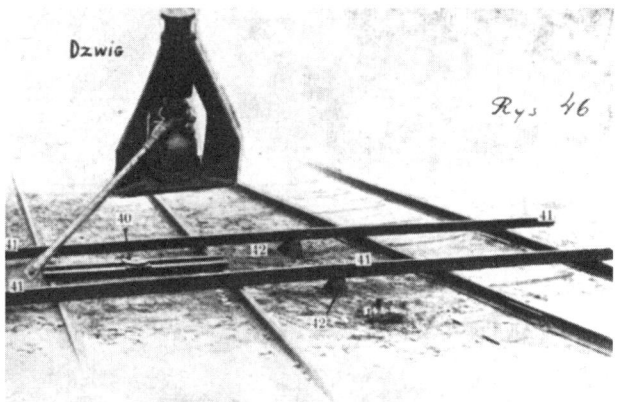

帮助塔特拉轨道车在平行轨道之间移动的设备。转车台（40）和铁轨（41）被放在车身侧面，而加长手摇曲柄用于操作千斤顶。（照片：亚当·约恩查的收藏）

塔特拉 T-18 装甲轨道车

技术规格（来自波兰记录）

总长：3.55 米（11 英尺 7.25 英寸）

宽度：1.75 米（5 英尺 9 英寸）

总高度：2.14 米（7 英尺 0.25 英寸）

装甲厚度：侧面 8 毫米；车顶和底板 5 毫米

空重：3.45 吨

乘员：3 人

武备：2×7.92 毫米机枪，马克沁 wz.08（水冷）或霍奇基斯 wz.25（风冷）

发动机：塔特拉 T-12 风冷式

最高速度：45 千米（28 英里）/ 小时

行程：700 千米（435 英里）

20 世纪 30 年代，每辆装甲列车都得到了一个排（两辆）的塔特拉轨道车，但到 1939 年，它们仅用于 PP 13 和 PP 15。

鉴于塔特拉轨道车性能低下，波兰研究了基于维克斯 6 吨坦克的公路与铁路两用车。这种车辆将配备 12 毫米装甲，增重到 7.5 吨，炮塔安装的武器包括一门皮托 SA-18 37 毫米炮，可提供合理的火力。据估计，该车速度为公路每小时 36 千米（每小时 22 英里），每小时铁路 65 千米（每小时 40 英里）。

基于维克斯产品的公路与铁路两用坦克图解，我们从中可以看到装备一挺 wz.25 7.92 毫米高射机枪的炮塔。从铁路转换到公路的操作通过降低履带悬挂系统来实现的，而不是抬升铁路车轮。（图解：塔特拉公司，照片提供人为马里乌什·齐姆尼）

"R" "TK" "TKS" 轨道车

与此同时，公路铁路两用坦克或小坦克（Tankette）的创新概念逐渐流行。例如，早在 1926 年，德国和法国就有关于不同项目的报道。[19]1933 年，塔德乌什·科

萨科夫斯基（Tadeus Kossakowski）上校凭借这种车辆设计取得了专利，他发明的系统参见如下的专利图纸。波兰同时购买了用于雷诺坦克和 TK/TKS "小坦克"的两种铁路底盘。

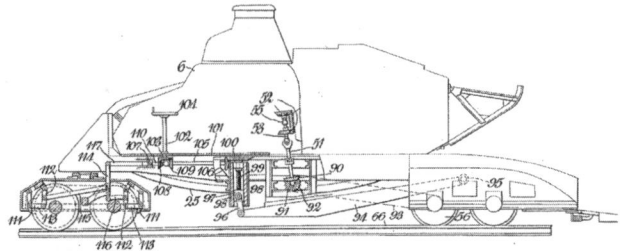

说明 "R" 型装甲平台操作原理的图纸，原型车由此才被设计出来。（美国专利 2014769 号）

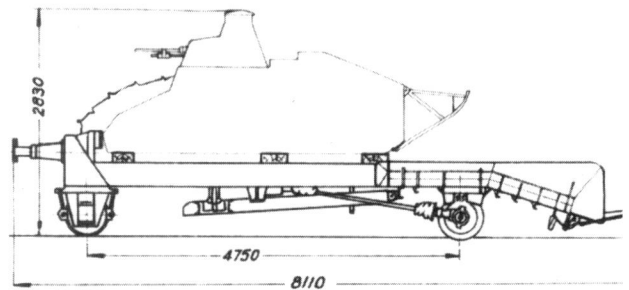

生产型车辆的轮廓图。（雅努什·马格努斯基的收藏，照片提供人为马里乌什·齐姆尼）

第一种原型车 "铁路公路两用装甲轨道车"（drezyna pancerna torowo – terenowa）建于 1932 年，它不能完全令人满意 [尽管它能以每小时 38 千米（每小时 23.5 英里）的速度移动笨重的雷诺 FT 坦克]，主要是因为平台的推进形式：由坦克履带旋转带动滚子，通过一个 "链条—齿轮" 系统将动力传给铁路车轮。这是一个复杂的系统，会像在公路上行驶一样磨损坦克履带。在 1933 年的第二种原型车上，动力从变速箱上的连接通过坦克顶部舱门（如原始专利图纸所示）传递，双向的速度都提高到每小时 45 千米（28 英里）。试验之后，波兰军方于 1938 年接受了这种车辆，在萨

[19] 1927 年 1 月 2 日的《土木工程》（Le Génie civil）第 25 页刊登的未署名文章《可用于公路和铁路上运送坦克的无动力底盘》（Chassis sans moteur, pour le transport des chars d'assaut sur route et sur rails）引用了 1926 年 7 月 18 日《德国工程师期刊》的内容。

诺克（Sanok）的齐耶莱涅夫斯基（Zieleniewski）工厂和华沙的利尔波普—拉乌—勒文施泰因（Lilpop-Rau-Loewenstein）公司建造了超过 30 部底盘。这两批车辆被分配给各装甲列车。除了相对之前的塔特拉轨道车有速度优势 [最后一批平台达到每小时 55 千米（每小时 34 英里）] 之外，当时的想法是，这种铁路巡逻车

辆也可以离开轨道，支援离开列车的突击部队。卸载操作与装载操作花费的时间都不到三分钟。

20 CWS 坦克是雷诺 FT 的波兰版本，华沙的中央汽车工厂（CWS）共建造了 27 辆。1925 年由 S. 卡尔达谢维茨（S. Kardaszewicz）上尉设计的小链节履带使坦克拥有更高的速度。但坦克制造中使用的钢材达不到装甲质量，这些非战斗车辆只分配给了训练部队。

"R" 型轨道车原型。照片中的坦克是使用小链节履带的雷诺 FT CWS。[20] 链条主传动清晰可见。（照片：阿图尔·普热切克的收藏）

这种外部支撑布置仅见于原型车。注意，其前部有一根驱动轴，后面有两根承重轴。（照片：阿图尔·普热切克的收藏）

接近最终批量生产的 "R" 型轨道车，运载一辆雷诺 FT CWS 坦克，注意，前车轴上的轮径缩小了。（照片：雅努什·马格努斯基的收藏，照片提供人为马里乌什·齐姆尼）

同一辆车的后视图，其布置远比原型简单，同时也更坚固。（照片：雅努什·马格努斯基的收藏，照片提供人为马里乌什·齐姆尼）

"R"型轨道车

技术规格

长度：8.11 米（26 英尺 7.25 英寸）

宽度：2.04 米（6 英尺 8.25 英寸）

高度（连同坦克）：2.83 米（9 英尺 3.5 英寸）

空重：3.4 吨

重量（连同坦克）：10.5 吨

乘员：2 人

武备：皮托 SA-18 37 毫米 L/21 火炮

装甲（仅 FT 坦克）：16 毫米（车身垂直装甲板）、8 毫米（顶板）、22 毫米（铸造炮塔）、16 毫米（铆接炮塔）

最高速度：每小时 55 千米（双向）

分配给 PP 54 的"R"型和"TKS"轨道车排在比亚多里尼（Biadoliny）车站。雷诺坦克的改装在利尔波普—拉乌—勒文施泰因工厂进行。这张照片和后面的照片展示了平台正面三色伪装的良好效果。（照片：保罗·马尔马萨里的收藏）

平台前悬架近景。右侧的登记牌隐约可以辨认。履带上的制动片说明该排所属车辆和 PP 12 在一段时间里保持静止。（照片：保罗·马尔马萨里的收藏）

1939 年，德国国防军缴获了波兰陆军在作战中使用的所有轨道车。但是，他们对这些车辆毫无兴趣，没有将任何一辆重新入役。（照片：保罗·马尔马萨里的收藏）

过了这么多年，现在已经很难知晓这次相撞是事故造成的，还是为了避免两辆轨道车（"R"型和翻倒在它后面的"TK"型）落入德国人手中而进行的破坏。后一种解释似乎更有可能，因为 FT 上的火炮处于完全后坐的位置，坦克本身的位置在平台后部，可是碰撞的冲击力本应将其进一步前推。这两辆轨道车可能来自 PP 54。（照片：保罗·马尔马萨里的收藏）

用于 TK 和 TKS 坦克[21]的两辆原型车于 1932 年夏季完成。与运载雷诺坦克的车辆相比，它们在设计上有很大不同：没有用发动机驱动铁路车轮，履带保持着与铁轨的接触。以这种风格建造的底盘定名为"铁路履带式车辆引导平台"（prowadnica szynowa）。液压系统使这种小坦克能够在一分钟内从其引导平台降下。同时研究的一种型号将小坦克背靠背串列放置。相关测试进行了四年多，1934—1935 年期间共有 11 辆预制造型（版

本Ⅲ）被建造。最后的型号（版本Ⅳ）于 1936 年得以采用，波兰军队订购了 38 部底盘，以及 4 种串列型号。两辆小坦克中的一辆配备短距离电台[22]，所有型号都经过改良，利用相关的电气和刹车连接，可以作为轨道车运行（独立和作为装甲列车一部分均可）。

21 TK 小坦克（配备福特发动机后称为 TK-3）于 1931 年投产，此后是配备菲亚特 122 发动机、改进型机枪座以及新型潜望镜的 TKS。

22 RKB/c 电台，前左翼上安装的箱子证明了它的存在。

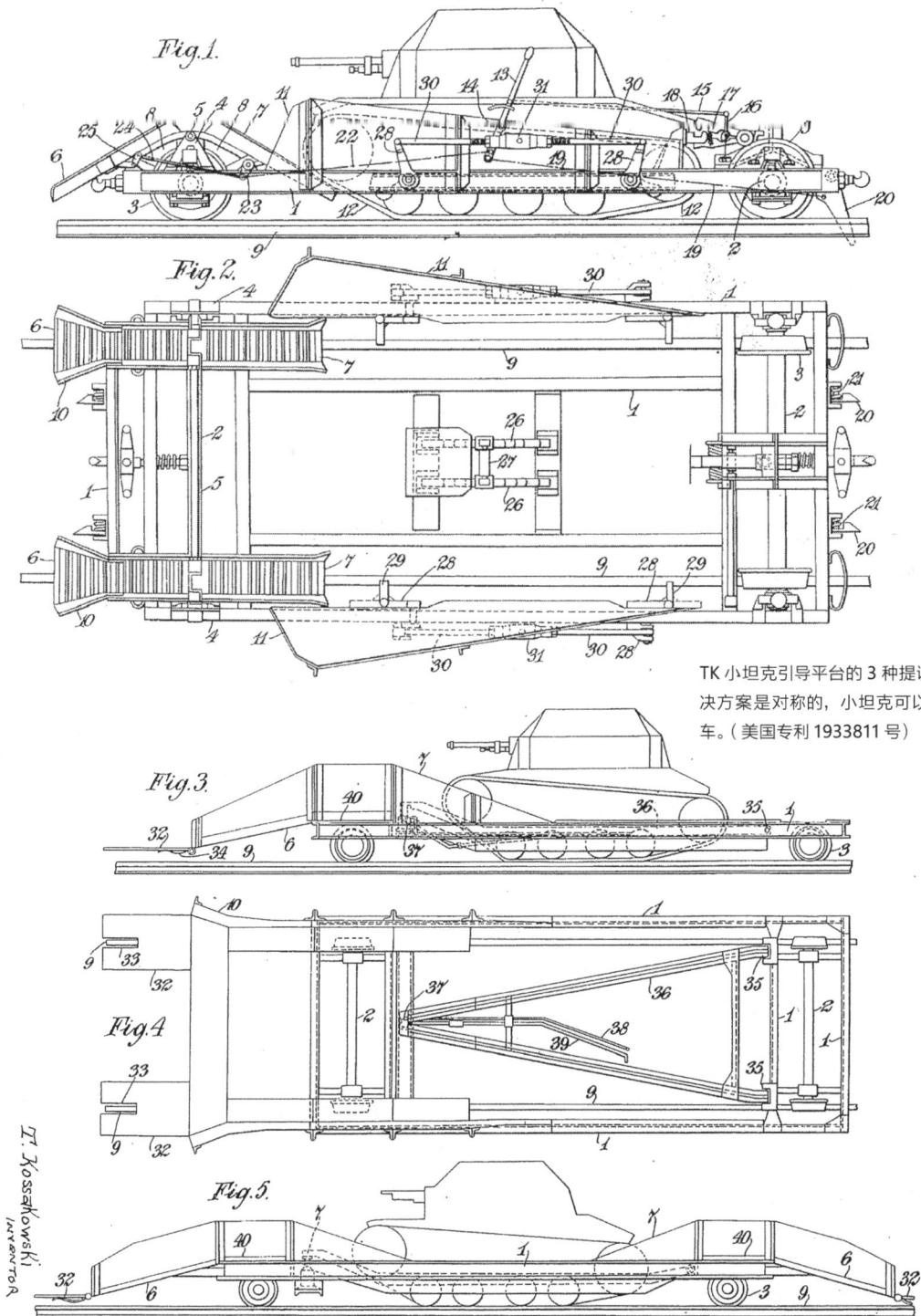

TK 小坦克引导平台的 3 种提议形式。第三种解决方案是对称的，小坦克可以从前方或后方下车。（美国专利 1933811 号）

"TK" 和 "TKS" 轨道车

技术规格

长度：6.3 米（20 英尺 8 英寸）

宽度：2.15 米（7 英尺 0.5 英寸）

轮距（铁路车轮）：3.855 米（12 英尺 7.75 英寸）

高度（连同小坦克）：1.33 米（4 英尺 4.25 英寸）

重量（连同小坦克）：4.15 吨（小坦克重 2.6 吨）

乘员：2 人

武备：1 挺 wz.25 7.92 毫米机枪（前炮塔），1 挺 wz.28 勃朗宁 7.92 毫米机枪（备用）

装甲（仅 TK/TKS）：8—10 毫米（车身垂直装甲板）、6 毫米（顶板）

最高速度：每小时 46 千米（每小时 28.5 英里）。为了双向运行，两辆 TK 或 TKS 轨道车将背靠背连接。

常规装甲轨道车排[23] 由两个"半排"组成，每个"半排"有一辆"R"型轨道车和一辆"TK"或"TKS"轨道车。[24] 第 5 辆车（TK/TKS 小坦克）留在支援列车上作为后备。在现实中，波兰军队常常使用"TK-TK"的组合，而没有使用雷诺坦克。除了能够双向行驶这一优势，小坦克还可以将其履带抬升到铁轨之上，从而能很快地离开轨道车。

"TK"型轨道车。（照片：亚当·约恩查的收藏）

"TKS"型轨道车。TK-3 和 TKS 有三种不同版本。（照片：亚当·约恩查的收藏）

被缴获的轨道车的照片。注意悬挂梁的延伸部分，这个部分是 TK 型轨道车的辨识标志。（照片：版权所有）

23 由一名军官、6 名士官和 10 名士兵组成的一个车组，以及后备车的车组。

24 带两辆塔特拉轨道车的 PP15 和带两辆塔特拉轨道车、两辆 TK/TKS 的 PP13 除外。

此图和下图展示了为 7TP 设计的平台原型。本图中，正在用一辆 6 吨的 7TPdw[25]（英国维克斯 Mark E 坦克的波兰发展型）进行试验。这个型号的两个枪塔各配备一挺 30 型 7.92 毫米机枪（Ckm wz.30）。（照片：CAW）

注意底盘下的坦克发动机与后轴主减速器之间的连接。

运载 7TP 坦克的轨道车

这种布置与 C7P 火炮牵引车所用的平台类似，其目的是代替塔特拉 T-18 和 TK-R-TK。凭借博福斯 wz.37 37 毫米炮，这种车辆大大提升了装甲列车的侦察和袭击能力。不过，由于前线缺乏 7TP 坦克[26]，该项目最终被放弃了。

最后要说明的是，从 1935 年起，工兵和支援部队使用的 34 式半履带车可以配备一组铁路滚子。但是，它们并不属于装甲列车的范畴。

试验坦克安装在平台上的精细后视图。侧面的导轨帮助纠正坦克与平台对齐时的小误差。（照片：CAW）

25 DW 为双炮塔（Dwuwieżowy）的缩写，是现在很常见的非正式定名。

26 可用的 7TP 坦克一共只有 137 辆。

这是 C7P 火炮牵引车运输平台的照片，C7P 使用与 7TP 坦克使用相同的履带式底盘。注意，该平台似乎比坦克运送平台稍长。（照片：CAW）

电动装甲轨道车项目 [27]

这种 8 轮轨道车计划在炮塔中安装了一门 37 毫米炮。下面的框图给出了该项目仅有的已知信息。

柴电轨道车项目

技术规格

长度：7.92 米（25 英尺 11.75 英寸）

宽度：不详

轨道以上高度：4.4 米（14 英尺 5.25 英寸）

重量：32.5 吨

主发动机：2×110 马力柴油发动机（？）驱动 2×300V 240 安发电机

轴电机：4×550V 80 安培

乘员：5 人

武备：博福斯 wz.37 37 毫米炮和 1 挺 wz.30 7.92 毫米机枪

装甲：10—20 毫米

最大速度：每小时 40 千米（每小时 25 英里）。这种轨道车能牵引的装甲车厢的最大重量为 110 吨。

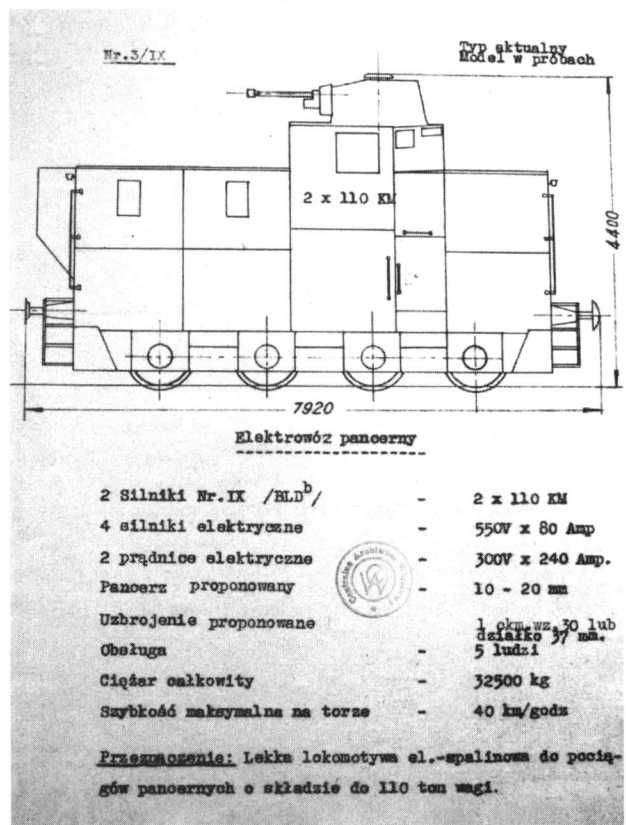

电动轨道车草图。（文档：亚当·约恩查）

27 考虑到同时代对 7TP 坦克 110 柴油发动机的使用，可能是柴—电动力双用。

未确定的装甲轨道车

这辆车（摄于 20 世纪 30 年代初）属于第二装甲列车部队，其炮塔可能来自 wz.28 半履带装甲车 Samochód pancerny）。（照片:亚当·约恩查的收藏）

波兰战役 [28] 期间的装甲列车

1939 年 8 月底到 9 月初，有 10 列装甲列车被调集。它们在这一时期的编号与所属师有关：

第 1 装甲列车师：11、12、13、14、15。

第 2 装甲列车师——51、52、53、54、55（用于训练的临时装甲列车）

MDAL 1 号、2 号（海军轻岸炮部队装甲铁道炮台）

为岸防而于 8 月临时建造的装甲铁道炮台，在卡尔图济（Kartuzty）地区陷落前参加了那里的战斗。临时训练车辆是于 1939 年 9 月以备用的轨道车辆组建的，于 9 月 10 日在雅罗斯瓦夫（Jaroslaw）与德国坦克交战时被摧毁。另一列临时建造的列车"卡舒比之龙"（Smok Kaszubski）于 9 月在格丁尼亚（Gdynia）港区工厂建造，使用了为仍在船台上的驱逐舰"奥尔坎"号（Orkan）和"乌拉甘"号（Uragan）准备的钢板。该车被分配给岸防部队，参加了为期一周的战斗后被摧毁。9 月，波兰最后建造了两列临时装甲列车以守卫华

停在卡尔图济车站的"卡舒比之龙"。在月台另一边可能还有也装备了一门 75 毫米炮的第二节装甲车厢。（照片：马里乌什·齐姆尼的收藏）

沙，但它们留存下来的信息很少，我们只知道其中一列列车的两节车厢装备了 4 门 75 毫米炮。

二战开始后不久，装甲列车的名称就被弃用，改为数字编号。不过，为了帮助读者记忆，除了列车的编号外，我们也将继续引用原来的名称。

[28] 波兰称之为"九月战役"（Kampania wrze niowa）或 1939 年保卫战（Wojna obronna 1939 roku）。

所属师	编号	名称	1939 年 9 月 1 日配属单位	类型
1	11	达努塔	波兹南集团军	重型
1	12	波兹南	波兹南集团军	重型
1	13	索森科夫斯基将军	莫德林集团军	中型
1	14	帕德雷夫斯基	莫德林集团军（预备队）	重型
1	15	死神	莫德林集团军（预备队）	轻型
2	51	元帅	克拉科夫集团军	中型
2	52	毕苏茨基	克拉科夫集团军	重型
2	53	勇敢	罗兹集团军	重型
1	54	可畏	克拉科夫集团军	中型
2	55	巴尔托什·格沃瓦茨基	普鲁士集团军	轻型

尽管是教学用的轻装甲列车，组成它的两节装甲车厢仍然全副武装。它们一起被德军缴获、维修并分别加入两列德国装甲列车：上图前方的车厢（带有装甲车轴箱）用于 PZ 21，而下图中的全防护车厢加入 PZ 22。（两张照片：保罗·马尔马萨里的收藏）

这两个车厢是原"巴尔托什·格沃瓦茨基"号装甲列车的火炮车厢，其履历可以追溯到苏波战争时期。1939 年之前它们没有参加行动。它们是以两节普鲁士 Ommku 型矿车为基础建造的。

在参加的约九十次战斗中，它们每次对抗坦克，总能给后者带来重大的损失。有 7 列装甲列车是车组在无奈中破坏的，只有一列是在德国空军的袭击中被摧毁，另两列毁于地面战。

PP 11 在战役开始时支援霍杰日（Chodziez）—沙莫钦（Szamocun）地区的第 26 步兵师，9 月 14—15 日，该列车支援对布楚拉（Bzura）河的反攻，期间进行了艰苦的战斗。9 月 16 日在雅科维采（Jackowice）附近的苦战中，它被德国第 24 步兵师 31 团的反坦克炮摧毁。

PP 11 "达努塔" 在 9 月 16 日的最后一战中。机车已被反坦克炮弹击中，车组人员阵亡，不可能继续移动。（照片：保罗·马尔马萨里的收藏）

PP 11 "达努塔" 前段。只有这个火炮车厢和右侧的突击部队车厢可以回收，它们后来加入了 PZ 21。注意安全 / 防护平板车上运载的手动轨道车。较低的炮塔上安装了一门 100 毫米 wz.14/19P 榴弹炮。（照片：保罗·马尔马萨里的收藏）

PP 11 "达努塔" 火炮车厢（与 PP 12 "波兹南" 完全相同）加入 PZ 21 之前的后视图。上方的炮塔安装一门 75 毫米 wz.02/26 火炮（俄国 76.2 毫米炮的波兰版本）。（照片：保罗·马尔马萨里的收藏）

PP 12 在克罗托申（Krotoszyn）、亚罗钦（Jarocin）和诺韦米亚斯托（Nowe-Miasto）地区支援 "大波兰"（Wielkopolska）骑兵旅。[29] 它被用于苏拉（Szura）的攻势，接着在 9 月 7 日又在沃维奇（Łowicz）地区行动。9 日遭炮火所伤后，它临时在布沃涅（Błonie）接受维修。10 日，车组试图重夺华沙，但途中的奥尔塔泽（Ołtarzew）已被德军占领。于是车组决定破坏列车，徒步继续与德军作战。

PP 12 "波兹南" 已被车组破坏，毫无维修的希望，后来似乎只有机车被拖到了停车场。（照片：保罗·马尔马萨里的收藏）

从 1927 年起，Ti3 级蒸汽机车一直是波兰装甲列车的标准动力单元。它们是原普鲁士 G5 级机车（建于 1903 到 1906 年之间），可以每小时 45 千米（28 英里）的最高时速推动装甲列车。照片中是 PP12 "波兹南" 的机车。（照片：保罗·马尔马萨里的收藏）

"波兹南" 号的突击队运送车被移走，以清扫轨道。（照片：保罗·马尔马萨里的收藏）

9 月 3 日，PP 13 参加了切哈努夫（Ciechanów）防御战，此后沿纳雷夫河和布格河巡逻。10 日，它加入第 33 步兵师，撤退到沃胡夫（Łochów）车站。大约 14 时，"斯图卡" 俯冲轰炸机投下的一枚炸弹炸毁了铁轨，致使列车出轨，另几枚炸弹导致指挥/突击队车厢起火。随后，车组人员放弃了列车，继续徒步作战。PP 13 确实是所有装甲列车中最为著名的，希特勒于 22 日视察了它，军官和士兵们与它合影数百张，也曾出现在许多出版物上。

PP 13 "索森科夫斯基将军" 号出轨。左侧是指挥/突击部队车厢，天线是其特征。（照片：保罗·马尔马萨里的收藏）

PP 13 "索森科夫斯基将军" 号车尾的火炮车厢，每座炮塔都有 270 度的水平射界。（照片：保罗·马尔马萨里的收藏）

29 波兰语 Wielkopolska Brygada Kawalerii，旅部在波兹南。

维修后的同一节车厢（注意缓冲器已被移除）。根据一家德国报纸发表的版画，有流言称 PP 13 参加了入侵丹麦的行动，但不存在照片证据。（照片：保罗·马尔马萨里的收藏）

当时仍在作战的最后一列波兰装甲列车是 PP 15"死神"号。它的火炮车厢 1920 年建于利沃夫，后进行了现代化改装，一直保留到 1939 年。由于缺乏照片证据，它的存在一直受到忽视。它的 Ti3 级机车已遭焚毁。这张照片摄于莫德林。（照片：保罗·马尔马萨里的收藏）

PP 14 参加了 9 月 15 日和 16 日在沃维奇的行动。它开始撤退，但在雅科维采，车组人员发现自己已和其余撤退的波兰部队失去了联系，于是在雅科维采和扎斯诺（Rząsno）之间放弃了列车。

PP 15"死神"号尾部的火炮车厢，最初是一节奥匈帝国货车车厢，从 1918 年起由波兰列车使用，后重新装备了一门 wz.02/26 75 毫米炮。（照片：保罗·马尔马萨里的收藏）

被摧毁于雅科维采和扎斯诺之间的 PP 14 的两张照片。（照片：马里乌什·齐姆尼的收藏）

从另一端拍摄到的同一火炮车厢。它装备一门斯柯达 wz.14/19A 100 毫米榴弹炮。注意车站屋顶的状态，其砖瓦已被炮火掀落。（照片：保罗·马尔马萨里的收藏）

PP 51 的一节火炮车厢近景。（照片：保罗·马尔马萨里的收藏）

PP 51"第一元帅"被苏军缴获（改名为 BEPO 77），后又落入德国人之手，后者拍下了这张照片。（照片：保罗·马尔马萨里的收藏）

这张照片上的波兰装甲列车明显正在开往停车场休整。在来自 PP51 的两节车厢之后，我们可以看到来自 PP 53 的车厢，这些车厢最终组成了 PZ 10。（照片：保罗·马尔马萨里的收藏）

PP 52 于 9 月 1 日参加了莫克雷（Mokre）地区的行动，支援面对德国第 4 装甲师的波兰第 52 和第 53 步兵团，它在那里遭到空袭，但没有受损。此后，它参加了阻止德军渡过瓦尔塔河的战斗，但被迫撤往拉斯基（Laski）—罗兹—华沙铁路线。PP 52 在拉斯基车站遭到轰炸，在铁轨维修之后保护从波兹南银行撤出黄金储备的专列。接着，由于波兰军队撤退，它接到了向谢德尔采转移的命令，但该镇实际上已经陷落了。在温茨科夫斯基（Więckowski）上校指挥下，它成为一支多兵种分队的主力，保护波兰军队撤向的区域。尽管取得了一些成功（摧毁侦察车辆，抓获一些俘虏），它的火力也被逐渐削弱，到 9 月 20 日只有一座炮塔（剩下六发炮弹）和三挺机枪可用。由于损伤过于严重而无法行驶，后来车组人员用炸药破坏了它。

PP 52 的全景照片。（照片：马里乌什·齐姆尼的收藏）

PP 53 于 9 月 1 日支援"沃林"装甲旅[30]，此后参与了对抗德国第 4 装甲师的莫克雷战役。次日，它在拉多姆斯科（Radomsko）与德国第 1 装甲师的坦克交锋，随后与 PP 55 一起撤往利沃夫。18 日抵达该镇后，两列列车被攻陷利沃夫的苏联红军缴获。

在这张 PP 53 火炮车厢的照片中，我们可以看到与原奥匈帝国车厢相同的可伸缩舱室。（照片：保罗·马尔马萨里的收藏）

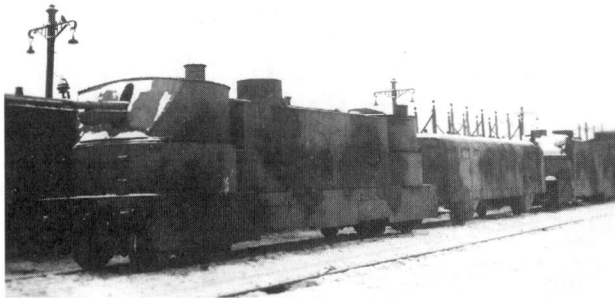

1939/1940 年冬季在克拉科夫看到的 PP 54 "可畏"号。前方的炮塔装备一门 100 毫米榴弹炮，其他炮塔则是一门 75 毫米炮。（照片：保罗·马尔马萨里的收藏）

PP 54 于 9 月 1 日参加西里西亚的行动，支援科比乌尔（Kobiór）的第 75 步兵连，它在那里受损，指挥员阵亡。PP 54 撤往图内尔（Tunel）并与多支装甲部队交火。9 月 17 日，它因为铁路桥被切断而无法渡过杜纳耶茨（Dunajec）河，被丢弃于比亚多利纳（Biadolina）。

PP 55 在战争的第一天于科卢什基（Koluszki）车站遭到轰炸，一直作为预备队，在布列斯特地区巡逻。它在扎宾卡（Żabinka）摧毁多辆装甲车后，与 PP 53 一起撤往科韦利（Kowel）和利沃夫，被火炮击中后为苏军缴获。

在英国的波兰装甲列车营（1940 年 10 月 12 日—1943 年 11 月）

1940 年，英国建造了 12 列列车以应对德国入侵威胁，巡逻于西起康沃尔、东到苏格兰默里湾的海岸。它们在 LMS 的德比客货车厢厂（Derby Carriage and Wagon Works）以及 LNER 的斯特拉特福德配备装甲。[31] 驻扎在英国的 17000 名波兰官兵中，[32] 波兰西部武装力量的四个营从 1940—1942 年得到了装甲列车。

这些装甲列车的组织如下：

第 1 师：C、G 和 E 号装甲列车

第 2 师：A、D 和 F 号装甲列车

第 3 师：B、M 和 H 号装甲列车

---

30 波兰语 Wołyńska Brygada Kawalerii，旅部在罗兹。

31 LMS 是伦敦、中部地区与苏格兰铁路公司（London, Midland and Scottish Railway）的缩写；LNER 是伦敦与东北铁路公司（London and North Eastern Railway）的缩写。

32 法国沦陷时，他们与许多波兰飞行员和海员一起撤退。西科斯基将军领导的流亡政府也离开巴黎前往伦敦。

第 4 师：K、L 和 J 号装甲列车。

初期，为了避免语言不通的问题，波兰官兵在苏格兰的装甲列车上见习，那里集中了数量最多的波兰部队，与 10 号、11 号和 12 号装甲列车的英国车组人员联络。到 1941 年 4 月，波兰官兵几乎完全取代了英国车组人员，只有驾驶员和消防员从皇家工程兵中抽调，还有多名无线电操作员继续服务了几个月。

根据长时间运营装甲列车的经验，波兰人迅速提出了改进所负责轨道车辆的建议。最积极的波兰军官当属第 1 装甲列车大队指挥官 L. 洛奇亚 - 米哈尔斯基（L. Lodzia-Michalski）上校。在无数次会议上，他都坚持

增加列车的机枪和防空武器，以及列车运载的弹药（包括近战用的手榴弹和炸药）也需大大增加。尽管他加强车厢防护装甲的请求不可能得到满足，但两项简单的改进应该归功于他：扩大 6 磅炮的炮盾以改善炮手防护，割开车厢底板、形成出入舱门，以便在敌火下撤离。

从 1942 年起，履带和轮式装甲车被挂接到列车上，扩大了列车的行动区域，同时加强了乘员的装甲战训练。该训练逐渐优先于铁路巡逻职能。1942 年，波兰列车乘员得到了充足的训练，能够重新加入作战部队。在那个阶段，装甲列车被移交了给来自地方军的英国车组人员。

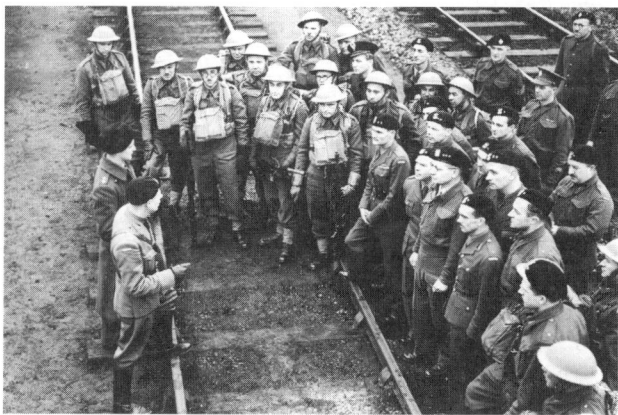

装甲列车乘员的作战简令会，我们可以看到他们的英式装备和某些来自波兰制服的附加物品和徽章。（照片：IWM）

在这张照片中的列车没有安全 / 防护平板车不是因为摄影师的请求，而是英国总参谋部的明智决定。他们认为地雷的威胁微不足道，没必要占用急需的运输车厢的位置。爬上梯子的士兵携带的是一挺 .303（7.7 毫米）口径布伦机枪。[33]（照片：IWM）

布伦枪手进入射击阵位。注意"POLAND"肩章。（照片：IWM）

在波兰车组人员要求下扩大的炮盾，由于波兰官兵很有经验，他们批评了英国装甲列车的许多原有细节。这张照片是在列车移交地方军后拍摄的。（照片：IWM）

33 布伦（Bren）这一定名是捷克陆军所用 ZB26 枪支的制造地布尔诺（Brno）与英国版本制造地恩菲尔德（Enfield）的组合。

来自 G 号装甲列车的一辆通用运输车（Universal Carrier），属于一支侦察部队，供波兰官兵使用，以努力在远离铁路的地方扩展其行动区域。"盟约者"和"瓦伦丁"坦克也被分配给不同的列车。（照片：RAC 坦克博物馆）

在波兰的苏联装甲列车（1944—1945 年）

在苏联控制之下的部分波兰陆军[34]被称为波兰人民军（Ludowe Wojsko Polskie, LWP）。尽管装甲列车不是该建制的正式组成部分，但在 1944 年 9 月和 10 月第 1 白俄罗斯方面军对维斯瓦河发动的攻势中，第 31 特种（高尔基）装甲列车师和第 59 装甲列车师临时归属波兰第 1 集团军指挥。

第 31 师下辖"科斯马·米宁"（Cosma Minin）号和"伊利娅·莫洛米茨"（Ilya Mouromietz）号装甲列车，以及各种支援部队及侦察轨道车。第 59 师使用 668 号和 675 号 OB-3 型装甲列车，1944 年 9 月到 1945 年 1 月，它们在华沙地区行动。

SOK[35] 装甲列车（1945—1947 年）

欧洲战场正式停战后，波兰新边境的各个部分（尤其是东南部）受到了乌克兰革命军（又称反抗军 UPA[36]）部队的威胁，后者袭击了交通基础设施，主要是铁路网。1945 年秋季，SOK 总司令决定建立自己的装甲列车部队。在搜索合适的铁路车辆时，发现了散落在国内各地的多节装甲车厢（主要是德国制造的，但

也有波兰和捷克车辆，仍处于良好状态的德国车辆已被当成战利品带回苏联研究）。剩下的车辆经确认后收集到华沙附近的奥斯特鲁（Ostrów）工厂维修。列车和车组人员在华沙和克拉科夫集中，然后派往东南地区。

第一列 SOK 列车（用于苏制宽轨）组建于雅罗斯瓦夫，车组人员主要来自什切青，因此列车取名"什切青"号。它在梅迪卡（Medyka）—卢巴丘夫（Lubaczow）—拉瓦罗斯卡亚地区巡逻。1946 年 3 月，车组人员更换为来自华沙的士兵，此后列车返回奥斯特鲁整修。

SOK 2 号装甲车 [后改名"雷电"号（Grom）] 于 1945 年 10 月组建于华沙。它被派往萨诺克，归入第 8 步兵师序列，在萨诺克—武普库夫（Łupków）和萨诺克—乌斯季诺夫巡逻。它参加了多次行动，最著名的是在奥尔沙尼察（Olszanica）、斯特夫科瓦（Stefkowa）、

34 安德斯将军率领的一个被称为"波兰西部武装力量"（Polskie Siły Zbrojne na Zachodzie）的波兰军团在意大利作战，其他波兰部队则在图卜鲁格服役。

35 Służba Ochrony Kolei（铁路警卫队）。

36 全称 Українська Побманська Армія，于 1942 年 10 月成立于沃里尼亚（Volhynie），与所有占领军（相继有德军、波军和苏军）作战，目标是取得乌克兰的独立。

科曼恰（Komań cza）和奥斯拉尼察（Oslanica）的行动。

未来的"飓风"号（Huragan）装甲列车最初是SOK 3 号装甲列车，建于 1946 年 10 月。1948 年，它归属托伦（Toruń）的 SOK 训练机构。SOK 4 号装甲列车 [未来的"闪电"（Błyskawica）] 使用奥斯特鲁工厂翻修的车辆，在克拉科夫附近的 DOKP[37] 组建。原 1 号列车指挥官接管了 SOK 4 号装甲列车，该车先被分配给扎戈拉（Zagora），1947 年 6 月后被分配给了扎瓦达（Zawada）。

四列装甲列车的存在，使得 SOK 可以在 1947 年初创建了一个由 M. 雅罗什（M Jarosz）上校指挥的师，

总部在萨诺克附近的扎古日（Zagórz）车站。在这一时期，有两辆新修复的车辆加入该师，其中之一是斯泰尔 le.Sp 轨道车，而另一辆根据某些资料来源称是名为"芭芭拉"号（Baśka）的斯柯达轨道车。1943 年 4 月，这个师归属斯特凡·莫索尔（Stefan Mossor）少将指挥，他也是旨在消灭 UPA 的"维斯瓦"行动（Ackja Wisła）总指挥。两列装甲列车（可能是 1 号和 2 号）加入第 5 集团军群（克拉科夫）序列。关于这些列车 1947 年后的命运，我们没有任何信息。

37 Dyrekcja Okregowa Kolei Pa stwowych（国家铁路公司区域管理部）。

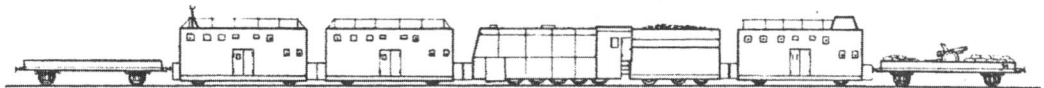

Pociąg pancerny SOK nr 2

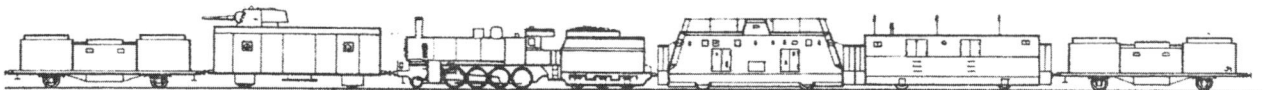

Pociąg pancerny SOK nr 3

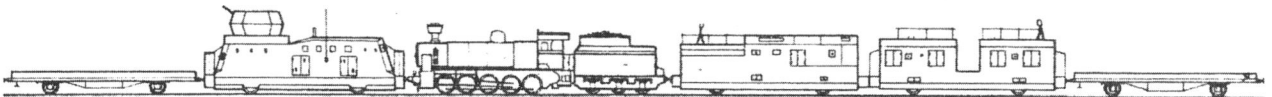

Pociąg pancerny SOK nr 4

亚努什·马格努斯基（Janus Magnuski）重现的三列列车侧视图，原德国车辆能很容易被辨认出——不管是装甲列车，还是防空列车。[插图：《战车》（*Wozy Bojowe*），P.282]

SOK 3 号装甲列车的 K- 车厢。（照片：亚努什·马格努斯基的收藏）

这节 A 车厢是使用"旋风"防空坦克炮塔的罕见例子之一。注意，它与这些车厢原来使用的方向（105 毫米炮塔在前方）相反。车组人员头戴波兰传统的尖顶帽（rogatywka）。（照片：亚努什·马格努斯基的收藏）

4 号列车"闪电"及在 K 车厢前合影的乘员。（照片：亚努什·马格努斯基的收藏）

近观 WP 870027（原 PT-16）装甲机动有轨车与 WP 870028 装甲车厢

　　WP 870027 号机动有轨车曾在本书德国的章节中出现过。二战之后，驻扎在普热梅希尔 - 巴科什切（Przemyśl-Bakończyce）的一支波兰陆军部队使用了这辆车。它参加了"维斯瓦"行动并服役到 20 世纪 60 年代。1982 年，它成为华沙国家铁路博物馆藏品。我们已经无法辨认出 WP 870028 号装甲车厢来源于哪列列车。它似乎也服役了许多年，才成为铁路博物馆的藏品的。

注意，SOK 部队使用的这辆斯泰尔轨道车是早期版本，其进气口上有 3 块矩形防护钢板，而后来的序列采用的是圆形盖子。（照片：亚努什·马格努斯基的收藏）

两辆车上的炮塔完全相同，照片中装备一门俄制普季洛夫 76.2 毫米炮。炮塔侧面的椭圆形开口是 PT 16 入役后切割的，目的是弥补近距防御射孔的不足。（照片：私人收藏）

炮塔座圈正下方的三个小方块只存在于这一侧，无疑是连接到内部管道的排烟孔，在射击时使用。图中的火炮不是原来的型号。（照片：私人收藏）

资料来源

档案

- SHD: 6 N 249, 7 N 2999, 7 N 3009/2, 7 N 3017, 7 N 3018.

书籍

- Jo ca, Adam, *Renault FT 17/NC 1/NC 2/TSF, Renault R 35/40, Hotchkiss H 35/39* (Sandomierz: Stratus s.c., 2009).
- _____, Poci gi Pancerne Z Legionowa, *Wrzesień 1939 Vol 24* (Warsaw: Edipresse Polska SA, 2013).
- Jurczyk, Jozef, and Margasinski, Krzysztof, *Dziennik pociagu pancernego Hallercsyk* (Cz stochowa: Towarzystwo Przyjacio ł Czechowic-Dziedzic, 2010).
- Konstankiewicz, Andrzej, *Bro strzelecka i sprz t artyleryjski formacji polskich i Wojska Polskiego w latach 1914-1939* (Lublin: Uniwersytetu Marii Curie-Sklodowskiej editions, 2003).
- Krawczak T, and Odziemkowski, Jerzy, *Polskie pociagi pancerne w wojnie 1939* (Warsaw: Biblioteka Pami ci Pokole , 1987).
- Kra nickca, Urszula, and Filipow, Krzysztof, *Poci gi Pancerne 1918-1943* (Bia ystok: O rodek Bada Historii Wojskowej, 1999).
- Kuntz, Captain Ch, *L'Offensive de l'Etoile Rouge contre la Pologne* (Paris: Lavauzelle, 1922).
- Ledwoch, Janusz, *Polskie poci gi pancerne 1939* (Warsaw: Wydawnictwo « MILITARIA », 2015).
- Magnuski, Janusz, *Poci g pancerny « ZYGMUNT POWSTANIEC »* (Warsaw: Wydawnictwo Ministerstwa Obrony Narodowej, 1981).
- _____, *Poci g pancerny « DANUTA »* (Warsaw: Wydawnictwo Ministerstwa Obrony Narodowej, 1972).
- _____, *Poci g pancerny « MIAŁY »* (Warsaw: PELTA, 1996).
- _____, *Karaluchy Przeciw Panzerom* (Warsaw: PELTA, 1995).
- _____, *Wozy Bojowe LWP 1943-1983* (Warsaw: Wydawnictwo Ministerstwa Obrony Narodowej, 1985).
- Ostrówka, Adam Jacek, *Poci gi pancerne Wojska Polskiego 1918-1939* (Toru : Adam Marszałek, 2013).
- Porte, Rémy, *Haute-Silésie 1920-1922* (Paris: Riveneuve Éditions, 2009).
- Sikorski, Major General L., *La Campagne polono-russe de 1920* (Paris: Payot, 1928).

期刊文章

- Anon., 'Châssis sans moteur, pour le transport des chars d'assaut sur route et sur rails', *Le Génie civil* (2 January 1927), P.25.
- Anon., 'Trains blindés', *Revue d'artillerie* Vol 114 (July-December 1934), PP.93–4.
- Anon., 'Panzerzüge in der polnischen Armee', *Militär-Wochenblatt* No 45 (1932), PP.1582–4.
- *Bulletin* Vol 5 No 3 (1995), PP.5.31–5.32.
- Jońca, Adam, 'The Polish Armoured Trolleys', *V.M.I.* (1989), No 3, PP.18–23; No 32, PP.18–19.
- Magnuski, Janusz, 'Drezyna Pancerna SOK', *Militaria*, Vol 1, No 1 (1991), PP.37–9.
- Surlemont, Raymond, and Pied, Robert, 'The German Armoured Train in the Railway Museum in Warsaw', *V.M.I.* (15 February 1988), PP.29–31.
- Szychowski, 'Armoured Trains', *Pryeglad Artyleryiski Volume IX*, Fascicule 2 (1923), PP.162–80 (in Russian).
- 'The Polish Armoured Trains in the Campaign of 1939', *Lokotrans* (9/2009), PP.27–33 (in Russian).
- Zaloga, Steven, 'Polish Armored trains in 1939', *AFV News 12/3* (n.d.), PP.6–10.
- _____, and Magnuski, Steven, 'Polish Armoured Vehicles of WW2', *Military Modelling* (October 1983), PP.730–3.
- _____, 'Polish Armoured Vehicles of WW2', *Military Modelling* (November 1983), PP.843–5.

网站

- http://derela.republika.pl/.

葡萄牙

装甲列车与轨道车

虽然葡萄牙人没有在本土部署过装甲列车，但在殖民地受到反殖民主义起义的影响时还是使用了这种装备。按照年代顺序，起义分别发生在果阿、安哥拉和莫桑比克。[1]

葡萄牙殖民时期的果阿

果阿是葡萄牙人从 16 世纪起在印度西部殖民并开

1 位于果阿的战斗始于 1947 年，安哥拉起义始于 1961 年 2 月 4 日，莫桑比克起义于 1964 年 9 月开始。后两场战争随着 1974 年的"康乃馨革命"而告结束。

发的三块领地之一。[2]1947 年 8 月英国承认印度独立后，民族主义运动试图攻击经济目标和交通系统，破坏这三块领地与葡萄牙之间的联系。[3]1961 年 12 月 17—19 日，印度最终进攻果阿，将其纳入领土。

在 193 号威克姆装甲轨道车后是 323 号加拉特 10B 级和 386 号 10D 级机车（4-8-2+2-8-4），这两辆机车都有装甲驾驶室，它们从卢索（Luso）出发，正在前往穆尼扬戈（Munhango）的途中。（照片：彼得·巴格肖）

用于果阿的威克姆装甲轨道车，炮塔与为马来西亚建造的型号所使用的不同。（照片：威克姆公司）

葡萄牙殖民时期的安哥拉

　　本格拉铁路于 1905 年首次通行。这条铁路是在 1881 年罗得西亚北部和加丹加（Katanga）发现铜矿后修建的。20 世纪 50 年代，火车可以从洛比托（Lobito）开到比属刚果的伊丽莎白维尔（Elizabethville）。恐怖主义袭击开始时，机车驾驶室有配备装甲板，检修轨道车则得到了全面的装甲防护。此外当局还订购了一些轨道车底盘，在当地配备防护装甲。[4]

> 2　葡萄牙拒绝印度兼并其殖民地，理由是这些领地确立时，印度并不是以独立国家身份存在的，因此根据国际法，印度无权要求它们回归。
>
> 3　特别是 1954 年 7 月和 8 月的袭击，导致两块内陆领地回归印度。
>
> 4　172—175 号以及后来的 181—190 号轨道车，171 号和 186 号尚不确定。193—197 号轨道车是以裸底盘的形式订购并在当地安装了装甲。（信息由彼得·巴格肖提供）。

389 号加拉特 10E 级机车的装甲驾驶室特写。（照片：彼得·巴格肖）

在通行易遭袭击区域时的经典布置：加拉特机车前是一节敞篷转架车。照片摄于 1927 年 8 月 27 日的穆尼扬戈—卢索铁路线。（照片：彼得·巴格肖）

具有装甲驾驶室的 209 号 9A 级 4-8-0 机车，摄于特谢拉·德·索萨（Texeira de Souza）车站。（照片：彼得·巴格肖）

1972 年 8 月 24 日晚上，一排威克姆装甲轨道车停在卢索停车场，当时出于安全考虑，列车在夜间处于停运状态。（照片：彼得·巴格肖）

1972 年 8 月，172 号装甲轨道车在穆尼扬戈停车场，那里是很多这种车辆的基地。（照片：彼得·巴格肖）

1972 年 8 月 24 日晚上，一排威克姆装甲轨道车停在卢索停车场，当时出于安全考虑，列车在夜间处于停运状态。（照片：彼得·巴格肖）

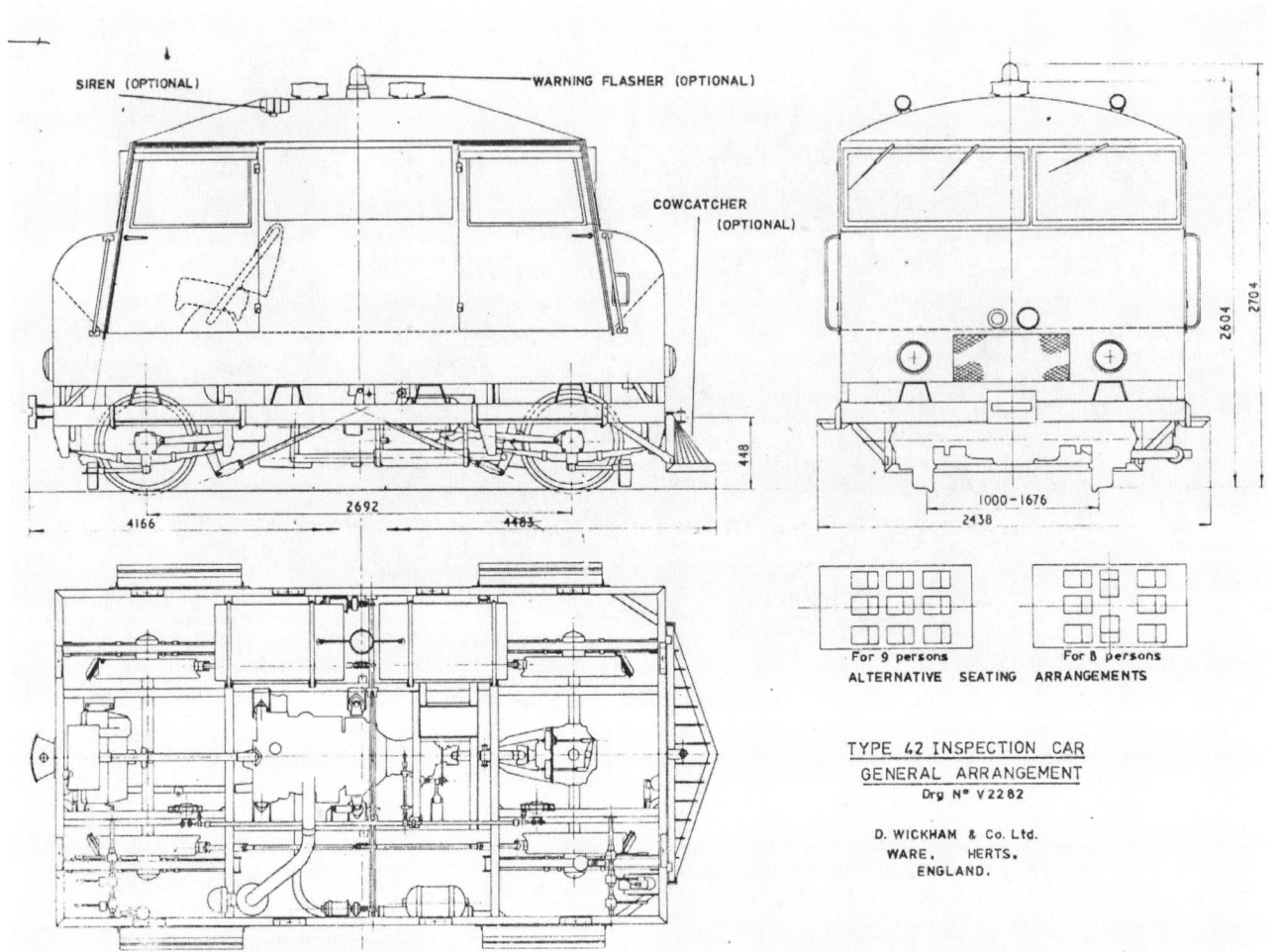

SIREN (OPTIONAL)   WARNING FLASHER (OPTIONAL)

COWCATCHER
(OPTIONAL)

448

2692
4166   4483

2704
2604

1000 - 1676
2438

For 9 persons   For 8 persons
ALTERNATIVE SEATING ARRANGEMENTS

TYPE 42 INSPECTION CAR
GENERAL ARRANGEMENT
Drg N° V 2282

D. Wickham & Co. Ltd.
WARE, HERTS.
ENGLAND.

增加装甲防护前的威克姆 42 型检修轨道车（与威克姆 40 MK II 完全相同）。（文档：威克姆公司）

C.F.B.   83

83 号轨道车于 1967 年 11 月交付——1968 年左右，每个序列号都加上了"100"，因此我们可以确定这张照片的日期。（照片：威克姆公司）

ME-75-55

这个被安装在一节平板车上的装甲车身被取名为"佐拉"（Zorra），它来自一辆戴姆勒 4x4 Mod.F/64 冲锋车（Auto-Metralhadora- Daimler，英国"澳洲野狗"越野车的葡萄牙版本）。它对重武器的防护不足，但对于车上的五名或六名士兵来说是很好的观察哨。注意原车身顶部额外增加的箱形装甲。（照片：版权所有）

葡萄牙殖民时期的莫桑比克

葡萄牙当局订购了两部威克姆动力底盘（建于1969年的191号和192号）并送到莫桑比克当地配备装甲。1972年，葡萄牙考虑向莫桑比克殖民地提供装甲轨道车，该国相信法国保留了阿尔及利亚战争留下来的轨道车库存，于是与法国 SOCOFER 公司进行了秘密协商。总部设于图尔比亚尔（Billard）工厂的 SOCOFER 公司进行了一项设计研究，但从没有建造这些车辆，此后也没有接到正式的订单。这一时期的装甲车辆采用覆盖雨篷的敞篷车身是不同寻常的，为的是在炎热气候下通风。

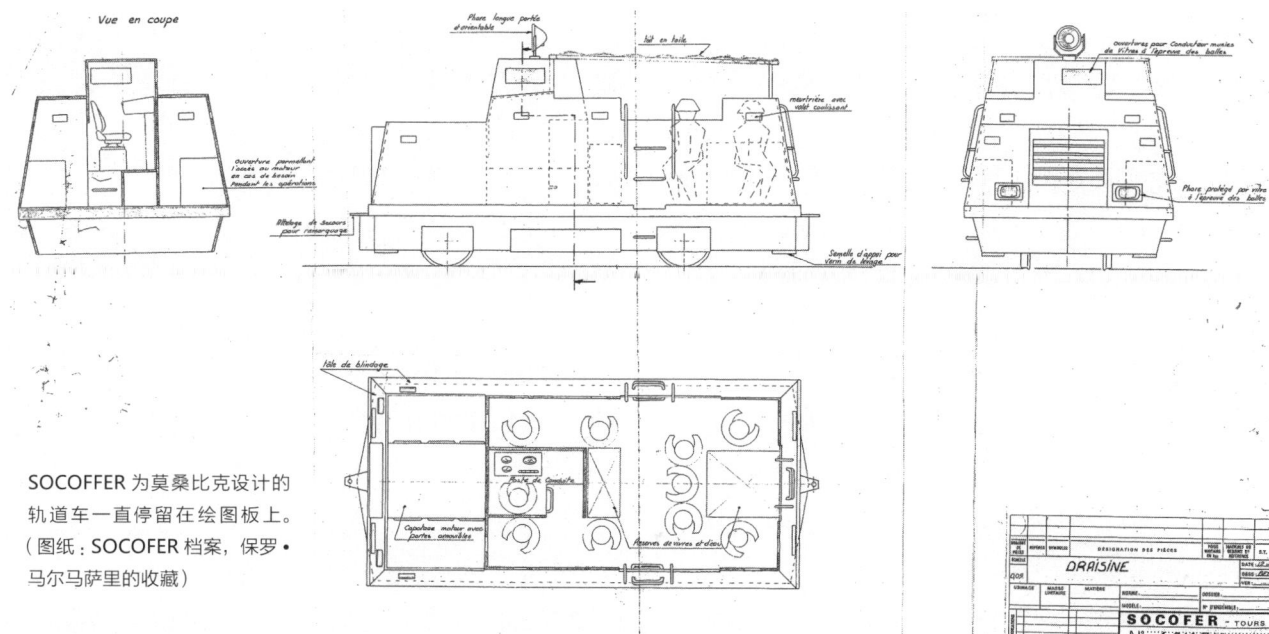

SOCOFFER 为莫桑比克设计的轨道车一直停留在绘图板上。
（图纸：SOCOFER 档案，保罗·马尔马萨里的收藏）

资料来源

- Harrison, Maurice A., 'Line across Angola', *The Railway Magazine* (September 1973), PP.446–9.
- 威克姆公司档案
- 彼得·巴格肖的文件
- 'Zorra-The Railway Vixen', *Tank TV* No 2 (1992).

罗得西亚和津巴布韦[1]

装甲列车和装甲轨道车（1972—1979年）

在我们看来，1972—1979年罗得西亚[2]丛林战期间铁路网的防御，给装甲轨道车辆带来了最多的创新参考元素。这场冲突的双方是该国治安部队，与津巴布韦人民革命军（ZIPRA）和津巴布韦非洲民族解放军（ZANLA）的游击队，后两支武装力量分别由苏联和中国[3]提供装备。

[1] 罗得西亚铁路公司因为政治变化而两次改名。1979年6月1日到1980年4月30日之间，罗得西亚铁路公司（RR）改名为津巴布韦罗得西亚铁路公司（ZRR），此后又改为津巴布韦国家铁路公司（NRZ）。

[2] 该国的名字经历了多次变化：从南罗得西亚（1923—1964年）到罗得西亚（1964年起），此后是罗得西亚—津巴布韦（1970），最后改为津巴布韦（1980年4月18日起）。

[3] 津巴布韦非洲民族解放军（ZANLA）是津巴布韦非洲民族联盟（ZANU）的武装力量，津巴布韦人民革命军（ZIPRA）是津巴布韦非洲人联盟（ZAPU）的武装力量。

装甲轨道车 [4]

针对商业列车的袭击始于 1975 年 1 月的汤姆逊枢纽—维多利亚瀑布铁路线。治安巡逻最初使用无装甲的威克姆检修轨道车（3、4、5 和 6 型）进行，这种车辆的绰号为"绿豆"。袭击开始后不久，人们就意识到了装甲铁道车辆的必要性。最初选择的设计成了所有后续车辆的标准，也就是将 V 形截面的装甲"容器"安装在现有的底盘上。第一种装甲"容器"被称作"犀牛"（Rhino），适合装在路虎 LWB [5] 底盘上。"犀牛"立刻引起了铁路运营商的兴趣，1976 年三个装甲"容器"被交付给布拉瓦约（Bulawayo）的中央铁路维修厂进行评估。战争期间，MAP [6] 车辆持续发展，增加防护，并为"犀牛"及后来的设计增加了改进型驱动机构，其终极版是"美洲豹"（Cougar）装甲轨道车。

"犀牛"的第一种型号被安装在经铁路改装后的标准路虎底盘上。首先需要克服的问题是安装特殊的铁路车轮，因为路虎的轴距比当地 1067 毫米（3 英尺 6 英寸）的铁路轨距更宽。

车轮的设计必须使其滚动面在车轴外端的内侧。此外，四轮驱动功能、转向与后轮液压刹车机构都被抛弃。犀牛轨道车于 1977 年初入役，初期报告提到，由于钢轨接头造成的持续震动，底盘上出现了裂缝，最早的弥补方式是在加固的钢板上焊接。第二个反复出现的问题是半轴断裂，因为它的设计从未考虑铁路使用。因此，相关部门为"犀牛"设计了新的底盘布局，事实证明这一设计完全令人满意。

在改进的底盘推出之前，具备多角度装甲防护的新人员座舱就已被设计出来了。这是一种名为"捻角羚"（Kudu）的过渡型号座舱，它提供了更好的防护，但因仍使用原来的底盘型号而存在局限性。

接下来的型号名为"O-Jay"，使用了"捻角羚"的多角形装甲车身，但得益于改良的传动系统：一条 V 形皮带将动力从车轴法兰传递给驱动铁路车轮的皮带轮，从而避免振动回传给驱动轴，其前车轴被改为使用威克姆型号。它的布局很适合于铁路任务，在后续设计中得以被沿用。第一辆"O-Jay"于 1977 年 4 月 26 日入役。

---

4 罗得西亚使用"治安轨道车"（Securty Trolley）的名称。

5 长轴距（Long Wheel Base）。

6 防雷、防伏击车辆。

最初的"犀牛"，其侧面携带转车台和使轨道车在转车台上行驶的铁轨之一，铁路车轮直接被固定在车轴上，没有任何中间驱动系统，这导致了因振动而引发的许多问题。后面挂接的是一辆威克姆 18Mk Ⅵ型检修轨道车。（照片：布拉瓦约国家铁路博物馆）

"捻角羚"使用了"O-Jay"的装甲车身和"犀牛"的底盘,具备新人员舱室提供的良好防护能力,但也保留了"犀牛"的缺点,特别是转弯性能。(照片:波特·杜·普莱西斯)

在服役期间,越来越多的"犀牛"和"O-Jay"成了地雷爆炸的牺牲品,有时候还造成了戏剧性的结果。对于轨道车上受影响的每个部分,设计部门都尽力寻找补救的方法。比如在车辆下方固定厚度为10毫米的"V"形装甲,可以有效地保护从散热器到后车轴的安全。但是如果受到威力巨大的炸药的冲击,其中一个车轮可能被撕裂,导致车辆前部跌落到轨枕上或整车脱轨时发生剧烈震动。为了避免这种情况的发生,设计部门设计了一种防出轨装置:在轨面上方几寸高的地方固定一个方管框架,每根管子的宽度与轨道车相同,其两端焊接可延伸到铁轨之外的钢板。这样,一旦车轮脱离,轨道车将沿铁轨继续滑行,因为管式框架两侧的钢板将或多或少地保证车辆在一条直线上,可以避免出轨。另外,轨道车上还附有排障器,避免撞上障碍物(如动物)而出轨。

油箱的爆炸造成一些人员被严重烧伤,为此设计部门决定用6毫米"遮檐"铆钉固定的弹簧金属带取代它们的刚性夹具,一旦遇到猛烈的撞击,油箱将挣脱出来,被推到与车辆有一定距离的地方。

车辆如何转向的问题(因为路虎变速箱保留了4个前进挡,但只有一个倒挡)以经典的方式被解决:配备一个转车台。转盘在最初型号上是机械式的,后来的某些型号则使用了液压式。[7]"犀牛"上的转车台在车

辆侧面,转向之前必须将车开上转车台并固定好。在其他型号上,该装置是底盘的一部分,可以为操作员节约很多时间,也降低了轨道车位置不当甚至掉下转车台的风险。

下一型号是"长牙象"(Tusker),使用和"O-Jay"相同的底盘,但采用了提供更好防护的人员舱室。[8]一些"长牙象"被用于通信军官的交通车。

罗得西亚-津巴布韦建造的最后一型装甲轨道车是"美洲豹"(Courgar),后者被加入了上述的所有改进措施。特别是,它有双重制动系统:后轮采用液压制动,前轮则是真空制动。该国还规划了一种无线遥控轨道车,由跟在它后面500米的一辆轨道车遥控,但没有建造。

最后是秘密建造的"胡狼"(Jackal),它由一台利兰680柴油发动机驱动。"胡狼"先是在布拉瓦约方向的邮政列车之前十分钟路程上运行,然后计划用于贝拉走廊,但没能成功,主要是因为重量过大。它可以容纳35名全副武装的士兵,更像装甲人员运送车,而不是侦察车辆。

1980年3月31日午夜,除了两辆为鲁滕加(Rutenga)工兵部队建造的"美洲豹"和布拉瓦约国家铁路博物馆的另一辆"美洲豹"外,所有装甲轨道车退出现役。

一辆停放的"捻角羚"。这是从一辆轨道车内部向外拍摄的照片。(照片:霍斯特·朔贝斯贝尔格)

"O-Jay" 装甲轨道车的照片，可以看到它入役之后配备的盘式制动器，以及有意放松的油箱固定装置。为了观察轨道，中置探照灯优于固定的前灯。下半部分的 V 形装甲清晰可见。（照片：布拉瓦约国家铁路博物馆）

装甲机车和车厢

以上的轨道车虽然为人所熟知，但也实际上货运列车的机车也配备了装甲，基本上是在驾驶室和其他脆弱区域周围。为了护送货运列车，一些平板车甚至配备了重武器，并在两端和枪炮支座之间提供了装甲隐蔽所。[9] 这些车厢的乘员从警卫部队（Guard Force，罗得西亚国防力量的第四个组成部分）的六个特种铁路防务连抽调。他们的行动区域从圭鲁 [Gwelo，索玛布拉（Somabula）] 到鲁滕加以及南非边境的拜特布里奇（Beitbridge）。

每天夜间有 12 列货物列车满载货物单向运行，白天则空车返回南方。它们连续发车的时间间隔很短，以避免起义军获得安放炸药所需的五六分钟时间。[10] 这与法国"阵风"列车在中南半岛使用的方法相同。此外，装甲轨道车将在每列列车前大约四分钟车程的地方运行。不过，这一体系并非万无一失，因为列车通常多于可用的轨道车。这个问题的解决方案是随机巡逻，限制货物列车在白天运行，而在夜间运行时则搭配轨道车巡逻。

莫桑比克于 1975 年 6 月独立之后，铁路网中最为危险的区域是东南段，那里运行的列车对罗得西亚的生存至关重要。因此，大部分装甲车辆集中在索玛布拉—拜特布里奇铁路线，其余则分配给向南的布拉瓦约—普拉姆特里（Plumtree）铁路线，以及向北的布拉瓦约—维多利亚瀑布铁路线，只有少数几辆用于向东前往圭鲁和卡多马（Gatooma）的铁路线。所有装甲车厢此时用无线电与交通控制中心（CTC）进行联络。除此之外，CTC 通过铁路上的电流，可以立即知道某段铁轨是否被切断，或者轨道车是否出轨，并可向袭击地点派出增援部队。为了使这套系统生效，轨道车前轮正后方和后轮正前方的横杆上配有可以调整的金属刷，用于接触铁轨以闭合电路。1980 年 4 月 18 日罗得西亚宣布独立后，异见分子的袭击促使某些车辆重新服役，派往贝拉铁路网方向。

9 被称为"K 车厢"[K 指"杀伤"（Kill）]。
10 被破坏的铁路线平均需要 24 个小时才能修复。

总的来说，在世界的其他角落，显然很少有一个国家能在如此之短的时间里，实现装甲铁路车辆的此类技战术变革。在多次袭击中，没有一名轨道车乘员身亡。而且，所有受损的车辆都能得到维修、回到现役，这归功于它们坚固的构造。人们应该记住的是，这些发展都发生在罗得西亚遭受国际制裁、零件供应与技术转让受到干扰的一段时期。

"长牙象"的装甲车身装在标准性底盘上，融入了原来的"犀牛"希望实现的改进，人们普遍认为它为乘员提供了更好的防护，尤其是引入了防护 RPG-7 火箭筒（恐怖分子中有充足的此类武器）空心装药弹头的防护网。值得注意的是，所有装甲轨道车上，后门是唯一的出入通道。（照片：布拉瓦约国家铁路博物馆）

具有不同发动机舱室防护设计的"长毛象"。这些车辆被漆成了同时代英国陆军的灰橄榄绿色。（照片：霍斯特·朔贝斯贝尔格）

在这张"胡狼"（在拍摄时其后轮已被拆除）的照片中，需要注意的是进门的梯级兼被用作排障器使用。防出轨横杆清晰可见，其两端各焊接了小块钢板，目的是在车轮脱落时仍能使车辆保持直线运行。（照片：布拉瓦约国家铁路博物馆）

在布拉瓦约展示的"胡狼"另一面的照片，展示了它不同寻常的下半段。（照片，格洛克纳）

轨道车的最终型号"美洲豹"融合了取自丛林战经验的所有改良。（照片：布拉瓦约国家铁路博物馆）

保存在布拉瓦约博物馆的"美洲豹"。遗憾的是，这辆车的内部情况不佳。（照片：奥利维耶·格罗涅）

驱动机构特写，V 形皮带轮减少了其与铁轨接头之间接触时产生的撞击力，并能在列车出轨时避免传动机构损坏。遗憾的是，最初型号的皮带很容易脱落。（照片：奥利维耶·格罗涅）

"美洲豹"的另一张照片，它停靠在全装甲的威克姆轨道车前。（照片：版权所有）

于 1980 年 4 月时拍摄的一张照片，它展示了 1979 年 8 月到 1981 年 9 月之间 ZRR 从南非铁路公司租借的一辆"加拉特"机车。这些机车上只有驾驶室有装甲。（照片：彼得·巴格肖）

两节 K 车厢各装一门 20 毫米炮和一挺 7.62 毫米通用机枪（MAG）。其中一节车厢保存于布拉瓦约博物馆。（照片：霍斯特·朔贝斯贝尔格）

1980 年 4 月，两辆 DE9A 装甲机车 [11]（1959 号和 1957 号）在希尼（Heany）枢纽站。这张照片拍摄后几个月，没有进一步用途的装甲板被拆除。（照片：彼得·巴格肖）

11 由巴布库克 - 威尔科克斯公司在西班牙建造。

K 车厢乘员的两张照片。（照片：霍斯特·朔贝斯贝尔格）

两辆有装甲防护的柴油机车（左侧是英国电力 D.E.2 级，右侧是布拉什 D.E.4 级），1987 年 7 月用于贝拉走廊。（照片：约翰·M. 巴特维尔）

资料来源

书籍

- Bryer, Tom, *Terror on the Tracks: a Rhodesian Story* (Rothershorpe, Paragon Publishing, 2011).
- Hamer, E D, *Locomotives of Zimbabwe & Botswana* (Malmö: Frank Stenvalls Forlag, 2001).

网站

- http://www.rhodesiansoldier.com/hist-bush-war-railwaysecurity. html

罗马尼亚

苏俄内战期间，来自原奥匈帝国不同部队的大约 3000 名士兵在西伯利亚组成了一个罗马尼亚军团，归属捷克军团指挥。他们守卫西伯利亚大铁路泰舍特（Taychet）—下乌金斯克（Nizhneudinsk）段，至少拥有一列装甲列车。1920 年 5 月，这些士兵被遣返回罗马尼亚。

一战结束时，罗马尼亚境内有许多奥匈帝国装甲列车，它们留在现役中。除了法国武官于 1924 年报告有三列装甲列车组成的一个"大队"之外，对这些车辆的命运没有太多信息。

奥匈帝国留在罗马尼亚的装甲车厢之一，是两次大战之间罗马尼亚装甲列车的标准组成部分。（照片：保罗·马尔马萨里的收藏）

1919 年年初，英国军官凯尔（Kyle）上校奉命研究雅西（Jassy）和本德尔（Bender）工厂是否有能力生产装甲机车和轨道车辆。他的结论是，可以组装出两列各由一辆机车和三至四节车厢组成的装甲列车，并提议由一位法国军官[1] 负责这项工作的执行。这些车辆使用的装甲板原来是打算用于保护尼科利纳工厂的卡车的。尽管公共工程部长命令罗马尼亚铁路公司实施这项工作，但我们不知道这些新列车是否真的被建造了。罗马尼亚档案只描述了一列由机车和两节装甲车厢组成的列车，该车于 1921 年驻扎在特尔戈维什泰（Târgoviste），附属于一个坦克团。这列列车年久失修，装甲防护部分缺失，还缺少照明、自动制动器、航行灯等关键设备。

1926 年的记录显示，装甲列车营有四列装甲列车，两列用于窄轨，另两列用于标准轨。每列列车由十节装甲车厢（装备两门 76.2 毫米炮、六挺机枪和两挺轻机枪）和两辆机车组成。它们的武器可以通过挂接装备两门 120 毫米海军炮、一门 75 毫米炮和八挺机枪的车厢加以补充。

1　当时有两个国家（法国和英国）积极帮助罗马尼亚。

在后来的发展（日期不详）中，装甲列车的数量增加到七列，每列由两个不同部分组成：战斗单元包括一辆机车和两节车厢，支援单元则包括住宿和补给车厢。[2] 尽管没有照片曝光，但罗马尼亚档案馆保留着这些列车的构成细节，如于 1934 年草拟的下表所示。装甲车厢再一次陷入失修状态，于 1935 年才开始研究它们的翻修问题。

2 支援车厢提供卧铺、弹药库、厨房、办公室、储藏室、餐厅、浴室和洗手池，以及一节平板运输车。

列车	机车和车厢	装甲防护	武备	车厢尺寸				
			76.2 毫米 909 炮 *	圣埃蒂安 8 毫米机枪	"角斗士" 8 毫米轻机枪	长	宽	高
1 号	375.809 号水柜车厢	铁板，下方没有防护						
	169.043 号车厢		2	6	4	7.7 米（25 英尺 3 英寸）	2.35 米（7 英尺 8.5 英寸）	2.2 米（7 英尺 2.5 英寸）
	271.004 号车厢		2	6	4	7.7 米（25 英尺 3 英寸）	2.35 米（7 英尺 8.5 英寸）	2.2 米（7 英尺 2.5 英寸）
2 号	325.240 号煤水机车	最低防护						
	434.525 号车厢	内部装甲	3	4	4	8.8 米（28 英尺 10.5 英寸）	2.1 米（6 英尺 10.5 英寸）	2 米（6 英尺 6 英寸）
	162.151 号车厢		1	4	4	6.25 米（20 英尺 6 英寸）	2.25 米（7 英尺 4.5 英寸）	2.35 米（7 英尺 8.5 英寸）
3 号	326.109 号煤水机车	最低防护						
	594.660 号车厢	铁板	1	4	4	6.25 米（20 英尺 6 英寸）	2.25 米（7 英尺 4.5 英寸）	2.35 米（7 英尺 8.5 英寸）
	65.814 号车厢	无装甲	3	3	4	7.5 米（24 英尺 7.25 英寸）	2.55 米（8 英尺 4.5 英寸）	2.3 米（7 英尺 6.5 英寸）
4 号	326.003 号煤水机车	最低防护						
	58.514 号车厢	铁板，粉碎粉凝土，木材	1	4+2	4	6.51 米（29 英尺 4.25 英寸）	2.2 米（7 英尺 2.5 英寸）	2.17 米（7 英尺 1.5 英寸）
	135.304 号车厢		2	5	2	7.35 米（24 英尺 1.5 英寸）	2.5 米（8 英尺 2.5 英寸）	2.25 米（7 英尺 4.5 英寸）
5 号	377.417 号水柜机车	全方位防护						
	556.160 号车厢	混合，木材和铁板	1	5	4	6.15 米（20 英尺 2 英寸）	2.1 米（6 英尺 10.25 英寸）	2.35 米（7 英尺 8.5 英寸）
	426.558 号车厢		3	4	4	8.85 米（29 英尺 0.5 英寸）	2.17 米（7 英尺 1.5 英寸）	1.96 米（6 英尺 5 英寸）
6 号	326.470 号，煤水机车	最低防护						
	555.968 号车厢	铁板	1	5	4	6 米（19 英尺 8.25 英寸）	2.25 米（7 英尺 4.5 英寸）	2.3 米（7 英尺 6.5 英寸）
	65.548 号车厢	无装甲	3	4	4	7.5 米（24 英尺 7.25 英寸）	2.55 米（8 英尺 4.5 英寸）	2.3 米（7 英尺 6.5 英寸）
7 号	376.508 号机车	全方位防护						
	15.752 号车厢	充分但不全面	2	4	2	7.37 米（24 英尺 2 英寸）	2.4 米（7 英尺 10.5 英寸）	2.25 米（7 英尺 4.5 英寸）
	116.620 号车厢		2	5	2	7.35 米（24 英尺 1.5 英寸）	2.45 米（8 英尺 0.5 英寸）	2.25 米（7 英尺 4.5 英寸）

*1909 式，在罗马尼亚被称为"角斗士"，因为大部分"肖沙"（Chauchat）机枪产于角斗士（Gradiator）自行车厂。

罗马尼亚还进行了研究，准备最终使用装甲轨道车，甚至使用具有可拆卸装甲防护、可运送装 57 毫米或 75 毫米炮的坦克的机动平台，替代装甲列车的方案。

这些计划很明显受到了波兰的影响，因为他们认为 TK、TKS 和 R 轨道车都优于经典型号。

资料来源

- 罗马尼亚军事档案馆（文件号：3831/3330/15-17 和 3059/361/7-8；100-105；150-151）
- SHD: 7 N 3063.

俄国、苏联和俄罗斯联邦

装甲列车 [1]、机动有轨车和轨道车 [2]（1900—2016 年）

为了方便参照历史，本章将分为三个单独的时期：1917 年 10 月 25 日之前的沙皇俄国时期，苏俄内战和第二次世界大战（1917—1945 年），以及冷战后至今。但这一划分只是装甲列车迅猛发展背后的标签而已：例如，一战见证了装甲轨道车和机动有轨车的出现，苏俄内战和伟大卫国战争标志着装甲列车战略战术运用的转折点及其技术发展。而且，俄国（苏联）的疆域广大的特点导致了列车设计的多样性，某些型号专属于特定地区。面对不同工厂建造或在当地用手上所有的材料临时拼凑，甚或从敌军部队手中缴获的大量装甲列车和轨道机动车辆，以及形形色色、数量巨大的装甲车厢，我们不得不突出介绍某些型号，而忽略其他型号。下面的章节虽然算不上全面，但足以形成直观的指南，帮助未来的研究人员在马克西姆·科洛米耶茨（Maxim Kolomiets）等专家的著作基础上继续努力。

苏俄铁路系统

苏联是最广泛使用装甲列车的国家，不仅在技术方面，而且在战术制定上也进行了各种各样的改进。装甲列车不仅被作为短程和中程机动火炮使用，还像"陆基舰队"的舰艇一样调动。考虑到领土广袤，苏俄是最有可能充分利用铁路系统的国家。与西欧国家相比，沙皇开始建立和扩张铁路网较晚，当十月革命开始时，相对所涵盖的遥远路程，该系统还很不发达。不过，苏俄内战的所有战役都使用了装甲列车，红军和白军在这方面旗鼓相当。较大的城镇和工业区实际上都由铁路线而非公路连接，后者即便存在，但在潮湿天气下也难以通过。

沙皇俄国的装甲列车

俄国 [3] 装甲列车的历史在一战之前很久便已开始，起因是 1900 年发生在中国的义和团起义。俄国驻守北京的特遣部队是联军中规模最大的一支，负责守卫使馆

挂接到西伯利亚大铁路列车上的装甲车厢，至少有一节这种车厢服务于苏俄内战期间的"复仇者"号（Mstitel）装甲列车。车厢上的武器是可从前舱门（照片中为关闭状态）或侧面发射的转膛炮。注意列车的制动方法。（照片：恩里克·罗斯塔尼奥，摘自 *Les Armées russes en Mandchourie*, p.34）

---

[1] 俄语（拉丁化）中描述装甲列车的单词为 Broniepoezd。

[2] 俄语（拉丁化）中描述装甲机动有轨车的单词为 Motorbronievagon（意为自行装甲车厢），描述装甲轨道车的单词为 Broniedrezina。

[3] 我们将用"俄国军队"表示沙皇俄国时期的军队，用"俄罗斯军队"表示 1991 年后的军队，用"红军""布尔什维克"或"白军"表示苏俄内战时期的不同军队，用"苏联军队"表示 1922—1991 年的军队。

区河对岸的车站。为了保证与海岸的交通安全，俄军临时建造了一列装甲列车，可以运送 200 名士兵。此后的日俄战争中，为了保护列车免遭"红胡子"的抢掠，列车加入了装甲车厢，与西伯利亚大铁路沿线建造的火炮与机枪碉堡（Radziesd）协同作战。1907 年，据相关军事刊物报道，伦嫩坎普夫（Rennenkampf）将军下令装甲车厢装备火炮和机枪。[4]

俄国陆军在一战爆发时临时建造了多列装甲列车。在对其性能做了研究之后，从 1915 年 6 月起，俄国陆军又建造了 15 列。其中七列与奥匈帝国的装甲列车设计类似，其组成很简单：火炮车厢—蒸汽机车—火炮车厢。首列装甲列车以骚扰西伯利亚大铁路

的"红胡子"（Khunkhuz）为名，并以此作为该级列车的名称。

这些列车在内战的前几个月内被摧毁或缴获。2 号装甲列车在察里津（Taritsyn）改造后成为红军的"第 2 列西伯利亚装甲列车"，改造的主要内容是在炮塔里安装 02 型 76.2 毫米炮，并为步兵增加两节携带火炮的平板车。白军缴获该车后将其更名为"军官"（Officier）号。另一列装甲列车就是著名的捷克斯洛伐克"奥尔利克"号装甲列车，而第三列则是波兰的"道博尔将军"号。

4　Neue Militärische Blätter, 26th Year, Vol 70 (17 February 1907), P.70.

第一列为战争而临时建造的装甲列车：由第 9 铁道营设计，两节火炮车厢装备缴获的奥地利 80 毫米野战炮（如照片中所示），另有一节步兵车厢，最初由奥地利机车牵引，后改为俄国机车。（照片：马克西姆·科洛米茨的收藏）

首列标准型装甲列车，建于 1915 年。它的火炮车厢上的炮塔侧面有多个射孔。可转动 270 度的旋转炮塔并没有延伸到车顶，车顶上有一个小型观察塔。（照片：马克西姆·科洛米茨的收藏）

这列临时装甲列车最初是奥匈帝国所建，被布尔什维克缴获后配备了来自"红胡子"型列车的俄制机车，命名为 56 号列车（"红色农民"号）。波兰军队于 1920 年 5 月 28 日缴获此车，该车后来服役于乌克兰军队。（照片：保罗·马尔马萨里的收藏）

在波兰军队服役的"道博尔将军"号。（照片：马克西姆·科洛米茨的收藏）

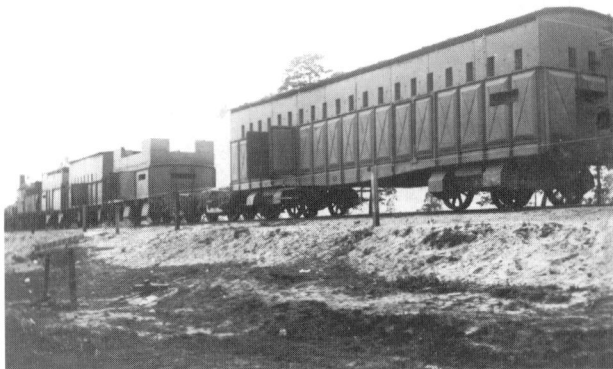

1914 年 11 月第 4 铁道营在罗兹地区建造的两节车厢之一。阿贝尔 - 福克斯（Arbel-Fox）转架煤车配备 7 毫米和 12 毫米装甲板，携带一门霍奇基斯 37 毫米海军炮和 4 挺机枪。下一节车厢装备一门奥地利 80 毫米 M.5 野战炮。（照片：保罗•马尔马萨里的收藏）

（Odessa）和基辅建造了多辆轨道车，但由于它们的武备薄弱，只限于执行辅助任务。军队渴望着部署更强大的车辆，这催生了"外阿穆尔人"（Zaamurietz）机动有轨车的设计。与此同时，俄国从英国的德鲁里（Drewery）汽车有限公司订购了 15 部无装甲轨道车底盘，由巴格利（Baguley）汽车有限公司（伯顿特伦特）于 1917—1918 年建造，这些车辆抵达俄国后配备了装甲。由于十月革命爆发，只有 906—913 号底盘从利物浦运出，其他都被留在了英国。对于这些底盘上是否安装了装甲车身，我们不得而知。最终，装甲轨道车根据当地的需求和资源建造。

第 4 西伯利亚铁道团装甲列车尾部车厢的照片，摄于 1916 年夏季。这列列车由工程师巴拉（Balla）设计，装备两门 1902 式 76.2 毫米炮，于 1915 年夏季在基辅建造，后服役于乌克兰军队。装甲机车为 Ow 级，队列中的第二节车厢是装备九挺机枪的 6 轮车，其中一挺机枪被安装在防空枪座中。注意被漆成黑色的假射孔。（照片：马克西姆•科洛米茨的收藏）

在基辅建造的俄国陆军装甲轨道车，上有铁道兵的标志。它全副武装，机枪塔中有四挺柯尔特勃朗宁机枪，它们之间还有一个指挥塔。（照片：马克西姆•科洛米茨的收藏）

俄国陆军第 8 铁道营的"安年科夫将军"（General Annenkov）号装甲列车。它参加了西南战线的行动，被布尔什维克缴获，此后被派往芬兰作战。（照片：马克西姆•科洛米茨的收藏）

1915 年 2 月起由梅舍里诺夫[5]上尉设计的四种轨道车中的两种。它们似乎装备了维克斯机枪。试验中使用了三辆俄国 - 波罗的海 C 型装甲车和一辆雷诺装甲车。于 1916 年 6 月组建的一个排继续进行试验，但由于材料交付极慢，试验进度被大大影响。1917 年 4 月，该部队被派往罗马尼亚前线，但随着革命的爆发，它在夏季与第 2 铁道旅一同作战。关于这些轨道车的最终命运，我们不得而知。（照片：保罗•马尔马萨里的收藏）

第一批装甲轨道车

俄国陆军很快认识到在铁路上部署机动作战车辆的需求，因为这种车辆不会散发出类似蒸汽机车的烟而泄露行踪。俄国人在沃洛格达（Vologda）、敖德萨

5　我们不能确定这是不是 1924 年 10 月在法国提出设计方案的那个梅舍里诺夫（参见法国的章节）。

十月革命期间在敖德萨建造的两辆轨道车之一。它们的重量为 7 吨，炮塔中有两挺机枪，最高速度为每小时 40 千米（每小时 25 英里）。照片中的轨道车名为"箭"（Strela）。（照片：马克西姆•科洛米茨的收藏）

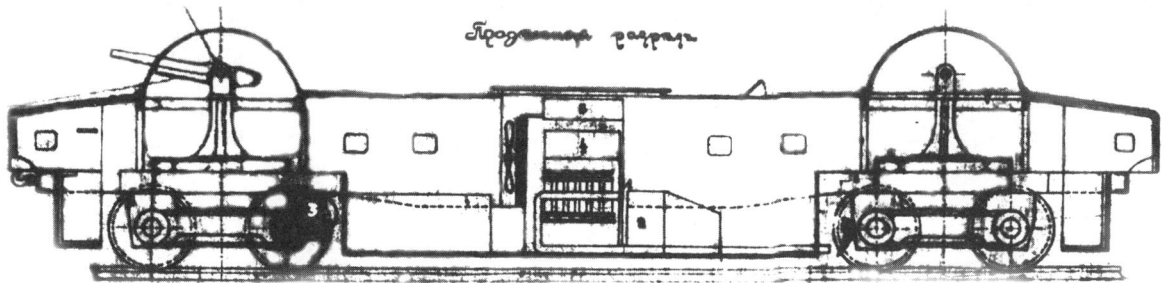

"外阿穆尔人"号轨道车草图。其半球形的炮塔尚未抬升。这种"机动车厢"的总体形式（当时的描述）相当现代化。（图纸：提供人为马克西姆•科洛米茨）

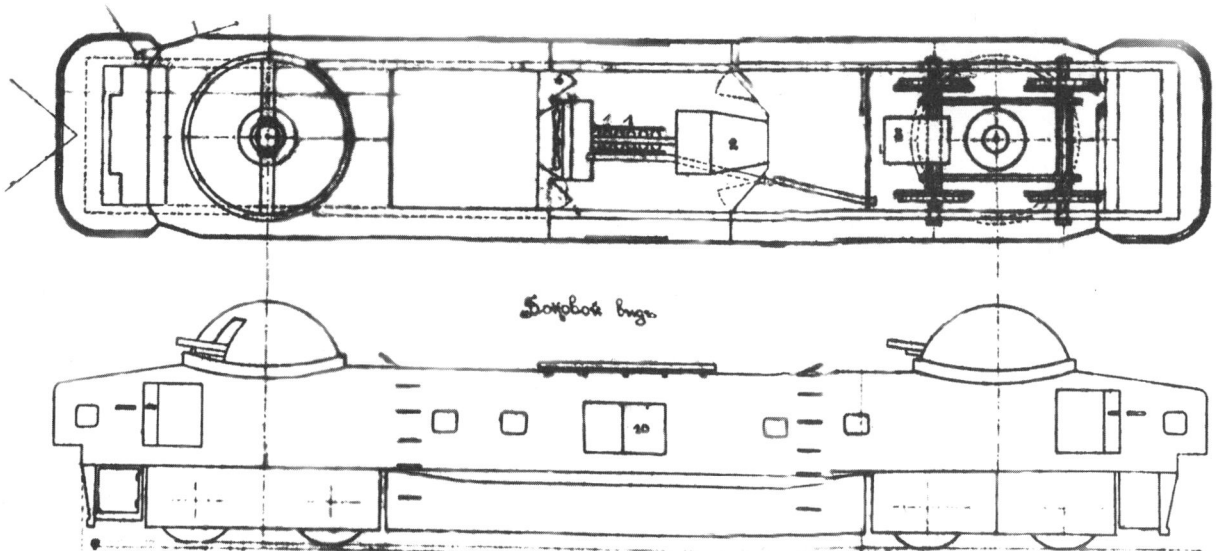

捷克斯洛伐克改装之前的"外阿穆尔人"号。57 毫米炮仍在原来的位置上。捷克人用普季洛夫 76.2 毫米炮取代了它们（参见捷克斯洛伐克的章节），但炮塔的升高是在敖德萨完成改造的。（照片：保罗•马尔马萨里的收藏）

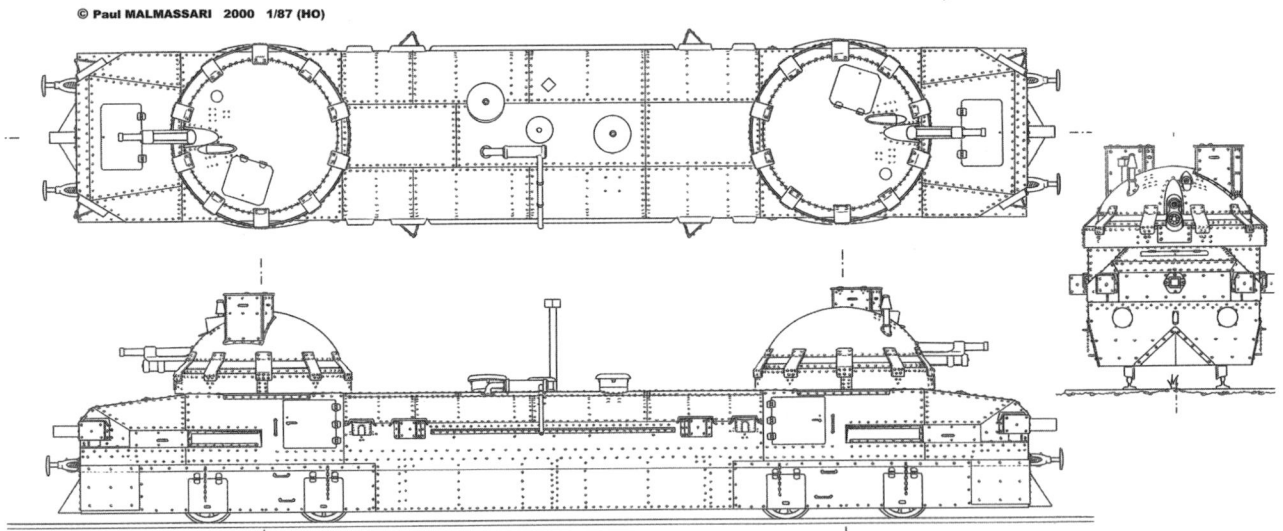

外阿穆尔人 / 奥尔利克最终版设计图。（作者绘制）

从内战到伟大卫国战争（1917—1945 年）

内战中的红军装甲列车

　　1917 年年初，俄国拥有 50 万节货车车厢和 2 万辆蒸汽机车。尽管铁路工人在革命前的数年里就受到了布尔什维克的教育，但由于新组织的不足之处，到 1919 年，在役车厢仅剩 3 万节，机车 2000 辆。虽然运输重要物资的轨道车辆稀缺，革命者的第一批装甲列车仍不得不用苏维埃管理下的现有车厢进行改装。在临时装甲局（VBK）的指挥下，这些列车于 1917 年 11 月在彼得格勒建造。1917 年 12 月 20 日，第二次全俄装甲车辆大会期间选出的执行委员会接受了组织装甲部队的任务。不过，系统性的建造直到 1918 年 1 月 31 日军事技术组织"中央装甲部队委员会"（Centrobron）成立后

一辆临时建造的布尔什维克装甲列车（注意车上的多面红旗），可能是革命开始时由棚车改装而成的——我们可以通过射孔看到其厚实的内部装甲。车顶敞开，用于部署轻型火炮。（照片：保罗·马尔马萨里的收藏）

才开始。当时，已经有 23 列装甲列车在役，另有大量列车正在建造中。设备最为精良的工厂是海军造船厂和铁路工厂，例如在哈尔科夫、列宁格勒、普季洛瓦克（Putilovak）、伊索拉克（Isorak）、巴尔希斯卡（Balhjska）和斯科罗霍德（Skorochod）等地的工厂。

我们简单地将红军的装甲列车分为两类，试着将以无政府主义方式增长的装甲车厢标准化：

第 1 类

1 号列车：安全车—火炮车厢（75 毫米炮）—装甲机车—安全车，其武器包括 12 挺机枪和 2 门迫击炮。

2 号列车：安全车—部分装甲的火炮车厢（100 毫米或 150 毫米炮）—装甲机车—安全车

第 2 类

支援弹药补给的 3 号列车。1919 年 10 月 6 日，一次局部改革规定了"突击分队"（Desantniy Otryad）的构成。分队的兵力为 160 名步兵、47 名骑兵和一个配备了两门火炮及一些机枪的小队，力量明显加强，可以很大程度地增加列车的作战半径，扩大侦察范围并确保近距掩护。每列列车增加了 20—30 节车厢，以便携带

人员和马匹。为了远距离观察，某些列车携带德国（帕舍瓦尔）或法国（卡科）制造的系留气球，用电话与所属列车联系。

1920 年 8 月 5 日，革命委员会确立了列车的三个类别：

（1）A1（战时乘员 162 人）或 A2（乘员缩减到 86 人）重型突击装甲列车包括：

－安全车（一节或多节）

－火炮车厢（炮塔中的两门 02 式 76.2 毫米炮，5—8 挺机枪）

－装甲机车

－第二节火炮车厢，装备与第一节类似

－安全车（一节或多节）

A1 型列车的突击分队包括 265 名步兵和 35 名骑兵；A2 型列车的分队仅包括步兵，共 234 人。

（2）B 型轻装甲列车（根据火炮口径分为 B1—B6 类，乘员 43 人）包括：

－安全车（一节或多节）

－火炮车厢（两门口径小于 152 毫米的火炮）

－装甲机车

－安全车（一节或多节）

（3）V 型轻装甲列车（根据火炮口径分为 V1—V6 类）包括：

－安全车（一节或多节）

－火炮车厢（一门口径小于 152 毫米的火炮，以及一挺机枪）

－装甲机车

在这些预定义配置中，列车仅执行作战任务，后勤由伴随的火车负责，这些火车没有装甲，运送人员装备、厨房、牢房、卧铺以及维修设备。相应地，伴随 A1 型列车的是 23 节车厢的支援列车，A2 型列车的支援列车有 12 节车厢。B 型和 V 型列车将由 9 节车厢的火车提供支援。

在红军内部，每个集团军（下辖 5 个军）都有一个装甲旅。作战中，基本编制是小队，每个小队中的 B 型和 V 型列车为 A 型列车提供支援。必要时，它们将为下车的突击队队员提供炮火支援。侦察职能被移交给了一个中队的飞机，这些飞机除了执行侦查任务，在必要时还可以作为战斗机或轰炸机，攻击敌方火车、车站或关键铁路线。

进攻时，小队使用一条或两条轨道，以如下方式分布：

－装甲侦察轨道车先于其他车辆 1—2 千米

－轻装甲列车

－重装甲列车

－支援列车

－断后的轻装甲列车

装备火炮的列车宽泛地分为两类：

－全副武装的装甲列车（"Bepo"，缩写为"BP"）用于攻击和突袭。

－由铁道炮组成的"BB"列车，包括按照 1920 年规则定义、用于岸防的 M 型列车。

捷克斯洛伐克部队缴获的红军装甲列车。其装甲车厢是带有金属侧板矿车的木制版本。（照片：保罗·马尔马萨里的收藏）

这列列车的旋转炮塔在一节十轮车厢上。注意专门为拍摄所提供的两枚完整的炮弹。（照片：马克西姆·科洛米茨的收藏）

"索尔莫沃"型车厢是年轻的红军高质量装甲列车的典型，其得名于建造它们的工厂。中部的观察塔是于 1931 年在 60 号军用仓库现代化改装时加上的。注意机车装甲的轮廓。车上的火炮是 1902 式 76.2 毫米炮。（照片：马克西姆·科洛米茨的收藏）

白军的装甲列车

尽管托洛茨基尽了最大努力，红军在面对"志愿军"（更为人熟知的名称是"白军"）时仍然处于混乱的状态。白军中大多数是脱离革命政权的军官，他们企图从莫斯科南面和东面发动一次钳形攻势，推翻新政权。白军的第一批装甲列车是战利品，这些车辆被俘获后立刻转向对抗原来的主人，此后，白军取得了一系列胜利，重新夺取了车站和铁路工厂，使他们能够临时建造自己的新列车。

西伯利亚战线的局面有所不同，在盟国之间多次协商后，守卫铁路网（特别是西伯利亚大铁路）的任务由捷克斯洛伐克和日本军队承担。海军上将高尔察克的白军似乎没有任何合适的装甲列车，而另一位白军领袖阿塔曼·谢苗诺夫（Ataman Semenov）有 7 列装甲列车。谢苗诺夫的装甲列车部队与盟国（尤其是法国和美国）部队彼此厌恶，这些装甲列车的生涯结束得很悲惨：1919 年 12 月 26 日，这些列车被派去镇压伊尔库茨克的革命者，却因一辆出轨的货运列车而受阻（这列列车原本准备直接撞击它们的）。往东撤退时，它们在上乌金斯克（Verkhne-Oudinsk，今乌兰乌德）与美军部队发生冲突，根据美国资料来源，这些车辆"被手榴弹干掉了"。

南线的邓尼金（Denekin）部队除了从红军手中缴获的列车之外，装甲列车很少。在弗兰格尔（Wrangel）指挥下的"南方军团"拥有 8 列装甲列车，包括加入白军作战的德国上尉瓦格纳指挥的三列。它们参加的最激烈战斗发生在 1920 年 10 月 23—27 日的锡瓦什人堤（Sivasch Dike），那是克里米亚与北陶里德（Northern Tauride）之间的连接的最后一环。

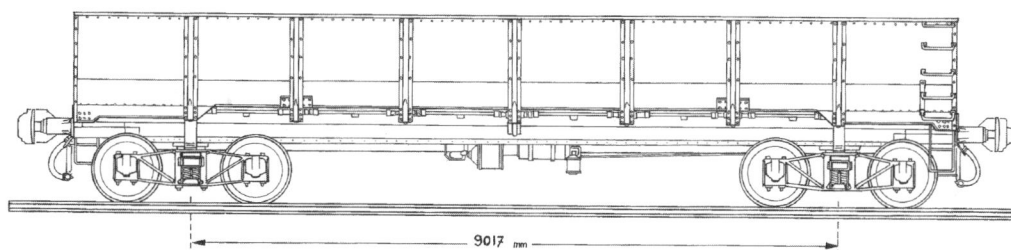

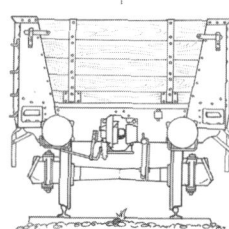

标准转架车总体布置图，从苏俄内战到第二次世界大战，苏俄、捷克斯洛伐克和日本军队建造的装甲列车都以这种车厢为基础。（作者绘制）

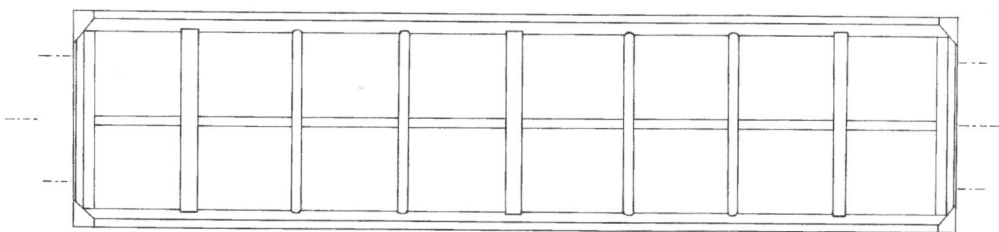

白军缴获的红军列车（可能是 96 号"红色飓风"）中的一节车厢。白军的"V"字标志是南俄武装力量（组建于 1919 年 4 月）的象征，直到 1920 年 4 月才改成白、蓝、红三色圆盘。红军重夺这列列车后，将其更名为"库恩·贝拉"号（得名于 1919 年 8 月 1 日执掌政权的匈牙利共产党领导人，这位领导人后来成了红军中的一名政委）。（照片：皮埃尔·图赞的收藏）

阿塔曼·谢苗诺夫控制下的装甲列车之一。注意棚车上转向架的有效防护，该车厢有内部装甲。另一方面，前导平板车上的火炮（至少在拍照的时候）完全没有防护，甚至没有炮盾。（照片：保罗·马尔马萨里的收藏）

1917 年，第 2 重炮连的 203 毫米海军炮。这门炮 1918 年 2 月曾在普斯科夫对抗过德军，此后在内战中出战过。（照片：保罗·马尔马萨里的收藏）

俄国海军的这个铁道炮平台由一节高边转架车厢切割而成，令人好奇的是，上面安装的是一门英国 60 磅后膛（BL）炮（127 毫米口径）。注意带有蓝色圣安德鲁十字的白色旗帜，俄国海军从 1712 年开始使用这种军旗。（照片：保罗·马尔马萨里的收藏）

红军的最后一次攻势是在 1920 年 10 月 15 日发动的，零下 15 度的低温中，85000 名官兵逼迫白军后退，并威胁切断其退往克里米亚的后路。布琼尼率领的著名骑兵部队（25000 人）于 17 日被击退，但 20 日重启攻势。白军的 8 列装甲列车中，有 5 列不得不连同许多枪炮及弹药一起丢弃。在弗兰格尔寻找足以撤出部队及平民的船只时，剩下的"伊凡·卡利亚"（Ivan Kalia）、"迪米特里·东斯科伊"（Dimitri Donskoï）和

"军官"号装甲列车在大堤上展开阻击战。红军部队则得到了 8 列装甲列车的支援。26 日黎明，白军列车得到了几个炮兵连的支援，后者对红军进行骚扰性炮击。可是，红军成功地在铁路线以东 4 千米处登陆，白军阵地已无法守住。27 日 10 时，"迪米特里·东斯科伊"号毁于炮火。幸存的两列装甲列车阻击红军攻势直到 1920 年 11 月 3 日，这也标志着克里米亚白军的终结。

红军的战役

与白军进行的内战于 1920 年结束，但布尔什维克领导人在变革热情的驱使下，决定输出他们的革命，因此这个年轻的共和国向波兰、波罗的海诸国、乌克兰和芬兰发动进攻，希望在全欧洲掀起共产主义的浪潮。

波兰战役以该国军队于 1920 年 4 月发动的袭击为开端，波军兵锋远至基辅。作为反应，红军的两个集团军从 7 月底起威胁华沙，直至 8 月 13 日。毕苏茨基指挥的波兰陆军在法国支援下重新取得上风，使苏俄军队的撤退演变成一场溃败。在这为期两个月的战斗中，铁路起到了关键作用。波兰铁路网此前分别由普鲁士、奥地利和俄国公司承建。在这三个地区中，第一个地区的铁路线最为密集，维护情况也最好，而第三个地区因为标准轨和宽轨的相互影响而显得先天不足——这些轨道完全是根据占领国的心血来潮建设的。主要战区中的轨道差异给装甲列车的部署带来了无穷无尽的问题。在苏俄军队一边，为了阻止蓄意破坏，铁路两侧 50 千米内的区域被戒严。波兰取胜之后，缴获的布尔什维克装甲列车进入波军中服役并更名。

被芬兰人缴获的红军装甲列车（最初被命名为"安年科夫将军"号）。它后来为"自由军团"的德国官兵所用，接着加入芬兰陆军，后者定期对其车厢进行现代化改造并一直使用到二战。注意，它最初的车顶只有一条走道和一排扶手。车上装备的是俄制 76.2 毫米炮。（照片：保罗·马尔马萨里的收藏）

在芬兰前线上，战争也以红军的失败告终。这个战场上的装甲列车基本都属于红军。俄国人的干预基本上仅限于技术支持，革命之前属于俄国的铁路工厂此时都由芬兰人管理。另一方面，彼得格勒与维伊普里之间的直达铁路使布尔什维克的列车可以前往援助芬兰红军。后者在战争期间似乎接收了 3 列或 4 列列车。其中一列于 1918 年在塞伊尼厄被缴获。这列列车由一辆装甲机车和两节现代化装甲车厢组成，每节车厢各装两座配备 02 式 76.2 毫米炮的炮塔，它被命名为"克伦斯基"（Kerenski）号，用于进攻拉赫蒂，由于重量太大，它不得不分成三段来通过科里亚河上的桥梁。3 月 23 日，它最终毫发无损地被缴获，车组人员逃之夭夭。

装甲列车在苏维埃革命神话中重要意义的一个示例：弗谢沃洛德•伊万诺夫 [6] 的戏剧《装甲列车 14—69》，上图是 1934 年 12 月 11 日的演出，下图则是 1965 年为纪念这位剧作家而发行的纪念邮票。尽管邮票上的装甲车厢似乎是后来的型号，但戏剧的背景是十月革命期间。（照片和邮票：保罗•马尔马萨里的收藏）

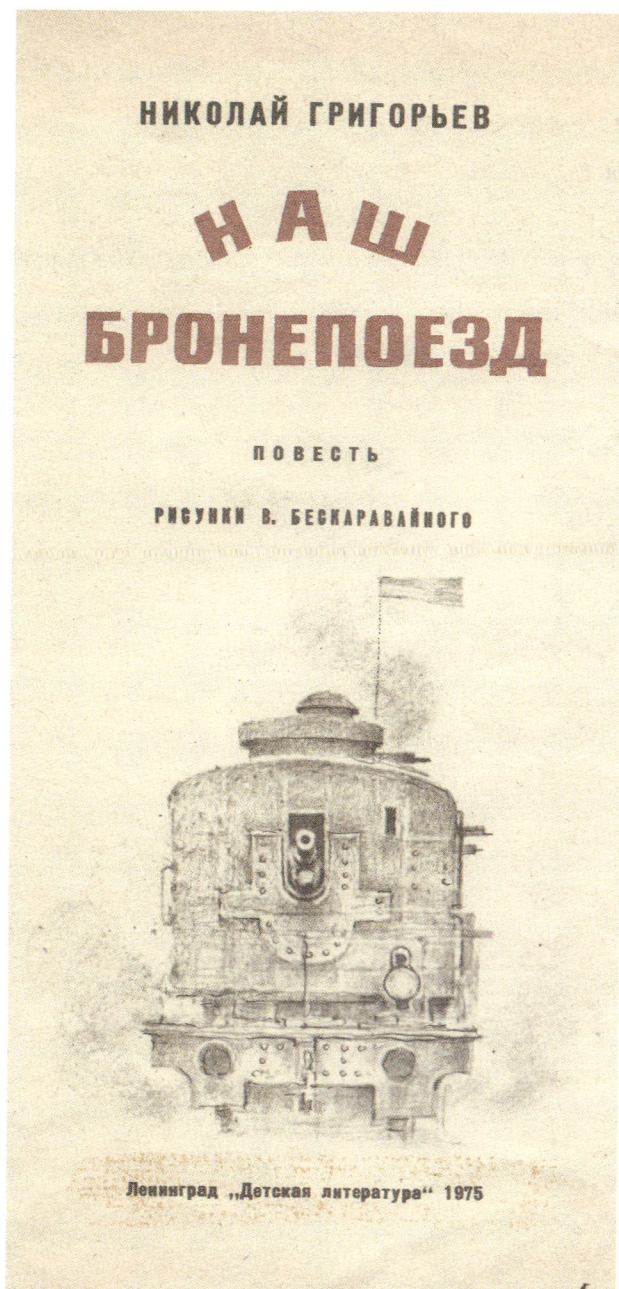

Ленинград „Детская литература" 1975

1975 年，这个神话因小说《我们的装甲列车"尼克拉•格里戈里耶夫"号》的出版而复活。注意前导车厢与第 4 西伯利亚铁道团装甲列车炮塔车厢之间的相似之处。（插图：保罗•马尔马萨里的收藏）

6　弗谢沃洛德•维亚切斯拉沃维奇•伊万诺夫（1895—1963 年）。

内战的结束和 1929 年改革

尽管布尔什维克取得了胜利，但即便在最后的哥萨克和分离主义暴乱结束时，红军与各种"绿色"农民派系、当地盗贼与匪帮的斗争仍在继续。临时装甲车厢返回民用领域，而设计较好的列车小心地保留了下来。有资料显示，与白军的冲突结束时，红军已经建造和使用了 103 列装甲列车。在 1921—1941 年之间，最好的列车得以保留，新的车厢加入车队，并持续地推动设计标准化，使生产趋于合理。因此，机车的建造分别由 3 个主要的中心负责：生产 PB 级的波多利斯克（Podolsk），生产 KB 级的科罗纳（Kolona）和生产 KhB 级的哈尔科夫。1923 年，装甲列车由炮兵总局负责。

此前取得的成果促使当局加强这一兵种。对机制进行的一项研究得出了 1926 年 6 月的《暂行规则》，并立即在夏季演习中进行试行。该规则的决定版于 1929 年 8 月与坦克和装甲车的相关规则一起发布。

新的装甲列车组织如下：

－A 型轻装甲列车
－B 型重装甲列车
－ON 型特种装甲列车

列车构成为：

1.A 型轻装甲列车（乘员 160 人）由 29 节车厢的补给列车提供支援（根据人员规模，也可能是 11 节车厢）：
　　－安全车
　　－安全车
　　－火炮车厢（两门 1902 式 76.2 毫米炮，以及八挺马克沁机枪）
　　－PB、KB 或者 KhB 级装甲机车
　　－火炮车厢，与第一节完全相同
　　－安全车

1926 年到 1939 年之间，苏联建造了新的枪炮车厢，以加强列车的防空能力：该车厢的武器是 12.7 毫米重机枪和 ZP Obr. 1914g 76.2 毫米炮，或者甚至是两门 37 毫米 Obr. 1939g 高射炮。

2.B 型装甲列车（由 12 节车厢的列车提供支援）：

　　－安全车
　　－火炮车厢（Obr.1910/30g 106.7 毫米炮，或 121.9 毫米榴弹炮）
　　－CH 或 KB-2 级装甲机车
　　－火炮车厢（ZP Obr. 1914g 106.7 毫米和 76.2 毫米炮）

或者

　　－火炮车厢（Obr. 1910/30 122 毫米榴弹炮，后改为 Obr. 1909/37g）
　　－安全车（这些车厢可以安装 152 毫米榴弹炮）

3.ON 型装甲列车（"M"型列车的后继型产品，由 12 节车厢的列车提供支援）：

　　－装甲或部分装甲的机车
　　－两节装甲车厢（106.7 毫米或 121.9 毫米炮）
　　－装甲车厢（76.2 毫米炮）
　　－3 节装甲弹药车
　　－两节探照灯车厢

其他武器包括一挺马克沁高射机枪。

苏军还引进了新的战术组织——基本战术单位为营，由两列轻型列车和一列重型列车组成。在欧洲战场上，苏军的设想是使用装甲列车支援地面部队，而在亚洲战场，这些装甲列车将成为攻击部队的核心组成部分。作战中，由五辆轨道车组成的小队（这一单位是为了方便管理而设立的）将分到各列车，主要用于侦察，然后作为联络与维护车辆。

在这次改革时，估计有 30 列 A 型、12 列 B 型和 9 列 ON 型列车在役。在多次演习中，新组织得到了试验，尤其是 1929 年 9 月的一系列演习，既定目标是测试"与步兵和骑兵的协同"。该次测试暴露出的问题是步兵和装甲列车集群缺乏联络，后者的指挥官不是决策过程的一员。结果是，在撤退的时候，列车很容易落在后面，无人掩护。最后，军方认为在进攻时装甲列车运送骑兵的能力不可或缺。

1931 年，红军开始研究用于装甲列车的特种超轻型车厢，甚至在列宁格勒建造了一些。布良斯克的 60 号军用仓库主要负责研究这种新装备。他们的研究使正在进行的重组暂停，并影响了列车运送的武器类型。

特别是，重装甲列车上的火炮缩减为 2 门重炮、4 挺重机枪和 32 挺高射机枪。据估计，1931 年红军可使用的列车有 40 列，其中 35 列轻型、12 列重型和 3—6 列 ON 型，全部归属陆军摩托化和机械化司令部。到 1932/1933 年，现役列车达到 60 列，1934 年时达到 92 列。

虽然这次改革对正在进行的部队重建影响不大，但确实在人们对这一兵种的兴趣更多地转向西方大国设想的用途（反游击作战和保持铁路网络畅通）时，确定了营和团的指挥结构。最后，改革期间 W 型列车被推出了，这是为了需要类似轨道炮的武器及装甲防护的作战任务而设计的。它们的构成如下（另有 10 个车厢的补给列车）：

- 装甲机车
- 两节运载 152 毫米或 203.2 毫米火炮的装甲车厢
- 一节装甲弹药车厢
- 一辆装甲轨道车

这列列车属于 W 型，因一座桥毁坏（也可能是被车组故意破坏）而无法运行后在塔林附近被缴获。（照片：保罗·马尔马萨里的收藏）

7 O 是"主动力车"的缩写（Osnovoi），字母"b""v"或"z"则表示基本型的变种。

W 型列车的多节车厢保存在雷瓦尔（塔林），主要来自爱沙尼亚兵工厂。武器似乎是维克斯 130 毫米海军炮。（照片：保罗·马尔马萨里的收藏）

照片中的机车被缴获后不久，德军便将其重新投入现役。但要注意，下方的装甲板没有被重新装上，可能是因为出轨时受损。缓冲梁上有机车的定名"Oz"。[7]（照片：保罗·马尔马萨里的收藏）

1933 年，布良斯克的"红色工会国际"（Krasnoye Profintern）工厂开始建造 BP-35 型装甲列车，共向红军交付了 47 列。1941 年 8 月工厂撤离时生产结束，关于后继者的内容，下文将有相关描述。

BP-35 型装甲列车及来自 60 号军用仓库的车厢。后者可从圆柱形炮塔辨认出来，其在拍摄时装备的是 M.1902/30 76.2 毫米炮。车身和炮塔之间分布着四至六挺机枪。中间的机车是 PR-35 级，可携带十吨煤炭或者六吨燃油。（照片：保罗•马尔马萨里的收藏）

照片中的机车被缴获后不久，德军便将其重新投入现役。但要注意，下方的装甲板没有被重新装上，可能是因为出轨时受损。缓冲梁上有机车的定名"Oz"。[7]（照片：保罗•马尔马萨里的收藏）

芬兰战争和伟大卫国战争

苏芬战争中，苏军从 1940 年 1 月到 3 月在卡累利亚地峡部署了第 8 特种装甲列车师，使用 MBV-2 原型车、16 列轻装甲列车和 21 列重装甲列车提供炮兵支援。

1941 年 6 月，苏联实施总动员以对抗德国入侵时，共有 9 个装甲列车营（其中第 4 和第 5 营在西线，第 1 营在基辅，第 7 营在高加索，第 10 营在西亚，第 9 营在远东），此外还有一个驻扎在布良斯克的训练团、一个装甲轨道车营、13 列独立的轻装甲列车，以及两列独立重型列车。红军和 NKVD 都有自己的装甲列车，但 NKVD 面向国内治安而非前线作战。陆军有 19 列重型列车、34 列轻型列车[8]、9 辆轨道车和一些装甲机动有轨车。NKVD 有 36 辆机动有轨车、25 列装甲列车和 35 节车厢，以及步兵与骑兵部队。

8　共有 106 节车厢、53 辆机车。

芬兰军队于 1941 年 11 月 9 日在卡鲁梅基（Karhumäki，今梅德韦日耶戈尔斯克）缴获的一辆苏联机车。遮盖车轮和轴杆的侧板似乎引起了人们浓厚的兴趣。（照片：保罗·马尔马萨里的收藏）

虽然已经是 1941 年，这些车厢仍然直接来源于内战时期的同类车辆。其侧面射孔很少，这很令人吃惊，特别是装甲板明显固定在原先的开口上。出入舱门似乎在底板下。（照片：保罗·马尔马萨里的收藏）

"巴巴罗萨行动"开启之后，地方当局决定建造一些新列车，这项决策明显是德国入侵后，在地方当局和有能力建造装甲列车的工厂倡议下做出的。因此，大量不同的设计出现了，我们从中可以辨认出内战时期到 BP-35 为止不同型号列车的特征。它们都表现出了很好的适应能力，虽然有损成品质量，但在紧急的局势下也算是一种妥协。伟大爱国战争期间，装甲列车被成组使用，为攻击部队提供火力支援，必要时掩护被迫失去联络的部队，并在主力部队撤退后才返回。不过，除非局面陷入绝望，苏军的标准战术禁止列车采取固定防御阵位，或者参加阻击战，因为这样的行动容易招致损失。不变的特征之一是，大部分车厢配备两座炮塔，特殊情况下有三座。

NKVD 的装甲列车，包括安全车、中间的无装甲机车和两辆重型轨道车。第二辆轨道车遭到严重损坏，部分车身塌陷。（照片：保罗·马尔马萨里的收藏）

所有能够作战的车辆都被投入到了战场。德军遭遇的车厢有时可以追溯到苏俄内战时期，例如本图中的两节车厢。德军因此确认该兵种已经完全过时，这导致他们推迟建造自己的现代化装甲列车。（照片：保罗·马尔马萨里的收藏）

以一发高爆弹射中驾驶室窗口的炮手肯定是个神射手。但和 T-34 坦克首次亮相一样，苏联装甲列车战役早期对抗德军火炮时展现出来的坚固性令人吃惊。（照片：保罗·马尔马萨里的收藏）

在乌克兰尼古拉耶夫（Nikolaïev）被缴获的装甲列车，型号不明。其中两节车厢配备的炮塔与克里米亚建造的列车类似。据我们所知，没有任何一张照片显示过其挂接的机车。（照片：保罗·马尔马萨里的收藏）

于 1941 年 8—9 月在基辅被缴获的这列装甲列车的前导车厢上安装有来自 T-26 坦克的炮塔，以及从缴获的波兰 7TP 坦克上卸下的三座炮塔。机车明显只有驾驶室周围配备了装甲，可能是紧急改装的结果。（照片：保罗·马尔马萨里的收藏）

车首（尾）位置上的 T-26/1933 炮塔及其 45 毫米炮（在照片拍摄前已被车组摧毁）提供反坦克能力，后续车厢的第一个舱室运载一门不确定型号的火炮，可能是用于俯射的 57 毫米海军炮。（照片：保罗·马尔马萨里的收藏）

第二节车厢的这张照片展示了两个有趣的特征。首先是很罕见的弧形防护装甲（参见中国的章节），其次是安装来自波兰 7TR 双炮塔坦克的两座炮塔。这个车厢右侧的炮塔和机车前车厢上的炮塔都来自第 2 辆 7TP 原型车。这辆坦克在 1939 年被苏军缴获前曾于第 1 训练中心服役。注意炮塔护裙上的狭槽，这辆坦克在波兰军队服役时此处可以安装一挺 13.2 毫米霍奇基斯重机枪。（照片：保罗·马尔马萨里的收藏）

另一个型号的装甲列车，按照 BP-35 的型号建造，有两座炮塔（来自两辆不同的 T-26 坦克：右侧的炮塔来自 T-26/36 型，左侧的是 BT-5 或 T-26/35 型）和车身上的 4 挺机枪。（照片：保罗·马尔马萨里的收藏）

一列在爱沙尼亚塔林（1918 年 12 月之前称为雷瓦尔）被缴获的窄轨装甲列车。（照片：保罗·马尔马萨里的收藏）

上述窄轨列车的炮塔车厢之一，同天还有一辆轨道车被缴获了。（照片：保罗·马尔马萨里的收藏）

据我们所知，这个尺寸不同寻常的车厢只有一张照片。车厢一端的车门与侧门完全相同。安装在车顶中部的是来自坦克或装甲车的炮塔。（照片：保罗·马尔马萨里的收藏）

第 66 营的 1 号装甲列车，因其炮塔来自 KV Ⅱ 坦克而著称。中央的炮塔来自 T-34/76-40 型坦克，没有常见的护盾，而是配备一门用于反坦克的 45 毫米炮。前炮塔装有一门 76.2 毫米炮。（照片：保罗·马尔马萨里的收藏）

列车尾部是按照 BP-35 形式建造的车厢，装备一门 M1902/30 76.2 毫米师属火炮，是一战武器的现代化版本。多边形炮塔安装在煤水车上，可以看出，这是与前车厢完全相同的 T-34 炮塔。（保罗·马尔马萨里的收藏）

一列在刻赤工厂废墟中被缴获的未完工的装甲列车。注意煤水车顶部庞大的指挥塔和 76.2 毫米炮。中央炮塔来自 T-26 坦克。（照片：保罗·马尔马萨里的收藏）

一节于 1942 年 5 月参加行动，与上一张照片里的完全相同的车厢。很明显，德国人对它们很感兴趣，不久之后，两节车厢都出现在伦贝托夫（Rembertow）。注意，车上安装的是于 1937 年停产的 M1902/30 76.2 毫米炮。（照片：保罗·马尔马萨里的收藏）

"坦波夫集体农庄"（Tambow Kholkhose）号装甲列车的混合武器车厢，装有 37 毫米高射炮。火炮用于地面任务时，车厢侧板向下折叠。射击位置的后面似乎有垂直装甲板防护。（照片：保罗·马尔马萨里的收藏）

被缴获的"为斯大林而战"号装甲列车及其两节防空车厢。它的机车可能为未来的 BP 42 和 BP 44 装甲列车所用 BR 57 级机车的设计带去了灵感。（照片：保罗·马尔马萨里的收藏）

1941 年 11 月的"奥尔忠尼启则"（Ordzhonikidze）号装甲列车，它是在克里米亚的海军造船厂里建造的。炮盾和圆柱形观察塔暴露了它的海军出身。这些两用火炮可以打击地面和空中目标。（照片：保罗·马尔马萨里的收藏）

"为祖国而战"（Za Rodinu）号装甲列车携带的武器与上一张照片相同，它于巴泰斯克（Bataisk，顿河畔罗斯托夫以南）被缴获。（照片：保罗·马尔马萨里的收藏）

在克里米亚建造的装甲列车采用了一种特殊设计，尽管细节上有差异，但这些车辆有着家族式外观。车上安装的是海军型 34-K 76.2 毫米高射炮，射高为 9500 米（将近 31200 英尺）。（照片：保罗·马尔马萨里的收藏）

来自"沃伊科维奇"（Voykoviec）号装甲列车的这节车厢采用与上一张照片中的相同的设计，但右侧炮塔装备的是普季洛夫 M/14 76 毫米高射炮或者在轮架上的野战炮（在照片上看不到）。（照片：保罗·马尔马萨里的收藏）

炮盾后部敞开，是这些列车的另一个海军特征。由于 76.2 毫米炮处于 85 度的最大仰角，因此我们可以看到炮膛的上表面。（照片：保罗·马尔马萨里的收藏）

另一种车厢装备两门伦德尔（Lender）8-K 76.2 毫米 /30 火炮。1943 年，国防军至少改装了 6 节这种车厢，加入 PZ 21、23 和 26。（照片：保罗·马尔马萨里的收藏）

一列于 1941 年在克里米亚被击中并失去战斗力的装甲列车。之后完好无损的车厢与下张照片中的机车一起重新服役，组建了一列用于治安巡逻的火车（定名不详）。（照片：保罗·马尔马萨里的收藏）

克里米亚列车之一的机车。它的设计没有遵循"大陆"列车的形式，其装甲更光滑。特别值得注意的是它没有车轮和轴杆的检查舱门。（照片：保罗·马尔马萨里的收藏）

"科洛姆纳工人"（Worker of Kolomna）号装甲列车的设计完全不同于同时代（20 世纪 40 年代）的其他列车，不过车厢上仍然有两座炮塔，装备 1916 式 152 毫米榴弹炮。这列建于科洛姆纳的装甲列车属于第 55 独立装甲列车营。（照片：马克西姆·科洛米茨的收藏）

在内战时期装甲列车的后继产品中，某些列车是在设备较为简陋的工厂中用现有的材料建造的：来自 KV-1 坦克的炮塔，以及伦德尔 1914/195 式（87-K）76.2 毫米 /30 高射炮。（照片:保罗·马尔马萨里的收藏）

NKPS-42 型装甲列车标准配置。注意它与较老的 BP-35 的相似之处，NKPS-42 是后者简化且加强了防护的版本。（照片：保罗·马尔马萨里的收藏）

在德国入侵的头几个月，我们前面研究过的各种装甲列车在抵抗侵略者的战斗中起到了重要作用，但又大量遭到摧毁。波尔塔瓦（Poltava）的机车修理厂设计了一种基于 BP-35 的新装甲布局。使用这种布局的装甲列车被定名为 NKPS-42，提供了更好的防护，但因制造时缺乏高质量的装甲板，成品列车的外观显得多种多样。

在一节 PT-33 车厢上，这门 1939 式 76.2 毫米师属火炮与 NKPS-42 的炮塔是不同寻常的组合，因为在特定地区，取得火炮的难易程度不同。（照片：保罗·马尔马萨里的收藏）

"布琼尼元帅"（Marshall Budenny）号装甲列车炮塔的照片，我们可以注意到 NKPS-42 炮塔为火炮提供的防护。（照片:保罗·马尔马萨里的收藏）

这辆挂接到 NKPS-42 型列车的机车似乎配备了一辆冷凝煤水车。苏联于 1935 年开始对这种技术表现出兴趣，它既能减少烟雾，又能利用再循环系统将停车加水前的行程扩大至三倍。除了这一特征，机车其余部分都是经典形式，驾驶室顶部有一个指挥塔，煤水车上有一个防空阵位。（照片：保罗·马尔马萨里的收藏）

苏联的装甲列车上漆有各种各样与个人、地域或爱国主义有关的标语，这辆 OB-3 型装甲列车的机车就是其中之一。我们可以看到这张照片上有着许多列车上都有的流行标语"为斯大林而战"。（照片：保罗·马尔马萨里的收藏）

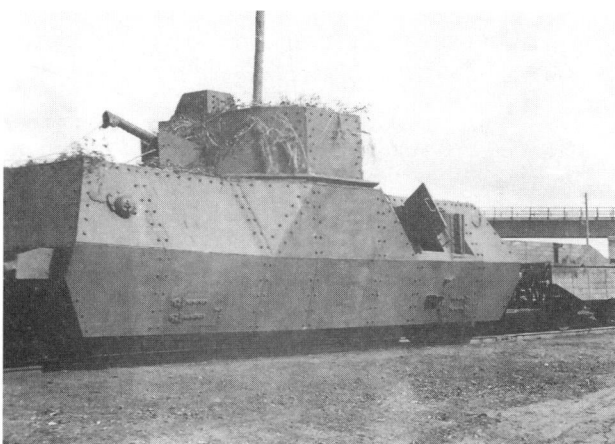

OB-3 列车的典型车厢之一。根据当地供应情况，12 名士兵使用的武器差异到了惊人的地步：1902 式 76.2 毫米炮、1927 式 76 毫米炮、1914 式 76 毫米高射炮和 76 毫米 L/10 坦克炮。在这张照片中，车上甚至装载了内战时期的法国或波兰制 1897 式 75 毫米炮。（照片：保罗·马尔马萨里的收藏）

正常情况下使用的机车应该是 Ov 级或者 Ok 级，装甲厚度为 30—80 毫米。但当时有大约 20 列 OB-3 级列车被摧毁或缴获 主要发生在 1942 年)，如照片（摄于 1942 年 4 月）中的列车。（照片：保罗·马尔马萨里的收藏）

OB-3 型列车的设计是为了克服 NBP-35 和 NKPS-42 车厢因尺寸和重量而遇到的问题，另外也考虑了转架车厢比四轮车厢更难以复轨的事实。为了满足在 1942 年 1 月 1 日前准备好 62 列装甲列车（32 个营）的生产目标，国防委员会决定标准化 OB-3 型列车。火炮车厢相对较短，其装甲厚度为 30—80 毫米，只装备一门火炮。OB-3 型的生产由 9 家工厂和 43 个铁路场站承担，但到计划日期为止，它们只生产了两列完整的火车，在接下来的三个月里分别交付了 12、17 和 26 列。

BP-43 型列车是战争期间苏联建造的最后一种装甲列车（为红军建造了 20 列，还为 NKVD 提供了少数）。它们代表着 OB-3 的发展：每节车厢仅装一座炮塔和三挺机枪，两节车厢连接在一起提供与旧 BP-35 车厢相当的火力。更具有创造力、提供最强大火力的一种设计毫无疑问是安装 16 具 M8 火箭发射架及 2 门 Pbr 1939g 37 毫米高射炮的混合武器车厢。这些车厢是为 659 号装甲列车"库兹马·米宁"（Kuzma Minn）和 702 号"伊利亚·穆罗梅茨"（Ilya Mouromets）建造的。

组成这些列车的 PL-43 车厢是苏联寻求的简化方案的例子：T-34 炮塔具有反坦克能力，安装在一个轮廓小得多的车厢上。车身侧面的圆形开口是机枪座。（照片：马克西姆·科洛米茨的收藏）

上方左边的照片是在"为斯大林而战"号的 PL-42 车厢于科洛姆纳建造时拍摄的。T-34 炮塔内的 76 毫米炮为这些列车提供了强大的反坦克火力。"库兹马·米宁"号（上方右边的照片）和"伊利亚·穆罗梅茨"号装甲列车也包含了类似的车厢。位于中央的观察塔在不同车厢上各有不同，下方的装甲护裙也是如此。（照片：保罗·马尔马萨里的收藏）

上方左边这张照片摄于工厂内。它清楚显示了，这种车厢来源于 T-34 坦克车身，车身被线形拉长后组成了装甲车厢。上方右边的照片则摄于出发执行任务前的一次检阅，其右侧是一排基于 T-28 坦克的装甲车厢。当时也许是旧车厢更换为新型号的典礼。（照片：保罗·马尔马萨里的收藏）

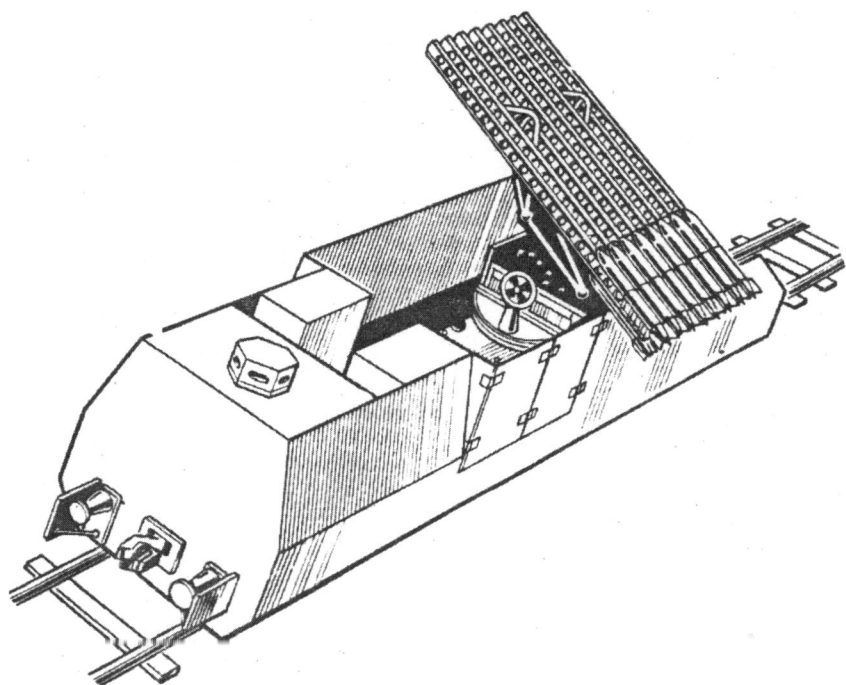

展示"斯大林风琴"在车厢上基本安装方法的草图，这种装备可以进行360度旋转。同一本苏联出版物还介绍了其他安装位置，例如安装在内河炮艇上。（插图：版权所有）

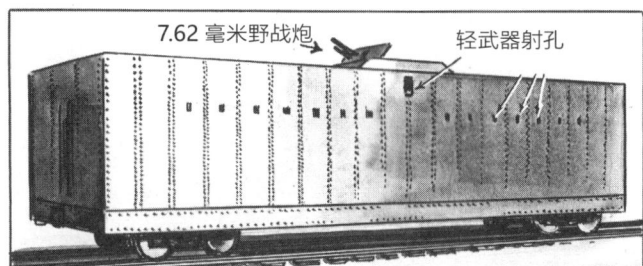

7.62毫米野战炮　轻武器射孔

为列车护航的飞机

观察哨

美国陆军工兵部队设计的特种装甲轨道车辆，重量约为3.91吨

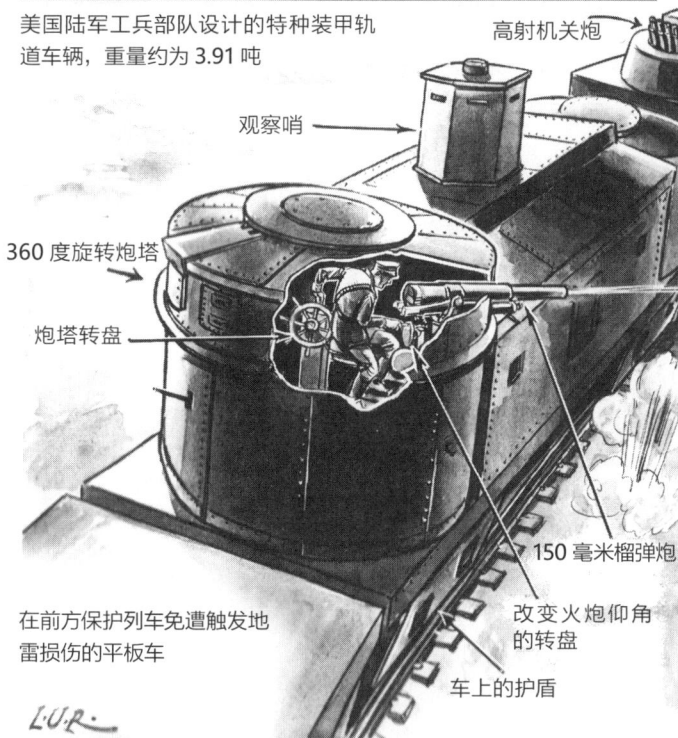

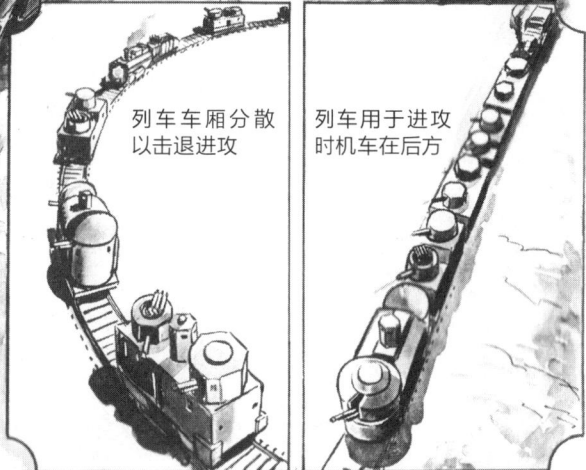

高射机关炮

观察哨

天线

煤水车

有特殊装甲的机车

360度旋转炮塔

炮塔转盘

列车车厢分散以击退进攻

列车用于进攻时机车在后方

150毫米榴弹炮

改变火炮仰角的转盘

在前方保护列车免遭触发地雷损伤的平板车

车上的护盾

L.U.R.

1941年9月底，美国插图画家洛根·雷维斯（Logan Reavis）描绘了苏联装甲列车的战术使用。（为了方便对比，他加入了美国陆军最新型的装甲车厢，这种车厢用在墨西哥边境）这幅插图有一定的艺术夸张，但对各项任务都做了合理的展示，唯一的例外是分散开以击退进攻的各组车厢：插图中的这种部署方法是大众喜欢的主题，但装甲列车指挥官就不太赞成了。（插图：保罗·马尔马萨里的收藏）

装甲列车防空

尽管车载防空武器持续增长，大部分苏联装甲列车仍然成了空袭的受害者。仅在斯摩棱斯克战役中，就损失了六列装甲列车，全部是德国空军袭击所致。虽然每列装甲列车都携带防空武器，苏联还是建造了特种装甲车厢，这些车厢越来越复杂，防护也越来越好。

此外，苏联装甲列车组织中加入了专用防空列车，成了一个单独的分支，这样的列车共组建了200列。每列列车的标准构成是一辆机车和五节车厢。尽管车厢底盘没有装甲，但火炮通常得到了15毫米厚的侧面防护装甲，可以帮助炮手抵御炸弹和炮弹碎片以及轻型武器的攻击。车厢上的武器各不相同，但最初包括76.2毫米炮、37毫米炮和12.7毫米DShK重机枪。

一般规则是，每个新建的装甲列车营均可分配到一节PVO-4防空车厢（最初的车厢装备了两门37毫米炮或者两挺12.7毫米重机枪）。

防空炮座上的两门火炮被安装在尾部车厢中，装甲列车的身份不明（可能是安装一个KV-II炮塔的列车）。注意火炮护墙的粗糙外观，以及没有抛光的边缘。（照片：保罗·马尔马萨里的收藏）

一节出轨的PVO-4车厢。我们可以通过照片看到其内部布置和下半部分的侧板，以及安装在一个圆形平台上的37毫米炮。（照片：保罗·马尔马萨里的收藏）

挂接到"为斯大林而战"号的防空车厢，与其后的车厢差异颇大。它安装了1939式37毫米炮，这是这列列车所特有的。（照片：保罗·马尔马萨里的收藏）

照片摄于 1942 年，挂接到 339 号装甲列车的这节车厢携带混合防空武器：一门 61-K 37 毫米炮和一挺 DShK 1938 式 12.7 毫米机枪。可能为了标准化，底盘与 OB-3 车厢和 PVO-4 防空平台相同。（照片：马克西姆·科洛米茨的收藏）

同样的武器被安装在不同风格的 PVO-4 上。这种设计的一个实例在莫斯科的武装力量博物馆展示。照片摄于 1942 年。（照片：马克西姆·科洛米茨的收藏）

在莫斯科拍摄到的同类型车厢，装有两门 37 毫米炮。左侧的其他车厢为 BP-43 型，它们经过改良，用装甲舱室取代了尾部开口的平台。（照片：版权所有）

在爱沙尼亚塔林拍摄到的窄轨装甲列车或防空列车。76.2 毫米（34-K）高射炮使用源自海军的敞篷炮盾。车上安装的一个原坦克或装甲车炮塔用于局部防御。（照片：保罗·马尔马萨里的收藏）

这列防空列车装备了 M1939 85 毫米炮。与火炮车厢交替挂接的无武装车厢配备测距仪和其他观瞄设备，以及维护材料。注意，改装的基础是标准俄制转架平板车。（照片：保罗·马尔马萨里的收藏）

这节车厢装备两门 37 毫米炮，也有用于近防的机枪（每边各有一挺，炮塔中还有一挺）。它挂接到 664 号 OB-3 型列车，建造于科洛姆纳工厂。注意它与前文中的"科洛姆纳工人"号的相似之处。（照片：私人收藏）

红军和 NKVD 的装甲机动有轨车和轨道车

和其他军队一样，红军也注意到了装甲列车的弱点，造成这些弱点的一部分原因是其沉重的重量和灵活性上的不足。另一方面，机动有轨车（不考虑其重量分类）具备执行铁路巡逻所需的速度。此类车辆并不追求标准化，只要有可能，装甲轨道车就使用设计和建造地点找得到的零件与装备：机动车底盘、炮塔与武器，以及装甲板。轨道车的发展与公路装甲车辆并行。

1938 年，列宁格勒的 S.M. 基洛夫工厂建造了多节"机动装甲车厢"（MBV），速度达到每小时 80 千米（每小时 50 英里），携带对地和防空两用武器。机车使用了来自 T-28 坦克（同一个工厂建造）的零件和三座炮塔。坦克炮塔一开始装备 PS-3 76.2 毫米炮，之后改成更长的 L-11 和 F-34。辅助武备包括分属后炮塔和侧面炮塔的 DT 7.62 毫米机枪，防空能力由 2 号炮塔与指挥塔之间的四联装马克沁枪座提供。这种机动有轨车的乘员只有 40 人，但火力实际上与一列装甲列车相当，弹药充足（365 发炮弹、10962 发 DT 机枪子弹和 22000 发马克沁机枪子弹），而且更加全能。侧面、中央指挥塔和炮塔的防护装甲厚度为 16—20 毫米，车顶装甲厚度为 10 毫米。整车重量 80 吨，凭借 400 马力的 M17-T 汽油发动机，速度可达每小时 120 千米（每小时 75 英里）。1940 年 3 月苏芬战争期间，原型车在维伊普里—维堡—列宁格勒铁路线上进行了测试。

苏联开发了多种型号的装甲轨道车，使用了经过考验的组件，最著名的是来自 T-26 或 KV-1 坦克的炮塔。后者安装在下面介绍的"红星"号机动有轨车上。其他炮塔专门用于 D-2 机动有轨车等特种车辆。

从正面看，MBV-2 堪称铁路战舰。这个版本配备了多个 T-28 炮塔，人们一眼就能看到白色伪装涂料上漆的假铁轨。各个电动炮塔的旋转范围有限，从前到后分别为 280 度、318 度和 276 度。双轴转向架是机动型号，而三轴转向架只负责载重。（照片：马克西姆·科洛米茨的收藏）

这辆车名噪一时，因此出现在一张于 2014 年发行的俄罗斯邮票上 [属于"荣耀之城"系列。这一张邮票纪念的是季赫温（Tikhvin）]，一同出现在邮票上的是 M1931(B-4) 203 毫米榴弹炮和别利亚科夫 Pe-8 轰炸机。（邮票：保罗·马尔马萨里的收藏）

于 1942 年冬季建造的独特车辆，名为"红星"（Krasnaya Zvezda），其车身四面上都漆有正式定名 KZ-1。它装备了来自 KV-1 坦克的一座炮塔，内装一门 ZiS-5 76.2 毫米炮。车辆全长 11.72 米（38 英尺 5.5 英寸）、宽 2.48 米（8 英尺 1.5 英寸）、高 2.7 米（8 英尺 10.25 英寸），工作状态下的重量为 60 吨。在两台 V-2K 柴油发动机驱动下，它可以达到每小时 43 千米（27 英里）的最高时速。照片中可以看到四挺 7.62 毫米机枪之一。对于它是否参加了战斗，我们不得而知。（照片：马克西姆·科洛米茨的收藏）

D-2 机动有轨车在卢甘斯克（Lugansk）和奥尔斯克（Orsk）的工厂建造，这两个工厂在当时共接到了 200 辆的订单。D-2 装备两门 76.2 毫米炮和四挺机枪。成功的创新之一是安装了绿色烟雾发生器，这在试验中非常成功。该车没有独立的底盘，行走机构直接焊接在装甲车厢上，就像英国戴姆勒"澳洲野狗"卡车一样。D-2 主要供 NKVD 使用，其中多辆于 1941 年被缴获，德国国防军将其重新投入使用 PT 17-23)。(照片：保罗•马尔马萨里的收藏）

BDT 轨道车设计于 1935 年，使用了 T-26 坦克的炮塔。(照片：马克西姆•科洛米茨的收藏）

这个版本为驻退器配备了防护装甲，是装甲列车上难得一见的布置。(照片：保罗•马尔马萨里的收藏）

一辆 BD-41 装甲轨道车在所属的 NKPS-42 装甲列车附近瘫痪。这辆车属于第 7 独立装甲列车营。炮塔来自一辆 T-26-1931 型坦克，装有一门 37 毫米炮和一挺 DT 7.62 毫米机枪。1942 年初，在莫斯科的工厂建造了大约 20 辆 BD-41 轨道车，最后一批至 1944 年仍在服役。(照片：保罗•马尔马萨里的收藏）

DTR 装甲轨道车。其中一辆加入了 PZ 10（参见德国的章节）。（照片：保罗·马尔马萨里的收藏）

BA 20M 的第一种型号很少见诸德国人的照片，到"巴巴罗萨"行动时，它已经很老旧了。它的圆柱形炮塔很容易辨认。（照片：保罗·马尔马萨里的收藏）

除了工厂建造、仅用于铁路的"紧凑型"轨道车之外，还有一些车辆是用公路装甲车改装的，如 FAI-ZhD。[9] BA-64 ZhD 有两种铁路版本，都基于宽轴距型号。第一种于 1942 年 7 月由维克孙斯基（Vyksunskiy）工厂设计，需要将铁路车轮固定在公路车外侧，这是与 BA-20 ZhD 类似的冗长过程。尽管前进速度达到每小时 85 千米（每小时 53 英里），倒车速度却只有每小时 13 千米（每小时 8 英里），对于双向都需要高速度的侦察车辆来说，这种性能成了笑柄。此外，持续倒车会导致变速箱损坏以及发动机散热不足。而且，这种车辆还经常因为轮辋太小而掉出铁轨之外。

装有圆锥形炮塔的生产型 BA 20 轨道车，照片中是公路配置，铁路车轮被固定在标准附件上。注意左侧可移动天线的基座。（照片：保罗·马尔马萨里的收藏）

9　ZhD 是 *Zheleznaya Doroga* 的缩写，意为公路车轮／铁路车轮。

FAI-ZhD 的外观有些陈旧，就连用于铁路的钢丝轮圈也显得脆弱。（插图：版权所有）

在这辆 BA 20M（可从环形天线辨认出）上，我们可以清晰地看到三个未用车轮的固定点：发动机罩的两侧以及后部带有挂钩的长轴杆（油箱上）。（照片：保罗·马尔马萨里的收藏）

来自 GAZ 工厂的第二辆 BA-64B 铁路原型车，设计于 1942 年 6 月，但 11 月才开始从高尔基工厂出厂（照片：版权所有）

这张 BA-10 ZhD 转向的照片说明了大直径铁路车轮的优势，它可以固定在公路车轮外侧，避免冗长的换轮过程。轨道车版本只使用前后各两个的铁路车轮。（照片：保罗·马尔马萨里的收藏）

第二种版本的铁路稳定性更好，但倒车慢的问题仍然存在，所以实际产品并没有被制造。不过，1944 年夏季，莫斯科车厢维修厂确实为多辆 BA-64 和 BA-64B 配备了铁路车轮，与装甲列车一同使用。

BA-6-ZhD 可通过将铁路车轮固定在 4 个公路车轮外侧进行改装，于 1936 年被小批量生产。BA-10 装甲车继续采用这种设计。

BAD-2 ZhD 很有趣，也有些古怪。它是从 1932 年列宁格勒"布尔什维克"工厂设计的 BAD（Brone Avto Drezine，大意为"轻型铁路装甲车"）装甲车发展而来的。它的船形车身设计提供了两栖能力，是 20 世纪 30 年代许多研究项目的主题。铁路化改装由"伊佐尔斯基"（Izhorsky）工厂开展研究，并在一辆全副武装的原型车上进行。研究结束后，这辆车被判定适合于预期任务。实际上，尽管在 1932—1934 年年间进行过运行测试，但该型号从未被采用用于实战。

BAD-2 长 5.28 米（17 英尺 3.75 英寸）、宽 2 米（6 英尺 6.75 英寸）、高 2.36 米（7 英尺 9 英寸），重量为 4.6 吨，炮塔中装备一门霍奇基斯 37 毫米炮，另有两挺 7.62 毫米机枪。该车最高速度达到在铁路上的每小时 65 千米（每小时 40 英里），和在公路上的每小时 50 千米（每小时 30 英里）。（照片：版权所有）

一辆使用公路车轮的 BA-10 ZhD，四个铁路车轮被固定在车身后部。注意，这些车轮上还有履带。这辆车刚刚被击中，一名车组成员试图离开车辆时身亡。（照片：保罗·马尔马萨里的收藏）

后炮塔装备了一挺 7.62 毫米机枪，可以在很宽的射界内转动，车身下方有用于两栖行动的推进器。（照片：版权所有）

在苏联为了对抗德军进攻而建造的多种车辆中，我们还发现了型号不明的轨道车。

值得注意的是，苏联在战争期间研究了多个项目。MBV-2 机动有轨车的一种改型同样安装在双轴和三轴转向架上，但武备较轻，如下文的比例模型所示。

一位苏联工程师甚至提出建造超常尺寸、携带重型武器的机动有轨车。这种车辆的圆柱形车身上会安装三个 76.2 毫米炮塔，每个主炮塔顶部还有一个较小的炮塔，两端的子炮塔装备四挺高射机枪，中央的子炮塔则有两门 45 毫米反坦克炮。车身侧面会装有 12 挺机枪，另外有两具没有确定位置的喷火器。炮塔的装甲防护达到 25 或 30 毫米。电机功率为 950 马力，可将其加速到每小时 55 千米（每小时 34 英里）。下文也将展示它的比例模型。

在其他设计项目中，有一个基于 NKVD D-2，但安装四座炮塔，武器为 76.2—127 毫米炮，车辆全长约 20 米（65 英尺 7.5 英寸）的机动有轨车。

被缴获的苏联轨道车的两张不同照片，德国人用粉笔在车身上划了很大的十字图案。注意两张照片挂接的车厢不同，这说明德军缴获该车后使用过。（照片：保罗·马尔马萨里的收藏）

注意车身侧面完全没有装甲的散热片。

这辆车可能是前线临时建造的。炮塔似乎属于 BT-2 系列轻型坦克。（照片：保罗·马尔马萨里的收藏）

（模型制作：保罗·马尔马萨里，比例 1：200）

提议中的这种设计长 24 米（78 英尺 8.75 英寸），重 145 吨，乘员 34 人。圆柱形车身内将运载 3 个 T-28 坦克炮塔，它们本身就有可独立旋转的子炮塔。从模型上的阶梯可以看出该项目的庞大规模，尽管它展示的是现代化的流线型外观。（模型制作：保罗·马尔马萨里，比例 1：200）

冷战至今[10] 的装甲列车

伟大卫国战争结束后，装甲列车并未从苏军库存中消失。1956 年，一列装甲列车在镇压匈牙利暴乱期间起到积极作用，另据原东德铁路工人称，20 世纪 60 年代之前，另一列装甲列车一直停靠在柏林郊区的隧道里。这些装甲列车的现代史中有三个重要时期：中苏冲突、车臣战争（1994—1996 年及 1999—2000 年），以及 2010 年起面对俄罗斯南方各共和国（车臣、达吉斯坦和印古什）日益严重的安全问题所实施的秩序维护行动。此外，高加索地区持续的潜在叛乱活动也要求有力的铁路安全措施。

从 20 世纪 50 年代末到 60 年代初，苏联与中国的关系因两国边界划定问题（特别是乌苏里江上两国交界的珍宝岛的归属问题）而日益紧张。[11]1968 年 3 月发生的为期两周的战斗以苏联获胜告终[12]，但双方继续在该地区陈兵，准备未来的对抗。在苏联一方，由于该地区经济落后[13]，不管是补给还是部队调动，苏军几乎

都完全依赖外贝加尔和西伯利亚大铁路——后者距离边境仅 100 千米（63 英里），因此很容易遭到大规模攻击。由于整个铁路网和 1200 个敏感地点需要保护，只有装甲列车具备必要的火力、灵活性和机动性。

哈尔科夫工厂的第 65 机车设计局负责设计工作，该局从开办以来一直专精于 T-64 坦克和机车的制造。他们采用了"现成"的铁路和装甲车辆组件，复制了伟大卫国战争期间的思路。初期，炮塔来自 T-55 坦克和 ZSU 23-4"石勒喀"（Shilka）防空装甲车辆，装备四门 AZP-23 23 毫米炮。[14] 使用柴油机车来避免电力或

---

10 本书将不研究 1987—1994 年间存在的"好样的"（Molodets）15P961 弹道导弹列车，也不研究编号于时期建造的新型弹道导弹系统。

11 1991 年，鲍里斯·叶利钦在任时的俄罗斯承认了中国对该岛的主权，以追溯形式将其"归还"给中国。

12 译者注：原文如此。不过，珍宝岛战役后中方控制了该岛，从这方面来看应是中方获胜。

13 当时，苏联欧洲部分和远东之间没有任何高速公路。

14 1976 年 8 月，东德《陆军评论》（Armee Rundschau）杂志上的《新型装甲列车》（Panzerzug – Neuauflage）一文展示了配备 T-62 坦克和 ZSU 23-4 装甲车炮塔的现代化列车，可能是受到了该车的启发。我们没有发现这种装甲列车的任何照片。

者供水问题。机车在柳季诺沃（Lioudinovo）建造，装甲车厢则在加里宁（Kalinin）和马里乌波尔（Marioupol）建造。列车于 1970 年准备就绪并进行测试，但因边境紧张局势缓解而从未入役。

1979 年 2 月，苏联远东中央司令部在建立期间，由于紧张局势再次加剧，曾经考虑过要让装甲列车入役执行任务。

这一新概念是模块化的：每列装甲列车由中心列车和多个自主单元组成，后者运载坦克。每个装甲攻击群包含一辆 TGM-14 装甲柴油调车机车，位于两节运载 T-55 或 T-62 坦克的平板车之间。每辆平板车尾部有用于步兵分队的可拆卸碉堡，步兵可以使用潜望镜观察，用无线电进行通信，通过射孔开火。每列列车可以包含 5 个集群，每个集群两辆坦克、25 名士兵。经过这样的组织，一列列车能够覆盖 500 千米（300 英里）的铁路网，每个集群覆盖 100 千米（60 英里）。

平板坦克运输车原型之一。注意两块装卸斜板，这种情况只有在车钩被中置和缓冲器被拆除后才能实现。（照片：马克西姆·科洛米茨的收藏）

一辆 BTR 40-ZhD 轨道车牵引运送 T-55 坦克的运输车。这里的装甲箱体不是用于运送部队的。（照片：马克西姆·科洛米茨的收藏）

一节生产型坦克运送车厢，其侧面装甲板向上翻起，因此我们可以看到 T-62 侧面用于抵御火箭筒打击的护栏。注意紧接在坦克后面的碉堡。坦克前方有拍摄清晰的装卸斜板。作战时，坦克后部将配备护栏，避免炮火误击列车的其余部分。（照片：马克西姆·科洛米茨的收藏）

起到驱动作用的 TGM-14 装甲柴油调车机车。（照片:阿索尔·耶茨的收藏）

运送 PT-76 的平板车前面或后面有开口, 方便坦克离车。左侧是防空车厢。（照片：马克西姆·科洛米茨的收藏）

宣传电影《胜利继承者》(Heirs of Victory) 的剧照, 三个集群正在演练, 两节坦克运送车厢挂接在 TGM-14 柴油机车前后。（剧照：版权所有）

BTR-40 ZhD 是 4×4 人员运送车的公路铁路两用版本。永久性的改装包括在驱动轮前后使用两条铁路导轨, 驱动轮与轨道保持接触并提供动力。车身后面的两块横切钢板固定在铁轨上时可以成为小型斜板, 方便上下铁轨。（照片：马克西姆·科洛米茨的收藏）

中心列车包括一辆 TG-16 柴油机车和一节具备 NBC（核武器、生物武器和化学武器）三防能力的指挥车厢, 因为军方认为这些列车可能进入核袭击后的污染区。指挥车厢装备两门 ZU [15]23-4 23 毫米高射炮。装备两个 ZU-23-4 或 ZU-23-2 炮座的装甲车厢还拥有更强的防空能力。侦察部队由两节运送 PT-76 两栖坦克的平板车提供, 坦克得到 2 米（6 英尺 6 英寸）高的侧向装甲板保护, 也可以下车作战。铁路侦察连由 8 辆 BTR-40 ZhD 轨道车组成, 这种车辆可以由配有轨道的平板车运送到更远的地方。1969 年, 多辆 BTR-40 装甲车采用 GAZ 战时为 BA64-ZhD 开发的方法, 改装成了轨道车。它们只需要不到五分钟便可离开运送车。

15 ZU 是防空系统（Zenitnaya Ustanovka）的缩写。ZSU 是自行防空系统（Zenitnaya Samokhodnaya Ustanovka）的缩写。

BTR-40 ZhD 的 A 版本装备双管 KPVT 14.5 毫米高射机枪座。1969 年加入装甲列车的这种改型车辆数量不详。照片中的车辆在库宾卡展示。BTR-40 的两种铁路版本一直服役到 1991 年。（照片:保罗·马尔马萨里的收藏）

BTR-40 ZhD 技术规格

长度： 5 米（16 英尺 4.75 英寸）

宽度： 1.9 米（6 英尺 2.75 英寸）

高度： 1.75 米（5 英尺 9 英寸）不含武器

离地净高： 27.6 厘米（10.9 英寸）

轴距： 2.7 米（8 英尺 10.25 英寸）

重量： 5.8 吨

乘员： 10 人

最高速度（铁路）： 每小时 65 千米（每小时 40 英里）

最高速度（公路）： 每小时 75 千米（每小时 47 英里）

行程（公路）： 430 千米（270 英里）；铁路可能为 3 倍

装甲： 4—5 毫米

武器： 1×7.62 毫米 SGMB 机枪

（BTR-40-A）： 2×14.5 毫米 KPVT 重机枪

有四列列车在建造完工后就从未参加军事行动，一直保存在赤塔，定期用于演练。其中一列列车于 1986 年帮助清除出轨的车辆。1990 年 1 月，这些车辆被重新启用，加入巴库和苏姆盖特（Sumqayit）叛乱期间的行动，保证连接南高加索与俄罗斯的两条关键路线畅通。它们在重夺巴库后抵达车站，积极保护铁路车队。完成任务之后，除了机车之外，其他部分都被拆解。

车臣战争开始时，铁道工兵部队将一些专用列车投入现役，错误地将其描述为"装甲列车"，实际上其意图是维护、维修铁路网络，清除地雷。直到 2002 年底，俄军才使用了四列真正的装甲列车："阿穆尔"号、"贝加尔"号、"顿河"号和"特雷克"号。只有最后一辆包含了来自退役列车的装甲车厢。

上述列车的构成通常如下，但车厢的数量和顺序可能有差异：

- 装有 ZU-23-2 的平板车
- 运载 BMP-2 的平板车
- 运载 T-62 的平板车
- 有固定炮塔的装甲车厢，用于步兵武器和榴弹发射器
- 装备车厢
- 一节或两节乘员使用的客车车厢
- 两节或三节安全车（运载沙子或道砟）
- 一节或两节运送通信车辆的平板车
- 机车

这些 TGM-14 柴油调车机车和 TG-16 机车是在 4 列装甲列车退役后，摄于外贝加尔斯克（Zabaikalsk）军事仓库的。注意，前方的柴油调车机车没有装甲指挥塔。（照片：阿索尔·耶茨）

在车臣的"贝加尔"号装甲列车。注意，装甲以及两座炮塔和侧面突出部都是临时性的。车身是仓促建造的，固定在一节商用转架平板车上。（照片：马克西姆·科洛米茨的收藏）

"特雷克"号的通信车厢以装甲油罐平板车为基础，在上面固定一辆 ZIL 电台运载车，以层板和临时装甲（包括混凝土预制件）提供防护。照片中的帆布可能用于改变车辆轮廓，也为乘员提供恶劣天气下的防护。（照片：马克西姆·科洛米茨的收藏）

与最初建造时一样，这节指挥车厢装备两个双联装 23 毫米 ZU-23-2 炮座或者四联装 23 毫米 ZU-23-4 炮座。由于高加索地区没有空中威胁，"特雷克"号乘员将高射炮座改装成观察阵位以及打击地面目标的射孔。注意车顶的通风机。（照片:马克西姆·科洛米茨的收藏）

直接受到伟大卫国战争防空车厢的启发，这节装甲车厢最初也安装了 23 毫米炮。这些车厢都基于同一个转架平板车设计。（照片：马克西姆·科洛米茨的收藏）

防空车厢的内部照片，原来的多管重武器已被更换为 NSV[16]12.7 毫米重机枪，或者"科夫罗夫工厂捷格佳廖夫机枪"（Kord）。（照片：马克西姆·科洛米茨的收藏）

2002 年 10 月，第 5 列装甲列车"科希马·米宁"[17]号加入汉卡拉（Hankala）[18]基地，该基地是这些列车的补给站。这列列车是 OMON[19] 的一个下属单位在商用轨道车辆基础上建造的，使用了当地所能找到的各种装甲材料。特别是，它运送一辆 BMP-2 步兵战车，并用枕木及其他材料提供附加防护，这些材料也用于该列车的其他车厢。

高加索地区装甲列车表现不俗，例如，清除 1000 千米（超过 600 英里）轨道上的地雷，护送 100 列运兵车，侦察任务涵盖了俄罗斯和车臣之间 32000 千米（20000 英里）的轨道。

2004 年起，俄罗斯陆军有了专门的铁道兵部队 ZhDk（Zheleznodoroznhiki），分为 4 个铁道军、28 个铁道旅，以及不确定数量的其他军事单位，负责军事

运输的正常运行和保护。北高加索（印古什）的两列装甲列车被启用，归属驻扎在伏尔加格勒（Volgograd）的第 76 铁道军。

随着 2010 年安全局势再度恶化，内政部部署的唯一装甲列车"科希马·米宁"号得以重建并配备现代化装备。为了排雷工作，它装备了 M4K "卡米什"（Kamysh）排雷系统，该系统可以干扰最远 20 千米（12.5 英里）之外地雷的无线电引爆装置。它的防空能力由两辆 ZPU-4 装甲车、十部 AGS-17 自动箔条发射器以及多挺机枪提供。火力来自一门 2A42 30 毫米炮，以及平板车运载、侧面有沙包防护的 BMP-2 装甲车上的 9P135M 反坦克导弹。必要的时候，还可以为列车增加一辆或者两辆 T-62 坦克（115 毫米炮）。2013 年 12 月左右回到现役后 [20]，该车与其他装甲列车一起，驻扎在格罗兹尼以西的汉卡拉或者北奥塞梯的莫兹多克（Mozdok）。

其他列车本应在高加索地区的行动结束后被拆解，但在本书编写时，那条命令已经撤销，且俄罗斯国防部长宣布重启列车，作为武装力量现代化工作的一部分。某些信息来源认为，除了不对称战争中的价值之外，它们还能组成自行火炮（如全新的 2S19 "穆斯塔 -S"自行榴弹炮）运输与发射的绝佳平台。

---

16 这一缩写来自设计者 G.I. 尼基京（Nikitin）、Y.S. 索科洛夫（Sokolov）和 V.I. 沃尔科夫（Volkov）的姓氏。

17 官兵们昵称其为"库兹马"（Kuzma）。

18 有时写作"阿尔汉卡拉"（Alkhan-Kala）。

19 Otryad Mobilniy Osobogo Naznacheniya（机动特种部队），隶属于内政部。

20 成本估计为 63.5 万美元。

为了在高风险地区实施维护和维修任务，根据高尔基铁路公司的订单，阿尔扎马斯（Arzamas）公司以 BTR80 人员运送车为基础，建造了这辆 GAZ-5603J 装甲车。实际上，它的辅助滚子系统与每个现代化铁路工地上都能看到的公路铁路两用车辆上的完全相同。（照片：阿兰·迪普伊的收藏）

在陶里亚蒂（Togliatti）[21]伏尔加汽车厂技术博物馆外展示的这种装甲列车明显还是为了保护军事区或基地而设计的，因为车厢的重量与防空炮塔使它们无法以正常的铁路载荷运行。（照片：版权所有）

该车厢很长，可以使用斜板来装载装甲战车辆。炮塔似乎是自动化的2M-3型，装有网」110PM 25 毫米炮。（照片：版权所有）

在乌克兰基辅武装力量博物馆展示的这节装甲车厢引发了许多疑问。T-10炮塔的高度和下方装甲护裙的缺失使人认为它是训练车辆。注意外部的阶梯以及敞篷步兵舱室两侧的把手。（照片：保罗·马尔马萨里的收藏）

21 1964 年以意大利共产党创始人之一帕尔米罗·陶里亚蒂（Palmiro Toggliati）命名的新城镇，他同年在苏联休假时逝世于该镇。原来的伏尔加河畔斯塔夫罗波尔镇已被一座大坝的水淹没。

BTR-40 铁路 2 号版本部署检修平台时的照片。同一家工厂还将这种底盘用于消防车，并将之定名为 GAZ-59402。（照片：阿兰•迪普伊的收藏）

伟大卫国战争时期装甲列车的现代复制品。我们可以辨认出多节车厢的特征：安全车后的车厢是带小型侧向炮塔的波罗的海型车厢与"红胡子"装甲列车的混合。其他车厢展示了当时使用的不同组合。（照片：私人收藏）

2015 年 4 月 30 日，为了纪念二战胜利 70 周年，俄罗斯发行了一套军事装备纪念邮票，其中四张的图案都是装甲列车。从上到下分别是："莫斯科地铁"号（Moskovski Metropoliten，BP-43 型），"莫斯科人"号（Moskvitch，OB-3 型），"消灭德国侵略者"号（Istrebitel Nemetskikh Zakhvatchikov，OB-3 型）和"科希马·米宁"号（Kuzma Minin）。（邮票：保罗·马尔马萨里的收藏）

资料来源
部分涉及装甲列车的作品
书籍

- Body, Marcel, Un Piano en bouleau de Carélie, *Mes années de Russie 1917-1927* (Paris: Hachette, 1981).
- Bullock, D, Armored Units of the Russian Civil War, *Red Army* (Oxford: Osprey Publishing Ltd, 2006).
- _____, and Deryabin, A, Armored Units of the Russian Civil War, *White and Allied* (Oxford: Osprey Publishing Ltd, 2003).
- Dupouy, Alain, *Les Engins blindés à roues Tome I: historique* (Grenoble: self-published, 1999).
- _____, *Les Engins blindés à roues Tome II: automitrailleuses et autocanons* (Grenoble: self-published, 1999).
- _____, *Les Engins blindés à roues Tome Ⅲ : le BTR-40 et le BTR-152* (Grenoble: self-published, 1997).
- _____, *Les Engins blindés à roues Tome VI: le BTR 70 et le BTR 80* (Grenoble: self-published, 1997).
- Kinnear, James, *Russian Armored cars 1930-2000* (Darlington, MD: Darlington Productions, Inc., 2000).
- Pasternak, Boris, *Doctor Zhivago* (Paris: Gallimard, 1959).
- Rostagno, Enrique, *Les Armées russes en Mandchourie* (Ixelles-Bruxelles: A Beuer, 1909).
- Vollert, Jochen, *KV-2 Soviet Heavy Breakthrough Tank of WWII* (Erlangen: Tankograd Publishing, 2004).
- Zaloga, Steven J, and Grandsen, James, *Soviet Tanks and Combat Vehicles of World War Two* (London: Arms and Armour Press, 1984).

期刊文章

- L'Appel des Soviets No 13 (15 October 1929), cover page. Vaucher, Robert, 'La Route de Petrograd', L'Illustration No 3929 (22 June 1918), PP.607–9.
- 专门或者主要介绍装甲列车的作品

书籍

- Kolomiets, Maxim, *Sowieckie samochody pancerne* vol. 1 (Warsaw: Wydawnictwo Militaria, 2005).
- _____, *Sowieckie poci gi pancerne vol. 1 1930-1941* (Warsaw: Wydawnictwo Militaria, 2006).
- _____, *Les Trains blindés de l'Armée rouge 1930-1941* (in Russian) (Moscow: Frontline Illustration, 2006).
- _____, *Les Trains blindés de l'Armée rouge 1941-1945* (in Russian) (Moscow: Frontline Illustration, 2007).
- Kopenhagen, *Wilfried, Sowjetische Panzerzüge und Eisenbahngeschütze 1917-1945* (Wölfersheim-Berstadt: Podzun-Pallas-Verlag, 1995).

期刊文章

- Brauer, 'Do we need armoured trains?' (in Russian), *Техника и снабжение красной армии* ('Techniques and Supply of the Red Army') (August 1923), PP.27–9.
- Koenig, Alan R, 'Glass-Jawed Goliaths: Red Army Artillery Armored trains in World War Ⅱ', *The Journal of Slavic Military Studies* Vol 14, No 4 (December 2001), PP.144–61.
- 'Le train blindé Cosima Minine', *Modelist Konstruktor* (1980-5), PP.4–9.
- McGregor. Andrew, 'Russian Interior Ministry Revives Its Armored Train in the North Caucasus', *Eurasia Daily Monitor* Vol 10, Issue 91 (14 May 2013).
- Malmassari, Paul, 'Les Trains blindés soviétiques', *39-45 Magazine* No 45 (1989), PP.30–5.
- Maurin, 'Installation of large calibre artillery pieces on armoured trains' (in Russian), *Техника и снабжение красной армии* ('Techniques and Supply of the Red Army') (September 1922), P.14.
- *Trojca*, Halina and Waldemar, 'Der Panzertriebwagen Kirowski', *Modell-Fan 4/94*, PP.53–5.
- Zaloga, Steven, 'Soviet Armored Trains', *AFV News 17/2*, PP.5–11.
- Zhilin, Gennady, 'Baikal, Terek and Co.', *Tankomaster* No 7 (2003), PP.2–14.

戏剧

- Vsevolod, Ivanov, *Le Train blindé n ° 14-69* (Paris: Librairie Gallimard, 1922).

电影

- *Heirs of Victory* (1975), 60 minutes.

网站

- https://reibert.info/threads/bronepoezda-belyx-armij.116097/.
- http://en.zabmodels.mybb.ru/viewtopic.php?id=262.

斯洛伐克共和国 [1]

"鹰"号装甲列车

斯洛伐克共和国是在捷克斯洛伐克解体之后建立的，在季索（Tiso）神父的领导下，该国短暂地加入了1939年9月和10月时针对波兰的进攻。这场战役中，斯洛伐克军队重新服役了原奥匈帝国装甲列车[2]"贝诺拉克"（Bernolak）[3]号。为了同一场战役，斯洛伐克似乎还在兹沃伦（Zvolen）临时建造了第二列装甲列车。它由 310.422 号机车和 U-776290 和 717369 号车厢组成。到目前为止，这两列装甲列车的照片都没有曝光。

1941年6月23日，斯洛伐克共和国对苏联宣战，在乌克兰北部和白俄罗斯南部的占领区中，斯洛伐克军队很快与共产党游击队发生了冲突。德国装甲列车 PZ 25 是保护这一行动区域安全的主要工具。第 102 斯洛伐克步兵团 1 营营长马丁·斯特拉尼亚克（Martin Strapák）少校对德国列车的表现印象深刻，于 1942 年春季着手为"鹰"（Orol）治安师临时建造一列自己的装甲列车。[4]为了保护列车，斯特拉尼亚克使用了被摧

---

1 战后文献也称之为斯洛伐克国（Slovenský štát）。

2 乘员：46 名官兵；武备：七挺施瓦茨洛泽 7/24 型 7.92 毫米重机枪，两挺 ZB vz.26 7.92 毫米轻机枪和一门 KPÚV vz.37 37 毫米反坦克炮。

3 得自集团军群的名称。

4 斯洛伐克语 Improvizovaný Pancierový Vlak（IPV）。

毁和废弃的苏联坦克上的装甲板和炮塔，以及一辆完整的 BT-5 巡洋坦克。

"鹰"号列车立即在平斯克和戈梅利之间的铁路线服役，第一次重要行动发生在 1942 年 8 月，与 PZ 25 协同实施。"鹰"号经常成为游击队的袭击目标，后者

多次成功地使列车出轨，特别是在 PZ 25 被调往法国之后。1942/1943 年冬季是相对平静的一个时期，但 3 月 22 日，"鹰"号在一次出轨中严重受损。 最终，它于 1943 年 5 月 27 日在斯洛韦奇纳河（Slavečna）以北 3 千米处被游击队摧毁，无法修复。

从这张坦克后部的照片可以看出，"鹰"号初始形式的防护羸弱。BT-5 的正面装甲最大厚度为 13 毫米，但侧面和后部要薄弱得多。游击队至少 3 次成功地炸毁列车。（照片：帕维尔•米奇亚尼克）

1942 年 9 月的"鹰"号初始配置，采用一辆 BR 57 级机车，前导车厢上有一辆完整的苏联 BT-5 坦克，仅在车厢前端有垂直装甲板防护。这种平台还装备 81 毫米迫击炮和一门 37 毫米反坦克炮。（照片：帕维尔•米奇亚尼克）

"鹰"号的第二种配置：车厢木墙内外两层之间被填充了碎石道砟。炮塔来自苏联 T-28 或 T-35 坦克。单独车厢有时会脱离列车，挂接到补给列车上。（照片：帕维尔•米奇亚尼克）

1942 年夏季，重建的列车增强了装甲防护。该照片摄于工厂。（照片：马丁·拉奇科）

这张照片和下面的照片展示了完整的装甲车厢，上有斯洛伐克共和国的标志。（照片：马丁·拉奇科）

（照片：保罗·马尔马萨里的收藏）

资料来源

- Mičianik, Pavel, 'Improvizovaný pancierový vlak zaist' *ovacej divízie*
- "Orol"', *Vojenská história 4, 12* (2008), PP.10–19.

南非

装甲列车[1] 与轨道车

　　1899—1902 年时的第二次布尔战争期间，南非布尔共和国（Boer Republics of the ZAR）和奥兰治自由邦（Orange Free State）与英国军队在南部非洲展开了激战。英国的相关章节有介绍参加这次冲突的装甲列车。根据 1910 年 5 月 31 日的《南非法案》赢得独立之后，南非联邦参加了第一次世界大战。1939 年，该国再次作为英联邦的一员参加了对德战争。1961 年 5 月 31 日，南非脱离英联邦，成为独立的共和国。反对白人政府种族隔离政策的非洲人国民大会（ANC）起义和民主主义运动始于 1960 年，导致该国多次宣布紧急状态。1966 年，南非边境地区爆发战斗，该国不得不投入相当大的精力，保护基础设施免遭恐怖分子的袭击与破坏，这种状况至少持续到了 1989 年。

第一次世界大战和布尔叛乱

　　1914 年，南非参加一战，进攻并夺取了西南非洲

1　南非荷兰语 "Pantsertrein"。

（SWA，今纳米比亚）的德国殖民地，并在索姆河与其他英联邦军队并肩作战。在非洲，多列装甲列车服役于该国的窄轨网络（1067 毫米），其中某些单元来自第二次布尔战争。它们曾与德国殖民地部队交战，但一开始的任务是保护铁路交通——1914 年 9 月和 1915 年 2 月，一群南非白人发动了"马里茨叛乱"。

5 号装甲列车"稻草人"（Schrikmaker）建于比勒陀利亚，在德属西南非洲使用。它装备一门火炮——照片中被一群官员和军官簇拥着。（照片：S.A.R）

这场叛乱涉及曾在上一场布尔战争中对抗英国军队的官兵，其中最为著名的是当时领导叛乱的南非军队总司令克里斯蒂安·弗雷德里克·拜尔斯（Christiaan Frederick Beyers）准将，此外还有许多军官，如德维特（de Wet）将军、肯普将军（Kemp）和马里茨（Maritz）将军，后者的名字被用来命名这场运动。反复的失败使叛军瓦解，最后一支部队于 1915 年 2 月 8 日投降。

1914 年，南非建造了五列装甲列车："特拉法尔加"（Trafalgar）号（装甲列车 1 号，于 10 月 22 日完工），"斯科特"（Scot）号（2 号，于 11 月 6 日完工），"埃琳"（Erin）号（3 号，于 11 月 9 日完工），"卡鲁"（Karoo）号（4 号，于 11 月 6 日完工）和"稻草人"（Schrikmaker）号（5 号，于 11 月 18 日完工）。但是，当时南非和西南非洲之间没有铁路线连接。1914 年 8 月 14 日到 1915 年 6 月 25 日之间，南非花费巨大的努力建造了一条铁路线，包括绕航线路和辅助线路，以便部署装甲列车。

"埃琳"号留在南非作为后备，其他 4 列列车则用于巡逻任务和支援地面部队。为了完成后一种任务，有七个装甲铁道炮台被使用，它们往往挂接在装甲列车上。不过，这些炮台提供的火力支援通常需要地面炮位，因为事实证明，从车厢中发射并不实际。

"稻草人"号（5 号）装甲列车首部的一节改良型车厢，使用辅助设施以确保车厢的舒适性：两个木质掩体和一个用来固定帆布的框架，以保护乘员免遭日晒雨淋。这种车厢共改装出了 19 节，被分配到了德兰士瓦和奥兰治自由邦。（照片：S.A.R）

一节与前照片中的类似的车厢，沙包既提供防护，也是支撑武器的壁垒。士兵们携带 1907 年时下发的 SMLE（李·恩菲尔德弹匣式短步枪）MK III 步枪，两端各有一挺刘易斯机枪提供火力支援。（照片：S.A.R.）

1 号装甲列车"特拉法尔加"号的 12 磅炮车厢。注意其装甲侧墙已放下，形成射击平台。（照片：IWM）

3 号装甲列车"埃琳"号最前面的三节车厢。为了提高夜间巡逻的效率，它不得不向当地矿业公司购买探照灯。这列装甲列车的构成相对标准，例如 5 号装甲列车就包括一辆装甲机车、一节火炮车厢、一节支援车厢、三节转向架车厢（其中一节运送挽畜）、一节水柜车厢以及一节短轴距车厢。（照片：S.A.R.）

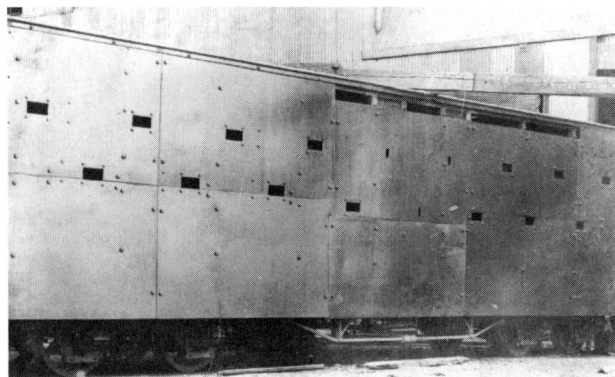

1914 年底在布隆方丹（Bloemfontein）为"埃琳"号建造的装甲车厢。类似的车厢还建造了两节，每节挂接一辆无装甲机车，组成装甲侦察列车。（照片：S.A.R.）

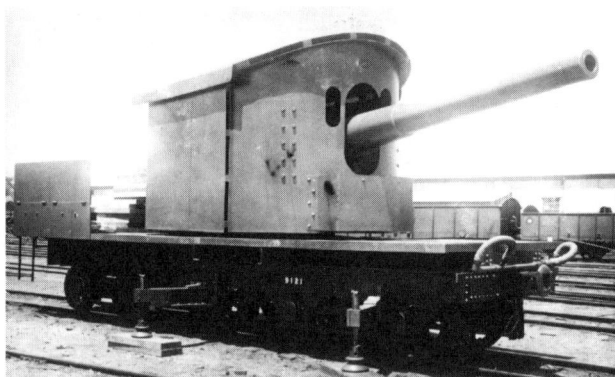

安装在五轴车厢上的 152 毫米（6 英寸）海军炮：距离镜头最远的两根车轴是前动力转向架，另外三根车轴在煤水车底盘。这张照片摄于 1915 年。[照片：《工程评论》（*Revue du Génie Civil*）]

两次大战之间

　　根据一战中的经验，南非决定建立铁路与海港旅（R&HB）来负责各种相关事务，其中包括两列装甲列车：驻扎在开普省的"积极"号装甲列车，以及在约翰内斯堡的另一辆装甲列车。1928 年，铁路与海港旅解散，两列装甲列车被移交给积极公民部队（Active Citizen Force）。[2]

第二次世界大战

　　1939 年 9 月 6 日，南非对德宣战。1940 年 4 月 1 日，铁路与海港旅被重建，其旅部被设在约翰内斯堡，下辖两个步兵营、四列装甲列车和一个工兵分队（这促成了铁路团和港口团的组建）。1 号装甲列车驻扎在米尔纳公园（约翰内斯堡）枢纽站，2 号装甲列车驻扎在德

班，车组由兼职的志愿人员组成。1940 年 8 月，1 号装甲列车从基地行驶 45 千米（28 英里）前往梅普尔顿（Mapleton），那里也是铁路与海港旅的训练中心。1942 年，该旅进行现代化改装，包括拆解 2 号装甲列车。1 号装甲列车一直服役到 1946 年 1 月 1 日才退出现役。

　　虽然南非是英联邦成员国，但 1914 年时该国白人中有很大一部分不支持宣战，政府担心出现叛乱和破坏行为，决定采取措施保护轨道车辆。因此，1554 号蒸汽机车于 1940 年 8 月部分配备了装甲，以牵引装甲列车。这列列车驻扎在梅普尔顿，任务是在纳塔尔干线上巡逻。关于它的信息很少，我们只知道其防护方式与机车类似，以 25 毫米厚的装甲板来抵抗轻武器火力。列

2　1912 年的《国防法案》批准建立南非军队（或称联邦军 UDF），包括由职业军人组成的常备军，以及由招募的新兵和志愿者组成的积极公民部队。

"积极"号在约翰内斯堡。转架车厢尽管装备了缴获来的德国马克沁 08 式机枪（例如右侧安装的）以及 .303 口径刘易斯机枪（右起第四位军官头后可以看到枪管），但整体外观并不威武，因为装甲防护藏在了侧板之后。（照片：S.A.R.）

配备部分装甲的 1554 号 4 级机车。（照片：特里·赫特森）

"积极"号的 18 磅军械局 MK II 速射野战炮安装在编号为 41101Z（或 41102Z）的转架车厢上。（照片：版权所有）

有趣的档案：来自奥托尔（Hortors）有限公司的 17 号烟标上很好地展现了"积极"号的火炮车厢。尽管车组人员的比例不准确，但原图描绘了列车的伪装色，与仍然漆成炭灰色的机车和煤水车形成了对照。（烟标：保罗·马尔马萨里的收藏）

车的主要武器是海军型炮座上的 18 磅速射野战炮，以及维克斯和刘易斯机枪。战争后期，这列列车用于支援作战，往返于南非和罗得西亚之间，但从未参加战斗。最终，机车被拆除了防护装甲，回归民用。

1942 年，一辆马蒙 - 赫灵顿（Marmon-Herrington）Mk I 装甲车（U1341 号）经改装后在铁路上运行。这辆车的细节不详，我们只从一张 1554 号机车照片上看到，它的轮廓明确无误地展示了双炮塔舱门，另外，它于 1952 年在利特尔顿（Lyttleton）被拍卖处理。

二战结束时，南非作家、诗人罗伊·坎贝尔（Roy Campbell）[3] 写下了如下文字，说明装甲列车在该国形象中的重要性："我用头脑对抗一个兵团 / 以一匹黑马迎战装甲列车"。这些诗句给亚历克斯·科尔维尔（Alex Colville）1954 年的名画《马与火车》[4] 带来了灵感。

南非边境战争

这场冲突持续了超过 20 年（1966 年 8 月—1990 年 9 月），涉及西南非洲（未来的纳米比亚[5]）和安哥拉，这两个国家都得到了革命独立运动 [1962 年起的"纳米比亚西南非洲人民组织"（SWAPO），以及 1966 年起安哥拉的"争取安哥拉彻底独立全国联盟"（UNITA）] 的支持。这些组织渗透到南非，袭击经济与文化基础设施，特别是交通网络，其行动在 20 世纪 70 年代中期变本加厉。这一背景引发了多项颇具独创性的措施，包括

---

3 伊格内修斯·罗伊斯顿·邓纳基·坎贝尔（1901 年 10 月 2 日—1957 年 4 月 22 日）。他支持西班牙内战期间的民族主义者，二战应征进入英国陆军。

4 汉密尔顿美术馆。

5 德属西南非洲于 1915 年被征服，1920 年成为南非的保护国。二战之后，南非要求兼并该国领土。但联合国于 1966 年将西南非洲置于其保护之下，1968 年改名为纳米比亚。从 1967 年起，SWAPO 开始游击战。1971 年，国际法庭宣布南非在该国领土中的存在是非法的。1990 年 3 月 21 日，纳米比亚最终获得独立。

专门为维护公共秩序而设计的公路铁路两用装甲车辆和列车。

BOSPADDA[6] 可改装装甲车

危机期间，南方铁路警察（SAS：[7]Suid Afrika Spoorwegpolisie）使用"科布斯"（Kobus，编号 SAS R 810494）和"克里斯"（Chris，编号 SAS R 810493）号车来保护铁路。它们的设计建造得到了朗格拉格特（Langlaagte）工厂[8]的克里斯·范德马维（Chris van der Merwe）先生的指导，以铁路警察、陆军工兵部队、南非军队和 CSIR[9] 的集体经验为基础。因此，其中一辆车定名"克里斯"号，向其设计者致敬，另一辆车为"科

布斯"号，是为了纪念南非铁路公司前总裁科布斯·洛布塞尔（Kobus Loubser）。

根据设计，这些车辆是公路铁路两用可改装配置：在公路上行驶时，铁路车轮可以收缩到车身下；在铁路上行驶时，铁路车轮则通过液压装置降到铁轨上作为导轮使用。因所谓的液压问题（但也可能是使用公路车轮在铁轨旁边提供动力所致），这一系统被拆除了，日期不确定。此后，"克里斯"号和"科布斯"号变成安装在转架拖车上的装甲机动轨道车。

"克里斯"号现于温得和克（Windhoek）纳米布博物馆前面展示。"科布斯"号仍在工作中，属于布拉姆方丹纪念编组站。

"克里斯"号和"科布斯"号配备 6 缸柴油发动机，最高速度达每小时 60 千米（每小时 37 英里），铁路行程 1000 千米（620 英里），公路行程 750 千米（466 英里）。图中有一个铁路导轮明显处于降下的位置。（照片：S.A.R）

1978 年，"科布斯"号交付给当局。（照片：S.A.R）

6 南非荷兰语"树蛙"之意。

7 1986 年，铁路警察并入国家警察部门。

8 约翰内斯堡南部 SAR&H 的公路机动车辆厂。

9 科学与工业研究委员会。

这些车辆的突出特征之一，是在南非遭到国际严厉制裁期间，约6800个零部件全都在南非本国工厂里设计建造，没有任何外来援助。照片：S.A.R）

保存在温得和克的"克里斯"号照片，注意公路挡泥板仍然存在，但传动系统已经从公路车路模式改装为铁路转向架。两端缓冲梁上焊接的台阶在"科布斯"号上没有出现过。（照片：版权所有）

相比之下，"科布斯"号保持正常工作状态，突出的公路挡泥板已被拆除。公路轮拱已被保护格栅遮盖，毫无疑问也是出于安全方面的考虑。（照片：彼得勒斯·博塔）

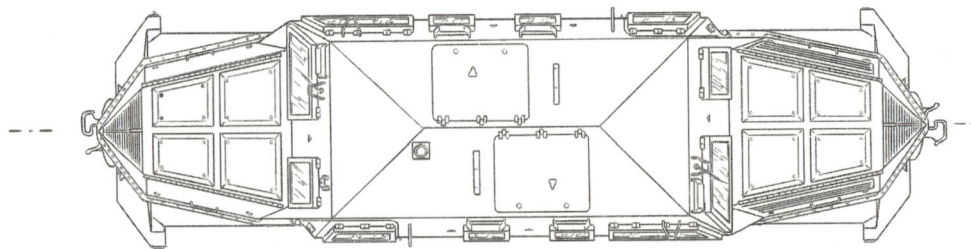

© **Paul MALMASSARI 2004 1/87 (HO)**

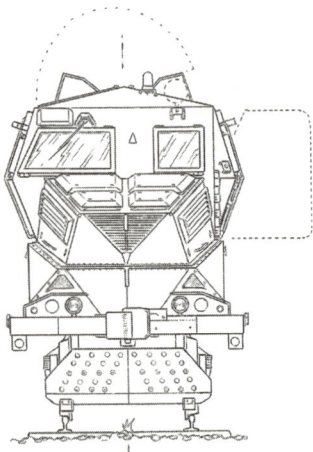

"科布斯"号动力转向架特写。（照片：彼得勒斯·博塔）

布隆方丹的"科布斯"号内部照片。注意覆盖车辆内部大部分区域的垫材。（照片：彼得勒斯·博塔）

1995 年拍摄的这张车辆正面照片凸显了它咄咄逼人的外观，与预期任务十分契合。它的设计能有效保护车组人员——可以抵御 7 千克 TNT 炸药的爆炸。中央的钩舌可以挂接车厢，或者在车辆损坏时挂接牵引车。（照片：彼得勒斯·博塔）

"科布斯"号右侧：该车的两侧在中下部不同，两侧的车门都偏左，正面可从发动机散热槽辨认出。不过，中央观察窗是对称的。（照片：彼得勒斯·博塔）

1996 年 8 月 9 日拍摄的左侧照片：注意，方形车灯已经从车顶移到了前后引擎盖。（照片：彼得勒斯·博塔）

检修轨道车

南非建造了多辆小型检修轨道车，其中一些配备了平台。后者的任务是检查为干线和铁路场站供电的 3000V 架空电缆，并在盗贼偷窃铜缆时维修受损的部分。

10 国有铁路运输公司，2007 年 7 月改名为 Transnet。

检修轨道车 [被称为"丰基"（Funkey）] 左侧的转车台。这个设备明显不是所有车辆都配备有。(照片：彼得勒斯·博塔)

"丰基"这个名字似乎被用来指代所有此类车辆。我们可以辨认出 20 世纪 90 年代漆在车身侧面的南非铁路公司（Spoornet）[10] 标志。(照片：彼得勒斯·博塔)

镇暴列车:("幽灵列车") [11]

20 世纪 60 年代,南非曾计划建造装甲列车,但这一想法后来被打消了。20 世纪 70 年代,南非建造了 4 列用于控制暴乱的列车,并部分装甲化,它们由如下单元组成:

– 一节满载碎石、配备排障器的 DZ–7 转架车厢

– 防暴警察乘坐的客车车厢

– 一套水箱和消防装备

– 一节柴油或蒸汽机车

– 尾部是第二节压载 DZ–7 转架车厢

这些列车也可用于运输弹药,为确保它们的安全,出发的命令在一小时之前才下达。运送弹药时,列车可以按如下形式组织,最大限度地保证人员安全:

– 柴油机车

– 以道砟为压载物的 DZ–7 车厢

– 爆炸物运输车厢,然后是第二节压载 DZ–7 车厢

由 25 级 NC 蒸汽机车驱动的"幽灵列车"之一,最前方是压载的转架车厢。
(照片:彼得勒斯·博塔)

11 不要与比利时的章节中介绍的"幽灵列车"混淆,那种车辆一般用作撞击和纵火列车。

两辆标准 38 级柴油双动力车头驱动这列镇暴列车，车头之后是两节客车车厢。注意 DZ-7 转架车厢前方的排障器。（照片：彼得勒斯·博塔）

这辆标准 38 级柴电机车驾驶室配有抵御轻武器火力的装甲。前导的机车是 38-002 号，随后是 38-003 号。（照片：彼得勒斯·博塔）

34 级柴电机车与 15F 级蒸汽机车交替在 3 号和 4 号"幽灵列车"上使用。（照片：彼得勒斯·博塔）

25 NC 级蒸汽机车经过改装，可以喷水帮助灭火，也能够起到防爆水枪的作用，驱赶过于靠近机车的暴乱者，照片中看到的是 3475 号机车"布拉姆方丹"。
1、2 和 4 号列车还在使用 15 级蒸汽机车。（照片：彼得勒斯·博塔）

机车左侧的热水喷嘴的近景照片，以及它所喷流的蒸汽（下）。（照片：彼得勒斯·博塔）

这节 X-17 型水柜车厢已经经过改装，配有用于灭火的喷水器，中部阶梯顶部装有与蒸汽机车上类似的喷嘴。这节车厢采用的是橙色和白色涂装。（照片：彼得勒斯·博塔）

DZE-7 型转架车厢的前端特写。车厢下方的排障器配有强化橡胶延伸件，使得作用范围更广。（照片：彼得勒斯·博塔）

2M1 级自行电气单元之一的 9246 号被改装成了防暴客车车厢。注意每个防弹车窗上的圆形射孔。当这些客车车厢作为城郊列车（注意折叠的集电弓）的机动单元时，照片上的驾驶室就应该在右边位置。（照片：彼得勒斯·博塔）

装甲客车车厢的内部照片。注意遮盖窗户的格栅。车厢的装甲防护包括木质车厢侧墙外的 3 毫米钢板和内侧的 5 毫米钢板（照片：彼得勒斯·博塔）

资料来源

书籍

- Camp, Steve and Heitman, Helmoed-Römer, *Surviving the Ride* (Johannesburg: 30° South Publishers (Pty) Ltd, 2014).

期刊文章

- Bouch, Lieutenant R J, 'The Railway and the War Effort 1914-1915', *Militaria No 4/4 (1974)*, PP.1–14.
- _____, 'The Railway and the War Effort 1939-1945', *Militaria No 5/2 (1975)*, P.66–75.
- 'E J', 'Capetown: A correspondant writes', *S.A. Railways & Harbour Magazine* (May 1928), PP.848–50.
- ____, 'With the Armoured Train at Potchefstroom', *S.A. Railways and Harbour Magazine* (May 1930), PP.697–9.
- Harrigan, Anthony, 'The Armoured Train', *Commando* (March 1963), PP.19–21.
- *Revue du Génie Civil* (23 October 1915).
- Rhind, D M, 'The Mystery of 4AR No 1554', *World War Two Railway Study Group Bulletin* Vol 8 No 1 (1998), PP.8.19–8.21.
- 'Veelsydige Pantserwa om Treindienste te Beskerm', *SASSAR* (July 1978), PP.681–3.

韩国

装甲列车（1950—1953 年）

1950 年 6 月 25 日，朝鲜军队开始进攻南方。下辖 4 个连、共有 38 名军官和 412 名士兵的美军第 772 宪兵营（铁路治安）于 9 月离开马里兰州的基地，在元山登陆。他们最初的任务是帮助阻止北方军队的进攻，确保公路交通的安全。该营还负责难民与战俘相关事宜。12 月，面对志愿军的 12 个师，他们在"联合国军"撤退期间维持治安，直到咸兴失守。此时，"联合国军"的交通线受到出现在前线后 150 千米（93 英里）的朝鲜部队[1] 威胁。第 772 营已撤至釜山，负责保护"联合国军"的主要补给线（MSR）。D 连负责保护蔚山到堤川的铁路线，1951 年 1 月起更远至汉城。1951 年 8 月，该营的任务有了变化，全部四个连都投入到了铁路网的保护中，他们的营部设在大邱，由第 3 交通军用铁路系统指挥。A 连驻扎在大田，B 连在釜山，C 连驻永登浦，D 连留在永川。他们共负责将近 1700 千米（1050 英里）轨道的安全。

第 772 营的轨道车辆包括内部用沙包加固，绰号为"滚动掩体"的转架车厢。B 连至少将一节日本转架车厢重新服役，它在机车前方运行，前面还有一节安全转架车。1953 年 7 月 27 日停战后，这个单元被留在韩国，于 1955 年 6 月 11 日退役。

---

1 兵力相当于三个师。

第 772 宪兵营（铁路治安）的美韩士兵在他们的原日本装甲车厢前的合影。（照片：保罗·马尔马萨里的收藏）

原日本转架车厢和安全车厢的后部。（照片：保罗·马尔马萨里的收藏）

资料来源
书籍

- Mesko, Jim, *Armor in Korea, a Pictorial History* (Carollton, Texas: Squadron Signal Publications Inc. 1984).

网站

- http://www.military.com/HomePage/UnitPageHistory/1,13506,104826|797829,00.html
- http://www.transportation.army.mil/museum/transportation%20museum/korearail.htm

南苏丹

2001 年的装甲列车

南苏丹于 2011 年 7 月 9 日脱离北方而独立。在本书编写时，南方仅有的铁路线是从边境到瓦乌（Wau）的巴巴诺萨（Babanousa）线，该线建于 1959—1962 年，轨距为 1067 毫米（3 英尺 6 英寸）。

苏丹分裂前十年，唯一提及装甲列车的是 M. 布赖斯·拉隆德（M. Brice Lalonde）[1] 于 2001 年 9 月 3 日发表于互联网的文章，他在文章中提到，喀土穆政府每年都会派出一列装甲列车，在准军事骑兵部队护送下为南苏丹守备部队提供补给。可能是为了安全起见，相关行动没有任何照片曝光。

1　法国政治家，前国务秘书，1988—1992 年任环境部长。他创立了欧洲生态党，在这篇文章正创作时他是该党主席。

西班牙

装甲列车[1]

　　和许多其他欧洲主要大国一样，西班牙首先在其殖民帝国（古巴和西属摩洛哥）使用装甲列车，随后于 1936—1939 年的内战中在本土使用。尽管 19 世纪的卡洛斯战争期间某些火车站得到了小型工事的保护，但没有证据表明当时有装甲列车出现。

古巴防务

　　古巴的交通网络包括近 1500 千米（930 英里）铁路线，分属 16 个小型运营商。"十年战争"（1868—1878 年）期间 [这场战争始于一次叛乱，1868 年 10 月 10 日，奥连特（Oriente）省宣布独立]，双方建造装甲车厢并将其加入列车中，以抵御破坏行动。重归和平后

数年，1895 年 2 月 24 日，政治流亡者何塞·马蒂（José Marti）[2] 发动了新的起义，他的追随者首先在该岛东面的卡约博海滩（La Playitas de Cajobabo）登陆。面对恶化的局势，当局建立了一个协调机构——军事干预科（Sección de Intervención de la Intendencia Militar），组建了由运兵车厢和多节装甲车厢组成的装甲列车，用于坎波斯将军建立的防线上，并得到了沿铁轨修建的小型堡垒网的支援。这些措施未能成功地阻挡起义军的进攻，1898 年 4 月有争议的"缅因"号战舰沉没事件发生之后，美国决定出手干预。随后的美西战争结束时，根据 1898 年 12 月 10 日签署的《巴黎条约》，西班牙放弃了殖民帝国。

1898 年 3 月 5 日在古巴大萨瓜（Saguä la Grande）拍摄的有编号装甲车厢。它们似乎采用经典构造，能够很好地抵御轻武器火力。（照片：版权所有）

1　西班牙语"Trenes Blindados"。
2　他于 1895 年 5 月 19 日在战斗中身亡。

1898 年 3 月 5 日在古巴大萨瓜
（Saguä la Grande）拍摄的有编
号装甲车厢。它们似乎采用经典构
造，能够很好地抵御轻武器火力。
（照片：版权所有）

西属摩洛哥的行动

"里夫战争"（Rif War）始于 1921 年 7 月 17 日早上，由 200 名士兵组成的纵队遭到了阿卜杜·克里姆（Abd El Krim）战士们的袭击。在后者于 1926 年 5 月 27 日投降之前，法国与西班牙军队都卷入过规模不小的战斗。

西班牙在摩洛哥修建的铁路由多家公司运营：梅利利亚（Melilla）与阿万萨米恩托（Avanzamiento）之间的 24 千米（15 英里）铁路线属于里夫矿业公司（60 厘米轨距）；梅利利亚和阿弗拉（Afra）之间的 30 千米（18.6 英里）属于里夫矿业公司（1 米轨距）；最后是梅利利亚和提斯图廷（Tistutin）之间的 36 千米（22.5 英里），属于国家铁路公司（米轨）。

7 月 21 日安瓦勒（Anoual）惨败后，西班牙人决定作出反应。1921 年 8 月 15 日，铁道兵第 1 团负责从梅利利亚延长铁路线，并为装卸设备修建一个平台。由于每个晚上里夫战士都会拆除铁轨，因此次日早上就需要一个维修团队在装甲列车保护下工作。纳祖尔（Nador）于 9 月 17 日遭到袭击。两列装甲列车（一列在 60 厘米轨距铁路上行驶，另一列则行驶于米轨）前往支援地面部队，但是 60 厘米轨距铁路上的装甲列车被爆破所阻。第二列列车经过努力抵达纳祖尔，西班牙

人还用退役的 60 厘米轨距火车零件拼凑了另一列米轨列车。这两列装甲列车一直服役至 12 月底，期间参与重新夺回阿万萨米恩托和提斯图廷的战斗。关于这些临时拼凑列车的技术细节，我们没有得到任何信息，但很显然的是，它们上面没有运载任何火炮。

西班牙人在起义军的攻击面前不断丢失阵地。1924 年 10 月，他们在得土安（Tetouan）组建了一列装甲列车（60 厘米轨距），以期望能解济纳茨（Zinatz）之围。两辆部分装甲（正面和侧面）的蒸汽机车分居列车头尾，中间是 9 节侧面以沙包防护的车厢，运载 4 挺机枪、医疗队和通信员。1924 年 12 月西班牙人从沙文（Xauen）撤退时，似乎使用了一列临时建造的装甲列车。

塔扎铁路线上的"区间车"（Tortillard）。据说，1926 年 7 月有一列装甲列车在这条线路上运行，但我们不知道它是不是 1921 年记录中的那一列。
[照片：哈辛托·M. 阿雷瓦洛·莫利纳（JMAM）]

奥鲁斯（巴塞罗那）巧克力棒中的 17 号卡片，展示了西属摩洛哥的装甲列车之一。（卡片：保罗•马尔马萨里的收藏）

为解济纳茨之围而建的装甲列车（60 厘米轨距）机车。（照片：提供人为 JMAM）

晨，军队的对手也在特鲁维亚（Trubia）拼凑了一列装甲列车，援助格拉多的罢工者。

在瓦斯科—阿斯图里亚诺铁路上的奥维耶多（Oviedo）建造的装甲列车，以及 1934 年 10 月时使用的蒸汽机车"格拉多"号。（照片：保罗•马尔马萨里的收藏）

照片前方是北方公司的 2544 号蒸汽机车"塞尔维拉"（Cervera）。机车前后各有一节低边平板车，每车运载一辆兰德萨（Landesa）装甲拖车，上有一个 7 毫米霍奇基斯机枪座。如果有必要，这列列车可以被当成装甲列车使用。（照片：版权所有）

阿斯图里亚斯起义

　　1934 年 10 月，西班牙某些地区发生的大罢工转化成工人与治安部队的武装对抗。除了加泰罗尼亚和阿斯图里亚斯之外，罢工很快遭到镇压。多次巷战之后，加泰罗尼亚起义结束，但阿斯图里亚斯局势不断恶化，军队不得不干预。除了武装列车之外，至少有三列装甲列车出现在该场战斗中。第一次遭遇战发生于 1934 年 10 月 7 日，一列轻装甲列车离开阿加尼奥萨（Argañosa）前往北方公司车站与罢工队伍交战。这些列车中最为著名的一列由"格拉多"号蒸汽机车牵引，在瓦斯科—阿斯图里亚诺米轨铁路上运行，它于 10 月 9 日离开维加工厂，次日与罢工者在佩拉约（Pelayo）郊区交战。几天以后，一列宽轨列车[3] 参加了位于维加-德尔雷伊（Vega del Rey）车站附近的行动，但被一发炮弹击中锅炉，不得不撤退。10 月 14 日夜间到次日凌

西班牙内战

　　1936 年 7 月 17 日，在西班牙驻摩洛哥部队指挥官弗朗西斯科•弗朗哥•巴阿蒙德（Francisco Franco Bahamonde）的领导下，西属摩洛哥爆发民族主义叛乱。由于共和派政府拒绝向普通民众发放武器，人们利用一些地区军队守卫薄弱的情况，夺取武器。政府从军队叛乱一开始就采取了许多紧急措施，其中包括建造装甲列车，以及许多其他类型的临时装甲车辆。几乎只有共和

3　西班牙铁路轨距宽于法国：前者为 1668 毫米（5 英尺 3.75 英寸），后者为 1435 毫米（4 英尺 8.5 英寸）。

军使用了此类武器。[4] 它们或者独立行动，或者在当地工会或工人委员会指挥下作战。1936 年底，马德里军团内建立了多支特种部队，包括一个铁道旅，该旅由铁路民兵、铁路奇袭营、装甲列车和铁路车间组成。铁道旅人员在必要时建造装甲列车，共和军组建时，经验丰富且纪律严明的铁道部队成功地融入其中。

实际上，1937 年 1 月 10 日，前工会会员纳西索·胡利安·桑斯（Narciso Julián Sanz）曾负责将所有装甲列车组成一支新部队。在马德里，有经验的士兵训练了各种专业人员：士兵、铁路工作者、火车驾驶员、炮手、突击步兵、通信兵、排雷和维修铁轨的工兵、厨师、护士等。1937 年 2 月，铁道旅在中央集团军中组建了一支独立部队，于 5 月改名为铁道营，兵力为 1798 人。这个营在整个内战期间都由桑斯指挥，是中央集团军工兵部队负责人托马斯·阿迪德（Tomás Ardid）上校全面指挥的编制之一。关于装甲列车的数量，到目前为止，我们已经确定了其中的 20 列。可是，随着共和军战败，这些列车全部退役，各个单元退回民用领域，也就意味着除了少数例外，其他列车从未留下照片。

尽管这些设计与建造精良的列车确实存在，而且

数量可观，但遗憾的是，相关文档缺乏，使我们无法完整地讲述它们的故事，或者正确地引用它们的数字与字母标号。下面的概述基于哈辛托·M. 阿雷瓦洛·莫利纳先生的卓越工作，以及弗朗西斯科·克鲁萨多·阿尔韦特（Francisco Cruzado Albert）先生的文章。

1937 年 6 月，装甲与特种列车铁道旅徽章作为一篇评论的标题见诸报端。值得注意的是，与附录 1 中重现的棋盘游戏上一样，对于不知情的旁观者而言，铁道炮比特征不突出的装甲列车更有意义。

4　某些报道提到了四列国民军的装甲列车，但只有一列参加了行动，其他三列仅存续了很短时间。

1936 年 8 月，装甲列车 "A" 在洛斯莫利诺斯（Los Molinos）车站的一张美照，很好地展现了伪装图案和正面的装甲炮塔。（照片，版权所有）

瓜达拉马山脉的装甲列车 [5]

从马德里出发，一条铁路线贯穿了瓜达拉马山脉（Sierra de Guadarrama），在比利亚尔瓦（Villaba）分为两路，一路穿过狮子高地（Alto del León）下的隧道，继续前往塞哥维亚（Segovia）。另一条分支取道埃尔埃斯科里亚尔（El Escorial）、罗夫莱多 - 德查韦拉（Robledo de Chavela）和拉斯纳瓦斯—德尔马克斯（Las Navas del Marques），抵达阿维拉（Avila）。涉及装甲列车的前几次行动发生在这两条支线上。1936 年 7 月 23 日，第一列列车匆忙地用床垫、桌面、木梁和钢板防护，投入现役，并于 26 日参加了狮子高地的防御战，但遭到了失败。8 月 5 日，第一列结构合理的装甲列车在北方公司出厂。该车由工兵中校 D. 拉蒙·巴尔卡雷尔（D Ramón Valcárel）设计，包括四节车厢和一辆蒸汽机车，全部配备装甲，装备两门 70 毫米炮、九挺机枪和 89 支步枪，在当时算是可观的火力。这列列车被定名为装甲列车"A"（Tren blindado 'A'），后改名 1 号装甲列车，战争结束时最终改为 5 号装甲列车。该车与用于侦察的一节或两节机动车厢在整个战争期间都留在这条铁路线上，从托雷洛多内斯（Torrelodones）向塞尔塞迪利亚（Cercedilla）和埃尔埃斯科里亚尔巡逻。不久之后，北方公司又建造了一列类似的列车（装甲列车"B"），在这条战线上短暂停留后，它于 1936 年 10 月被调到塔拉韦拉（Talavera）铁路线。

装甲列车"A"火炮车厢尾部舱室近景，该车厢基于北方公司的 MMG 型井式转架车厢，此时还没有漆上铭文。（注意，金属上已经用白色粉笔画上字母的轮廓，作为导引）。车厢内装有两门 70 毫米炮。其中一根角柱上悬挂着红黄两色的西班牙国旗。这张照片摄于 1936 年 9 月 5 日。[照片：政府档案馆（AGA）]

装甲列车"A"的印章，说明了乘员的构成及其政治倾向。（插图：JMAM 的收藏）

这张照片明显是"秃鹰军团"成员在瓜达拉马山脉拍摄的。火炮车厢改装自带有六轴转向架的 Rrf 型井式车厢，但显然已经毁于炮火，其射孔和炮眼上都有烟熏的痕迹。（照片：保罗·马尔马萨里的收藏）

5　在马德里的西北部。

圣塞巴斯蒂安的装甲列车

在巴斯克（Basque）地区的短暂战斗中，有几个简单的细节可证明两列装甲列车的存在。1936年8月，贝奥莱吉（Beorlegui）将军率领的国民军部队从潘普洛纳（Pamplona）开往维拉方向，准备夺取伊伦（Irún）。一列宽轨列车迅速配备了多块钢板、木制层板以及沙包，并装备了机枪。我们知道它参加了8月12日、15日、19日、20日和26日的战斗，此后撤入镇内，该镇此后也被攻陷。此外，还有一些信息表明，有一列或两列装甲列车运行于通往欧阿提兹（Oyartzun）和托洛萨（Tolosa）的宽轨铁路线，用于运送弹药以及用他们的机枪来支援部队。

6　UHP 是无产阶级兄弟联盟（Unión de Hermanos Proletarios）的缩写；UGT 是总工会（Unión General de Trabajadores）的缩写；CNT 是全国劳工联合会（Confederación Nacional del Trabajo）的缩写；AIT 是国际劳工协会（Asociación Internacional de los Trabajadores）的缩写。

阿拉贡的装甲列车

在《西班牙战争日记》（*Diario de la guerra española*，Paris: Ruedo Ibérico, 1963, and Editorial Akal, 1978）一书中，苏联记者米哈伊尔·科尔佐夫（Mikhail Koltsov）讲述了1936年8月13日塔尔迪恩塔（Tardienta）的情况，他第一次在现实中看到了装甲列车。月末，这列装甲列车投入到与攻击这个村庄的国民军部队的战斗中，但没有取得显著的战果。1936年8月28日，巴伦西亚戴维斯建筑有限公司工人建造的一列装甲列车出现了。它由一辆机车和两节装甲车厢组成，开往特鲁埃尔（Teruel）后就从记录上消失了。12月，多家报纸提到了阿拉贡地区的"幽灵列车"。不过，此后很长时间里都没有出现过这些列车的消息，只有林肯旅（第五区里的第15国际旅）展示过一列制作精良的装甲列车。1938年3月该镇最终陷落，国民军发现了两节被抛弃的车厢和一辆损坏的坦克。

"萨劳特斯"（Zarautz）号2-6-0水柜机车的防护很简单，但确实可以抵御轻武器的打击。注意标有"Bidasoa"字样的高边车厢内运载的装甲炮台。工会漆上的标志⁶是内战开始时装甲列车的典型特征。（照片：保罗·马尔马萨里的收藏）

这列列车（也许是"幽灵列车"）在照片拍摄时可能在巴塞罗那附近。注意，它的车身上仍然有工会主义政治组织的首字母缩写，这些组织很快卷入共和派的内部冲突中。尽管照片质量很差，我们仍能清楚地辨认出客车车厢前配备旋转炮塔的两节车厢。[照片：普伊赫·费兰，刊登于巴塞罗那《先锋报》22692 期（1936 年 12 月 5 日）第 4 版，也见于毕尔巴鄂《北方公报》第 12099 期（1936 年 12 月 30 日）第 10 版，收藏于马德里市政报刊阅览室。照片提供者是 JMAM）]

1936 年 8 月 13 日时拍摄的两张照片，展示了为应对国民军进攻而在塔尔迪恩塔建造的装甲列车。粗糙的防护装甲是首批装甲列车的典型特征，但后续的列车有惊人的进步。（两张照片："土地与自由"基金会，照片提供人为 JMAM）

在巴伦西亚戴维斯公司工厂中建造的装甲列车，照片摄于向新闻界介绍的当天。（照片：《此刻》，马德里市政报刊阅览室，照片提供人为 JMAM）

塔拉韦拉和马德里以南地区的装甲列车

马德里以南有三条铁路支线，分别是：经由托里霍斯（Torrijos）和塔拉韦拉 - 德拉雷纳（Talavera de la Reina）前往埃斯特雷马杜拉（Estremadura）的线路；通往雷阿尔城（Ciudad Real）的线路；经由阿兰胡埃斯（Aranjuez）前往昆卡（Cuenca）的线路。每条线路上都有一列装甲列车运行。1936 年 8 月 26 日，叛军向西南方的进攻无法阻挡，面对这种局面，装甲列车"B"从瓜达拉马山脉铁路线调往塔拉韦拉 - 德拉雷纳，媒体对此大加报道，该列车立即进入奥罗佩萨（Oropesa），参加了第一次行动。与此同时，共和军在马德里建造了一系列装甲列车，以单个字母命名。我们知道的有装甲列车"H""I""J"和"K"，还有多辆至今未能确认的其他装甲列车。

照片前方是北方公司的 2544 号蒸汽机车"塞尔维拉"（Cervera）。机车前后各有一节低边平板车，每车运载一辆兰德萨（Landesa）装甲拖车，上有一个 7 毫米霍奇基斯机枪座。如果有必要，这列列车可以被当成装甲列车使用。（照片：版权所有）

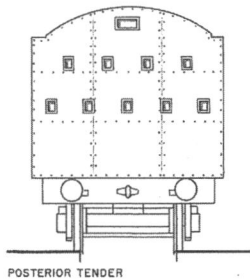

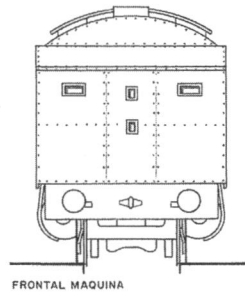

弗朗西斯科·克鲁萨多·阿尔韦特先生绘制的技术图纸。

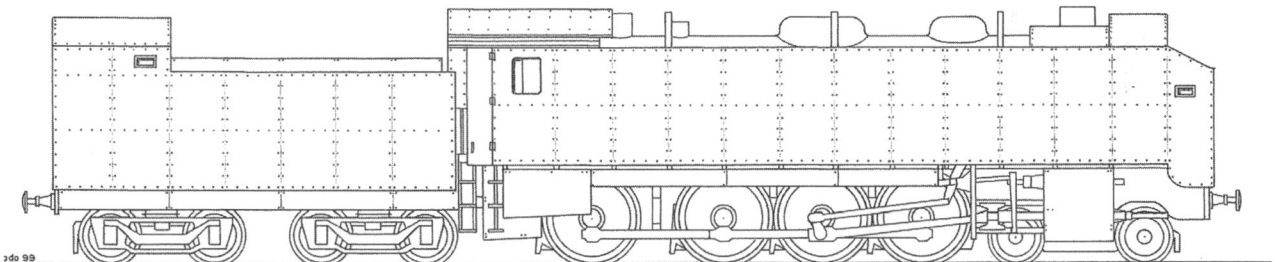

POSTERIOR TENDER

FRONTAL MAQUINA

LATERAL

(TRACCION DEL TB"H")

LOCOMOTORA BLINDADA 240 Cia. OESTE (1936) 1/87

1936 年 10 月，在托雷多附近的装甲列车"H"，准备进入塔拉韦拉车站。火炮车厢采用六轴转向架。（照片：AGA）

使用不同型号装甲机车的装甲列车"H"，这一次的火炮车厢是用四轴转架井式车厢改装的。（照片：AGA）

SECCION

LATERAL

FRONTAL

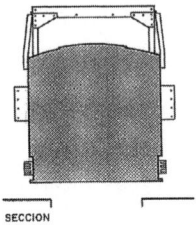

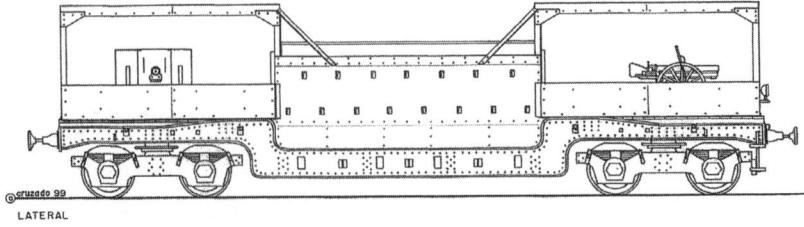

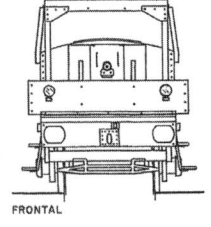

弗朗西斯科·克鲁萨多·
阿尔韦特先生绘制的技
术图纸。

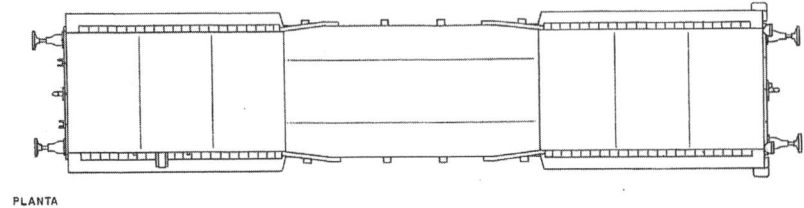

PLANTA

(EN CABEZA TB"H")

VAGON BLINDADO DE ARTILLERIA (1936)　1/87
5m.

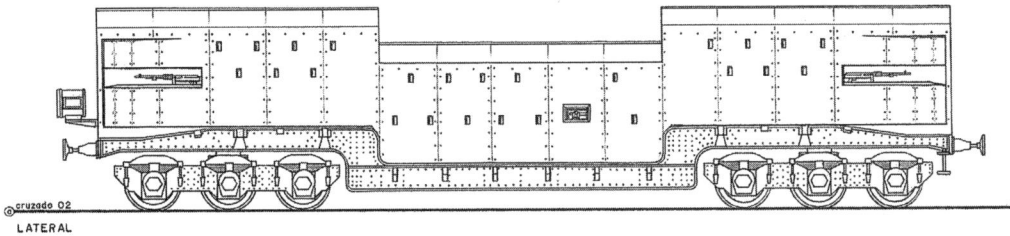

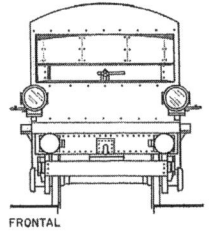

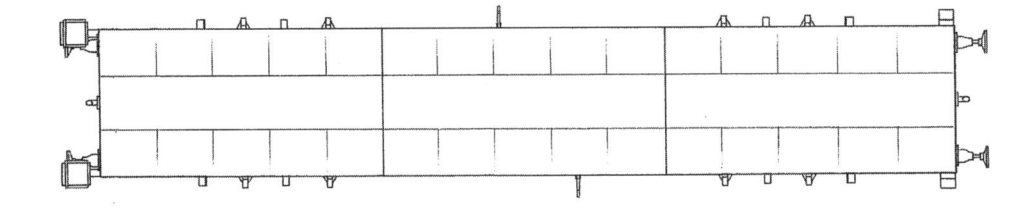

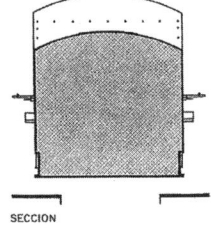

cruzado 02
LATERAL

FRONTAL

PLANTA

SECCION

(EN COLA TB"H")

VAGON BLINDADO DE INFANTERIA (1936)　1/87
5m.

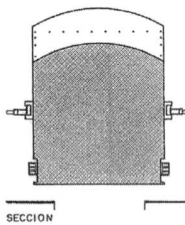

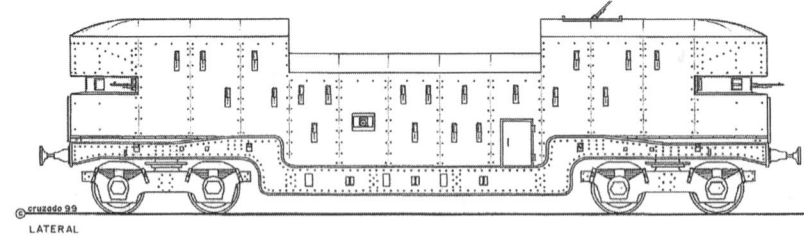

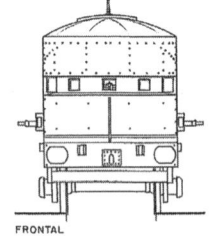

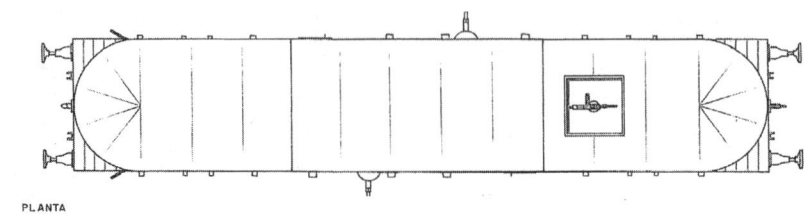

SECCION

LATERAL

FRONTAL

PLANTA

(EN CABEZA TB"K")

VAGON BLINDADO DE INFANTERIA (1936)　1/87
5m.

弗朗西斯科·克鲁萨多·阿尔韦特先生绘制的技术图纸。

共和军失去了塔拉韦拉-德拉雷纳的控制权，在装甲列车支援下向托里霍斯撤退，后者协助运输、发挥自身作用并支援作战行动，但一切都是徒劳。1936年11月初，托雷多被国民军攻占，通往阿兰胡埃斯的铁路线在托雷多到阿尔戈多（Algodor）之间被切断，此后国民军进攻马德里，赫塔费（Getafe）地区的铁路线也被切断，最终，1937年2月的哈拉马（Jarama）战役又切断了先波苏埃洛斯（Ciempozuelos）以南的铁路，严重影响了列车的行动。另一方面，阿尔戈多-拉弗拉门卡（Algodor-La Flamenca）—阿兰胡埃斯-塞塞尼亚（Aranjuez-Seseña）铁路线仍在共和军手中，他们在该区域使用两列新的装甲列车。笨重的旧装甲列车已被较小、较轻且更高效的车厢取代。

其中，10号装甲列车（2营，归属第3军）驻扎在拉弗拉门卡农场，11号装甲列车（1营，归属第2军）驻扎在阿兰胡埃斯赛马场。阿兰胡埃斯工厂保持着高标准，使这两列列车直到战争结束仍处于很好的工作状态。

1936年10月28日在格里尼翁（Griñón，马德里西南方）被缴获的装甲车厢。（照片：迪尼斯·萨尔加多，照片提供人为JMAM）

内战中最早出现的装甲列车之一。该照片摄于1936年10月的阿兰胡埃斯。注意它威武的外形和复杂的防护装甲，这使得机车的轴杆暴露在外。（照片：AGA）

POSTERIOR TENDER

FRONTAL MAQUINA

LATERAL

(TRACCION DEL TB"K")

LOCOMOTORA PROTEGIDA 241 "MONTAÑA" Cia. NORTE (1936)   1/87

5 m.

10 cm

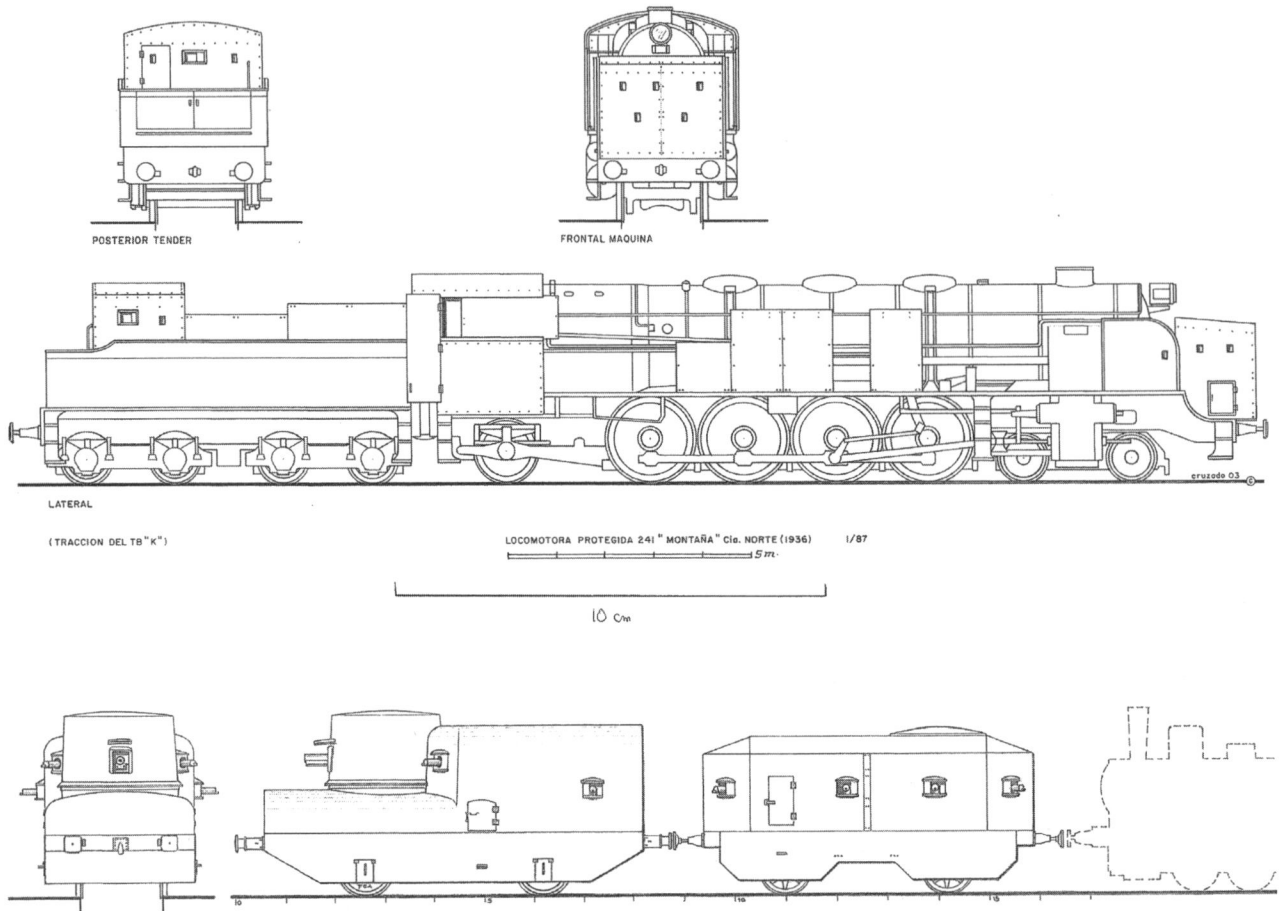

弗朗西斯科·克鲁萨多·阿尔韦特先生绘制的技术图纸。

10 号装甲列车（"阿兰胡埃斯列车"）。有关这列列车的信息很少，其外观颇具现代感。（照片：保罗·马尔马萨里的收藏）

奥维耶多[7] 的列车

内战开始时，除了首府和连接到加利西亚（Galicia）的通道之外，几乎整个阿斯图里亚斯都忠于政府，这意味着奥维耶多在几个月里都处于围困之中。1936 年 9 月，奥维耶多附近的拉阿尔戈多内拉（La Algodonera）机修厂工人建造了一列粗糙的装甲列车，以支持对国民军从 1937 年 2 月 21 日起的进攻的抵抗。共和派还建造了第二列列车，运行于瓦斯科—阿斯图里亚诺的米轨铁路网。这两列列车多次参与奥维耶多周围的行动。1937 年初，一列新的米轨列车建成（也可能是宽轨列车的改装）。5 月，两列列车进入工厂维修，但我们没有找到此后的相关图文记录。

7　阿斯图里亚斯首府。

在阿斯图里亚斯使用的装甲列车。（照片：《此刻》，马德里市政报刊阅览室，照片提供人为 JMAM）

1937 年 1 月在哈德拉克的装甲列车 "B"。照片中清晰地显示了列车前面的三节平板安全车，移动中装甲列车的高能见度得到了充分的体现。（照片：纳西萨·胡利安，来源是 JMAM）

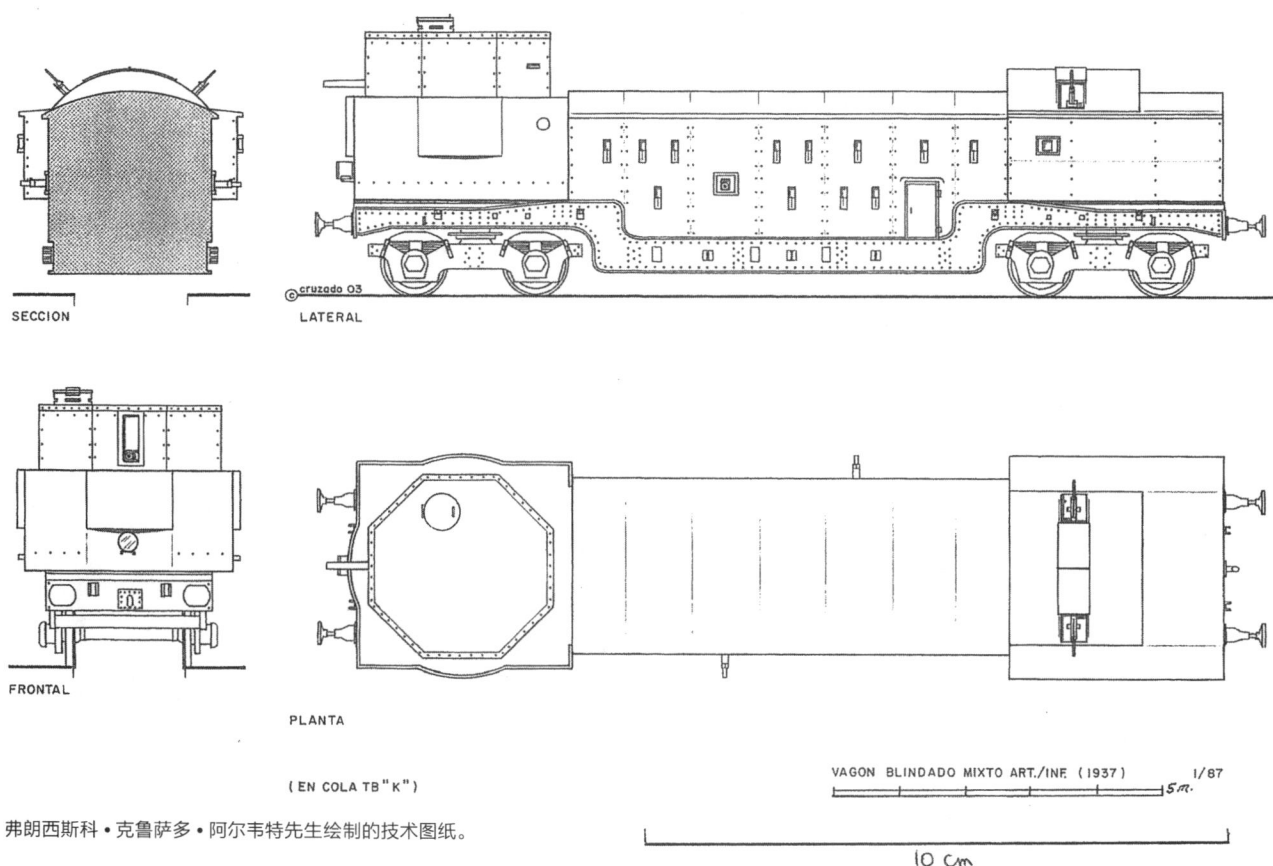

SECCION　　LATERAL　　FRONTAL　　PLANTA

（EN COLA TB "K"）

VAGON BLINDADO MIXTO ART./INF.（1937）　1/87

弗朗西斯科·克鲁萨多·阿尔韦特先生绘制的技术图纸。

瓜达拉哈拉的列车

1936 年 7 月，乘坐列车的铁路民兵占领了锡古恩萨（Sigüenza，属瓜达拉哈拉省），并在那里占据了阵地。几天以后，与来自萨拉戈萨的叛军在铁路沿线的冲突开始了。这次围攻战（被称为锡古恩萨战役）从 9 月 7 日持续到 10 月 15 日，最终守军投降。来自塔拉韦拉铁路线的装甲列车当时在马德里维修，由于形势紧急而匆忙回到现役，试图支援被围困的部队。期间它成功地帮助一些民兵逃脱。

锡古恩萨陷落后，战线向哈德拉克（Jadraque）转移，驻扎在那里的装甲列车"B"是更为现代化、威力也更大的车辆，在六轴转架车厢上装有火炮平台。瓜达拉哈拉战役后，共和军的战线进一步后撤至乌马内斯（Humanes）附近。后来，装甲列车"E"和"K"巡防这条战线。1937 年 6 月，这两列装甲列车重新定名为 9 号和 10 号装甲列车。最后，1938 年中期起直到战争结束，只有 7 号装甲列车和一些机动有轨车留在这条铁路线上，其中一辆轻装甲机动有轨车承担侦察任务，火炮平板车则用于射击试验。

马德里围攻战中的列车

1936 年 11 月，国民军抵达马德里外围，尽管他们成功地在大学校园建立了一个桥头堡，但无法将其扩大，1939 年 4 月战争结束前，战线也一直没有改变。装甲列车从马德里出发，运行于如下线路：

— 通往比利亚尔瓦的北线，整个战争期间都有一列装甲列车运行（最初是 4 号装甲列车，后来是 6 号），该线路在距离首都很近的地方被切断——曼萨纳雷斯河上的法国桥（Pont des Français）。这列列车因 11 月 8 日的战斗以及 1937 年 4 月的加拉比塔斯山丘（Cerro Garabita）之战中的表现而闻名。

— 在阿尔莫罗克斯米轨铁路线上，一列装甲列车（12 号）运行于戈雅（Goya）车站和阿鲁切城郊之间。1937 年，这列列车被共和军炮兵误击，失去了战斗力。

— 从安达露西亚和埃斯特雷马杜拉（Estremadure）出发的线路在首都不远处被切断，但至少有三列装甲列车在德利西亚斯（Delicias）和比利亚韦德（Villaverde）郊区附近的铁路上运行

— 从巴伦西亚出发的铁路线也在离首都不远处被切断，一列列车在整个战争期间都在那里行动。

这些列车在战争的最后两年都保持着作战状态，但最终退役，主要原因是缺乏煤炭。到 1939 年 2 月，装甲列车旅只有一列列车在北方车站服役。

安达露西亚和埃斯特雷马杜拉的装甲列车

从马德里出发的一条铁路线通往卡韦萨德尔武埃（Cabeza de Buey）和阿尔莫琼（Almorchón），此后分为两条支线，分别通往巴达霍斯（Badajoz）和科尔多瓦（Cordoba）。因为埃斯特雷马杜拉以南和安达露西亚西北方的铁路线相距很近，装甲列车经常从一条战线转移到另一条，所以，针对这些列车的研究将其当成单一区域。

1936 年和 1937 年初，一列装甲列车曾在安达露西亚作战，但我们知道不知道其构成细节，关于 1936 年 9 月从马德里前往奥罗佩萨和塔拉韦拉 - 德拉雷纳前线作战的一列列车也是如此。

1937 年初，两列列车在阿吉拉斯（Águilas，属穆尔西亚省）配备装甲，它们使用两辆柴油调车机车和尽可能轻的车厢（因为调车机车的功率有限[8]）。7 号装甲列车被派往埃斯特雷马杜拉参加 1937 年 5 月在塔赫（Tage）的行动，8 号则前往安达露西亚。不久之后，它们与蒸汽机车牵引的装甲列车配对使用。

T.M.2201 号柴油调车机车。[照片：《MTZ 发动机技术杂志》（MTZ-Motortechnische Zeitschrift），1942 年第 12 期，p 489]

---

8 输出功率仅为 200 马力左右。

用于 7 号和 8 号装甲列车的两辆柴油调车机车（10011 和 10012 号，建于 1935 年）之一的有趣照片。注意固定在车顶的铁轨，从空中看，它就像一段铁路。这辆车上的装甲板重达 27 吨，总重 57 吨，全长 7.3 米（23 英尺 11.5 英寸）。（照片：版权所有）

据我们所知，塞雷纳新镇（Villanueva de la Serena）附近也有多列专用列车参加了行动，其中一列的车组人员接受过特种作战训练，如抓捕俘虏——最好是军官，以从他们口中获得情报。这支部队的绰号"乌鸦队"取自列车的名称，后因未经授权实施行动而被解散。

另一列列车搭载加泰罗尼亚志愿者，由来自第 9 区（巴塞罗那）、实力强大的"国家铁路联盟"指挥。他们为自己而战，不承认装甲列车旅的权威。对这种情况的容忍一直持续到 1937 年底，此时装甲列车旅旅长要求该列车的指挥分队卸任，代之以有经验的团队。随后，这列列车成为"13Bis"号装甲列车，有效地实施任务。

在佩尼亚罗亚（Peñarroya）——普埃托利亚诺

（Puertollano）铁路线上的列车行动值得特别注意，这部分将在后面有描述。

从 1938 年中期时 7 号和 8 号装甲列车被派往西班牙黎凡特时起到战争结束，只有 3 号和 4 号装甲列车在安达露西亚 / 埃斯特雷马杜拉地区，前者驻扎在马德里—巴达霍斯铁路线 308.9 千米处，后者驻扎在洛斯佩德罗切斯（Los Pedroches）。

7 号和 8 号装甲列车（柴油）

到 1936 年年底，各家工厂在蒸汽机车的装甲化上积累了一些经验，也认识到它们的局限性，例如：由于可运载的燃料和水有限，导致行程较短；烟囱冒出的烟和蒸汽也容易暴露行迹。用 40 或 60 马力调车机车进行的测试说明，它们无法承受装甲的重量。此后，厂方研究了使用 200 马力调车机车的可能性，当时有两辆这种机车可用。1937 年 1 月初，2201 号柴油机车（功率 210 马力）被送往阿吉拉斯（穆尔西亚省），在巴萨山中的洛尔卡中央铁路工厂接受改装。它在那里加装了装甲，另外有两节矿车也配备了装甲，它们是可承受所需载荷的车厢中最轻且最小的。改装后的列车整体尺寸缩小但全副武装，可以在几分钟内启动，能够在受威胁地区立即进行干预，相比之下，启动原来的蒸汽机车则需要几个小时。列车成员包括 1 名上尉、2 名中尉、2 名驾驶员、24 名民兵、6 名炮手、2 名无线电操作员、3 名光学信号员、1 名医生、2 名厨师、1 名军械专家和 1 名军械士。列车编号为 8，归入坦克旅序列。当它的改装完成后，第二辆柴油调车机车开始配备装甲，成为未来的 7 号装甲列车。

8 号装甲列车（柴油）前方的安全车近景，这种布局在装甲列车史上是独一无二的。[照片：《我的杂志》（Mi Revista），巴塞罗那，1937 年 1 月 15 日，HMM，提供者是 JMAM]

1939 年在拉图尔－德卡罗勒（La Tour de Carol）寻求庇护的 7 号装甲列车全景。它的最终命运很令人感兴趣：到底是归还给西班牙（因为不同的轨距，它不能在法国使用），还是作为废品被切割？[照片：《图片报》（1939 年 3 月 4 日）]

8 号列车（柴油）的罕见完整侧视照片。在我们看来，它精心设计的布局在当时是最现代化的。注意两节车厢间的装甲通道。[照片：《我的杂志》（Mi Revista），巴塞罗那，1937 年 1 月 15 日，HMM，照片提供者是 JMAM）]

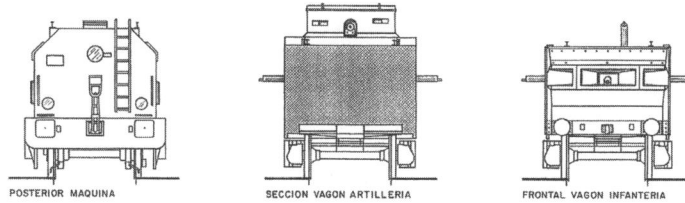

POSTERIOR MAQUINA　　　SECCION VAGON ARTILLERIA　　　FRONTAL VAGON INFANTERIA

弗朗西斯科·克鲁萨多·阿尔韦特先生绘制的技术图纸。

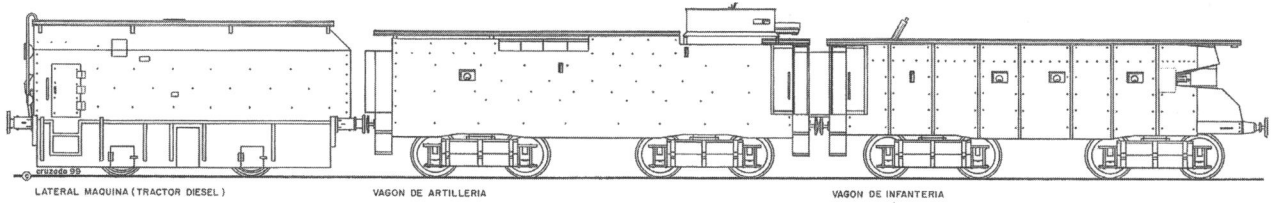

LATERAL MAQUINA (TRACTOR DIESEL)　　　VAGON DE ARTILLERIA　　　VAGON DE INFANTERIA

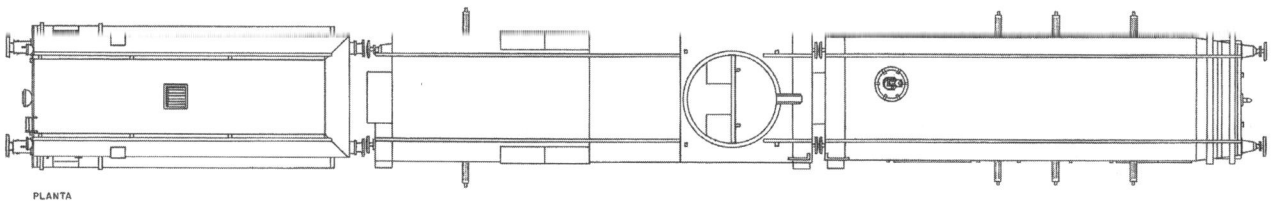

PLANTA

计划中的佩尼亚罗亚—普埃托利亚诺线装甲列车

　　被称作"佩尼亚罗亚—普埃托利亚诺线"的米轨铁路线通往科尔多瓦省北部。战争将这条线路一切为二，90千米（55英里）的路程在国民军一边，140千米（88英里）的路程在共和军一边。1937年中期，波索布兰科（Pozoblanco）成了第8集团军的基地。一年以后，一辆防护薄弱的列车在该镇车站建成，使用22号2-8-0水柜机车，挂接一节以木板防护的车厢，后者配备了由沙包防护的机枪。虽然这列列车除了巡逻之外没有什么用处，但却引出了更为野心勃勃的项目。

该车模型的另一张照片，制作模型为了尽可能还原设计草图的特征。当然，这种重现工作有其局限性。（保罗·马尔马萨里制作的1：72模型）

与作者使用的原设计草图相比，在这张照片中的机车装甲高于车厢的装甲。为了让炮塔可以360度转动，有必要增加它的高度。（保罗·马尔马萨里制作的1:72模型）

装甲列车旅技师 A. 奎托（A Cueto）上尉提出建造一列被缩小了尺寸但加强了武备的列车。因此，22 号机车将全部覆盖装甲，外部为 14 毫米厚、内部为 7 毫米厚的镍铬合金板，两者之间有 80 毫米的距离，填充了钢筋混凝土。这种装甲偏重加强防护，机车将与一节短车厢半固定挂接，后者有类似的装甲，设计用于运送主要武器。机车的防护装甲重 7.4 吨，火炮车厢则为 11.15 吨。武器是一门 70 毫米山炮或者一门 57 毫米海军炮。根据计划，车厢前后还将配备两挺轻机枪，车厢侧面的球形支架上有两挺 7.62 毫米重机枪。据多位目击者称，这列列车真的建成了，并用到战争结束，但装甲列车旅的现存文件中没有提到它。

西班牙黎凡特的装甲列车

内战开始时，多列列车从黎凡特地区向阿拉贡前线运送民兵（有关阿拉贡的段落中提到了巴伦西亚建造的装甲列车），1938 年中期之前，该地区除了几次空袭之外没有发生任何军事行动，随着国民军部队抵达比纳罗斯（Vinaroz），共和派占领区被分割成两半，加泰罗尼亚在北，巴伦西亚在南。

1939 年 5 月 5 日，8 号装甲列车在巴伦西亚车站作为战利品展览，这是在当时拍摄的列车内部照。（照片：爱德华多·鲁维亚莱斯·拉斯孔的收藏，照片提供人为阿特米奥·莫特拉）

在攻克巴伦西亚的战役期间，国民军首先在多条战线上发动强攻，特别是卡斯特利翁（Castellón）省，至少有三列装甲列车参加了行动：中央集团军（马德里）的 1 号装甲列车，埃斯特雷马杜拉—安达露西亚战

线的 8 号装甲列车（柴油），以及最为强大也最现代化的 12 号装甲车，它是在萨贡托（Sagonte）钢铁厂建造的。战斗在萨贡托—特鲁埃尔（Teruel）铁路线和巴伦西亚—萨贡托—托尔托萨（Tortosa）铁路线上进行，根据作战态势，列车从一个战区转到另一个战区。其中最艰苦的一场战斗发生在奇韦特堡（Alcalá de Chivert），8 号列车在那里出轨，冒着敌人的炮火停留了两天才得到援救。这条战线是报刊宣传文章的主角，多辆火车损毁的消息见诸报端。但是，这些报刊的照片始终都只有烧焦的木质车厢残骸，还有一次是机车的，却从来没有提供过完整的装甲列车的照片。

8 号装甲列车最初被分配到阿尔莫琼—科尔多瓦铁路线，但 5 月初它也曾在托雷多附近作战。7 号装甲列车后来加入这一战区，该战区延伸到佩尼亚罗亚、拉格兰胡埃拉（La Granjuela）以及其他发生激战的外围地区。1938 年 4 月，8 号装甲列车重新加入巴伦西亚—塔拉戈纳铁路线，如上文所述，它在奇韦特堡附近出轨。7 号装甲列车也参加了该区域的战斗，包括埃布罗（Ebro）之战，它被用于为部队运送弹药。这三列装甲列车的战斗结束于该区域，7 号装甲列车于 1939 年 3 月初撤到法国边境（参见前文摄于拉图尔—德卡罗勒的照片）。埃布罗河上的桥梁被切断后，8 号装甲列车留在了巴伦西亚省。被缴获几天后，它与 12 号装甲列车一同在巴伦西亚车站作为战利品被展示，并被拍下了照片。

12 号装甲列车

1937 年中期，人民共和军已在装甲列车的使用上得到了宝贵的经验，并发展出了柴油列车等新式设计。萨贡托的工厂（第 15 兵工厂）承担了一个在防护和总体概念上都极其先进的新项目。该车采用倾斜装甲，在不过多增加重量的情况下，最大限度地提高了防护，选择的钢板也是质量最好的，厚度在炮塔上为 20—23 毫米，侧墙为 7—14 毫米。

政治委员曼努埃尔·罗德里格斯·巴斯坦特（Manuel Rodriguez Bastante）精确地描述了这列列车。按照他的文章所描述的，这列列车的四座炮塔各安装一门斯柯达 76 毫米炮，此外还有两门用于反坦克和防空的维克斯 40 毫米机关炮，上述火炮都藏在 23 毫米厚的装甲之后，车上有 16 挺马克沁机枪（捷克斯洛伐克制造），两端各有一门迫击炮。机车与煤水车之间有一个指挥塔，装有改良的潜水艇潜望镜。乘员根据其专业被分属各队：一个炮兵小队（分为四个小组），一个迫击炮小队，两个机枪小队和防空炮小队，一个步兵小队和一个维修小队。最后两个小队配备步兵武器，组成地面突击部队。

列车于1938年4月14日或15日出场，加入东部战线（安达露西亚和埃斯特雷马杜拉），但同一天国民军就切断了加泰罗尼亚—阿拉贡地区与西班牙中南部之间的交通线。因此，列车仍然驻扎在萨贡托，这是共和军黎凡特集团军中南集群两条战线（巴伦西亚—巴塞罗那线和巴伦西亚—特鲁埃尔线）的交汇点。当铁路线

在比纳罗斯被切断时，该列车参加了著名的奇韦特堡之战，它的火炮给国民军第4"纳瓦雷"旅造成了沉重的损失。

列车的建造漫长且艰难：最初的计划定在1937年7月，但直到1938年4月才完工。例如，原定的北方公司400型机车不得不被替换成"加拉夫"（Garraf）。而且，斯柯达大炮的后座距离较大，无法按照设计装在旋转炮塔上，不得不返工。同样，工程师之间关于技术和战术要求的分歧使设计工作延后。不过，最终完工的列车很成功，它的长度为50米（164英尺），重量300吨，作战能力远超此前的列车。

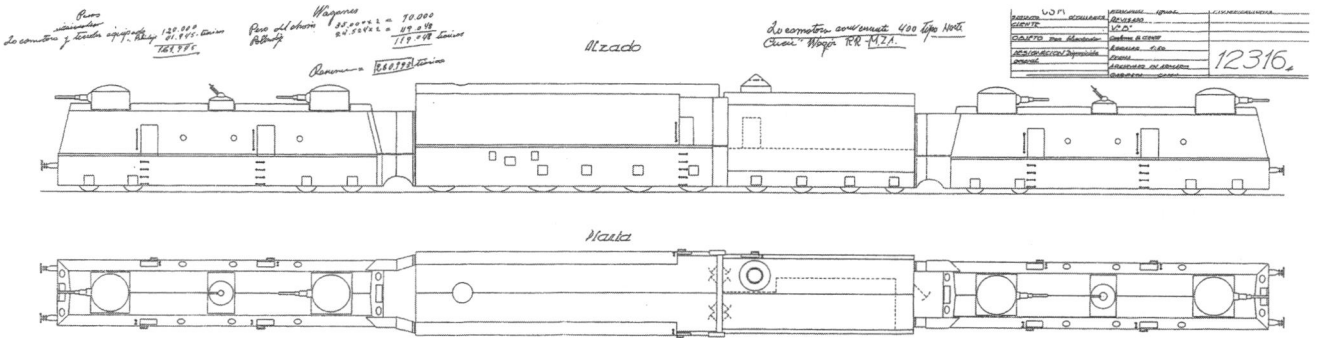

1937年的12号装甲列车初始设计，可以看到计划中的炮塔较小。完工的列车重量大约为300吨，中阿拉贡铁路公司的2074号4-8-0机车可以牵引它达到每小时115千米（72英里）的时速。（图纸：照片提供人为JMAM）

装有斯柯达80毫米炮的火炮车厢之一。注意，与上面的1937年原设计图相比，炮台的宽度增大了（需要安装更大的炮塔来应对这种长后坐火炮）。还要注意倾斜的装甲侧墙。（照片：爱德华多·鲁维亚莱斯·拉斯孔的收藏，照片提供人为阿特米奥·莫特拉）

1939年5月5日摄于巴伦西亚的12号装甲列车的机车，此时它作为缴获的共和军装备展示。背景是一节装甲车厢，然后是柴油装甲列车（可能是7号）的单元。（照片：爱德华多·鲁维亚莱斯·拉斯孔的收藏，照片提供人为阿特米奥·莫特拉）

加泰罗尼亚的装甲列车

陆海工程公司（La Maquinista Terrestre y Maritima）圣安德烈斯（San Andres）工厂建造了多列装甲列车，支援内战初期从巴塞罗那前往阿拉贡和埃斯特雷马杜拉的无政府主义部队。1937 年底到 1938 年初的一段时间里，至少三列装甲列车在同一个工厂开工建造，目标是装备加泰罗尼亚陆军（加泰罗尼亚在那时已经宣布独立，正组建自己的政府与军队）。这些列车的现有照片摄于工厂外，展现了有一定艺术性的流线型车体，以及新颖的技术特征，如潜望镜或者球形支座上的武器。不过，这些列车从未成为装甲列车旅的一部分。实际上，我们甚至不能确定它们是否被参加过战斗，因为没有任何显示完整列车出现在前线的照片曝光。

我们知道，7 号（柴油）装甲列车曾前来支援埃布罗的部队（1938 年 7 月到 11 月之间），在加泰罗尼亚被国民军占领后撤往法国拉图尔－德卡罗勒避难。

于埃布罗之战期间拍摄的一列装甲列车的照片。注意机车前方四轮平板车厢顶上的装甲指挥塔，然后是一节装有和"幽灵列车"类似炮塔的车厢。牵引这列列车的是 MZA 公司的 1400 系列 4-8-0 机车。（照片：版权所有）

这张照片摄于 1938 年 1 月，建于巴塞罗那的此类车厢似乎是唯一使用两道环形火炮护墙的设计。注意，它采用的伪装与前图的两列列车不同，更接近于下张照片中 4.069 号机车的"斑点"图案，球形机枪支座也与之相同。还要注意垂直侧墙的曲线在两端内拗，以增大机枪的射界。（照片：《我的杂志》，巴塞罗那，第 30 期，P.78，照片提供人为 JMAM）

注意车上极端复杂的伪装图案，这在一定程度上模糊了火炮车厢原来的轮廓。在这张照片中，我们可以看到上下两排射孔以及球形机枪座。（照片：版权所有）

北方公司的 4.029 机车。照片摄于巴塞罗那的陆海工程公司工厂。(照片：路易斯•德巴列•门迪布罗，照片提供人为弗朗西斯科•克鲁萨多•阿尔韦特)

作为宣传对象的共和军装甲列车

　　在宣传领域，下面的歌曲是西班牙内战的传奇之一：

El Treno Blindado

Yo me subí a un pino verde
Por ver si Franco llegaba
Y sólo vi un tren blindado
Lo bien que tiroteaba.
Anda jaleo, jaleo, jaleo,
Silba la locomotora
Y Franco se va a paseo
Y Franco se va a paseo.
Por tierras altas de Burgos
Anda Mola sublevado,
Ya veremos cómo corre
Cuando llegue el tren blindado.

Anda jaleo, jaleo, jaleo,
Silba la locomotora
Y Mola se va a paseo
Y Mola se va a paseo.
Yo me fui en el tren blindado
Camino de Andalucía
Y vi que Queipo de Llano
Al verlo retrocedía
Anda jaleo, jaleo, jaleo,
Silba la locomotora
Y Queipo se va a paseo
Y Queipo se va a paseo.

译文：

装甲列车

我攀上一棵翠绿的松树
看看弗朗哥是不是正在靠近

可我只看到一列装甲列车

它的机枪正在吐出火舌

周遭一片大乱

火车鸣响汽笛

弗朗哥逃走了

弗朗哥逃走了

在布尔戈斯高地

莫拉恼怒地逃走了

我们清楚地看到他是怎么逃走的

装甲列车开来了

周遭一片大乱

火车鸣响汽笛

莫拉逃走了

莫拉逃走了

我走上装甲列车

开往安达露西亚

我看到奎波·德·里亚诺

望风而逃

周遭一片大乱

火车鸣响汽笛

奎波逃走了

奎波逃走了

照片上的伪装图案很复杂。注意碉堡前方加工精良的圆角，这是工业先进的体现，每个球形机枪座右侧都配有瞄准 / 观察孔。(照片:路易斯·德巴列·门迪布罗，照片提供人为弗朗西斯科·克鲁萨多·阿尔韦特)

煤水车上配备旋转机枪塔和某些机车前方安装一个机枪碉堡是西班牙内战中装甲列车的特征。(照片：路易斯·德巴列·门迪布罗，照片提供人为弗朗西斯科·克鲁萨多·阿尔韦特)

10 cm

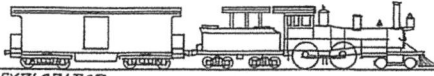

1 1
(VIA 1,435 m.) TREN EXPLORADOR

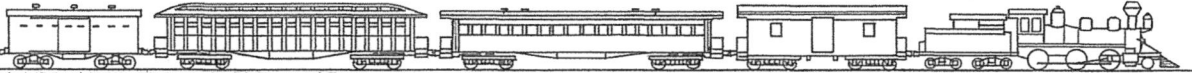

1 2
(VIA 1,435 m.) TREN TRANSPORTE TROPAS APOYO.

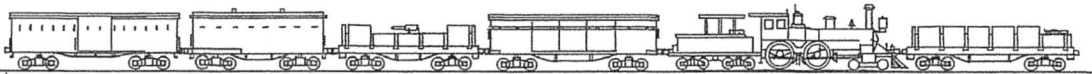

1 3
(VIA 1,435 m.) T.B. ARTILLADO.

TB. MARRUECOS 1921-1926

2 1
(VIA 0,60 m.) TREN PROTEGIDO, EN ZINAZT.

2 2
(VIA 0,60 m.) TB. EN TAZA.

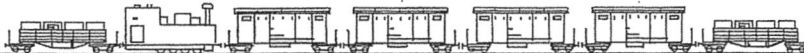

2 3
(VIA 0,60 m.) TB. EN NADOR.

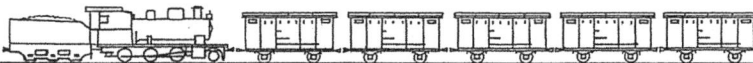

2 4
(VIA 1,- m.) TB. EN TAHUIMA.

TB. ASTURIAS 1934

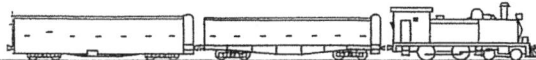

3 1
(VIA 1,- m.) TB. F.C. VASCO-ASTURIANO.

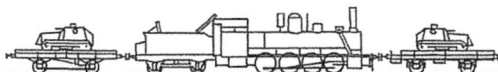

3 3
(VIA 1,672 m.) TREN ARMADO F.C.NORTE.

CRUZADO 16   15 m. 1/400

10 Cm

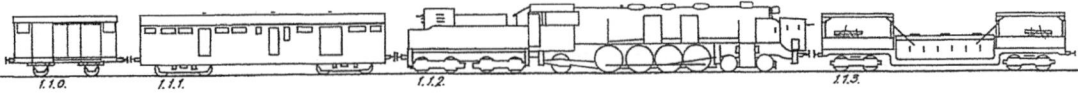

① TB. "A"　1.1.0.　1.1.1.　1.1.2.　1.1.3.

② (VIA 1.-m.) TB. "BIDASOA"

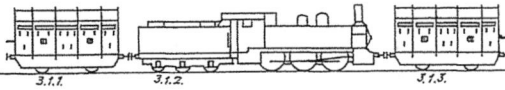

③1 TB. "LIBERTAD"　3.1.1.　3.1.2.　3.1.3.

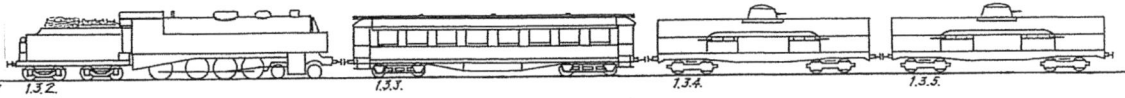

③2 TB. "FANTASMA"　1.3.2.　1.3.3.　1.3.4.　1.3.5.

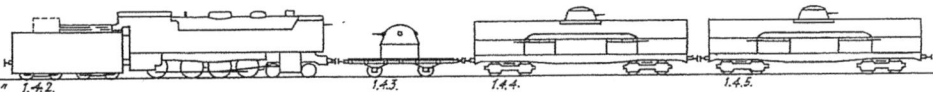

③3 TB. XV BGDA. "A. LINCOLN"　1.4.2.　1.4.3.　1.4.4.　1.4.5.

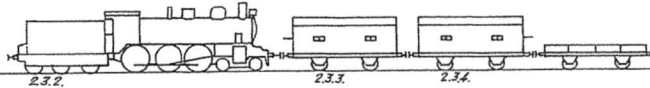

③4 TB. EN TARDIENTA　2.3.2.　2.3.3.　2.3.4.

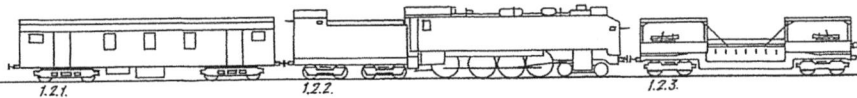

④1 TB. "B"　1.2.1.　1.2.2.　1.2.3.

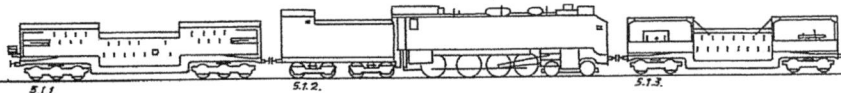

④2 TB. "H"　5.1.1.　5.1.2.　5.1.3.

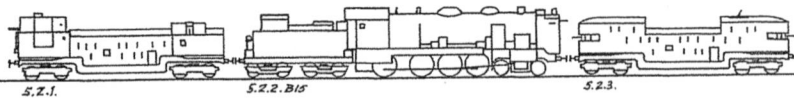

④3 TB. "K"　5.2.1.　5.2.2.Bis　5.2.3.

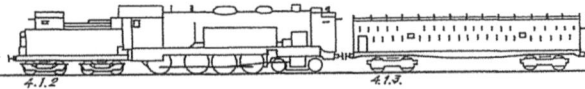

⑤1 TB. EN SESEÑA　4.1.2　4.1.3.

⑤2 TB. DOC. L.C. BALTHASAR　3.4.2.　3.4.3.

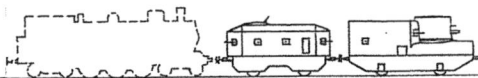

⑤3 TB. EN ARANJUEZ

CRUZADO 16　15 m. 1/400

10 cm

⑥1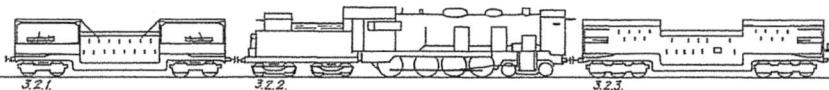
TB. EN JADRAQUE   3.2.1.   3.2.2.   3.2.3.

⑦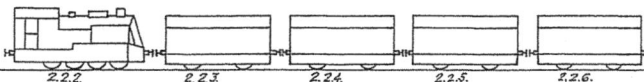
TB. MAQ. J.Q.P. GIJON   2.2.2.   2.2.3.   2.2.4.   2.2.5.   2.2.6.

⑧2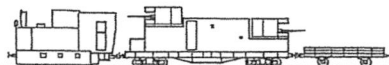
(VIA 1.—m.) TB. "RACANO"

⑧11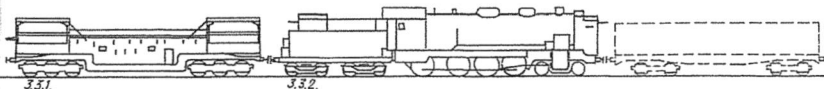
TB. DOC. VERTICE   3.3.1.   3.3.2.

⑨1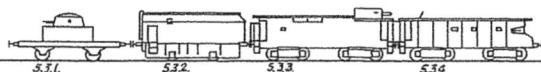
TB. Nº 7   5.3.1.   5.3.2.   5.3.3.   5.3.4.

⑨2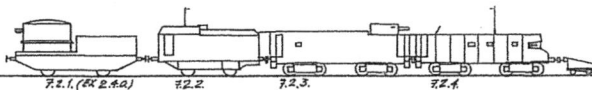
TB. Nº 8   7.2.1.(Ex 2.4.a.)   7.2.2.   7.2.3.   7.2.4.

⑩1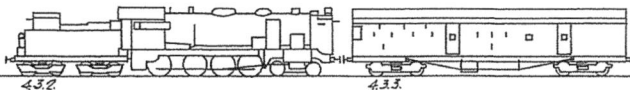
TB. "LOS CUERVOS"   4.3.2.   4.3.3.

⑩2
(VIA 1.—m.) PROYECTO TB. PEÑARROYA

⑬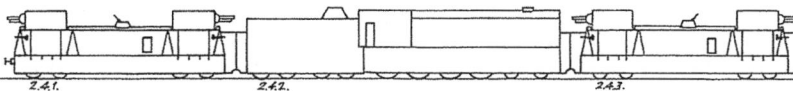
TB. Nº 12   2.4.1.   2.4.2.   2.4.3.

⑮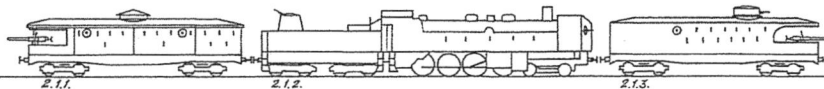
TB. INDUST. CATALUÑA   2.1.1.   2.1.2.   2.1.3.

这一系列侧视图重现和比较了具有历史意义的西班牙装甲列车，它们全都采用常见的 1:400 比例。（文件：弗朗西斯科·克鲁萨多·阿尔韦特）

CRUZADO IG   15 m. 1/400

资料来源

档案

- *Archivio General Militar de Madrid* (AGMM), Madrid, Spain.
- *Archivio General de la Administración* (AGA), Alcalá de Henares, Madrid, Spain.
- *Hemeroteca Municipal de Madrid* (HMM), Madrid, Spain.
- SHD, 7 N 2755-EMA/2ème bureau.

书籍

- Arévalo Molina, Jacinto M, *Los Trenes Blindados Españoles* (Gijón: Ediciones Trea, S.L., 2003).
- Cruzado Albert, Francisco, *Carros de combate y vehículos blindados de la guerra 1936-1939* (Barcelona: Borrás ediciones, 1980).
- Fernandez Sanz, Fernando, and Reder, Gustavo, *Historia de la tracción vapor en España.* Tomo VI, 1936-1941 (Madrid: Proyectos Editoriales S.L, 2014).
- Kondratenko, R V, *Ispanso-Amerikanskaya Voína 1898 Goda* (St Petersburg: Tsitadel 2000).
- Mortera Pérez, Artemio, *Los Carros de combate 'TRUBIA'* (1925-1939) (Valladolid: Quirón Ediciones, 1994).
- Taylor, Thomás L, *Los Ferrocarriles en la Guerra* (Barcelona: Administración de la revista científico-militar, 1885).

期刊文章

- Afán Alcáraz, Juan, 'Trenes Blindados en la Guerra Civil', *Carril* No 14 (December 1985), PP.23–7.
- Arévalo Molina, Jacinto M, 'El tren que nunca existió', *Revista Española de Historia Militar* (September 2001), PP.109–11.
- _____, 'La Brigada de Trenes blindados 1936-1939', *Memorial del Arma de Ingenieros* (December 2000), PP.99–110.
- _____, 'Los Ferrocarriles militares en la guerra de Cuba', *Memorial del Arma de Ingenieros* (June 1999), PP.139–45.
- _____, 'Los Trenes blindados en la Guerra Civil Española', *Revista de Historia Militar* No 88 (2000), PP.181–206.
- Cruzado Albert, Francisco, 'España: Guerra Civil 1936/1939', *Hobby Tren No especial 150* (April 2006), PP.58–67.
- _____, 'Tren Blindado, España: Guerra Civil 1936/1939（Ⅰ）', *Hobby Tren* No 169, (November 2007), PP.66–75.
- _____, 'Tren Blindado, España: Guerra Civil 1936/1939（Ⅱ）', *Hobby Tren* No 170 (December 2007), PP.44–53.
- _____, 'Trenes Blindados', *Trenmania* No 7 (2001), PP.57–66.
- Surlemont, Raymond, 'Republican Armoured Trains in the Spanish Civil War 1936-1939', *Tank TV* No 6, (June 1994), PP.5–7.

录音（部分）

- CNT. FAI. 1936. The Spanish Revolution, by The Ex, AK Press, *San Francisco,* 1997 (2 CDs).
- Chants de la Guerre d'Espagne, *Le Chant du Monde,* ref. LDX-S 4279, 1963 (vinyl).
- España en el Corazón, *Bear Family Records GmbH*, 2014 (CD + DVD).

瑞典

装甲列车与轨道车（1905—1960 年）

联盟危机（1905 年）

1905 年的"联盟危机"[1]迫使瑞典采取措施，保护与挪威的西南新边境，其后果之一就是铁路线成了新的战略重点。守卫铁路线的任务交给了阿尔维德·韦斯特（Arvid Wester）少校指挥的瓦姆兰边境分遣队，韦斯特在布尔战争期间曾作为观察员，因此熟悉装甲列车的性能。除了在埃达（Eda）地区和夏洛滕贝里（Charlottenberg）修建工事之外，他还决定建造一节装甲车厢，提供机动防御手段。来自哥德堡（Göteborg）的一节旧车厢被送到夏洛滕贝里，在那里配备了 8 毫米厚的钢板，并装备了一挺霍奇基斯 1897 式机枪（瑞典称作 ksp:/1900）。这节车厢和任何后续的车辆都没有真正入役。

---

1 挪威和瑞典于 1814 年 11 月 4 日建立联盟。瑞典曾迫使挪威加入一个有共同君主与外交政策的身合国，但挪威对之前与丹麦持续 434 年的联盟破裂心怀怨恨。两国之间的分歧日益增大，尤其是挪威要求单独的领事服务来监督其大型商船，导致全民公投于 1905 年 8 月举行，正式承认联盟不再存续。

2 瑞典语 "Pansar-Dressin"。

1905 年装甲车厢建成的样子。（照片：版权所有）

从这张照片显示出装甲的安装或拆卸方法（在我们看来可能是后者），以及一端的木质层板。装甲板上大量的固定孔表明，它们是用锅炉钢板或者建筑面板匆忙改装的。（照片：瑞典铁路博物馆）

"兰斯韦克 320" 装甲轨道车 [2]

1931 年，兰斯韦克（Landsverk）公司针对侦察和保护桥梁等铁路基础设施，实施了一项针对装甲轨道车的设计研究。新设计中的主要武器包括两座炮塔内安装的各一门 20 毫米火炮及共轴机枪。规格中明确，这种武器布置使得端射火力由三挺机枪和一门炮提供，车厢火力则可以集中两门炮和五挺机枪，以及每一侧的轻武器。该型轨道车的设计是对称的，在中部的装甲指挥塔中，指挥员 / 驾驶员坐在塔内的旋转座椅上。此外，还有人提议在炮塔顶部固定防空武器。这种设计后来提供给了爱尔兰，但似乎没有得以施工建造。

技术规格

轨距： 1435 毫米（4 英尺 8.5 英寸）

轴径： 0.7 米（2 英尺 3.5 英寸）

全长： 6.2 米（20 英尺 4 英寸）

车身宽度： 2.025 米（6 英尺 7.75 英寸）

总宽度： 2.3 米（7 英尺 6.5 英寸）

轴距： 2.8 米（9 英尺 2.25 英寸）

武器高度： 可旋转机枪 2 米（6 英尺 6.75 英寸）

20 毫米炮与共轴机枪 2.5 米（8 英尺 2.5 英寸）

总高度： 3.05 米（10 英尺）

战斗全重： 13.2 吨

发动机： 6 缸，60/70 马力（1200/1400 转）电启动

行程： 800 千米（500 英里）

变速箱： 1 挡 = 每小时 10.5 千米（6.5 英里）

2 挡 = 每小时 20.5 千米（12.7 英里）

3 挡 = 每小时 30.5 千米（19 英里）

4 挡 = 每小时 50 千米（31 英里）

最小轨道半径： 65 米（213 英尺 3 英寸）

装甲防护厚度： 侧面和两端的炮塔：14 毫米

指挥塔的出入舱门和排障器：10 毫米

车顶： 6 毫米

"博登"号和"基律纳"号列车

1940 年，大北方集团军群司令道格拉斯将军决定建造四列装甲列车："基律纳"（Kiruna）号、"博登"（Boden）号、"马尔默"（Malmö）号和"厄斯特伦德"（Österlund）号，所有名称都来自其基地，但最后两列没能问世。"基律纳"号在 LKAB 矿业公司的工厂里用两节 Or 型平板车建成，装甲防护厚度为 15 毫米（车顶 5 毫米）。"博登"号的车厢建于诺特维肯（Notviken）的 SJ 工厂，与前者相比在设计上大不一样。这列列车有三节敞篷装甲车厢，防空车厢在机车之前。这两列列车都使用部分配备装甲的 2-6-4 的 J 级机车。"基律纳"号于 1940 年 5 月 20 日完工，"博登"则于次月完工。

"基律纳"在基律纳—纳尔维克矿区铁路线上巡逻，"博登"号则负责博登—哈帕兰达铁路线。关于这两列列车的行动，留存下来的信息不多，1940 年 5 月 20 日，"基律纳"号在距纳尔维克 7 千米的瓦西尧勒（Vassijaure）车站，它的一个防空炮位与一架德国飞机交火。[3] 战斗过程中，瑞典士兵斯文·舍贝里（Sven Sjöberg）阵亡。1945 年，这两列列车退役，但它们保持预备状态直到 1949 年，于 1960 年左右报废。

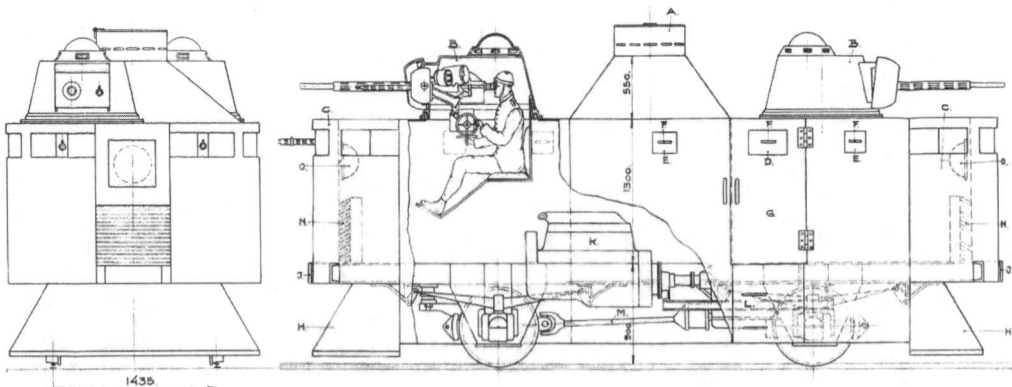

旋转炮台上的穹顶有观察孔和侧向射孔，可供个人武器和每侧一挺机枪使用。考虑到炮手座位的位置，偏置炮塔旁边的出入门似乎难以使用，但这种布置使另一面的侧装机枪能够旋转。（兰斯韦克图纸：保罗·马尔马萨里的收藏）

中央的指挥塔配备紧急逃生舱门。注意水平射界：旋转炮塔的水平射界有 290 度，角落上的碉堡（拆下并重新布置机枪）的水平射界 180 度，侧装机枪的水平射界为 90 度。

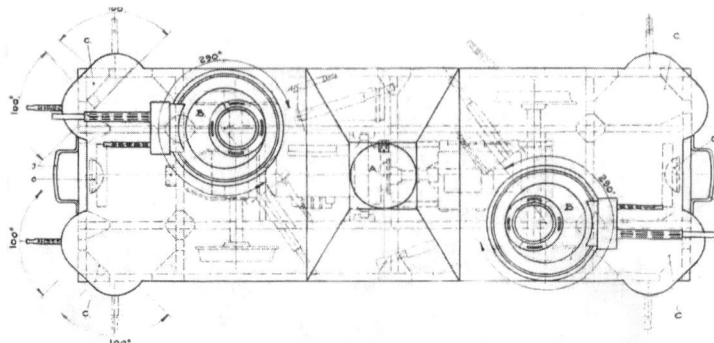

3 某些信息来源提到该飞机为一架多尼尔 Do-26 四发水上飞机。

手持 m/37-39 冲锋枪的车组人员，这种枪支由胡斯华纳（Husqvarna）公司制造，经过改良后可以发射 9×19 毫米帕拉贝伦子弹。（照片：瑞典铁路博物馆）

1939 年，整个瑞典在役的 57 毫米炮只有 20 门。（照片：瑞典铁路博物馆）

"博登"号上的 57 毫米炮的炮眼周围空间很局促，只允许有限的转动角度，俯仰更受限制。这种火炮的射程为 4000 米（4375 码）。（照片：瑞典铁路博物馆）

"博登"号采用 1390 号 J 级机车，装甲防护仅覆盖轴杆和驾驶室。三节车厢是在 Mas 型 6 轮平板车上放置装甲车身而成。（照片：瑞典铁路博物馆）

"博登"号上的 m36/Lv Dbl 双联 8 毫米高射机枪。注意炮位后面的固定式无线电天线。（照片：瑞典铁路博物馆）

"基律纳"号的清晰侧视图，其后车厢顶的防空机枪座显而易见。机车是配备部分装甲的 J 级 1343 号。（照片：F.M.W）

前导车厢上装备的 37 毫米炮实用射程为 4000 米（4375 码）。（照片：瑞典铁路博物馆）

这张照片中，博福斯 37 毫米炮尚未安装。因为火炮偏向左侧，为右前角射孔安装的机枪留出旋转空间，左前角没有位置可用于射孔。这节装甲车厢用 Or 平板车建成。（照片：瑞典铁路博物馆）

1941 年在里克斯格伦森[4]（Riksgränsen）的"基律纳"号。注意前车厢上缺少车灯和缓冲梁下的排障器。火炮是 m/38（或 m/37）37 毫米反坦克炮（pansarvärnskanon），炮管由两块滑动闸板遮盖。（照片：瑞典铁路博物馆）

4　瑞典—挪威边境上的一个小镇，在纳尔维克以东 40 千米（25 英里）处。

资料来源

- Berggren, Jan-Gunnar, 'Pansartåg, järnvägsartilleri och järnvägsluftvärn', *Militärhistorisk Tidskrift* (2004), PP.111–59 (translated by Captain Valérie Cagnard).

- Furugård, Bo, 'Pansartåget Kiruna', in Hultstrand, Birger, Kungl. *Norrbottens regementes historia 1841-1966* (Boden: Kungl. Norrbottens regementes kamratfören, 1972), PP.359-65.
- 'Pansansartagen Kiruna och Boden', *Pansar* (1983/4), PP.16-19.

瑞士

据我们所知，瑞士从未使用过装甲列车。不过，受到美国内战的启发，1868 年在贝塞尔，一本关于使用瑞士铁路运输部队以及开展其他军事行动的著作出版了，它概述了使用轻型机车实施军官侦察任务和牵引装甲车厢的提议。此外，瑞士人还设想了在列车遇到障碍时突击队乘坐客车车厢进行地面战的方案。

与将火炮安装在装甲列车上提供机动火力相似，我们必须记录 1884 年到二战结束之间在达伊（Dailly）要塞使用的两节平板车。它们运行在路堑的轨道上，其火炮使用的是可在装甲车顶下重新装弹后升起射击，依靠后坐力缩回的隐显炮。不参加行动时，它们被安置在一个有防弹门的隧道中。

资料来源

- De Montet, Lt Col Jean, *Les Bouches à Feu de l'Artillerie Suisse 1919-1939* (Lausanne: Editions du Centre d'Histoire, 1980).
- Hoffmann-Merian, Theodor, *Die Eisenbahnen zum Truppen-Transport und für den Krieg im Hinblick auf die Schweiz* (Basle: Schweighauser, 1868).

达伊要塞 E3 堡垒群的一条轨道上的两个隐显炮座。圣沙蒙岸防隐显炮座上安装的是克虏伯 1882 式 120 毫米 /L 25 火炮。一门火炮及其炮座没有安装在车厢上，而是在要塞入口处展示。（照片：陆军要塞司令部，FWK Region 2）

泰国

苏尔寿（Sulzer）450 马力 A1A-A1A 机车于 1931 年到同世纪 90 年代期间用于暹罗（泰国），可能早在二战期间就配备了装甲驾驶室。1960 年起，泰国的安全持续受到威胁，其中一些威胁来自逃离马来西亚的激进分子，另一些则来自越南战争的对手，因为

1965—1975 年时的泰国是美国空军的一个基地。泰国从马来西亚获得了多辆威克姆轨道车。这种不安全的状态持续到本书写作之前，尤其是南部，但被公布的细节很少。目前存留下来的装甲轨道车有三辆，其中第 50 号在童颂，另外两辆在曼谷的邦素和华南蓬车站。

照片中的装甲车厢前是一节平板车，运载一辆维克斯 Mark E B 型 6 吨坦克，坦克上装有一门 47 毫米炮，主炮右侧还有一挺共轴机枪。暹罗（于 1939 年改名为泰国）在日本入侵前拥有 18 辆此类坦克。（照片：版权所有）

在童颂的 50 号威克姆轨道车（修复前）。（照片：版权所有）

经过多项修复工作后，这辆轨道车配备了一门假炮，最终使用了泰国民族特色[1]的涂装，这一定程度上淡化了它的威武外观。（照片：版权所有）

从正面观察这辆轨道车（其驾驶位在右侧），.50口径机枪仍然在原来的位置，旋转炮塔右侧有一个警报器。（照片：版权所有）

停留在曼谷邦素车站的轨道车的状态凄凉。（照片：版权所有）

1 红色代表土地和人民，白色代表宗教，蓝色代表君主。

突尼斯

随着民族主义浪潮的兴起，"铁路之战"[1]于 1952 年开始了，但结果不像阿尔及利亚铁路网上的袭击那么严重。第一次袭击发生于 1 月 21 日，一段铁轨的螺栓被拔掉，其后的事故导致交通中断了五天。从 1952 年 4 月起，守卫铁轨的任务仅限于"安全小组"，但 5 月之后，列车停止了在夜间的运行。这一措施对货车持续到 1953 年 7 月，对客车持续到 1954 年 1 月。此外，动力单元加配了防护装甲。

独立战争之后，支持阿尔及利亚民族解放阵线（FLN）的一些突尼斯部队对法国人的继续存在怀有不满。至少在一个场合下，民众的反法情绪高涨，此后铁路方面使用了装甲车厢。

1961 年，西迪艾哈迈德（Sidi-Ahmed）的第 156 空军基地接收了"神秘 IV"战斗机，以替代"西北风"战斗轰炸机。从 6 月 13 日起，基地受到的安全威胁日增，6 月 19 日晚上，第 2 海军伞降步兵团（2nd RPIMa）降落在被突尼斯人包围并炮轰的该基地。突尼斯人利用基地旁的突尼斯—比塞大铁路线，在车厢中安装了迫击炮。

行动期间，敌军火力造成了一定的伤亡（2 人死亡，23 人受伤），并击中或摧毁 5 架诺拉特拉斯运输机。

资料来源

- Bucher, Antoine, 'Mémoire des évènements de Bizerte vécus au sein de la compagnie de défense CD30 de la base de Sidi-Ahmed', *La Charte* No 7 (November 1998), PP.21–2.
- Patrick-Charles, Renaud, *La bataille de Bizerte* (Tunisie) (Paris: Harmattan, 2011), P.20.

1953 年 5 月，铁路工人正在延长一辆"海外"型阿尔斯通 / 苏尔寿 BB 柴电机车正面装甲周围的红线标志。这是属于加夫萨[2]磷酸盐与铁路公司的 17 辆该型机车之一。这些机车的编号为 201—217。（合众国际社照片：保罗·马尔马萨里的收藏）

1　我们将突尼斯铁路公司与法国铁路公司区别对待，因为按照法国保护国条例，前者属于突尼斯的主权问题。

2　更常被称作斯法克斯—加夫萨铁路线，缩写为 S.G.

乌克兰

装甲列车

乌克兰的历史很复杂，需要稍作其背景的提前了解，我们才能理解该国装甲列车的曲折故事。

乌克兰的领土首先遭到德国和奥匈帝国的抢夺，此后，因为沙皇俄国和奥匈帝国解体而诞生或者获益的国家与不同派系又展开了争斗：波兰、罗马尼亚、苏俄、乌克兰赤色分子、乌克兰民族主义者、白俄、无政府主义的马赫诺（Makhno）黑色军团、独立的哥萨克人和各种各样的军阀。

乌克兰（除了加利西亚和克里米亚）于 1917 年 11 月 1 日宣布独立，布尔什维克同时在该国东部建立了自己的共和国，其他地方权力组织也如法炮制。1918 年 1 月 22 日，在赤色分子及马赫诺黑色军团的压力下，拉达（乌克兰国会）被迫离开基辅。此外，罗马尼亚因为大量少数民族人口的存在而提出领土主张，在 1918 年 1 月先后占领了比萨拉比亚（Bessarabia）和布科维纳（Bucovina）。

德军于 1918 年 3 月 1 日攻占基辅后，乌克兰存在着三个不同的"国家"：克里斯蒂安·拉科夫斯基（Christian Rakowski）领导、以哈尔科夫为中心的布尔什维克政府；军阀西蒙·彼得留拉（Symon Petlioura）控制的乌克兰人民共和国（第聂伯乌克兰）；从 1918 年 11 月 1 日起还有一个西乌克兰人民共和国，定都于利沃夫，领导人是耶温·彼得罗切维奇（Jevhen Petrouchevitch）。于 1918 年 11 月 13 日推出的征兵制度旨在建立西乌克兰军[1]，以弹压利沃夫的波兰分离主义者。1918 年 12 月，法国人指挥的盟军在黑海沿岸登陆，对抗布尔什维克的进攻。但在 1919 年，喀尔巴阡山的一部分被交给了捷克斯洛伐克，1918 年 2 月 14 日，加利西亚也成了波兰的一部分。到 1919 年底，布尔什维克掌控了乌克兰（除了克里米亚之外）。1920 年 2 月，西乌克兰军的一部分被迫加入红军[2]，成为乌克兰加利西亚红军。1920 年，波兰和乌克兰签订了驱逐布尔什

维克的协议，后者的两个旅向波兰人投降。不过，乌克兰军队于 1921 年 11 月被击败，波兰与乌克兰布尔什维克党签订了一份单独的条约。剩下的乌克兰部队只能沦为游击队，于 1921 年 11 月 17 日被布尔什维克骑兵粉碎。

装甲列车在乌克兰民间故事中继续扮演着重要的角色。2013 年 9 月，一辆电车被改装成装甲列车的复制品，向 1942 年 7 月参战的"为祖国而战"（Za Batkivshchnynu）号列车致敬。

乌克兰加利奇军（UHA，也称乌克兰加利西亚军）的装甲列车

一战期间，加利西亚是俄国与同盟国苦战之地。俄军于 1914 年击败奥匈帝国后，占领了该地区的大部分，但于 1915 年春夏之交，德奥两军发动攻势，夺回了失地。

1918 年 10 月 31 日夜间到次日凌晨，波兰人与乌克兰人之间战端重开，乌克兰西奇步枪兵及其他部队向利沃夫发动攻击。1918 年，加利西亚西部并入新的波兰，后者同时兼并了短命的兰克塞尼亚民族共和国。[3] 1921 年 3 月 18 日签订的《里加条约》将加利西亚划归波兰。

加利西亚铁路公司使用原德国与奥匈帝国占领军留下的轨道车辆，组成自己的装甲列车。许多临时列车在德罗霍贝奇（Drohobycz）炼油厂或桑博尔（Sambor）铁路工厂等工业中心建造。UHA 的所有装甲列车都被波兰军队缴获。兹布鲁奇（Zbrucz）河[4]是标准轨铁路的终点，此后都是俄国宽轨，这使乌克兰装甲列车无法随其他部队渡河撤退。

---

1 也称为乌克兰加利西亚军——Ukrayins'ka Halyts'ka Armiya (UHA)。它是西乌克兰民族共和国——Zakhidnoukrayins'ka Narodna Respublyka (ZUNR)——的正规军。这支军队在对于波乌战争期间建立。

2 应该注意的是，一列名为"乌克兰革命"（Ukrainski Revolutsija）的红军装甲列车于 1918 年 3 月底在安特里亚（Antrea，现卡缅诺戈尔斯克）附近被芬兰军队缴获。这明显是一个表示敬意的名称，因为列车和车组人员与乌克兰前线都没有任何联系。

3 1918 年 12 月 5 日—1919 年 1 月 23 日。

4 德涅斯特河支流，在现乌克兰西部，是原奥匈帝国和沙皇俄国的界河。

1918 年 12 月在利沃夫附近的 UHA 第 3 军 1 号装甲列车。（木刻：亚历山大·迪迪克的收藏，照片提供人是克日什托夫·马尔加辛斯基）

UHA 临时装甲列车的奥匈车厢。这张照片质量很差但很有趣，展示了射击的一刻：76.2 毫米野战炮的炮管处于最大后坐状态。（照片：亚历山大·迪迪克的收藏，照片提供人是克日什托夫·马尔加辛斯基）

展示 UHA 列车上类似火炮的木刻画，它正在向开来的波兰装甲列车射击。（木刻：亚历山大·迪迪克的收藏，照片提供人是克日什托夫·马尔加辛斯基）

1919 年 5 月 15 日被波兰人截停缴获的 UHA 第 1 军 212 号装甲列车。注意，临时拼凑的防护包括固定在棚车和货车车厢侧面的壕沟护盾。（照片：马里乌什·齐姆尼的收藏）

一列乌克兰装甲列车的照片。这辆装甲列车是用德国 Om 型高边车厢改装的，它于 1919 年 7 月 19 日波乌战争期间，在朱林（Dzhuryn，属布恰奇地区）被波兰军队缴获。注意防护厚度，延伸到车厢侧墙之上的钢板可能是壕沟护盾。（照片：CAW）

德涅斯特河沿岸地区[5]的 UHA 装甲列车（1919 年 7 月—1920 年 1 月）

尽管撤退到兹布鲁奇河一线之后，UHA 并没有气馁。它在卡缅涅茨—波多利斯克地区重组为三个军。1919 年年底，第 1 军除了约 100 门野战炮和 390 挺机枪之外，还拥有一列装甲列车（俄国轨距），名称为"哈拉齐纳"（Halatschina），是 UHA 在当年 8 月进攻基辅期间缴获的。

彼得留拉军团的装甲列车（俄国轨距）

1917 年 6 月 23 日，乌克兰民族共和国[6]宣布成立。在俄国革命后的一段时间里，它成了苏俄的一部分。多列装甲列车在此运行，质量各异，有临时拼凑的车厢，也有敖德萨等地海军工厂建造的车辆，还有从布尔什

维克及邓尼金白军手中缴获的做工精良且装甲厚重的单元。

本段下方照片中的列车最初是俄国 1 号装甲列车"红胡子"，于 1915 年 9 月 24 日被奥匈帝国炮兵击中，瘫痪在无人区。经维修之后，它先归布尔什维克使用，随后成为彼得留拉军团的乌克兰装甲列车"西切维克"（Sichevik）[7]号。1920 年 5 月 24 日被波兰军队缴获后，以"克雷乔维亚克"（Krechowiak）号（如下图）为名用于对抗苏俄军队，后又改名"道博尔将军"号。

5 位于卯郎在的摩尔名百西北部

6 Українська Народня Республіка (УНР)，拉丁化为 Ukrayins' ka Narodnia Respublika (UNR)。

7 这个名字指的是西奇步枪兵部队成员（得自一处哥萨克营地）。

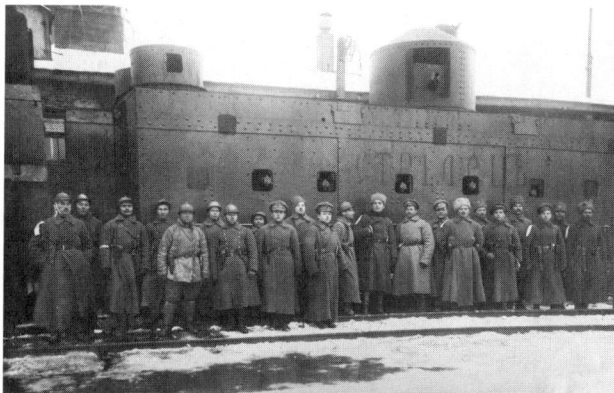

西奇步枪兵在基辅从白军手中缴获的装甲列车，后来改名为"西奇步枪兵"（Sichovy Strilets）号。车厢侧面有铭文"strilets"（步枪兵）。注意为欺骗敌方狙击手而漆成黑色的假射击孔。（照片：版权所有）

1920 年 5 月拍摄的"克雷乔维亚克"号装甲列车。（照片：CAW）

1919 年 8 月在沃尔夫上校于舍佩托夫卡的行动后被缴获的这列列车被命名为"自由乌克兰"（Wilna Ukraina）号。列车的设计与基辅铁路工厂建造的多列列车相同，由 O 级蒸汽机车推动，如"科罗斯坚地区共产党人"（Communist Korosthenskovo Rayona）号和"卡尔·李卜克内西"（Karl Liebknech）号。（明信片：保罗·马尔马萨里的收藏）

1919 年从彼得留拉军团缴获的布尔什维克宽轨装甲列车。照片中它的高边转架车厢已配备了简单的装甲和一门卡内特海军炮。（照片：克日什托夫·马尔加辛斯基的收藏）

1920 年 6 月 6 日，它最后一次易手，被布琼尼骑兵第一集团军的红色哥萨克缴获。它看上去没有遭受任何严重破坏，最后的主人设法进行了维修。此后它一直在苏军中服役到二战开始。

与波兰军队合作的乌克兰装甲列车（1920 年）

1920 年 4 月起，在波兰部队与乌克兰彼得留拉军团并肩作战的战区（尤其是波多利亚[8]中），铁路网采用了两种轨距（俄罗斯宽轨和欧洲标准轨）。

俄国宽轨装甲列车"乌克兰"号（注意西里尔和罗马字母的铭文）。照片摄于 1920 年年底。高边转架车厢配备了一个旋转炮塔，内装一门 1902 式 76.2 毫米野战炮。（照片：克日什托夫·马尔加辛斯基的收藏）

两位著名人物的会面：1920 年 9 月 5 日，波兰的约瑟夫·毕苏茨基和乌克兰的西蒙·彼得留拉在斯坦尼斯瓦沃夫（Stanislawow，今伊万诺 - 弗兰科夫斯克）出席了乌克兰装甲列车"卡梅柳克"（Кармелюк）号的服役仪式，该列车在当地的铁路工厂建造。（照片：克日什托夫·马尔加辛斯基的收藏）

8 曾为西乌克兰共和国一部分，于 1919 年归属波兰的一个地区。苏俄在苏波战争中短暂地占领了那里。

现代

乌克兰渴望与欧盟有更紧密的联系，而不是维持与俄罗斯的传统关系，这反映在建造装甲列车的零星尝试上，例如照片中的这节高边转架车，它在卢甘斯克（Lugansk）地区被作为路障使用，有着切割粗糙的射孔。注意一发炮弹或者 RPG 火箭造成的破坏。（照片：版权所有）

资料来源

档案

* *Polish Historical Service* (CAW).

书籍

* Krotofil, Maciej, *Ukraińska Armia Halicka 1918-1920* (Toruń: Wydawnictwo 'Adam Marszałek', 2002).
* Tynchenko, Yaroslav, *Armored Trains and Armored cars in the War of Liberation 1917-1920* (Kiev: Tempora, 2012).

期刊文章

* Diedyk, Alexander G, 'Armored Trains of the UHA. The war on railway tracks', *The Red Kalyna Chronicle* No 6–7 (1992).
* Wolos, Mariusz, 'Sortir de la guerre à Lvov', *Revue historique des armées* [online] 251 (2008), put online 9 June 2008, URL: http://rha.revues.org/323.

视频

* http://ukstream.tv/en/videos/ukrayins_ki_viis_kovi_znishchili_broniepoyizd_iekstriemistiv_u_slov_ians_ku_05_05_2014#.VOcXtyybfc.

网站

* http://www.encyclopediaofukraine.com/default.asp.

美国

装甲列车、机动有轨车和轨道车

初步计划

1845 年，《军事科学杂志》（*Journal des sciences militaires*）[1] 介绍了《联合武装力量杂志》的一位投稿人提出的计划，这项计划中的产品介于铁道炮和装甲列车之间。他提出，通过"宽度足以通过大尺寸车厢的铁路"来保护美国海岸线，"尽可能类似军舰的甲板，开口向着陆地一侧，装备指向大海的火炮。"车厢用带有射孔的装甲侧墙防护，修建围墙或者石堤以保护铁

---

1 Emploi de l'artillerie sur un chemin de fer pour la défense des côtes [des USA]', *Journal des sciences militaires No 66*, Third Series, Vol XXII (1845), P.304.

路。每 32 千米（20 英里）设置深沟高垒的车站，使火炮车厢可以在 15 分钟内对海岸上的任何一点实施干预。

美国内战（1861 年 4 月 12 日—1865 年 5 月 9 日）

（关于内战中南方军队使用的装甲轨道车厢，请参见美国南方邦联的章节）

从战争一开始，火炮位于列车首部的铁路炮台就在前线的不同位置使用，有的是出自最高统帅部的倡议，有的则由特别具有创新精神的战区指挥官推动。例如，1861 年 5 月，为了保护巴尔的摩与俄亥俄铁路网，联邦军的麦克莱伦将军命令在运兵列车车头安装火炮。"独裁者"（Dictator）则是另一个例子，它在 1864 年 6 月到 1865 年 3 月的匹茨堡围攻战中名声大噪。这种 326 毫米（13 英寸）岸防臼炮缺乏装甲防护，从简单的平板车上发射。但是，本章我们将仅限于研究展现美国内战现代化特征的装甲炮台，它们为未来许多战争（首先是普法战争）中的类似构造提供了灵感，直到布尔战争时才被超越。

战争初期，联邦政府命令建造装甲车厢，以保护费城、威尔明顿（Wilmington）和巴尔的摩铁路上的工人。这一车厢归属著名铁路工程师赫尔曼·豪普特（Herman Haupt）指挥，但他拒绝使用，认为这种车厢只是没有用的"白象"。尽管如此，装甲铁路车辆的概念已经在当时扎下了根。

联邦军队建造了多节装甲车厢。1862 年夏季，伯恩赛德（Burnside）[2] 将军下令建造装甲车厢以应对游击队和南方袭击部队的侵犯，但它们并不是用来抵御炮火的。这些车厢主要在巴尔的摩 - 俄亥俄铁路公司的工厂建造。

1862 年，第 23 马萨诸塞州志愿步兵团的一名上尉设计了一种装甲火炮车厢，由大西洋与北卡罗来纳铁路公司建造，用于在纽伯恩以西铁路线巡逻，南方邦联在那里驻扎了一些部队。这节车厢由一辆带装甲驾驶室的机车推动，得名"监视者"（Monitor）。车厢的正面、侧面和后面都向内倾斜了 15 度左右并被漆成黑色，射孔则为红色。正面有用于小型海军炮的炮眼，用垂直方向的铁轨加以防护，侧面和后面则覆以锅炉钢板。侧墙可以抵御枪弹，正面装甲更可抵挡野战炮的火力。车顶敞开以便通风采光（有储备防水帆布）。第一次看到这种南方人所称的"北方佬的有轮炮艇"时，一位邦联炮兵中尉表达了困惑和惊恐。

---

2 他以连鬓胡子而著称，这种打扮带动了一波风潮。

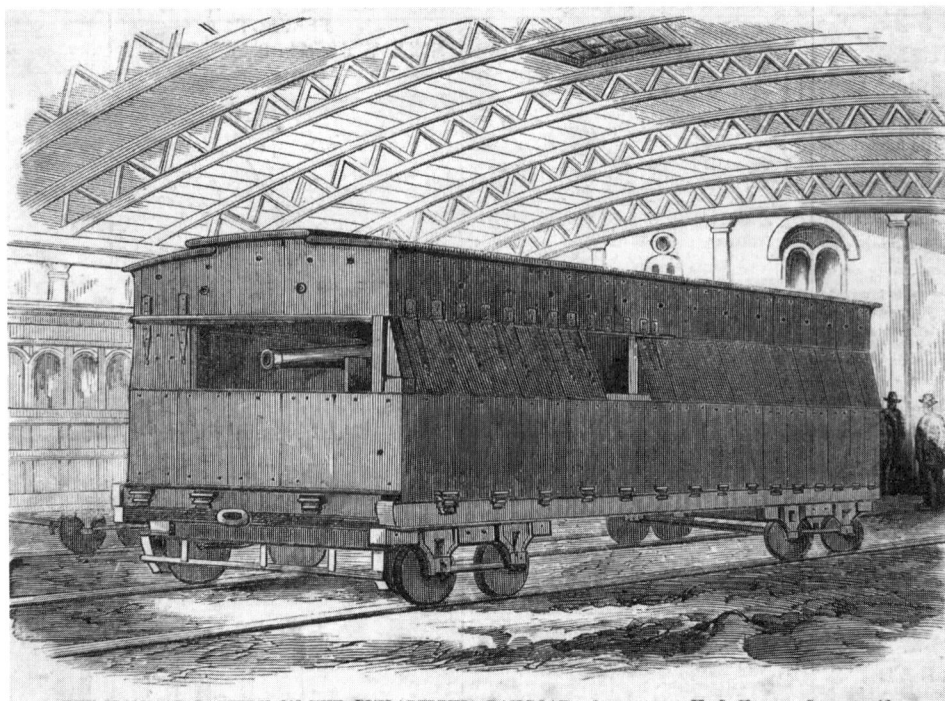

表现费城、威尔明顿与巴尔的摩铁路装甲车厢的许多插图之一。本图展现的是停在车站的车厢，其他插图角度与之相同，但描绘的是乡间情景，说明这种新型战争机械多么令当时的记者和读者着迷。车首炮的炮口突出，可能是一门 10 磅帕罗特（Parrott）线膛炮，能够从两侧和正面的炮眼中射击。注意，艺术家夸大了用作基车的平板车的宽度。（插图：保罗·马尔马萨里的收藏）

展示类似装甲火炮车厢的另一幅版画（威廉·C. 拉塞尔所作），这节车厢基于 18 柱平车，装备一门可前向和侧向开火的帕罗特线膛炮。这节车厢的侧面为梯形，火炮旁边有为炮手留出空间（图上的比例太小了！）。屋顶抬高的部分用于采光和排烟。艺术家描绘了侧墙上半部分的一排射孔，但这些孔太小了。这些列车最大的弱点是机车的锅炉和显眼的烟囱。（版画：保罗·马尔马萨里的收藏）

杰克逊维尔（Jacksonville）从 1863 年 3 月起就在联邦军手中，当邦联军企图重夺该城时，面对法恩根（Finegan）将军的棉甲车厢（参见美国南方邦联），北方建造了自己的装甲铁道炮台，并安装了一门帕罗特线膛炮。两军之间的战斗是装甲铁道车厢的第一次对抗。联邦军在 3 月 29 日解了杰克逊维尔之围。

同年，《科学美国人》报道了北方军队的"塔利斯曼"（Talisman）号装甲机车试验，根据豪普特将军的建议，车上的驾驶室和轴杆都得到了 10 毫米（0.4 英寸）厚的铁板的保护。不过，试验显示，它只能抵挡轻武器子弹。

巴尔的摩和俄亥俄铁路公司在第 2 马里兰团的帮助下，为联邦军建造了一列装甲列车，任务是保护坎伯兰（Cumberland）周围地区。该列车在机车两侧采用对称布局，机车驾驶室配备了装甲。列车前部和后部各有一个三面用铁轨防护的装甲炮台，车顶和车厢后面敞开，然后是一节设有射孔的装甲棚车。尽管拥

有装甲，1864 年 7 月，邦联军队的一发炮弹击中它的机车锅炉，随后第二发炮弹击中了一节装甲车厢，最终毁灭了这列列车。

这节装甲车厢安装的火炮可以全向射击，被布置在前方保护所属的列车。不过，这种布局会使炮手在装弹或使用轻武器时暴露在敌方火力之下。装甲防护可能使用的是倾斜固定在木质结构上的铁轨。（版画：《哈珀周刊》，1862 年）

这幅细致的特写来自安德鲁•J.拉塞尔拍摄的一张照片。我们从中可以看到1863年春季经过维修的布尔溪大桥上的第一列列车，其装甲火炮车厢是在12柱铁路平板车基础上建造的。注意装甲侧墙中部的典型装饰，以及从铰接的射孔中伸出的火炮。此外，这似乎是一节装有两门火炮的车厢。（照片：国会图书馆）

在这些真正建造的车辆之后，热心的公民们还提出了一系列建议。例如，纽约的查尔斯•珀利（Charles Perley）提出了一个"移动炮台"计划，计划中的车厢具有可在铁路（不同轨距）和公路上行动的优势，它的车轮有足够的宽度，可满足多重任务。发明者提议将这样的车厢放在机车的前面和后面。如果车厢没有挂接到机车上，可拆卸的底板也可以使车组人员下到铁轨或地面推动车辆，甚至在掩护之下维修铁轨。车厢的装甲防护包括固定在木制框架上的铁板或钢板。除了轻型火炮之外，车厢侧面也有射孔，车上还将多运载4段铁轨（图纸上标志为4），用于铁轨维修或更换。

匹茨堡围攻战（1864年6月—1865年4月）中，联邦军希望夺取这个有五条重要铁路线交汇的战略枢纽，为此动用了铁道炮。美国军事铁路局（USMR）此时已经全面投入运营，使用这些武器得到了极好的效果，邦联军队逐渐与外援失去联系。1865年4月3日，联邦军攻克该镇。

查尔斯•珀利申请的37.766号专利所附图纸，于1863年2月24日获批。

内战与一战之间

巴拿马的装甲列车（1885和1903年）

巴拿马运河开凿之前，连接地峡北部科隆（Colón，美称阿斯平沃尔）和南部巴拿马城的铁路线有很重要的战略意义。为了阻止反对哥伦比亚政府的革命者破坏巴拿马铁路公司的铁路基础设施，美国决定从海上派遣一支740人（两个营的海军陆战队员，以及操作加特林机炮的水兵）的特遣队实施干预。这支部队于1885年4月7日登陆巴拿马，4月15日进驻科隆。在此期间，10日夜里到11日凌晨，美国海军的金博尔（Kimball）上尉监督建造了两节装甲车厢。11日起，秩序逐渐恢复，正常铁路交通重新开始，并得到了装甲车厢的保护。

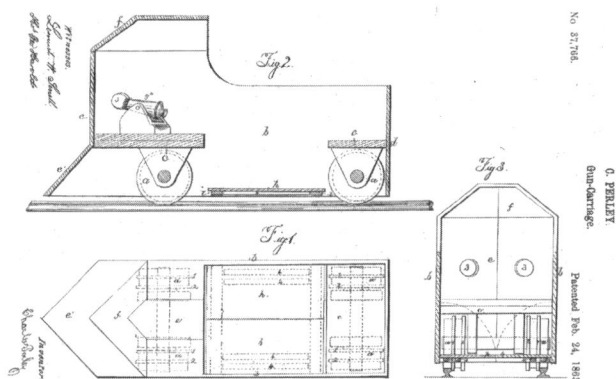

1864—1865年的匹兹堡围攻战期间联邦军使用的这个炮台装备的是一门32磅炮，安装在七个车轴上。在当时，以木材作为防护的情况很普遍，铁板较为少见。（照片：国会图书馆）

在巴拿马的美国装甲车厢。(版画:《哈珀周刊》, 1885 年 5 月 30 日)

这些车厢使用 1.1 米(3 英尺 7.25 英寸)高、10 毫米(0.4 英寸)厚的装甲钢板;每节车厢装备一门霍奇基斯 37 毫米速射炮、一门带支座的短加特林炮,以及一门 12 磅滑膛榴弹炮。后者可以用于地面作战。车组由 42 名美国海军陆战队员和 58 名水兵组成。

1902 年 9 月,该地区受到了革命运动的影响。1903 年 11 月,一支由陆战队员和水兵组成的分遣队再次登陆,占据了科隆的阵地,并投入了装甲列车,但具体信息不详。

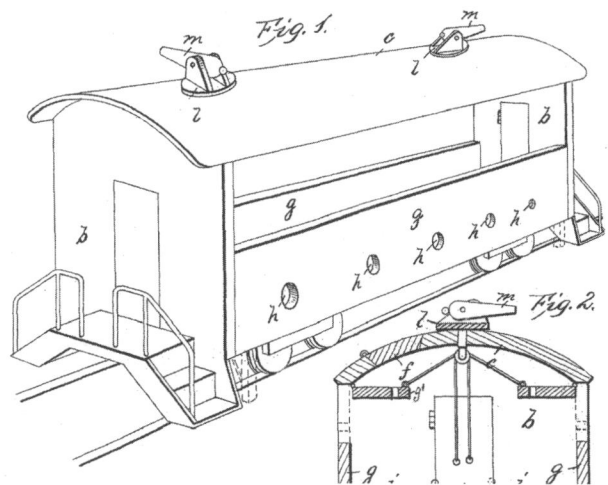

1895 年 5 月 28 日的 540.134 号专利所附版画。

约翰·贝克的计划

1895 年，宾夕法尼亚居民约翰·贝克取得了一项装甲车厢专利，该车厢顶部装有枪炮，通过遥控瞄准及射击。装甲侧墙上半部分有可以向上铰接的面板，乘员可从那里齐射，而下半部分的炮眼可以供小口径枪炮射击。后坐力通过车辆四角的稳定支架抵消。令人吃惊的是，到了这个时候，专利图纸中的小口径枪炮都还是30 年前内战期间使用的产品。也许图纸纯粹只是指示性的，但它们影响了整体印象。

1896 年俄亥俄州长威廉·麦金利竞选活动中的"铁路装甲巡洋舰"

改装"装甲巡洋舰"这辆电车纯粹是一件轶事，如果不是有人对内乱期间使用的这种车辆发生了兴趣，它在装甲列车的历史上不会有一席之地。

1896 年，共和党候选人威廉·麦金利（William McKinley）为了宣传其总统竞选活动，将一辆电车改装成了装甲巡洋舰，有些资料来源称改装中使用了纸板，有些则称使用了金属。这辆车由造船工程师亨利·P.拉普安特（Henry P Lapointe）设计，在马萨诸塞州的菲奇堡（Fitchburg）[3]建造和运行。这个想法来源于支持者查尔斯·K.达林（Charles K Darling）少校，他所在的社团组建了一家公司参与选举活动，他被选为"首领"。[4]这艘"战舰"长 11.28 米（37 英尺），宽 2.74 米（9 英尺），高 3.65 米（12 英尺），由两台 30 马力的电机驱动。此举的基本思路是说明，建造一辆电车轨道上的装甲车辆来干预城市暴乱是可行的。这辆车还可用于迅速、安全地在城镇之间运送连级规模的部队和火炮。1938 年，上述思路死灰复燃，有人建议"建立一支这样的轨道车队，是迈向机械化战争的新步骤"。麦金利在 1896 年总统竞选中获胜后，有些信息来源称这艘"装甲巡洋舰"漂浮于瓦罗姆湖（Lake Whalom）上属于电车公司的一个公园里，其他来源则称它被拆毁。[5]

这辆电车在一定程度上受到了美国装甲巡洋舰"布鲁克林"号的启发。根据相关描述，它拥有白色的车身、绿色上层建筑（实际上是浅黄色）以及黑色的武器与舷窗。[版画：《自然》第 1247 号（1897 年 4 月 24 日），P 336]

3 由菲奇堡与莱姆斯特有轨电车公司负责。
4 The Fitchburg Daily Sentinel, 13 and 21 August 1896, P.6.
5 这些来源都不明确，但记录历史不是记者的工作。

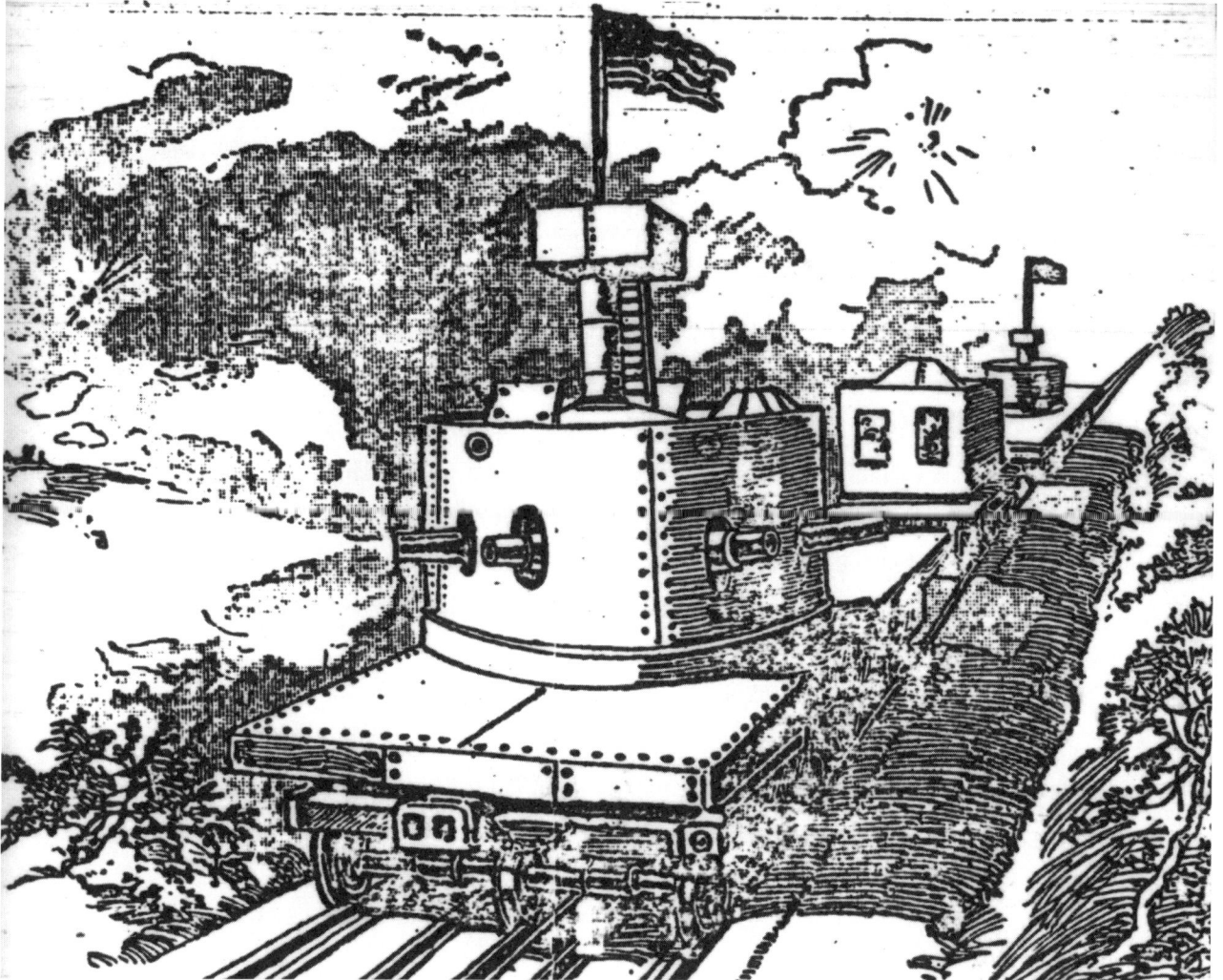

对于这列美国装甲列车的设计，我们没有任何相关信息，根据它的组件与军舰的相似度判断，它的设计意图可能是岸防。虽然有消息称这是 1898 年的设计，但实际上可能只是 1845 年初始设计的翻版。（版画：版权所有）

　　1899 年，美西战争后不久，美国决定控制前西班牙殖民地。菲律宾民族主义者以马诺洛斯（Manolos）为都城，拒绝接受他们认为的"新殖民主义枷锁"，并拿起武器反抗集中于马尼拉的美军部队。后者沿铁路线推进，使用了一列临时建造的装甲列车，初期装备一门 6 磅海军炮和两门向侧面射击的加特林炮，后来又增加了一门霍奇基斯转膛炮。他们向马诺洛斯的推进受到多条防线的迟滞，但仍然攻克了该镇。起义军改变策略，开始袭击美军后方的铁路。1899 年 4 月 25 日，这列装甲列车参加了卡伦皮特（Calumpit）的行动，在华裔工人的推动下支援下车作战的 400 名第 4 骑兵团官兵。战役期间，列车的火力似乎是迫使菲律宾人撤退的主要因素。战争在山区延续，装甲列车没有更多的用处，各个车厢可能于 1899 年底归还民用部门。

这幅版画展示了由 4 个车厢组成的装甲列车，其前导车厢装备一门 37 毫米霍奇基斯转膛炮和一门加特林炮。卡伦皮特战役期间，由于缺少蒸汽机车，它由华裔工人以手推动，在巴格巴格河战斗。（版画：保罗·马尔马萨里的收藏）

"雄鹿专车"[6] 装甲列车（1913 年）

西弗吉尼亚矿工于 1912 年 4 月 18 日到 1913 年 7 月底发动了一场旷日持久的罢工。8000 名矿工要求与周围矿区的工人们同等的工资，并调整煤炭称重规程。他们面对的，是矿业公司从臭名昭著的鲍德温 - 费尔兹侦探社请来的 300 名私人保镖，以及 1200 名联邦军队。侦探社的保镖们在亨廷顿（Huntington）的 C&O[7] 铁路公司工厂里组织建造一列装甲列车。该列车包括一辆蒸汽机车、一节客车车厢和一节钢板防护的棚车。1913 年 2 月 7 日夜间，为了报复对一辆救护车和马克洛（Muklow）附近仓库发动的袭击，私人侦探、警察和矿业经营者在卡诺瓦（Kanawha）县治安官邦纳·希尔（Bonner Hill）率领下，使用这列列车实施了一次袭击。他们用柯尔特机枪向罢工者切斯科·埃斯特普（Cesco Estep）的木质框架房屋开枪，将他打死并伤及其他数人。

矿工的装甲列车（1913 年 9 月）

这一时期还发生了另一个戏剧性的事件，当时南科罗拉多爆发了激烈冲突，特别是科罗拉多燃料与铁矿公司所拥有的煤矿发生了长时间的罢工，矿工们因其中一员遭到谋杀而愤怒。在公司招募的卫队对罢工者营地发动的一次袭击期间，矿工们临时建造了一列装甲列车，用它攻击破坏罢工者。此次罢工持续到 1914 年春季，以"拉德洛大屠杀"告终，在那次屠杀中，有 26 名矿工及多名妇孺死亡。[8]

虽然严格来说算不上"装甲"，但运送科罗拉多民兵袭击拉德洛露天营地的列车司机有意将其停在民兵的机枪阵位前，从而掩护许多罢工者及其家人逃脱。

1914 年，德国奥伦施泰因·阿图尔·科佩尔公司美国分部在匹茨堡建造了一节装甲车厢，车厢上以梅花形状布设射孔，与 12 年前布尔战争中的列车一样。由于当时美国陆军没有此类车辆的需求，它后来可能被卖给了外国，或许就是南非。

奥伦施泰因·阿图尔·科佩尔（Orenstein Arthur Koppel）1 号装甲车。（照片：版权所有）

墨西哥边境巡逻

在潘乔·比利亚的部队屠杀民用列车上的美国人，并于 1916 年 3 月 9 日袭击了新墨西哥州哥伦布镇后，美国决定派出潘兴将军率领的一支部队，以期望消除游击队的威胁。为此，美国陆军于 1916 年采购了大约 30

辆马克 - 绍雷尔卡车（人称"赖克车"，这种卡车得名于设计师安德鲁·赖克）。其中多辆被改装用于执行铁路任务，但仅用于新墨西哥州和得克萨斯州铁路网上的补给任务，因为立宪派政府禁止美国部队使用墨西哥铁路。

艺术家对标准钢公司巡逻车厢内部的印象。图中的机枪是 1909 式"机关步枪"（Benet-Mercié Hotchkiss Portative），它在潘乔·比利亚对新墨西哥哥伦布镇的袭击中被不公正地称为"日光枪"。[插图：《大众科学月刊》，第 89 卷（1916 年）]

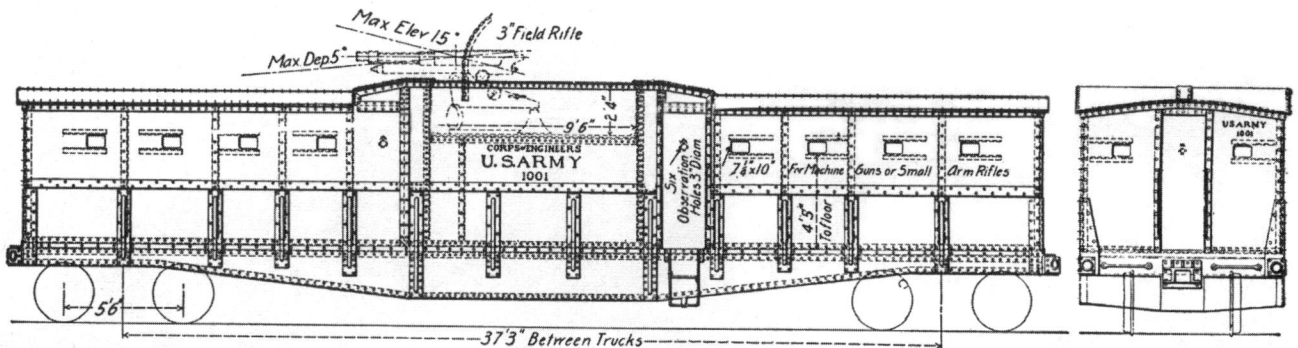

Fig. 2831—Side and End Elevations of the Armored Car for the United States Army. Used on the Mexican Border.

巡逻车厢的侧视图与后视图。（图纸：版权所有）

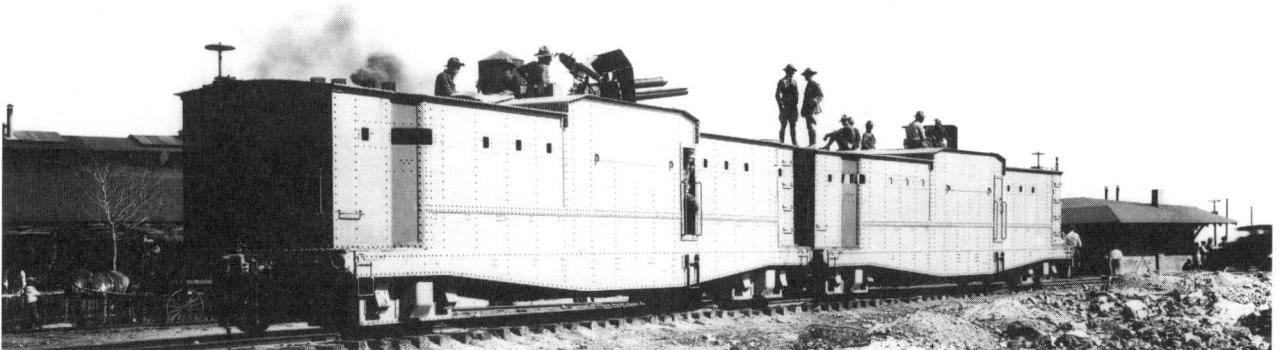

这两辆装甲机动有轨车的车顶布局和下半部装甲防护与 1916 年标准钢公司的装甲车厢类似。侧面没有垂直的 T 断面拉手，每个角落的驾驶位置都遵循霍尔 - 斯科特 11.001 型机动有轨车的布置。两节车厢中较近的那门火炮不是美制炮，而是 1918 年 2 月服役的 1917 式（英国 18 磅炮，经过改装后可发射法制 75 毫米弹药）。此外，该列车还配有一门被安装在井式枪座上的布朗宁机枪。这种武器配置说明该车出现于 20 世纪 20 年代，可能是保留下来进行墨西哥边境巡逻的。注意车顶排气管冒出的烟。这张照片的彩色版本曾用作劳埃德烟草公司的 99 号烟牌。（照片：埃尔帕索公共图书馆）

美国陆军工程兵委员会注意到比利亚军建造的装甲车厢，包括赖克卡车的装甲版本（参见墨西哥的章节）。为了确保危机期间的美墨边境安全，工程兵部队设计了一种装甲车厢，将合同授予标准钢公司，后者仅用 27 天就造出了这种车辆。该辆装甲车厢的任务是保护铁路线和附近设施，而不是实施攻击性的袭击任务。车上的装甲只能抵御轻武器火力，并按照人体站立高度设置了 20 个用于轻机枪和步枪的射孔。车厢中

央的下半部分用于保存弹药，上半部分则是 76.2 毫米（3 英寸）野战炮阵位，由三名炮手操炮。巡逻时，车组共有 12 人，提供给他们的有些许板凳、一个洗手间和饮用水水箱。整节车厢重量为 44 吨。虽然《大众科学月刊》的剖面图显示，这节车厢由一辆装甲蒸汽机车推动，但实际上后者从未建造。不过，美军建造过一节完全相同的车厢，上面安装一具探照灯，由一辆轨道车推动。

这是霍尔 - 斯科特 11.001 装甲机动有轨车，布局上与标准钢装甲车厢类似，但自带动力，因此更加全能。注意每个角落的驾驶位置，当多车挂接在一起时，两端的中央被一扇装甲车门占据。（照片：版权所有）

美国陆军工程兵团还委托建造了第二辆装甲机动有轨车原型，由通用电气公司承建。它采用了更紧凑且传统的设计，也安装在转向架上，但没有装备野战炮。（照片：版权所有）

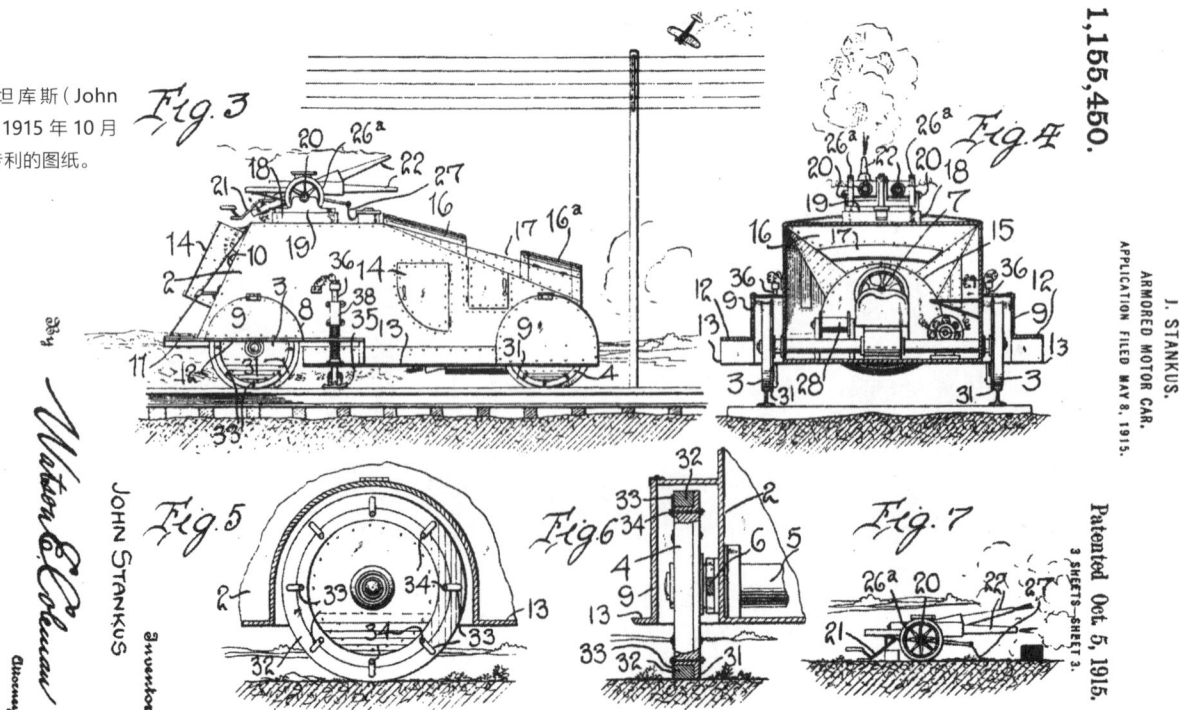

约翰·斯坦库斯（John Stankus）1915 年 10 月 5 日所获专利的图纸。

一战和二战的装甲列车

第一次世界大战（1917—1918 年）：有想象力与实用性的提议

　　虽然美国直到 1916 年 4 月 6 日才参战，但从 1914 年起，就出现了多个装甲轨道车辆的专利申请，例如，纽约的贝拉莫尔（Bellamore）先生申请了标准化装甲板的专利。1915 年，宾夕法尼亚的约翰·斯坦库斯提出了一种带武装与装甲的公路铁路两用车，其改装是通过在铁路车轮上附加橡胶轮胎实现的（美国专利 1155450 号）。1918 年 7 月 17 日，弗雷德里克·W. 瓦格纳（Frederick W Wagner）申请了一项雄心勃勃、但没赶上战争时期的车辆专利：装有速射枪炮，在公路上行动，还配备了轨道以越过湿地。此外，它的车轮还可以在铁路上行驶。该专利于 1919 年 1 月 21 日才获批（1292170 号），它的构造见下图。

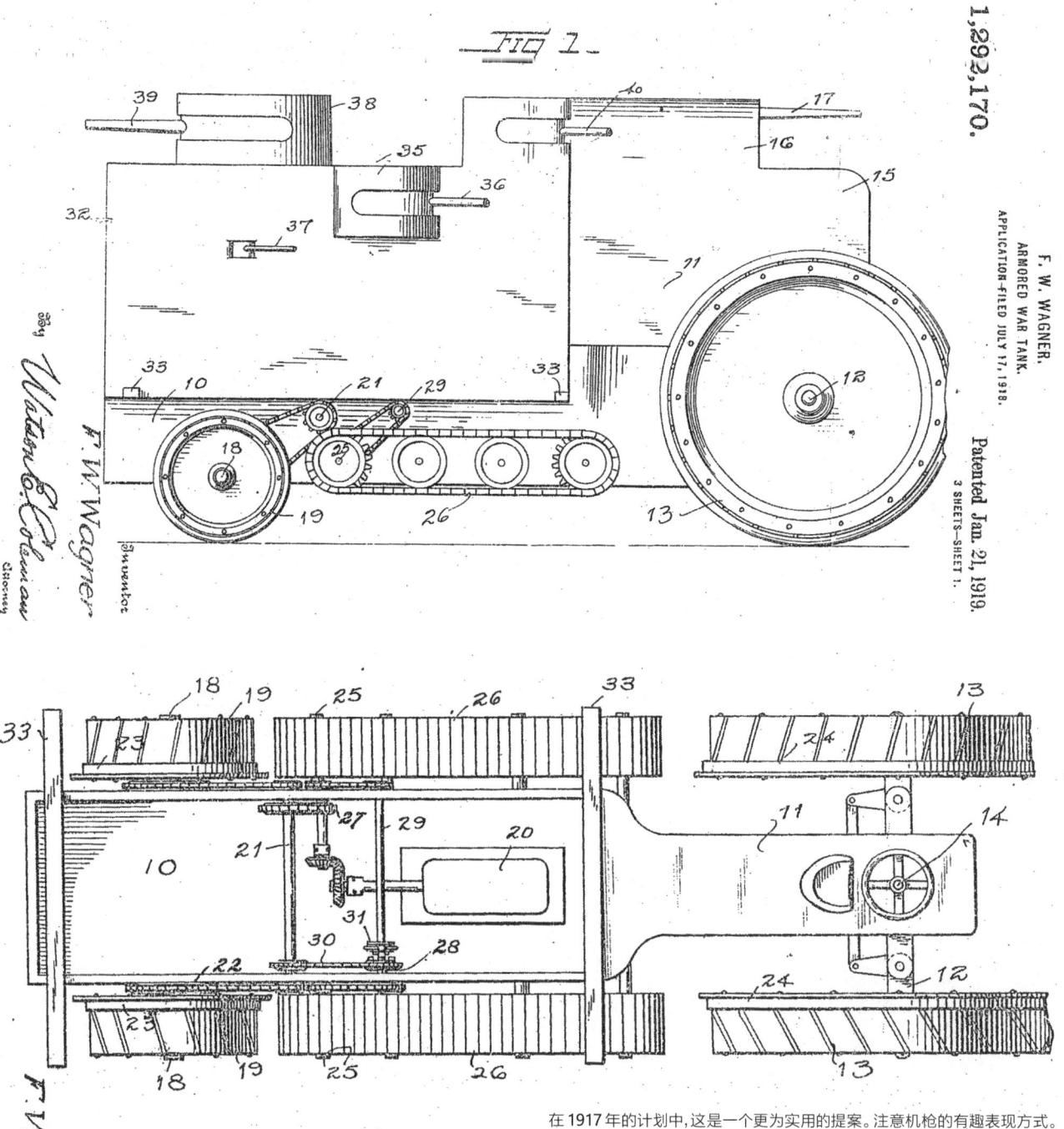

在 1917 年的计划中，这是一个更为实用的提案。注意机枪的有趣表现方式。
（图纸：版权所有）

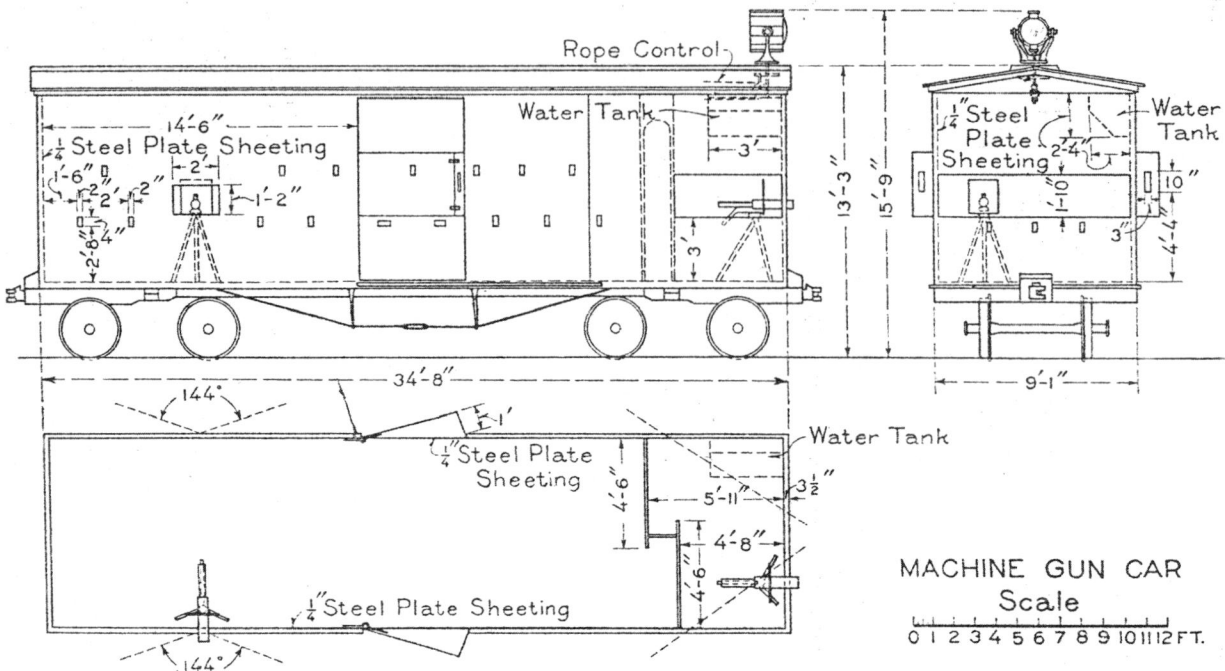

Rope Control

Water Tank

Steel Plate Sheeting

14'-6"

1'-6"

2" 2" 2"

1'-2"

2'-8"

3'

13'-3"

15'-9"

Steel Plate Sheeting

Water Tank

10"

9'-1"

34'-8"

144°

1'

¼"Steel Plate Sheeting

Water Tank

4'-6"

5'-11"

3½"

4'-8"

4'-6"

¼"Steel Plate Sheeting

144°

MACHINE GUN CAR
Scale

0 1 2 3 4 5 6 7 8 9 10 11 12 FT.

　　1917 年，军方发布指令，为紧急情况下迅速改装装甲车厢制定规则。这些提案所附的设计图重提了布尔战争期间建造的车厢，以及车顶安装的探照灯和装甲侧墙上射孔的布置（参见上方的图纸）。

　　为了在前线服役，美国根据英国辛普利斯的模板，建造了 60 厘米轨距的牵引车，这些车在默兹河 - 阿尔贡攻势中使用。它们的最高时速为每小时 12.9 千米（8 英里），总重 6.35 吨。

　　鲍德温公司建造了 126 辆 MM8 型窄轨牵引车，功率输出为 50 马力，配属驻法美军，但显然只有一辆配备了装甲。

　　1919 年，美国与其他盟国一起干预苏俄。美国远征军（AEF）在摩尔曼斯克地区作战，保护铁路网络，投入了至少一列装甲列车。

鲍德温 MM8 装甲牵引车原型。（照片：德戈利尔大学）

1920 年美军赴俄分遣队使用的临时装甲列车。（照片：IWM）

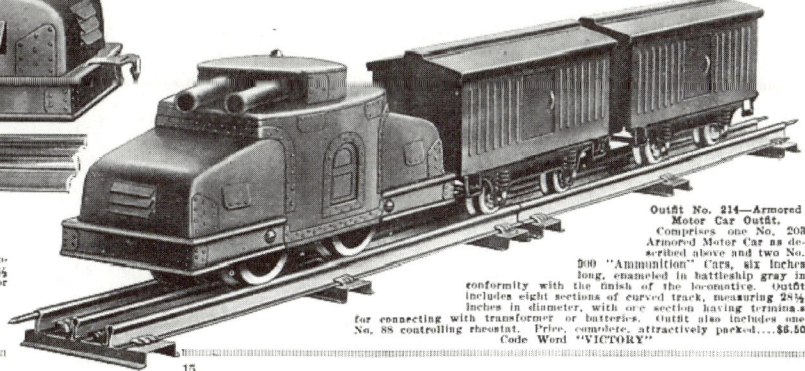

1917 年《莱昂内尔产品目录》中的一页。炮塔中的火炮配有红灯，在转动时闪烁。（目录页：照片提供人为美国莱昂内尔收藏家俱乐部的比尔·施密尔克）

1941 年 2 月的纸板模型。（保罗·马尔马萨里的收藏）

装甲列车在一战初期的大众媒体里占有显著地位，因此莱昂内尔公司不可避免地需要制造电气列车的成套模型，这种包含装甲机车（也即一年后面世的克罗沙装甲牵引车所参考的形式）的列车最先出现在 1917 年《莱昂内尔产品目录》中，一直销售到 1919 年。

二战期间，美军没有在攻击任务中使用过装甲列车。另外，列车也没有采用被动防护，特别是机车上。有些惠特科姆（Whitcomb）65-DE-14 柴油机车配备了装甲，部署到北非战场（1941 年时派出 19 辆，1943 年年初时派出 17 辆）。为了提供针对空袭的防护，美军共从惠特科姆订购了 15 套完整的装甲，保护驾驶室和车辆两端。

虽然美军不使用装甲列车（LNER 为艾森豪威尔将军建造的专用装甲客车车厢在英国的章节中描述），但装甲列车仍然是大众想象力的一部分，并继续以玩具的形式出现。由于战时建设需要金属，纸板剪贴变得非常流行（见本书 555 页的图片）。即使没有任何特定的原型，其绿色的伪装图案和土色的上表面就极具英国风格。

冷战时期的装甲列车

为运输核材料而设计的"白色列车"是冷战的特有产物。安全轨道车（SSR）车厢是伊利诺伊州芝加哥的思罗尔（Thrall）汽车公司建造的，对改良的转架车厢进行了加固和装甲化。相关设计研究始于 20 世纪 50 年代，耗时两年时间才完成。这种车辆最初用于运输核武器，较旧的车厢后来用于从科罗拉多洛基平原（Rocky Flats）工厂将军用核废料运往爱达荷州的地下仓库。

ATMX 500 系列共建造了 83 辆，随后是 14 辆 ATMX 600 系列。它们有多项安全措施，以避免恐怖分子接触到货物。车厢两端倾斜的形状意在最大限度地减弱碰撞的动能，使车厢的一端滑到前一节车厢的尾部之上。货物装载通过可用铆接钢板关闭的车顶开口进行，此外车厢的总体结构强度也有所加强。

以完整队形行驶、不加入商用列车时，由核材料运送车厢组成的装甲列车最高时速为每小时 55 千米（35 英里），只在机车加油时停车，并得到车厢两端武装警卫的保护。正常的配置顺序是：机车、押运车厢、减震车厢、核武器运输车厢、减震车厢、押运车厢。空车厢将与装载货物的车厢挂接。乘员有自己的高频、甚高频和民用波段无线电设备，不间断地与干预团队的网络通信。每列列车的使用由阿尔伯克基（Albuquerque）的能源部（DOE）运行局负责，该局还控制在公路上的转运。留存下来的 11 节车厢被保存在阿尔伯克基附近科特兰空军基地的国家原子能博物馆，后被转移到阿马里洛铁路博物馆。

TSSX 557 核武器运输车。（照片：阿马里洛铁路博物馆）

装甲押运车厢 TSSX G-33，照片清晰地显示了它的开口、射孔和无线电天线。（照片：阿马里洛铁路博物馆）

技术细节（ATMX-600 系列）

长度：18.24 米（59 英尺 10 英寸）

宽度：3.05 米（10 英尺）

高度：4.22 米（13 英尺 10 英寸）

运载能力：45.95 吨

满载重量：99.79 吨

特种车辆

为完整性起见，我们必须提到某些特种装甲轨道车辆，例如为富兰克林·D. 罗斯福总统改装并装甲化的"斐迪南·麦哲伦"（Ferdinand Magellan）号总统专车，以及 19 世纪末到 20 世纪初成为许多专利主题的美国特色车辆——装甲邮政或现金运输车。下面仅举 1888 年的

Fig.1

属于联合水果公司的惠特科姆装甲机动有轨车，建于 1928 年。(照片 : 版权所有)

一个例子，它与同时代的某些军用列车颇有相似之处。

1919 年的一篇报纸文章详细描述了这些防护车厢之一，说明它们可能用于阻止潜在的劫匪。我们可以从下面的第一张照片中看到，一名警卫正在使用监狱看守使用的泵动式霰弹枪，通过装甲射孔射击。1924 年的一篇大受欢迎的法国评论文章中，甚至复制了原文章的一部分描述。

最后，我们还要提到在地铁网络中服役的装甲机动有轨车，但没有关于它的细节。

资料来源

档案

- 德戈利尔图书馆
- 国会图书馆
- 美国国家档案馆
- 美国专利局

书籍

- Alexander, Edwin P, *Civil War Railroads & Models* (New York: Clarkson N. Potter, Inc./Publishers 1977).
- Drumm, Nelde K, and Harley, Margaret P, *Lunenburg – The Heritage of Turkey Hills 1718-1978* (Lunenburg, MA: Lunenburg Historical Society, 1977).
- Heimburger, Donald J, and Kelly, John, *Trains to Victory: America's Railroads in WWII* (Forest Park, IL: Heimburger House Publishing Co, 2009). 380 pages.
- Hodges, Robert R Jr., *American Civil War Railroad Tactics* (Oxford: Osprey Publishing, 2009).
- Koenig Alan R, Ironclads on Rails: Railroad Weapons of the American Civil War, 1861-65, Doctoral History Thesis, *University of Nebraska-Lincoln* (E-U.), under the supervision of Dr Edward Homze, 1995.

期刊文章

- Hall, James D., 'Armored Trolley', *Railroad Magazine* (1938), PP.93–4.
- Stanitz, Jim, and Moon, Paul F, 'Safe Secure Rail Cars', *NMRA Bulletin* (September 1980), PP.33–4.
- Waite, Thornton, 'ATMX Covered Hoppers, a Special Car for Nuclear Shipments', *Mainline Modeler* (August 2001), PP.69–72.
- Walsh, Paul V, 'A US Armoured Train in the Philippines, 1899-1900', *AFV News* 28/2 (May-August 1993), PP.10–11.
- 'A Trolley Man-of-War', *Literary Digest* Vol XIV, No 10 (9 January 1897), PP.304–5.
- 'Emploi de l'artillerie sur un chemin de fer pour la défense des côtes [des USA]', *Journal des sciences militaires* No 66, Third Series, Vol

XXⅡ (1845), P.304.

- 'Our First Armored Car', *Popular Science Monthly* Vol 89 (1916), PP.388–9.
- 'Parades américaines, un navire de guerre à trolley', *La Nature* No 1247 (24 April 1897), PP.336.
- 'Trains blindés d'Amérique', *Lecture pour tous* (November 1924), PP.180–2.
- 'Trains, Boats and Guns–Armour in Panama, 1885', *Tank TV* No 23 (September 2000), PP.1–4.
- Papers on Naval Operations, Chapter Ⅱ, *Navy Department*, 1885.
- *Fitchburg Daily Sentinel*, 11 September 1896.

- *Harper's Weekly*, 1862.
- *Harper's Weekly*, Vol XXⅠX, No 1484 (30 May 1885), P.349.
- *Metal Trades* (February 1919), PP.94–5.
- *Modern Mechanics* (February 1919).

网站

- www.amarillorailmuseum.com.
- www.youtube.com/watch?feature=player_detailpage&v=kz54FcA4wqA.

越南共和国（南越）

装甲列车

越南在中南半岛战争期间逐渐恢复了主权，越南共和国陆军（ARVN）于 1949 年 1 月 1 日创建。[1]1954 年 6 月到 1955 年 10 月之间统治越南的是保大皇帝，他在一场政变中被废黜，随后越南共和国成立。1955 年 10 月 26 日建立的这个共和国也被称为"南越"，随着 1975 年 4 月 30 日西贡城陷而灰飞烟灭。[2]

1953 年，尽管越南还没有独立，（法国）装甲列车就开始移交给 ARVN 的第 1 装甲骑兵团，该团是第 4 龙骑兵团的继承者。1954 年 8 月 16 日，第 5 骑兵团装甲列车分队（5 号装甲列车，在通往禄宁的铁路线上）和第 2 外籍步兵团（2 号和 3 号装甲列车，在通往芽庄的铁路线上）调入 ARVN 的第 1 护卫中队群（1er G.E.E）。1954 年 10 月左右，这支部队改称第 1 越南龙骑兵团，负责确保铁路网的安全。

1954 年 10 月，在藩切的 3 号装甲列车前，越南军人向国旗致敬。黄色背景上有三道红色条纹[3]的越南共和国国旗正在升起。（照片：私人收藏）

1　法兰西第四共和国宪法第 60 条规定，法兰西联盟包括法兰西共和国与之关联的领地与国家，其中包括 1887 年创立的印度支那联盟的三个国家。

2　1976 年 7 月 2 日，北越和南越宣布统一。

3　1890 年制定。金色代表着曾统治越南的各个王朝，三道红色条纹表示北圻（东京）、中圻（安南）和南圻（交趾支那）。

560

安装"考文垂"装甲车炮塔的装甲车厢。照片摄于旧邑郡的一次演习时。（照片：私人收藏）

3号装甲列车乘员和法国军官，后者负责移交装备和训练越南士兵。前排中间的是第1护卫中队群（也称为"黑龙中队"）的标志。（照片：私人收藏）

这节车厢仍然使用第4龙骑兵团所起的法国名称。（照片：私人收藏）

注意固定在炮塔上的第 1 护卫中队群标志，这座炮塔肯定属于列车指挥员的车厢。（照片：私人收藏）

越战期间，旅客和货运列车由插入其中的装甲车厢保护，车上人员从平民卫队的 8 个连中抽调。此外，1962 年从马来西亚购买的威克姆装甲轨道车用于实施侦察任务。

随着战争的推进，铁路网不断缩小，西贡失守时，唯一仍在使用的是连接南越首都到边和，距离仅为 30 千米（18.5 英里）的铁路线。尽管命运多舛，法国装甲列车仍服役了 30 年。

这可能是全金属的 GGy 型，除了无线电设备之外，自从服役于法军后似乎就没有进行任何改良。（照片：Critical Past 网站）

这节车厢可能是 "潘波尔"（Paimpol）号。人们可能会疑惑于这些车厢上发生了什么。它们可能被切割报废，或者重新改装为货车。甚至曾有人透露，其中一个装甲车身被放在地面上作为警卫岗亭使用。（照片：Critical Past 网站）

这些轨道车的总体糟糕情况很大程度上是潮湿天气对现代装备的严重影响所致。字母 "DBD" 的含义不详。（照片：版权所有）

在 HHy 型转架车厢底盘上建造的装甲车厢。其侧面隐约可见炮台的延伸，这样的设计应该便于沿列车车轴线观察和射击。（照片：Critical Past 网站）

1969 年摄于富白。这张照片展现了列车前两节安全车厢的经典布局。两节车厢中的第一节有观察室。机车似乎是通用电气公司生产的 U8B 型。[4]（照片：AWM）

资料来源

档案

- SHD (10 H 1276, 10 H 1729, 10 H 4477, 10 H4559).
- 私人档案

视频

- *Military History Video*: 'Railroad Support Vietnam' (506th Field Depot, 1967, 45 minutes)

4 该型号机车始建于 1863 年，后向越南铁路公司交付了 48 辆。1975 年，它们重新定名为 D9E 型。

南斯拉夫

装甲列车 [1]（1918-1992 年）

南斯拉夫是根据《巴黎和约》[2] 建立的国家，1992 年分裂。为了正确划分装甲列车的归属，本章将介绍国际正式承认该国解体之前的南斯拉夫列车。因为南斯拉夫受到各种领土分隔与历史事件的影响，克罗地亚独立国（1941—1945）和克罗地亚独立战争（1991—1995），以及塞族共和国[3]（位于波斯尼亚—黑塞哥维那）和克拉伊纳塞族共和国[4]（位于克罗地亚）的塞尔维亚装甲列车将分别单独介绍。

从一战结束到二战结束

一战结束时，似乎只有奥匈帝国的 PZ Ⅴ 留在未来的南斯拉夫境内。它被新的南斯拉夫陆军接管，不过相关使用细节从未被透露。显然，它吸收了来自 PZ Ⅰ 的火炮车厢的部分设计，但这一车厢在南斯拉夫人手中的唯一证据是摄像记录。1921 年 3 月，法国驻南斯拉夫

1 塞尔维亚语 Oklopni Voz，缩写为 OKV。

2 塞尔维亚公国建于 1815 年，1878 年脱离奥斯曼帝国独立。塞尔维亚王国于 1882 年宣布成立。1918 年，南部斯拉夫人的聚集导致了塞尔维亚 - 克罗地亚 - 斯洛文尼亚王国的诞生，后者于 1929 年改称南斯拉夫王国。二战期间，它的领土被轴心国瓜分，1945 年重新确立领土完整，成立了南斯拉夫联邦人民共和国（FNR）。1991—1995 年的战争后，黑山又于 2006 年独立，塞尔维亚继承了原南斯拉夫的剩余部分。

3 1992 年 5 月单方面成立，1995 年 12 月 14 日根据《代顿协定》，在波斯尼亚 - 黑塞哥维那内部得到正式承认。

4 "克拉伊纳塞族自治区"于 1991 年 4 月 1 日脱离克罗地亚，1991 年 12 月 19 日改名为"克拉伊纳塞族共和国"，1995 年 8 月初被克罗地亚人完全占领。

武官报告，"可能组建了三或四列装甲列车"。1936 年 10 月 27 日，新建立的南斯拉夫陆军将它们包含在"特种作战装备"中。不过，没有证据表明，这些装甲列车真正服役。德国入侵时，在贝尔格莱德缴获了多节车厢，1941 年 11 月加入 PZ 25。此外，德国国防军将原奥匈帝国 PZ I 的领航车厢重新服役，但损失日期不详。

1941 年德军在贝尔格莱德缴获的南斯拉夫装甲列车。注意原 PZ V 车厢的改造，现在它们似乎配备了一座炮塔，可能用于防空。（照片：沃尔夫冈·萨夫多尼的收藏）

这是原奥匈帝国 PZ I 号装甲列车的装甲火炮车厢的照片。1918 年之后，该车被留在了南斯拉夫。注意，它的 70 毫米炮已被拆除：车厢此时装备的是一挺 MG 34 机枪。（照片：保罗·马尔马萨里的收藏）

二战期间曾有一份关于"游击队装甲列车"的报告。如今报告中的装甲列车保存在贝尔格莱德一巴尔行政区的波热加窄轨铁路博物馆。它曾用于乌日策（Uzice）地区，直到德军重新夺取该地区。

这两张照片展示了驾驶室有装甲的机车，以及填充沙子以保护中央空地的低边转架车厢。（照片：菲利普·托马蒂斯）

二战之后

二战结束时，许多克罗地亚、德国及意大利装甲列车与轨道车被缴获，有一些重新服役。[5] 大部分车辆都是在斯洛文尼亚缴获的，战后的第一年，它们留在原地区，或者保存在克拉古耶瓦茨（Kragujevac）的"10月21日"[6]VTZ。[7]1946年5月24日，总参谋长科察·波波维奇（Coca Popovic）上将命令装甲与摩托化部队[8]指挥官将各种分散的装甲轨道车辆置于RVK[9]的管理之下，报告现存数量，并评估它们的当前状态，以便确定维修与维护计划。根据这个阶段的报告，第1、第2、第3和第4集团军辖区内共存在242节装甲车厢和三辆装甲机车。但是，有60%的车辆无法使用。

仅在克拉古耶瓦茨的VTZ，就有大约100节装甲车厢，其中40节采用混凝土装甲。经过VTZ历时几个月的工作，13辆斯泰尔（塞尔维亚语Štajer）轻型轨道车（le.Sp）做好了准备，与七辆菲亚特轨道车一起使用。VTZ还拥有多辆重型轨道车（s.Sp）和意大利LibLi（安萨尔多·佛萨蒂ALn 56）机动有轨车。

1946年8月，这些车辆被送到中央装甲工厂[10]，配备它们缺乏的装备，主要是机枪和电台。军队的计划是组建一个斯泰尔轻型轨道车中队[11]，此后的第二个中队使用菲亚特AB 41轨道车。牵引式装甲车辆供陆军各营作为指挥车厢，以及部队或车间运输车。萨拉热窝集中了89节装甲车厢，其中16节被选中，组建一个在窄轨（76厘米）铁路上运行的装甲列车营，六节车厢为作战配置，其余承担支援任务。另一方面，三辆装甲机车退回民用部门，这是因为按照计划，斯泰尔轨道车将作为窄轨列车的动力单元来使用。为了将手中的车辆恢复为适用状态，KTMJ决定拼修旧单元，购买或制造缺失的装备。装甲列车营将附属于第3、第4和第6集团军。首个建制将在斯雷姆斯卡卡梅尼察（Sremska Kamenica）[12]组建。

总司令部发布了一项通知，说明装甲列车的"主要使命是确保运输与交通线的安全，并在国内战线作战。"但是，通知中表示不再建造新的列车，对现有列车的维修仅在确认最终成果值得努力的情况下实施。最后，通知命令装甲与摩托化部队组建三个窄轨师，驻扎在贝尔格莱德[或卡尔洛维茨（Karlowitz）]、萨格勒布和萨拉热窝。超出要求的单元（萨拉热窝有73节车厢、克拉古耶瓦茨有37节，"10月21日"VTZ的数量没有披露）命运将由运输部决定。不过，没有任何现存记录证明这些装甲列车曾经组建，或者提议的组织曾经启动。另一方面，1949年7月，装甲列车出现在南斯拉夫国防人民军[13]（简称KNOJ）的库存清单中，并部署在四个师中，用于国内治安：

第7师：两列由菲亚特轨道车组成的装甲列车，驻扎在波斯尼亚沙马茨（Bosanski Samac）和比哈奇（Bihac）；两辆斯泰尔轨道车，驻扎在巴尼亚卢卡（Banja Luka）。

第11师：一个排在尼斯（Nis）；两列由斯泰尔轨道车组成的装甲列车在斯科普里（Skopje）。

第27师：三列斯泰尔装甲列车组成的一个排，驻

---

5 例如：PZ（le.SP）301于1944年11月11日在克拉列沃（Klaljevo），PZ（le.SP）302于1944年11月12日在科索沃平原，PZ（s.Sp）201于1945年4月15日在查钦齐马（Čačincima）被缴获。PZ 6则于1944年10月1日被摧毁于塞尔维亚。数量最大的一批战利品是在采列（Celje）和德拉沃格勒（Dravograd，在奥地利—斯洛文尼亚边境）获得的，当时有12辆装甲列车和各种机动有轨车投降，特别是在戈里齐亚地区重新服役的PZ 73。博扬·迪米特里耶维奇的《二战在南斯拉夫的德国与盟军装甲兵》（German Panzers and Allied Armour in Yugoslavia in World War Two）一书中有极其准确的清单。

6 10月21日可能指的是1941年10月21日，德国军队为了报复祖国军（塞尔维亚语Chetnik）与游击队在该地区的反抗，杀害了超过6000名平民（各种来源所统计的人数各不相同），也可能指的是1944年10月21日——该城的解放日。

7 VTZ是军事技术研究所（Vojno Tehnički Zavod）的缩写。

8 简称KTMJ（Komanda Tenkovskih I Mehanizovanih Jedinic）。

9 RVK是预备役总司令部（Rezerva Vrhovne Komande）的缩写。

10 简称CTR（Centralna Tenkovska Radionica）。

11 实际上，斯泰尔轨道车在档案中并没有定义"重型"或"轻型"，而是根据武器分类。某些情况下，无法确定提及的是哪一种型号。

12 现在是诺维萨德的一个区。

13 1944年8月15日组建，在解放区中行动。

1945年4月14日，201号重型轨道车在查齐尼（Cacini）车站被摧毁。这些重型轨道车中，多辆被新南斯拉夫军队恢复到工作状态。（照片：MRN，照片提供人是博扬·迪米特里耶维奇）

扎在巴塔伊尼察（Batajnica）。

第 16 师：一个斯泰尔排在温科夫齐（Vinkovci）；3 列菲亚特装甲列车在卢布尔雅纳、奥古林（Ogulin）和萨格勒布。

1950 年，《芝加哥论坛报》的一篇文章写道："多列装甲列车……其中之一在贝尔格莱德城外的仓库中……"。1953 年，南斯拉夫国防人民军解散，装甲列车部队整合到南斯拉夫装甲兵部队中，装甲与摩托化局负责草拟它们的使用条令。这一重组的结果是，装甲列车整合到如下的几个师：

第 17 装甲师：拥有两列装甲列车，其中一列由五辆斯泰尔轨道车（三辆装备火炮，两辆装备机枪）组成，另一列由三辆斯泰尔轨道车（两辆装备火炮，一辆装备机枪）组成。基地在巴塔伊尼察（Batajnica）。

第 20 装甲师：拥有在萨格勒布的三辆斯泰尔轨道车（机枪），和两辆在卢布尔雅那的菲亚特轨道车。

第 26 装甲师：拥有三辆在尼斯的菲亚特轨道车（其中一辆没有武器，且于 1953 年 11 月被调到巴塔伊尼察，用来交换 3 辆斯泰尔轨道车）；两辆在普里什蒂纳（Pristina）的斯泰尔轨道车（机枪）；两辆在斯科普里的斯泰尔轨道车（机枪）。

此外，还有第 7 军区（波斯尼亚 - 黑塞哥维那和黑山，那里没有驻扎任何装甲师）——六辆斯泰尔轨道车（机枪）均分到萨拉热窝、巴尼亚卢卡和温科夫齐。这些部队最终重新加入第 5 军区的第 20 装甲师。

1954 年 10 月中旬，装甲列车在萨格勒布东站集合。1955 年 11 月 22 日命令下达，随后所有装甲列车退出现役。它们的武器和发动机被拆下保存，武器被存放在萨格勒布（69 号军队工厂），发动机被存放在布雷加纳（Bregana）的技术维修厂。两年以后，即 1957 年 10 月 22 日，军队决定由装甲部队和军队技术部门恢复一辆 s.Sp 重型轨道车（75 毫米炮版本）的工况。不过，由于缺乏备件，最新建造的武器装备只能更加现代化，该项目最终放弃。所有装甲轨道车辆就此报废。

7 辆 LiBli 装甲机动有轨车（30—35 号，38 号）中的一辆，于 1945 年 5 月在斯洛文尼亚被缴获。（照片：MRN，照片提供人为博扬·迪米特里耶维奇）

加入南斯拉夫装甲列车部队的德国被缴获车辆的三张照片之一。这张照片中十辆 s.Sp 轨道车排成一列，其中至少四辆有炮塔，照片是从 1946 年经过姆拉代诺瓦茨（Mladenovac，贝尔格莱德以南 56 千米）中央装甲工厂前的一列列车上拍摄的。（照片：博扬·迪米特里耶维奇的收藏）

一节克罗地亚车厢后的两节反坦克车厢。（照片：博扬·迪米特里耶维奇的收藏）

一节德国装甲火炮车厢及其与众不同的炮塔。南斯拉夫陆军对完整的装甲列车不感兴趣。相比之下，他们觉得公路铁路两用车和轨道车更有用。（照片：博扬·迪米特里耶维奇的收藏）

资料来源

档案

- SHD DAT 7 N 3200, 7 N 3202.

书籍

- Dimitrijević, Bojan, Modernizacija i intervencija, *Jogoslovenske oklopne jedinice 1945-2006* (Belgrade: Institut za savremenu istoriju, 2010).
- _____ (with Savić, Dragan), *German Panzers and Allied Armour in Yugoslavia in World War Two* (Erlangen: Tankograd Publishing, 2013).

期刊文章

- Grognet, Olivier, 'Les musées ferroviaires yougoslaves', *La Feuille, AJECTA newsletter* No 87 (December 1997), PP.5–6.

附录 1

艺术作品和宣传中的装甲列车

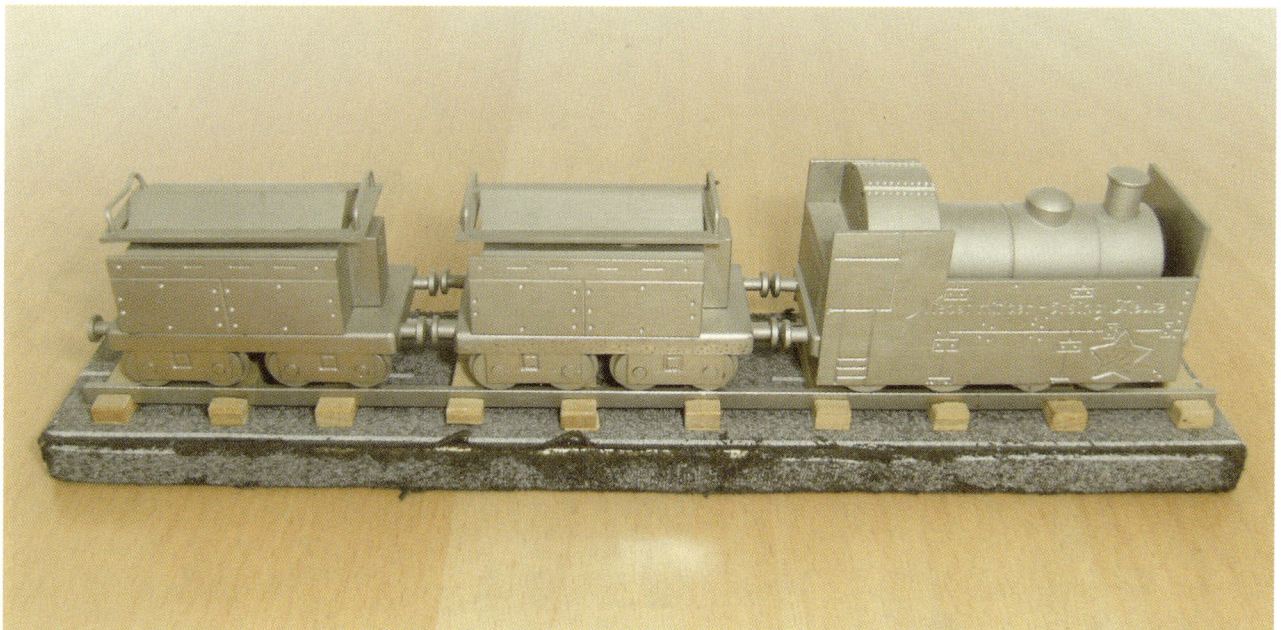

明信片是传播宣传形象的极好工具，但如今已被邮票所取代。相比之下，纪念品要罕见得多，如这个东德风格的 1919 年洛伊纳工人起义列车的模型。（照片：保罗·马尔马萨里的收藏）

奥匈帝国

本小节展示一系列一战时期的经典明信片。奥匈帝国装甲列车比德国同类产品更吸引人，也是面向公众的许多重现活动的主题。（明信片：保罗·马尔马萨里的收藏）

与俄军作战时的 A 型装甲列车。（明信片：保罗·马尔马萨里的收藏）

一张表现爱国主义精神的德国明信片，使用了奥匈帝国 B 型装甲列车的形象，这明显比他们自己的列车更令人印象深刻，也更代表着装甲列车的总体观感。实际上，身穿战争初期典型的蓝色与猩红色军服的法国士兵从未与奥匈帝国的装甲列车接触过。此外，艺术家将观察塔画得像烟囱。（明信片：保罗·马尔马萨里的收藏）

展现一列 B 型装甲列车在维尔纳之战中排除俄军所设路障时场景的精美作品。不过，1915 年 9 月 19 日攻陷该镇的是德军部队。（明信片：保罗·马尔马萨里的收藏）

成为明信片主角的 PZ Ⅰ/Ⅸ，这一画面显然非常忠实于列车的实际外观。（明信片：保罗·马尔马萨里的收藏）

Der Gott,
   der Eisen wachsen ließ,
Der wollte keine Knechte!

一张爱国主义明信片，带有装饰花边的装甲列车轮廓之后，是三面国旗：德国国旗在右，奥斯曼帝国国旗居中，左侧是奥匈帝国国旗。黑色与金色是 1804—1866 年时的哈布斯堡王朝代表色，此后继续用于代表这个帝国。（明信片：保罗·马尔马萨里的收藏）

一幅英雄主义题材的精美版画，描绘意大利士兵与来自奥匈帝国装甲列车的部队之间的交战。这次战斗发生在 1915 年 9 月 12 日夜间到次日凌晨，奥地利军队从戈里齐亚推进，企图奇袭扎戈拉。注意，这里的机车不是用于这些车厢的真实型号。[版画：《星期日快报》，第 17 年第 39 期（1915 年 9 月 26 日—10 月 30 日）：保罗·马尔马萨里的收藏]

法国流行杂志使用奥匈帝国装甲列车的形象描绘德军列车的干预行动。实际上，这里的德国装甲列车的形象缺乏视觉冲击，而且所描述的情景符合审美趣味，但有多处不精确之处，尤其是长管火炮在机车上，以及常见的错误——将观察塔误作烟囱。（《图片报》第 42 期：保罗·马尔马萨里的收藏）

这幅署名为利内鲍尔（Linebauer）的水彩画可能尚未完成，但依然清晰地展示了一列早期奥匈装甲列车。注意后车厢有三挺侧置机枪，但画中的列车缺少一个指挥塔。（水彩画：保罗·马尔马萨里的收藏）

这张小收藏卡片（原尺寸为 5.8×4.8 厘米）忠实地描绘了捷克时期（改名为 1 号装甲列车）的 PZ II。（卡片：柏林铁路奇迹图片 288 号：保罗·马尔马萨里的收藏）

比利时

比利时装甲列车（以及同时代的奥匈帝国列车）令人钦慕的外表给许多艺术家带来了灵感，几乎遍及各类媒体。右侧的插图取自一份流行出版物，该插图细致描绘了比利时军服的颜色，以及操炮的皇家海军炮手。左侧是一幅版画，曾出现在 1915 年 1 月 17 日的《星期天快报》。（两张插图：保罗·马尔马萨里的收藏）

内森（Nathan）绘制的收藏卡上的重型装甲列车。它的灵感来自广泛见诸同时代报刊的一张照片；参见比利时的章节。（插图：保罗·马尔马萨里的收藏）

这张明信片同样取自比利时相关章节中的照片，但将该装甲列车是归属在德国陆军名下的。（明信片：保罗·马尔马萨里的收藏）

意大利未来派画家吉诺·塞韦里尼 1915 年的画作《战斗中的装甲列车》。
（油画，115.8×88.5 厘米，纽约现代艺术博物馆）

柬埔寨

那一段不安全的时期，促使了1984年柬埔寨邮票上表现的这种装甲机车的诞生。邮票上的"1966"指的是机车首次投用的时间，而不是接收装甲驾驶室的时间。（保罗·马尔马萨里的收藏）

爱沙尼亚

爱沙尼亚独立战争中的爱国主义明信片，展现了1919年3月在佩瑟里（Pesterimaal）发生的战斗，此时布尔什维克的攻势已接近尾声。（明信片：保罗·马尔马萨里的收藏）

法国

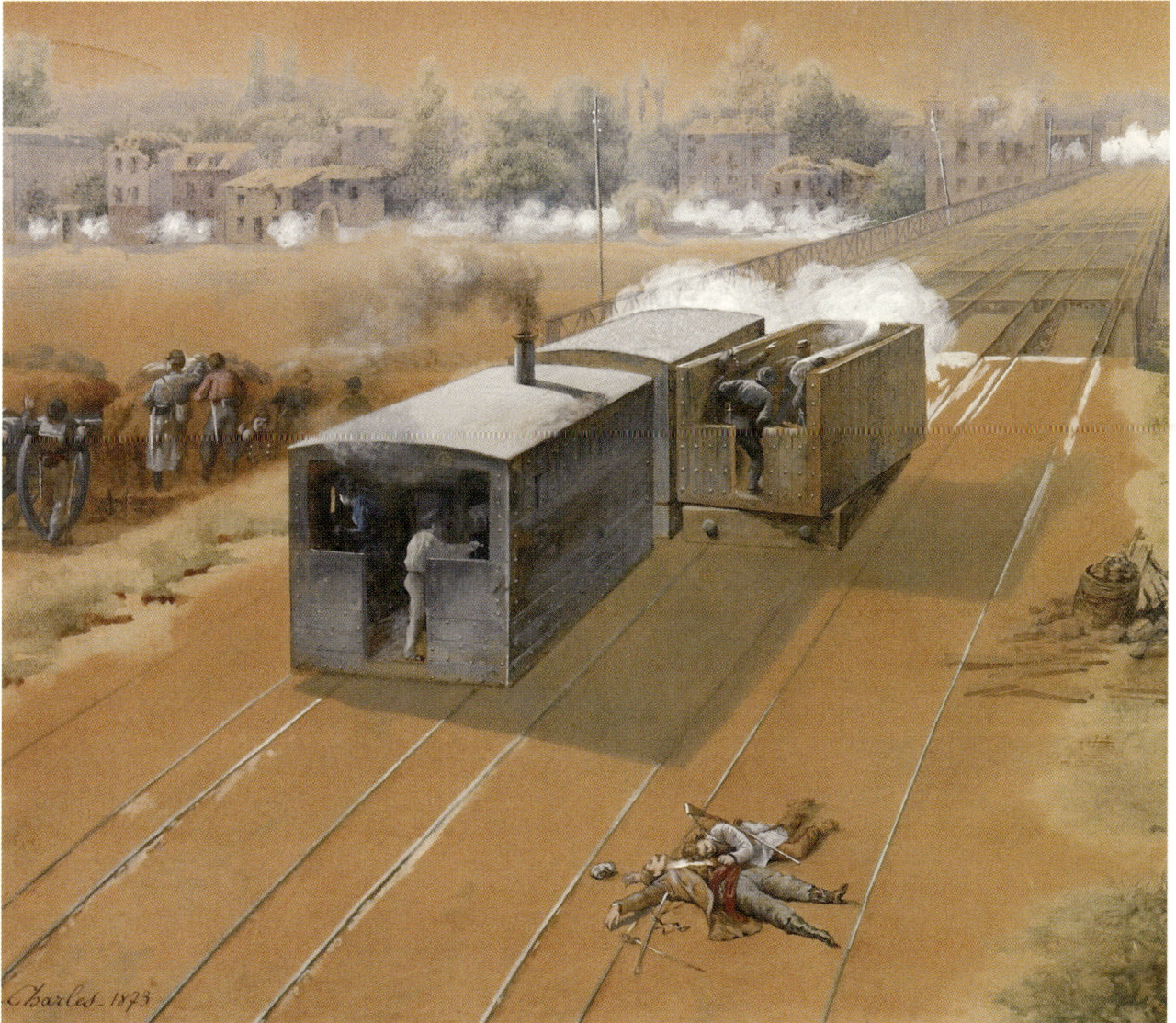

H. 夏尔（H Charles）的《1871 年 5 月 22 日叛乱期间从塞纳河岸看到的阿涅尔》（Asnières vue des bords de la Seine pendant l'insurrection le 22 mai 1871）。艺术家有意省略了右侧铁路炮台的车顶，以展示内部细节。（绘画：部门收藏，7 M B 335, SHD）

一幅激动人心的版画，展现了 20 世纪 20 年代阿尔及利亚民用列车所面对的威胁。（1920 年 12 月 19 日《小日报》封面）

德国

上图是赫雷罗暴动期间的德属西南非洲：1904 年 1 月 13 日，铁路工人正在装甲列车和殖民地警备部队士兵掩护下维修铁路（注意左侧被拆毁的铁轨）。（插图：DGEG- 保罗·马尔马萨里的收藏）

位于左边的是《外籍军团的海因茨·布兰特》(Heinz Brandt der Fremdenlegionär) 系列第 111 期的封面（第 80 期之前，故事主人公海因茨·布兰特是一位法国外籍军团士兵，但当一战爆发时，他开了小差，加入德国陆军。1914—1921 年，该系列发行了 332 期）。这张插图说明，装甲列车被接纳为当时各国的"常规"武器。（封面：保罗·马尔马萨里的收藏）

英国

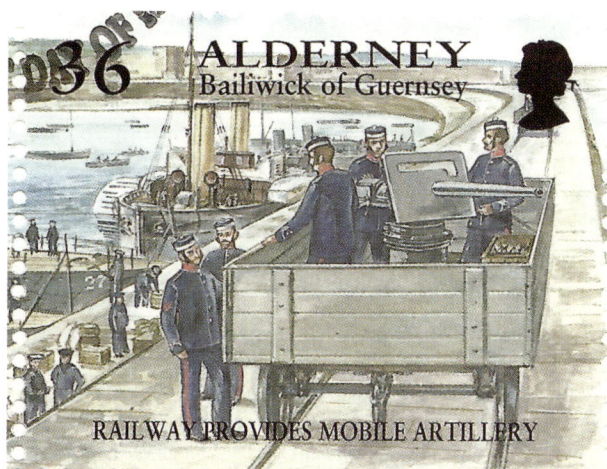

这张邮票是为了纪念 1890 年奥尔德尼铁路公司车厢而发行的。该车厢装备一门速射炮，用于岸防，补充了于 1847—1857 年年间建造的工事，是 19 世纪英国武装列车使用的一个例子。女王头像部分遮盖了第二节此类车厢。

大西洋彼岸的一幅版画细致地描绘了英国 - 比利时的装甲列车。（图像:《科学美国人》，第 112 卷 18 号，1915 年 5 月 1 日）

匈牙利

纪念匈牙利"红色"装甲列车的明信片。（明信片 : 保罗 • 马尔马萨里的收藏）

墨西哥

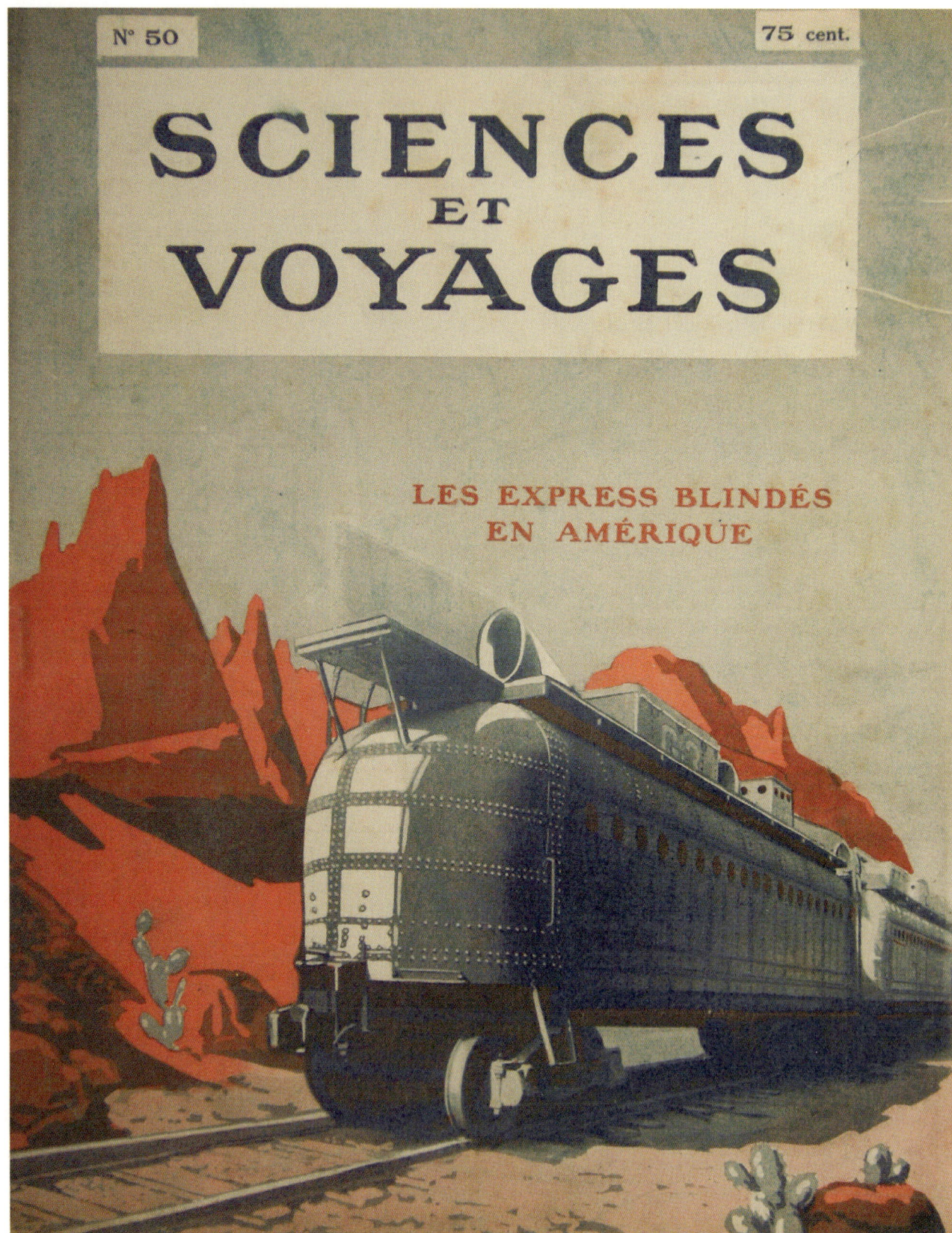

墨西哥革命期间，美制装甲防护车厢插入了客运列车，其外表十分醒目，
令人印象深刻。本图来源于 20 世纪 20 年代的一份流行杂志。更多的细节
参见墨西哥的章节。（插图：保罗·马尔马萨里的收藏）

俄罗斯（苏联）

这张德国明信片发行的目的是宣传他们的飞艇，也展示了俄国人的防御措施。奇怪的是，明信片中的堡垒和列车使用了相同的炮塔，可能受了德国"格鲁森"炮塔类似使用方法的启发。（明信片：保罗·马尔马萨里的收藏）

在这幅同时代版画中，以英雄主义的风格表现了布琼尼的骑兵缴获白军装甲列车的情景。这节车厢混合了白军和红军的列车设计，在那个列车经常被缴获后重新服役的年代并不少见。（版画：保罗·马尔马萨里的收藏）

墨西哥

战时的宣传令装甲列车神话重现。图中民众正在向一列 OB-3 致敬。（1943 年的明信片：保罗·马尔马萨里的收藏）

就连斯大林也参与其中：在这张 1942 年的明信片上，他（举手者）可能是在 1918 年的察里津前线指挥。它身后的装甲列车只是配角。（明信片：保罗·马尔马萨里的收藏）

这张 1942 年的明信片展现了一列非常奇怪的列车（也许是想要描绘一辆机动有轨车），烟囱在武器前面冒着浓烟，主炮侧面还有两门其他火炮。注意车上的红星标志，以及骄傲地飘扬着的红旗。（明信片：保罗·马尔马萨里的收藏）

《苏联军事评论》1975 年第 3 期封面上的这辆 BTR 是在铁轨上行驶的。这段时间可能是一个试验期，图片所描述的可能是训练部队从行驶的车辆中上下车的场景。（插图：保罗·马尔马萨里的收藏）

西班牙

美国口香糖包装图案，展示了内战中的一幕。（取自"恐怖的战争"系列第 215 号，宾夕法尼亚州费城口香糖公司，1938 年，保罗·马尔马萨里的收藏）

这两幅插图展示了棋盘游戏中的装甲列车。上图颂扬了马德里城的勇气——"英勇的城市"（Muy heroica cuidad）。下图则采用了蛇与梯子的形式，并运用了此类游戏中罕见的符号：戴弗里吉亚兜帽（象征共和派）或皇冠（代表君主制）的头像，以及政治党派与工会的首字母缩写和图案。（JMAM 的收藏）

漫画书中的装甲列车

和"经典"文学一样，漫画书也有许许多多类型——从讲过去到讲未来，从讲历史到讲科幻，包括讲政治——因此，读者在描绘真实历史事件、过去的冒险经历，或者支持某个主张的漫画书中，发现装甲列车的形象也就不足为奇了。除了少数例外，装甲列车并不常见于幽默类型的漫画中。它每次出现在连环画中都不是偶然的：它的冲击力总是与其引人注目甚至来势汹汹的特征有关。艺术家从来都毫不迟疑（有意？）地夸大它的尺寸，或者歪曲它所在的年代。我们选择的插图按照出现的年代顺序排列，远算不上详尽［首先想起来的就是《世界之间》（Entremondes）或者《麻子 7/13》（Grêlé 7-13）］，只是为了帮助读者思考。

上方的图片显露了埃尔热的精湛技艺。尽管这列"九一八事变"时期的列车实际上属于中国军队（奉军），而非日军。不过，这两支军队确实偶有合作！（《丁丁历险记 - 蓝莲花》，1946 年）

在 1971 年的《面团炸药》（Pâtée explosive）中，装甲列车采用的是经典设计，很好地表现了二战结束前使用的型号。

对于上方图片中的《七海游侠柯尔多：西伯利亚劫金记 》(*Corto Maltese en Sibérie*) 中的许多装甲列车，我们可能都抱怨它们被简化了——但不可否认的是，"世界末日"的气氛被很好地表现了出来。(1971 年，第 51 页)

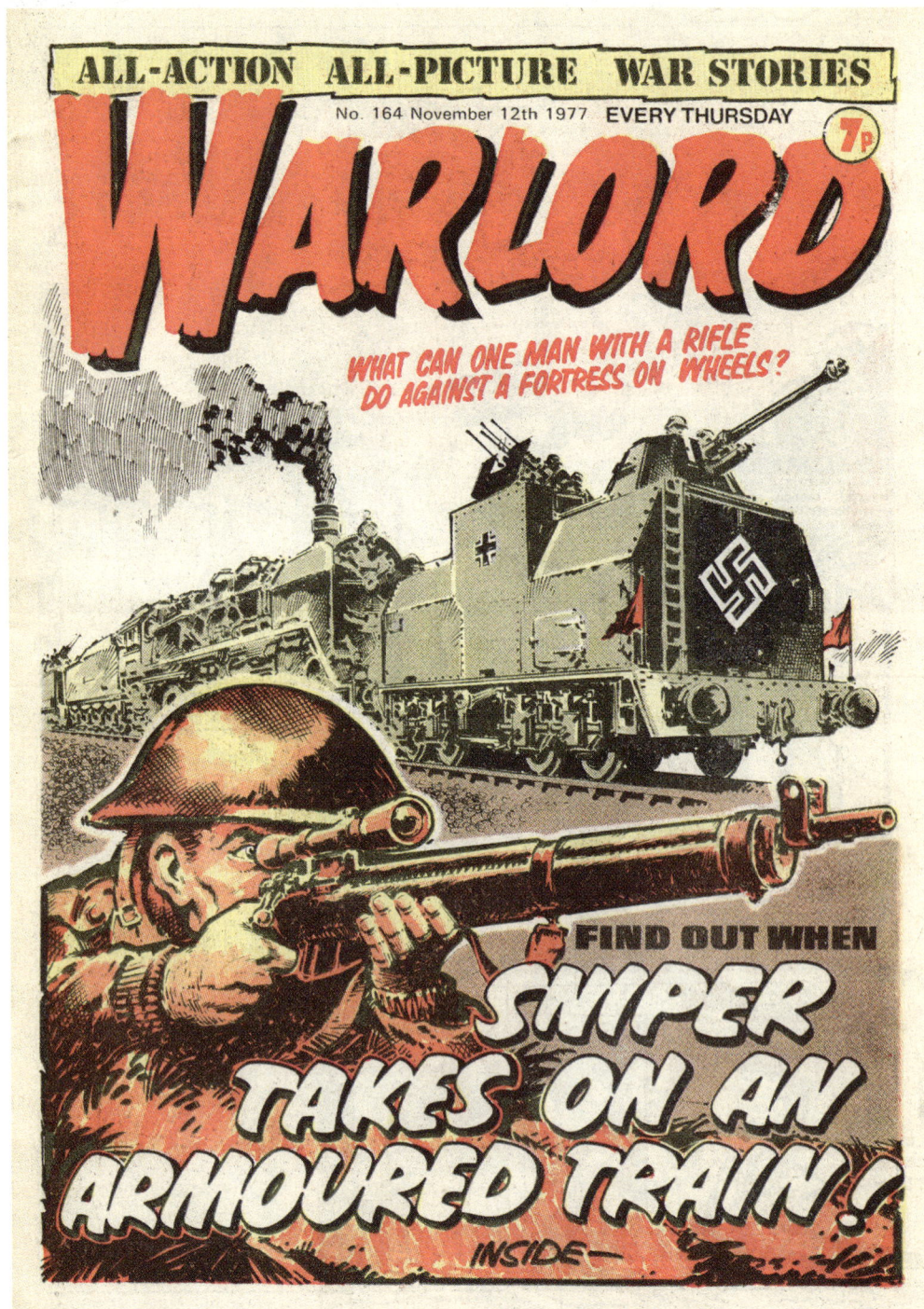

这列以 BP 42 型为灵感源泉的德国装甲列车难逃毁于一名狙击手的命运，这部作品突出表现了超级英雄的精神。这本《战争之王》(*Warload*) 发表于 1974—1986 年。

本图忠实地表现了几乎不为人知的西班牙装甲列车，见于安东尼奥·埃尔南德斯·帕拉西奥斯（Antonio Hernandez Palacios）的《埃洛伊》（*Eloy*，1981,P.40）。

在《铁路》[*Rails*，2. La Garde Blanche（1993），P.25] 中，我们看到了
巨型科幻装甲列车，与《冰激凌公司》（*La compagnie des glaces*）中的
很接近。

在《连环画武器大百科》（*L'Encyclo-B.D. des armes*）中，雅克·德沃（Jacques Devos）将连环漫画用于教育目的：第一批装甲列车以幽默的风格表现（1985，P.59）。

《哈利·迪克逊：奇妙的阴谋》（*Harry Dickson, la conspiration fantastique*，1999，P19）的故事发生在俄罗斯，因此其中的装甲列车明显属于该国，但正在卸下装甲车的坦克运输车厢显然是德国的。20 世纪 70 年代的苏联列车在运载 BTR 40-ZhD 轨道车时也以类似的方式进行卸载。（参加德国与俄罗斯的章节）

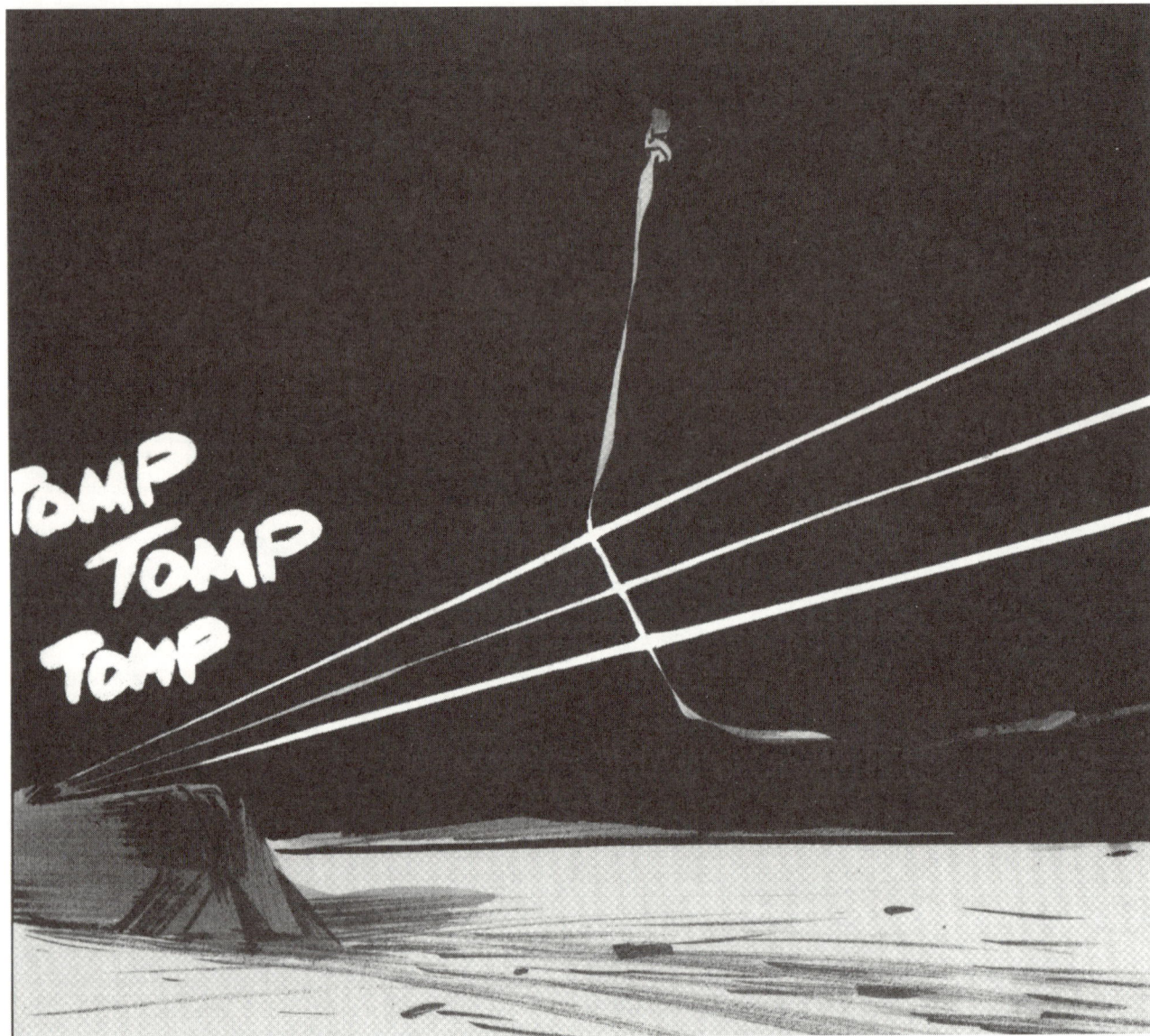

在《雪国列车》（*Transperceneige*）中，列车的装甲既用来对抗灾难以抵挡的敌人，也用来对抗某些乘客。武器是破坏其流畅轮廓的唯一因素。（2000, P.58）

《姚，首要任务，核废料军团》（*YIU, premières missions, l'armée des néo-déchets*）中的列车有着极具威胁的武器和装甲，因为它站在"反派"一边，与历史上的装甲列车设计有着天壤之别。（2003, P.12）

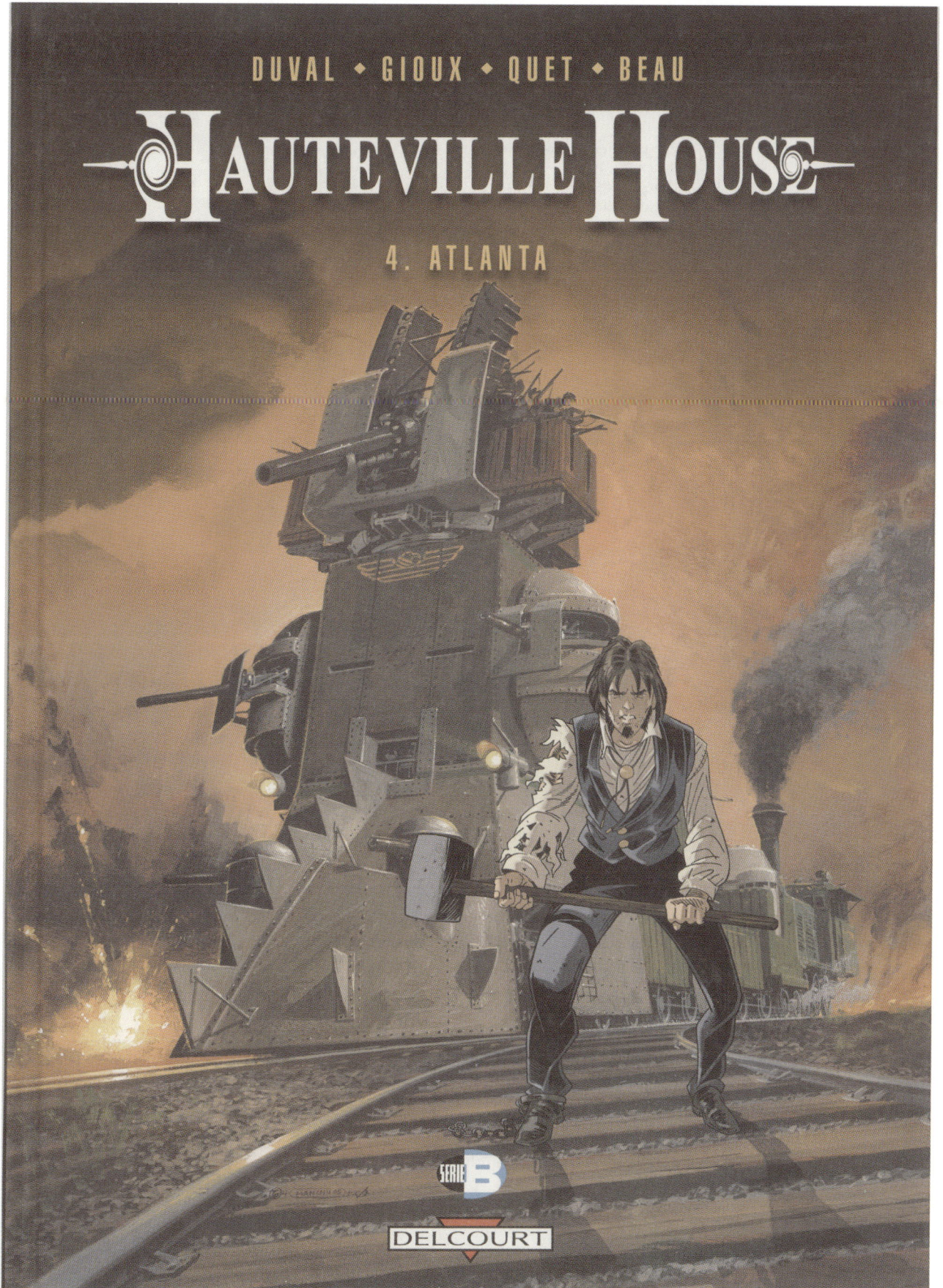

《豪特维尔之家》（*Hauteville House*）第 4 卷令人震惊地使用历史"纪实"，加上对 19 世纪的蒸汽、疯狂的发明创造及几乎不可能出现的机器的痴迷，将我们带进一场比"真实"版本更现代化的美国内战，这让人想起 1999 年巴里·索南费尔德执导的电影《狂野西部》。(2007 年，封面插图）

邦联和联邦军队在梦里都无法想象到的装甲列车。[Hauteville House Vol 4（2007），P.12]

《1917—1921 年的白军》(*Les Armées blanches 1917—1921*) 忠实地描绘了俄国革命与内战中装甲列车引人注目的外观，它们是那个时代唯一能够移动如此之长距离、具备猛烈火力与摧毁能力的陆地装备。"移动要塞"的概念在这里得到了充分的体现。

在《自由！》(*Svoboda!*) 中，装甲列车是明星，但美学战胜了年代与地理：奥匈帝国的装甲列车尽管有着足以自豪的外观，但由于所需行驶的距离和不同的轨距，无法在俄国运行。[Vol 1（2011），P.26]

本图描述的应该是 1914 年 8 月 6 日的布拉格车站，可当时这列奥匈帝国的装甲列车并不存在。而且，图中展示的车型应该来自俄国内战时期。[*Svoboda! Vul I*（2011），P.29]

这本连环画用"阵风"描述历史，但对列车的描绘中有多处属自由发挥，甚至包括标题本身（"阵风"一词在中南半岛的真正含义，请参见法国的章节），不过，它很好地展现了这些列车的精华之处。（2014，P.18）

延伸阅读建议

- Arnaud, G J, La Compagnie des glaces, *15 volumes in 3 series* (adapted from the eponymous novels) (Dargaud 2003–2009).
- Chaboud, Jack, and Dupuis, Dominique, *Quai des Bulles – Le train dans la bande dessinée* (Paris: La Vie du rail, 1985).
- Chauvel, Simon, and Findakly, *Rails 1 à 4* (Tournai: Guy Delcourt Productions, 1993).
- Cothias, Patrick, Ordas, Patrice, and Winoc, *La Rafale* (Charnay-Lès-Mâcon: Grand Angle/Bamboo Editions, 2012, 2013, 2014).
- Devos, Jacques, *L'Encyclo-B.D. des armes* (Paris: Editions Jean Dupuis, 1985).
- Di Marco, 'L'Odyssée du convoi Apfelkern', La Vie du rail, *numéro hors-série* (23 August 1964).
- Duval, Gioux, Quet, Beau, *Hauteville House* Vol 4 (Atlanta, Tournai: Guy Delcourt Productions, 2007).
- Hergé, *Le Lotus bleu* (Tournai: Casterman, 1946).
- Hombourger, François, *Maknovtchina Ukraine 1919* (Saint-Georges d'Oléron-Paris: Drapeau Noir, 1985).
- Jacobs, Edgar P, *Le Secret de l'Espadon* Volume 3 (Brussels: Le Lombard, 1950).
- Joly, Octave, Reporter et train blindé, Les belles histoires de l'Oncle Paul, *Spirou* No 946 (Paris: Dupuis, 31 May 1956).
- Lob, Jacques, and Rochette, Jean-Marc, *Le Transperceneige* Vols 1–3 (Paris: Casterman, 1984, 1999 and 2000).
- Palacios, Antonio Hernandez, Eloy (Paris: Les Humanoïdes associés, 1981).
- Pendanx, Jean-Denis and Kris, *Svoboda!* Vols 1 and 2 (Paris: Futuropolis, 2011, 2012).
- Pratt, Hugo, *Corto Maltese en Sibérie* (Paris: Casterman, 1979).
- Ray, Jean, Vanderhaeghe, Christian, and Zanon Pascal J, Harry Dickson, *la conspiration fantastique*, Vol 6 (Paris: Dargaud, 1999).
- Rochette and Legrand, *Transperceneige 2-L'Arpenteur* (Tournai: Casterman, 1999).
- 'Sniper takes on an Armoured Train', *Warlord* No 164 (12 November 1977).
- Tehy, Vax, and Vee, YIU, Premières missions, *l'armée des néo-déchets* (Toulon: Soleil Productions, 2003).
- Temglit, Hadi, and Lehideux, Guy, *Les Armées blanches 1917 – 1921* (Paris, Editions du Triomphe [collection Histoire], 2008).
- Tillieux, *Gil Jourdan N° 12 Pâtée explosive* (Paris: Dupuis, 1971).
- _____, *Au pays du matin calme* (Paris: Dupuis, 1986).

电影中的装甲列车

　　多部历史或剧情电影、纪录片与动画片都将装甲列车带进过荧幕中，有的是真实的列车，有的则是为剧情需要重建或虚拟的。这些电影存在的事实以及其中对列车的描述，都能帮助我们更好地了解普通影迷对装甲列车的想象。与漫画书一样，首要的是它们所表现出来的力量感，借此也能更好地表现它们的对手的勇气。

1964 年，影迷对装甲列车的真实形象仍记忆犹新，尤其是 1945 年的《铁路战斗队》中的列车。为《战斗列车》所制作的模型的设计灵感直接来自这张照片中的德国装甲车厢，它们是 PZ 32 的一部分。

1965 年的《日瓦戈医生》影响了几代影迷。主人公与斯特列尼科夫的装甲列车面对面的一幕堪称经典。这节装甲车厢看起来像是布尔什维克列车的一部分，尽管客车车厢和机车会严重限制它的射界。这段美好的记忆带给我们无穷的想象。

《年轻的温斯顿》（1972）中加入了未来的首相在南非乘坐的装甲列车遭布尔人袭击而出轨的事件。同样的情节也出现在奥克塔夫·乔利（Octave Joly）的连环画《斯皮鲁探险》（*Spirou*）中。这张照片中，蒸汽机车由一辆内燃机车牵引到拍摄位置，这种内燃机车正是 1900 年英国人渴望拥有的。（照片：迪德科特铁路中心，照片提供人是弗兰克·邓布尔顿）

《黄金眼》（1995）带我们走到科幻的边缘。但与对应章节中描述的俄国同类产品相比，这列外表粗犷的火车值得装甲列车爱好者重新审视。（照片：宁河谷铁路公司，照片提供人为安吉·纳斯）

两个 T-34 坦克炮塔是苏联装甲列车的经典标志。而即使草原上隧道不多，装甲列车也必须遵守经过天桥和其他结构时的装载限界，而电影里这样的设计可能无法通过一些限高结构。我们可以猜到，"装甲"下面是作为基车的矿车。（《斯大林格勒》，2001）

从这个角度看，《最后的装甲列车》（2006）中的装甲车厢真实可信，实际上整个列车都非常令人信服。在经历了一段时间的"艺术想象"后，电影行业似乎又一次痴迷于表现历史的真实性了。

进一步的观影建议

- Bosna, Bernard-Henri Levy, *Arte-Video*, 1994. 117 mins.
- Castle in the Sky, dir. Hayao Miyasaki, *Studio Ghibli*, 1986. 124 mins.
- Cuba, dir. Richard Lester, *United Artists*, 1979. 122 mins.
- Doctor Zhivago, dir. David Lean, *Metro-Goldwyn-Mayer*, 1965. 192 mins.
- Goldeneye, dir. Martin Campbell, *EON Productions*, 1995. 130 mins.
- La Bataille du rail, dir. René Clement, *Coopérative Générale Française du cinéma*, 1945. 90 mins.
- *La Cour secrète des arcanes*, dir. Pascal Morelli, Gebeka Films, 2002. 95 mins.
- *Notre Train blindé* (in Russian: Наш бронепоезд), Mikhail Ptachouk, 1988 (presented alongside the competition entries at the Russian Film Festival in Vyborg, 9 to 16 August 2003).
- *Reds, dir. Warren Beatty, Paramount,* 1981. 187 mins.
- *Stalingrad, dir. Jean-Jacques Annaud, Pathé Distribution,* 2001. 131 mins.
- The Last Armoured Train, dir. Zinovii Roizman, *Belpartner TV*, 2006. Four episodes of 52 mins.
- The Train, dir. John Frankenheimer, *Associated Artists Productions*, 1964. 133 mins.
- Young Winston, dir. Richard Attenborough, *Columbia Pictures*, 1972. 157 mins.

附录2

装甲列车与轨道车原厂图纸精选

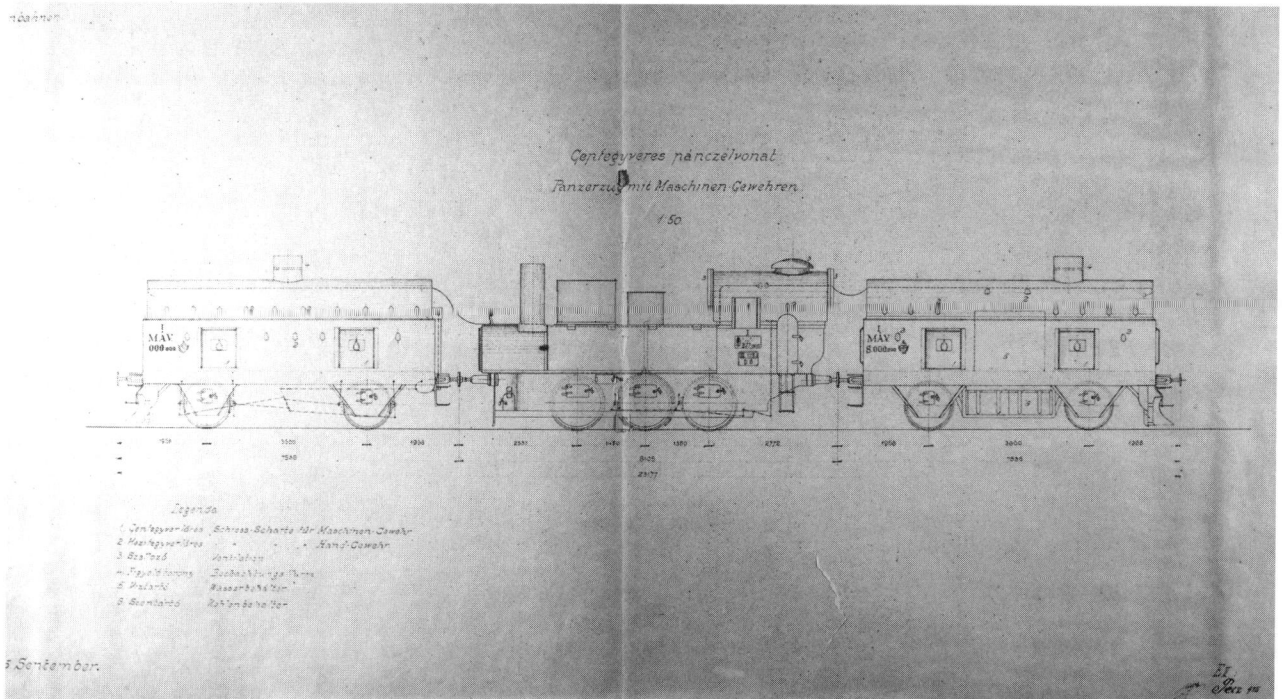

奥匈帝国首个装甲列车系列（A型）的侧视图，后来被重新分类为"轻型装甲列车"。注意位于机车驾驶室顶部的指挥塔，以及两个机枪／步兵车厢上观察塔的不同位置。（Rajzalbum RA-581 01 19150804）

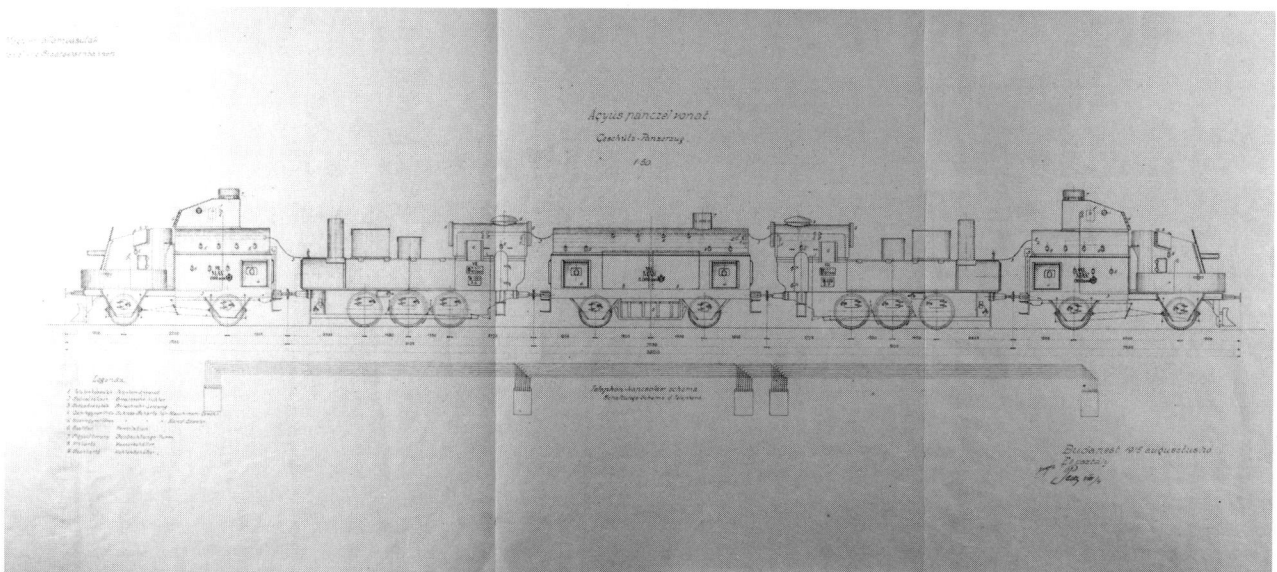

后来的奥匈帝国B型重装甲列车（MAVÁG建造）的侧视图，展示了连接各单元的电话线。注意机枪射孔进一步向中央车厢两端移动。（Rajzalbum RA-581 01 191509xx）

早期 S 型机枪／步兵车厢三视图，射孔顶部向内倾斜。注意中置的水柜（下方有煤炭柜）和偏置的观察塔。（ Rajzalbum RA-581 11 19141209 ）

展示制动系统的 S 型车厢三视图。注意通往中央观察塔的便梯。（ Rajzalbum RA-581 12 19141209 ）

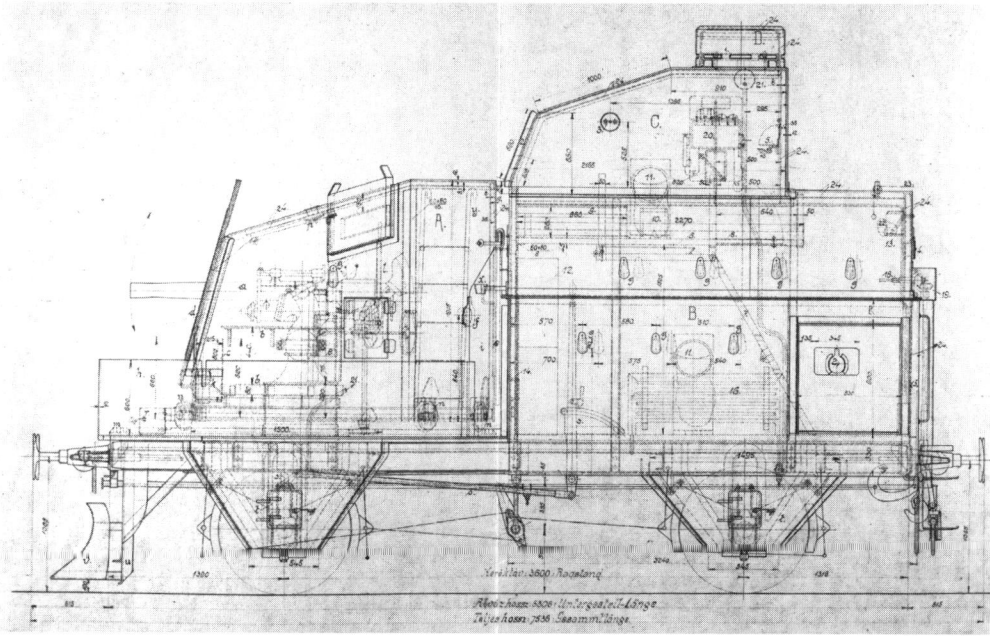

B 型重装甲列车火炮车厢的全套原始图纸。注意后部有装甲壳体的制动系统，以及不作战时锁定旋转炮塔的行车夹具系统。（Rajzalbum RA-581 12 19150620）

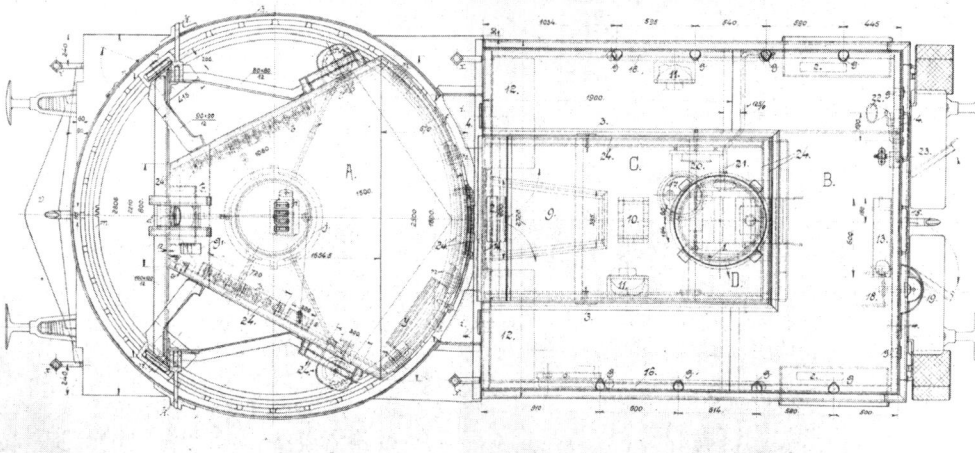

1:20.

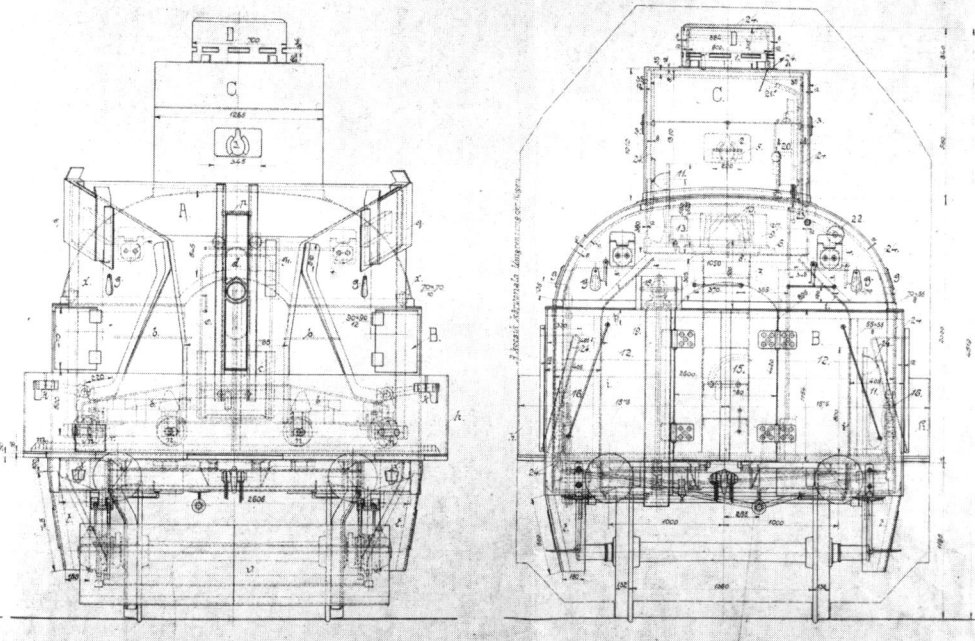

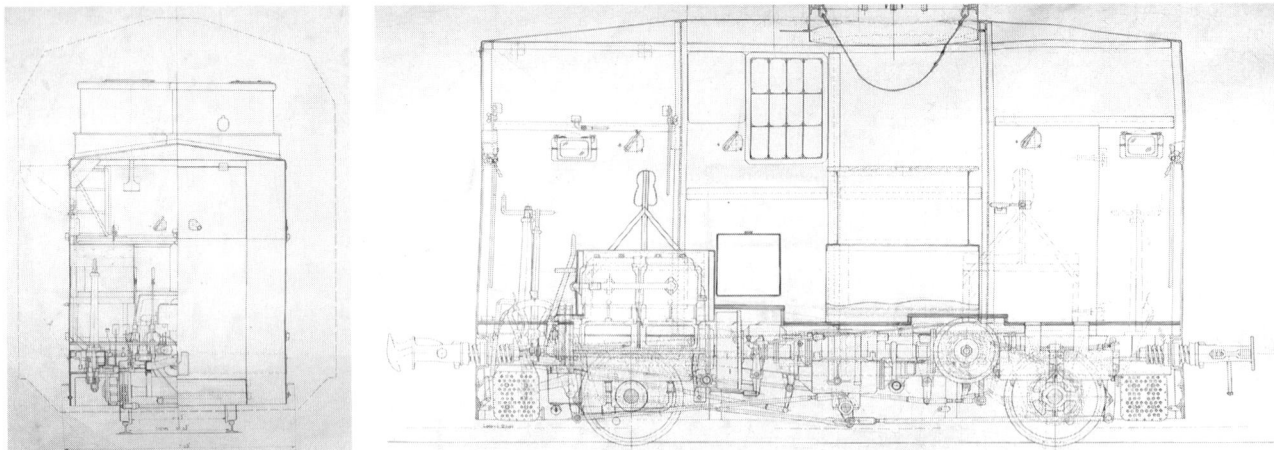

驻美索不达米亚的英军订购的德鲁里轨道车总体布置剖面图。这些将近百年前的图纸略微有些失真，但很好地展现了这种 2.736 米（9 英尺）轴距的小型车辆。双枪塔中的枪手各有一挺刘易斯机枪，但操作人员必须坐在从枪塔底部一侧连到另一侧的皮带上，就像在 1917 年的雷诺 FT 轻型坦克里的情况一样。（图纸：工业铁路学会，照片提供方为斯塔福德郡档案局）

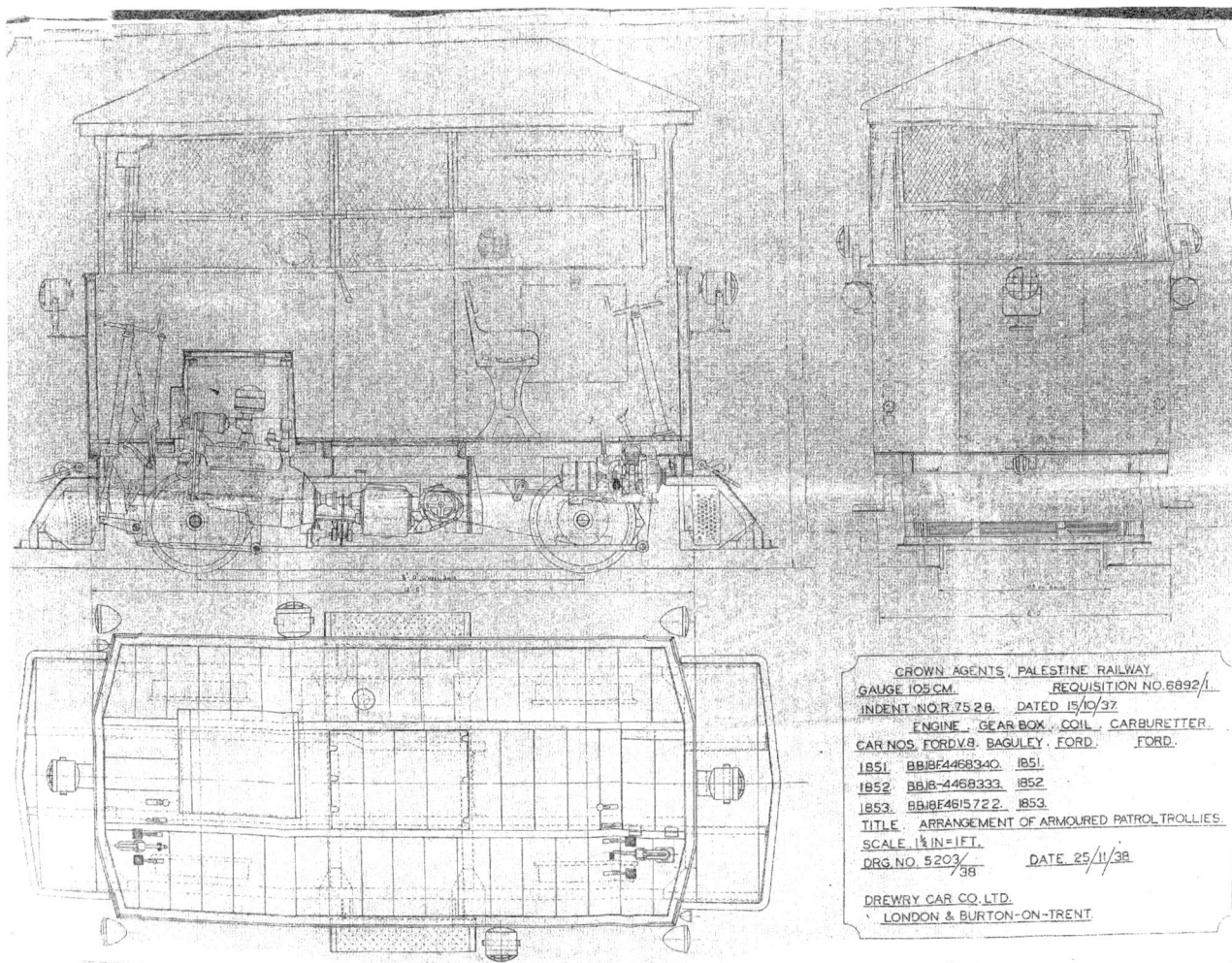

1938 年为巴勒斯坦建造的德鲁里轻型轨道车厂方图纸，其轴距为 2.438 米（8 英尺）。（设计图：工业铁路学会，照片提供方为斯塔福德郡档案局）

资料来源

- 匈牙利科学技术与交通博物馆（布达佩斯）档案室
- 英国斯塔福德郡档案局

致谢

这本百科全书是历时三十多年的研究的结晶。如果没有世界各地许多通讯员的支持与帮助，我们就不可能收集如此之多的文件、照片、图纸、详细技术资料及个人回忆录。

我们要特别提到罗杰·布兰菲尔-库克先生，他绝不仅是简单地翻译了文字，作为武器专家，他总是寻找照片背后隐藏的细节，是一位彻底的完美主义者，也是秘密的揭示者！我们还要感谢编辑罗贝尔·加尔迪内，他和罗杰·布兰菲尔-科克都坚持认为，本书不应该像我们最初的计划那样，仅仅对1989年的版本做简单的更新，而应该全面修订扩充。我的研究工作一直得到历史学家、装甲列车与铁道炮兵领域专家，以及曾发表过所在国家轨道车辆专著或专业文档的铁路专家们的支持。特别值得一提的是以下诸位先生：伊雷什·安德拉斯、哈辛托·M.阿雷瓦洛·莫利纳、彼得·巴格肖、卡洛斯·斯特凡尼、巴斯托斯、布赖恩·巴克斯特、约翰·博塔、彼得鲁斯·博塔、扬·德布吕恩、居伊·沙博、弗朗西斯科·克鲁萨多·弗朗西斯科·克鲁萨多·阿尔韦特、博扬·迪米特里耶维奇、居伊·弗朗索瓦将军、达尼埃莱·古列尔米、托马斯·亚克尔、托尼·希尔、亚当·约恩查、艾伦·柯尼希、马克西姆·科洛米耶茨、雅努什·马格努斯基（已故）、克日什托夫·马尔加辛斯基、帕维尔·米奇亚尼克、蒂特·努尔梅茨、已故的尼古拉·皮尼亚托、阿图尔·普热切克、沃尔夫冈·萨多夫尼、塔玛拉·斯特凡纳奇、马塞尔·沃尔哈夫、斯蒂芬·扎戈拉和马里乌什·齐姆尼。感谢他们所有人始终如一的支持。

我们还一直仰仗洛尔·迪比夫人的一贯支持和耐心，以及她在国际关系上的专业知识。

我们向博物馆、档案馆和私有公司的馆长及档案管理人员表示感谢，他们对我们的信息请求做出了答复，或者指明了我们所不知晓的方向。我们已经尽了一切的努力，确定照片与文件的来源。尽管如此，我们仍然使用了某些不明来源的文件，这是因为它们十分罕见，或者具有很高的历史价值。我们相信，它们的原作者和主人一定会原谅我们，并将我们的使用视为对这些文献质量的认可。

我们还必须提到多年来帮助我们的笔友和通讯员，如果不小心忽略了任何人，请接受我们的歉意：阿兰·阿尔瓦雷斯、雷吉纳尔多·巴基、约翰·巴特维尔、伊夫·伯纳德（已故）、吕克·比内、瓦莱利·卡尼亚尔上尉、菲利普·卡佩拉诺、弗雷德里克·卡尔邦、让-克里斯托弗·卡尔博内尔、埃马努埃尔·尚特雷纳、彼得·库克、保罗·科特雷尔、帕斯卡·当茹、斯蒂芬·达特内尔、伊夫·德拜（已故）、亨利·德罗普西、罗伯·迪金森、马塞尔·迪弗洛、阿兰·迪普伊（已故）、帕特里西亚·迪里厄、马修·艾克、巴尔巴·埃克曼、康斯坦丁·费多洛夫、托尼·福特、安德鲁·吉利特（已故）、弗洛里安·格鲁普、弗雷德里克·盖尔东、奥拉夫·居特勒、乔治·汉德里诺斯、米凯尔·汉松、戴维·希尔斯、斯图尔特·杰弗逊、让-加布里埃尔·热迪（已故）、约翰·乔利、雅克·若斯特、菲利普·乔伊特、汉斯·科西特、巴斯·科斯特、金特·克劳斯、马丁·拉科、埃里克·洛吉耶、多米尼克·卢瓦索上尉、丹尼斯·麦卡锡、沃尔特·麦格拉斯、瓦夫日尼亚克·马尔科夫斯基、乔治·马齐（已故）、于尔根·迈斯特、陈美玲（音）、康迪斯·梅纳、安德烈·梅耶尔、保罗·米德尔顿、艾伯特·姆罗茨、约翰·墨菲、保罗·纳皮尔、皮埃尔·尼古拉 - 维利尔梅、凯文·佩兴丝、瓦尔特·皮林格、雷米·波特中尉、杰拉德·普亚雷、米歇尔·普罗塔、乌齐·拉维夫、维尔纳·雷根贝格、查尔斯·里克伍德、斯图尔特·罗宾逊、约翰·拉吕、马克斯·斯基亚翁、比尔·施密尔克、霍斯特·朔贝斯贝尔格、亚历山大·斯米利亚尼奇、普拉卡什·滕杜尔卡、菲利普·托马蒂斯、格里·范·通德、维罗尼克·德图谢、皮埃尔·图赞、弗朗索瓦·沃维利耶、约亨·福勒特、保罗·V. 沃尔什、哈尔·沃特斯、阿索尔·耶茨和陈怡川（音）。

我们谨将本书献给所有装甲列车的车组人员，他们在铁路上作战，与其他兵种的战友面临同样艰难和危险，却没能得到装甲列车应得的赞美。因此，我们希望本书能开辟多条新的研究途径，也将听取所有建设性的批评。